中国航天科技前沿出版工程·中国航天空间信息技术系列

Satellite Data Relay System

卫星数据中继系统

何平江 樊士伟 蔡亚星 主编
张翠平 王海红 副主编

清华大学出版社
北 京

内 容 简 介

　　本书系统地介绍了卫星数据中继系统的基本概念和相关技术,包括系统组成、传输体制、通信协议、信道特性、链路预算和星间链路捕获跟踪技术;着重描述了中继卫星、地面运控系统和用户终端的组成、功能和性能要求;并结合工程实际,给出了地面站性能测试、用户终端入网验证测试、中继卫星有效载荷在轨测试的一般原理和方法步骤;最后,探讨了卫星数据中继系统的未来发展趋势。

　　本书可供本科生及以上相关专业的通信技术人员阅读和参考。

图书在版编目(CIP)数据

卫星数据中继系统/何平江,樊士伟,蔡亚星主编. —北京:清华大学出版社,2021.11
(中国航天空间信息技术系列)
中国航天科技前沿出版工程
ISBN 978-7-302-58337-0

Ⅰ.①卫…　Ⅱ.①何…　②樊…　③蔡…　Ⅲ.①数据中继卫星-微波接力通信系统　Ⅳ.①V474.2

中国版本图书馆 CIP 数据核字(2021)第 113813 号

责任编辑:戚　亚
封面设计:傅瑞学
责任校对:王淑云
责任印制:丛怀宇

出版发行:清华大学出版社
　　　　　网　　　址:http://www.tup.com.cn,http://www.wqbook.com
　　　　　地　　　址:北京清华大学学研大厦 A 座　　　邮　　编:100084
　　　　　社 总 机:010-62770175　　　　　　　　　邮　　购:010-62786544
　　　　　投稿与读者服务:010-62776969,c-service@tup.tsinghua.edu.cn
　　　　　质量反馈:010-62772015,zhiliang@tup.tsinghua.edu.cn
印 装 者:三河市东方印刷有限公司
经　　销:全国新华书店
开　　本:153mm×235mm　　　印　　张:40　　　字　　数:695 千字
版　　次:2021 年 12 月第 1 版　　　　　　　印　　次:2021 年 12 月第 1 次印刷
定　　价:239.00 元

产品编号:090424-01

中国航天空间信息技术系列

编审委员会

《卫星数据中继系统》
编写委员会

主　编：何平江　樊士伟　蔡亚星

副主编：张翠平　王海红

编委会成员：范雯琦　侯滨可　陈二虎　武磊磊

　　　　　李文屏　郑　军

"中国航天空间信息技术系列"序

自古以来，仰望星空，探索浩瀚宇宙，就是人类不懈追求的梦想。从1957年10月4日苏联发射第一颗人造地球卫星以来，航天技术已成为世界各主要大国竞相发展的尖端技术之一。当前，航天技术的应用已经渗透到生活的方方面面，并成为国家科技、经济领域的重要增长点和保障国家安全的重要力量。

中国航天通过"两弹一星"、载人航天和探月工程三大里程碑式的跨越，已跻身于世界航天先进行列，航天技术也成为中国现代高科技领域的代表。航天技术的进步始终离不开信息技术发展的支撑，两大技术领域的交叉融合形成了空间信息技术，包括对空间和从空间的信息感知、获取、传输、处理、应用以及管理、安全等技术。在空间系统中，以测量、通信、遥测、遥控、信息处理任务为代表的导弹航天测控系统，以空间目标探测、识别、编目管理任务为代表的空间态势感知系统，都是典型的空间信息系统。随着现代电子和信息技术的快速发展，大量的技术成果被应用到空间信息系统中，成为航天系统效能发挥的倍增器。同时，航天任务和工程的实施又为空间信息技术的发展提供了源源不断的牵引和动力，并不断凝结出一系列新的成果和经验。

习近平总书记指出，到2020年要使我国进入创新型国家行列。在空间领域，我国陆续实施的载人空间站、探月工程三期、二代导航二期、火星探测等航天工程将为引领和推动创新提供广阔的平台。其中，以空间信息技术为代表的创新和应用面临着众多新挑战。这些挑战既有认识层面上的，也有理论、技术和工程实践层面上的。如何解放思想，在先进理念和思维的牵引下，取得理论、技术以及工程实践上的突破，是我国相关领域科研、管理及工程技术人员必须思考和面对的问题。

北京跟踪与通信技术研究所作为直接参与国家重大航天工程的总体单位，主要承担着航天测控、导航通信、目标探测、空间操作等领域的总体规划与设计工作，长期致力于推动空间信息技术的研究、应用和发展。为传播知识、培养人才、推动创新,北京跟踪与通信技术研究所精心策划并组织一线科技人员总结相关理论成果、技术创新及工程实践经验,开展了"中国航天空间信息技术系列"丛书的编著工作。希望这套丛书的出版能够为我国空间信息技术领域的广大科技工作者和工程技术人员提供有益的帮助与借鉴。

沈荣骏

2016年 9月10日

序

2008 年 4 月 25 日 23 时 35 分 7 秒 852 毫秒，我国第一颗数据中继卫星从西昌卫星发射中心由"长征三号丙"运载火箭发射升空，卫星经过 4 次变轨，5 月 1 日成功定点于东经 77 度的赤道上空。十多年来，卫星数据中继系统相继在载人飞船测控通信、空间站对接试验、遥感卫星数据传输等任务中发挥了重要作用。

卫星数据中继系统被视为信息获取类卫星的效能倍增器和高效的天基测控通信设施。它大幅地提高了低轨道航天器的轨道覆盖率和数据传输的时效性。该系统的研制建设是一个复杂的系统工程，在技术上也与其他通信卫星不同，它要解决的是地球空间相距 4 万多千米的两个航天器之间相互捕获和跟踪、传输高速率数据的技术难题。

当前，我国处在从航天大国向航天强国迈进的战略机遇期。建设航天强国，不但要提升生产制造能力和科技创新能力等航天硬实力，还要提升航天软实力，而航天学术著作就是衡量航天软实力的重要指标之一。《卫星数据中继系统》专著的出版，符合航天发展背景下的迫切需求。

本书以系统工程的思想全面地论述了数据中继卫星、地面运控系统、用户中继终端的功能组成和工作原理，系统地阐述了卫星数据中继的传输体制、通信协议、信道特性和星间链路捕获跟踪技术，并结合工程实际，详细地描述了地面站性能测试、用户中继终端入网验证测试、中继卫星有效载荷在轨测试的一般原理和方法步骤。本书主题明确、内容深入，可以说是国内首部卫星数据中继领域的工程技术专著，具有一定的知识性和启发性，对该领域专业人才的培养将会发挥重要的推动作用。

周志成

中国工程院院士

2020 年 9 月

前言

卫星数据中继系统是利用高轨道卫星对中、低轨道航天器等用户目标进行跟踪测轨和转发数据的空间信息传输系统。它具有轨道覆盖率大、传输的数据速率高、实时性强、同时服务的目标多等特点,是重要的空间信息传输基础设施。它在载人航天、卫星发射、卫星测控通信等任务中起着重要的信息桥梁作用。

全书共分 11 章。第 1 章主要介绍了卫星数据中继系统的基本概念、主要特点、工作频段以及所提供的业务服务。第 2 章主要介绍了卫星数据中继系统中的传输体制,包括多址方式、分配方式、编码方式、调制方式和扩频方式。第 3 章主要介绍了空间段数据传输涉及的通信协议,给出了常规在轨数据系统和高级在轨数据系统的数据结构以及空间数据安全的机制和实现方式。第 4 章在分析空间电波传播特性的基础上,论述了空间链路的性能参数、预算方程和设计的一般步骤,并给出了链路预算实例。第 5 章分析了中继卫星信道特性的不理想对数据传输的影响,给出了一些仿真结果。第 6 章在简要介绍卫星运行规律的基础上,重点讨论了中继卫星总体设计所要考虑的因素以及卫星平台、有效载荷和捕获跟踪系统的主要功能、基本组成及其工作原理,最后介绍中继卫星有效载荷的标校方法。第 7 章重点介绍了地面终端站、多站测距系统、在轨测试系统、中继卫星天线标校系统和运行控制中心的主要功能、基本组成及其工作原理。第 8 章重点描述了用户终端的天线、射频、基带、接口等模块的功能、组成和工作原理。第 9 章分为星间链路捕获跟踪和全程链路建立两个部分。第一部分重点介绍了星间链路捕获跟踪的基本概念和策略,给出了一些仿真结果。第二部分重点介绍了全程链路建立的基本概念和一般过程,给出了全程链路信令传递的一般流程。第 10 章描述了地面站和用户终端的天线辐射特性、射频特性、信道特性、载波特性和数据链路性能的测试原理和方法以及中继卫星有效载荷在轨测试的原理和方法,并简要介绍测试过程中所使用的主要仪器仪表的基本工作原理。第 11 章介绍了激光卫星数据中继系统和传统的微波卫星数据中继系统的发展趋势和特点。

由于作者水平有限,书中难免存在疏漏和错误,敬请读者批评指正。

作者

2020 年 10 月

目录

第1章

概论

本章首先介绍卫星数据中继系统的基本组成、业务应用、所使用的频段以及数据传输的工作过程,以使读者对该系统的基本概念以及本书的研究对象有一个初步的了解。最后介绍卫星数据中继系统的发展现状,使读者了解该系统发展的脉络和趋势。

1.1 卫星数据中继系统基本概念

1.1.1 卫星数据中继与卫星通信的区别

随着空间探测任务的发展,空间通信的距离越来越远,仅靠陆基测控通信系统难以完成任务。1964 年美国航天测控专家马尔科姆·麦克米伦提出了中继卫星的概念,设想将陆基支持系统搬移到地球同步轨道,即利用地球同步轨道卫星的转发功能进行测控,开创了天基测控的新时代。

卫星数据中继系统一般有以下两种描述:

(1) 卫星数据中继系统是利用高轨道(例如地球同步轨道、大椭圆轨道)卫星和地面终端站,为中、低轨道航天器(简称"用户航天器")提供高轨道覆盖率的连续跟踪测轨和数据中继的测控通信系统。它可以被形象地看作把测控站搬到了天上,故又称为"天基测控通信系统"。

(2) 卫星数据中继系统是利用高轨道卫星对中、低轨道航天器等用户目标进行跟踪测轨和转发数据的空间信息传输系统。它具有轨道覆盖率大、传输的数据速率高、数据传输实时性强和同时服务的目标多等特点,是重要的空间信息传输的基础设施。

中继卫星与通信卫星的主要区别是:通信卫星一般是大面积覆盖,面向众多地面用户和低速运动目标,提供话音、数据、图像等电信业务。按照国际电信联盟(ITU)对卫星通信业务的划分,通信卫星主要提供固定业务、移动业务和广播业务服务;中继卫星主要是面向高速运动目标提供测控通信服务。在中继卫星上,通常安装有大口径星间链路天线,在与用户航天器通信时,首先完成中继卫星与用户航天器之间的目标捕获,并一直保持跟踪状态,传输的数据速率高达每秒几百兆比特,甚至每秒几千兆比特。

1.1.2 链路和多址的概念

中继卫星是用户目标与地面终端站之间的中转节点,除了地面终端站与中继卫星之间的通信链路外,还有中继卫星与各用户目标之间的通信链路。为了避免与一般卫星通信在概念上混淆,下面给出了本书中一些常用的与用户目标通信相关的物理层上的术语。

1. 链路的概念

（1）馈电链路：中继卫星与地面终端站之间的传输链路，亦称"星地链路"。

（2）星间链路：中继卫星与用户目标之间的传输链路，亦称"轨道间链路"。

（3）前向链路：从地面终端站经中继卫星至用户目标的传输链路。

（4）返向链路：从用户目标经中继卫星至地面终端站的传输链路。

（5）地面链路：地面终端站←→运控中心←→用户应用中心之间的传输链路。

（6）空间链路：用户目标←→中继卫星←→地面终端站之间的传输链路，包括星间链路和馈电链路，亦称"空间段链路"或"星-星-地链路"。

（7）全程链路：用户目标与用户应用中心之间基于前向链路或返向链路的端到端传输链路，包括星间链路、馈电链路和地面链路，亦称"星-星-地-地链路"。

2. 单址与多址的概念

（1）单址（SA）：一次服务只能连接一个用户目标的通信链路。在 S 频段，称为"S 频段单址"（SSA）；在 Ka 频段，称为"Ka 频段单址"（KaSA 或 KSA）。

（2）多址（MA）：能够同时连接多个用户目标的通信链路。在 S 频段，称为"S 频段多址"（SMA）；在 Ka 频段，称为"Ka 频段多址"（KaMA 或 KMA）。

1.1.3 基本组成和工作过程

1.1.3.1 基本组成

卫星数据中继系统一般由空间段、地面段和用户段 3 大部分组成，如图 1.1-1 所示。空间段指空间的中继卫星星座。地面段主要包括地面终端站、测距转发站、卫星数据中继系统运行控制中心（简称"运控中心"）以及用于模拟和测试的模拟测试站。用户段指卫星数据中继系统的服务对象，主要包括用户航天器（如卫星、空间站等）和其他飞行器，统称为"用户目标"。

1.1.3.2 数据传输工作过程

当用户目标需要使用中继卫星传输应用数据或测控数据时，地面用户

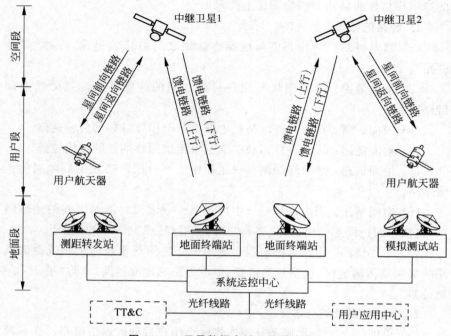

图 1.1-1 卫星数据中继系统基本组成

应用中心首先通过地面勤务电路向运控中心提出申请；根据用户的请求，运控中心按照任务的优先权和合理利用系统资源的原则，产生数传任务计划或测控任务计划；根据这个任务计划，产生相应的控制中继卫星的指令，并配置中继卫星和地面终端站的中继信道资源。

当用户目标进入中继卫星视场范围时，中继卫星和用户目标之间开始目标捕获和信号捕获，一旦捕获完成，链路建立正常，用户目标与用户应用中心之间即可开始传输数据。

前向数据传输流程是：当用户应用中心向用户目标发送数据时，用户应用中心的数据经地面光纤线路传输至运控中心，然后再传输至地面终端站，经中继卫星前向链路转发到用户目标。

返向数据传输流程是：用户目标上的用户终端设备将获取的数据发向中继卫星，经中继卫星返向链路转发至地面终端站，然后传输至运控中心，再经地面光纤线路传输到相应的用户应用中心。

1.1.4 卫星数据中继系统的主要特点

从系统组成和工作过程可以看出，卫星数据中继系统有以下优点。

1. 对用户航天器的轨道覆盖率高

中继卫星在 36 000km 高度的地球同步轨道，能俯视中、低轨道用户航天器，利用空间角位置间距 120°的两颗中继卫星即可跟踪 200km 轨道高度航天器的 85%的轨道段。图 1.1-2 给出了由两颗地球同步轨道卫星构成的中继卫星星座和覆盖范围示意图。表 1.1-1 给出了两颗中继卫星位置夹角为 110°~150°时的理论轨道覆盖率。

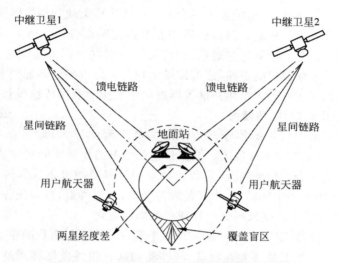

图 1.1-2　两颗中继卫星及其覆盖范围示意图

表 1.1-1　两颗中继卫星位置夹角为 110°~150°时的理论轨道覆盖率

用户航天器轨道高度 /km		一颗中继卫星			110°	120°	130°	140°	150°
		视场角 /(°)	最大斜距 /km	覆盖率 /%	覆盖率 /%	覆盖率 /%	覆盖率 /%	覆盖率 /%	覆盖率 /%
0	地面	±8.7	42 196	43.2	73.72	76.72	79.50	82.54	83.94
200	SSO	±9.0	43 373	58.3	87.60	90.07	92.61	94.53	97.14
500	SSO	±9.4	44 307	67.6	92.68	96.72	97.48	98.70	100
1200	SSO	±10.4	45 806	76.4	98.12	99.29	99.94	100	100
1500	SSO	±10.8	46 335	79.0	99.14	100	100	100	100
3000	SSO	±13.0	48 576	85.2	100	100	100	100	100
10 000($i=55°$)		±23.0	56776	93.6	100	100	100	100	100

这种连续的跟踪能力可以及时传送用户航天器的探测数据，有利于提高数据传输的时效性；有利于对用户航天器实时控制，实现航天器与地面

用户的交互操作；有利于及时发现用户航天器的异常情况，及时采取措施排除故障；对载人航天器，可以保证地面与宇航员不间断地通信，随时监视仪器、设备和人员的工作状况，在任何轨道位置都能注入返回程序和指令，使航天活动规划的灵活性大为增加，返回和交会对接的准备时间也大为缩短。

2. 多目标跟踪能力强

通常，每颗中继卫星配置了多个高增益抛物面天线和相控阵天线，因而可以同时为多个用户航天器提供测控和数据传输服务。实际上，许多在轨航天器很少需要连续测控与通信，因此可以分时共享同一星间链路。对于波束较宽的 S 频段星间链路，还可以借助频分多址或码分多址技术，为同一个波束内相伴运行的多个用户航天器提供中低速率数据传输服务。

3. 数传速率高，质量好

卫星数据中继系统传输的数据速率范围跨度很大，低的在 1Kb/s 以下，高的达到 1200Mb/s 以上。数据传输的主要路径是空间真空路径，并且不论用户航天器运行到何处，只须经一颗中继卫星即可将数据传送至地面终端站，无须再经中间转发，中间传输环节少，可靠性高，传输质量好。

4. 有利于用户航天器集中管理和终端标准化

有了卫星数据中继系统，就可以集中管理多颗在轨运行的中、低轨道用户航天器。中继卫星的大吞吐量、高性能和高可用性也能够满足多种用户航天器的需求，从而可以有效避免航天器的管理和数据传输设施在各部门之间的重复建设。另外，通过同一系统管理多个用户航天器有利于测控通信业务及航天器上测控通信设备的标准化。多种用户航天器返向数据汇集于一个地面终端站，还有利于不同有效载荷探测信息的融合和综合利用，有效降低航天任务的费用。

5. 可降低用户航天器的测控保障费用

卫星数据中继系统可以减少或取代许多保障中、低轨道用户航天器在轨运行的地基测控站，尤其是海外测控站和测量船，同时也省去了这些测控站（船）所需的昂贵的远程通信租费。20 世纪 90 年代，国内有关专家曾对航天测控利用卫星数据中继系统的经济效益进行过粗略估计和比较[1]，基本结论是：①由 1 颗卫星组成、轨道覆盖率 50% 的卫星数据中继系统的年平均费用，只相当于 2 条测量船的年平均费用，而 2 条测量船只能为低轨道用户航天器增加 3.5% 左右的轨道覆盖率；②在获得大致相同的遥感面积条件下，遥感卫星通过中继卫星实时传输方式所需费用是采用记录重放方式所需费用的三分之一，如表 1.1-2 所示。

表 1.1-2　遥感卫星通过记录重放与通过中继卫星实时传输的费用比较

遥感卫星传输形式	磁带记录重放型	利用中继卫星实时传输型
寿命期内遥感面积	(2400×10^6)km²	(30300×10^6)km²
卫星工作寿命	遥感卫星 2 年	中继卫星 5 年
所需卫星数量[①]	12.6 颗遥感卫星	2.5 颗遥感卫星＋1 颗中继卫星
总费用[①]	68 亿元	22.45 亿元

注：①按 5 年内遥感面积相等进行折算，含卫星、运载火箭、测控和运行管理费。总费用仅大致反映相对意义。

由于受到目前技术水平的限制，卫星数据中继系统还存在以下不足之处有待改进。

(1) 对高轨道卫星的跟踪范围受限。这是由中继卫星上的抛物面天线转角限制、跟踪视场有限造成的。例如，Ka 频段信标天线的对地视场仅为 ±13°；单址链路天线最大摆动角度约为 45°等。

(2) 对用户航天器的要求提高。用户航天器与中继卫星的距离在 40 000km 左右，远大于用户航天器直接对地面的距离，并且每秒要传送数百兆比特的数据，这就要求安装在用户航天器上与中继卫星保持通信的中继用户终端设备(本书简称"用户终端")采用高增益的窄波束天线和有较大的发射机功率。例如，美国航天飞机上安装了 2m 口径的抛物面高增益 Ku 频段天线来传输高速率数据。这样一方面会导致用户航天器的载荷重量和电源功耗的增加，另一方面又增加了高增益定向天线跟踪指向中继卫星的难度。

(3) 受降雨影响较大。星地馈电链路工作频段一般使用 20GHz 以上的频段，由于降雨衰减随着工作频率的升高而增大，卫星数据中继系统目前还不能做到全天候提供服务，需要根据气象条件选择合适的工作窗口或采用地面终端站异地备份的方式提高可用度。

(4) 容易受到强信号的干扰。中继卫星星间链路 S 频段天线的波束较宽，当其扫过地面时，在地面的覆盖范围达 2000km 以上，用户终端 S 频段天线波束则更宽，所以，中继卫星和用户终端都容易受到来自地面 S 频段雷达、测控站等发射信号的干扰。用户终端还容易受到来自其他国家中继卫星 S 频段星间前向链路信号的干扰。因此，对 S 频段星间链路要作重点考虑。为了减小干扰，需要加强频率协调，做好电磁兼容设计。在运行过程中，需要探测和收集地面大干扰源，分析它的频率和干扰样式，以便采取避让措施。

由于卫星数据中继系统存在以上不足，目前还需要保留用于航天器发射、返回着陆以及为高轨道卫星服务的地基测控通信系统。

1.2　系统工作使用的频率

1.2.1　无线电频谱划分

无线电频率是一种有限的自然资源,其传播不受行政边界的约束。为了保证各国平等、有效地利用频率资源,需要按规定把某一频段供某一种或多种地面业务或空间业务在规定条件下使用,即"频率划分"。为此,ITU专门制定了国际《无线电规则》,实际上这是一个各个国家都要遵守的国际通用的无线电法规,各个国家也都据此制定了自己国家的无线电法或相关的详细管理规定。

在ITU的国际频率划分表中,把世界划分为3个区域。

1区:1区包括东限于A线(A、B、C线定义于后)和西限于B线所划定的地区,但位于两线之间的任何伊朗伊斯兰共和国领土除外。该区亦包括亚美尼亚、阿塞拜疆、格鲁吉亚、哈萨克斯坦、蒙古国、乌兹别克斯坦、吉尔吉斯斯坦、俄罗斯、塔吉克斯坦、土库曼斯坦、土耳其和乌克兰的整个领土以及位于A、C两线间俄罗斯以北的地区。

2区:2区包括东限于B线和西限于C线之间的地区。

3区:3区包括东限于C线和西限于A线之间所划定的地区,但亚美尼亚、阿塞拜疆、格鲁吉亚、哈萨克斯坦、蒙古国、乌兹别克斯坦、吉尔吉斯斯坦、俄罗斯、塔吉克斯坦、土库曼斯坦、土耳其和乌克兰的任何领土部分和俄罗斯以北的地区除外。本区亦包括伊朗伊斯兰共和国位于两限以外的那部分领土。

A线:A线由北极沿格林尼治以东40°子午线至北纬40°线,然后沿大圆弧至东60°子午线与北回归线的交叉点,再沿东60°子午线而至南极。

B线:B线由北极沿格林尼治以西10°子午线至该子午线与北纬72°线的交叉点,然后沿大圆弧至西50°子午线与北纬40°线的交叉点,然后沿大圆弧至西20°子午线与南纬10°线的交叉点,再沿西20°子午线而至南极。

C线:C线由北极沿大圆弧至北纬65°30′线与白令海峡国际分界线的交叉点,然后沿大圆弧至格林尼治以东165°子午线与北纬50°线的交叉点,再沿大圆弧至西170°子午线与北纬10°线的交叉点,再沿北纬10°线至它与西120°子午线的交叉点,然后由此沿西120°子午线而至南极。

在3000GHz以下,无线电频谱划分了14个频带,如表1.2-1所示,任何一种无线电业务都分配在这一频谱范围内。

表 1.2-1 无线电频谱范围划分

段号	频段名称	频率范围(含上限,不含下限)	波段名称		波长范围(含下限,不含上限)
-1	至低频(TLF)	0.03~0.3Hz	至长波或千兆米波		10000~1000Mm
0	至低频(TLF)	0.3~3Hz	至长波或百兆米波		1000~100Mm
1	极低频(ELF)	3~30Hz	极长波		100~10Mm
2	超低频(SLF)	30~300Hz	超长波		10~1Mm
3	特低频(ULF)	300~3000Hz	特长波		1000~100km
4	甚低频(VLF)	3~30kHz	甚长波(万米波)		100~10km
5	低频(LF)	30~300kHz	长波(千米波)		10~1km
6	中频(MF)	300~3000kHz	中波(百米波)		1000~100m
7	高频(HF)	3~30MHz	短波(十米波)		100~10m
8	甚高频(VHF)	30~300MHz	超短波(米波)		10~1m
9	特高频(UHF)	300~3000MHz	微波	分米波	10~1dm
10	超高频(SHF)	3~30GHz		厘米波	10~1cm
11	极高频(EHF)	30~300GHz		毫米波	10~1mm
12	至高频(THF)	300~3000GHz	丝米波或亚毫米波		1~0.1mm

表 1.2-2 给出了常用的字母代码和频谱区域的对应关系,其中字母代码与频谱区域为非正式标准,无严格的界定,仅作为简化称呼参考之用。例如,空间无线电通信用的 Ku 频段包括 10~12GHz,Ka 频段包括 20~27GHz 等。

表 1.2-2 常用字母代码和频谱区域对应表

字母代码	频谱区域	字母代码	频谱区域
L	1~2GHz	U	40~60GHz
S	2~4GHz	V	40~75GHz
C	4~8GHz	E	60~90GHz
X	8~12GHz	W	75~110GHz
Ku	12~18GHz	D	110~170GHz
K[①]	18~27GHz	G	140~220GHz
Ka[①]	27~40GHz	Y	220~325GHz
Q	33~50GHz	—	—

注:①对于空间无线电通信,K 和 Ka 频段一般只用代码 Ka 表示。

1.2.2 频段选择应考虑的因素

在卫星数据中继系统中,工作频段的选择十分重要,它将直接影响整个系统的传输能力、质量和可靠性,影响中继卫星转发器、地面终端站、用户终端的天线口径和发射功率的大小以及设备的复杂程度和成本的高低等。一般来说,在选择工作频段时,应按照需要与可能相结合的原则,着重考虑以下因素:①可用频带要宽,有利于本系统性能的提高和未来容量的扩展;②电波传播损耗及其他损耗要尽量小;③天线系统接收的外部噪声和干扰要小;④有利于减小用户终端设备的重量、体积和功耗;⑤与地面测控网的兼容性要好;⑥与国外天基网及其他地面无线电系统,尤其是共享频段的各种商业无线电业务之间的干扰要尽量小;⑦充分考虑元器件水平和技术成熟程度,尽可能利用现有的或成熟的通信技术和设备;⑧较为合理、有效地使用无线电频谱,符合 ITU 和国家的频率划分规定。

根据 ITU 建议,用于空间操作业务的频率范围为 2.025～2.110GHz(地对空,空对空)和 2.200～2.290GHz(空对地,空对空)。目前,我国地基测控网工作在该频段。中继卫星 S 频段星间链路主要用于低速率测控信息和低速率数据的传输,使用与我国地基测控网相同的 S 频段,便于用户航天器上的中继用户终端与 S 频段地基测控终端相兼容。

对于高速率数据传输,馈电链路和星间链路大多数使用 Ku 频段以上的频率。相对于 Ku 频段,Ka 频段具有更宽的可用频谱资源。例如,星间返向链路从 25.25GHz 到 27.5GHz,带宽有 2250MHz,可以传输多路高速率数据,也有利于未来向更高速率扩展。而 Ku 频段仅有 850MHz 带宽,主要用于固定卫星通信业务,不是 ITU 推荐使用的星间链路工作频段。在相同的传输速率条件下,Ka 频段的 1m 口径的天线,相当于 Ku 频段的 1.5m 天线,选择 Ka 频段可以明显减小用户航天器上终端天线的尺寸和重量,有利于终端小型化。相对于 Q/V 频段,Ka 频段的技术和器件比较成熟,关键的元器件、部件可以研制或在市场上采购。所以,目前卫星数据中继系统高速率数据传输的工作频段一般选择 Ka 频段。

1.2.3 我国卫星数据中继系统的工作频段

我国卫星数据中继系统工作在 S 频段和 Ka 频段,大致的频率范围如下。

1. 星间链路

前向链路:S 频段 2.025～2.110GHz;Ka 频段 22.55～23.55GHz。

返向链路:S 频段 2.200～2.290GHz;Ka 频段 25.25～27.50GHz。

2. 馈电链路

上行链路:29.0～31.0GHz;下行链路:19.0～21.2GHz

根据 ITU 的有关资料,我国卫星数据中继系统 S/Ka 频段频谱配置如图 1.2-1 所示。

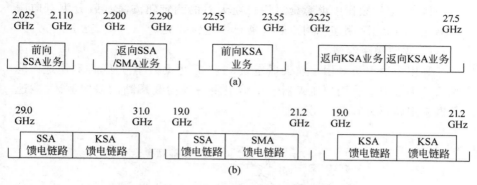

图 1.2-1 我国卫星数据中继系统频谱配置示意图

(a) 星间链路频谱;(b) 馈电链路频谱

1.3 卫星数据中继系统业务和应用

1.3.1 系统提供的业务服务

卫星数据中继系统的业务可以从接入和应用两个角度描述。从接入的角度,分为单址接入和多址接入。例如,工作在单址链路的业务,称为"单址业务";工作在多址链路的业务,称为"多址业务"。从应用的角度,可归纳为对用户航天器测定轨和数据中继传输两大类业务。下面仅对跟踪测轨业务和数据中继业务进行描述。

1.3.1.1 中继卫星本身的测定轨

中继卫星本身的轨道位置精度不仅影响对用户航天器的定轨精度,而且影响中继卫星星上窄波束天线对用户航天器的捕获。为了精确确定中继卫星的轨道位置,通常采用多站测距定轨法。地面终端站向中继卫星发送一个经伪码调制的测距信号,相距很远的位置精确已知的测距转发站接收到中继卫星广播的测距信号后,向中继卫星发送载波频率相同、但不同伪码序列(每个测距转发站分配不同的伪码序列)调制的返向信号。返向信号中的测距伪码信息与接收的广播信号中的伪码测距信息相干。同频码分信号经中继卫星转发后返回到地面终端站;同时,地面终端站也接收并跟踪自己发送的测距信号。由此,测得中继卫星到地面固定点的多个距离和,从而可以精确测定中继卫星自身的轨道。目前轨道位置测量精度可以达到

30～40m（1σ）。

1.3.1.2　跟踪测轨业务

目前，卫星数据中继系统对用户航天器的测定轨方法一般分为双向测距测速、单向测距测速和用户航天器自主定轨 3 类。

1. 双向测距测速

利用中继卫星对用户航天器定轨，主要采用动力学方法，即利用地面终端站→中继卫星→用户航天器→中继卫星→地面终端站的双向测距、测速数据来定轨，如图 1.3-1 所示。

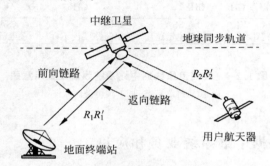

图 1.3-1　中继卫星对用户航天器跟踪测轨示意图

首先从地面终端站发出伪码测距测速信号，经前向链路到达用户航天器，用户航天器转发，再沿返向链路返回到地面终端站。地面终端站利用双向距离、多普勒信息测得地面终端站→中继卫星→用户航天器之间的距离和（R_1+R_2），以及相应径向速度之和（$R_1'+R_2'$）。假设中继卫星到地面终端站的距离 R_1 和径向速度 R_1' 已知，则可得到中继卫星与用户航天器之间的距离 R_2 和径向速度 R_2'。通过多次长弧段跟踪，利用（R_1+R_2），（$R_1'+R_2'$），R_1 和 R_1' 联合求解，可同时计算出用户航天器和中继卫星的轨道。

采用上述方案，只要跟踪的时间足够长，就可以使中继卫星和用户航天器的轨道精度精确到 150m 左右[2]。但是这种方案的计算过程较为复杂。有些用户希望利用高精度的中继卫星轨道作为先验信息，直接求出用户航天器的轨道，采用这种定轨方法，中继卫星的轨道精度对最终用户航天器的定轨精度有很大影响。

为了实现对用户航天器的测定轨，一般要求中继卫星和地面终端站工作在同一个参考频率源上，以及用户航天器的终端设备或应答机对前向测距信息进行相干转发。

2. 单向测距测速

除采用双向测距测速外，还可以采用单向测距测速方案。单向测距测速是指地面终端站不发送测距测速信号,而由装有高频率准确度和高频率稳定度信标机的用户航天器发出信标信号,经中继卫星转发到地面终端站,由地面终端站进行数据处理。这种方法较双向测距测速简单,不需要前向链路就可工作,但其最终精度在很大程度上受限于用户航天器上信标信号的质量,也与中继卫星的定轨精度有关。目前,采用该方案,在中继卫星定轨精度为 25m(1σ)[2]、测速精度为 2.5m 的情况下,对用户航天器的定轨精度可以达到 50m。

3. 用户航天器自主定轨

利用单向多普勒信息实现用户航天器自主定轨的原理如图 1.3-2 所示。

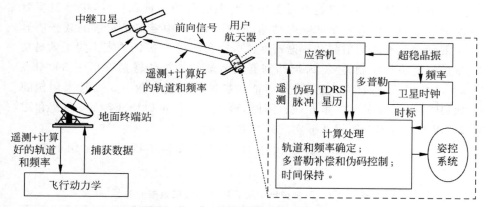

图 1.3-2　用户航天器自主定轨示意图

地面终端站通过中继卫星向用户航天器发送经伪码调制的前向信号;用户航天器从前向信号中提取中继卫星的星历等信息,确定伪码的接收时刻,利用超稳晶振测量前向信号的多普勒频移;在获得多普勒信息和时间基准后,利用多普勒效应直接求出用户航天器相对于中继卫星的速度,而距离信息的测量可用积分多普勒测量。用户航天器在一定时间内对中继卫星进行多次测量,并结合高精度地球重力模型、阻力模型等摄动力模型进行卡尔曼滤波平滑处理即可获得用户航天器自身的轨道信息。

该自主定轨方法实时性好、精度高、自主性强,不需要专门安排跟踪弧段,定轨灵活。根据国外的试验结果,在超稳晶振的稳定度为 1×10^{-10}(长稳)和 1×10^{-12}(短稳)条件下,相应的定轨精度为均方根误差 17m,峰值误差 45m。这种定轨方法需要知道航天器自身的参考轨道,若参考轨道偏离太远,则定轨精度下降。另外,该方法还需要高精度的动力学模型,以便在两次测量之间预测用户航天器的实时状态。

1.3.1.3 数据中继业务

按照不同用户航天器传送的数据速率以及是否需要测距跟踪,卫星数据中继系统设计了单向、双向、扩频、不扩频、相干、非相干等多种通信业务模式。每种模式中又有 SSA,SMA,KSA 等多种多址方式和 BPSK,QPSK,OQPSK,UQPSK,8PSK 等多种调制解调方式。

根据不同轨道用户航天器所需传送的数据速率,可以分为高速、中速、低速 3 类。相对而言,信息速率在 150Kb/s 以下的数据视为低速率数据;信息速率在 150Kb/s～10Mb/s 范围内的数据视为中等速率数据;信息速率在 10Mb/s 以上的数据视为高速率数据。

为了尽量减小用户航天器上用户终端设备的重量和功耗,中继卫星要发射尽可能大的有效全向辐射功率(EIRP),于是中继卫星发送的载波信号辐射到地球表面的射频功率谱密度就可能会超过 ITU 的规定。为了满足功率谱密度这一限制性要求,当调制器输入端的数据传输速率低于 300Kb/s 时,需要对所发送的载波信号进行能量扩散。能量扩散方式通常采用伪随机(PN)码直接序列扩频方式。同时,该 PN 码还可以用于测距、测速和跟踪,以及对低速率数据业务实现码分多址通信。

表 1.3-1 和表 1.3-2 给出了目前卫星数据中继系统常用的数据业务[3]。

表 1.3-1 卫星数据中继系统前向链路数据业务[①]

调 制 方 式		SSA 业务	SMA 业务	KSA 业务
BPSK＋短伪码扩频		1～150Kb/s	1～50Kb/s	1～150Kb/s
UQPSK	I 支路＋短伪码扩频	1～150Kb/s	1～50Kb/s	1～150Kb/s
	Q 支路＋长伪码测距	测距	测距	测距
BPSK/QPSK/SQPSK		—	—	150Kb/s～10Mb/s

注:①表中的数据速率为 1/2 纠错编码器输入端的信息速率。

表 1.3-2 卫星数据中继系统返向链路数据业务[①]

调 制 方 式		SSA 业务	SMA 业务	KSA 业务
BPSK＋短伪码扩频		1～150Kb/s	1～50Kb/s	1～150Kb/s
UQPSK	I 支路＋长伪码测距	1～150Kb/s	1～50Kb/s	1～150Kb/s
	Q 支路(仅调制数据)	150Kb/s～2Mb/s	1～50Kb/s	150Kb/s～10Mb/s
BPSK/QPSK/OQPSK		150Kb/s～2Mb/s	—	150Kb/s～150Mb/s
QPSK/OQPSK/8PSK/16APSK		—	—	150～1200Mb/s

注:①表中的数据速率为 1/2 纠错编码器输入端的信息速率。

1.3.2 卫星数据中继系统的应用

卫星数据中继系统能够服务于运行在中低轨道的各类卫星、航天飞机、空间站等航天器。经过不断地研究、开发和应用,服务对象已经扩展到地球表面、大气层内和有动力飞行的火箭等。综合起来,卫星数据中继系统的应用主要在以下几个方面。

1. 跟踪和测定中低轨道卫星

为了尽可能多地覆盖地球表面和获得较高的地面分辨能力,许多对地观测卫星大都运行在倾角大、高度低的轨道。中继卫星对其的高轨道覆盖率,几乎能对中低轨道卫星进行连续跟踪,并通过转发它们与测控站之间的测距和多普勒频移信息,可以实现对这些卫星轨道的精确测定。

2. 实时转发卫星遥感、遥测数据

传统的气象、海洋、测地和资源等对地观测卫星在飞经未设地球站的上空时,只能把遥感、遥测数据暂时存储在记录器中,当飞经地球站上空时再转发下来。而中继卫星能够实时地将遥感、遥测数据转发回地面,减轻星上存储压力,提高数据传输的时效性。

3. 承担载人飞船通信与数据中继业务

地面上的航天测控网平均仅能覆盖约 15% 的近地轨道,航天员与地面飞行控制中心直接通话和实时传输数据的时间有限。如果空间适当配置 3 颗中继卫星,就能使载人飞船在整个轨道周期内至少有 99% 的时间保持与地面联系。

4. 为非航天用户服务

除了为各类中低轨道卫星、航天飞机、载人飞船、目标飞行器、运载火箭等航天用户(亦称"轨道用户")提供测控通信服务以外,卫星数据中继系统还可以为非航天用户(亦称"非轨道用户")提供服务,例如车辆、船只、长航时气球、无人机、临近空间飞行器、地球站等。

5. 满足军事特殊需要

以往各类军用探测卫星常常是通过一系列地面站和民用通信网互联,实现跟踪、测控和数据传输。如果使用中继卫星,则可以摆脱对绝大多数地面站的依赖,便于形成一个相对独立的体系,更有效地为军事任务服务,提高军事任务服务的安全性。

1.4 卫星数据中继系统发展现状

1.4.1 国外发展现状

1.4.1.1 美国卫星数据中继系统

目前,美国的卫星数据中继系统主要包括两部分:一是由 NASA 管控的跟踪与数据中继卫星系统(TDRSS);二是由美国空军和国家侦查局共同管控的卫星数据系统(SDS)。

1. 跟踪与数据中继卫星系统

TDRSS 主要服务于载人航天飞行/空间交会对接任务和近地轨道卫星测控通信任务。同时还服务于运载火箭、临近空间飞行器和无人机等非地球轨道用户。该系统可以提供 S,Ku,Ka 频段单址业务和 S 频段多址业务,返向最高数据速率可达 1.2Gb/s。

TDRSS 系统典型的轨道位置有 10 个,分为西工作节点(大西洋区域)、盲区工作节点(印度洋区域)、东工作节点(太平洋区域)以及备份节点(3 个轨位)。在正常情况下,每个工作节点部署两颗工作卫星,余下的卫星则位于备份节点。截至 2014 年底,TDRSS 空间段有 9 颗在轨卫星,其中,第一代 TDRS 卫星 4 颗,第二代 TDRS 卫星 3 颗,第三代 TDRS 卫星 2 颗。表 1.4-1 给出了当前 TDRSS 空间段的配置。

表 1.4-1 当前 TDRSS 空间段的配置

轨 位 归 属	中继星名称	位置①	所属代
印度洋赤道上空	TDRS-7	275°W	第一代
	TDRS-8	271°W	第二代
太平洋赤道上空	TDRS-5	167°W	第一代
	TDRS-10	174°W	第二代
	TDRS-11	171°W	第三代
大西洋赤道上空	TDRS-3	49°W	第一代
	TDRS-9	41°W	第二代
	TDRS-6	62°W,备份轨道位置	第一代
	TDRS-L	12°W	第三代

注:①实际位置有些差别。

第三代 TDRS 卫星的大部分技术指标与第二代 TDRS 相同,不同点主要是:①卫星设计寿命提高到 15 年;②星上电子设备更为先进,提升了星上指令和遥测链路的安全性；③SMA 天线返向波束形成沿用第一代的地面形成方案；④安装了可提供更高功率的高性能太阳帆板等。图 1.4-1 给出了第二代 TDRS 卫星的外形结构。

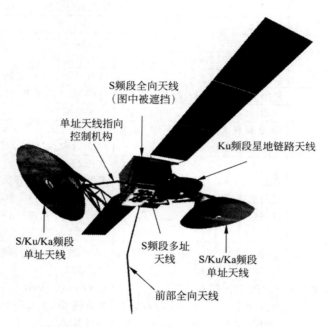

图 1.4-1　TDRS 卫星外形结构（第二代）

TDRSS 地面段主要包括 TDRSS 运控中心、2 个 S 频段应急测控站（位于澳大利亚）、4 个双向测距转发站和 3 个大型地面站区（白沙站区、第二白沙站区、关岛站区）。其中，白沙站区包括 2 个终端站和 3 个 S 频段测控站；第二白沙站区包括 3 个地面终端站和 1 个 S 频段测控站；关岛站区包括 2 个终端站。目前，地面段可同时支持 7 颗 TDRS 工作卫星，可对 6 颗非工作卫星进行日常测控管理。

为了配合第三代 TDRS 卫星的部署，NASA 开展了天基网地面段维持（SGSS）项目。该项目于 2011 年启动，采用先进的技术和体系结构，对现有地面终端系统进行升级改造，并在马里兰州的布洛索姆角新增一个地面终端站。地面系统升级完成后，TDRSS 的系统能力将会得到很大提高。表 1.4-2 给出了第一代和第二代 TDRS 的性能比较[3]。

表 1.4-2　TDRS 卫星性能指标

参　　数		第一代 TDRS 性能指标	第二代 TDRS 性能指标
制造商		汤普森-拉莫-伍尔德里奇公司	波音公司
卫星平台		TDRS 平台	BSS-601 平台
发射质量		2200kg	3180kg
入轨质量		2120kg	1781kg
展开尺寸		太阳电池翼 17.4m	太阳电池翼 21m
设计寿命		10 年	11 年工作＋4 年在轨
卫星功率		初期 2400W，末期 1850W	初期 2300W，末期 2042W
稳定方式		三轴稳定	三轴稳定
相控阵天线		30 个螺旋天线阵元，其中 12 个阵元收发共用，视场±13°	47 个贴片天线阵元，15 个前向，32 个返向，视场±13°
单址天线		直径 4.9m 径向肋式可展开反射器 视场：东西±22°，南北±28°	直径 4.6m 柔性回弹式可展开反射器 指向变化：东西±22°，南北±28° 扩展模式：东西－24°～＋76.8°，南北±30.5°
前向链路	S 频段多址	信道数：1 路；带宽：6MHz（2.5dB） EIRP：34.0dBW 数据速率：0.1～10Kb/s，最大 300Kb/s	信道数：1 路；带宽：6MHz（2.5dB） EIRP：40.0dBW 数据速率：0.1～50Kb/s，最大 300Kb/s
	S 频段单址	信道数：2 路；带宽：20MHz（2.5dB） EIRP：43.6～46.3dBW 数据速率：0.1～300Kb/s，最大 7Mb/s	信道数：2 路；带宽：20MHz（2.5dB） EIRP：43.6～48.5dBW 数据速率：0.1～300Kb/s，最大 7Mb/s
	Ku 频段单址	信道数：2 路；带宽：50MHz（2.5dB） EIRP：46.5～48.5dBW（自跟），44.0～46.0dBW（程跟） 最大数据速率：25Mb/s（升级后 50Mb/s）	信道数：2 路；带宽：50MHz（2.5dB） EIRP：46.5～48.5dBW（自跟），40.5～42.5dBW（程跟） 最大数据速率：25Mb/s（升级后 50Mb/s）
	Ka 频段单址	无	EIRP：63dBW（自跟），56.2dBW（程跟） 最高数据速率：50Mb/s

续表

参　　数		第一代 TDRS 性能指标	第二代 TDRS 性能指标
返向链路	S 频段多址	信道数：20 路；最高数据速率：50Kb/s G/T（最小值）：2.2dB/K	信道数：5 路；最高数据速率：3Mb/s （1/2 编码率）；G/T（最小值）：3.2dB/K
	S 频段单址	信道数：2 路；带宽：10MHz(2.5dB)；G/T（最小值）：9.5dB/K；最小输入电平：−138dBm；数据速率：1Kb/s ～ 12Mb/s，升级后最大 16Mb/s（SQPSK），23.6Mb/s(8PSK)	
	Ku 频段单址	信道数：2 路；带宽：225MHz(2.5dB)；G/T（最小值）：24.4dB/K（自跟），18.4dB/K（程跟）；最小输入电平：−140dBm；最大数据速率：300Mb/s（未编码），升级后最大 410Mb/s（SQPSK），600Mb/s（8PSK）	
	Ka 频段单址	无	G/T（最小值）：26.5dB/K（自跟），19.1dB/K（程跟）；带宽 225MHz 信道数据速率与 KuSA 相同；带宽 650MHz 信道：最高数据速率：1.0Gb/s（7/8 编码率，SQPSK），1.2Gb/s（7/8 编码率，8PSK）
跟踪业务		150m(3σ)	150m(3σ)

2. 卫星数据系统

卫星数据系统（SDS）是美国的军用卫星数据中继系统。卫星运行轨道有两种，分别为地球同步轨道和"闪电"（Molniya）型大椭圆轨道。其中，"闪电"轨道的倾角为 63°，远地点位于北极上空，高度在 39 000km 以上，这样的轨道设置有利于卫星在北极地区具有较长的停留时间，从而为北极地区的空间飞行器提供通信保障。

1976 年 6 月—1987 年 2 月，共发射了 7 颗一代 SDS 卫星，均运行在大椭圆轨道上。1989 年 8 月—1996 年 7 月，共发射了 4 颗第二代 SDS 卫星。其中 3 颗运行在大椭圆轨道上，1 颗运行在地球同步轨道上。目前，前两代 SDS 已全部退役，在轨运行的是第三代 SDS 卫星，共发射了 7 颗，如表 1.4-3 所示。

表 1.4-3　第三代 SDS 卫星的发射情况

USA 编号	国际编号	绰　　号	发射时间	轨道状态
USA 137	1998-005A	摩羯座（Capricorn）	1998.01.29	大椭圆轨道
USA 155	2000-080A	大熊座（Great Bear）	2000.12.06	地球同步轨道,92.03°E
USA 162	2001-046A	天鹰座（Aquila）	2001.10.10	地球同步轨道,141.08°W
USA 179	2004-034A	复仇女神（Nemesis）	2004.08.31	大椭圆轨道
USA 198	2007-060A	天蝎座（Scorpius）	2007.12.10	大椭圆轨道
USA 227	2011-011A	狮身鹫首怪兽（Gryphon）	2011.03.02	地球同步轨道,12.42°W
USA 236	2012-033A	德雷克（Drake）	2012.06.20	地球同步轨道,12.70°W

根据现有公开资料,SDS 卫星承担的军事任务主要有：①实时传输"锁眼-11""锁眼-12""长曲棍球"（Lacrosse）"天基广域监视系统"（SBWASS）等侦察卫星的数据；②作为美空军卫星通信（AFSATCOM）系统的关键部分,为美国空军卫星控制网（AFSCN）的控制中心与 7 个远程地面站之间提供通信链路；③为美国战略空军司令部（SAC）在极地地区的部队提供双向近实时指挥、控制、超高频通信（C³）服务；④第 2 代和第 3 代 SDS 卫星上带有红外预警系统,可以探测弹道导弹发射。

1.4.1.2　欧洲卫星数据中继系统现状

1986 年底,欧洲航天局（ESA）批准数据中继预研计划（DRPP）。在此计划之下,进行了关键技术的系统级研究。1989 年,ESA 批准了数据中继技术任务（DRTM）计划。DRTM 计划分为两部分："高级中继和技术卫星"（Artemis,简称"阿蒂米斯"）和"数据中继卫星"（DRS）。

1. "阿蒂米斯"试验型卫星数据中继系统

"阿蒂米斯"卫星于 2001 年 7 月 12 日在法属圭亚那库鲁空间中心由"阿里安-5"运载火箭发射升空,但由于"阿里安-5"运载火箭发生故障,将其送入了一条椭圆轨道。经过 ESA 地面控制中心 18 个月的努力挽救,该卫星终于在 2003 年 1 月 31 日到达 16.5°E 的地球静止轨道位置（后定位于21.4°E）。"阿蒂米斯"卫星星上装载 4 种有效载荷,即 S/Ka 频段数据中继载荷（星间天线直径为 2.85m）、光学数据中继（ODR）载荷、L 频段通信载荷和导航增强载荷。主要用于对地观测卫星和极轨平台以及其他科学卫星的数据中继,提供 S 频段、Ka 频段单址业务以及激光通信业务,并进行 L频段导航和移动通信试验。Ka 频段前向链路最高数据速率为 10Mb/s,Ka频段返向链路最高数据速率为 3×150Mb/s。激光前向链路速率为 2Mb/s,

激光返向链路速率为 50Mb/s。

"阿蒂米斯"卫星发射后,先后与 ESA 的地球观测卫星、欧洲的环境卫星、日本的地球观测卫星 2 号等开展了 S 频段和 Ka 频段数据中继试验。2001 年 11 月,尚未进入同步轨道的"阿蒂米斯"卫星与法国"SPOT-4"对地观测卫星首次进行了激光通信试验,取得了成功。2005 年 12 月 9 日,又与日本的轨道间光学通信工程试验卫星(OICETS)成功进行了星间双向激光通信试验。2006 年 12 月,"阿蒂米斯"卫星与商用飞机之间建立了激光通信链路。2010 年,"阿蒂米斯"卫星到达设计寿命末期。

2. 欧洲卫星数据中继系统

2008 年,ESA 发布了新的欧洲数据中继卫星(EDRS)计划。该计划包括 3 颗静止轨道卫星,其中 1 颗为专用星,定点位置为 22.5°E。另外 2 颗卫星("EDRS-1"和"EDRS-2")的有效载荷搭载在大型商用通信卫星上,"EDRS-1"载荷搭载在"Eutelsat-9B"卫星上,称为"Eutelsat-9B/EDRS-1"卫星,已在 2016 年 1 月底发射升空,定点位置为 9°E。

EDRS 的主要任务是为欧洲全球环境和安全监视(GMES)卫星、载人航天器、无人机等用户提供数据中继和测控服务。星地链路使用 Ka 频段,星间链路使用 S 频段、Ka 频段和激光频段,提供 S 频段单址业务、Ka 频段单址业务和激光通信业务。激光通信业务返向最高数据速率可达 1.8Gb/s。

1.4.1.3　日本卫星数据中继系统现状

1993 年,日本宇宙开发事业团(NASDA)确定了发展数据中继与跟踪卫星系统(DRTSS)四步走的策略:第一步是利用"工程试验卫星 6 号"(ETS-6)作为中继卫星进行试验,该星于 1994 年 8 月 28 日发射,尽管未能进入预定的静止轨道,但仍进行了 S 频段、Ka 频段中继链路和激光通信链路的数据中继试验;第二步是利用通信工程试验卫星(COMETS)作为中继卫星进行试验,该星于 1998 年 2 月 21 日发射,因卫星发射出现故障,只进行了部分 Ka 频段通信试验;第三步是利用 OICETS 作为用户卫星与欧洲的"阿蒂米斯"中继卫星进行光通信试验,并取得了成功;第四步是发射两颗实用型数据中继试验卫星(DRTS),预计分别定位于 90°E 和 170°W 赤道上空。

2002 年 9 月 10 日,NASDA 发射了"DRTS-1"卫星,定点于 90.75°E,设计寿命 7 年。"DRTS-1"卫星星间链路天线采用 S/Ka 双频段抛物面天线,口径为 3.6m。Ka 频段天线的指向精度为 0.1°(程序跟踪)和 0.043°(自动跟踪)。星间 S 频段单址通信的前向链路 EIRP 值为 47dBW,带宽为

24MHz,返向链路 G/T 值为 7dB/K,带宽为 16.5MHz;星间 Ka 频段单址通信的前向链路 EIRP 值为 62dBW,带宽为 60MHz,返向链路 G/T 值为 26dB/K,带宽 360MHz,返向数据速率可达 240Mb/s。星间 Ka 频段信标 EIRP 值为 38.4dBW;星地链路 EIRP 值:KSA 转发器为 59dBW,SSA 转发器 1 为 39dBW,SSA 转发器 2 为 34dBW。

相比于"DRTS-1"卫星,"DRTS-2"卫星的主要变化是:①设计寿命为 10 年以上;②S 频段返向链路的信道数量由 2 个变为 1 个;③星间链路 Ka 频段信标信号由原来的地面产生、中继转发,改为直接由星上产生和发送;④Ka 频段返向链路带宽扩展至 1GHz,G/T 值从 26dB/K 提高到 28dB/K;⑤星地链路 EIRP 值增至 64.5dBW;⑥Ka 频段返向传输的数据速率提高到 800Mb/s。

DRTS 系统的主要目标是进行数据中继通信在轨演示验证试验以及为地球观测卫星、空间站、轨道飞机、轨道服务运载器、轨道转运器、运载火箭等提供数据中继和测控服务。

1.4.1.4 俄罗斯卫星数据中继系统现状

俄罗斯的卫星数据中继系统称为"卫星数据中继网"(SDRN),包括民用和军用两大系统,民用系统称为"射线"(LUCH)系统,军用系统称为"急流"(POTOK)系统。

1. "射线"系统

俄罗斯采取先利用通信卫星、再研制专用卫星的路线来发展卫星中继业务。自 1982 年利用通信卫星搭载中继转发器做试验起,至今专用"射线"中继卫星已发展到第二代。

第二代"射线"系统有 3 颗卫星在轨运行,分别定点在 167°E,95°E,16°W,实现了全球覆盖。表 1.4-4 给出了第二代"射线"系统空间段的配置。

表 1.4-4 第二代"射线"系统空间段的配置

轨 位 归 属	中继卫星名称	发 射 时 间	位置[①]
印度洋赤道上空	"射线"-5A	2011 年 12 月 11 日	95°E(倾角 4.2°)
大西洋赤道上空	"射线"-5B	2012 年 11 月 3 日	16°W
太平洋赤道上空	"射线"-5V	2014 年 4 月 28 日	167°E

该系统提供 S 频段和 Ku 频段单址业务,S 频段返向最高数据速率为 5Mb/s,Ku 频段返向最高数据速率为 150Mb/s。"射线"系统主要用途是为国际空间站俄罗斯舱段、联盟号系列载人飞船、低轨道卫星、运载火箭与地

面测控站之间提供测控支持和双向数据交换,同时还可以用于电视转播、电视会议和应急通信。

2. "急流"系统和"鱼叉"系统

俄罗斯的军用卫星数据中继系统原称为"急流"系统,卫星称为"喷泉"(Geizer),已使用的轨道位置为 80°E 和 13.5°W。自 1982 年以来,"急流"系统共发射 10 颗"喷泉"卫星,最后 1 颗"喷泉"卫星于 2000 年 7 月发射,2009 年停止工作。

"鱼叉"(Garpun)系统代替原先的"急流"系统,主要为光电成像侦察、海洋目标监视等军用侦察卫星提供实时数据传输支持。"鱼叉 1 号"卫星于 2011 年 9 发射,定点位置为 80°E,取代了原先"急流"系统的"喷泉"卫星。

1.4.2 国内发展现状

我国对卫星数据中继系统的跟踪研究工作可追溯到 20 世纪 70 年代。1979 年《国外测控技术》杂志第 1 期出版了跟踪与数据中继卫星系统专辑,详细介绍了研究成果。1991 年后国内一些单位对卫星数据中继系统的总体方案、跟踪定轨、数传体制等作过专题研究,提出过多种中继卫星方案设想。

2008 年 4 月 25 日,我国第一颗中继卫星——"天链一号"卫星从西昌卫星发射中心发射升空,5 月 1 日成功定点于东经 77°E 赤道上空,实现了空间相距 4 万多千米的两个航天器之间相互捕获、跟踪和高速率数据传输,标志着我国第一个卫星数据中继系统顺利建成。截至 2016 年 11 月,我国已有 4 颗中继卫星在轨运行。

"天链一号"卫星数据中继系统主要为我国"神舟"载人飞船及后续载人航天器提供数据中继和测控服务,同时为我国中低轨道卫星提供数据中继服务,为航天器发射提供测控支持。"天链一号"卫星数据中继系统工作在 S 频段和 Ka 频段。其中,Ka 频段返向链路可提供两路高速率数据传输服务。

参考文献

[1] 张纪生.我国卫星数据中继系统效益浅析[C]//1999 年航天测控技术研讨会论文集.西安:中国宇航学会飞行器测控专业委员会,1999:18-25.

[2] 周智敏,陆必应,宋千.航天无线电测控原理与系统[M].北京:电子工业出版社,2008.

[3] 闵士权.卫星通信系统工程设计与应用[M].北京:电子工业出版社,2015.

第2章

数据传输体制

　　卫星数据中继系统最基本的任务是传输含有信息的信号。传输体制指的是信号传输方式,也就是根据信道条件和传输要求,在系统中采用的信号形式(时间波形和频谱结构)以及怎样进行传输(包括各种处理和变换)等。卫星数据中继系统及其链路的具体组成和性能与所用的传输体制有着密切的关系。

　　除了一般的无线电通信都要涉及的基本信号形式、调制方式等问题外,卫星数据中继系统又有其特殊问题,例如多址接入、信道分配等。所以,卫星数据中继系统的传输体制有其自己的特点,其内容主要包括:多址方式、信道分配方式、基带信号类型及复用方式、编码方式、调制方式和扩频方式等。

2.1　多址方式

2.1.1　概述

　　在卫星数据中继系统中,多个用户目标同时通过卫星信道,建立各自的与地面终端站的连接,从而实现用户目标与地面终端站之间的通信。这种工作方式称为"多址方式"。通过多址方式接入的方式亦称为"多址接入方式"。

　　实现多址接入的技术基础是信号分割理论。我们知道,一个无线电信号可以用若干参量(指广义的参量)表示,最基本的是:信号的射频频率、信号出现的时间以及信号所处的空间。信号之间的差别可以集中反映在上述信号参量之间的差别上。在卫星数据中继系统中,信号的分割和识别可以利用信号的任意一种参量来实现。考虑到实际存在的噪声和其他因素的影响,最有效的分割和识别方法则是设法利用某些信号具有的正交性来实现。卫星数据中继系统采用的多址方式主要有频分多址、时分多址、码分多址和空分多址以及它们的组合。

2.1.2　频分多址方式

　　频分多址(FDMA)方式基于信道按频率分割的原理,把卫星转发器可用射频频带分割成若干互不重叠的子频带,将这些子频带分配给各地球站,使各地球站的载波在不同的子频带上发送。接收端利用频率正交性,通过频率选择性接收机进行解调,获得本站所需信息。也就是说,在 FDMA 系统中,各站载波的发送时间可以重叠,但各站载波占用的频带是严格分开的。FDMA 是最基本的一种多址方式,其突出特点是简单、可靠、便于实现。因此,在发展的初期几乎都采用这种多址方式,至今也仍然是一种主要的多址方式。

尽管 FDMA 简单而易于实现,但在 FDMA 系统设计和应用中,有一些关键问题必须妥善解决。第一,要求系统进行严格的功率控制。这个问题在功率受限时尤为突出,因为系统中发给某一地球站的功率若大于额定值,就会侵占卫星上发给其他地球站的功率。其次,要设置适当的保护带。这是因为当相邻频道的频谱落入本频道内时,会引起邻道干扰。第二,为了避免载频漂移致使各载波频谱重叠,在各载波占用的频带之间,要留有一定间隔作为保护频带。若保护频带过宽,则频带利用率降低;若保护频带过窄,则要对卫星和地球站的频率源和滤波器等提出苛刻的要求。第三,要尽量减少互调影响。互调是 FDMA 的一个独特而又突出的问题,这个问题将在后续章节中进一步描述。

在卫星数据中继系统中,中继卫星宽带转发器的带宽一般在 300MHz 以上。除了单址传输高速率数据以外,还可以以将中继卫星转发器带宽分割成多条子频带,实现多址传输,即采用 FDMA 方式工作,为在同一个天线波束内运行的两个或两个以上用户目标提供数据传输服务。图 2.1-1 给出了卫星数据中继系统典型的 FDMA 多址方式示意图。在空间交会对接任务中,地面终端站与载人飞船、目标飞行器之间的数据传输就是 FDMA 方式的典型应用。

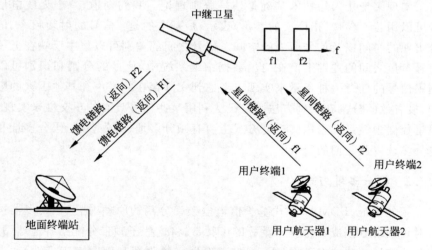

图 2.1-1 卫星数据中继系统典型的 FDMA 方式示意图

2.1.3 时分多址方式

时分多址(TDMA)方式基于信道按时间分割的原理,把卫星转发器的工作时间分割成周期性互不重叠的时隙（称为"分帧"），各地球站在分配的时隙里以高速突发形式发射载波。接收端利用时间正交性，通过时间选择，从混合的信息流中选出自己的信息。也就是说，在典型的 TDMA 系统中各站载波的发送频率是相同的，但各站发射载波的时间是精确错开的。

在 TDMA 系统中同步是关键，系统必须保持精确的时间同步，以保证各站的分帧到达转发器的时间不发生重叠。系统同步包括初始捕获、分帧同步和位同步。所谓初始捕获是指当地球站开始发射时，使其发送分帧准确地进入指定时隙的过程。对初始捕获的要求是速度快、精度高和设备简单。已经提出并经过实践的初始捕获方法有计算机轨道预测法、相对测距法、被动同步法和适应于点波束的反馈法等多种。所谓分帧同步是指完成初始捕获并进入锁定状态后，保证稳态情况下分帧之间的正确时间关系而不造成相互重叠。

在 TDMA 方式中还有一种称为"随机时分多址方式"，是网中各站随机地占用卫星信道，若发生"碰撞"则要重发的一种多址方式。这种方式对于随机、间断地使用信道，峰值传送率与平均传送率相差很大的数据传输是很有效的。通常用于突发分组数据传输、短消息传输和用作接入控制的信令信道。随机时分多址方式有时也称"阿罗哈"（ALOHA）方式，它有多种类型，例如纯 ALOHA、时隙 ALOHA、预约 ALOHA、选择重发 ALOHA等，它们的信道利用率、平均传输时延以及应用场合各不相同。

在卫星数据中继系统中，TDMA 方式主要应用在 SMA 前向链路向不同用户目标分时发送遥控信息的场合。图 2.1-2 给出了卫星数据中继系统典型的 TDMA 方式示意图。

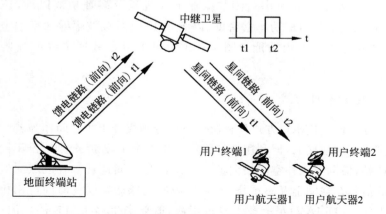

图 2.1-2　卫星数据中继系统典型的 TDMA 方式示意图

2.1.4 码分多址方式

码分多址(CDMA)方式基于信道按码型正交分割的原理,即各地球站采用各不相同、相互准正交的地址码分别调制各自要发送的信号,接收端利用地址码的正交性,采用相关检测的方法识别出本站站址,从混合信号中选出本站所需信息。也就是说,各站发送的载波,除了受基带数字信号调制以外,还要受地址码的调制。由于作为地址码的码元宽度远小于信号码元宽度,加了地址码的信号频谱宽度远大于原基带信号的频谱宽度,所以码分多址又称为"扩展频谱多址"。码分多址的关键是要找到一种地址码,使其只有与之匹配的接收机能够检测,而对其他任何接收机,则表现为类似高斯过程的宽带噪声。通常,CDMA 的地址码选用伪随机噪声(PN)码。较为适用的扩频系统有 2 种基本类型:直接序列码分多址(CDMA/DS)和跳频码分多址(CDMA/FH)。CDMA/DS 一般是将原始信码与 PN 码进行模 2 加,然后对载波进行 PSK 调制。CDMA/FH 与 CDMA/DS 的主要差别是发射频谱的产生方法不同:在发送端,CDMA/FH 利用 PN 码去控制频率合成器,使之在一个宽范围内的规定频率上伪随机地跳动,然后再与信码调制过的载波进行混频,从而达到扩展频谱的目的。CDMA 具有较强的抗干扰能力,信号功率谱密度低,隐蔽性好,但频谱资源利用率低,通信容量较小。

在卫星数据中继系统中,通常采用 CDMA/DS 方式,主要应用在 SSA 和 SMA 链路,不同的用户目标使用相同的频率和不同的地址码同时发送遥测信息。除了对低速率遥测数据业务实现码分多址功能以外,还利用 PN 码降低发射信号的功率谱密度,以满足 ITU 对载波辐射功率谱密度的限制,并同时实现测距功能。图 2.1-3 给出了卫星数据中继系统典型的 CDMA 方式示意图。

2.1.5 空分多址方式

空分多址(SDMA)方式是将所用空间分割成若干小空间作为若干通信区域实现多址连接的,即利用卫星天线产生多个窄波束,分别对准不同区域的地球站,借助波束在空间指向的差异来区分不同地址。各区域的地球站发出的信号在空间上互不重叠,不同区域的地球站在同一时间可用相同的频率工作。SDMA 对星上技术要求很高,既要产生多个稳定的点波束,又要完成各点波束信号的转接,同时还要求卫星具有很高的姿态稳定和控制

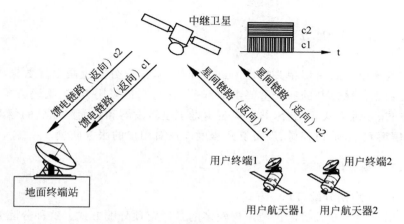

图 2.1-3 卫星数据中继系统典型的 CDMA 方式示意图

能力。SDMA 方式有很多优点,例如,频率资源可得到重复利用;发射机功率通过窄波束天线,发射的 EIRP 得到提高;降低了对地球站天线口径的要求;系统通信容量大等。

在卫星数据中继系统中,SDMA 方式与 CDMA 方式相结合,主要应用在 SMA 链路。在中继卫星上安装 S 频段相控阵天线,产生多个波束,同时指向位于空间不同轨道的用户目标,使用相同的频率和不同的地址码同时发送遥测信息。图 2.1-4 给出了卫星数据中继系统典型的 SDMA 方式示意图。

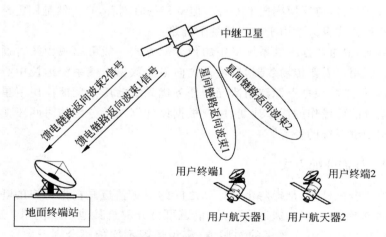

图 2.1-4 卫星数据中继系统典型的 SDMA 方式示意图

2.2 信道分配方式

与多址方式密切相关的是信道分配问题,信道分配也是卫星数据中继系统数据传输体制的一个重要组成部分,它与基带复用方式、编码方式、调制方式、多址方式相结合,共同决定中继卫星转发器和地面终端站的信道配置、信道效率、信道容量、设备复杂程度以及对用户的服务质量。

2.2.1 预分配方式

1. 固定预分配(FPA)方式

最早使用并且目前仍使用得较多的是固定预分配方式。这种分配方式按照事先规定半永久性地分配给每个地球站固定数目的信道(载频、时隙、地址码或波束等),各地球站只能用分配给它的这些特定信道与相关地球站通信,而其他站不能占用这些信道。该方式的主要优点是信道是专用的,连接简单,电路建立快,基本上不需要信道控制设备。但是,当地球站数量多、而每个站的业务量较小时,信道利用率将大大降低,所以,固定预分配方式一般适合于点到点、大业务量的骨干链路。

2. 按时预分配(TPA)方式

当事先知道各地球站间业务量随"时差"或其他因素做周期性变动时,可约定一天内信道分配做几次固定的调整。这种方式称为"按时预分配方式"。显然其信道利用率比 FPA 高,但从每一时刻看,它仍然是固定预分配的。这种方式也只适用于大容量骨干链路。

目前,卫星数据中继系统采用的预分配方式一般可以视为按时预分配方式。当用户需要传输数据时,可预先向卫星数据中继系统运控中心提出申请,运控中心根据资源利用情况和任务优先级向用户反馈使用卫星数据中继系统的可操作的任务计划,用户根据该计划在所分配的时间段使用卫星数据中继系统的资源。

2.2.2 按需分配方式

按需分配(DA)是指两个地球站之间的卫星信道是根据用户的呼叫申请自动选择和建立的,通话完毕后,信道可再分配给其他用户使用。这样,可以用较少的信道为较多的站服务,避免忙闲不均的不合理现象,在多站址、轻业务量情况下,可以获得很高的信道利用率。卫星数据中继系统 SMA 按需分配业务就是按需分配技术的典型应用之一。

按需分配有以下几种类型。①每个站的发送频率固定,接收频率可在所有频率范围内调谐的半可变方式;②每个站的接收频率固定,发端频率可在所有频率范围内调谐的半可变方式;③发送端和接收端载频都可变的全可变方式。

按需分配方式对每载波单路(SCPC)体制是特别适用的,因为每信道只传一路话音,通话结束,信道就另行分配。为了实现按需分配,要使用比较复杂的控制设备,并且一般要在卫星转发器上单独开辟一专用频段作为公共信令信道(CSC)供各站申请、分配信道时使用。按需分配系统的控制方式有集中控制、分散控制和混合控制 3 种类型。

1. 集中控制方式

集中控制方式指系统的信道分配、通话、状态监测、计费等均要通过主站。从通信网的结构来看,这种控制方式一般是星状的。用于传递公共信令信息的信道(CSC)一般采用星状的 TDM/TDMA 方式,主站通过一条TDM 信道向各地球站发送呼叫、分配、控制、网络工作状态等各种信息,而各地球站则通过 TDMA 信道向主站发送申请、被叫地址等各种信息。

2. 分散控制方式

分散控制方式指信道分配、通话、状态监测、计费等均以点对点为基础,也就是说各站之间可直接建立联系,而不需要经过主站。从通信网的结构来看,这种控制方式一般是网状,其公共信令信道一般采用 TDMA 方式。

3. 混合控制方式

混合控制方式指该系统中的信道分配、状态监测、计费由主站负责,而话音电路则不经过主站,主叫站与被叫站直接通话。从通信网的结构看,其话音信道是一个网状结构,而公共信令信道则是一个星状结构。

在上述 3 种控制方式中,分散控制方式的信道利用率较高,使用灵活方便,建立线路的时间短,主站发生故障不会导致全系统瘫痪,系统的可靠性较高,但分散控制要求每个站的控制设备都要保存一套全系统的频率(或时隙)忙闲表并监测系统的工作状态。在小口径终端应用中,大多数采用混合控制方式。

2.3 信道纠错编码方式

编码方式通常分信源编码和信道编码两种。一般地说,信源编码是为了提高信息传输的有效性,而信道编码是为了提高信息传输的可靠性。信源编码又进一步分为话音编码、图像编码等。各种信源编码的主要作用就是将待传输的模拟信号转换成数字信号,使其能够在数字通信系统中传输。信道编码又称"差错控制编码",是根据一定的规则适当增加信号的冗余度,使信号具有一定的检测错误和纠正错误的能力。本节将只对差错控制编码进行讨论。

2.3.1　差错控制编码的基本概念

2.3.1.1　差错控制的基本方式

在卫星数据中继系统的传输信道上既有加性干扰也有乘性干扰。加性干扰由白噪声引起,乘性干扰由衰落引起。白噪声将导致传输的信号发生随机差错,而衰落将导致传输的信号发生突发差错。因此,对传输信号进行差错控制编码是必要的。

常用的差错控制方式主要有以下 3 种:①检错重发。在发送码元序列中加入差错控制码元,接收端利用这些码元检测到有错码时,利用反向信道通知发送端重发,直到正确接收为止。②前向纠错。接收端利用发送端在发送码元序列中加入的差错控制码元,不但能够发现错码,还能够将错码恢复成正确值。③混合纠错。检错和纠错结合使用,当接收端出现少量错码并有能力纠正时,采用前向纠错方式;当接收端出现较多错码没有能力纠正时,采用检错重发方式。

2.3.1.2　检错纠错机理

对二进制码而言,若一个独立的信息由 n 位二进制码元来表示,这样,n 位二进制码的所有组合可以表示 $N = 2^n$ 种信息。如果这 N 种组合均用来传输信息,则这样构成的码不具备检错纠错能力。例如,电传电报所用的 5 单位码就是一个例子。因为其 $2^5 = 32$ 个码组全被信息序列占用,故在传输过程中无论码组中哪一位出错,它都仍属于所定义的码组,这样在接收端就无法辨别接收码组是否出错。但如果这 N 个码组不是全用,则情况就不同了。以 3 位二进制码构成码组集合有 $2^3 = 8$ 种不同码组为例来进一步说明:

(1) 若只采用(000),(011),(101)和(110)四个码组作为许用码组,其余的四个码组(001),(010),(100)和(111)为禁用码组,则在传输过程中任一许用码组中的任一位发生差错时,该码组都将变成禁用(废弃)码组。因而可以发现该出错码组,但不能判断码组出错的具体位置,所以不能纠正,即该编码可以检出一个差错。

(2) 若只采用(000)和(111)作为许用码组,则在传输过程中任一码组出现两个差错,接收端都能发现;而且若用来纠错,可以纠正发生在码组中任何位置的一个差错。其方法可以是:将 8 个码组分成两个子集,其中{(000),(100),(010),(001)}与许用码组(000)对应,{(111),(011),(101),(110)}与许用码组(111)对应。这样在接收端只要收到第一子集中的码组即判为(000),收到第二子集中的码组判为(111)。由此可以看出该编码可以检出两个以下差错,或者纠正一个差错。同时也可以看出码的检错纠错能力与码的结构有关。

简单地说,编码的任务就是寻求某种规则从总码组中选出许用码组,译码的任务则是利用相应的规则来判断及校正收到的码组符合许用码组。

2.3.1.3　信息码元和监督码元

信息码元又称"信息序列"或"信息位",它是由发送端信源编码后得到的被传送的信息数据比特,通常用 k 来表示。由信息码元组成的信息组为 $M=(m_{k-1},m_{k-2},\cdots,m_0)$,在二进制码元情况下,每个码元的取值只有 0 或 1。

监督码元又称"监督位""附加数据比特"或"校验码元",它是为了检错纠错而在信道编码时加入的判断数据位,通常用 r 来表示,即 $r=n-k$。

分组码一般用符号 (n,k) 表示,其中 n 是码组的总位数,又称码组的"长度"(码长),k 是码组中信息码元的数目,$n-k=r$ 为码组中监督码元的数目,分组码的结构如图 2.3-1 所示。有时码组又称"码字"。

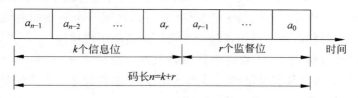

图 2.3-1　分组码的结构

按照信息码元与监督码元之间的校验关系,可分为线性码和非线性码。若信息码元与监督码元之间的关系为线性关系,即满足一组线性方程式,则为线性码。反之,若两者之间不存在线性关系,则为非线性码。按照信息码元与监督码元之间的约束关系不同,可以分为分组码和卷积码。按照信息码元在编码后是否保持原来的形式不变,可以分为系统码和非系统码。

如果监督码元仅与本码组的信息码元有关,而与其他码组的信息码元无关,称为"线性分组码"。在线性分组码中,有一种重要的码称为"循环码",它是在严密的代数学理论基础上建立起来的。这种码的编译码设备都不太复杂,且检错纠错的能力较强。循环码除了具有线性码的一般性质外,还具有循环性,即任一码组循环(最右端的一个码元移至左端,或反之)一位以后,仍是该码中的一个码组。

2.3.1.4　码重和码距

1. 码重

在分组编码后,每个码组中码元为 1 的个数称为码的"重量",简称"码重"。例如,(7,3)分组码中的某个码组是 0100111,则该码组的码重为 4。

2. 码距

码距指码组间的距离,是描述码特性的重要概念,在纠错编码中常用的距离概念有两个:一个是欧氏距离,另一个是汉明距离。

(1) 欧氏距离:将码组与 n 维空间上的点相对应,点间的距离就定义为码组的欧氏距离。欧氏距离常用于纠错码的软判决译码中。

(2) 汉明距离:在两个不同的码组中对应二进制码位不同的个数,称为这两个码组间的"汉明距离"。例如,(7,3)分组码中的任意两个码组(0100111)和(1001110)的码距为 4,因为它们的第 1,2,4,7 位不同。

(3) 最小距离:在一个码组集合(n 元码组中由编码规则定义的许用码组集合)中,任意两元素间(任意两码组间)汉明距离的最小值,称为这个码组集合的"最小距离"。例如,在前述{(000),(011),(101),(110)}码组集合中,最小汉明距离为 2,在{(000),(111)}码组集合中,最小汉明距离为 3。最小距离是差错控制编码的重要特性,它可以说明一个码结构的许多重要性质。一个码集合的检错纠错能力就可以用最小距离描述。

在线性分组码中,任意两个许用码组的逐位模 2 和,仍为一个许用码组,即线性分组码具有封闭性。因此,码的最小距离就是码组中的最小重量(全 0 码组除外)。

2.3.1.5　检错纠错能力

如前所述,一种编码的检错纠错能力与码的结构有关,而码的结构可以用该码的距离特性描述。即一种编码的最小码距 d_{min} 的大小直接关系着这种编码的检错和纠错能力:

(1) 为检出 e 个错码,要求最小码距 d_{min} 为:$d_{min} \geqslant e+1$。

(2) 为纠正 t 个错码,要求最小码距 d_{min} 为:$d_{min} \geqslant 2t+1$。

(3) 为纠正 t 个错码,同时检测 e 个($e > t$)错码,要求最小码距 d_{min} 为:$d_{min} \geqslant e+t+1$。

2.3.1.6 编码效率

通常把信息码元数目 k 与编码后的总码元数目(码组长度)n 之比称为"编码效率 R",简称"编码率"或"码率",即

$$R = \frac{k}{n} = \frac{k}{k+r} \tag{2.3-1}$$

这是衡量检错码、纠错码性能的一个重要指标。一般情况下,监督码元越多,即 r 越大,检错、纠错能力越强,但相应的编码效率也随之降低。

2.3.1.7 编码增益

衡量信道纠错编码性能的又一个重要指标是编码增益,定义为通过编码所能实现的 E_b/N_0 减小量,其计算表达式为

$$G = (E_b/N_0)_u - (E_b/N_0)_c \tag{2.3-2}$$

式中,$(E_b/N_0)_u$ 和 $(E_b/N_0)_c$ 分别表示在相同信息速率、相同误比特率条件下未编码及编码后所需要的 E_b/N_0。

由于存在编码增益,在卫星数据中继系统中引入信道纠错编码,可以在误比特率要求和传输速率一定的条件下降低发射功率或减小天线尺寸;也可以在误比特率要求、发射功率和天线尺寸一定的条件下提高传输速率,从而降低系统成本或提高系统通信容量。卫星数据中继系统中常用的信道纠错码有 BCH 码、RS 码、卷积码、RS+卷积级联、Turbo 码和 LDPC 码等。

2.3.2 BCH 码

BCH 取自其三个发明人姓名(Bose,Chaudhuri,Hocguenghem)的首个字母,BCH 码是循环码中的一个重要子类,它具有纠正多个随机差错的能力,有严密的代数结构。它的生成多项式与最小码距之间有着密切的关系。人们可以根据所需的纠错能力,很容易地构造出 BCH 码,它们的译码也比较容易实现。

BCH 码可以分为两类,即本原 BCH 码和非本原 BCH 码。它们的主要区别在于,本原 BCH 码的生成多项式 $g(x)$ 中含有最高次数为 m 的本原多项式,且码长为 $n = 2^m - 1(m \geqslant 3,$为正整数$)$;而非本原 BCH 码的生成多项式中不含这种本原多项式,且码长 n 是 $(2^m - 1)$ 的一个因子,即码长 n 一定除得尽 $2^m - 1$。

码长为 n、信息位为 k 的 BCH 码可以表示为 BCH(n, k)。BCH 码的码长 n 与监督位 r、纠错个数 t 之间的关系如下:

对于正整数 $m(m \geqslant 3)$ 和正整数 $r < m/2$,必定存在一个码长为 $n = 2^m -$

1,监督位 $r=(n-k)\leqslant mt$,能纠正所有不多于 t 个随机差错的 BCH 码。

在工程应用中,一般不需要用计算的方法去寻找生成多项式 $g(x)$。因前人早已将寻找到的 $g(x)$ 列成表[1],故可以用查表的方法找到所需的生成多项式。

1. 戈莱码

戈莱(Golay)码是一种非本原(23,12)二进制 BCH 码,它的生成多项式 $g(x)$ 为

$$g(x)=x^{11}+x^{9}+x^{7}+x^{6}+x^{5}+x+1 \tag{2.3-3}$$

戈莱码的最小码距为 7,能纠正 3 个随机差错,可见这是一种纠错能力很强的码,且容易译码。如果对它的每一个码字再加上一个奇偶校验位,便得到(24,12)扩展 BCH 码,它的最小码距为 8,能纠正 3 个随机差错同时检测 4 个突发差错,因此在实际中用的很多,但需注意(24,12)码不再是循环码。

2. CCSDS 建议的 BCH 码

在卫星数据中继系统前向遥控信道中使用的 BCH 码是 CCSDS 建议的 BCH(63,56)码。其编码码块格式如图 2.3-2 所示。码块为整数字节,全长 8B(64b)。其中,信息域为 56b,差错控制域为 8b。差错控制域的前 7 位比特为奇偶校验位,这 7 位校验比特是按照生成多项式计算的校验比特的反码,最后 1 位比特是填充位 F_0,该位始终为"0"。

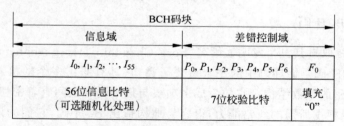

图 2.3-2 遥控信道 BCH 码块格式

BCH(63,56)码的生成多项式为

$$g(x)=x^{7}+x^{6}+x^{2}+1 \tag{2.3-4}$$

码产生过程如图 2.3-3 所示。在编码开始前,移位寄存器初始化为全 0。当发送 56 位信息比特时,旋转开关置于位置(1);当发送 7 位校验比特时,旋转开关置于位置(2);当发送附加的填充比特"0"时,旋转开关置于位置(3)。

当构成一个 CLTU 的传送帧(或传送帧序列)长度不是 56b 的整数倍

时,最后 1 个分组需填充为 56b,填充比特为以 0 开始的 0,1 交替序列。

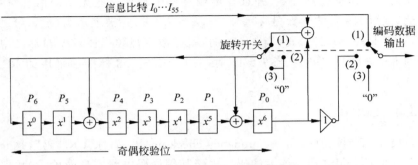

图 2.3-3 BCH(63,56)码产生过程

2.3.3 RS 码

RS 码是用其发明人的名字(Reed 和 Solomon,里德和所罗门)命名的,它是一类具有很强纠错能力的多进制 BCH 码。在 (n,k) RS 码中,共有 n 个符号,包括 k 个符号的信息位和 $n-k$ 个符号的监督位。每个符号由 m 个比特组成,那么可能符号数为 $q=2^m$ 个。

一个纠正 t 个符号差错的 RS 码有如下参数:

码长(或称"RS 码字"):$n=2^m-1$ 个符号;

信息段:k 个信息符号;

监督段(或称"校验段"):$n-k=2t$ 个符号;

最小码距:$d_{\min}=2t+1$ 个符号。

RS 码最有价值的特点是:其最小距离 $d_{\min}$ 比监督位多 1,即 $d_{\min}=n-k+1$。由线性码理论可知,有 $n-k$ 个校验位的线性分组码所能得到的最大 $d_{\min}$ 是 $n-k+1$。可见 RS 码是一个有最大 $d_{\min}$ 的线性分组码,它可以纠正 t 个符号差错或者 $(t-1)m+1$ 个连续比特差错。因此,RS 码成为纠正短突发差错的首选纠错码。

在卫星数据中继系统的数据传输中,由于一个字节包括 8b,因此,通常选择 $m=8$,这样,$q=2^8=256$,即码长 $n=q-1=255$。为了使所采用的 RS 码能够纠正 $t=16$ 个符号差错,RS 码为(255,223),即 $k=n-2t=255-32=223$。同理,为了使所采用的 RS 码能够纠正 $t=8$ 个符号差错,RS 码为(255,239)。

在实际应用中,经常遇到 RS 码的这些原始编码参数影响其他参数选择的情况。因此,需要对 RS 码的原始参数进行修改。对原始 RS 码进行截短就是其中一种修改方法：它使用原始的 RS 编码器和译码器，只是对其中前面的 j 个信息位置置零，并且在传输过程中删除这些无用的信息符号。因此，截短 RS 码的参数是 $n'=n-j,k'=k-j$，并被表示为 (n',k')。例如，对于 RS(255,239)码，当 $j=51$ 时，就是数字视频广播(DVB)标准中采用的 RS 码(204,188)；当 $j=47$ 时，就是 IESS 308 标准中采用的 RS 码(208,192)。

2.3.4 CRC 码

循环冗余校验(cyclic redundancy checking)码，简称"CRC 码"，是分组码中一种具有很强检错能力的码。由于其编译码电路实现简单，在数据通信中得到广泛应用。

CRC 码能够检出如下差错：

（1）突发长度小于或等于 $n-k$ 的突发差错；

（2）大部分突发长度等于 $n-k+1$ 的差错，其中不可检测的这类差错只占 $2^{-(n-k-1)}$；

（3）大部分突发长度大于 $n-k+1$ 的差错，不可检测的这类差错只占 $2^{-(n-k)}$；

（4）所有与许用码组码距小于或等于 $d_{\min}-1$ 的差错；

（5）所有奇数个随机差错。

表 2.3-1 给出了已成为国际标准的 4 种 CRC 码的生成多项式。其中，CRC-12 用于字符长度为 6 位的情况，其他用于 8 位的情况。卫星数据中继系统中使用的是 ITU 的 CRC-16 码，生成多项式为 $x^{16}+x^{12}+x^5+1$。

表 2.3-1 常用 CRC 码的生成多项式

码	生成多项式
CRC-12 码	$x^{12}+x^{11}+x^3+x^2+x+1$
CRC-16 码（美国）	$x^{16}+x^{15}+x^2+1$
CRC-16 码（ITU）	$x^{16}+x^{12}+x^5+1$
CRC-32	$x^{32}+x^{26}+x^{23}+x^{22}+x^{16}+x^{12}+x^{11}+x^{10}+x^8+x^7+x^5+$ x^4+x^2+x+1

2.3.5 卷积码

2.3.5.1 卷积码的一般概念

卷积码是由 P. Elias 于 1955 年提出的，它与前文讨论的分组码不同，是一种非分组码。在线性分组码中,每 k 个信息码元加 r 个校验码元组成一个长度为 n 的码组,其中,r 个校验码元仅与本组中的 k 个信息码元有关,而与其他码组无关。为了达到一定的纠错能力和编码效率,分组码的码长通常都比较大,编译码时必须把整个信息码组存储起来,由此产生的时延随着 n 的增加而线性增加。卷积码也是把 k 个信息码元编码成 n 个码元,但与分组码不同,卷积码中编码后的 n 个码元不仅与当前段的 k 个信息码元有关,而且与前面 $m-1$ 段的信息码元有关。因此卷积码被表示为 (n,k,m) 的形式,其中,m 为约束长度,编码率 R 则仍定义为 k/n。在接收端译码过程中不仅从当前时刻收到的码元中提取译码信息,还利用以后若干时刻收到的码组提供的有关信息。

卷积码充分利用了各码段间的相关性,且通常 n 和 k 较小,故时延小。卷积码的纠错能力随着约束长度 m(一般不超过 9)的增加而增大,即译码后的差错率随着约束长度的增加呈指数下降。所以,在编码率相同和复杂度相当的条件下,卷积码的性能优于分组码;在纠错能力相近的条件下,卷积码的实现比分组码简单。但是,卷积码没有类似分组码那样的严密数学结构和数学分析手段,目前大多是通过计算机进行搜索得到好码。

2.3.5.2 卷积码的描述

卷积码的描述是表达卷积码码元之间以及编码器输入与输出之间的关系。描述卷积码的方法有两类:图解表示和解析表示。图解表示方法有码树、状态图和网格图 3 种。解析表示方法有时延算子多项式和半无限矩阵两种。下面介绍常用的网格图表示法和时延算子多项式表示法。

1. 网格图表示法

为便于理解,以图 2.3-4(a)所示的 $(2,1,3)$ 卷积码编码器为例来说明。该编码器的编码率为 $1/2$,约束长度为 3。每输入 $k=1$ 个比特,经编码产生 $n=2$ 个输出比特。2 个移位寄存器具有四个状态,分别记为 a,b,c,d。假设移位寄存器的起始状态为全 0,当第一个输入比特为 0 时,输出比特为00;若输入比特为 1,则输出比特为 11。随着第二个比特输入,第一个比特右移一位,此时输出比特同时受当前输入比特和前一个输入比特的影响。当输入第三个比特时,第一、二个比特分别右移一位,此时输出比特同时受当前输入比特和前两个输入比特的共同影响。当输入第四个比特时,第一个比特移出寄存器。移位过程可能产生的各种序列可以用网格图表示,如图 2.3-4(b)所示。

有了网格图后,给定编码输入序列和编码器初始状态,就可以快速写出

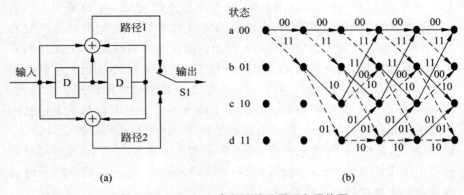

图 2.3-4 (2,1,3)卷积码编码原理和网格图

(a)(2,1,3)卷积码编码原理框图;(b)(2,1,3)卷积码网格图

编码器输出序列。以图 2.3-4(b)所示的网格图为例,当输入信息序列为 1101110…且编码器初始状态为 0 时,输出为 11010100011001…,编码轨迹如图 2.3-5 所示。网格图不但可以用于直观显示编码轨迹,还可用于卷积码的译码。

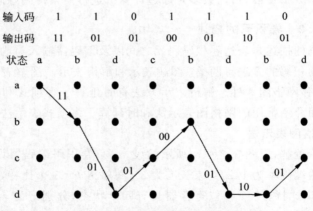

图 2.3-5 (2,1,3)卷积码的编码过程和路径

2. 时延算子多项式表示法

在时延算子多项式表示中,编码器中移位寄存器与模 2 加法器的连接关系以及输入、输出序列都表示为时延算子 D 的多项式。例如,输入序列 1101110…表达为

$$M(D) = 1 + D + D^3 + D^4 + D^5 + \cdots \qquad (2.3-5)$$

用时延算子多项式表示各级移位寄存器与各模 2 加法器连接关系时,

若某级寄存器与某模 2 加法器相连,则多项式中相应项的系数为 1,否则为 0(表示无连接线)。仍以图 2.3-4(a)所示的(2,1,3)卷积码为例,路径 1、路径 2 的两个模 2 加法器与各级寄存器的连接关系可表达为

$$\begin{cases} G_1(D) = 1 + D + D^2 \\ G_2(D) = 1 + D^2 \end{cases} \tag{2.3-6}$$

式中,D 代表时延算子,D 的幂表示延迟时间单元数;D 表示延迟 1b,即上个时刻输入码元;D^2 表示延迟 2b,即上两个时刻输入码元,以此类推。

由傅里叶变换可知,时域的卷积可转化为 D 域的乘积。因此,路径 1 和路径 2 的输出多项式分别为

$$\begin{aligned} C_1(D) &= G_1(D)M(D) = (1 + D + D^2)(1 + D + D^3 + D^4 + D^5 + \cdots) \\ &= (1 + D^5 + D^7 + \cdots) \\ C_2(D) &= G_2(D)M(D) = (1 + D^2)(1 + D + D^3 + D^4 + D^5 + \cdots) \\ &= (1 + D + D^2 + D^4 + D^6 + D^7 + \cdots) \end{aligned}$$

由此,可推出路径 1 的输出序列为 10000101…,路径 2 的输出序列为 11101011…。最后,将路径 1 和路径 2 的输出序列相结合(符号轮流输出),即可得出编码器的输出序列为 $C = 11010100011001\ldots$,这与网格图得出的结果是一致的。

通常把表示移位寄存器与模 2 加法器连接关系的多项式称为生成多项式。在实际中,为表达方便,常用二进制序列或八进制序列表示生成多项式(亦称"连接矢量")。例如在式(2.3-6)中:

$$\begin{cases} G_1(D) = 1 + D + D^2, & G_1 \Rightarrow (111) = (7)_8 \\ G_2(D) = 1 + D^2, & G_2 \Rightarrow (101) = (5)_8 \end{cases}$$

2.3.5.3 卷积码的译码

卷积码的性能取决于卷积码距离特性和译码算法,其中,距离特性是卷积码自身本质的属性,它决定了该码潜在的纠错能力,而译码算法则是如何将潜在纠错能力转化为实际纠错能力的技术途径。卷积码的译码比编码困难得多。目前主要有两类译码方法,即代数译码法和概率译码法。

代数译码法利用编码本身的代数结构进行译码,不考虑信道的统计特性。大数逻辑译码,又称"门限译码",是卷积码代数译码的最主要的一种方法,它对于约束长度较短的卷积码是一种比较有效的译码方法,其算法简单,易于实现,译码时延固定。但是,门限译码受转移函数逆矩阵和差错图

案计算上的限制,一般只用于一些简单的卷积码,编码增益都不大,因此实际应用较少。

概率译码法,又称"最大似然译码法",则是基于信道的统计特性和卷积码的特点进行计算的。用概率译码法实现的译码器,其输出的误比特率性能可达到或接近最佳译码性能,但实现比较复杂。概率译码法主要有序列译码、维特比译码等,其中,维特比译码实现更简单,应用非常广泛。

1. 维特比译码

维特比译码算法由 A. J. Viterbi 于 1967 年提出,是译码差错概率最小的卷积码的概率译码算法,其译码速度快,易于用大规模集成电路实现。目前,维特比译码技术已非常成熟,已有专用的维特比译码芯片。

维特比译码可以用网格图来描述。译码的任务是在网格图中选择一条路径,使相应的译码序列与接收到的序列之间的汉明距离最小。卷积码译码中,通常把可能的译码序列与接收到的序列之间的汉明距离称为"量度"。维特比译码器的原理框图如图 2.3-6 所示。

图 2.3-6 维特比译码原理框图

维特比译码器主要由分支量度计算单元、路径量度加-比-选单元和回溯单元等组成。在支路量度计算单元中,每当接收到一条新支路的一组 n 个量度值,该单元就对网格图中每一条不同的支路确定一新的量度值。对编码率为 k/n 码来说,每次将有 2^n 个不同的量度值。在软判决维特比译码时,支路量度值不但随支路不同而异,还与接收信号的量化值有关。在加-比-选单元中,支路量度与以前存储的路径量度相加,然后对汇聚到同一节点处的支路进行路径量度比较,选择一条路径量度最小的路径,作为幸存路径被保留下来,该路径量度值作为下一级计算的路径量度,如此在网格图的每一级上进行重复计算。最后,译码器通过幸存路径回溯得到信息序列的估计值。

2. 序列译码

序列译码,亦称"序贯译码",由 J. M. Wozencraft 于 1957 年提出。R. M. Fano 于 1963 年对其进行了重要改进,改进后的序列译码称为"Fano 算法"。序列译码是基于码树图结构的一种准最佳的概率译码。序列译码也是以路径的汉明距离(量度)为准则,选择与接收序列最相近的路径。与维特比译码不同的是,序列译码器只是延伸一条具有最小汉明距离的路径,而不像维特比译码那样延伸所有可能的路径,然后比较、选择。序列译码中一次只搜索一条路径,因而减小了计算量和存储容量(特别是当约束长度很大时)。但也正因为只延伸一条路径,在有限搜索情况下,这条路径可能不是最好的。所以,这只是一种寻找正确路径的试探方法。也就是说,序列译码器总是在一条单一的路径上,以序列的方式进行搜索,每向前延伸一条支路,就进行一次判断,选择呈现出具有最大似然概率的路径。如果所做的判决是错误的,则以后的路径就是错误的。根据路径量度的变化,译码器最终可以识别路径是否正确。当译码器识别路径是错误的时候,就后退搜索并试探其他路径,一直到选择一条正确的路径为止。

一般地说,序列译码的时延较大且是随机的,时延的大小与信道噪声情况有关。但它的译码复杂性基本上与约束长度无关,因此可以应用于约束长度很大的卷积码。

3. 删余码的译码

接收端收到码字后,在发送端的删除位置上填充特定的虚码元,然后送入$(n, 1, m)$译码器,并且在译码器译码时禁止对这些虚码元作量度运算,从而使这类删余码的译码可以基于普通的$(n, 1, m)$码的维特比译码方法进行运算。需要注意的是,在接收端需要有对每个码字的同步功能。

研究表明,这种删余卷积码的性能与已知的最好码(编码器直接产生的码)的性能相当接近,但由于它易于实现,可以减少运算次数,在许多情况下更为适宜。

2.3.5.4 卷积码的编码增益

卷积码的编码增益定义为在给定编码码率和调制方式的情况下,为了获得相同的误比特率,未使用编码时所需的信噪比与采用编码后所需的信噪比的分贝差值。目前,卷积码主要和 BPSK 或 QPSK 调制方式结合使用。如果采用硬判决,则性能比理想软判决下降 2dB。如果采用 3b 软判决,则比理想软判决性能下降 0.25dB。表 2.3-2 给出了一些常用卷积码对于 BPSK 或 QPSK 调制方式及在加性高斯白噪声信道上采用 3b 软判决时维特比译码的编码增益。

表 2.3-2　常用卷积码的编码增益（3b 维特比软判决译码）

卷积码(n,k,m)	编码增益/dB		
	$P_e=10^{-3}$	$P_e=10^{-5}$	$P_e=10^{-7}$
$(3,1,7)$	4.2	5.7	6.2
$(2,1,7)$	3.8	5.1	5.8
$(2,1,6)$	3.5	4.6	5.3
$(2,1,5)$	3.3	4.3	4.9
$(3,2,4)$	3.1	4.6	5.2
$(3,2,3)$	2.9	4.2	4.7
$(4,3,3)$	2.6	4.2	4.8
$(4,3,2)$	2.6	3.6	3.9

2.3.5.5　卫星数据中继系统中使用的卷积码

1. 编码率为 1/2 的卷积码

图 2.3-7 给出了在卫星数据中继系统中使用的卷积码编码器原理方框图。编码器主要由移位寄存器、模 2 加法器和一个旋转开关组成。当旋转开关 S1 位于位置 1 时，产生与输入信息比特相关的第 1 个符号。此后每输入 1b 信息，开关 S1 完成从位置 1 到位置 2 的一个切换循环，产生 2 个输出符号。需要注意的是卷积码编码器的 G2 路径输出序列进行符号反转。该卷积码的生成多项式为 G1=1111001，G2=1011011。

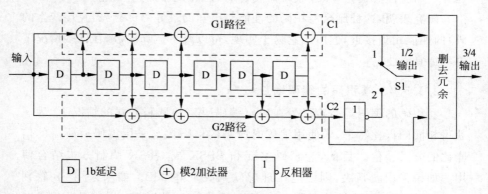

图 2.3-7　(2,1,7)卷积码和删余卷积码编码器原理方框图

2. 编码率为 3/4 的删余卷积码

编码率为 k/n 的卷积码除了用生成多项式直接编码产生外，还可以由低编码率的卷积码变换得到，即采用删余卷积码。删余是由已知卷积码构

造新的卷积码的一种简单的方法,其基本原理是:先设计一个低编码率的卷积码,例如(2,1,7)卷积码,在送入信道传输前删去某些特指位置的码,而使之成为高编码率卷积码,在接收端译码时,用特定的码元再在这些位置上填充,然后,输入(2,1,7)码的维特比译码器译码,通过这种途径避免高编码率卷积码在译码时的高运算量。需要注意的是,与(2,1,7)卷积码编码不同,删余卷积编码器的 G2 路径输出序列不进行符号反转。表 2.3-3 给出了3/4 编码率的卷积编码的删余图样。

表 2.3-3　3/4 编码率的卷积编码的删余图样

删余图样 1 代表发送符号; 0 代表不发送符号	编码率	输出序列 C1(t)和 C2(t)代表比特 时间 t 时的值($t=1,2,3,\cdots$)
C1: 101 C2: 110	3/4	C1(1)C2(1)C2(2)C1(3)$\cdots$

2.3.6　卷积＋RS 级联码

2.3.6.1　级联码

信道编码理论指出,随着码长 n 的增加,译码的差错概率按指数接近于零。因此,为了降低译码的差错概率就需要用长码。但随着码长的增加,译码器的复杂性和计算量也增加,以致目标难以实现。为了解决性能与设备复杂性的矛盾,1966 年 Forney 提出了一种构造长码的方法,就是利用两个短码的串联构成一个长码,称为"级联码"。

级联码通常包括两个独立的编码,一个称为"内码",一个称为"外码"。内码主要用于纠随机差错,外码主要用于纠突发差错。级联码的内码和外码可以都是分组码,也可以内码是卷积码,外码是分组码。

当两个码都是分组码时,通常一个是二进制码,另一个是非二进制码。其中二进制的(n,k)码为内码,非二进制的(N,K)码为外码。编码时首先把 $K \times k$ 个信息比特分为 K 个称为"字符"的组,每个字符包括 k 个比特,这 K 个 k 比特的字符由外编码器按照非二进制编码方法编码为 N 个 k 比特的字符。内编码器再把每个 k 比特字符编码为长度为 n 比特的二进制分组码。这样就得到了一个码组长度为 $N \times n$ 比特、包含 $K \times k$ 个信息比特的级联的分组码。该级联码的编码率等于内码编码率与外码编码率的乘积。

目前在卫星数据中继系统中更为常用的级联码是将分组码与卷积码级

联,如图 2.3-8 所示。级联码的内码采用纠随机差错较好的卷积码,且用维特比译码;外码则采用纠突发差错较好的分组码,如 RS 码、BCH 码等。来自信源的数据首先送入 RS 编码器,RS 编码后经交织器进行交织,进一步随机化数据,然后送入纠随机差错的卷积编码器,卷积编码后的数据经调制器调制后进入信道传输。

图 2.3-8 卷积＋RS 级联码编码示意图

2.3.6.2 交织编码

在实际信道中,既存在随机差错,也存在突发差错,而且发生突发差错的概率较发生随机差错的概率大。随机差错是由随机噪声(如白噪声)引起的,是统计独立的,而突发差错往往是由脉冲干扰、多径衰落等因素引起的,在统计上是非独立的。这种随机差错和突发差错并存的信道对纠错编码技术提出了更高的要求。对于较短的突发差错可以采用专门为纠正突发差错而设计的纠错码,如 RS 码。但是对于较长的突发差错,可能会超过一个编码码字所能纠错的最大能力,则需要采用交织技术,把长突发差错离散为随机的独立差错,然后再用纠随机差错的码纠错。这种采用交织技术配合前向纠错编码技术一起使用,可以使传输性能得到明显的改善。从严格意义上说,交织不是编码,因为交织技术本身不产生冗余码元。但如果把纠错编码器和交织器看成一个整体,则新构成的"交织码"具有了更好的纠错性能。

按照结构形式,交织一般分为分组交织和卷积交织两大类。其中,分组交织又可以分为行列式分组交织、螺旋式分组交织、线性转换式随机交织和读表式随机交织等类型。

1. 分组交织

分组交织又称为"块交织"或"矩阵交织"。以行列式分组交织为例,它的基本原理是:在发送端,用 m 个分组长度为 n 的码组构成一个 $n \times m$ 的矩阵,数据按行的方向写入、以列的方向读出(也可以按列写入按行读出)。在接收端,每收到一个 $n \times m$ 矩阵就以行的方向读出,这是一个反交织的过程。这样,接收的交织编码矩阵中发生在列方向上的连续突发差错,在行的方向上就成为分散在不同码组中的随机差错。交织矩阵中的 m 称为"交织深度",表示分散突发差错的能力。显然,交织深度越深,分散突发差错的能力就越强,即能够纠正的突发差错的长度就越长。但交织深度越深,交织码的交织和去交织时延就越大。因此,交织深度的选择应根据信道特征和传输业务的时延要求进行综合考虑。行列式分组交织器的交织过程如图 2.3-9 所示。

图 2.3-9　行列式分组交织过程

分组交织的特点是简单,对短序列交织效果较好,但交织后对码元的去相关不彻底。另外,在特殊情况下,周期为 n 的 k 个单独差错,经去交织后会产生长度为 k 的突发差错。为解决该问题,在一些通信系统中采用了分组交织的变体,称为"随机交织"。在随机交织中,数据序列进入矩阵的顺序由某种伪随机序列的值决定或直接由计算机搜索产生。

表 2.3-4 给出了一种伪随机交织器的交织过程:首先生成 n 个伪随机数,并与输入的信息序列中的 n 个比特一一对应;然后将这 n 个伪随机数按照升序或降序排列;最后将信息比特按照与伪随机数一致的排序方式输出,得到交织后的信息序列。

表 2.3-4　伪随机交织器的交织过程

长度为 n 的信息序列	d_1	d_2	d_3	d_4	d_5	d_6	d_7
生成 n 个伪随机数	3	7	5	1	2	8	6
按大小排列伪随机数	1	2	3	5	6	7	8
交织后的信息序列	d_4	d_5	d_1	d_3	d_7	d_2	d_6

2. 卷积交织

卷积交织和去卷积交织的原理框图如图 2.3-10 所示。数据经过纠错编码后输入到 I 个不同的延迟分支。第一个分支不延迟直接输出,第二个分支延迟 M 个周期后输出,第 i 个分支延迟 $(i-1)M$ 个周期后输出,交织后的数据,按相同的顺序从各个支路中读出。

从图 2.3-10(b)可以看出:去交织结构与交织结构互补,其各个分支延迟数与交织相反,所以交织与去交织总的时延为 $(I-1)M$ 个数据。如果由信道的干扰产生的突发差错小于交织深度 I 个差错,则去交织后突发差错被分散。

卷积交织技术可以在相同差错率的情况下比分组交织少用一半的延迟时间。在 DVB 标准中,外码编码采用了 RS(204,188)码,选择的交织方式为卷积交织,其交织器的分支数 I(交织深度)取 12,单元深度 $M = N/I = 204/12 = 17$。

2.3.6.3　级联码的性能

通过在 PSK 调制载波中采用级联码,可以明显降低对 E_b/N_0 值的要

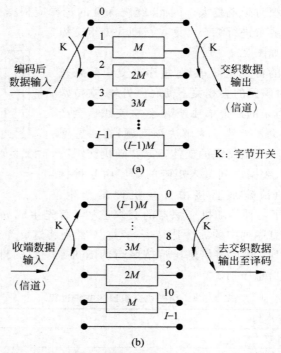

图 2.3-10 卷积交织器和去卷积交织器的原理框图

(a) 交织器；(b) 去交织器

求。例如，当外码采用$(255,223)$RS码，内码采用$(2,1,7)$卷积码且用维特比软判决译码时，与不编码相比可产生约 7dB 的编码增益，特别适用于高斯白噪声信道，成为卫星数据中继系统广泛应用的编码类型。表 2.3-5 给出了 IESS-308 规范中为使误比特率低于规定值所需的 E_b/N_0 值。从表中可见，当要求的误比特率低于 1×10^{-10} 时，采用 RS 外码可以使对 E_b/N_0 值的要求降低 4dB。从节省功率的角度，采用级联码可以明显降低对发射信号的功率要求。

表 2.3-5　IESS-308 规范中 E_b/N_0 值（QPSK，中频环）　　　　dB

误比特率 优于	内码为 1/2 率卷积码		内码为 3/4 率卷积码	
	无 RS 外码	有 RS 外码	无 RS 外码	有 RS 外码
10^{-6}	6.1	4.1	7.6	5.6
10^{-7}	6.7	4.2	8.3	5.8
10^{-8}	7.2	4.4	8.8	6.0
10^{-10}	9.0	5.0	10.3	6.3

2.3.7 Turbo 码

2.3.7.1 基本概念

2.3.6 节中描述的传统的级联编码由于各级编译码相互独立,虽然在获取低差错率方面效果明显,但在编码增益改善上并无太多的收益。1993年5月,在瑞士召开的 IEEE 国际通信会议(ICC)上,在法国不列颠通信大学的 Berrou,Glavieux 和 Thitimajshima 三人发表的一篇论文中,最先提出了 Turbo 码的原始概念,并通过仿真表明在一定的参数条件下,Turbo 码可以达到距香农限仅差 0.7dB。Turbo 码的优异性能得益于两个思想的组合:一是采用递归系统卷积码(RSC)作为构造级联的分量码;二是利用交织器将 RSC 进行并行级联。

图 2.3-11 给出了二维 Turbo 码(两级级联 Turbo 码)的编码原理图。它由两个结构相同的递归系统卷积码器 RSC1 和 RSC2 组成。在某一时刻进入的信息序列 d_k 直接送往信道和编码器 RSC1,分别得到信息位 x_k 和第一个校验位 y_{1k},同时将 d_k 通过交织器交织后的序列 d_n 送往编码器 RSC2 进行编码,得到校验位 y_{2k}。用删余矩阵对 y_{1k} 和 y_{2k} 进行删除截短,最后将信息位 x_k 与校验位 y_k 复接后构成 Turbo 码的码字送往信道。

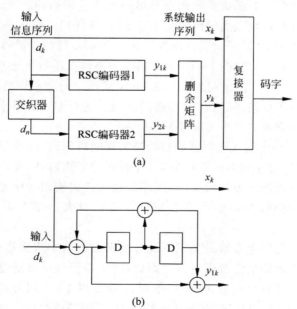

图 2.3-11 二维 Turbo 码的编码原理图

(a) 二维 Turbo 码的编码原理图;(b) 递归系统卷积码(RSC)的结构

根据删余矩阵删取的不同可以得到不同编码率的 Turbo 码。例如,当用两个 $R=1/2$ 的 RSC 作为分量码时,交替地选择两个校验序列使其各有一半发送出去,就可得到总编码率为 1/2 的 Turbo 码;当校验序列全部发送时,则得到的编码率为 1/3。

在实际应用中,Turbo 码的两个分量码可以选择不同的 RSC 结构,分量码经删余后的各自编码率也可以不同。若删余后 RSC1 和 RSC2 的编码率分别为 R_1 和 R_2,则 Turbo 码的总编码率 R 满足关系式:

$$\frac{1}{R} = \frac{1}{R_1} + \frac{1}{R_2} - 1 \tag{2.3-7}$$

从一般意义上说,Turbo 码的分量码个数可以选择两个以上,通过多个交织器并行级联构成多维 Turbo 码。另外,除了上述并行级联卷积码以外,还有串行级联卷积码及混合级联码等类型,限于篇幅,这里不再赘述。

2.3.7.2 Turbo 码的编码

Turbo 码编码器的分量码(或称"子码")一般选择递归系统卷积码,也可以选择分组码(BC)、非递归系统卷积码(NRC)和非系统卷积码(NSC)。实验表明,当编码约束长度相同时,在大信噪比条件下,非系统卷积码的误比特率性能优于非递归系统卷积码,而在低信噪比时情况常常相反。递归系统卷积码综合了非系统卷积码和非递归系统卷积码的优点,因而具有良好、稳定的性能,特别是当编码率大于 2/3 时,在任何信噪比条件下,其性能均比非系统卷积码好,所以通常选择它作为 Turbo 码的分量码。

从图 2.3-11(a)可知,Turbo 码编码器主要包括递归系统卷积码(RSC)和交织器,其中 RSC 的结构如图 2.3-11(b)所示。与卷积码编码相比,RSC 编码器中增加了反馈环路,这就是递归编码。递归编码的特点是:使有限重量的信息序列可以产生无限重量的码字[2]。

在 Turbo 码中引入交织器的目的是实现随机编码,减少编码比特间的相关性,改善信息序列的码重量分布,控制码的距离特性,使码字的自由距离随交织器长度的增加而增加,进而降低迭代译码输出的误比特率。在分量码 RSC 确定后,交织的类型和交织深度在很大程度上影响着编码的性能。

交织深度与码重参数是交织器设计要考虑的两个重要指标,但目前还没有找到两者之间的定量表达式。因此,交织器设计一般还是采用计算机搜索的方法。计算机模拟表明,短序列(1000b 以下)采用分组交织具有较为稳定的性能;对于长序列(数千比特以上)采用随机交织则在性能改善上具有明显优势。不过,当交织深度大于 10000b 时,译码性能随交织深度增加的改善量已不是很明显。

2.3.7.3 Turbo 码的译码

Turbo 码译码的最大特点是采用迭代译码方式。译码器主要由软输入软输出(SISO)子译码器以及交织器、去交织器等组成，两个子译码器分别用于 Turbo 码两个分量码的译码，通过两个译码器之间不断地交互信息实现迭代译码。Turbo 码的并行级联迭代译码器结构如图 2.3-12 所示。

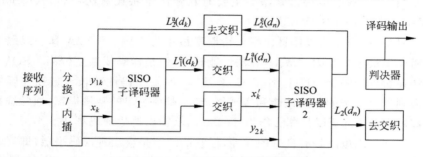

图 2.3-12 并行级联迭代译码器结构

发送端的编码器通常存在删余操作，接收端不会得到完整的校验码元，因此，译码前需要按照删余规则对接收的数据进行内插，在被删除位上补以特定数值，从而保证送入译码器数据的完整性。

迭代译码时，子译码器 1 接收子译码器 2 输出的关于信息码元 d_k 的外信息 $L_2^a(d_k)$ 作为 d_k 先验信息对 RSC1 进行译码，获得关于 d_k 改进的外信息 $L_1^e(d_k)$，经交织后得到 $L_1^a(d_n)$ 作为子译码器 2 对 RSC2 译码的先验信息。子译码器 2 用与子译码器 1 同样的方法再次产生信息码元改进的外信息 $L_2^e(d_n)$，经去交织后得到 $L_2^a(d_k)$ 作为下一次迭代中子译码器 1 的先验软值。这样在多次迭代后，对子译码器 2 产生的输出 $L_2(d_n)$ 去交织后进行硬判决，得到原始发送信息的估计值。整个译码过程类似涡轮(turbo)工作，所以被形象地称作"Turbo 码"。

Turbo 码的迭代译码要求分量码采用软输入软输出的译码算法。软输出译码器的输出不仅应包含码字的硬判决值，还要包含硬判决的可信度信息(亦称"软信息")，从而能够在迭代过程中给下一级译码器提供一种称为"外信息"的先验信息。在具体的 Turbo 码译码算法中，软信息通常以对数似然比表示，其定义为

$$L(d_k/r) = \log_2 \frac{P\{d_k = 1/r\}}{P\{d_k = 0/r\}} \qquad (2.3\text{-}8)$$

式中，$P\{d_k=1/r\}$ 和 $P\{d_k=0/r\}$ 分别代表当收码为 r 时，发码 $d_k=1$ 和 $d_k=0$ 的条件概率。

分量码的软输入软输出译码算法主要分为最大后验概率（MAP）算法和修正维特比算法两大类。其中，MAP 类算法主要有：标准 BCJR 算法、对数域上的 Log-MAP 算法和 Max-Log-MAP 算法、减少搜索状态的 M-BCJR 算法和 T-BCJR 算法、滑动窗口 BCJR 算法以及只有前向递推的 MAP 算法；基于维特比算法的主要有软输出维特比算法（SOVA）、Soft-LVA 算法和 List-SOVA 算法。

MAP 译码算法以信息比特差错概率最小为准则。SOVA 算法以码字差错概率最小为准则。MAP 算法性能较好，但是译码复杂度较高。SOVA 算法在实现译码复杂度上比 MAP 算法低，但是译码性能较差。在实际中考虑到以上方法的译码性能和实现复杂度、避免过多的乘法运算，通常选择对数域上的 Log-MAP 算法作为 Turbo 码软输出迭代译码算法。

Turbo 码虽然具有良好的性能，但它的缺点是会出现误码平层，即当误比特率随信噪比增加而下降到一定程度时，会出现下降缓慢甚至不再降低的情况。因此，如果系统要求误比特率很小（小于 10^{-8}）时，选用 Turbo 码须验证是否出现误码平层。为了解决这个问题，可以将 Turbo 码与其他码（如 BCH 码）级联，以降低误码平层。

2.3.7.4 Turbo 乘积码

Turbo 乘积码，也称为"TPC 码"，TPC 码的内码和外码均为分组码，交织器为固定的行输入列输出交织器。Turbo 乘积码通过 2 个或更多较短的分组码构造汉明距离较大的长码，以提高编译码的性能。

假设 2 个分组码分别是 $C_1(k_1,n_1,\delta_1)$ 和 $C_2(k_2,n_2,\delta_2)$，可通过下列步骤构造乘积码。

（1）把 $(k_1\times k_2)$ 个信息比特放入一个 $(k_1\times k_2)$ 的阵列中。

（2）以 $C_2(k_2,n_2,\delta_2)$ 对 k_1 行进行编码。

（3）以 $C_1(k_1,n_1,\delta_1)$ 对 k_2 列进行编码。

通过以上步骤就可以用较短的分组码构造汉明距离较大的长码。这个码字的长度为 $n=n_1\times n_2$ 比特，信息长度为 $k=k_1\times k_2$，汉明距离 $\delta=\delta_1\times\delta_2$，编码率 $R=(k_1\times k_2)/(n_1\times n_2)$，编码结构如图 2.3-13 所示。

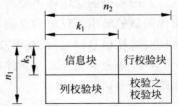

图 2.3-13　TPC 码的码阵图

TPC 码中常用的分量码(行列码)为由$(31,26)$汉明码得出的$(32,26)$扩展汉明码,生成的多项式为x^5+x^2+1;或者由$(63,57)$汉明码得出的$(64,57)$扩展汉明码,生成的多项式为x^6+x+1。

由于 TPC 码中的分组码通常比较简单,而对于简单的分组码也能够方便地用网格图来表示,因此,分组分量码的译码既可以采用分组码的译码算法(如软输出 Chase 算法),也可以采用与卷积码类似的译码算法。

TPC 乘积码的优点主要是:

(1)减小带宽。TPC 码可以在较大编码率的情况下保持相当强的纠错能力。与同样编码率的分组码和卷积码相比,TPC 码可以带来更高的频带利用率。

(2)良好的抗突发性差错能力。由于该编译码方案不采用卷积码作为分量码,所以具有较好的抗突发差错作用。

(3)可以采用并行处理结构,实现高速率数据的译码处理。

(4)陡峭的误码性能曲线。当接收信号的信噪比提高到一定程度时,译码输出的差错率会迅速下降,几乎不存在传统 Turbo 码的误码平层问题。

表 2.3-6 给出了 TPC 码调制解调器典型的中频环性能。

表 2.3-6　TPC 码调制解调器典型的中频环性能[①]

期望的 BER	编码率为 21/44 时的 E_b/N_0	编码率为 5/16 时的 E_b/N_0	编码率为 3/4 时的 E_b/N_0
BER＝10^{-6}	3.1dB(2.9dB)	2.7dB(2.5dB)	3.8dB(3.4dB)
BER＝10^{-7}	3.3dB(3.1dB)	2.9dB(2.7dB)	4.1dB(3.7dB)
BER＝10^{-8}	3.5dB(3.3dB)	3.1dB(2.9dB)	4.4dB(4.0dB)

注:①表中括号外的数据为典型门限值,括号内的为目前最低门限值。

2.3.8　低密度奇偶校验码

低密度奇偶校验(LDPC)码最早是由麻省理工学院的 R. G. Gallager 于 1962 年发明的。由于此码在码组很长时具有优良性能,而当时计算机的能力还不足以处理如此长的码组,所以没有引起人们的注意。随着工艺水平的进步和 Turbo 码的发明,1995 年 LDPC 码被 Mackay,Neal 等人重新发现。大量的仿真表明,LDPC 码同 Turbo 码一样,也具有接近香农极限的性能。目前 LDPC 码已经成为卫星数据中继系统高速率数据传输中主流的纠错编码方法。

2.3.8.1 LDPC 码的基本概念

LDPC 码是一种线性分组码,因此可以用生成矩阵和校验矩阵来表示。同时 LDPC 码又是一种特殊的线性分组码,特殊性在于它的奇偶校验矩阵是一个稀疏矩阵,即矩阵中大部分的元素为 0,而只有少数的元素为 1,"低密度奇偶校验码"的名称就来源于此。图 2.3-14 给出了(16,8)LDPC 码对应的奇偶校验矩阵。

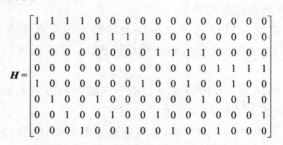

图 2.3-14 (16,8)LDPC 码的奇偶校验矩阵

LDPC 码还可以用 Tanner 图来表示,LDPC 码的译码算法在 Tanner 图中能够得到简洁直观的描述。在图论中,一个图(graph)是由顶点和边组成的。Tanner 图是指图中所有的顶点分为两个子集,任何一个子集内部各个顶点之间没有边相连,任意一个顶点都只和不在同一个子集里的顶点相连。LDPC 码的 Tanner 图表示最早是由 Tanner 于 1981 年提出的,所以称为"Tanner 图",一个 Tanner 图和一个奇偶校验矩阵完全对应。

在描述译码过程时,可以把奇偶校验矩阵转换为 Tanner 图。在 Tanner 图中,LDPC 码的一个码元被表示成为一个变量节点,一个校验方程则被表示成为一个校验节点。如果一个码元参与了一个校验方程,则相应的变量节点与校验节点之间有一条边线进行连接。图 2.3-15 为(16,8)LDPC 码对应的 Tanner 图。

图中方形实心图案表示校验节点,圆形空心图案表示变量节点。转换方式是将奇偶校验矩阵中的列对应成图中的校验节点,行对应成图中的变量节点,再将奇偶校验矩阵中元素"1"所对应行、列的校验节点和变量节点之间用边连接,将这条边称为两端节点的"相邻边",相邻边两端的节点称为"相邻点",每个节点的总相邻边数称为该节点的"度数"。

根据奇偶校验矩阵中各行的行重、各列的列重是否相同,可以把 LDPC 码分为规则 LDPC 码和不规则 LDPC 码。

(1)规则 LDPC 码:奇偶校验矩阵的行重相同、列重也相同的 LDPC

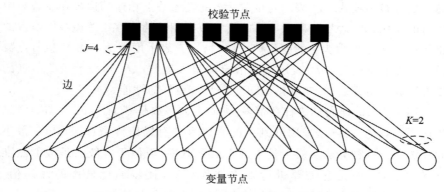

图 2.3-15 (16,8)低密度奇偶校验码的 Tanner 图

码。规则 LDPC 码的 Tanner 图中所有变量节点的度数都相同,所有校验节点的度数也相同。如果校验矩阵的行重和列重分别为 J 和 K,则每个校验节点有 J 个变量节点参与校验(校验节点的度数相同,均为 J),每个变量节点参与 K 个校验节点(变量节点的度数相同,均为 K)。Gallager 最初提出的 Gallager 码就具有这种性质。例如上述的(16,8)LDPC 码,其码长为 16,行重(每行中 1 的数量)$J=4$,列重(每列中 1 的数量)$K=2$,编码率为(列数-行数)/列数=1/2。

对于 LDPC 码的每个变量节点来说,当它参与的校验方程越多、即度数 K 越大时,它就可以从更多的校验节点获取信息,也就可以更加准确地判断出它的正确值。对于 LDPC 码的每个校验节点来说,当它涉及的变量节点越少、即度数 J 越小时,它就可以更准确地估计相关变量节点的状态。这种情况对于规则 LDPC 码来说是一对不可克服的矛盾,于是 Luby 等人引入了不规则(Irregular)LDPC 码的概念。

(2)不规则 LDPC 码:奇偶校验矩阵的行重或列重不都一样,即变量节点的度数、校验节点的度数不都相同的 LDPC 码。不规则 LDPC 码通常用度数分布对(λ,ρ)描述:

$$\begin{cases} \lambda(x) = \sum_{j=2}^{d_v} \lambda_j x^{j-1}, \quad \lambda_j = \dfrac{jn_j}{E} \geqslant 0, \quad \lambda(1) = \sum_{j=2}^{d_v} \lambda_j = 1 \\ \rho(x) = \sum_{k=2}^{d_c} \rho_k x^{k-1}, \quad \rho_k = \dfrac{km_k}{E} \geqslant 0, \quad \rho(1) = \sum_{k=2}^{d_c} \rho_k = 1 \end{cases}$$

$$(2.3\text{-}9)$$

式中,$\lambda(x) = \sum_{j=2}^{d_v} \lambda_j x^{j-1}$ 和 $\rho(x) = \sum_{k=2}^{d_c} \rho_k x^{k-1}$ 分别为变量节点和校验节点

的度数分布多项式；λ_j 表示与度数为 j 的变量节点相连的边数在总边数中所占的比例；ρ_k 表示与度数为 k 的校验节点相连的边数在总边数中所占的比例；n_j 表示度数为 j 的变量节点数目；m_k 表示度数为 k 的校验节点数目；E 表示总边数；d_v 表示变量节点的最大度数；d_c 则表示校验节点的最大度数。研究表明，非规则 LDPC 码具有更好的性能。

  LDPC 码的译码算法种类很多，本质上大多数是基于 Tanner 图的消息传递译码算法。其中，采用软判决的译码算法有置信传播算法（BP）、最小和算法等。这种算法实质上是求最大后验概率，类似于一般的最大似然准则译码算法，但是它需要进行多次迭代运算，逐步逼近最优的译码值。LDPC 码的具体编译码算法十分复杂，这里不再深入讨论。

2.3.8.2 几种常用的 LDPC 码

1. CCSDS 推荐的 LDPC 码

  选用 LDPC 码需要考虑很多因素，包括码字的性能、编码器和译码器的复杂度、码字的系列化、成熟度、可用性以及标准化程度和专利因素等。在 CCSDS 建议中，提出了两类 LDPC 码，一类是基于有限几何（FG）构造的高编码率 LDPC 码，推荐应用于近地轨道航天器；另一类 LDPC 码是累积重复累积（ARA）码，推荐应用于深空通信。

  （1）近地轨道航天器应用的 LDPC 码

  近地轨道航天器应用的 LDPC 码是一种准循环码。编码器生成 (8176,7156) 码的 (8176,7154) LDPC 子码[3]，编码率为 7/8。目前计算机的处理为 32 位的计算与存储，(8176,7156) 和 (8176,7154) 都不是 32 的倍数，需要将码字缩短到 (8160,7136)。换言之，通过使用虚拟填充 18 位，将信息序列缩短到 7136，就可以使用 (8176,7154) 子码编码器。这时总码字长度变为 8158。因 8158 低于 8160 两位，在实际传输中，通过在码字的末端填充两位零来实现 (8160,7136) 缩短码。该缩短码的编码率正好与 RS (255,223) 码的编码率一致。缩短码 (8160,7136) 的码字结构如图 2.3-16 所示。

  （2）深空通信应用的 LDPC 码

  深空通信应用的 LDPC 码字的生成矩阵是分组循环的，编码复杂度较低，具有很好的系列化特性，即利用一个编码器和一个译码器能够实现不同码长和不同编码率的码字译码。表 2.3-7 给出了 CCSDS 推荐的深空通信应用的 LDPC 码的码长和编码率。

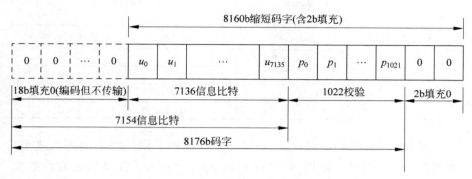

图 2.3-16 缩短码(8160,7136)的码字结构图

表 2.3-7 CCSDS 推荐的深空通信 LDPC 码的码长和编码率

信息位长度/b	码长/b		
	1/2 编码率	2/3 编码率	4/5 编码率
1024	2048	1536	1280
4096	8192	6144	5120
16384	32768	24576	20480

2. DVB-S2 标准中的 LDPC 码

ETSI 推荐的 DVB-S2 的前向纠错系统由 BCH 外码编码器、LDPC 内码编码器和比特交织器构成。BCH 码的引入是为抵抗差错平层的出现。与其他大多数系统编码方案采用固定信息分组长度、随编码率改变输出分组长度的方式不同,DVB-S2 采用固定输出分组长度,然后根据编码率反向推导出输入信息分组长度的方式,详见 2.5.3 节。

3. 卫星数据中继系统推荐的 LDPC 码

在卫星数据中继系统中,传输的信息速率范围跨度很大,从 1Kb/s 到 1200Mb/s 以上,有些数据对时延要求比较敏感,因此需要考虑多种码长。表 2.3-8 给出了有关标准中一些常用的 LDPC 码(码组)的代号、编码率、码长、信息序列长度。

表 2.3-8 LDPC 码组、编码率、码长、信息序列长度

码(码组)代号	编码率	码长/b	信息序列长度/b
T1	1/2	15 360	7680
	2/3	15 360	10 240
	5/6	15 360	12 800
T2	7/8	8176	7154

续表

码(码组)代号	编码率	码长/b	信息序列长度/b
T3	1/2	2048	1024
		8192	4096
	2/3	1536	1024
		6144	4096

其中,T1码的码字长度为15360,可以实现不同编码率时码长固定。考虑到信源内有可能采用BCH编码或RS编码,为了提高信道的传输效率,降低实现的复杂度,没有像DVB-S2那样采用BCH与LDPC级联方式。T2码和T3码的码字长度与CCSDS推荐的相同。

2.3.8.3 LDPC码的典型性能

表2.3-9给出了典型的采用LDPC码的QPSK调制解调器中频环性能。

表2.3-9 采用LDPC码的调制解调器典型性能[①]

期望的误比特率	码率为1/2时的E_b/N_0	码率为2/3时的E_b/N_0	码率为3/4时的E_b/N_0
10^{-5}	2.0dB(1.7dB)	2.3dB(2.0dB)	3.0dB(2.6dB)
10^{-9}	2.3dB(2.0dB)	2.7dB(2.3dB)	3.3dB(3.0dB)

注:①表中括号外的数据为典型门限值,括号内的为目前最低门限值。

2.3.9 数据序列加扰

2.3.9.1 基本概念

通常,数字通信系统的设计及其性能都与所传输的数字信号的统计特性有关,大多数的分析都是建立在数据序列是随机序列的假设的基础上,例如分析误比特率时,常假设"0"和"1"码元是等概率的。但在实际的传输中,大量的遥感数据、视频数据、数字话音以及成帧(如LDPC、RS编码帧)数据存在着短时的传空(长时间的连"0"或连"1")和一些短周期的确定性数据序列等,这样的非随机数据序列的传输将会引起以下问题:

(1)调制器输出的频谱中将存在离散谱线,并产生随机性变化,频谱特性变差,不仅可能造成对相邻信道的信号干扰,也不利于成形滤波,还会造成与接收端的频谱特性不匹配,引起失配损失。

(2)长时间连"0"或连"1"会导致PSK调制器的相位长时间没有变化,

将使接收端位定时提取困难,引起位同步失锁和帧同步失锁的概率增加,严重时造成定时中断,影响位同步的建立和保持。

(3)当出现长时间连"0"或连"1"时,由于长时间没有波形变化,接收端时域均衡器得不到必要的参考来估计响应参数,从而使抽头增益漂移,导致均衡器偏离最佳状态,影响均衡器正常工作。

加扰是指将输入数据按某种规律变换成长周期序列,使之具有足够的随机性。通常是采用较长周期的伪随机序列与输入数据流进行模 2 加,以改变原输入数据流的统计特性,从而使发送端信号频谱弥散且保持稳定,使接收端保持更高的同步概率和更低的差错率。

图 2.3-17 给出了采用扰码技术的 DVB-S2 功能组成图。从图中可以看出,在 BCH/LDPC 纠错编码前对基带信号进行比特加扰,在编码成帧、比特交织和比特映射后,对进入调制器的数据流进行符号加扰,以确保调制数据具有足够的随机性。在接收端解扰是加扰的逆过程。

图 2.3-17 采用交织技术的 DVB-S2 功能组成方框图

对数据进行随机化加扰和解扰处理是编码调制设备中的重要功能之一,是提高数据传输质量的重要保障,在许多通信标准中都给出了相关要求。

2.3.9.2 卫星数据中继系统使用的扰码

在卫星数据中继系统中,通常选用 CCSDS 和有关标准中所建议的扰码。

1. 适用于低速率数据传输的扰码

(1)扰码1:仅适用于前向链路,对遥控业务传送帧或编码传送帧进行扰码。伪随机序列生成多项式为

$$h(x) = x^8 + x^6 + x^4 + x^3 + x^2 + x + 1 \qquad (2.3\text{-}10)$$

扰码1加扰运算逻辑图如图 2.3-18 所示。

(2)扰码2:适用于前向和返向链路中低速率数据,对 AOS 定义的或自定义的传送帧或编码传送帧进行扰码。伪随机序列生成多项式为

$$h(x) = x^8 + x^7 + x^5 + x^3 + 1 \qquad (2.3\text{-}11)$$

扰码2加扰运算逻辑图如图 2.3-19 所示。

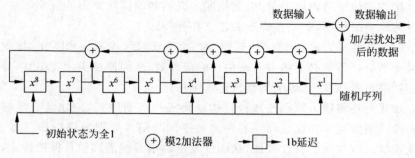

图 2.3-18 CCSDS 扰码 1 加扰运算逻辑图

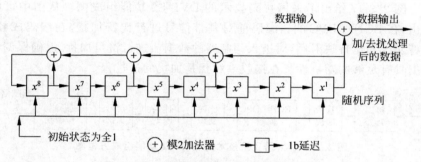

图 2.3-19 CCSDS 扰码 2 加扰运算逻辑图

2. 适用于中高速率数据传输的扰码

对于中高速率数据传输,上述 CCSDS 建议的扰码序列显得太短,扰码器中抽头也较多。为了改善数据流的随机性和调制信号频谱的平滑性以及有利于提高扰码器运算速度,需要采用抽头少、长度更长的伪随机序列。通常,在编码前对信息序列加扰,在编码后再次对码字帧进行比特加扰或符号加扰。

(1)扰码 3:适用于前向和返向链路,对编码前的中高速率的信息序列进行扰码。伪随机序列生成多项式为

$$h(x) = 1 + x^{14} + x^{15} \tag{2.3-12}$$

扰码 3 加扰运算逻辑图如图 2.3-20 所示。

(2)扰码 4:适用于前向和返向链路,对编码后的中高速率的码字帧序列进行扰码。伪随机序列生成多项式为

$$h(x) = 1 + x^{7} + x^{18} \tag{2.3-13}$$

扰码 4 加扰运算逻辑图如图 2.3-21 所示。

(3)扰码 5:适用于前向和返向链路,对编码后的中高速率的基于符号的码字帧序列进行扰码,符号加扰方式见 2.5.3 节。

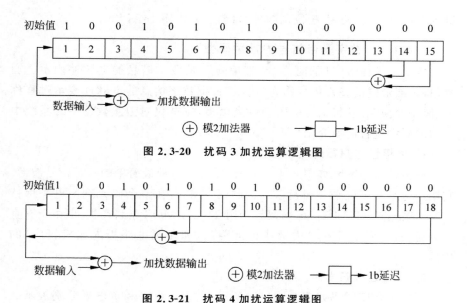

图 2.3-20 扰码 3 加扰运算逻辑图

图 2.3-21 扰码 4 加扰运算逻辑图

2.4 数字信号调制方式

2.4.1 基本概念

2.4.1.1 数字信号的传输方式

数字信号的传输方式分为基带传输和频带传输,卫星数据中继系统属于频带传输系统。为了使数字基带信号在频带信道中传输,必须用数字基带信号对载波进行调制,以使信号与信道的特性相匹配。通常,数字调制是利用数字信号的离散取值特点通过开关键控载波,即键控法。例如对载波的幅度、频率和相位进行键控,便可以形成幅度键控、频移键控和相移键控3 种基本的数字调制形式。由这 3 种基本数字调制形式,可以组合、派生出其他多种数字调制形式,最常用的是幅度-相位联合键控调制。

数字信息有二进制和多进制之分,所以,数字调制可以分为二进制调制和多进制调制。在二进制调制中,信号参量只有两种可能的取值。而在多进制调制中,信号参量可能有 $M(M>2)$ 种取值。在卫星数据中继系统中,目前常用的调制方式有载波相位调制(PSK)和幅度-相位调制(APSK)。在载波相位调制中,主要采用二相相移键控(BPSK)、四相相移键控(QPSK)、偏移四相相移键控(OQPSK)、非平衡四相相移键控(UQPSK)和八相相移键控(8PSK)。在幅度-相位调制中,目前主要采用16APSK。

2.4.1.2 数字基带信号的常用码型

数字基带信号(以下简称"基带信号")是数字信息的电脉冲表示。通常,将不同形式的基带信号称为"码型"。把数字信息的电脉冲表示过程称为"码型变换"。基带信号的码型种类繁多,本节仅对卫星数据中继系统中常用的码型进行简单介绍。

1. 单极性非归零码

单极性非归零码如图2.4-1(a)所示,这是一种最简单的基带信号波形。它用正电平和零电平分别表示二进制码1和0,在整个码元期间电平保持不变,常记作"NRZ-L"。该码型易于用TTL,CMOS电路产生,但由于有直流分量,只适用于计算机内部或极近距离(如印制电路板内或机箱内)的传输。

2. 双极性非归零码

双极性非归零码如图2.4-1(b)所示,它用正电平和负电平分别表示二进制码1和0。因其正负电平的幅度相等、极性相反,故当1和0等概率出现时无直流分量,有利于在信道中传输,并且在接收端恢复信号时判决电平中间值为零值,因而不受信道特性变化的影响,抗干扰能力也较强。在ITU-T制定的V.24接口标准和美国电工协会(EIA)制定的RS-232C接口标准中均采用了该码型。

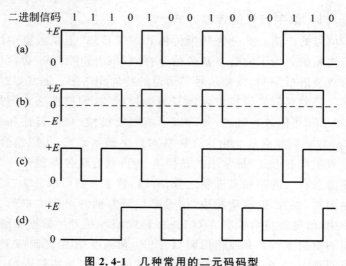

图2.4-1 几种常用的二元码码型

(a) 单极性非归零码;(b) 双极性非归零码;(c) 传号差分码;(d) 空号差分码

3. 差分码

在差分码中,1 和 0 分别用电平跳变或不跳变来表示。若用电平跳变来表示 1,则称为传号差分码。若用电平跳变来表示 0,则称为空号差分码(在电报通信中常把 1 称作传号,把 0 称作"空号")。图 2.4-1(c)和(d)分别给出了传号差分码和空号差分码,通常分别记作"NRZ-M"和"NRZ-S"。

差分码的电平与信号 1 和 0 之间不存在绝对的对应关系,而是用电平的相对变化来传输信息。因此,它可以用来解决相位键控同步解调时因接收端本地载波相位倒置而引起的信息 1 和 0 倒置问题,得到广泛应用。由于差分码中电平只具有相对意义,因而又称"相对码"。

4. 多电平码

为了提高频带利用率,可以采用信号幅度具有更多取值的基带信号,即多电平码。这种码的脉冲幅度可取 M 个电平之一,代表由 $n(n=\log_2 M)$ 个数据比特构成的码元。例如,图 2.4-2 给出了一个四电平码 2B1Q(2b 用四级电平中的一级表示)的基带信号。对于多电平系统,当系统的发送功率一定时,M 越大,则抗噪声能力越低,因此从抗噪声性能考虑,M 一般不超过 8。

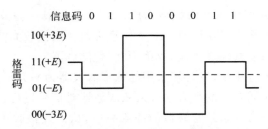

图 2.4-2 典型的四电平码(2B1Q)基带信号

常用的多电平码有两类:一类是自然码,其码组的比特按二进制自然顺序排列。另一类是格雷码,其码组的比特按循环码规律排列,即将所有码组循环连接起来,各相邻码组之间仅有一位数据不同。为了减小在接收时因错误判定幅度电平而引起的差错率,通常采用格雷码表示,此时相邻幅度电平所对应的码组之间只发生 1b 错误。

2.4.1.3 数字基带信号的成形滤波

对于基带传输系统,若系统的冲激响应除在 $t=nT_s$ 时刻外,其他抽样时刻 $t=kT_s(k\neq n)$ 均等于零,则在抽样时刻不会产生码间串扰,即要求其冲激响应满足

$$h(kT_s) = \begin{cases} 1, & k = 0 \\ 0, & k \neq 0 \end{cases} \tag{2.4-1}$$

式(2.4-1)称为"无码间串扰的时域条件"。经傅里叶变换,可以导出无码间串扰时的基带传递特性 $H(f)$ 应满足

$$\sum_{m=-\infty}^{\infty} H\left(f + \frac{m}{T_s}\right) = T_s \tag{2.4-2}$$

该条件称为"奈奎斯特第一准则",它提供了检验一个给定的传输系统的 $H(f)$ 是否产生码间串扰的一种方法。但是,满足奈奎斯特第一准则的传递函数不是唯一的,式(2.4-2)表达的无码间串扰传递条件只有理论意义。在实际中得到广泛应用的是具有奇对称升余弦形状过渡带的一类无串扰波形,被称为"升余弦滚降信号"(这里的"滚降"是指其频谱过渡特性,而不是波形的形状)。

为了最大化采样时刻的信噪比,使经过有噪声信道传输后的差错概率最小,在接收端解调器中的滤波器通常采用匹配滤波器。根据最佳接收机原理,匹配滤波器应满足如下条件:

$$H(f) = KS^*(f)e^{-j2\pi fT} \tag{2.4-3}$$

式中,$H(f)$ 为匹配滤波器的频域响应;$S^*(f)$ 为成形滤波器频域响应的复共轭;指数因子 T 表示时延;K 为任意常数。因接收滤波器的传递函数与成形滤波器的复共轭成正比,故称为"匹配滤波器"。

通常在具体应用中,发送端采用的成形滤波器为平方根升余弦滤波器,在接收端采用相同参数的平方根升余弦滤波器对信号进行匹配滤波。总的信道冲激响应仍为升余弦滤波器的冲激响应,从而使接收端在匹配滤波后的最佳采样点处不存在码间串扰,同时接收端滤波器与发送端滤波器共轭匹配,抽样值信噪比最大,平均差错概率最小。

DVB-S2 标准[4]中给出的平方根升余弦滤波器的传递函数为

$$H(f) = \begin{cases} 1 & |f| < f_N(1-\alpha) \\ \left[\dfrac{1}{2} + \dfrac{1}{2}\sin\left(\dfrac{\pi}{2f_N}\left(\dfrac{f_N - |f|}{\alpha}\right)\right)\right]^{\frac{1}{2}} & |f| = f_N(1-\alpha) \\ 0 & |f| > f_N(1+\alpha) \end{cases}$$

$$\tag{2.4-4}$$

式中,$f_N = 1/2T_s = R_s/2$ 为奈奎斯特频率;α 为滚降系数,取值为 $0 \leqslant \alpha \leqslant 1$。对应不同的 α 有不同的滚降特性。滚降系数 α 越小,占用的传输频带越窄,但对位定时精度要求高;反之,滚降系数 α 越大,占用的传输频带增加,

但对位定时精度要求低。

图 2.4-3 给出了 DVB-S2 标准中滚降系数为 0.35 时调制器输出端的信号频谱模板。

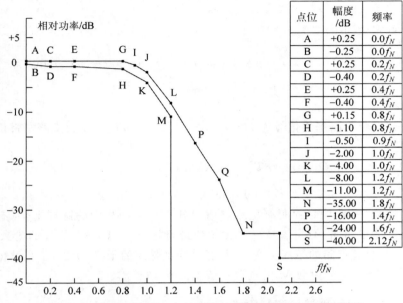

图 2.4-3 滚降系数为 0.35 时调制器输出端的信号频谱模板

点位	幅度/dB	频率
A	+0.25	$0.0f_N$
B	−0.25	$0.0f_N$
C	+0.25	$0.2f_N$
D	−0.40	$0.2f_N$
E	+0.25	$0.4f_N$
F	−0.40	$0.4f_N$
G	+0.15	$0.8f_N$
H	−1.10	$0.8f_N$
I	−0.50	$0.9f_N$
J	−2.00	$1.0f_N$
K	−4.00	$1.0f_N$
L	−8.00	$1.2f_N$
M	−11.00	$1.2f_N$
N	−35.00	$1.8f_N$
P	−16.00	$1.4f_N$
Q	−24.00	$1.6f_N$
S	−40.00	$2.12f_N$

2.4.1.4　数字调相信号的表达式

当基带信号是一个随机序列时,载波相位调制(绝对调相)信号可以表示为

$$s(t) = \left[\sum_{n=-\infty}^{\infty} g(t - nT_s) \right] \cos(\omega_c t + \varphi_n) \qquad (2.4\text{-}5)$$

式中,ω_c 是载波角频率;φ_n 是在 $(0, 2\pi)$ 内离散取值的随机变量,表征信息是随机相位序列 $\{\varphi_n\}$;$g(t)$ 为成形滤波器的冲激响应;T_s 为调制信号的符号周期。

将式(2.4-5)展开可得

$$s(t) = \sum_{n=-\infty}^{\infty} g(t - nT_s) [\cos\varphi_n \cos\omega_c t - \sin\varphi_n \sin\omega_c t]$$

$$= \sum_{n=-\infty}^{\infty} g(t - nT_s)\cos\varphi_n \cos\omega_c t - \sum_{n=-\infty}^{\infty} g(t - nT_s)\sin\varphi_n \sin\omega_c t$$

$$(2.4\text{-}6)$$

由于 φ_n 在 $(0,2\pi)$ 中离散取值,因而 $\cos\varphi_n$ 和 $\sin\varphi_n$ 在 $(-1,+1)$ 中离散取值,若令

$$\begin{cases} \cos\varphi_n = I_n \\ \sin\varphi_n = Q_n \end{cases}$$

则式(2.4-6)变为

$$s(t) = \sum_{n=-\infty}^{\infty} I_n g(t-nT_s)\cos\omega_c t - \sum_{n=-\infty}^{\infty} Q_n g(t-nT_s)\sin\omega_c t$$

$$(2.4-7)$$

记同相支路基带信号为 $I(t) = \sum_{n=-\infty}^{\infty} I_n g(t-nT_s)$,正交支路基带信号

为 $Q(t) = \sum_{n=-\infty}^{\infty} Q_n g(t-nT_s)$,则式(2.4-7)变为

$$s_{\mathrm{PSK}}(t) = I(t)\cos\omega_c t - Q(t)\sin\omega_c t \qquad (2.4-8)$$

通常,PSK 信号的所有星座点均匀分布在半径相同的圆周上,所有信号点的能量相同,不同信号只通过相位进行区分。当 PSK 信号的阶数 M 较高时,星座点间的距离会变小,很容易受到噪声的干扰,所以,卫星数据中继系统 PSK 信号阶数 M 的选取一般不大于 16。

2.4.2　二相相移键控调制方式

2.4.2.1　二相相移键控信号

二相相移键控(2PSK 或 BPSK)出现于 20 世纪 50 年代末,是相移键控中最简单的一种形式。简单起见,通常用矢量图表示调相信号。图 2.4-4 为 ITU-T 建议的 BPSK 信号的两种矢量表示方式。其中,图(a)所示的相移方式称为"A 方式";图(b)所示的相移方式称为"B 方式"。图中的虚线矢量为基准相位,实线矢量为信号码元。

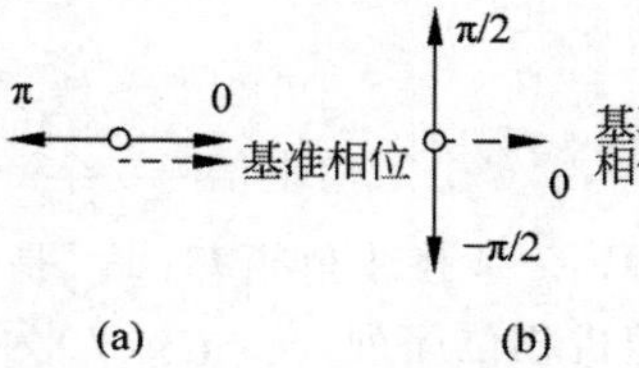

图 2.4-4　BPSK 信号的相位矢量图

(a) A 方式；(b) B 方式

在大多数卫星通信系统中,低速率数据传输的 BPSK 调制方式通常采用 A 方式表征信息。B 方式也被广泛采用,例如,在 DVB-S2 标准中,其物理层帧同步头的调制方式采用了 $\frac{\pi}{2}$ BPSK 调制的方式,以提高数据在高阶调制中

的帧同步性能；在 Inmarsat 航空卫星通信系统中，对低于 2.4Kb/s 的数据也采用了 B 方式。

根据式(2.4-7)，若采用 A 方式，φ_n 仅有 0 或 π 两个取值，即二进制的数字信号 1 和 0 分别用载波的相位 0 和 π 来表示，则 BPSK 信号的每一码元波形可表示为

$$S_{\mathrm{BPSK}}(t) = \left[\sum_{n=-\infty}^{\infty} a_n g(t-nT_s)\right] \cos\omega_c t \tag{2.4-9}$$

式中，$a_n = \cos\varphi_n$，取值 -1 或 +1；$g(t)$ 为成形滤波器的冲激响应；T_s 为调制信号的符号周期。

2.4.2.2 二相相移键控信号的产生

二相相移键控信号的产生一般有相乘法和相位选择法。相乘法(亦称"直接调相法")用双极性不归零脉冲序列(数字基带信号)与载波相乘，可以用平衡调制器来实现。相位选择法预先准备好所需的相位载波，用数字基带信号选择载波的相位。目前使用比较普遍的是相乘法，图 2.4-5 给出了采用相乘法的 BPSK 信号产生原理框图。

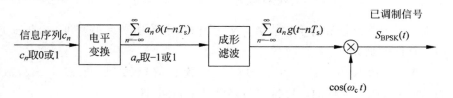

图 2.4-5 相乘法的 BPSK 信号产生原理框图

在图 2.4-5 中，电平变换的输入为信息序列 c_n，c_n 的取值一般为 0 或 1。电平变换的输出信号为脉冲序列，通常表示为

$$d(t) = \sum_{n=-\infty}^{\infty} a_n \delta(t-nT_s) \tag{2.4-10}$$

这里，a_n 取值为 -1 或 1。

2.4.2.3 二相相移键控信号的抗噪声性能

图 2.4-6 给出了在理想限带及加性高斯白噪声(AWGN)信道条件下，采用 BPSK 调制和相干解调方式的频带传输系统的框图。相干解调的关键是如何得到同频同相的载波。关于载波恢复和定时提取的原理可参考有关书籍。

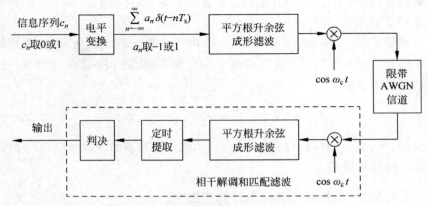

图 2.4-6 BPSK 频带传输系统框图

从图 2.4-6 可以看出,BPSK 频带传输系统的发送端成形滤波器和接收端成形滤波器采用平方根升余弦滤波器,接收端匹配滤波后,在 $t = T_s$ 的抽样时刻信噪比最大。相干解调时误符号率为

$$P_{s,\text{BPSK},\text{相干解调}} = \frac{1}{2}\text{erfc}\left(\sqrt{\frac{E_s}{N_0}}\right) \tag{2.4-11}$$

式中,E_s 为单位符号的平均能量;N_0 为白噪声单边功率谱密度;$\text{erfc}(x)$ 为互补误差函数。

由于 BPSK 信号的 1 个符号(码元)代表信息的 1b,即 $E_s = E_b$,故 BPSK 信号相干解调的误比特率与误符号率相同,即

$$P_{b,\text{BPSK},\text{相干解调}} = \frac{1}{2}\text{erfc}\left(\sqrt{\frac{E_b}{N_0}}\right) \tag{2.4-12}$$

式中,E_b 为单位比特的平均能量。

2.4.2.4 二相相对相移键控信号的产生

在前文讨论的 BPSK 信号中,相位变化是以未调制载波的相位作为参考基准的,即利用载波的不同相位直接表示数字信息,所以称为“绝对相移键控”。绝对相移键控信号在接收端相干解调时会产生相位模糊,造成信号判决的二义性。消除相位模糊的方法一般有两种:一种是采用差分码;另一种是将数据分组,每组数据加独特字专门进行识别和纠正。

差分二相相移键控(DBPSK)是利用载波的相对相位,即前后相邻码元载波相位的相对变化来表示数字信息,所以,又称为“二相相对相移键控”。DBPSK 信号的产生方法通常是:先对二进制数字基带信号进行差分编码,

即把表示数字信息序列的绝对码变换成相对码,然后再对相对码进行绝对调相,从而产生 DBPSK 信号。DBPSK 与 BPSK 的不同之处只是多了一个差分编码器。

DBPSK 中数字信息是用前后码元已调信号的相位变化来表示的,因此,用有相位模糊的载波进行相干解调时并不影响相对关系,虽然解调得到的码存在 0 和 1 倒置现象,但经差分译码得到的绝对码不会发生任何倒置现象,从而解决了载波相位模糊问题。

2.4.2.5 二相相对相移键控信号的抗噪声性能

DBPSK 信号的解调有两种方式,一种是相干解调方式,又称"极性比较-差分译码法";另一种是差分相干解调方式,又称"相位比较法"。

DBPSK 信号相干解调的原理是:对 DBPSK 信号进行相干解调,恢复出相对码序列,再通过差分译码器变换为绝对码序列,从而恢复出发送的二进制数字信息。因此,在差分译码器输入端的误比特率可以由 BPSK 信号采用相干解调时的误比特率公式(2.4-12)确定,对于 DBPSK 信号采用极性比较-差分译码法的误比特率,只需在公式(2.4-12)的基础上再考虑差分译码器对误比特率的影响即可。

差分译码会引起错误传播,译码前的 1 位错码会在译码后造成 2 位错码。若译码前序列中连续错 2 个,则译码后也只错 2 个,对于任意长度的连续错误也只有 2 个错码,并且错码位置在两头。因此,DBPSK 信号经极性比较-差分译码后的误比特率为

$$P_{b,\text{DBPSK},\text{相干解调-差分译码}} = \text{erfc}\left(\sqrt{\frac{E_b}{N_0}}\right)\left[1 - \frac{1}{2}\text{erfc}\left(\sqrt{\frac{E_b}{N_0}}\right)\right] \approx \text{erfc}\left(\sqrt{\frac{E_b}{N_0}}\right)$$

$$(2.4\text{-}13)$$

DBPSK 信号差分相干解调的原理是:将 DBPSK 信号延迟一个码元间隔,然后与 DBPSK 信号本身相乘。相乘结果反映了前后码元的相对相位关系,经低通滤波后可直接抽样判决恢复出原始数字信息,而不需要差分译码。DBPSK 信号的差分相干解调方式本质上仍是非相干解调方式。对于 DBPSK 信号的差分相干解调,其误比特率为

$$P_{b,\text{DBPSK},\text{差分相干解调}} = \frac{1}{2}\exp\left(-\frac{E_b}{N_0}\right) \qquad (2.4\text{-}14)$$

由此可以看出,BPSK 信号相干解调的误码性能最好;与之相比较,DBPSK 信号相干解调的性能要稍微差一些。表 2.4-1 给出了二相相移键控误比特率与对应的 E_b/N_0 理论值。

表 2.4-1　二进制相移键控误比特率与理论值 E_b/N_0

	BER	1×10^{-2}	1×10^{-3}	1×10^{-4}	1×10^{-5}	1×10^{-6}	1×10^{-7}
E_b/N_0 /dB	BPSK 相干解调	4.32	6.79	8.40	9.59	10.53	11.31
	DBPSK 相干解调＋差分译码	5.23	7.34	8.78	9.90	10.78	11.52
	DBPSK 差分相干解调	5.92	7.93	9.30	10.34	11.18	11.88

2.4.3　四相相移键控调制方式

2.4.3.1　四相相移键控信号

为了提高信道的频带利用率,在 BPSK 的基础上提出了四相相移键控(4PSK),4PSK 常被称为"正交相移键控"(QPSK)。根据 ITU-T 建议,QPSK 分为 A 方式和 B 方式。对于 A 方式,载波有 $0°,90°,180°,270°$ 4 种相位状态,相位矢量图如图 2.4-7(a)所示;对于 B 方式,载波相位有 $45°,135°,225°,315°$ 4 种取值,相位矢量图如图 2.4-7(b)所示。这两种方式都在广泛使用。

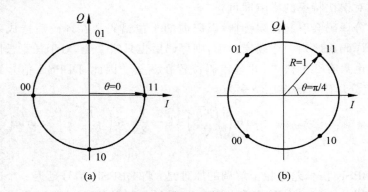

(a)　　　　　　　　　　　　　(b)

图 2.4-7　QPSK 信号的相位矢量图

(a) A 方式; (b) B 方式

从式(2.4-7)可知,QPSK 信号的每一码元波形表示为

$$s(t)_{\text{QPSK}} = \sum_{n=-\infty}^{\infty} I_n g(t - nT_s)\cos\omega_c t - \sum_{n=-\infty}^{\infty} Q_n g(t - nT_s)\sin\omega_c t$$

(2.4-15)

QPSK 信号的每个码元含有两个比特的信息。发送码元序列在编码时需要先将每两个比特分成一组,然后用 4 个相位之一去表示它,两个比特有 4 种组合,即 00,01,10 和 11。它们和相位之间的关系通常按照格雷码

（Gray code）的规律安排，表 2.4-2 给出了两位格雷码的编码规则。

表 2.4-2 两位格雷码编码规则

序号	二进码	格雷码
1	00	00
2	01	01
3	10	11
4	11	10

采用格雷码的好处在于相邻相位代表的两个比特只有一位不同。由于因相位误差造成错判至相邻相位上的概率最大，故这样编码使之仅造成一个比特错误的概率最大，即可以减少由于相位误差造成的误比特数。

2.4.3.2 四相相移键控信号的产生

与 BPSK 相同，QPSK 信号的产生一般有两种方法，第一种是相乘法，另一种是相位选择法。目前使用较多的是相乘法，图 2.4-8 给出了第一种 QPSK 信号的产生方法。图中的信息序列经符号映射（这里包括串并变换、格雷码变换和电平变换）和成形滤波，变换成两路速率减半的码元序列；然后，这两路并行码元序列分别与 $\cos\omega_c t$ 和 $\sin\omega_c t$ 相乘；最后两路相加后得到 QPSK 信号。

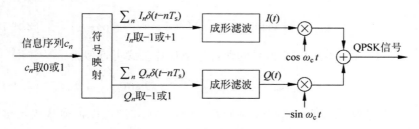

图 2.4-8 QPSK 信号正交调制原理图

2.4.3.3 四相相移键控信号的抗噪声性能

从图 2.4-8 可以看出，QPSK 系统实际上相当于两个正交的 BPSK 系统的并行工作。所以，可以用两路正交的相干载波去解调。QPSK 信号的相干解调原理框图如图 2.4-9 所示。

由于对称的带通型噪声的同相与正交分量是相互独立的，所以 QPSK 信号与 BPSK 信号的性能是一样的，即其相干解调的误比特率与式（2.4-12）相同，但其占用信道带宽仅为后者的一半。

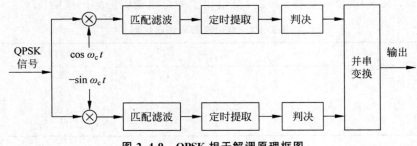

图 2.4-9　QPSK 相干解调原理框图

2.4.3.4　四相相对相移键控信号的产生

QPSK 信号的相干解调同样存在相位模糊问题。为了解决该问题,与BPSK 相干解调时一样,也可以采用相对相移键控的方法,即差分四相相移键控(QDPSK)。在将输入的二进制信息比特串-并变换时,同时进行逻辑运算,将其编为多进制差分码,然后再用绝对调相的调制器实现调制。解调时,也同样可以采用相干解调+差分译码的方法。

2.4.3.5　四相相对相移键控信号的抗噪声性能

对于多进制差分相移键控(MDPSK),其差分相干解调的误符号率计算公式[1]可近似为

$$P_{s,\text{MDPSK}} \approx \text{erfc}\left(\sqrt{2\log_2(M)(E_b/N_0)}\sin\frac{\pi}{2M}\right) \qquad (2.4\text{-}16)$$

当 $M=4$ 时,QDPSK 信号的误符号率计算公式可近似为

$$P_{s,\text{QDPSK}} \approx \text{erfc}\left(2\sqrt{(E_b/N_0)}\sin\frac{\pi}{8}\right) \qquad (2.4\text{-}17)$$

当符号映射满足格雷码映射关系且噪声较小时,可以近似认为大多数符号错误均由正确符号错判成邻近相位符号导致的。因此,可以近似得到 QDPSK 信号的误比特率为

$$P_{b,\text{QDPSK}} \approx \frac{1}{2}P_{s,\text{QDPSK}} \qquad (2.4\text{-}18)$$

2.4.3.6　其他形式的四相相移键控调制方式

1. 偏移四相相移键控

从图 2.4-8 中可知,在 QPSK 调制中,存在两种可能的相位过渡:90°或 180°。例如,正交和同相支路的比特组合从 00 变换到 11,就会发生 180°的相位过渡。这样的相位突变在频带受限的系统中会引起信号包络很大的

起伏。经过非线性功率放大器放大之后，包络的起伏虽然可以被减弱或消除，但是信号的功率谱会被扩展（见第 5 章），其信号旁瓣会对邻近信道造成干扰，使调制时的限带滤波失去作用，这是我们不希望看到的。如果在正交调制时，将正交支路的基带信号相对于同相支路基带信号延时一个信息比特间隔，即符号间隔的一半，则有可能减小包络起伏。这种将正交支路延时一段时间的调制方法称为"偏移四相相移键控"（OQPSK），又称为"参差四相相移键控"（SQPSK）。

OQPSK 的产生原理与 QPSK 相似，不同之处在于经过符号映射后，正交支路相对于同相支路延时了半个符号，载波相位只可能发生 ±90° 相位变化而不会发生 180° 的相位突变。因此 OQPSK 信号包络起伏小，限带 OQPSK 信号的包络最大值与最小值之比约为 $\sqrt{2}$，与 QPSK 信号包络的变化相比情况有所改善。OQPSK 信号调制原理框图如图 2.4-10 所示。

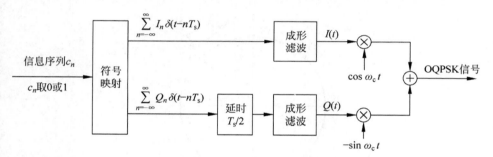

图 2.4-10　OQPSK 信号调制原理框图

与 QPSK 相同，OQPSK 信号可以看作两路正交的 BPSK 信号的叠加，所以其功率谱与 QPSK 相同；OQPSK 解调与 QPSK 相同，由于 $I(t)$ 和 $Q(t)$ 是相互独立的，因此相干解调的误码性能也与 QPSK 时相同。

2. 非平衡四相相移键控

非平衡四相相移键控（UQPSK）也是 QPSK 的一种变形，指进入正交调制器的两路数据流是不相干的两路独立数据流，数据率和功率都允许各不相同。这种调制方式被广泛应用在卫星数据中继系统、GPS 和深空网中，将高速率数据与测距伪随机码共用一个载波传输。

UQPSK 信号的一般表达式为

$$s(t)_{UQPSK} = \sqrt{2P_I}\,d_I(t)\cos[\omega_c t + \theta_I(t)] - \sqrt{2P_Q}\,d_Q(t)\sin[\omega_c t + \theta_Q(t)]$$

$$(2.4\text{-}19)$$

式中，P_I，P_Q 和 θ_I，θ_Q 分别为两个信道的功率和载波相位；$d_I(t)$ 和 $d_Q(t)$

为被传输的两个独立的二元序列。设 $d_I(t)$ 的码元宽度为 T_I，$d_Q(t)$ 的码元宽度为 T_Q，一般情况下 $T_I \neq T_Q$，故两个正交分量的相位跃变不在同一时刻发生，也不等于半个码元宽度。

$d_I(t)$ 和 $d_Q(t)$ 一般为异步的。UQPSK 的误比特率和占用带宽应按照两路独立的 BPSK 信道进行分析计算。I 支路和 Q 支路的功率可根据不同速率采取不等功率分配，功率比一般在（$1:1$）~（$10:1$）选取。

2.4.4　八进制相移键控调制方式

2.4.4.1　八进制相移键控信号的产生

八进制相移键控（8PSK）信号的一种典型相位矢量图如图 2.4-11 所示。图中，d 为欧氏距离；MSB 为最高有效位；LSB 为最低有效位。8PSK 信号产生的原理框图如图 2.4-12 所示。

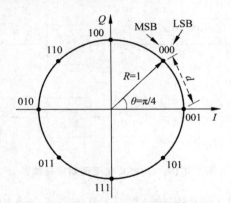

图 2.4-11　8PSK 信号的相位矢量图

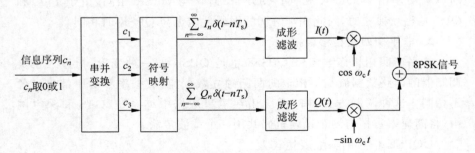

图 2.4-12　8PSK 信号调制原理框图

从图 2.4-12 中可以看出，8PSK 信号同样可以表示为两路正交信号之和，其中，每个支路可以看作多电平幅度调制信号，即

$$s_{8\mathrm{PSK}}(t) = I(t)\cos\omega_c t - Q(t)\sin\omega_c t \qquad (2.4\text{-}20)$$

图 2.4-12 中输入的二进制序列 c_n 经过串-并变换后成为 3b 并行码,3b 并行码相当于一个八进制码。星座点与 3b 码符合格雷码映射关系,即相邻星座点对应的信息位仅有 1b 不同。

2.4.4.2　八进制相移键控信号的抗噪声性能

当 M 较大时,对于平均误符号率 P_s 的分析求解比较复杂,只能用近似的方法求解。在 $E_b/N_0 \gg 1$ 的情况下,可近似得到相干 MPSK 的平均误符号率为

$$P_{s,\mathrm{MPSK}} \approx \mathrm{erfc}\left(\sqrt{\log_2(M)(E_b/N_0)}\sin\frac{\pi}{M}\right) \qquad (2.4\text{-}21)$$

同理,当符号映射满足格雷码映射关系且噪声较小时,可以近似认为大多数符号错误均为由正确符号错判成邻近相位符号导致的,因此,可以近似得到误比特率为

$$P_{b,\mathrm{MPSK}} \approx \frac{P_{s,\mathrm{MPSK}}}{\log_2 M} \qquad (2.4\text{-}22)$$

图 2.4-13 给出了加性高斯白噪声信道下 8PSK 的误比特率性能仿真结果。为了便于比较,图中还给出了 QPSK 和 16PSK 的性能曲线。由图 2.4-13 可以看出,在给定 E_b/N_0 的情况下,误比特率随 M 的增大而增大,这是由 M 增大时信号矢量空间中最小欧氏距离 $d_{\min}$ 变小造成的。在相同信息速率的条件下,M 越大,占用的信道带宽越小,但是为了满足性能要求,需要增大信号发射功率,也就是说节省带宽是以增加发射功率为代价的。

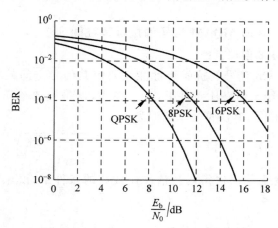

图 2.4-13　相干解调时 MPSK 信号的误比特率性能

2.4.5 正交幅度调制方式

2.4.5.1 QAM 的一般原理

正交幅度调制（QAM）又称为"正交双边带调制"，是一种幅度和相位联合键控。从前文讨论中可知，相移键控在带宽和功率占用方面具有优势，但是，随着 M 的增大，相邻相位的距离逐渐减小，使噪声容限随之减小，误比特率难于保证。为了改善在 M 大时的噪声容限，1960 年 C. R. Chan 提出了 QAM 的设想。在 QAM 中，信号的幅度和相位作为两个独立的参量同时受到调制。这种信号的一个码元可以表示为

$$s_k(t) = A_k \cos(\omega_0 t + \theta_k) \quad kT < t \leqslant (k+1)T \qquad (2.4\text{-}23)$$

式中，k 为整数；A_k 和 θ_k 分别可以取多个离散值。

式（2.4-23）可以展开为

$$s_k(t) = X_k \cos\omega_0 t + Y_k \sin\omega_0 t \qquad (2.4\text{-}24)$$

式中，$X_k = A_k \cos\theta_k$，$Y_k = -A_k \sin\theta_k$。

X_k 和 Y_k 也是可以取多个离散值的变量。从式（2.4-24）看出，$s_k(t)$ 可以看作是两个正交的幅度键控信号之和。在式（2.4-24）中，若 θ_k 值仅取 $\pi/4$ 和 $-\pi/4$，A_k 值仅取 $+A$ 和 $-A$，则此 QAM 信号就成为 QPSK 信号，所以 QPSK 信号就是一种最简单的 QAM 信号。

常用的 QAM 有 16QAM，64QAM，256QAM 等，统称为"MQAM"。由于从其矢量图看似星座，故又称"星座调制"。如果 QAM 信号点分布成矩形，则称为"矩形 QAM"。图 2.4-14(a) 给出了一种典型的矩形 16QAM 信号的星座图。

2.4.5.2 矩形 MQAM 信号的抗噪声性能

1. MQAM 的误码性能

多进制 QAM 信号的抗噪声性能主要由其信号空间的最小欧氏距离 $d_{\min}$ 决定。在给定信噪比条件下，$d_{\min}$ 越大，误符号率越低。对于矩形星座的 MQAM 信号，其误符号率近似为

$$P_s \approx 2\left(1 - \frac{1}{\sqrt{M}}\right) \mathrm{erfc}\left(\sqrt{\frac{3}{2(M-1)}\frac{E_b}{N_0}}\right) \qquad (2.4\text{-}25)$$

同样，在考虑使用格雷码且信噪比较高的条件下，误比特率可近似表示为

$$P_b \approx \frac{P_s}{\log_2 M} \qquad (2.4\text{-}26)$$

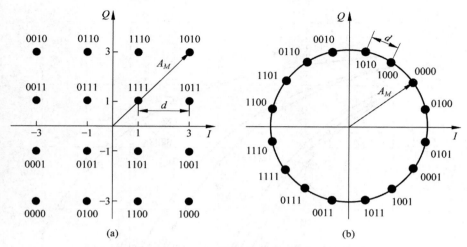

图 2.4-14 16QAM 信号和 16PSK 信号的星座图

(a) 16QAM 信号星座图；(b) 16PSK 信号星座图

2. MQAM 与 MPSK 的误码性能比较

以如图 2.4-14 所示的星座图为例来说明，星座图中两种信号的最大幅度相等，并假设其最大幅度为 A_M，则 16QAM 信号的相邻点的欧氏距离 d_{16QAM} 为

$$d_{16QAM} = A_M \frac{\sqrt{2}}{\sqrt{M}-1} = A_M \frac{\sqrt{2}}{\sqrt{16}-1} = 0.471A_M \quad (2.4\text{-}27)$$

而 16PSK 信号的相邻矢量端点的欧氏距离 d_{16PSK} 为

$$d_{\min,16PSK} = 2A_M \sin\left(\frac{\pi}{M}\right) = 2A_M \sin\left(\frac{180°}{16}\right) = 0.393A_M \quad (2.4\text{-}28)$$

由式(2.4-27)和式(2.4-28)可知，d_{16QAM} 超过 d_{16PSK} 约 1.57dB，这说明 16QAM 的抗噪声能力优于 16PSK。

当平均功率受限时，16QAM 的优点更为显著。16PSK 信号的平均功率等于其最大功率，而 16QAM 信号，在 16 个星座点等概率出现的条件下，可以计算出其最大功率和平均功率之比等于 1.8 倍[1]，即 2.55dB。因此，在平均功率相等条件下，16QAM 比 16PSK 信号的噪声容限大 4.12dB。

类似地，8QAM 比 8PSK 的抗噪声性能可改善约 1.6dB，32QAM 比 32PSK 的抗噪声性能可改善约 6dB。因此，在工程应用中，当 $M>8$，且信道非线性特性较好时，一般选用 QAM 调制方式。几种典型多进制调制的误码性能曲线如图 2.4-15 所示。

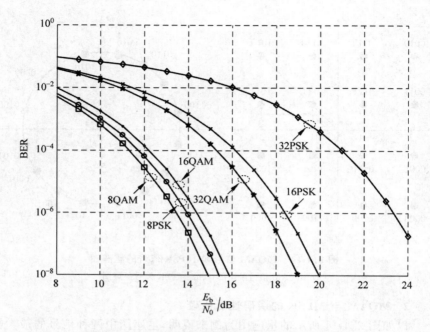

图 2.4-15 MQAM 调制与 MPSK 调制的性能比较

3. 频谱效率

频谱效率定义为等效比特率 R_b 与射频带宽 B 的比值,用于衡量不同调制方式的带宽占用程度。当成形滤波器具有平方根升余弦特性时,在信息速率相同的条件下,MQAM 信号与 MPSK 信号的频谱效率相同。频谱效率可表示为

$$\eta = \frac{R_b}{B} = \frac{R_b}{(1+\alpha)R_s} = \frac{R_b}{(1+\alpha)\dfrac{R_b}{\log_2 M}} = \frac{\log_2 M}{1+\alpha} \qquad (2.4\text{-}29)$$

式中,α 为成形滤波器的滚降系数。

2.4.5.3 16APSK 和 32APSK

如果 QAM 信号点分布成星形,称为“星形 QAM”。星形 QAM 可以看作幅度调制和相位调制的组合,即 APSK。虽然矩形 QAM 在抗噪声方面具有良好的性能,但是,矩形 QAM 的信号矢量幅度和相位呈不规则分布,会给载波恢复和自动增益控制带来一些困难。此外,当卫星转发器接近饱和状态工作时,非线性失真影响增大,需要精确的预失真校正,实现复杂性

较大。为了降低信道非线性失真的影响,需要减少信号矢量幅度的起伏,因此,星座形状呈圆形、圆周个数少、适应衰落信道能力较强的 APSK 调制方式成为卫星数据中继系统更高阶调制中的首选。

APSK 信号星座图由 K 个同心圆组成,每个同心圆可以看作一个 PSK 星座图。APSK 调制的信号集可表示为

$$X = r_k \exp\left[\mathrm{j}\left(\frac{2\pi}{n_k} i_k + \theta_k \right) \right] \qquad (2.4\text{-}30)$$

式中,$k \in \{1, 2, \cdots, K\}$,$K$ 为圆周数;r_k 和 n_k 分别为第 k 个圆周的半径和信号点数;i_k 为第 k 个圆周上的一个点,且 $i_k = 0, 1, \cdots, n_k - 1$;$\theta_k$ 为第 k 个圆周上信号点的初相位。

按照最小错误译码概率准则,为了增强星座上信号点的抗噪声性能,要求信号点的空间距离尽量大,这就需要增大信号点之间的最小欧氏距离。由于出现在星座各环上的点数不同,最小距离出现的可能性有两种,即环间最小距离和同环上最小距离。假设外环半径从第一内环半径的长度开始增大,那么随着外环半径的增大,环间星座点最小距离和外环上星座点最小距离都在增大,而为了保证所有星座点的平均功率不变,内环的半径在缩小,即内环上星座点最小距离在缩小。这是因为随着外环半径的增大,其环上星座点功率增大,若要保证平均功率不变,只能减小内环上星座点的功率。由此可见,当星座最佳时,星座的最小欧氏距离即此时第一内环的星座点最小距离。因此,选择 APSK 星座时可先计算其星座的最小欧氏距离并最大化,即选择合适的相对半径范围,使相应的误比特率最小。

为了补偿卫星转发器造成的非线性影响,通常在卫星转发器前加一个线性化网络,对信号的幅度和相位进行预失真处理,使补偿后的总电路受非线性影响减小。考虑到 APSK 方式是以载波相位和幅度承载信息,且其星座具有多环特性,可以通过修正星座上圆周相对半径和相对相位完成预补偿,最终使信号经过卫星转发器后的星座接近于理想位置。

图 2.4-16 给出了 DVB-S2 标准中的 16APSK 和 32APSK 信号的星座图。其中,图(a)为 16APSK 信号的星座图,它由 2 个同心圆构成,圆上星座点等间隔分布,各为 4 和 12,即(4+12)APSK,相对半径即外圆与内圆半径之比 $\gamma = R_2/R_1$,γ 的取值如表 2.4-3 所示,若 $4[R_1]^2 + 12[R_2]^2 = 16$,则平均信号功率为 1;图(b)为 32APSK 信号的星座图,它由 3 个同心圆构成,圆上星座点等间隔分布,各为 4,12 和 16,即(4+12+16)APSK。相对

半径即外圆与内圆半径之比 $\gamma_1 = R_2/R_1$，$\gamma_2 = R_3/R_1$，其取值如表 2.4-3 所示。若 $4[R_1]^2 + 12[R_2]^2 + 16[R_3]^2 = 32$，则平均信号功率为 1。

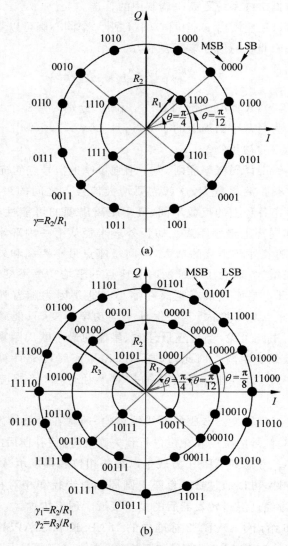

(a)

(b)

图 2.4-16 16APSK 和 32APSK 信号的星座图

（a）16APSK 信号的星座图；（b）32APSK 信号的星座图

表 2.4-3　16APSK 调制方式 γ 和 32APSK 调制方式 γ_1，γ_2 的取值

编码率	16APSK		32APSK		
	调制/编码频谱利用率	γ	调制/编码频谱利用率	γ_1	γ_2
2/3	2.66	3.15	—	—	—
3/4	2.99	2.85	3.74	2.84	5.27
4/5	3.19	2.75	3.99	2.72	4.87
5/6	3.32	2.70	4.15	2.64	4.64
8/9	3.55	2.60	4.43	2.54	4.33
9/10	3.59	2.57	4.49	2.53	4.30

2.5　自适应编码调制

2.5.1　概述

在卫星数据中继系统中,其传输链路的信号电平存在以下变化:

(1)降雨衰减引起的信号电平变化

无线电电波在空间传播时会受到很多因素的影响,例如,云、雾、雪、雨、大气吸收、对流层闪烁等,这些因素将导致信号不同程度的衰落。与 C 频段和 Ku 频段相比,Ka 频段通信受降雨因素的影响更为严重。例如,当降雨率 $R_{0.01}$ 为 50mm/h、地面终端站天线仰角为 15°、接收频率为 20GHz、降雨可用度为 99.8% 时,降雨衰减达到 9.4dB,详细分析见第 4 章。

对于大多数卫星数据中继系统来说,星间链路和馈电链路都选择在 Ka 频段。在为航天用户服务时,航天器在大气层外运行,星间链路不受降雨的影响,仅星地馈电链路存在降雨衰减;在为非航天(地面)用户服务时,星间链路穿过大气层,也同样存在降雨的影响。

(2)空间距离变化引起的信号电平变化

在中继卫星传输数据的过程中,用户航天器的轨道位置在时刻变化,这种变化会引起空间传播距离的变化。例如,轨道高度为 1500km 的用户航天器,在进入静止轨道中继卫星视场区边缘时距离最远,最大空间距离(斜距)约为 46 335km,在到达中继卫星星下点位置时,空间距离最短,约为 34 286km。空间距离的变化引起的路径衰减变化约有 2.6dB。对于有南北倾角的同步轨道中继卫星,则信号电平变化将会更大。

(3)转发器性能的变化

通常,用户终端的发射机功率是按照当前中继卫星参数设计的,由于新

一代中继卫星返向转发器的 G/T 值性能提高,新老中继卫星同时在轨运行,所以,当用户航天器从前一代中继卫星覆盖区运行到新一代中继卫星覆盖区时,或从新一代中继卫星覆盖区运行到前一代中继卫星覆盖区时,在用户终端发射功率不变的情况下,中继卫星地面终端站接收的信噪比会有较大幅的变化。

按照传统的信道设计理念,对抗衰落信道的时变性,通常根据可能遇到的信道的最差情况去考虑,采用预留固定余量的办法,以保证最差信道条件下总的信噪比满足要求。这种按照最差情况的信道设计策略固然能够保障通信质量,但是它是以增大天线口径和发射机功率为代价的,系统建造成本较高,信号能量上存在浪费,且可能会对邻近卫星的地空链路造成较大干扰。

随着技术的发展,人们研究出了自适应传输技术。自适应传输技术主要包括自适应功率控制、自适应速率控制、自适应编码调制和混合自动重传请求等技术。对于中继卫星前向链路,通常采用自适应功率控制技术,通过监测和分析计算降雨的大小和衰耗,自适应地调整地面终端站的发射功率,使信号稳定工作在中继卫星转发器线性区,防止晴天时中继卫星转发器过饱和。对于中继卫星返向链路,通常采用自适应编码调制技术,即根据接收到的信号质量自动调整用户终端的数据速率、编码方式和调制方式。在信道质量较好的环境下,采用高阶的编码调制方案,传输较高速率的数据;当信道质量降低时,采用低阶的编码调制方案,传输较低速率的数据。本章重点介绍自适应编码调制(ACM)技术。

2.5.2 自适应编码调制的一般原理

ACM 技术包括自适应编码技术和自适应调制技术。自适应编码技术的基本思想是根据信道特性的变化,自适应地改变信道编码方式或者改变同一编码方式中的相关参数(例如编码率),保证其系统整体性能不变,其实质是通过不同编码率的编码增益来补偿信道衰减带来的损失;自适应调制技术的基本思想是根据接收端信噪比估计值落在不同的阈值区间来选择发送端的调制方式,阈值的选择直接影响系统的误码性能、有效性(例如吞吐量)和可靠性。通常情况下,自适应编码调制系统需要有一条回传信道,接收端对信道进行实时的估计和预测,将估计的信道状态信息通过回传信道反馈给发送端,发送端再根据反馈的信道状态信息动态地改变编码和调制方式。自适应编码调制系统实现的原理如图 2.5-1 所示。

从图 2.5-1 可以看出,自适应环路的时延是一个影响 ACM 性能的重

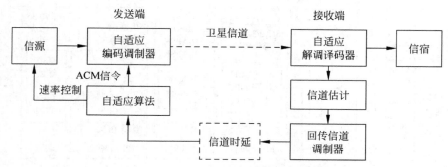

图 2.5-1 自适应编码调制系统实现原理

要参数。以 GEO 卫星与地面站距离 40 000km 为例,从接收端传送信道状态给发送端开始,到发送端调整速率、编码、调制等参数再回到接收端的空间往返传播时延约有 0.54s。加上调整的处理时间,时延会更大些,这在通信中是不容忽视的。自适应环路时延越长,对用户服务质量的影响越大。在中继卫星链路中,降雨产生的衰减和空间距离变化引起的衰减可以看作慢变化,且不同卫星转发器 G/T 值也是可以预期的。因此,只要环路的总时延在秒级范围内,ACM 的作用是有效的。

ACM 技术首先被应用在欧洲电信标准化组织(ETSI)的卫星数字视频广播 DVB-S2 标准中。其核心方法是:接收站通过接收的卫星信号提取链路质量信息(如信噪比),并将该信息回传到发送站,发送站根据链路质量在预定的编码调制方案中选择合适的方式,以保证链路的可用性。

2.5.3 ETSI 卫星数字视频广播标准

2.5.3.1 DVB-S2 标准

ETSI 于 2005 年 3 月发布了 DVB-S2 标准。与 DVB-S 相比,DVB-S2 在技术上有很大改进,代表了国际卫星通信广播领域的技术发展水平。虽然主要是针对卫星数字视频广播业务的标准,但在卫星数据中继和宽带通信等领域也被广泛采用。

在 DVB-S2 标准中,采用了可变编码调制(VCM)技术,允许发射站根据接收站的不同条件选择不同的编码调制模式。VCM 技术与卫星回传信道(RCS)技术相结合,形成了 ACM 应用模式。DVB-S2 的系统组成如图 2.5-2 所示。

DVB-S2 系统对信号的处理大致分成模式适配、传输流适配、FEC 编码、比特映射、物理层成帧和调制几部分,形成基带帧、前向纠错帧和物理

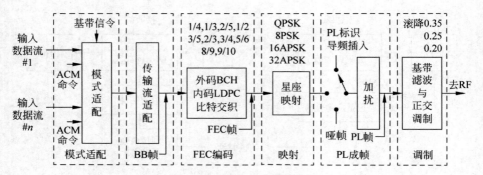

图 2.5-2 DVB-S2 系统组成

层帧。

1. 模式适配单元

模式适配单元的功能组成如图 2.5-3 所示,其任务是将不同格式的输入数据进行标准化的处理和统一的封装。适配处理过程根据不同应用而定,包括输入流的接口、同步、空包删除、CRC-8 编码、多路合并与切分、基带信令插入等。输入数据流可以是单个或多个 MPEG 格式(188B)的传送流(TS),也可以是通用数据流(GS),通用数据流可以是连续比特的数据流,也可以是包形式(如 IP,ATM 等)的数据流。

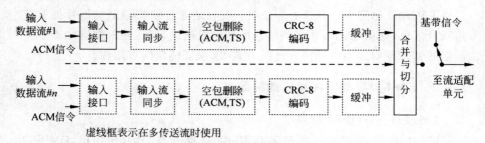

虚线框表示在多传送流时使用

图 2.5-3 模式适配单元的功能组成

(1) 输入接口:该功能模块接收从外部数据源来的数据和从外部"传输模式控制单元"来的 ACM 信令信息,完成接口电气特性的适配,并根据 ACM 信令信息设置编码调制器的参数。

(2) 输入流同步:在调制器的数据处理中可能会对用户信息产生时延,该功能模块将提供适当的手段,使分包形式的输入流保持恒定的比特速率和恒定的端到端传输时延。该功能为任选功能,对于单一的广播传送流可以不选。

(3) 空包删除:仅用于 ACM 模式和 MPEG 格式的传送流。在发送端,MPEG 空包被识别和移出;在接收端再插入,以利于调制器减小信息速率,增加差错保护。

(4) CRC 编码:仅用于数据包形式的数据流。对用户数据包的有用部分(不含同步字节)进行 CRC-8 编码。生成多项式为 $g(x) = x^8 + x^7 + x^6 + x^4 + x^2 + 1$。

(5) 合并/切分:对于单个或多个通用输入数据流,首先被存储,然后切分模块按照数据域的长度,切分数据到数据域。合并模块将不同的数据域串接成单一的输出数据流,然后送至传输流适配单元。

(6) 基带导头

基带导头由固定长度的 10 个字节组成,其格式如图 2.5-4 所示。其中,MATYPE 为 2B,描述输入流的格式、模式适配的类型和滚降系数。UPL 为 2B,描述用户数据包的长度,其范围从 0 到 65535b。DFL 为 2B,描述数据域的长度,其范围从 0 到 58 112b。SYNC 为 1B,对于数据包形式的数据流,复制用户数据包中的同步字节;对于连续的比特数据流,SYNC=00~B8 为传送层协议的信令保留,SYNC=B9~FF 为用户专用。SYNCD 为 2B,对于数据包形式的数据流,描述从数据域开始至本帧第一个用户数据包开始的比特数(距离),例如,SYNCD=0 表示第一个用户数据包对准数据域,SYNCD=65535 表示没有起始的用户数据包;对于连续的比特数据流,SYNCD=0000~FFFF 为未来使用保留。CRC-8 用于对基带导头的前 9B 进行检错编码。

MATYPE 2B	UPL 2B	DFL 2B	SYNC 1B	SYNCD 2B	CRC-8 (1B)

图 2.5-4　基带帧导头格式

2. 传输流适配单元

传输流适配单元提供基带帧数据填充功能。当有效的用户数据不足以构成完整的基带帧,或者在一个基带帧中需要分配整数个用户包的空间时,就有可能需要进行填充操作,以生成一个完整的、固定长度的基带帧(BBFRAME)。传输流适配单元还要对基带帧进行加扰,加扰的伪随机二进制序列生成多项式同式(2.3-12),其逻辑图同图 2.3-20。

传输流适配单元输出端的未加扰基带帧格式如图 2.5-5 所示。

3. 前向纠错编码单元

前向纠错编码单元主要由 BCH 外码编码器和 LDPC 内码编码器级联构成,其基本功能包含 BCH 编码、LDPC 编码和比特交织。

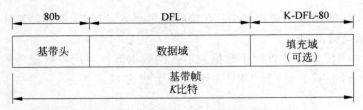

图 2.5-5 传输流适配单元输出端的基带帧格式（未加扰）

基带帧按 K 比特分组首先进入 BCH 编码器,进行 BCH 编码,BCH 编码器生成的 BCH 奇偶校验位附加在基带帧之后,形成长度为 N 的 BCH 码组;然后再进入 LDPC 编码器进行 LDPC 编码,生成的 LDPC 奇偶校验位添加至 BCH 码组尾部,形成最终的长度为 n 的前向纠错帧(FECFRAME)。前向纠错帧格式如图 2.5-6 所示。

图 2.5-6 前向纠错帧格式

与其他大多数系统编码方案采用固定输入信息分组长度、随编码率改变输出分组长度的方式不同,DVB-S2 采用固定输出分组长度,然后根据编码率反向推导输入信息分组长度。DVB-S2 支持长度为 64 800b 的普通帧和长度为 16 200b 的短帧两种 FEC 帧。FEC 帧参数分别见表 2.5-1 和表 2.5-2。

表 2.5-1 DVB-S2 普通 FEC 帧参数

LDPC 编码率	BCH 信息长度 K	BCH 码字长度 N	BCH 纠错能力	LDPC 码字长度 n
1/4	16 008	16 200	12	64 800
1/3	21 408	21 600	12	64 800
2/5	25 728	25 920	12	64 800
1/2	32 208	32 400	12	64 800
3/5	38 688	38 880	12	64 800
2/3	43 040	43 200	10	64 800
3/4	48 408	48 600	12	64 800
4/5	51 648	51 840	12	64 800
5/6	53 840	54 000	10	64 800
8/9	57 472	57 600	8	64 800
9/10	58 192	58 320	8	64 800

表 2.5-2 DVB-S2 短 FEC 帧参数

LDPC 编码率	BCH 信息 长度 K	BCH 码字 长度 N	BCH 纠错 能力	LDPC 码字 长度 n
1/5	3072	3240	12	16 200
1/3	5232	5400	12	16 200
2/5	6312	6480	12	16 200
4/9	7032	7200	12	16 200
3/5	9552	9720	12	16 200
2/3	10 632	10 800	12	16 200
11/15(3/4)	11 712	11 880	12	16 200
7/9	12 432	12 600	12	16 200
37/45(5/6)	13 152	13 320	12	16 200
8/9	14 232	14 400	12	16 200

在高阶调制模式下,由于一个符号映射为多个比特,一个符号的错误很可能会引起连续多比特同时出错,形成突发错误。因此,在高阶调制模式下采用交织技术,可以使一个符号内的连续错误比特分散化、随机化。在DVB-S2 标准中,8PSK,16APSK,32APSK 调制模式使用比特交织。比特交织采用了传统的块交织方式,数据按照列方向串行写入交织器,然后按照行方向串行读出。每种调制模式的比特交织器配置如表 2.5-3 所示。

表 2.5-3 每种调制方式的比特交织器配置

调制方式	行 数		列数
	普通帧	短帧	
8PSK	21 600	5400	3
16APSK	16 200	4050	4
32APSK	12 960	3240	5

4. 映射单元

映射的作用是把串行的 FECFRAME 转换为与调制方式相适应的并行码流形式,即按照调制的符号所代表的比特数(调制阶数 η_{MOD})分组,形成并行码流,然后选择适当的分组与调制星座一一对应。

从统计的角度看,正常的通信系统受到噪声的影响,在距离最近的相邻符号之间发生错误的概率比相隔较远的符号之间大得多,因此希望这种相邻符号之间的误码引起的比特错误尽量小,而不同的映射方案会产生不同的效果。在 DVB-S2 标准中,规定了 4 种调制方式,对应 4 种星座图。映射前的输入序列为前向纠错帧(FECFRAME)序列,映射后的输出序列为

XFECFRAME 序列。XFECFRAME 长度由 64 800/η_{MOD} 个（普通帧）或 16 200/η_{MOD} 个调制符号（短帧）组成。

5. 物理层成帧单元

（1）物理层帧结构

物理层成帧单元通过执行以下过程产生一个物理层帧（PLFRAME）：①当没有 XFECFRAME 准备被处理或传输时，将产生伪 PLFRAME（亦称"哑帧"）；②XFECFRAME 分成 S 个时隙（每时隙长度 $M = 90$ 个符号），如表 2.5-4 所示；③产生一个物理层帧导头（PLHEADER），插入在 XFECFRAME 前，并精确地占用一个时隙；④为了帮助接收机同步，每 16 个时隙插入 36 个导频符号；⑤使用物理层加扰器对（I, Q）调制符号进行加扰，使之随机化。

表 2.5-4　每个 XFECFRAME 帧的时隙个数和无导频时物理层帧效率

调制阶数/ (b/s/Hz)	普 通 帧		短 帧	
	时隙数/个	帧效率（无导频）	时隙数/个	帧效率（无导频）
2	360	99.72%	90	98.90%
3	240	99.59%	60	98.36%
4	180	99.45%	45	97.83%
5	144	99.31%	36	97.30%

物理层成帧单元的输入流是 XFECFRAME，经过处理后输出的是一个加扰的 PLFRAME。图 2.5-7 给出了加扰前的物理层帧结构，其帧效率为

$$\eta = \frac{90S}{90(S+1) + P\,\mathrm{int}\{(S-1)/16\}}$$

式中，$P = 36$，int{}表示取整数函数。

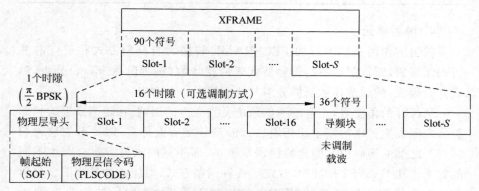

图 2.5-7　物理层帧结构（加扰前）

（2）物理层帧导头

物理层帧导头由帧起始（SOF）和物理层信令码（PLS code）两个域组成。SOF 域表示帧的起始，该域为 26 个符号，十六进制表示为 18D2E82。物理层信令码又包含类型域和 MODCOD 域。类型域为 2 个符号，其中，高位标识 FECFRAME 的大小：0 表示普通帧，1 表示短帧；低位标识导频配置：0 表示无导频，1 表示有导频。MODCOD 域表示编码调制方式，该域为 5 个符号，表 2.5-5 给出了 MODCOD 的编码组合。

接收机收到物理层帧导头后，可以识别出物理层帧的周期和结构、调制编码方案以及是否存在导频等。无论 XFECFRAME 采用哪种调制方式，帧导头均采用 $\frac{\pi}{2}$ BPSK 的调制方式，以保证低信噪比下帧导头的可靠同步。

（3）哑帧插入

当没有 XFECFRAME 需要处理或传输时，物理层将插入哑帧（DUMMY PLFRAME）。哑帧由物理层导头和 36 个时隙未调载波组成。

（4）导频插入

DVB-S2 可工作在无导频和有导频两种模式。为了在很低信噪比条件下快速捕获，可以配置成导频工作模式，辅助解调器频率和相位的同步。每一个导频块由 36 个导频符号组成。第一个导频块在第 16 个时隙后插入，第二个导频块在第 32 个时隙后插入，以此类推。导频块的插入与不插入可逐帧改变。

（5）物理层加扰[4]

除 SOF 以外，在每一帧的帧导头后，重置随机序列发生器，对每一帧的 I 和 Q 符号进行加扰。扰码序列的生成包含以下步骤：

a）生成伪随机序列 X 和 Y

① 初始化

$$x(0)=1, x(1)=x(2)=\cdots=x(16)=x(17)=0;$$
$$y(0)=y(1)=\cdots=y(16)=y(17)=1。$$

② 符号递归

$$x(i+18)=[x(i+7)+x(i)]\bmod 2, \quad i=0,1,\cdots,2^{18}-20;$$
$$y(i+18)=[y(i+10)+y(i+7)+y(i+5)+y(i)]\bmod 2,$$
$$i=0,1,\cdots,2^{18}-20。$$

b）然后用式（2.5-1）定义二进制扰码序列 z_n（$n=0,1,\cdots,2^{18}-2$）：

$$z_n(i)=[x((i+n)\bmod(2^{18}-1))+y(i)]\bmod 2 \qquad (2.5\text{-}1)$$

式中，$i=0,1,\cdots,2^{18}-2$。

表 2.5-5 MODCOD 的编码组合

模式	MODCOD	模式	MODCOD	模式	MODCOD	模式	MODCOD
QPSK,1/4	1_D	QPSK,5/6	9_D	8PSK,9/10	17_D	32APSK,4/5	25_D
QPSK,1/3	2_D	QPSK,8/9	10_D	16APSK,2/3	18_D	32APSK,5/6	26_D
QPSK,2/5	3_D	QPSK,9/10	11_D	16APSK,3/4	19_D	32APSK,8/9	27_D
QPSK,1/2	4_D	8PSK,3/5	12_D	16APSK,4/5	20_D	32APSK,9/10	28_D
QPSK,3/5	5_D	8PSK,2/3	13_D	16APSK,5/6	21_D	保留	29_D
QPSK,2/3	6_D	8PSK,3/4	14_D	16APSK,8/9	22_D	保留	30_D
QPSK,3/4	7_D	8PSK,5/6	15_D	16APSK,9/10	23_D	保留	31_D
QPSK,4/5	8_D	8PSK,8/9	16_D	32APSK,3/4	24_D	哑帧	32_D

c) 用式(2.5-2)计算对应的整数值扰码序列 $R_n(R_n=0,1,2,3)$：

$$R_n(i) = 2z_n((i+13\ 1072)\bmod(2^{18}-1)) + z_n(i) \qquad (2.5\text{-}2)$$

式中，$i = 0,1,\cdots,66\ 419$。

d) 用式(2.5-3)表示扰码复序列：

$$C_I(i) + jC_Q(i) = \exp(jR_n(i)\pi/2) \qquad (2.5\text{-}3)$$

e) 由式(2.5-4)和式(2.5-5)得到加扰后的 I 值和 Q 值，加扰后的 I 值和 Q 值与 R_n 的对应关系如表 2.5-6 所示。$n=0$ 时，扰码序列对应的逻辑框图如图 2.5-8 所示。

表 2.5-6　加扰后的 I 值和 Q 值与 R_n 的对应关系

R_n	$\exp(jR_n\pi/2)$	$I_{加扰}$	$Q_{加扰}$
0	1	I	Q
1	j	$-Q$	I
2	-1	$-I$	$-Q$
3	$-j$	Q	$-I$

$$I_{加扰} = IC_I - QC_Q \qquad (2.5\text{-}4)$$

$$Q_{加扰} = IC_Q + QC_I \qquad (2.5\text{-}5)$$

6. 基带滤波和正交调制

为了提高频谱利用率，减小码间串扰，在调制之前，需要采用快速傅里叶变换对 I 和 Q 两路的基带窄脉冲信号进行平方根升余弦成形滤波。在 DVB-S2 标准中，根据不同服务要求，滚降系数可在 0.35，0.25，0.20 中选择。基带平方根升余弦滤波器传递函数见式(2.4-4)。

成形滤波后的两路基带信号分别与 $\sin(2\pi f_0 t)$ 和 $\cos(2\pi f_0 t)$ 相乘。然后，两路相加后得到调制器输出信号。

2.5.3.2　DVB-S2X 标准

2014 年 4 月，ETSI 发布了 DVB-S2 的扩展版本 DVB-S2X，一般认为这是新一代的 DVB 标准。相对于 DVB-S2，DVB-S2X 采用了多项新的技术，具有更高的频谱效率、更大的接入速率、更好的移动性能和更强健的服务能力，主要是：

(1) 通用流封装的高效率模式(GSE-HEM)。对 GSE 流切分不再计算 CRC-8，也不插入 SYNC，2B 的 UPL 不传输，BB HEADER 减少了 3B，减小了组帧开销。接收端可通过通用流封装的长度字段推测用户数据包长度。这种高效的封装模式有利于未来提供全 IP 服务，增加系统使用的灵活性。

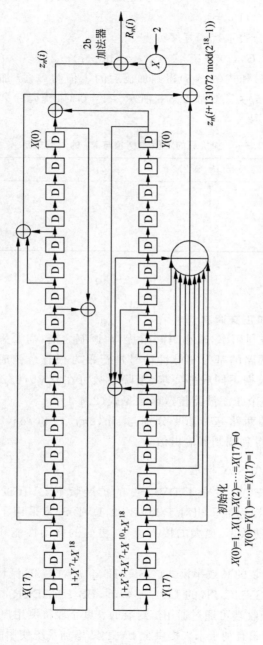

图 2.5-8 $n=0$ 时基于符号的扰码序列对应的逻辑框图

（2）信道绑定/转发器绑定技术。信道绑定是指同一数据流可在多个载波上传输，实现宽带传输。如果每个转发器传输一个宽带载波，可以减小转发器功率回退，提高载波传输容量，这种信道绑定又称为"转发器绑定"。但该项技术目前仅限于 CCM，且不能结合时间切片（time slicing）技术的使用。

（3）更丰富的调制编码（MODCOD）组合。增加极低信噪比（VL-SNR）信号波形，即采用 $\frac{\pi}{2}$ BPSK 调制和频谱扩展技术，使 E_s/N_0 低至 -9.9dB，以满足移动终端的应用；采用更高阶的调制，支持 8APSK，64APSK，128APSK，256APSK 调制，并对星座图进行优化；在兼容 DVB-S2 的 28 种 MODCOD 组合基础上，增加新的 MODCOD 组合及扩频，使 MODCOD 组合总数（亦称"颗粒度"）达到 112，信噪比 E_s/N_0 的动态范围由 -2.35dB 至 16.05dB 扩展到 -9.9dB 至 19.57dB。

（4）更小的滚降系数。通过采用高级滤波技术，降低了滚降系数。滚降系数为 0.15，0.10，0.05，可获得更高的频谱效率，在相同带宽下，提高了系统容量。

（5）帧结构有所变化。对于纠错编码帧，增加了一个中等长度帧，长度为 32 400b，使 FEC 帧长增加到 3 种。对于物理层帧，有两种帧长，一种是 33 282 个符号，导频符号的插入方式为 34＋36。另一种是 16 686 个符号，导频符号的插入方式为 32＋36。物理层帧中增加极低信噪比同步（VL-SNR Sync）标志。

（6）物理层帧导头有所变化。物理层帧导头仍由帧起始和物理层信令码两个域组成。帧起始没有变，仍为 26 个符号。但是，物理层信令中的类型域和 MODCOD 域由原来的 7b 扩展到 8b，以适应更多的 MODCOD 组合要求。另外，还增加了 8b 的定时切片号（TSN）。这样，物理层信令共有 16b，经编码处理后，为 154 个符号。再加上帧起始的 26 个符号，整个物理层帧导头为 180 个符号，占用 2 个时隙。

（7）引入时间切片功能。除了在物理层信令中增加 TSN 以外，还将 TSN 填入 BBFRAME 的输入流标识（ISI）字段，便于实时地高速处理物理层信令，丢弃不需要处理的帧，从而大幅降低对硬件处理的要求。

（8）重新定义扰码序列。在 DVB-S2 的物理层仅有一个默认代码—0♯扰码序列。随着多波束大容量卫星的应用，同信道干扰变得越来越显著。为此，在 DVB-S2X 物理层中新增了扰码序列，定义了 6 个代码。当 DVB-S2X 接收机收到加扰的信号后，会先使用默认代码，然后再使用新定义的代码对信号进行解扰操作。

（9）引入超帧结构。超帧采用固定长度，总长度为 61 2540 个符号，分为超帧起始（SOSF）、超帧格式指示器（SFFI）、载荷数据 3 部分。其中，SOSF 为 270 个符号，SFFI 为 450 个符号，载荷数据为 61 1820 个符号。SFFI 传递 4b 信息，目前仅定义了 5 种格式。超帧结构的引入有利于采用干扰减轻技术、波束跳变操作、多协议格式传输和降低终端功耗。

2.5.3.3 DVB-RCS/RCS2 标准

DVB-RCS 是 ETSI 为基于卫星的交互式应用而制定的行业标准，是其小口径卫星终端（VSAT）联网的世界上第一个双向宽带卫星通信标准[5]。自 2000 年推出以来，已在世界范围内迅速推广，促进了 VSAT 网络的迅速发展，成为广为接受并且相当成熟的标准。截至 2008 年，DVB-RCS 标准已经升级到第 5 版，即针对移动卫星通信的 DVB-RCS 标准[6]。

1. RCS 系统参考模型

DVB-RCS 作为一种宽带卫星接入技术，采用 DVB 广播和 MF-TDMA 多点回传的工作方式。信关站和远端站以非对称的前向和回传链路速率实现双向通信。DVB-RCS 用于交互业务的通信系统模型如图 2.5-9 所示。

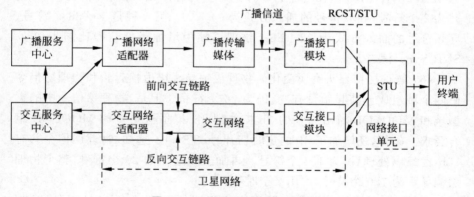

图 2.5-9 交互业务通信系统模型

在系统模型中，服务中心到用户间建立了两个通信信道。

（1）广播信道：服务中心到用户的单向宽带广播，业务包括视频、话音和数据等。

（2）交互信道：服务中心与用户间的双向交互式传输，由反向交互链路和前向交互链路组成。反向交互链路用于向服务中心做出响应，进行应答或传输数据；前向交互链路用于服务中心向用户传输视频、话音、数据等业务和其他业务交互所必需的控制信息。

卫星交互网络由网络控制中心（NCC）、业务网关站（TG）、馈电站和大量的卫星回传信道终端（RCST）组成。NCC 产生控制和定时信号，负责网络的监视控制、频率资源维护以及 RCST 的入网、退网和计费等。TG 负责接收 RCST 的返回信号，并与服务提供商以及其他网络连接，提供交互业务服务。馈电站负责传送前向链路信号。

2. RCS 传输体制

DVB-RCS 前向链路符合 DVB-S 标准，但增加了网控信令通道，该通道与其他 DVB 数据广播业务在 MPEG-2 传送流中复用。DVB-RCS 前向链路主要由前向信令通道、网络结构信息通道和业务数据通道构成。DVB-RCS 反向链路采用 MF-TDMA 传输方式，各远端站在指定的时隙发送突发信号，具体的时隙划分和突发安排由 NCC 负责。反向链路按照超帧、帧、时隙的结构组织管理。信道上频率相邻的几个载波可构成卫星交互网的一个子网链路，每个子网链路有一个超帧 ID 标识。同一超帧 ID 管理下的载波在时间上被划分为连续的超帧，并标以连续的数值作为超帧计数值，超帧在频率和时间上被划分为若干帧，帧又划分为若干时隙。在一个超帧中各帧按照先频率后时间、从低到高的顺序编号。一个超帧中最多可划分为 32 个帧，一个帧中最多可包括 2048 个时隙。在这种结构下，每个时隙由超帧 ID、超帧计数值、帧 ID 和时隙 ID 唯一标识。

3. DVB-RCS2 标准

DVB-RCS2 标准是 DVB-RCS 的演进版本。该版本不仅定义了系统的低层协议（物理层和链路层），还定义了高层协议，包括网络管理、服务质量保证、运营支持的强制规范。

DVB-RCS2 相对于 DVB-RCS 最大的改进点是：前向链路不仅支持原有的 DVB-S 体制，还兼容 DVB-S2 体制，提高了系统使用的灵活性。在传输体制方面，DVB-RCS2 有以下改进：①反向/前向链路采用改进的 GS 封装技术，以解决变长 IP 分组与变长帧结构的适配问题。②通用化链路传输规范，适用于包括 IP 在内的多种协议，既适用于前向链路，也适用于回传链路。③简化反向链路的帧结构。④反向链路支持 ACM，可逐时隙改变编码调制方式，从而提供更多的颗粒度和更灵活的链路适配能力。⑤可通过选择适当大小的突发帧，适配不同大小的通信载荷。通过聚集若干单位时隙形成承载大突发的大时隙，这种聚集可实时进行。⑥除 QPSK 以外，还增加了扩频，BPSK，8PSK，16QAM 及 CPM 调制方式，扩频支持 2～16 倍

8 种扩频因子。QPSK，8PSK，16QAM 采用 16 态 Turbo 码，CPM 采用卷积编码。规定了一组规范的参考波形，以支持互操作性，波形特性可配置，以适应不同的应用。⑦支持随机用户业务接入。⑧支持功率控制报告功能，可有选择地控制各个方向的有效发送功率，以节省设备能耗，在不需要传送信息的方向或区域可以低功耗运行，仅仅维持设备的在线状态即可。⑨提出了对波束切换的一般性要求。⑩给出了前向链路的扩频方案建议，作为可选配置。

DVB-RCS2 补充定义了前向信令、反向信令，并对高层的管理、控制协议进行了规范。图 2.5-10 给出了一个简化模型，列出了高层部件以及所在的平面：即用户平面、控制平面和管理平面。

图 2.5-10　高层功能模块

DVB-RCS2 在性能和规范范围上有显著的提高和扩展。同时，还为支持叠加网状网、星上处理等技术预留了今后扩展的可能。其扩展的很多特性，例如突发帧多种调制方式可变、随机接入等，为系统中的大小站兼容，随机、实时、小量数据的接入提供了有效的技术解决能力。

2.5.4　卫星数据中继系统 ACM 技术的应用

在卫星数据中继系统中，如何应用 ACM 技术是一个需要研究的重要课题，它涉及用户航天器载荷内部如何适应不同速率的变化以及回传信道信令信号的传输。对于卫星数据中继系统来说，一般不需要过多的 MODCOD 组合和过细的 MODCOD 颗粒度，并希望采用一种固定长度的物理层帧结构和有规律的速率变化。由于 DVB-S2/S2X 标准有 28 至 112 种 MODCOD 组合和多种帧长的帧结构，过于复杂，所以需要进行适应性修改。

1. 编码调制方式的选择

为了降低复杂性和实现难度,提高传输效率,可以取消 BCH 外码,仅采用 LDPC 编码,编码率选取 1/2,2/3,5/6 即可。表 2.5-7 给出了基于整数速率的 MODCOD 例子。

表 2.5-7 一个卫星数据中继系统 MODCOD 例子

MODCOD	数据速率/(Mb/s)	编码率	调制方式	滚降系数	占用带宽/MHz
1	150	1/2	OQPSK	0.50	225
2	300	2/3	OQPSK	0.35	303.750
3	450	5/6	OQPSK	0.50	405
4	450	2/3	8PSK	0.35	303.750
5	450	5/6	8PSK	0.50	270
6	600	5/6	8PSK	0.20	288
7	900	5/6	8PSK	0.20	432
8	1200	5/6	16APSK	0.20	432
9	1500	5/6	32APSK	0.20	432

从表 2.5-7 中可以看出,当采用 OQPSK,8PSK,16APSK,32APSK 调制时,数据速率可变范围可从 150～1500Mb/s。滚降系数在 0.5,0.35,0.20 中选择,以满足中继卫星不同转发器带宽的限制。

2. 基带帧导头

图 2.5-11 给出了一种 8B 长度的基带帧导头格式的例子。图中,模式适配为 8b,用于描述输入流类型、应用模式、滚降系数、数据流标识等。其中,输入流类型 1b,描述输入流的类型和性质,卫星数据中继系统中可按照通用流处理;应用模式 1b,描述是 CCM/VCM 模式还是 ACM 模式;滚降系数 2b,描述表 2.5-7 中的滚降系数;数据流 ID 3b 为单路数据流/多路数据流标识,000 表示单路流,其他表示多路流。保留的 1b 为未来使用。

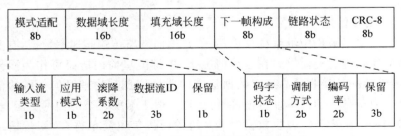

图 2.5-11 一种 ACM 基带帧帧导头格式

数据域长度 16b,描述码字中数据域的长度;填充域长度 16b,描述码字中填充数据的长度,下一帧构成域为 8b,描述下一帧编码调制方式和码字状态,可实现不同帧之间采用不同的编码调制方式,其中,码字状态 1b,1 表示有有效数据,0 表示无有效数据,接收端可以不进行处理;调制方式 2b,标识 OQPSK,8PSK,16APSK 和 32APSK;编码率 2b,标识编码率 1/2,2/3 和 5/6。链路状态 8b,用于传递链路状态信息或高层的信令信息。与 DVB-S2 相同,CRC-8 用于对基带帧导头进行检错。

3. 物理层成帧结构

物理层成帧主要包含帧起始(SOF)插入、物理层信令域(PLS)插入、导频符号插入和 LDPC 码字符号插入等功能。其中,导频符号均匀插入到每个时隙的后面,最后一个时隙除外,导频是否插入和导频符号的长度可选。图 2.5-12 给出了一个物理层帧结构的例子。SOF 由 64 个 QPSK 符号组成,其 I 和 Q 的比特值用十六进制表示为 $UW_I = 40F0B6EC088E3A21$,$UW_Q = EB498CA3B538F49D$。

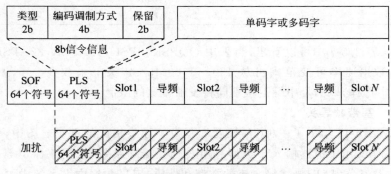

图 2.5-12　卫星数据中继系统物理层帧结构举例

物理层信令域可传送 8b 信息,主要传递本帧的编码类型、导频配置、编码调制方式等,该 8b 信息经编码处理后形成 64 个符号,具体编码不再赘述。

4. 回传信道

对于卫星数据中继系统来说,一般是返向链路传输高速率数据,有实现自适应编码调制的需求。在这种情况下,中继卫星前向链路可作为回传信道,传输地面站接收的高速率数据信道的质量信息和物理层信令域的信令信息。由于是点到点单址传输,回传信道一般不需要复杂的构网功能,相对于 DVB-RCS/RCS2,卫星数据中继系统的回传信道简单得多,回传信道的通信协议可以采用 CCSDS 空间数据系统通信协议。

2.6 直接序列扩频调制

2.6.1 扩展频谱的基本概念

通常,通信技术和系统设计关注的主要问题是如何最有效地利用带宽资源和功率资源。尽管这两种资源都十分重要,但在某些情况下有必要牺牲其效率以迎合其他的设计目标。例如,要求系统在干扰环境中提供一种安全的通信,使发射信号不易被非法窃听者检测或识别,就可以通过扩展频谱的技术来满足。

扩展频谱是指将信号的频谱扩展至占用很宽的频带,简称"扩谱",习惯上常称"扩频"。扩频通信的基本理论依据是信息论中香农(C. E. Shannon)的信道容量公式

$$C = B \log_2 \left(1 + \frac{S}{N} \right) \tag{2.6-1}$$

它表明了一个信道无差错传输信息的能力与存在于信道中的信噪比以及用于传输信息的信道带宽之间的关系。根据该公式,为了达到给定的信道容量要求,可以用带宽换取信噪比,即在低信噪比条件下用增大带宽的办法传输信息。

扩频通信有以下优点:①可以提高抗窄带干扰的能力,例如电台的有意干扰。②防止窃听。扩频信号的发射功率虽然不是很小,但是其功率密度很小,小到可以将信号隐藏在背景噪声中,使窃听者很难发现。此外,由于采用了伪噪声序列(PN 序列,又称为"伪码"),窃听者不能很方便地听懂发送的信息。③可以提高抗多径干扰的能力。由于扩频调制采用了伪码,它可以用来分离多径信号,所以有可能提高其抗多径干扰的能力。④多个用户可以共用同一频带,不同用户之间采用互相正交的不同的伪码,就可以区分各个用户的信号,从而按照码分多址的原理工作。

扩频技术一般可分为 3 类:①直接序列扩频(DS)。它通常用一段伪码表示一个信息码元,对载波进行调制。由于码片的速率远高于信息码元的速率,所以已调信号的频谱得到扩展。②跳频扩频(FH)。它使发射机的载频在一个信息码元的时间内,按照预定规律离散地快速跳变,从而达到扩频的目的。载频跳变的规律一般也是由伪码控制。③线性调频(chirp)。在这种系统中,载频在一个信息码元时间内在一个宽的频段中线性地变化,从而使信号带宽得到扩展。本章仅讨论卫星数据中继系统中使用的直接序列

扩频通信技术。

2.6.2 直接序列扩频通信系统原理

扩频通信系统是将基带信号的频谱通过某种调制扩展到远大于基带信号带宽的系统。图 2.6-1 给出了采用直接序列扩频/BPSK 的通信系统原理框图。

在图 2.6-1 中,发送端的二进制信息码元(简称"信码")与 PN 码发生器产生的伪码(亦称"地址码")同时进入扩频调制器进行调制(模 2 加运算)。由于伪码的速率远高于信码速率,这次调制起到了扩展频谱的作用。然后在所规定的载波频率 f_0 上进行 BPSK 调制,已调信号经发射机进入信道传输。在接收端,解扩器用来完成本地 PN 码发生器产生的地址码与收到的扩频信号的乘法运算,它实际上也是一个 PSK 解调器。解扩后,宽带信号变为载波频率为 f_0 的窄带信号,然后经信息解调器的相干解调,恢复出信码序列。由于相关解扩和相干解调的需要,本地地址码和本地载频应与发送端的地址码和载频保持同步。

2.6.3 直接序列扩频系统的性能

2.6.3.1 处理增益

扩频处理增益最本质的内涵是指接收机解扩前后载噪比的改善程度,一般用 G_p 表示:

$$G_p = 10\lg \frac{C_o/N_o}{C_i/N_i} \tag{2.6-2}$$

式中,C_i/N_i 为解扩器输入端的载噪比;C_o/N_o 为解扩器输出端的载噪比。

若载波功率通过解扩器没有损耗,即 $C_o = C_i$,则

$$G_p = \frac{N_i}{N_o} \tag{2.6-3}$$

若解扩前信号占用带宽为 B_{ss},解扩后信号带宽为 B_m,且干扰功率谱密度在解扩前、后可近似看作均匀分布,则

$$G_p = \frac{N_i}{N_o} \approx \frac{B_{ss}}{B_m} = \frac{R_c}{R_m} \tag{2.6-4}$$

式中,R_m 为信码速率;R_c 为 PN 码速率(亦称"码片速率")。

在实际使用中,由于 PN 码的互相关特性不可能为 0,且存在解扩器和解调器的非线性以及 PN 码跟踪误差等,在解扩解调处理过程中必然有一定的实现损失,因此,处理增益会比上述理论值有所下降。

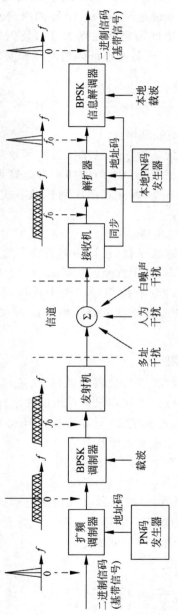

图 2.6-1 直接序列扩频/BPSK 通信系统原理框图

（1）对邻站干扰的处理增益

对于第 i 个扩频载波的接收来说，所有其他站的已扩频载波都是邻站干扰（亦称"多址干扰"）。设地址码的一个周期内含有 M 位码元（M 又称"码长"或"周期"），每位地址码码元宽度为 T_c，信码码元宽度为 T_m，信码码元宽度等于地址码周期，若各站地址码的速率和周期都相同，并认为是互不相关的，则[7]

$$G_p \approx \frac{3}{4} \frac{T_m}{T_c} = \frac{3}{4} M \tag{2.6-5}$$

（2）对白噪声干扰的处理增益

这里讲的白噪声干扰是指来自卫星信道的等效热噪声，也可以是功率谱均匀分布的宽带干扰。由于白噪声的功率谱是宽带连续谱，它通过解扩器时其功率谱密度基本不变，因此直接序列扩频方式对白噪声以及类似的宽带干扰没有抑制能力。

（3）对单频干扰的处理增益

单频干扰是一类特殊的干扰，可以将其看作带宽 B_{ss} 近似为 0 的窄带干扰来处理。研究表明，单频干扰经解扩后频谱大大展宽，仅有落在窄带滤波器带内的部分能量才能对有用信号产生干扰作用。随着干扰频率的不同，直接序列扩频系统对单频干扰的处理增益在 $M/2 \sim \infty$ 之间变化。工程上通常取 $G_p \approx M$。

2.6.3.2　干扰容限

干扰容限是指在接收机正常接收的条件下，能够承受的干扰信号比有用信号高出的最大分贝数。干扰容限直观地反映了直接序列扩频接收机可能抵抗的极限干扰强度，也就是说，只有干扰信号功率超过干扰容限后，才能对直接序列扩频系统形成有效干扰。

解扩器输出的总噪声平均功率 N_Σ 可表示为

$$N_\Sigma = N_{\Sigma 1} + N_{\Sigma 2} + N_{\Sigma 3} \tag{2.6-6}$$

式中，$N_{\Sigma 1}$，$N_{\Sigma 2}$，$N_{\Sigma 3}$ 分别为解扩后输入到信息解调器的邻站干扰、信道热噪声、单频干扰的平均功率。利用上述对这 3 类干扰的处理增益，可分别算出信息解调器输入端的相应的载噪比。

（1）邻站干扰载噪比

$$\frac{C_i}{N_{\Sigma 1}} = \left[\frac{4}{3} \frac{T_c}{T_m} \left(\frac{P_s}{C_i} - 1 \right) \right]^{-1} \tag{2.6-7}$$

式中，$P_s = \sum_{k=1}^{n} C_k$ 为各载波的总平均功率。若各载波平均功率都相等，则

$$\frac{C_i}{N_{\Sigma 1}} = \left[\frac{4}{3} \frac{T_c}{T_m}(n-1)\right]^{-1} \qquad (2.6\text{-}8)$$

式中，n 为扩频载波数量。

（2）白噪声干扰载噪比

由于直接序列扩频方式对白噪声及功率谱均匀的宽带干扰没有抑制作用，故此项载噪比的计算方法与卫星链路载噪比的计算方法一样，即

$$\frac{C_i}{N_{\Sigma 2}} = \left(\frac{C}{T}\right)_t \frac{1}{kB_m} = \left(\frac{C}{T}\right)_t \frac{T_m}{2k} \qquad (2.6\text{-}9)$$

式中，k 为玻尔兹曼常数，$1.380\,54 \times 10^{-23}$（J/K）；$C/T$ 为载波功率与噪声温度比。

（3）单频干扰载噪比

$$\frac{C_i}{N_{\Sigma 3}} \approx \frac{T_m}{T_c} \frac{C_i}{P_J} \qquad (2.6\text{-}10)$$

式中，P_J 为干扰的平均功率。

信息解调器输入端的总载噪比为

$$\begin{aligned}
\frac{C_i}{N_\Sigma} &= \left\{\left(\frac{C_i}{N_{\Sigma 1}}\right)^{-1} + \left(\frac{C_i}{N_{\Sigma 2}}\right)^{-1} + \left(\frac{C_i}{N_{\Sigma 3}}\right)^{-1}\right\}^{-1} \\
&= \left\{\frac{4}{3}\frac{T_c}{T_m}(n-1) + \frac{2k}{T_m}\left(\frac{C}{T}\right)_t^{-1} + \frac{T_c}{T_m}\left(\frac{C_i}{P_J}\right)^{-1}\right\}^{-1}
\end{aligned} \qquad (2.6\text{-}11)$$

作为估算，若忽略白噪声引起的载噪比项，则由式（2.6-11）可导出直接序列扩频系统在多址情况下的单频干扰容限 M_J 为

$$M_J = \frac{P_J}{C_i} = \frac{T_m}{T_c}\left(\frac{C_i}{N_\Sigma}\right)^{-1} - \frac{4}{3}(n-1) \qquad (2.6\text{-}12)$$

需要注意的是：式（2.6-7）～式（2.6-12）中的载波与噪声功率、载波与噪声温度、载波与干扰功率的比值均为真值。

以中继卫星返向 SMA 链路为例，若 $\dfrac{C_i}{N_\Sigma} = 8$，$n = 6$，$T_m = 0.33$（ms），$T_c = 0.33$（$\mu$s），则可算得单频干扰容限 M_J 约为 118，也就是说，在有 6 个扩频载波同时工作情况下，单频干扰的平均功率等于载波功率的 118 倍时，该系统仍可正常工作。

2.6.3.3 多址能力

式（2.6-11）还可以用来估算 CDMA 系统在不同情况下的信道容量，即卫星功率所能容许同时传送的最大载波数 n_{max}。

（1）在有单频干扰情况下，由式（2.6-11）可推得[7]

$$n_{\max} = \frac{3}{4} \frac{T_{\mathrm{m}}}{T_{\mathrm{c}}} \left(\frac{C}{N_{\Sigma}} \right)^{-1} - \frac{3k}{2T_{\mathrm{c}}} \left(\frac{C}{T} \right)_{\mathrm{t}}^{-1} - \frac{3}{4} \left(\frac{C_{\mathrm{i}}}{P_{\mathrm{J}}} \right)^{-1} + 1 \quad (2.6\text{-}13)$$

（2）在无单频干扰情况下，由式（2.6-11）可推得[7]

$$n_{\max} = \frac{3}{4} \frac{T_{\mathrm{m}}}{T_{\mathrm{c}}} \left(\frac{C}{N_{\Sigma}} \right)^{-1} - \frac{3k}{2T_{\mathrm{c}}} \left(\frac{C}{T} \right)_{\mathrm{t}}^{-1} + 1 \qquad (2.6\text{-}14)$$

例如，中继卫星返向 SMA 链路在无单频干扰情况下，若 $\frac{C_{\mathrm{i}}}{N_{\Sigma}} = 8$，$\left(\frac{C}{T} \right)_{\mathrm{t}} = -183.6(\mathrm{dBW/K})$，$T_{\mathrm{m}} = 0.33(\mathrm{ms})$，$T_{\mathrm{c}} = 0.33(\mu\mathrm{s})$，则由式（2.6-14）可以得出最大多址容量 $n_{\max} \approx 94$。

2.6.4　伪随机噪声序列

2.6.4.1　基本概念

伪随机噪声（PN）是由周期性数字序列经过滤波等处理后得出的。这种周期性数字序列称为"伪随机序列"，有时又称为"伪随机信号"或"伪随机码"。伪随机噪声具有类似于随机噪声的某些统计特性，同时又能够重复产生。因其具有随机噪声的优点，又避免了随机噪声的缺点，得到了广泛的应用。伪随机序列通常由反馈移位寄存器产生。图 2.6-2 为一般的移位寄存器的组成方框图，从图中可看出，反馈移位寄存器是一个由 r 级移位寄存器和一个逻辑电路连接而成的多回路反馈电路。

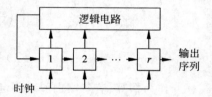

图 2.6-2　反馈移位寄存器组成框图

当反馈逻辑电路完全由模 2 加法器组成时，该反馈移位寄存器就是线性的。由于移位寄存器全 0 状态是不允许的，故 r 个寄存器产生的 PN 序列的周期 M 不会超过 $2^r - 1$。当周期恰好为 $2^r - 1$ 时，该 PN 序列被称为"最大长度序列"，简称"m 序列"。本节重点介绍卫星数据中继系统中常用的 m 序列。

2.6.4.2　m 序列

1. m 序列发生器组成原理

图 2.6-3 为 m 序列发生器的组成原理。它用 r 级移位寄存器作为主支路，用若干级模 2 加法器和各移位寄存器抽头连成线性反馈支路。各支

路的传输系数分别为 $h_0, h_1, h_2, \cdots, h_r$，称为"反馈系数"，它们一定是按照某个 r 次本原多项式

$$h(x) = \sum_{i=0}^{r} h_i x^i \qquad (2.6\text{-}15)$$

中的二进制系数 h_i 来取值。在很多文献中给出了八进制表示的多项式系数列表，为使用方便，也有文献[8-9]直接给出了本原多项式中非 0 系数项的幂。也已证明，本原多项式的反多项式仍是本原多项式。

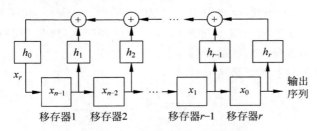

图 2.6-3　m 序列组成原理框图

例如，要设计 $r=8$ 的 m 序列发生器，可以从有关文献[8-9]中查到八进制反馈系数有 $453,537,747$ 等。若取八进制反馈系数 453，改为二进制形式，得到

$$\overbrace{1\ 0\ 0}^{4}\ \overbrace{1\ 0\ 1}^{5}\ \overbrace{0\ 1\ 1}^{3}$$

$h_8 h_7 h_6 h_5 h_4 h_3 h_2 h_1 h_0$ 正多项式 $h(x) = x^8 + x^5 + x^3 + x + 1$

$h_0 h_1 h_2 h_3 h_4 h_5 h_6 h_7 h_8$ 反多项式 $h(x) = x^8 + x^7 + x^5 + x^3 + 1$

其中，反多项式 $h(x) = x^8 + x^7 + x^5 + x^3 + 1$ 就是 2.3.9.2 节中的扰码 2。把反馈系数 h_i 等于 0 的反馈抽头断开，把 h_i 等于 1 的反馈抽头接通，代入图 2.6-3 中，就是 2.3.9.2 节中图 2.3-19 所示的 m 序列发生器。

有时希望反馈连接的抽头数尽量少，这样移位寄存器比较简单，更适合高速率应用。例如高速率数据加扰的 $r=15$ 的 m 序列发生器，从有关文献中查到八进制反馈系数为 100003，改为二进制形式，得到

$$\overbrace{0\ 0\ 1}^{1}\ \overbrace{0\ 0\ 0}^{0}\ \overbrace{0\ 0\ 0}^{0}\ \overbrace{0\ 0\ 0}^{0}\ \overbrace{0\ 0\ 0}^{0}\ \overbrace{0\ 1\ 1}^{3}$$

$h_{15} h_{14} h_{13} h_{12} h_{11} h_{10} h_9 h_8 h_7 h_6 h_5\ h_4\ h_3\ h_2\ h_1\ h_0$

正多项式 $h(x) = x^{15} + x + 1$

$h_0 h_1 h_2 h_3 h_4 h_5 h_6 h_7 h_8 h_9 h_{10} h_{11} h_{12} h_{13} h_{14} h_{15}$

反多项式 $h(x) = x^{15} + x^{14} + 1$

2. m 序列的性质

一个随机二进制序列是二进制符号 1 和 0 等概率出现的序列。m 序列具有随机二进制序列的许多性质，主要是：①在 m 序列的每个周期里，1 的数量总是比 0 的数量多 1 个，即平衡性。②在 m 序列的每个周期的连 1 游程和连 0 游程中，长度为 1 的占游程总数的一半，长度为 2 的占总游程的四分之一，长度为 3 的占总游程的八分之一，以此类推，直至游程总数取的分数不再代表有意义的数，即游程性。游程是指在一个序列周期中同样符号（1 或 0）组成的子序列，m 序列共有 $2^r/2$ 个游程。③某一 m 序列与其位移序列的模 2 加序列仍是该 m 序列的另一个位移序列，即位移相加性。④m 序列自相关函数是周期性的双值函数，即相关性。

m 序列的自相关函数表示式为

$$R_c(\tau) = \begin{cases} 1 - \dfrac{M+1}{MT_c}\,|\tau|, & |\tau| \leqslant T_c \\ -\dfrac{1}{M}, & |\tau| > T_c \end{cases} \tag{2.6-16}$$

3. m 序列的数量

对于 r 级线性移位寄存器，可以证明能够产生周期为 $M = 2^r - 1$ 的 m 序列的总数（r 次本原多项式的数目）为

$$\lambda(r) = \frac{\phi(M)}{r} \tag{2.6-17}$$

式中，$\lambda(r)$ 为 r 次本原多项式的数量；$\phi(M)$ 为欧拉函数，它表示从 1 到 $(M-1)$ 中所有与 M 互素的正整数的个数。

表 2.6-1 给出了 $5 \leqslant r \leqslant 18$ 的本原多项式的数量。

表 2.6-1　$5 \leqslant r \leqslant 18$ 的本原多项式数目

r	5	6	7	8	9	10	11	12	13	14	15	16	17	18
$\lambda(r)$	6	6	18	16	48	60	176	144	630	756	1800	2048	7710	8064

4. m 序列优选对

m 序列优选对是指在 m 序列集中，其互相关函数绝对值的最大值（称为"峰值互相关函数"）$|R_{ab}(\tau)|_{\max}$ 最接近或达到互相关值下限（最小值）的一对 m 序列。

设 $\{a_i\}$ 是 r 次本原多项式 $f_a(x)$ 产生的 m 序列，$\{b_i\}$ 是 r 次本原多项式 $f_b(x)$ 产生的另一 m 序列，$f_b(x) \neq f_a(x)$，若序列 $\{a_i\}$ 与 $\{b_i\}$ 的峰值互

相关函数（非归一化）$|R_{ab}(\tau)|_{max}$ 满足下列关系

$$|R_{ab}(\tau)|_{max} \leqslant \begin{cases} 2^{\frac{r+1}{2}}+1, & r \text{ 为奇数时} \\ 2^{\frac{r+2}{2}}+1, & r \text{ 为偶数但不是 4 的倍数时} \end{cases} \qquad (2.6\text{-}18)$$

则 m 序列 $\{a_i\}$ 与 $\{b_i\}$ 构成 m 序列优选对。

如何寻找 m 序列优选对，除了用计算机搜索的方法以外，还可以利用编码理论的一些成果。表 2.6-2 给出了 r 从 5 到 11 的 m 序列全部优选对数量[10]，其中 $r=8$ 为 4 的倍数，故 m 序列优选对不存在。

表 2.6-2　$5 \leqslant r \leqslant 11$ 的 m 序列优选对数量

r	5	6	7	8	9	10	11
优选对数目	12	6	90	0	240	180	1548

2.6.4.3　GOLD 序列

m 序列具有良好的自相关特性，但是 m 序列的互相关特性不是很好。如果直接作为码分多址通信的地址码会使系统内多址干扰的影响增大，并且 m 序列可用作地址码的数量也较少。Gold 序列（或称为"Gold 码"）是 m 序列的复合序列，它是由两个码长相等、码时钟速率相同的 m 序列优选对通过模 2 加运算构成。每改变两个 m 序列的相对位移就可得到一个新的 Gold 序列。由于两个 m 序列共有 2^r-1 个相对位移，加上原来的两个 m 序列本身，所以，两个 m 序列优选对可产生一族 2^r+1 个 Gold 序列。显然，若将 Gold 序列作为地址码，其地址数将大大超过 m 序列作地址码的数量。

Gold 序列已不再是 m 序列，所以也不再具有 m 序列的特性。Gold 序列具有三值互相关函数特性，当 r 为奇数时，序列族中约有 50% 的序列有很低的互相关系数（−1）；当 r 为偶数但不是 4 的整倍数时，序列族中约有 75% 的序列有很低的互相关系数（−1）。Gold 序列三值互相关函数特性如表 2.6-3 所示。

表 2.6-3　Gold 序列的三值互相关函数特性

码长 $M=2^r-1$	互相关函数值（非归一化）	出现概率
r 为奇数	−1	≈ 0.5
	$-2^{(r+1)/2}-1$	≈ 0.5
	$2^{(r+1)/2}-1$	

续表

码长 $M=2^r-1$	互相关函数值（非归一化）	出 现 概 率
	-1	≈ 0.75
r 为偶数，但不是 4 的整倍数	$-2^{(r+2)/2}-1$	≈ 0.25
	$2^{(r+2)/2}-1$	

Gold 序列就其 0 和 1 分布的平衡性来讲，可以分为平衡序列和非平衡序列。在一个周期内，平衡序列中 1 码元与 0 码元的个数之差为 1，非平衡序列中 1 码元与 0 码元的个数之差多于 1。平衡 Gold 序列和非平衡 Gold 序列的数量关系如表 2.6-4 所示。

表 2.6-4 平衡 Gold 序列和非平衡 Gold 序列数量

序列中 1 的数量		族中具有这种特性的序列数量		平衡性
r 为奇数	r 为偶数	r 为奇数	r 为偶数	
2^{r-1}	2^{r-1}	$2^{r-1}+1$	$2^{r-1}+2^{r-2}+1$	平衡
$2^{r-1}+2^{(r-1)/2}$	$2^{r-1}+2^{r/2}$	$2^{r-2}-2^{(r-3)/2}$	$2^{r-3}-2^{(r-4)/2}$	非平衡
$2^{r-1}-2^{(r-1)/2}$	$2^{r-1}-2^{r/2}$	$2^{r-2}+2^{(r-3)/2}$	$2^{r-3}+2^{(r-4)/2}$	

从表 2.6-4 中可以看出，r 为偶数时，平衡 Gold 序列占序列族中全部序列的比例比 r 为奇数时的大。例如，在 $r=10$ 的 Gold 序列族中，平衡序列的数量为 769 个（包括 2 个 m 序列），占序列族中全部序列的比例约为 75%，非平衡序列的数量为 256 个。而在 $r=9$ 的 Gold 序列族中，平衡序列的数量为 257 个（包括 2 个 m 序列），占序列族中全部序列的比例约为 50%，非平衡序列的数量为 256 个，与 $r=10$ 时非平衡序列的数量同样多。

在卫星数据中继系统中，对系统质量的影响之一就是扩频码的平衡性。平衡码具有更好的频谱特性和载波抑制特性，因此，通常选用平衡 Gold 序列作为地址码和扰码。表 2.6-5 给出了卫星数据中继系统常用的 Gold 序列的平衡性对载波抑制的影响。

表 2.6-5 Gold 序列的平衡性对载波抑制的影响

级数 r	码长 2^r-1	相关函数值	载波抑制	平衡性
9	511	1	54.17	平衡
		33	23.80	非平衡
10	1023	1	60.20	平衡
		65	23.94	非平衡

级数 r	码长 2^r-1	相关函数值	载波抑制	平衡性
11	2047	1	66.22	平衡
		65	29.97	非平衡
15	32 767	1	90.31	平衡
		257	42.11	非平衡
18	26 2143	1	108.37	平衡
		1025	48.16	非平衡

2.6.4.4 截短序列

在前文的讨论中,我们给出了 r 级移位寄存器产生长度为 $M=2^r-1$ 的 m 序列,但是,长度的种类还是有限的。在实际应用中,例如用脉冲分频方法来测量时钟信号的频率、测距时用短码引导长码捕获跟踪等情况,需要采用移位寄存器产生给定周期的序列。这涉及如何从一个 m 序列中得到其他长度缩短了的序列。通常,我们把这种从一个 m 序列中截去一段子序列得到的长度缩短序列称为"截短序列"(或称"截尾序列")。截短序列产生器已不再是线性移位寄存器,而是非线性移位寄存器,故不能用特征多项式来描述,而只能用反馈逻辑函数来描述。

2.6.5 直接序列扩频在卫星数据中继系统中的应用

2.6.5.1 星间多址通信

目前,卫星数据中继系统 S 频段前向和返向链路低速率数据传输都采用了直接序列扩频和码分多址技术。尤其是返向链路,在中继卫星上配置 S 频段多阵元天线,形成多个波束,分别指向并跟踪位于空间的不同的用户航天器,各用户航天器使用不同的地址码,同一频率工作,实现码分多址数据传输。

由于采用直接序列扩频技术,展宽了传输信号的频谱,使中继卫星辐射到地面的射频功率谱密度大幅降低,可以很容易满足 ITU 对载波辐射功率谱密度的限制。计算表明,当编码后的数据速率低于 300Kb/s 时,就需要采用扩频技术来降低载波的功率谱密度。

2.6.5.2 PN 码扩频测距

对用户航天器进行实时跟踪与测量定轨是卫星数据中继系统的重要功能之一,无论采用何种测量定轨方案,对航天器的距离测量都是不可缺少的。测距体制主要有纯侧音测距、音码混合测距和 PN 码扩频测距（简称"伪码测距"）。在卫星数据中继系统中通常使用伪码扩频测距方式，即距离的测量采用测伪码的整周期数（粗测）和伪码相位（精测）的方式。

伪码的选择应主要考虑测距精度、无模糊距离等。测距精度除了与信噪比有关外，还与伪码速率的高低有关，速率越高，码元宽度越窄，测距精度越高，但占用频谱就越宽。无模糊距离与码长有关，码长越长，无模糊距离越长，但捕获难度增加。

1. 伪码跟踪

利用伪码精确测量目标的距离必须进行伪码跟踪。伪码跟踪的大致过程是：第一步，进行伪码捕获搜索，寻找伪码初相，找到后将本地码与输入码基本对齐，使其误差在一个码片之内。这时解扩已初步完成，可以快速恢复载波。第二步，利用相干延迟环进行伪码跟踪，使码元间的相位差进一步减小，并保持跟踪状态。与非相干环相比，相干延迟环的本地码前沿抖动（相位抖动）较小，因而测距随机误差较小。另外通常还采用载波环辅助码环的捕获跟踪技术，缩短捕获时间。由于输入的伪码时钟与载波相干，所以载波锁定后由载波多普勒引导码环的频率捕获还可以缩小码环的环路带宽，码环带宽可以做到 1Hz。

2. 测距伪码时钟速率的选择

热噪声对码环相位提取会产生影响，从而导致距离精测误差。若采用相干单 Δ 环，则码跟踪误差为

$$\sigma_t = T_c \sqrt{\frac{B_n}{2(C/N_0)}} \tag{2.6-19}$$

式中，T_c 为码元宽度；B_n 为码环噪声带宽；C/N_0 为载波与噪声功率谱密度比。

若采用非相干单 Δ 环，则码跟踪误差为

$$\sigma_t = T_c \sqrt{\frac{B_n(1 + 2B_{IF}/(C/N_0))}{2(C/N_0)}} \tag{2.6-20}$$

式中，B_{IF} 为相关器处理带宽，一般为信息速率的 2 倍。

以非相干单 Δ 环为例，当伪码时钟速率为 3Mchip/s 时，码元宽度 T_c 约为 0.333×10^{-6} s。在数据速率 3Kb/s，$C/N_0 = 48.5$（dBHz）条件下，若取 $B_n = 1$（Hz），则由式（2.6-20）可得出非相干单 Δ 环的码跟踪误差 σ_t 约为 0.92ns，对应的由热噪声引起的随机测距误差 d_{min} 约为

$$d_{min} = \frac{1}{2}c\sigma_t = \frac{1}{2} \times 3 \times 10^8 \times 0.92 \times 10^{-9} \approx 0.14(\text{m})$$

因此,从测距的角度考虑,3Mchip/s 的伪码时钟速率已够用。

3. 测距伪码码长的选择

在伪码时钟速率确定的情况下,测距无模糊距离取决于码长 M 的选择。伪码测距的最大无模糊距离可以表示为

$$R_{max} = \frac{c}{2}MT_c \qquad (2.6\text{-}21)$$

式中,c 为光速。

例如,当伪码时钟速率为 3Mchip/s 时,伪码码元宽度 $T_c = 0.333 \times 10^{-6}(s)$。为保证 10 000km 的无模糊距离,需要码长 M 大于 200 000 个码片。因此,移位寄存器应在 18 级或 18 级以上。

为了满足同时数据传输和伪码测距,卫星数据中继系统设计了短码和长码。短码为两种平衡 Gold 码序列,码长分别为 $2^{10}-1$ 和 $2^{11}-1$。序列 $2^{10}-1$ 用于前向和返向链路数据调制。序列 $2^{11}-1$ 仅用于返向链路数据调制,支持非相干工作,并可以提供更多的地址码数量;长码为截短 18 级移位寄存器序列,主要用于测距,也可以用于数据扩频。截短后的长码码长为 $2^{18}-2^8=261\ 888$,满足 10 000km 无模糊距离所要求的码长,也正好是短码码长 $2^{10}-1$ 的 256 倍。在发送端长码和短码以同一时钟工作。接收端采用短码引导长码的捕获方法,可以缩短对长码的捕获时间。

表 2.6-6 给出了卫星数据中继系统扩频调制使用的 PN 序列及其初始状态。

表 2.6-6 卫星数据中继系统扩频调制使用的 PN 序列及其初始状态

	级数	码长	码　型	m 序列优选对 (本原多项式)	初始状态[2]
短码 1	10	1023	平衡 Gold 码	$x^{10}+x^9+x^8+x^6+$ x^3+x^2+1	11xxxxxxx0
				$x^{10}+x^3+1$	1001001000
短码 2	11	2047	平衡 Gold 码	$x^{11}+x^8+x^5+x^2+1$	000xxxxxxx0
				$x^{11}+x^2+1$	00000000001
长码	18	$2^{18}-2^8$	截短 18 级移位寄存器序列	$x^{18}+x^{16}+x^{15}+x^{13}+$ $x^{11}+x^9+x^8+x^4+$ x^2+x+1[1]	0000000000xxxxxxx0
				$x^{18}+x^7+1$[1]	000010000001000000

注:① 反馈抽头状态可由管理机构分配。
　　② 其中的 x 表示为 0 和 1 任选,可由管理机构分配,但不能全选 0,可构成 127 个 Gold 地址码。

2.6.5.3 信号形式

1. 前向链路的信号形式

前向链路传送各种指令、话音、数据、图像、测距/测速信息等,均采用同一信号形式。当采用 UQPSK 调制,I 和 Q 两个支路分别传送指令和测距码,且功率比为 $10:1$ 时,前向链路信号的一般形式为

$$s(t) = \sqrt{2(0.91)P_{\mathrm{T}}} \cdot \mathrm{PN}_I(t) \cdot d(t) \cdot \cos\omega_c t -$$
$$\sqrt{2(0.09P_{\mathrm{T}})} \cdot \mathrm{PN}_Q(t) \cdot \sin\omega_c t \qquad (2.6\text{-}22)$$

式中,P_{T} 为信号总功率;$d(t)$ 为遥控指令;$\mathrm{PN}_I(t)$ 为 I 支路遥控指令的扩频码;$\mathrm{PN}_Q(t)$ 为 Q 支路测距码。前向链路 DS/QPSK 调制原理如图 2.6-4 所示。

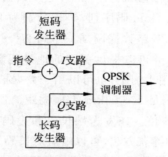

图 2.6-4 前向链路 DS/QPSK 调制原理

2. 返向链路的信号形式

返向链路传送各种星载遥测数据、话音、图像、测距/测速信息等。按照扩频和不扩频,返向链路可分成 DG1 和 DG2 两种数据业务,其中,DG1 数据业务为扩频传输,其信号参数模式可进一步分为 M1,M2 和 M3。DG1 的 M1 模式用于双向多普勒测量和距离测量。返向链路的 PN 码长度与前向链路 PN 码长度相同,并与前向 PN 码起始同步。地面站只能在用户终端接收机捕获到前向信号之后且以相干转发方式工作时才能捕获到 M1 的返向信号。当用户终端仅工作在 M1 模式时,返向链路一经建立,就无需再保持对前向信号的捕获;M2 模式用于用户终端的非相干转发,用户终端不用捕获前向信号,这时用户终端发出的 PN 码为短码,以便于地面站捕获;M3 模式用于同时进行双向多普勒测量和距离测量,并伴有高速率遥测数据的场合。在模式 M3 中,Q 支路传送数据,不扩频。I 支路用于测距,同时也可以传送数据(扩频),PN 码的捕获与 M1 相同。对于 DG2 数据业务,仅传输速率较高的数据,不进行测距,但当 DG2 载波与前向载波相干时可

以测速。

对于 M1 和 M2,返向链路信号的一般形式为

$$s(t) = \sqrt{2P_I} \cdot d_I(t) \cdot \mathrm{PN}_I(t) \cdot \cos\omega_c t -$$

$$\sqrt{2P_Q} \cdot d_Q(t) \cdot \mathrm{PN}_Q(t - T_c/2) \cdot \sin\omega_c t \quad (2.6\text{-}23)$$

式中,P_I 为 I 支路信号功率;P_Q 为 Q 支路信号功率;$d_I(t)$ 为 I 支路数据;$d_Q(t)$ 为 Q 支路数据;$d_I(t)$ 和 $d_Q(t)$ 可以是相同速率的数据,也可以是不同速率的数据;PN_I 和 PN_Q 分别为 I 支路 PN 码和 Q 支路 PN 码,PN_Q 相对于 PN_I 滞后 $T_c/2$,形成 OQPSK 调制;T_c 为 PN 码时钟周期。M1 时 PN 码为截短 18 级移位寄存器序列,两路 PN 码的相位差应大于 20 000 位。M2 时 PN 码为 Gold 码,码长 $2^{11}-1$。当仅 BPSK 调制时,不使用 Q 支路。

返向链路 M1 和 M2 的 DS/QPSK 调制原理如图 2.6-5 所示。

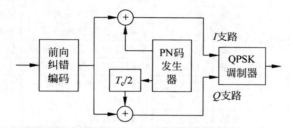

图 2.6-5　返向链路 DS/QPSK 调制原理(M1 和 M2)

对于 M3,返向链路信号的一般形式为

$$s(t) = \sqrt{2P_I} \cdot d_I(t) \cdot \mathrm{PN}_I(t) \cdot \cos\omega_c t - \sqrt{2P_Q} \cdot d_Q(t) \cdot \sin\omega_c t$$

$$(2.6\text{-}24)$$

与式(2.6-23)相比,式(2.6-24)中的 Q 支路未使用 PN 码。返向链路 M3 的 DS/QPSK 调制原理如图 2.6-6 所示。图中 I 支路 PN 码为长码,I 和 Q 支路功率比可在 1∶4 至 1∶1 中选择。当仅 BPSK 调制时,不使用 Q 支路。

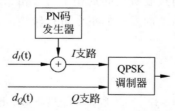

图 2.6-6　返向链路 DS/QPSK 调制原理(M3)

对于 DG2 数据业务,其信号形式、调制方式与普通 PSK 调制相同,这里不再赘述。

表 2.6-7 给出了卫星数据中继系统低速率数据传输采用的扩频调制和载波调制方式。为了防止载波和 PN 码频率的变化对数据传输的影响,前向和返向数据与 PN 码的调制可采用模 2 加的异步调制方式。

表 2.6-7　卫星数据中继系统低速率数据传输时扩频调制和载波调制方式

链路方向	载波调制		码长	扩频调制	模　式
前向	BPSK		$2^{10}-1$	短码 1 对数据扩频调制	仅数据传输
	UQPSK	I 支路	$2^{10}-1$	短码 1 对数据扩频调制	同时数据传输和测距
		Q 支路	$2^{18}-2^8$	长码测距	
返向	BPSK		$2^{10}-1$	短码 1 对数据扩频调制	仅数据传输
			$2^{18}-2^8$	长码对数据扩频调制,测距	同时数据传输和测距
	OQPSK	I 支路	$2^{18}-2^8$	长码对数据扩频调制	同时数据传输和测距(M1)
		Q 支路	$2^{18}-2^8$	长码对数据扩频调制	
		I 支路	$2^{11}-1$	短码 2 对数据扩频调制	仅数据传输,非相干(M2)
		Q 支路	$2^{11}-1$	短码 2 对数据扩频调制	
	UQPSK	I 支路	$2^{18}-2^8$	长码对数据扩频调制,同时测距	同时数据传输和测距(M3)
		Q 支路	—	仅调制数据	

2.6.5.4　相干和非相干工作模式

相干工作模式包括载波相干和伪码相干,可选其一,也可两者同时选用。

载波相干模式指用户终端发送的返向载波频率是从接收到的前向载波频率导出,主要用于双向测速。伪码相干模式指返向 PN 码的时钟频率是从接收到的前向 PN 码的时钟频率中导出,返向 PN 码长度与前向测距支路 PN 码长度相同,主要用于双向测距;非相干工作模式指用户终端发送的返向载波频率和 PN 码时钟频率是从用户终端的本地振荡源导出。

用户终端发射机与接收机之间的相干与非相干工作状态可以由存储在装载平台上的指令或由地面发送的指令进行转换。

参考文献

[1] 樊昌信,曹丽娜.通信原理[M].6 版.北京:国防工业出版社,2008.

[2] 甘仲民,张更新,王华力,等.毫米波通信技术与系统[M].北京:电子工业出版

社,2003.

[3] LI Z，CHEN L，ZENG L，et al. Efficient encoding of quasi-cyclic low-density parity-check codes ［C］// IEEE Global Telecommunications Conference. Piscataway：IEEE Press，2006：71-81.

[4] Digital Video Broadcasting（DVB）-second generation framing structure，channel coding and modulation systems for broadcasting，interactive services，news gathering and other broadband satellite applications（DVB-S2）. ETSI EN 302307 V1. 2. 1(2009-08)［S/OL］.［2021-03-10］. http：//www. etsi. org.

[5] 冯少栋,张更新,李广侠.宽带多媒体卫星通信系统组网技术（上）[J].卫星与网络,2010(6)：46-50.

[6] Digital Video Broadcasting（DVB）-interaction channel for satellite distribution systems. ETSI EN 301790 V1. 5. 1(2009-05)［S/OL］. ［2021-03-10］. http：//www. etsi. org.

[7] 吕海寰,蔡剑铭,甘仲民,等.卫星通信系统[M].北京：人民邮电出版社,1988.

[8] 林可祥,汪一飞.伪随机码的原理与应用[M].北京：人民邮电出版社,1978.

[9] 吴中一.伪随机序列技术[M].哈尔滨：哈尔滨工业大学出版社,1986.

[10] 田日才,迟永刚.扩频通信[M].北京：清华大学出版社,2014.

第3章
空间数据系统的通信协议

随着航天科学技术的不断进步,航天器平台和有效载荷的复杂度都在不断提高。从对地观测卫星到数据中继卫星,从近地轨道卫星到空间站,还有火星探测等深空飞行器,航天任务的物理环境更复杂、功能要求更高、数据速率范围更宽。早期传统的遥测、遥控、跟踪系统和脉冲编码调制(PCM)测控管理系统已经不能适应航天任务的数据业务发展需求。为此,人们提出了一个全新的系统概念——空间数据系统,它不是传统的遥测系统、遥控系统和跟踪测定轨系统的简单相加,也不同于目前的数据管理系统。从功能上,它不仅是航天器上统一的信息系统,而且是能够与地面网络互连的天基信息网;从体制上,它符合多信源、多用户的开放系统互联参考模型,完全不同于传统 PCM 体制的点对点封闭系统,是针对空间任务特殊要求开发的一整套崭新的体制标准;在技术上,它既是现代计算机技术、网络技术、通信技术和电子技术发展的综合产物,又是航天技术发展进一步需求的结果。

3.1 概述

3.1.1 空间数据系统的构成

空间数据系统由空间和地面两部分组成,包括空间链路、空间互联网络、航天器及其相互间的信息接口、空间任务管理和空间信息管理等。

(1) 空间链路实现空间数据系统中两个通信实体的互联,提供航天器之间、航天器与地面系统之间的通信线路。它完成物理层和数据链路层的功能。空间链路目前由无线电通信信道实现,未来还可以通过激光通信建立空间链路。

(2) 空间数据系统中的航天器可以是独立的,也可以是编队飞行的一组航天器组成的星群,共同完成特定的任务。航天器中的数据系统为航天器平台和有效载荷的应用过程提供各种数据服务,如数据的获取、处理、存储、转发和传送。只要采用同样的通信协议,航天器就可以得到其他空间组织的空间段和地面设施的交互支持。

(3) 空间数据系统中的航天器无论是否属于同一星座、同一国家或集团,在共同的协议下,可以组成空间互联网络,并与地面的互联网连接和兼容,形成天地一体的互联网络。

(4) 空间任务的管理主要以空间任务控制中心为核心来完成。空间任务控制中心对空间任务进行规划,形成任务列表,通过地面站对航天器实施测量、控制和通信。空间任务控制中心还通过地面网络连接用户信源或信宿,与应用过程交换信息。

(5) 在地面系统中,还需要进行空间任务的信息管理。信息管理的内容主要包括信息的获取、处理、存档、访问和交换。有效的信息管理可以提高空间数据系统的效能。例如,在适当的信息管理策略之下,一个空间应用过程的用户可以在其实验室中通过通信网络连接到任务控制中心,继而接入由航天器组成的空间网络,并路由到它的有效载荷所在的航天器,与其应用过程保持不间断的实时通信和操作,完成其既定任务。

3.1.2 空间数据系统咨询委员会

随着空间技术的发展,不同空间组织的数据通信系统之间的交互支持随之逐渐增多。由于没有国际公认的空间数据系统标准,早期的交互支持不得不为各种系统的兼容建立特殊的接口。1982 年 1 月,由美国 NASA 和欧洲 ESA 倡导成立的空间数据系统咨询委员会(CCSDS)正式成立。这个国际组织为研究标准化数据处理和传输技术的空间组织提供了一个论坛,并以标准建议的形式构建空间数据系统的框架和体制。

CCSDS 的正式成员有美国国家航空航天局(NASA)、欧洲航天局(ESA)、英国国家航天中心(BNSC)、俄罗斯联邦航天局(RSA)、巴西国家太空研究院(INPE)、日本宇宙开发事业团(NASDA)、加拿大国家航天局(CSA)、法国国家空间研究中心(CNES)、德国航空航天中心(DLR)和意大利航天局(ASI)等 10 个著名的空间机构。我国目前是 CCSDS 的观察员国。

CCSDS 的宗旨是建立一个世界范围的、开放的、与 CCSDS 兼容的虚拟空间数据系统,用于国际交互支持、合作和空间信息交换服务。它的具体目标是:①主持制定和推广应用与空间信息有关的国际标准;②指导各空间组织的基础设施建设,以获得最大的交互操作性;③指导开发可扩展、集成快、成本低和满足不同用户交互操作的通用硬件和软件;④通过标准化的途径实现空间飞行任务的合作和成果共享;⑤将空间飞行任务的信息系统与全球信息基础设施相结合。

CCSDS 由一个管理委员会负责,下设秘书处管理日常工作,有一个技术委员会负责各类技术问题和协调。技术委员会目前有四个大组,每个大组下设若干小组,分别针对不同的方向。第一大组有 8 个小组,研究方向分别是分包遥测、遥测信道编码、分包遥控、时间码格式、射频与调制、高级网络、数据链路、轨道间数据中继;第二大组有 3 个小组,研究方向分别是数据定义语言、数据单元逻辑与物理概念及数据结构;第三大组有 3 个小组,研究方向是交互支持的定义、交互支持的需求、交互支持的地面通信；第四大组只有一个小组，研究方向是无线电测量和轨道数据。随着开发任务的拓展，其组织结构也会不断地变化。

30 多年来，CCSDS 制定了一整套的空间数据系统的标准建议书，是 ISO 认可的空间信息技术标准。由此建立的新的空间数据系统体制得到了各主要空间国家和组织的广泛认同。迄今为止，采用 CCSDS 标准的空间任务已超过了 300 个，包括各种不同类型的航天器，如著名的国际空间站、深空探测器和各种近地轨道卫星。

CCSDS 建立的空间数据系统新体制体现了空间数据系统的发展方向，其突出特点是：

（1）灵活方便。采用分层的结构形式将数据的采集和传输过程分离，而不是像传统方法那样将数据采集和传输以固定的方式联系在一起，因而新体制能够方便地将不同类型、不同速率、不同用户的异步数据动态地组织到一起，而用户则可以通过一种称为"虚信道"的机制透明地分享同一物理信道。

（2）高效率。通过采用对虚信道的动态调度，使信道利用率显著提高，即在信道速率不变的情况下可以传送更多的有用信息，或者对于相同的传送数据量，可以使用较低的信道速率或较小的发射功率。

（3）网络化。从传统的点对点的通信方式转变为网络化的通信。位于空间、地面，甚至其他天体的通信实体构成了空间数据系统网，因而特别适用于卫星星座、空间站、深空探测等多目标间互相通信和统一管理的需要。

（4）有效利用资源。分层协议和系统结构有利于实现空间数据系统及其部件的通用化、系列化和组合化，达到硬件、软件资源的有效利用，从而缩短空间数据系统开发的研制周期，降低空间任务的开发和运行成本。

（5）交互支持和国际合作。各国和各空间组织采用了统一的标准，因而可以互相提供交互支持，以互惠互利的方式取得显著的经济效益。

3.1.3 CCSDS 建议书

CCSDS 对每一个技术问题的讨论结果以建议书的形式给出。建议书主要覆盖三方面内容，即空间数据通信业务、空间关口业务和空间信息交换业务，并通过两个途径转化为标准：①被国际标准化组织批准转化为 ISO 标准。ISO 承认 CCSDS 是领导有关空间信息技术标准的国际权威部门，同意 CCSDS 对 ISO 第 20 技术委员会第 13 分委会（TC20/SC13）制定的技术标准负主要责任。②被各空间组织采纳为其内部标准或与其兼容。

CCSDS 建议书根据得到认可的程度区分类型，并使用不同颜色的封面：白皮书（WB）为原始草稿，红皮书（RB）为评审稿，蓝皮书（BB）为批准稿。另外，绿皮书（GB）为技术报告，黄皮书（YB）为管理文件，粉皮书（PB）为修改建议。蓝皮书中的大部分已经转为 ISO 国际标准。

CCSDS 空间数据系统采用了 ISO 互连参考模型的分层概念，并针对空间通信环境和特点进行了简化、重构和扩充。图 3.1-1 列出了不同层次的主要建议书，下面分别作简要介绍。

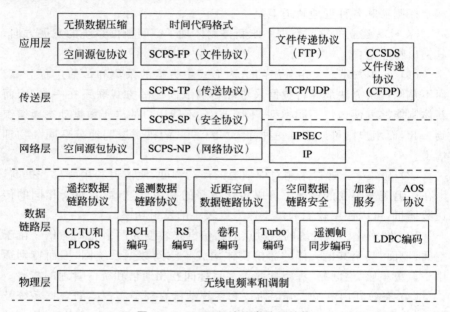

图 3.1-1 CCSDS 建议书分层结构

在物理层，CCSDS 制定了《射频和调制体制》建议书。它的第一部分规定了用于具有中等通信需求的近地和深空任务的射频和调制体制；它的第二部分是关于数据中继卫星系统的内容。

数据链路层是空间数据系统的核心层，它包括了数据链路层协议和信道编码两方面的建议书。在协议方面开发了 3 个数据链路层协议：①分包遥测和分包遥控，适用于数据速率中等、业务相对简单的常规在轨数据系统（COS）；②高级在轨数据系统（AOS），适用于数据速率范围宽、业务种类多，可与地面网互联的大型航天器和载人航天器；③近距空间通信协议，适用于互相接近的航天器之间附加的空间链路。在信道编码方面开发了 BCH 码、卷积码，RS 码、Turbo 码、LDPC 码以及数据链路的各种数据结构,例如,分包遥控的通信链路传输单元 CLTU、分包遥测的传送帧等。

在网络层、传送层和应用层,CCSDS 为空间网络的应用开发了一套与地面网络协议 FTP 和 TCP/IP 在功能上平行的建议书,即空间通信协议规范(SCPS)。这套协议包括文件协议(SCPS-FP)、传送协议(SCPS-TP)、安全协议(SCPS-SP)和网络协议(SCPS-NP)。

在传送层和应用层,CCSDS 开发了一个功能强大的文件传递协议(CFDP)。该协议可以广泛用于各种航天任务,包括从相对简单的近地轨道航天器到需要多种地面设施和通信链路支持的轨道器、着陆器等任务。该协议不仅包括文件传递所需的各种功能,而且还具有文件管理的业务,以控制管理文件存储介质。在应用层,CCSDS 还制定了一些面向应用的建议书,如数据压缩、时间码、空间源包协议等。

本章重点介绍数据链路层常规在轨数据系统(COS)和高级在轨数据系统(AOS)的主要内容。近距空间通信协议、行星际互联网、文件传递协议及应用层协议等可见有关建议书,本章不再赘述。

3.1.4 多路复用和虚信道的基本概念

3.1.4.1 多路复用

用同一信道传输多路消息信号,称为信道的"多路复用"。实现信道多路复用的基本方法是将一个信道划分为多个子信道。根据划分的具体方法,信道多路复用技术主要有以下 3 类。①频分复用(FDM):各消息信号占用互不重叠的频带,在接收端利用带通滤波器进行分路;②时分复用(TDM):各消息信号在时域上占用不同的时隙,在接收端利用开关电路进行分路;③码分复用(CDM):各消息信号在频域和时域上重合,但利用编码的正交特性加以区分,在接收端依靠相关器进行分路。

CCSDS 空间数据系统的多路复用体制是建立在时分复用技术基础上的。时分复用分为同步时分复用和异步时分复用。时分复用的基本原理是将时间轴分成周期性出现的 TDM 帧。除了帧的起始标志外,每帧分成 N 个等长的时隙。每路消息占用一个时隙,原则上时隙长度可以是 1b,8b 或一个分组(包)。

1. 同步 TDM

在同步 TDM 系统中,每一路信号占用的时隙位置是固定的。在数据传送过程中,帧按照一定的速率重复传送,一般称为"帧速率"(或"主帧速率")信号。对于低速率的信号,采用隔若干主帧传送一次的办法处理,也可以将 N 个低速率信号先按照一定结构复用在一起,占用主帧中的一路的位置,这个附加的结构称为"副帧",信号称为"副帧速率信号",其传送的速率是主帧速率的 $1/N$;对于较高速率的信号,则可以在每个主帧中为其均匀地安排 M 个位置,每帧传送 M 次,使其传送速率达到帧速率的 M 倍。由此可见,同步时分多路复用的方法对于传送不同速率信号,尤其是速率相差较大的信号将更加困难。

2. 异步 TDM

随着航天任务复杂程度的不断提高,对数据传送的要求已经超出传统遥测遥控的范围,需要将不同业务类型、不同速率、不同用户的非同步数据组合起来,在航天器与地面之间、航天器与航天器之间建立通用的高效灵活的数据传输通道。为了满足这些要求,空间数据系统通常采用异步 TDM方式,即动态的时分多路复用机制。简而言之,各种数据不是按照事先设计好的固定时隙传送,而是根据数据源、信道忙闲情况、系统数据缓存等诸多因素,按照一定的动态调度策略分享同一物理信道。

3.1.4.2 虚信道

为了实现多种数据对物理层信道的时分共享,一个物理信道被分成若干个在逻辑上相互独立的数据信道,从而实现该物理信道被多个高层数据流共享,并将这些数据流应用于不同的业务。这些逻辑数据信道称为"虚信道"(VC),其基本定义如下。

虚信道是一种使多信源多用户分享同一物理信道的传输控制机制。通过统一分配传送帧帧头的识别码,并按照用户需要和信道实际情况实施动态管理,使不同用户的应用数据分时交替占有物理信道。相当于把单一信道划分为多个虚拟支路。虚信道具有以下特性。

(1) 可以独立传送来自上一层的具有某种特殊性质的数据流。

(2) 可以独立完成上一层所规定的特定业务及其与之相关的操作过程。

(3) 可以被赋予不同的优先级。

(4) 可以分别采用不同的差错控制方法达到所需的业务等级。

(5) 可以分别采用不同的数据保护机制达到所需的数据安全要求。

(6) 可以被一个用户独占,也可以被多个用户分享。

通过动态地对虚信道进行管理调度,利用合理的复用机制和有效的纠错、检错措施,可以保障信道的高效率和高质量,满足复杂航天器的高速率、大容量、多用户的数据处理和数据传输要求。

空间数据系统通常采用两种多路复用机制,即较低层的虚信道和较高层的包信道。这两种机制配合使用,为用户传送各种不同的数据提供保障。

3.2 常规在轨数据系统

常规在轨数据系统(COS)是 CCSDS 最早建立的空间数据系统标准,它的核心部分是分包遥测和分包遥控。常规在轨系统主要用于近地和深空任务中的中、低速率数据传输。

3.2.1 分包遥测

3.2.1.1 概述

分包遥测的概念主要是针对传统 PCM 遥测固定采样率、固定编排格式的局限性提出的。在新一代航天器应用中,这种固定模式的遥测已经不能满足复杂多变的数据源的传输要求。在新型航天器上,信源(分系统或设备)已经具有动态、自主地生成数据包的能力,而且不同的应用过程生成的数据源包能够有不同的数据发生率和包长度,这些源包是自主发生的,具有随机性,源包之间是异步的。这些由不同应用过程产生的不同发生概率的数据源包将由同一空地链路传回地面,然后在地面根据不同的应用过程把各个数据源包分发到不同的数据宿。图 3.2-1 描述了不同应用过程从产生源包到经过整个分包遥测系统传回地面,最后解包送给各自目的地的过程。

为了进一步理解分包遥测的概念,首先介绍数据源、应用过程、数据源包、虚信道、主信道、数据宿等概念之间的关系:对航天器遥测系统来说,数据源是航天器上产生遥测数据的物理实体,可以是一个设备(如陀螺仪),也可以是一个分系统(如姿控分系统);一个数据源可以包含多个应用过程,如姿态控制过程、轨道控制过程、故障处理过程等;每个应用过程对应产生一种或多种不同格式、不同大小和不同发生率的数据源包,它们可以来自不同的数据源,但是每一种数据源包只能唯一对应一个应用过程;数据源与数据宿不是一一对应的,一种数据源包可以在地面被同时分发到多个数据宿,例如多个用户都需要姿态数据源包,以支持自身的数据处理;虚信道是把不同的数据源包按照数据特性和传输要求划分组织的,所以它既不与源、宿一一对应,也不与应用过程对应,它只是面向传输的一种动态调度机制;因为传送层的星地操作,如重传控制,是按照虚信道进行的,所以同一传送帧只能装载一个虚信道的数据;主信道包含多个虚信道的统一数据流,一般来说,一个主信道对应一个物理信道,如果一个物理信道包含多个同时并行的数据流,例如码分多址体制,则一个物理信道就包含了多个主信道。

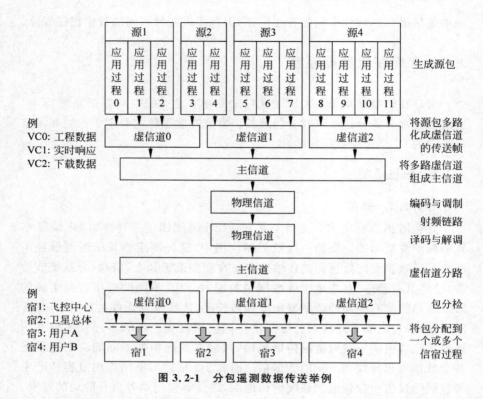

图 3.2-1　分包遥测数据传送举例

分包遥测定义了两种数据流的数据结构：即 CCSDS 版本 1 数据源包和遥测传送帧。

3.2.1.2　数据源包

数据源包(简称"源包"或"包")是由航天器上信源(分系统或设备)的一个应用过程产生的数据包,它包含一组观测数据及相应的辅助数据。这些数据从空间的应用过程传送到地面的一个或几个用户应用(信宿)。数据的速率和长度可以是固定的,也可以是变化的,这样可以使数据源生成的数据结构和数据量大小得到优化。

每一个源包依次由包主导头和包数据域两部分组成,其中,包主导头的长度为 6B,包数据域长度可变,最长为 65 536B。整个源包长度最长为 65 542B。在实际应用中,源包长度要选择恰当,源包太短,传送效率低;源包太长,要被截为多段装入传送帧,操作复杂。一般建议包长不大于 3 个传送帧的数据域。包数据域可包含由星载数据系统产生的空闲数据,称为"空闲包"。一个应用过程可连续产生一系列源包,称为"源包组"。版本 1 源包格式如图 3.2-2 所示。

包主导头（6B）							包数据域（1～65 536B）		
版本号	包识别			包顺序控制		包数据长度	包副导头（可选）		源数据
	类型标志	副导头标志	应用过程标志	分组标志	源包序列计数		时间码域	数据域 用户自定义	
3b	1b	1b	11b	2b	14b	16b			可变

图 3.2-2　源包格式

各参数域的含义简要介绍如下：

1. 包主导头

包主导头用于数据源包识别和格式控制。

（1）版本号

版本号为 000，表示 CCSDS 版本 1 数据包；版本号为 001，表示 CCSDS 网络包；版本号为 010，表示互联网协议数据包；版本号 111，表示复合包。其他版本号预留给未来其他格式使用。

（2）包识别域

类型标志：用于区分遥测源包和遥控源包，对于遥测源包，该位为 0；对于遥控源包，该位为 1，遥控源包将在 3.2.2 节介绍。

副导头标志：表示该源包中，副导头是否存在。有副导头时，该位为 1；无副导头时，该位为 0。在一个任务阶段，副导头是固定不变的。对于空闲包，副导头标志为 0。

应用过程标识：用于识别航天器上产生源包的数据源。在同一主信道中的不同应用过程有不同的应用过程标识。其中，全 1（11111111111）表示空闲包。

（3）包顺序控制域

包顺序控制域对源所产生的具有同样应用过程标识的各包提供顺序计数；对于分组的源包，提供该源包在分组中的位置信息。

分组标志：表示源包的分组状态。其取值含义为：00 表示组中的中间包；01 表示组中的首包；10 表示组中的末包；11 表示不属于源包组的源包（独立包）。属于某一组的所有包都应来自同一应用过程，并标有其特有的应用过程标识。

源包序列计数：对标有其特有的应用过程标识的应用过程所产生的每个包进行二进制计数，其模为 16384，空闲包不要求计数。在一个应用过程连续运行中,其计数器计满前不允许将其归零。

（4）包数据长度域

在源包格式中,此域指明包数据域的长度,该域中的数值等于包数据域的字节数减 1。

2. 包数据域

包数据域用于放置航天器上特定的应用过程所产生的数据。它至少含有包副导头或源数据,也可两者都有。包数据域至少含有一个字节。如果包中没有源数据,则必须设置有包副导头;如果包中有源数据,则包副导头是一个可选项。

包副导头用于放置源包中的辅助数据,如时间、航天器位置或姿态等信息。包副导头的组成可以有 3 种:①仅有包副导头数据域;②仅有包副导头时间码域;③包副导头时间码域,后面加上包副导头数据域。

3.2.1.3　传送帧

传送帧用于传送源包、空闲数据和自定义数据。自定义的数据可以是专门的高速率数据或其他不符合源包结构的数据。传送帧由帧主导头、帧副导头、帧数据域、操作控制域和帧差错控制域组成。在一特定任务阶段传送帧的长度不变,帧的最大长度为 16 384b。在同一物理信道上的所有具有同一传送帧版本号和同一航天器识别符的传送帧构成主信道,一个主信道由 1~8 个虚信道组成。传送帧格式如图 3.2-3 所示。

1. 帧主导头

帧主导头由帧版本号、帧识别、主信道帧计数、虚信道帧计数和帧数据域状态 5 个域组成。其主要功能是:识别数据单元是否为传送帧;识别发送遥测数据的航天器;将多路虚信道组成一路主信道;对主信道和虚信道进行计数;提供指针和其他信息用来从传送帧数据域中提取可变长度的源包。帧主导头的长度为 6B,其中:

（1）版本号用于识别出此数据单元为一传送帧,当它为 00 时,本数据单元为遥测帧。

（2）帧识别域包含航天器识别符、虚信道识别符和操作控制域标志。航天器识别符用来识别产生本帧数据的航天器,它在所有任务阶段是固定不变的;虚信道识别符指明此帧所用的虚信道;当操作控制域标志为 1 时,表示存在操作控制域;当操作控制域标志为 0 时,表示不存在操作控制域。在一个任务阶段,无论在特定的主信道中还是在特定的虚信道中,本标志固定不变。

帧主导头（6B）											帧副导头（可选）			帧数据	操作控制（可选）	帧差错控制
帧版本号	帧识别			主信道帧计数	虚信道帧计数	帧数据域状态						帧副导头识别		帧副导头数据	航天器应用数据	操作控制域数据	帧差错控制域数据
	航天器标识符	虚信道标识符	操作控制域标志			帧副导头标志	同步标志	包顺序标志	段长识别符	首包主导头位置指针		帧副导头版本号	帧副导头长度				
2b	10b	3b	1b	8b	8b	1b	1b	1b	2b	11b		2b	6b	最大504b	可变	32b	16b

图 3.2-3 分包遥测传送帧格式

（3）主信道帧计数域包含在一特定主信道中发送的每个传送帧的顺序二进制计数（模 256）。在计满 255 之前避免归零。

（4）虚信道帧计数域包含通过一主信道中的特定虚信道中发送的每个传送帧的顺序二进制计数（模 256）。在计满 255 之前避免归零。

（5）在帧数据域状态域中分为 5 个子域：①帧副导头标志为 1 时，表示存在副导头，为 0 时表示不存在副导头；当帧副导头与一主信道相关时，在一个任务阶段，特定的主信道中的副导头标志应固定不变；当帧副导头与一虚信道相关时，在一个任务阶段，特定的虚信道中的副导头标志应固定不变。②同步标志表示嵌入帧数据域中的数据类型。若是字节同步且是正向顺序的源包或空闲数据，此标志为 0；若是自定义数据，此标志为 1。在一个任务阶段，在一特定的虚信道中的同步标志应固定不变。③包顺序标志：若同步标志为 0，则此包顺序标志留以后使用，且置为 0；若同步标志为 1，则此包顺序标志待定。④段长识别符原用于分段识别，现分段操作取消，此二位识别符仍保留。若同步标志为 0，则此识别符设置为 11；若同步标志为 1，则此识别符位待定。⑤首包主导头位置指针：如果同步标志为 0，则此指针指明在传送帧数据域中第一个源包的位置。传送帧数据域中各字节的位置按递增编号，帧数据域中第一个字节为 0 号字节，后续源包导头位置可由前一个包导头内的包长度域确定。若整个数据域不存在包主导头，则该指针为 11111111111。若整个数据域是空闲帧，则该指针为 11111111110。

如果同步标志为 1，则首包主导头位置指针没有意义。

2．帧副导头

帧副导头是一可选域，由帧主导头中的帧副导头标志位表明此域是否存在。帧副导头由帧副导头识别域和帧副导头数据域组成，其长度为整数个字节。帧副导头应与一主信道或一虚信道相关联。在一个任务阶段，帧副导头在与其相关的主信道中或与其相关的虚信道中的长度是固定的。

（1）帧副导头识别域分为两个子域。①帧副导头版本号：当前设置为 00。②帧副导头长度识别域：表示帧副导头的长度，其值等于帧副导头总字节数减 1。在一个任务阶段，在一特定的主信道中或一特定的虚信道中的帧副导头长度固定不变。

（2）帧副导头数据域。此域包含帧副导头的数据，其长度为 1～63B。

3．帧数据域

帧数据域用于装载航天器应用数据。传送帧数据可以是源包、空闲数据和自定义数据这 3 种数据。源包应连续、正向顺序地置入帧数据域，如果数据域已满,而一个源包未被装完,则剩余部分装入同一虚信道下一个帧的帧数据域的最前面。帧数据域的长度受总帧长的制约。其长度为总帧长减去主帧导头长度,再减去可选的帧副导头、操作控制域和帧差错控制域的长度。在同一虚信道中源包不与自定义数据混装。当没有足够的源包(包括空闲包)或自定义数据填充传送帧时可以发送空闲帧,以维持星-地同步。载有空闲数据的传送帧虽然可以在载有包的虚信道中传送,但是对空闲数据最好使用单独的虚信道。带有不同应用过程识别符的各包可以在帧数据域中多路复合。

4. 操作控制域

操作控制域(OCF)是可选域,长度为 4B,它的存在与否由主导头中的标志决定。如果选用此域,则在任务阶段,在特定的主信道或特定的虚信道发送的每个传送帧都应含有此域,它的作用是提供一种实时报告机制。操作控制域的前两位表明了它的报告类型,首位为类型标志,为 0 时表示此域为第一类报告,即分包遥控的通信链路控制字(CLCW);为 1 时表示此域为第二类报告。第二位表示第二类报告类型,为 0 时表示报告的内容由项目规定,为 1 时其内容保留给未来使用。

5. 差错控制域

差错控制域用来检测在发送和处理过程中可能导致帧中的差错,长度为 2B。如果采用了 RS 编码,则帧差错控制域是可选的;如果传送帧未被RS 编码,则必须有差错控制域。差错控制码采用循环冗余(CRC)检错码。编码过程的生成多项式为

$$\mathrm{CRCW} = [X^{16} \cdot M(X) \oplus X^{(n-16)} \cdot L(X)] \bmod G(X) \quad (3.2\text{-}1)$$

式中:n 为已编码总比特数;$M(X)$ 是以二进制系数多项式表达的 $(n-16)\mathrm{b}$ 待编码信息;$L(X) = \sum_{i=0}^{15} X^i$ 为预置多项式;$X^{(n-16)} \cdot L(X)$ 表示在编码之前将移位寄存器预置为全 1 状态;$G(X) = X^{16} + X^{12} + X^5 + 1$ 为生成多项式。

译码过程的差错检测伴随多项式由下式给出:

$$S(X) = [X^{16} \cdot C^*(X) \oplus X^n \cdot L(X)] \bmod G(X) \quad (3.2\text{-}2)$$

式中:$S(X)$ 为伴随多项式,未检测出差错时为零,检测出差错时不为零;$C^*(X)$ 为接收到的以多项式表达的数据块,包括帧差错控制域。

3.2.1.4 虚信道的划分和调度

1. 虚信道的划分

从图 3.2-3 中的 3b 虚信道识别符可以看出,传送层的虚信道最多有

8 个。通常，为保持信道同步的空闲帧要专用一个虚信道，这样可供航天器应用过程使用的还有 7 个虚信道。一般来说，虚信道的个数和应用过程的个数并不一致，所以在传送层的入口处首先要对到达的源包按照不同的虚信道进行划分。考虑到每个应用过程都可能产生多个不同类型的数据，这些不同类型的数据对传输的要求也不同，因此，在实际使用中建议一般不按照信源划分，而是按照不同数据的特性和不同的操作划分虚信道。在同一虚信道中可以传送相似类型但来自不同信源的数据包。当然，对于同一类型来自许多信源的源包也可以划分成若干同级的虚信道；如果某个信源产生一种需要特殊处理的源包，或者到地面需要独立送用户的特殊数据也可以独占一个虚信道。

一种按照数据类型进行虚信道划分的例子是：除了专用于空闲帧的虚信道外，所有应用过程生成的健康数据包为一种，占用一至三个虚信道，这些虚信道属于同一级别；高实时性重要数据占用一个虚信道，例如各应用过程的遥控响应数据或故障诊断数据等；长数据流占用一至三个虚信道，例如延时遥测数据或数据及内存的下载等，这些数据量大，需要特别处理；如果还有剩余虚信道，可以用于特殊操作等。

2. 虚信道的调度

主物理信道在某一时刻只能为一个虚信道服务，因此存在主信道在当前时刻应为哪个虚信道提供服务的问题，即虚信道的调度问题。合理的虚信道调度应能满足不同传输要求的数据对信道的占用需求。最简单的是静态周期轮转的调度策略，它同传统的时分制非常类似。它的主要特点是各信道的传送帧输出具有等时性，其优点是星上实现简单，但这种方法对突发数据的传输效率低，不能适应星上数据源动态的变化。例如，当星上突发故障而产生大量诊断数据时，地面通常希望能尽快而且完整地传回，此时静态的调度方式对这些虚信道仍按照不紧不慢的步调传输，不能适应这种突发数据的传输需求。对这种简单的周期轮转可以采用两种方式增强其对突发事件的应变能力：一是允许每一虚信道每次发送的帧数不同；二是对高实时性要求的虚信道缩短其轮询周期，即在一个对所有虚信道都轮询一遍的完整周期中，可以将某些信道的访问次数加倍，这种方式称为"星轮转"。

与静态调度对应的还有动态的调度策略。动态的调度方法很多，可以针对系统需求设计不同的策略，但有时会带来星上实现的复杂度，因此在设计时需要折中考虑系统的支出和效益问题。动态调度的一个例子是：当若干信道都有数据时，虚信道的传输按照优先权大小排列。这种方法效率高，但由于虚信道传输时间不定，因此对每一虚信道的数据来说，等时性较差。

优先权的确定和每次传输服务的帧数会影响虚信道数据的平均时延、最大时延和对缓存的需求和分配问题。更复杂的一个例子是优先权也是动态变化的,例如,可以根据每一虚信道积压的数据量调整该虚信道的优先级,以避免某些低级信道数据因积压而产生丢失。

静态调度和动态调度各有优缺点,有时单独采用一种不能使系统性能达到最优。例如,图像、话音等数据源有等时性要求,全动态的调度方法就不能满足系统要求。另一种方案是将这两种实现方法的优点结合起来,可以部分降低完全动态调度的复杂度。图 3.2-4 给出了一个这种组合方案的例子。

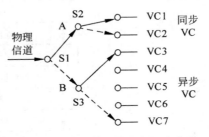

图 3.2-4　一种虚信道组合调度方案

图中,VC1 和 VC2 是有等时传输要求的虚信道,VC3～VC7 是异步传输的虚信道。将有等时传输要求的虚信道分为 A 类,异步传输的虚信道分为 B 类。开关 S1 在 A 和 B 之间切换,构成第一级调度,以保证 A 类虚信道的传输时隙。S2 和 S3 是第二级调度,开关 S2 在 VC1 和 VC2 之间切换,可以按照周期轮转的策略传送两个虚信道的数据。开关 S3 在 VC3～VC7 之间切换,可以采用动态方法进行虚信道的调度。

调度方案的选择与信源的组合情况密切相关,需要在系统设计的早期确定。由于没有标准化的解析表达式来对各种调度方案的性能进行比较和分析,一般是将各种调度方案在给定的信源模型条件下,利用计算机仿真作为辅助手段来验证和比较系统性能,例如实时性、数据丢失率、信道利用率、缓存的分配和使用等。

3.2.2　分包遥控

3.2.2.1　分包遥控的层次结构

分包遥控采用分层体制,层与层之间按照一定的协议和标准的数据格式接口,如图 3.2-5 所示。从地面遥控源端用户发出的遥控应用数据经过 5 层处理和逆处理送往航天器上的遥控宿端用户。

遥控应用数据在包装层加上包头后形成遥控包。遥控包是遥控用户数据单元的一种主要形式。遥控包在分段层被分段或被集装后,加上段头成遥控段。遥控段是遥控帧数据单元的一种主要形式。遥控用户数据单元和遥控帧数据单元还可以是外来的由用户自定义的数据单元。在传送层,

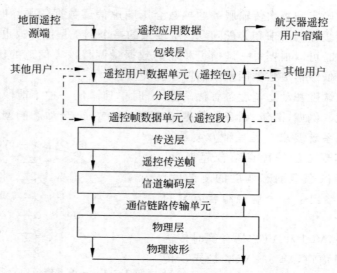

图 3.2-5　分包遥控系统的层次结构

遥控帧数据单元放入遥控传送帧的数据域,在它的前面有帧头,后面有可选差错控制码作为帧尾。一个传送帧被分组编码为一系列有固定长度的短码组,这些分组码有检错和纠错能力。把分组码序列再包装成一个通信链路传输单元(CLTU),每个单元可以包含一个或多个传送帧。在 CLTU 前面有起始单元,结尾处有结尾序列,以标志一个 CLTU 的开始和结束。最后把CLTU 调制到物理信道上,送往航天器。在航天器上完成上述过程的逆过程。

各层的标准数据结构及其装配关系如图 3.2-6 所示。

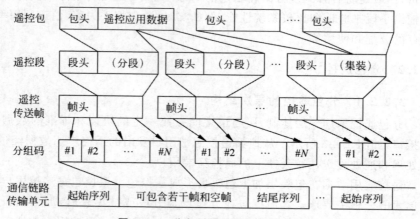

图 3.2-6　分包遥控数据结构示意图

3.2.2.2 包装层

包装层是面向遥控应用数据管理服务的信息处理层。在地面发送端的包装层接收输入的遥控应用数据后,包装成适合于端到端传送的标准格式数据单元,即"遥控包"。遥控包的标准格式如图 3.2-7 所示。其中遥控应用数据的格式不加限制,但遥控包的长度有限制,最大长度是 65 542B。

遥控包主导头（6B）							遥控包数据域（最长65 536B）	
包识别				包顺序控制		包数据长度	包副导头（可选）	遥控应用数据域
版本号	类型标志	副导头标志	应用过程标志	序列标志	包名称或序列计数			
3b	1b	1b	11b	2b	14b	16b	可变	可变

图 3.2-7　遥控包的标准格式

1. 遥控包主导头

包主导头用于遥控包的识别和格式控制。总长为 6B,其中包识别、包顺序控制、包长度均为 2B。各参数域的含义与分包遥测相似。

(1) 包识别域包含版本号、类型标志、副导头标志和应用过程标识。版本号 000 表示遥控包,其他版本号的含义与分包遥测相似。类型标志是为了与分包遥测区分,对于遥控包,类型标志为 1。副导头标志表示主导头后面是否存在副导头,有副导头时,该位为 1。应用过程标识由用户自选。

(2) 包顺序控制域用于识别每个遥控包在相关包序列中的位置。其中,序列标志表示位置特征,00 表示相关包序列的中间包;01 表示相关包序列的第 1 包;10 表示相关包序列的最后 1 包;11 表示相关包序列仅此包(独立包)。包名称或序列计数表示遥控包在相关包序列中的序号。如果是独立包,也可以定义为包的名称。如果 14b 不够用,可以借用后面的副导头。

(3) 包长度域指明遥控包数据域的长度,它等于从副导头的第 1 位到包的最后 1 位之间的字节数减 1。由于包长为 16 位,因此,副导头加上应用数据的长度最多是 65 536B。整个遥控包的最大长度是 65 542B。

2. 遥控包数据域

(1) 包副导头是可选项,它的长度是 8b 的整数倍,副导头的内容是为本包所对应的应用过程提供一些辅助数据(如时间、地址、数据格式等)。副导头的格式不加限制,但其首位必须为 0。

(2)包应用数据域用于放置要送到航天器上的遥控信息,其格式不加限制,仅要求它的总长度是 8b 的整数倍,且不超过前述的最大限制。用户可以在应用数据域内采用差错控制码,它的长度、域中的位置以及编码多项式的选择都由用户自定。用户还可以对遥控数据进行加密处理。

遥控包可以单独送往航天器,也可以将相关的一批遥控包汇集成包装文件,形成一个包序列送往航天器。包装文件的构成方式有两种:一种是一个长的大包,在它的数据域中包含若干独立相关小包;另一种是一串遥控包集合,为首的是前导遥控包,表明包装文件的开始,同时包含包装文件的相关信息,例如,有多少包构成该文件等,最后是结尾遥控包,表明包装文件的结束。在执行该包装文件的任何内容之前,必须完整地完成接收。

3.2.2.3 分段层

1. 遥控段的数据格式

在分段层的入口处有两种从高层来的数据源:遥控包或用户自定义的数据单元,统称为"遥控用户数据单元"。在分段层的出口处,向传送层输送的标准格式的数据单元称为"遥控段",与其他直接进入传送层的外来数据单元合称"遥控帧数据单元"。

分段层完成以下两种处理:①将输入的遥控用户数据单元组成遥控段,包括把一个长的遥控用户数据单元分段为几个较短的遥控段,或者把几个较短的遥控用户数据单元集合为一个较长的遥控段或遥控帧数据单元。②把来自不同源的遥控用户数据单元组织起来,使它们能分享同一虚信道。如果不需要上述两种处理功能,则可以不使用分段层。

遥控段包括段头和段数据域两部分,其格式如图 3.2-8 所示。

段头(1B)

序列标志	多路接收地址指针	段数据域
2b	6b	最大1018B

图 3.2-8 遥控段的数据格式

从图 3.2-8 可以看出,段头为 1B,包括序列标志和多路接收地址指针(MAP)两个子域。其中,序列标志 2 个比特,01,00,10 分别表示同一接收地址的用户数据单元的第 1 段、中间段和最后 1 段,11 表示一个或多个完整的用户数据单元(不分段);多路接收指针 6b,对应于每个虚信道上可寻址的 64 个接收点。当用户数据单元输入分段层时,需指定接收地址,分段和集装过程按照相同接收地址进行。不同接收地址的用户数据单元可以享受不同的传输优先级。如果某虚信道不需要区分接收地址,则在该子域内设置一个常值。

段数据域可以包含一个或几个完整的遥控用户数据单元(例如遥控包),也可以是一个遥控用户数据单元的一部分。段数据域长度受限于下层传送帧的数据域规定,如果在传送帧中选用差错控制,则段数据域最长是1016B,如果在传送帧中不选用差错控制,则段数据域最长是 1018B。

2. 分段层处理步骤

在分段层发送端的处理步骤大致是:①根据遥控用户数据单元指定的接收地址,分配多路接收地址指针。②如果一个遥控用户数据单元超过预定的长度,则将它分成若干段,每段前面加上段头,构成帧数据单元。③如果几个遥控用户数据单元允许使用同一虚信道同一多路接收地址,且它们的长度较短,则可以将它们汇集成一个帧数据单元。④根据任务需要,对同一虚信道最多 64 个多路接收地址指针安排各遥控段进入传送层的优先顺序(优先级)。

在分段层接收端的处理步骤大致是:①从传送层接收每一个虚信道上传送的多路帧数据单元,按照多路接收地址指针把遥控段分组。②如果同组的各遥控段中包含的是同一遥控用户数据单元的各段,则把段头去掉,连接各段数据域,重建原来的遥控用户数据单元;或者根据遥控用户数据单元的长度信息(例如遥控包包头的包长度域),摘出一个遥控用户数据单元(例如遥控包)。③将遥控用户数据单元送往高层。

3.2.2.4 传送层

传送层是分包遥控的核心层,它提供可靠传送遥控应用数据所需的最重要的操作。

传送层接收的是遥控帧数据单元,它可能是遥控段,也可能是一个或多个完整的遥控用户数据单元(如遥控包)。传送层有两种数据结构,一种是遥控传送帧,另一种是通信链路控制字,前者是上行到星上接收的数据结构,后者是星上通过分包遥测下行的数据结构。

1. 传送帧

传送帧包含主导头、帧数据域和可选的差错控制码 3 部分,其数据格式如图 3.2-9 所示。

传送帧各字段的含义如下:

(1)版本号:目前仅定义了版本 1,版本号为 00。

传送帧主导头（5B）								1019B（最大）	
版本号	通过标志	控制命令标志	空闲位	航天器标识符	虚信道标识符	传送帧长度	帧序列号	传送帧数据域	传送帧差错控制码（可选）
2b	1b	1b	2b	10b	6b	10b	8b	可变	16b

图 3.2-9　传送帧格式

（2）通过标志：用于区分帧接受的原则，当其为 0 时，表示该传送帧不仅要经过帧合法性检验，而且要经过序列正确性检验才能接受，这类帧被称为"A 类帧"；当其为 1 时，表示不需要经过序列正确性检验，只要经过帧合法性检验即可接受，这类帧被称为"B 类帧"。

（3）控制命令标志：用于区分帧数据域的内容类型，当其为 0 时，表示传送帧数据域内传送的是遥控应用数据（D 模式）；当其为 1 时，表示传送帧数据域内传送的是控制命令信息（C 模式）。遥控应用数据可以是 A 类帧或 B 类帧，分别简称"AD 帧"或"BD 帧"，但控制命令只能是 B 类帧，简称"BC 帧"。

（4）空闲位：留待未来扩展用（如加密识别），目前设为 00。

（5）航天器标识符（SCID）：用于识别传送帧所属的航天器。

（6）虚信道标识符（VCID）：用于识别传送帧所属的虚信道。每一个虚信道可以支持最多 64 个多路接收目标。

（7）长度域：定义传送帧的长度，表示从传送帧导头第 1 个比特开始到传送帧差错控制最后 1 个比特（如果选用了差错控制）或传送帧数据域最后 1 个比特（如果未选用差错控制）的字节数。本域内的数值为传送帧全部字节数减 1。传送帧长度可变，但最大不超过 1024B。

（8）帧序列号：为 VCID 所标识的虚信道内所有通过标志为 0 的传送帧编号，数值为 $0 \sim 2^8 - 1$；对于通过标志为 1 的传送帧，该域可设为全 0。

（9）传送帧数据域：用于承载用户数据。无论是遥控应用数据还是控制命令，都应是整字节数。最大长度是 1019B（无差错控制码）或 1017B（有差错控制码）。如果是遥控应用数据，则是遥控帧数据单元，它可能是遥控段、遥控包，也可能是直接来自用户的遥控数据单元。如果是控制命令，则不包括任何用户数据，仅仅是传送层接收端所需的一些控制信息（为传送层星地操作而设置）。

控制命令格式如图 3.2-10 所示。目前仅定义了解锁和设置等待接收帧序号两种命令。解锁命令：3 个字节为全 0；设置等待接收帧序号命令：10 000010　00 000000　XXXXXXXX（其中，XXXXXXXX 为具体设置的帧序号）。控制命令后面应选用差错控制码。

（10）传送帧差错控制使用 $CRC(n,n-16)$ 检错码，其编译码过程与分包遥测的相同。

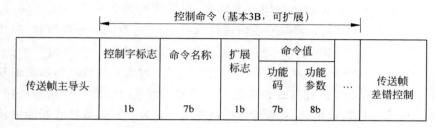

图 3.2-10　传送帧控制命令格式

2. 通信链路控制字

通信链路控制字（CLCW）的格式如图 3.2-11 所示。它由 4B 组成，通过 CCSDS 分包遥测传送帧或高级在轨系统的虚信道数据单元的操作控制域传回地面，向发送端的帧操作过程（FOP）汇报星上的帧接受状态，是构成闭合回路的重要环节。

首特征	状态域	操作类型	虚信道标识符	空闲位	标志域					B类帧计数器	反馈类型	反馈数据
					射频	码位	闭锁	等待	重发			
3b	3b	2b	6b	2b	1b	1b	1b	1b	1b	2b	1b	8b

图 3.2-11　通信链路控制字（CLCW）的格式

下面简要介绍 CLCW 格式中各部分的含义：

（1）首特征：包括控制字类型 1b 和 CLCW 版本号 2b，这 3b 目前取000。

（2）状态域：由任务规定或航天器自定义。

（3）遥控操作类型：有 3 种状态：00 为 0 类操作（COP-0）；01 为 1 类操作（COP-1）；10 为 2 类操作（COP-2），目前 CCSDS 优先推荐采用 1 类操作；11 保留。

（4）虚信道识别符：用于表明本 CLCW 是属于哪一个虚信道。因为各虚信道的星地遥控操作是独立进行的,所以,每个虚信道都有自己的 CLCW,如果全系统没有采用虚信道,则该字段设为全 0。

(5)空闲位:保留未来使用,目前取 00。

(6)标志域:在标志域中,①射频标志:为 0 时表示物理信道已准备好,可以发送遥控帧;为 1 时表示物理信道没有准备好,不能发送遥控帧。②码位标志:该标志是可选的,它是一个性能质量标志,为 0 时表示比特同步已锁定;为 1 时表示比特同步未锁定,对遥控帧的拒收率可能会很高。③闭锁标志:为 1 时表示某一虚信道接收的 A 类遥控帧未通过检验,帧接受和报告机制(FARM)将拒绝所有随后的 A 类帧,直至该条件清零为止;为 0 时表示未处于闭锁状态。④等待标志:为 1 时表示接收端传送层的某虚信道由于存储空间拥挤或处理能力不足而不能及时将数据传给分段层,随后的 A 类帧将被拒收,直至该条件清零为止;为 0 时表示接收端能够接收并处理到来的 A 类帧。⑤重发标志:为 1 时表示该某虚信道有一个或多个 A 类帧被拒收或丢失,需要重新发送;为 0 时表示没有显著的 A 类帧被拒收,因而不需要重新发送。

(7)B 类帧计数器:2b 是对可独立接收的 B 类帧进行接收计数值的最后 2b。

(8)反馈类型:只用于 2 类操作,取 0 表示给出的反馈数据是等待接收帧序号,取 1 表示给出的数据是丢失帧序号。对于 0 类和 1 类遥控操作,本位为空闲位。

(9)反馈数据:其定义随不同操作类型而异,对于 0 类遥控操作,反馈的是该虚信道接收的帧计数值;对于 1 类遥控操作,反馈的是该虚信道目前等待接收的帧序号;对于 2 类遥控操作,按照上述(8)的定义。

3.2.2.5　信道编码层

为了降低物理信道上噪声对所传输的遥控数据的影响,在信道编码层,通常采用 BCH 码对遥控数据进行差错控制。对 BCH 编码码块(亦称"遥控码块")的同步和定界通过通信链路传输单元(CLTU)完成。在接收端,对码元 1 和 0 的模糊度可以通过物理层选择调制体制解决,也可以通过辨识 CLTU 起始序列的码形图样解决。信道编码层采用的数据结构是 BCH 码块和 CLTU。

1. BCH 编码码块

BCH 码(63,56)码块全长为 8B(64b)。其中,前 56b 为信息比特,差错控制码放在最后 1B,该字节的前 7 位是校验码,是按照生成多项式计算的校验比特的反码。最后 1b,即 F_0 是填充位,该位始终为 0。

当传送帧(或传送帧序列)长度不是 56b 的整数倍时,最后 1 个码块的信息域需填充为 56b,填充比特为以 0 开始的 0,1 交替序列。有关 BCH(63,56)码的生成多项式、码块格式、编码器的构成及其工作原理见 2.3.2 节。

2. 通信链路传输单元

通信链路传输单元包括未编码通信链路传输单元和编码通信链路传输单元两种。

当不使用 BCH 编码时,通过将一个或若干个传送帧增加起始序列和结尾序列构成一个未编码的通信链路传输单元,如图 3.2-12 所示。起始序列用于同步,长度为 16b,用十六进制表示为 EB90,具有自相关旁瓣低的特点。结尾序列为 16b,用十六进制表示为 09D7。

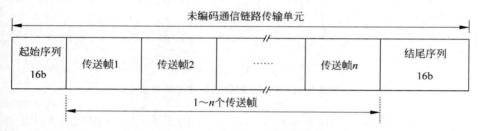

图 3.2-12　未编码通信链路传输单元

当使用 BCH 编码时,通过将整个 BCH 码块序列增加起始序列和结尾序列构成一个编码的通信链路传输单元,如图 3.2-13 所示。起始序列为 16b,用十六进制表示为 EB90,结尾序列为一个 BCH 码块长度,用十六进制表示为 C5C5C5C5C5C5C579,这样的结尾序列是一个不符合 BCH 编码规则的序列,不易发生假结尾。CLTU 结尾序列可重复若干次。

图 3.2-13　编码通信链路传输单元

3. 加扰处理

为了保证接收端比特同步器正常工作所需的比特跳变率,可以选择加扰处理。加扰通常以构成一个 CLTU 的一个传送帧或若干个传送帧为单位进行,采用伪随机序列与遥控信息模 2 加的方式来实现。开始加扰时移位寄存器状态置为全 1。加扰过程是可选的,但在某一物理信道上保持不变。

对遥控信息加扰的伪随机序列是按照多项式 $h(x) = x^8 + x^6 + x^4 + x^3 + x^2 + x + 1$ 生成的周期为 255b 的伪随机序列,具体的加扰逻辑见 2.3.9.2 节。在接收端,接收数据与同样的伪随机序列模 2 加,即可恢复原始的遥控信息。

4. 接收端编码层处理流程

接收端编码层处理流程如图 3.2-14 所示。

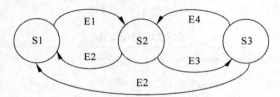

图 3.2-14　CLTU 接收过程状态转移图

图中 S 表示状态,E 表示事件。表 3.2-1 给出了 CLTU 接收状态的定义,表 3.2-2 给出了 CLTU 接收事件的定义。

表 3.2-1　CLTU 接收状态定义

状态代号	状态名称	状态定义
S1	未激活	指通信信道处于未锁定状态,例如未实现比特同步或未检测到有效调制数据
S2	搜索	按照起始序列图样对输入比特序列进行逐比特搜索
S3	译码(有 BCH 编码)	接收无误码或误码在可纠正范围内的 BCH 码块,对其进行译码和去扰处理(如果选用),并将信息比特转交给上层处理
	接收(无 BCH 编码)	接收传送帧或若干传送帧,对其进行去扰处理(如果选用),并将信息比特转交给上层处理

接收端通过起始序列、结尾序列、BCH 译码过程共同实现 CLTU 同步和 BCH 译码。当搜索到起始序列后,标志着找到 CLTU 中第一个 BCH 码

块的位置,译码过程开始。当 BCH 译码器发现码块中有不可纠正的错误时,译码过程结束,这也意味着这次 CLTU 接收过程的结束,接收端开始寻找下一个 CLTU 的过程。除了实际信道误码可能使码块中出现不可纠正的错误外,当结尾序列输入到 BCH 译码器后,标志着找到最后一个 BCH 码块的位置,从而与起始序列配合实现 CLTU 的同步。

表 3.2-2　CLTU 接收事件定义

事件代号	事 件 名 称	事 件 定 义
E1	信道激活	检测到有效调制数据并实现比特同步
E2	信道失效	比特同步丢失或通信信号丢失
E3	识别出起始序列	起始序列已被检出,提示 CLTU 第一个码块开始
E4	拒收码块(有 BCH 编码)	译码器发现码块中有不可纠正的错误,这个码块中的信息比特可不向上层转交
	识别出结尾序列(无 BCH 编码)	结尾序列已被检出,提示本次 CLTU 接收过程结束

3.2.2.6　物理层

1. 物理层数据结构

物理层信道接入数据单元(CADU)的数据结构由捕获序列、空闲序列、通信链路传输单元(CLTU)构成,如图 3.2-15 所示。其中,捕获序列为 0,1 交替序列,用于初始符号同步。捕获序列长度可根据通信信道性能来选择,并在物理层操作步骤(PLOP)中确定,但至少为 16B;空闲序列为 0,1 交替序列,用于在无 CLTU 时保持符号同步,空闲序列长度可根据 PLOP 的要求确定。

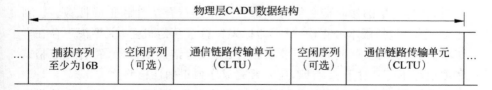

图 3.2-15　物理层 CADU 的数据结构

2. 物理层操作

在一个遥控过程中,一系列 CLTU 被发向航天器,其进程从发射载波(CMM-1)开始,到载波消失终止,整个过程由物理层操作步骤(PLOP)控制。一个 PLOP 由一系列不同的载波调制模式(CMM)组成,完成对物理通信信道的激活和停止。表 3.2-3 给出了 4 种 CMM 模式。对于非扩频调制,CMM-1 通常是未调制的单载波;对于扩频调制,CMM-1 通常指仅调制伪码(没有数据调制)的载波。

表 3.2-3　载波调制模式定义

载波调制模式	状　态
CMM-1	未调制载波或仅调制伪码的载波
CMM-2	调制捕获序列的载波
CMM-3	调制遥控数据(如 CLTU)的载波
CMM-4	调制空闲序列的载波

遥控空间数据链路协议有两种物理层操作步骤 PLOP-1 和 PLOP-2,分别对应突发模式和连发模式。PLOP-1 的特点是每次只发送一个 CLTU,这样星上遥控译码器在一个 CLTU 接收完后将处于未激活状态(S1)。PLOP-2 的特点是在每传完一个 CLTU 后,保持通信信道的激活状态,一个 CLTU 的结束是以结尾序列或空闲序列为标志,星上译码器在一个 CLTU 结束后处于搜索状态(S2)。当一系列 CLTU 发送完毕时,译码器才转入未激活状态。为了减少失锁的可能,在相邻 CLTU 之间插入至少 1B 的空闲序列。当物理信道还使用卷积编码时,在最后一个 CLTU 之后插入至少 1B 的空闲序列,以减少结尾序列失效的可能。图 3.2-16 给出了卫星数据中继系统前向链路物理层操作步骤。

3.2.2.7　星-地操作

由于遥控的重要性,对上行信道数据质量的要求较高。除了要求信道的比特差错率小于 1×10^{-5} 外,还要使用前向纠错编码和传送帧的 CRC 校验,使传送帧的拒收概率保持在 10^{-3} 以下,误收概率保持在 10^{-9} 以下。同时,在传送层的接收端必须对全部传送帧进行合法性和正确性检验。对于 B 类帧,包括版本号正确、航天器标识符符合预定设置、主导头不存在非法状态、帧长与实际收到的字节数相符、通过差错控制检验、符合相应格式和取值范围等;对于 A 类帧,还需要完成序列正确性检验。

CCSDS 遥控和遥测的分层结构使星地之间能够形成三个层次的闭环操作,进一步确保对航天器的可靠控制:①星上的应用过程层可以返回遥控命令的控制效果,地面根据返回的效果找出对策,决定是否重发或改发其他遥控命令;②包装层可以反馈对遥控包和文件接收进行验证的结果,地面根据反馈信息决定是否允许这些应用数据送往应用过程,还是要重发整包或整个文件;③星上通过传送层返回 CLCW,地面根据 CLCW 中各比特

开始通信过程

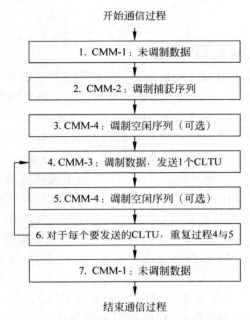

图 3.2-16 前向遥控链路物理层操作步骤

所含信息决定传送帧的重传操作,这就是通信操作过程(COP)。

COP 有两部分内容,一个是帧操作过程(FOP),另一个是帧接受和汇报机制(FRAM)。在发送端的传送层,FOP 组织遥控帧并经底层编码后发送给航天器;在星上接收端的传送层,FRAM 对收到的帧进行有效性和序列性检查,检查结果通过 CLCW 返回给 FOP。传送层需要保证数据从发送端正确无误、不丢失、不重复,而且顺序不变地传送到接收端。传送层的服务是分包遥控的核心,详细的 COP 过程可见 CCSDS 相关标准。

3.3 高级在轨数据系统

前文介绍的分包遥测和分包遥控适用于数量不大、数据率不太高的应用场合。从 20 世纪 90 年代开始,在以国际空间站为代表的复杂航天器的研制过程中,对空间数据系统提出了传输高速率、多用户、非同步、多种类数据的新需求。为此,CCSDS 在常规在轨数据系统(COS)的基础上,提出了高级在轨数据系统(AOS)建议。

3.3.1 概述

3.3.1.1 AOS 与 COS 的区别

AOS 与 COS 相比最大的区别是：前者能够提供的业务类型要广泛得多。随着技术的发展，星上的数据处理能力得到了极大的提高，有时可以将星上视为与地面对等的一个数据处理中心。因此，传统的遥测和遥控概念在 AOS 系统的数据双向传输中就变得相对模糊，取而代之的是前向链路和返向链路的概念。这样，AOS 可以使用对称型的业务和协议，在空间链路提供双向的声音、视频和数据传输。为了使不同类型的数据共享同一信道，AOS 提供了不同的传输机制（同步、异步、等时）、不同的用户数据格式协议（如比特流、字节块和数据包等）以及不同等级的差错控制。AOS 能够实现国际范围的开放式系统互联以及星地立体的交互支持，成为空间的"综合数据业务网"。它能够提高信道利用率、降低成本，保证高质量的数据传输。

AOS 能够兼容常规系统，使整个数据系统可以工作在 AOS 与 COS 共存的状态。例如，空间工作的 AOS 平台可能与独立的航天器对接，该航天器使用的是常规 CCSDS 标准；或者在一个系统中，不含声音和视频的上行数据使用的是 COS 标准，而下行链路使用 AOS 标准。

3.3.1.2 AOS 主网的组成

由于业务范围的扩展，AOS 定义了一系列新概念，其中，最重要的是 CCSDS 主网（CPN）概念。CPN 包括星载网和空间链路子网（SLS）。空间链路子网将星载网与地面网或另一轨道上的星载网连接在一起。CPN 的组成如图 3.3-1 所示。

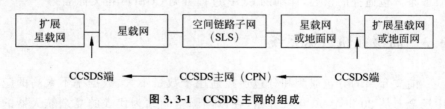

图 3.3-1 CCSDS 主网的组成

在 AOS 的建议中，只规定了通过空间链路子网进行数据传送的业务和协议。对星载网和地面网的内部结构、采用的协议以及扩展网的业务并不限制，但它们也可以延伸使用 AOS 的业务和协议。AOS 的数据结构方便了各空间机构之间进行数据传送的交互支持，也就是说，由一个空间机构产生的数据可以由另一个空间机构代为发送,这种交互支持是通过标准的业务接口实现的,该接口称为"CPN业务接入点"(SAP)。

3.3.1.3 AOS业务

典型的空间任务CPN数据流结构概念模型如图3.3-2所示。图中标明了由星载网、地面网和SLS提供的不同用户业务类型,这些业务的数据可以在空-地(或空-空)之间双向传送。由于"空-空"与"空-地"间的概念一样,故图中仅画出了"空-地"间的业务和数据流方向,未画出"空-空"间的业务和数据流。

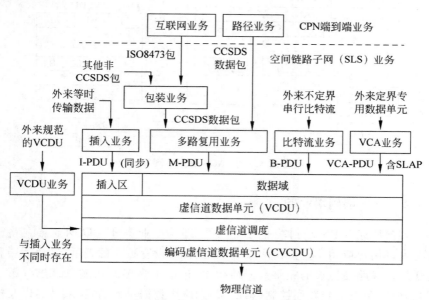

图 3.3-2 CPN 数据流结构模型和 AOS 业务

为了处理不同性质的用户数据,AOS提供了8种不同的业务类型:路径业务、互联网业务、包装业务、复用业务、比特流业务、虚信道访问业务、虚信道数据单元业务以及插入业务。其中,路径业务和互联网业务的用户数据在传送过程中以异步方式穿越整个CPN,也就是说,从CPN的一个端点传送到另一个端点,所以被称为"CPN端到端业务"。这两种业务需要SLS和星载网、地面网的支持。另外6种业务仅由空间链路子网(SLS)支持,可以工作在异步方式,也可以工作在等时方式,SLS将保持数据包的顺序性。

图3.3-3给出了AOS业务的一个例子。图中,仪器A,B,C,D是星上有效载荷,它们的数据经过包装单元封装成CCSDS版本1的源包,然后按

照一定格式多路复用在一起,填入某一虚信道的 VCDU 数据域中。视频系统的图像数据用比特流业务送入另一虚信道的 VCDU 数据域中。数字语音采用插入业务,填入 VCDU 的插入区。已经符合 VCDU 格式的外来用户数据,不必进行处理,直接采用虚信道访问业务,与其他 VCDU 一起等待合路调用,准备进入物理信道。VCDU 调度单元决定虚信道的编排顺序。

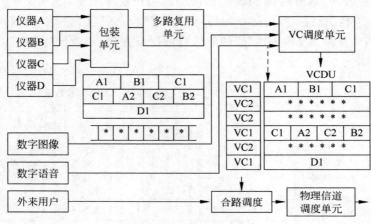

图 3.3-3   AOS 业务举例

3.3.2   CPN 端到端业务

如前所述,CPN 端到端业务有两类,即路径业务和互联网业务。路径业务允许用户应用层直接访问数据链路层,而没有独立的表示层、会话层和传送层。在路径协议的完整数据结构中,包括了多层的功能,如定界(第二层)、寻址(第三层)、顺序控制(第四层)和应用数据单元的定界、命名以及排序(第七层)。互联网业务则以严格分层的方式直接映射到 ISO-RM 中的网络层,层次界限明确,它的上层面对传送层、下层接口是数据链路层。

3.3.2.1   路径业务

路径业务主要用于信源与目的地(目标用户)之间传送格式化、定界的数据,例如卫星有效载荷的测量数据或遥测数据,其数据率属于中等到高水平,数据量较大。路径业务使用 CCSDS 专门开发的协议,即以 CCSDS 版本 1 的源包作为其协议数据单元(PDU),长度可变,用户数据可以是已经封装好的源包,也可以是字节流,由 AOS 包装业务将其封装为源包。

路径业务的源与目的地之间的路由是相对固定的,而且由网络管理预先设计,不同的路由用逻辑数据路径(LDP)区分,每个需要穿越整个 CPN

的源包被贴上一个唯一的"路径标识符"(Path ID)标签,一般不需要标明完整的源和目的地址。路由时可根据这个路径标识符和由网络管理机制指定的路由表确定源包的下一个节点。这种相对固定路由的路径业务实现简单,适合于星-地通信环境,有利于大容量数据的高效传送。尽管路径业务可以在 CPN 的任一方向上工作,但其主要用途是将高速率遥测数据从空间传送到地面。

路径业务的结构如图 3.3-4 所示。"路径实体"为用户应用提供路径业务。路径层协议通过 CPN 将长度可变的路径业务数据单元(CP-SDU)从信源路径实体传送到一个或多个目标路径实体,LDP 由路径层管理建立。

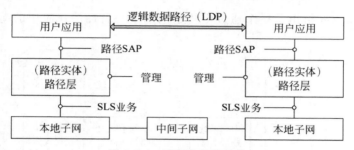

图 3.3-4　路径业务的结构

有两种类型的路径业务:包业务和字节串业务。如果用户提供给路径实体的数据已经是完整的 CCSDS 版本 1 源包,则不需要进一步处理,可以直接作为 CCSDS 路径协议数据单元(CP-PDU)在 CPN 中传送,这种业务称为"包业务",用户的数据单元称为"包业务数据单元"(P-SDU)。用户的数据也可能不是结构完整的源包,而是字节串,面向这种用户数据的路径业务称为"字节串业务",用户的数据单元称为"字节串业务数据单元"(O-SDU)。因为用户不需要将数据封装为源包的格式,而是由路径层将 O-SDU 格式转换成 CP-PDU,经 CPN 传输,这种方式可以简化对用户数据的格式要求。

路径层的组成和业务接口如图 3.3-5 所示。

完整的路径协议过程由包构造和包传送过程组成,前者只适用于字节串业务,而且只在 LDP 的端系统工作;包传送过程则对包业务和字节串业务都适用,在 LDP 的端系统或中间系统中均有可能存在。包构造过程把用户字节串封装为 CCSDS 源包,并赋予一个唯一的路径标识符,包传送过程由路径实体实现 CP-PDU 在 CPN 中传输,这种传输有可能只在本地子网中就可以实现,也有可能需要通过中间子网中继传输。

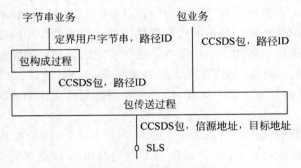

图3.3-5 路径层的组成和业务接口

图3.3-6给出了一个通过中间子网到单一目标用户应用的简单LDP例子。

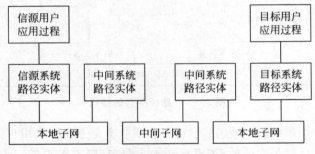

图3.3-6 逻辑数据路径（LDP）的例子

在简单任务中，LDP可以通过源包导头的应用过程标识符（APID）区分，APID可以支持2048个不同的路径标识符。但是，对于复杂的交互支持来说，同一地面站可能需要同时对不同航天器任务提供数据路径业务。为了保证全球LDP标识符的唯一性，APID支持的LDP可能会不够，因此，可以将VCDU/CVCDU导头中的航天器标识符（SCID）和版本号01连同APID一起构成全球唯一的LDP标识符。这样SLS地面网关就可以利用SCID区分不同航天器，两个具有相同APID的航天器就不会被混淆。

路径层与路径业务用户之间信息的交换抽象模型可以通过原语表示，该方式独立于系统的具体实现方式，只从逻辑上定义。包业务和字节串业务这两类的路径业务也分别有各自对应的原语，分别是：包请求、包指示和字节串请求、字节串指示。请求原语是用户向路径层发出的，表示要求发出一个相应的业务数据单元，对包业务来说就是一个P-SDU，对字节串业务来说就是一个 O-SDU。指示原语是路径层对用户请求原语的响应,表明路径层收到了用户发出的业务数据单元。表 3.3-1 给出了路径业务原语中用到的参数名称及其含义,每个参数在各个原语中的使用见有关参考文献[1]。其中,SDU 和 PDU 在后面讲述各层业务时还会用到,每次业务的输入为 SDU,而由业务处理后输出的数据单元为 PDU,上一层的 PDU 就是下层的 SDU,层间可能还有其他参数传递,层业务表现在数据结构上就是由 SDU 变换为 PDU。

在路径业务的管理中还用到了另一些参数,它们也具有类似于原语的抽象程度高、独立于具体实现方法的特点。这些参数可以分成两大类:业务选项和 LDP 路由表。业务选项用于标明 LDP 的源和目的端系统所支持的字节串和包业务。每一 LDP 业务可以是非对称型的,例如,发送端构造为支持字节串业务,而接收端可以向高层传递不分段的源包。

路径业务的管理负责建立每条 LDP 的路由,包括表明路由中要经过的子网。对每个子网需要提供的信息有:LDP 进入子网的业务接入点、LDP 离开子网的业务接入点以及用于保证 LDP 在子网中唯一性的 APID 延伸(可选)。

表 3.3-1 路径业务原语参数

参 数 名 称	含 义
O-SDU	字节串业务数据单元
APID	应用过程标识符,用于标识逻辑数据路径(LDP)
P-SDU	包业务数据单元
APID 延伸	是航天器标识符与版本号"01"的级联,与 APID 一起保证全球 APID 的唯一性,用于地面网关对航天器的区分
副导头指示	表明 CCSDS 源包的副导头是否存在
路径标识符	用于区分 LDP,由 APID 和 APID 延伸共同构成
数据丢失标志	在字节串业务中用于警告用户接收端在传输过程中有字节串丢失

P-SDU 和 O-SDU 是 CP-SDU 的两种格式。CP-SDU 是路径层入口处的数据单元。而 CP-PDU 是已经形成的适合 CCSDS 子网传输的数据结构,它是路径层出口处的数据单元。CP-PDU 的结构如图 3.3-7 所示。

3.3.2.2 互联网业务

CCSDS 的互联网业务用于在 CPN 的星上网和地面网之间传送交互式数据,如命令与控制操作、文件传送、电子邮件或远程终端访问等,相当于 ISO 协议栈的网络层,采用无连接工作方式。互联网业务遵从 ISO 8348/

包识别				包顺序控制		包数据长度	包副导头（可选）	源数据
版本号	类型标志	副导头标志	应用过程标志	分组标志	源包序列计数			
3b	1b	1b	11b	2b	14b	16b	可变	可变

图 3.3-7 CP-PDU 结构

ADI 标准，提供互联网业务的协议遵从 ISO 8473 标准。

通常，CPN 由一系列相互连接的、互不相同的子网组成。每个子网可以有不同的目的地寻址方法、不同的协议数据单元、不同的时间延迟、不同的带宽以及不同的状态和监控能力，通过互联网协议可以消除这些子网的差别。

互联网业务与路径业务的区别在于前者终端用户的数量和地址变化范围相对较大，而后者主要在相对固定的源与目的地之间进行数据传输；前者的数据速率和数据量相对较小，单个用户的工作具有间歇性的特点，这样，对内部协议的通信效率和吞吐量的要求要低一些；前者还适合为用户提供一些与 ISO 协议栈高层兼容的功能，还可通过使用更长、更复杂的导头，对符合 ISO 国际地址划分标准的地址有更丰富的互联网寻址能力；另外，互联网业务能够使用分段或路由汇报等功能，这在一些任务中是有用的。

3.3.3 空间链路子网业务

两个航天器之间或航天器与地面之间的数据链路构成了空间链路子网（SLS）。SLS 是 CPN 的重要组成部分，它本身提供 6 种业务：包装业务、多路复用业务、比特流业务、虚信道访问业务、虚信道数据单元业务和插入业务。CCSDS 为 SLS 定义了完整的协议机制，支持数据在 SLS 内部的传送和交互操作。

空间链路（SL）层对应于 OSI 模型的数据链路层。SL 层通常分成两个子层：虚信道链路控制（VCLC）子层和虚信道访问（VCA）子层。在 SL 层中，多个用户被多路复用在一起使用 SLS，每个 SLS 用户通过 SL 业务访问点（SL-SAP）接入 SL 层子网。SL 层有两种多路复用方式：VCA 子层提供虚信道（VC），使多个用户可以同时使用同一物理信道；VCLC 子层将不同用户的包装好的数据多路复用到同一虚信道上。图 3.3-8 给出了 SLS 的结构和业务类型。

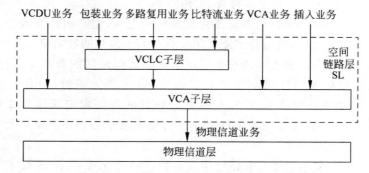

图 3.3-8 空间链路子网(SLS)的结构和业务类型

3.3.3.1 VCLC 业务

1. VCLC 子层业务类型

VCLC 子层提供包装、多路复用和比特流 3 种业务,构成两种长度固定的协议数据单元,即多路协议数据单元(M-PDU)和比特流协议数据单元(B-PDU),如图 3.3-9 所示。VCLC 子层将这两种协议数据单元传送给 VCA 子层,构成 VCA-PDU。

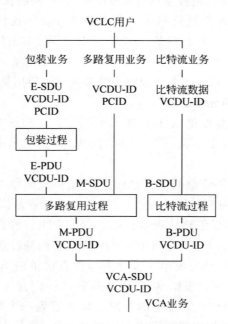

图 3.3-9 VCLC 子层的内部组成

（1）包装业务。对于不符合 CCSDS 版本 1 源包格式，但界限明确、面向字节、长度可变的数据，需要首先经过包装业务，把它们转换成符合源包格式的数据包，然后再进行多路复用。这种需要包装的数据单元称为"包装业务数据单元"（E-SDU），而按照一定协议格式包装后的数据单元称为"包装协议数据单元"（E-PDU），其长度可变，以字节为单位，但最长不超过65 536B。在实际使用中，往往根据系统设计的需要规定其最大或最小长度。从概念上讲，包装业务也可以支持其他网络层的业务数据单元。包装业务支持端到端业务。

（2）多路复用业务。多路复用业务将已格式化成 CCSDS 版本 1 源包的多路复用业务数据单元（M-SDU）多路复用成 M-PDU，使不同的 M-SDU（包括 E-PDU）能够利用同一虚信道传送。不同用户的数据包通过包导头中的应用过程标识符（APID）加以区分。M-PDU 长度应符合下层虚信道协议数据单元（VCA-PDU）数据域的长度。多路复用业务支持端到端业务。

（3）比特流业务。比特流业务用于传送用户提供的未经构造、面向比特流、无固定长度的数据，例如声音和视频图像。比特流业务的目的在于限制最大传送时延，比特流数据没有长度限制，但不同的比特流不能用同一虚信道传输，即一个虚信道只用于一个比特流业务。比特流按照时钟装入VCDU 的数据域。与包装型的 VCLC-SDU 不同，多个用户的比特流业务数据不能混装在一个 VCLC-PDU 中。

有关 VCLC 子层各类业务原语参数及其具体使用见参考文献[1]。

2. 协议数据单元格式

（1）包装协议数据单元（E-PDU）的格式与 CCSDS 版本 1 的源包格式相同，其长度可变，主导头由 6 个字节组成，数据域为 E-PDU 数据，详见图 3.2-2。

（2）多路复用协议数据单元（M-PDU）的格式如图 3.3-10 所示。它由M-PDU 导头和 M-PDU 包区构成。M-PDU 的长度是固定的，应能恰好放入一个固定长度的虚信道协议数据单元（VC-PDU）的数据域中。M-PDU中的 SDU 可能是 E-PDU，也可能是 M-SDU，它们都符合 CCSDS 版本 1 的源包格式。M-PDU 导头域中的首导头指针直接指向第一个 SDU 的起始位置，这样，接收端可以根据 SDU 中的包长度标志方便地提取 M-PDU 包区的每个 CCSDS 源包，实现包的分路。如果遇到一个很长的源包，使 M-PDU 包区中只有源包数据而没有一个源包导头，首导头指针设为全 1；如果 M-PDU 中全部装的是填充数据而没有用户有效数据，则首导头指针设为全 1 减 1,即前 10 位为 1,最后 1 位为 0;如果从用户得不到足够的业务数据单元,多路复用功能可以产生适当长度的填充包(格式为 CCSDS 包)填入 M-PDU 中,最短的填充包长度为 7B(6B 导头,1B 填充数据),如果一个 M-PDU 中所需的填充数据小于 7B,则产生一个长度为 7B 的填充包,此包填满这个 M-PDU,然后可溢出到下一个 M-PDU 中。

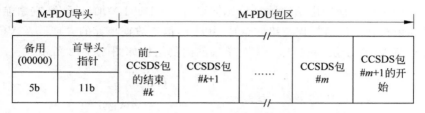

图 3.3-10 多路复用协议数据单元(M-PDU)的格式

(3) 比特流协议数据单元(B-PDU)的格式如图 3.3-11 所示。它由 B-PDU 导头加上 B-PDU 比特流数据域构成,长度固定。同样,B-PDU 的长度也应能恰好放入一个固定长度的 VC-PDU 数据域中。比特流数据在组成固定长度的 B-PDU 时,也有可能出现数据不足而需要填充的情况,比特流数据指针是区分有效数据的手段,它指出 B-PDU 比特流数据域最后一个有效比特的位置,后面的比特就是填充数据。如果数据域中没有填充数据,则该指针设为全 1;如果数据域中全是填充数据,则该指针设为"全 1减 1",即前 13 位为 1,最后 1 位为 0。

B-PDU导头		B-PDU比特流数据域
备用 (00) 2b	比特流数据 指针 14b	

图 3.3-11 比特流协议数据单元(B-PDU)的格式

3.3.3.2 VCA 业务

虚信道访问(VCA)子层在异步的 VCLC 子层和同步的物理层之间提供时分多路复用,VCA 子层入口处的业务数据单元是 VCA-SDU,出口是虚信道协议数据单元(VC-PDU),并且每一个 VC-PDU 仅装载一个 VCA-SDU。为了便于在低信噪比下保持同步和定界,VC-PDU 的长度固定。CCSDS 采用虚信道数据单元(VCDU)作为 VC-PDU 的数据结构。为了提高数据传输性能还可以对 VCDU 采用 RS 纠错编码,形成编码的虚信道数据单元(CVCDU)。

在 VC-PDU 内部,除了 RS 编码以外,还可以采用两种差错保护措施,一种是使用"VCDU 导头差错控制域"对 VCDU 导头中关键的路由信息进行保护;另一种是使用循环冗余码,在 VCDU 后面增加"VCDU 差错控制域"对整个 VC-PDU 进行差错保护。

VC-PDU 使用虚信道数据单元标识符(VCDU-ID)加以区分,它由航天器标识符和虚信道标识符级联构成,用于虚信道数据单元的寻址以及 VCA 业务与 VCA 子层的接口。VCA 子层的内部结构如图 3.3-12 所示。

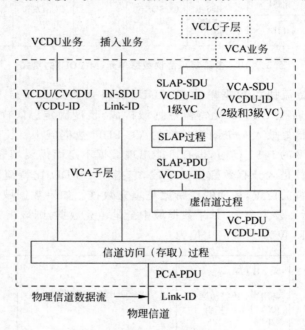

图 3.3-12 VCA 子层的内部结构

长度固定的 VC-PDU 前面加上同步标志后形成便于物理信道传输的信道访问数据单元(CADU),一系列连续的 CADU 组成物理信道访问协议数据单元(PCA-PDU)进入物理信道,这样,固定长度的每个 CADU 相对于占用 PCA-PDU 的一个时隙进行传输,PCA-PDU 用连接标识符(LinkID)区分。

VCA 子层提供的 3 种业务分别是虚信道访问业务(VCA 业务)、插入业务和虚信道数据单元业务(VCDU 业务)。

(1) 虚信道访问业务完成 VCA 业务数据单元(VCA-SDU)进入物理信

道。用户通过 VCA 业务接入点（VCA-SAP）访问 VCA 子层，不同的接入点由 VCDU-ID 区分。VCA 子层实体将 VCA-SDU 构造成虚信道协议数据单元（VC-PDU），VC-PDU 可以是 VCDU，也可以是 CVCDU。如果系统要求采用 1 级业务，VCA 子层还需激活内部空间链路 ARQ 过程（SLAP）。SLAP 是一种重传控制操作，类似于分包遥控的星地操作。虚信道访问业务适用于传送高速视频、时分复用的遥测数据流或加密的专用数据块。

（2）虚信道数据单元业务。虚信道数据单元业务将用户已构造好的 VC-PDU（VCDU 或 CVCDU）通过物理信道传输，VCA 子层不需要进一步处理这种数据单元的数据格式。VCA 子层负责将用户自己已构造好的 VC-PDU 和由子层本身产生的 VC-PDU 多路复用到一起，加上同步标志，利用物理层业务发送。在有些空间任务中，一个正在创建自己、用自己的 SCID 命名的 VCDU 流的航天器可能希望接收由另一个航天器（或者它自己的一个舱段）所创建的、带有另一个 SCID 的 VCDU 流，这两个流被合并，并通过一个共同的物理信道传送，在接收端再将其分开。

（3）插入业务。一般用于速率较低的数据传输，对长度固定、按字节排列的插入业务数据单元（IN-SDU）提供在物理信道上的等时传输服务。IN-SDU 同步地装入到每个 VCA-PDU 的插入域中，与其他业务数据共享同一虚信道。是否使用插入域以及插入域的长度可以根据系统需求确定。

VCDU 和 CVCDU 的构成如图 3.3-13 所示。

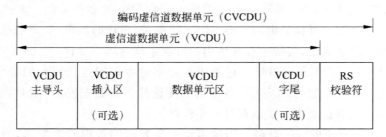

图 3.3-13　VCDU/CVCDU 的构成

PCA-PDU 由一系列长度相同的信道访问数据单元（CADU）组成。CADU 由 VC-PDU（VCDU 或 CVCDU）加上同步头组成，为了增加比特跳变，VCDU 或 CVCDU 还可以与一个扰码器产生的伪随机数据进行异或。由于物理信道发送的比特速率是固定的，对于固定长度的 CADU，每个 CADU 的发送间隔是固定的，也就相当于为它里面的 VC-PDU 提供"信道访问时隙",PCA-PDU 的格式如图 3.3-14 所示,其中,同步头采用 32 位同步码(亦称"同步字")1ACFFC1D。

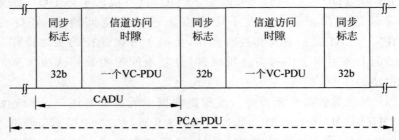

图 3.3-14 PCA-PDU 的格式

如果链路传输仅使用 VCDU,则其在特定任务的物理信道上长度固定,范围为 124B(992b)~1275B(10 200b);如果链路传输使用 CVCDU,则 CVCDU 长度随着 RS 码交织深度的不同而不同,建议的标准长度如表 3.3-2 所示。

表 3.3-2 建议的 CVCDU 的标准长度

交织深度	CVCDU 长度	交织深度	CVCDU 长度
$I=1$	255B(2040b)	$I=4$	1020B(8160b)
$I=2$	510B(4080b)	$I=5$	1275B(10 200b)
$I=3$	765B(6120b)		

VCA 子层的一个重要功能是完成不同虚信道的多路复用。多路复用机制的选择需要根据数据的类型、速率、优先级、发送时间限制、是否存在插入数据等因素决定,实践中经常使用的调度策略有以下 3 种。

(1) 全同步的调度策略。它适用于数据速率较固定且同步的场合,每一虚信道按照固定时隙发送。各虚信道无论是否有数据发送,到时均要发送。这种策略在处理突发数据时效率较低。

(2) 全异步的调度策略。当虚信道有要发送的数据时才发送,当有多个虚信道有数据待发时,根据系统设计的多路算法进行调度。这种由数据驱动的策略效率较高,特别适用于负载变化较大的场景,但对于话音或图像类数据往往是不能容忍的。

(3) 同步与异步相结合的调度策略。一般采用两级调度策略,第一级先区分同步和异步虚信道,第二级则对同步数据按照全同步的调度策略调度,对异步数据按照全异步的调度策略调度。这种同步与异步相结合的调度策略基本上既能满足等时数据的固定时隙要求,又能适应各异步数据源数据量的调整。

对于同步数据来说,由于它的信源速率是固定的,传输时隙也是固定的,因而传输时延也是固定的;对于异步数据来说,由于同步数据占用的是固定的时隙,相当于降低了异步数据的传输速率。

3.3.3.3 业务质量等级

在空间链路子网中,根据所采用的差错控制方法的不同,可以得到以下3种不同的业务质量等级。

(1) 3级业务。不采用RS编码和ARQ过程,其传输中的差错概率完全取决于信道的差错率,也就是说,VCDU中装的数据提供的是等级3的业务。为了保护VCDU导头中的关键路由信息,在其导头中设置了纠错编码,在VCDU尾部采用循环冗余校验码(CRC)以检测整个VCDU中可能出现的差错。3级业务不适合经过包装的数据,因为对其包装导头中的控制信息没有足够的保护。

(2) 2级业务。采用RS编码,具有较强的纠错能力,但不采用ARQ过程,也就是说,如果将VCDU的数据进行RS编码后形成CVCDU,则是2级业务。

(3) 1级业务。在采用RS编码基础上,对某些虚信道还采用ARQ过程,也就是1级业务。RS编码用于降低信道的差错概率,ARQ用于保证数据的完整性。

SLS各种业务的组合与业务等级的选用之间有一定的关系。表3.3-3给出了SLS业务类型和它们允许使用的业务等级。

表 3.3-3 SLS 业务组合与业务等级

业 务 等 级		1		2		3	
数据传输类型		等时	异步	等时	异步	等时	异步
SLS 业务	多路复用和包装	—	允许	—	允许	—	允许
	比特流	—	允许	允许	允许	允许	允许
	虚信道访问	允许	允许	允许	允许	允许	—
	虚信道数据单元	—	允许	允许	允许	允许	允许
	插入	—	允许	—	允许	—	—

由于信道噪声的影响可能会使VCDU-ID发生错误,从而造成VCDU或CVCDU的无法识别,VCA子层对这种VCDU或CVCDU的无法识别

概率有一个要求的底线，即 1×10^{-7}。

另外，卷积编码也可以用于 3 级业务或作为 2 级和 1 级业务的内码。有关卷积编码、RS 编码和循环冗余校验码已在第 2 章中描述，这里不再赘述。

3.4　空间数据的安全防护

3.4.1　数据安全性要求

数据的安全性始终是数据传输系统中的一个被重视的问题，对于空间数据系统也不例外。空间数据传输具有本质上的开放性，任何满足条件的人都能够访问系统中的数据。对于航天器遥控和遥测系统的信息安全威胁主要来源于它们的数据是依靠无线电射频信道传输的，这些信号可以被非法用户探测或拦截。更危险的是非法用户能够发送伪指令对航天器进行恶意攻击和破坏，甚至有可能损毁整个航天器。另一方面，随着任务控制和数据传输开放性的增强，越来越多的空间数据可能通过公用网传输，也可能借助国外的地面站或航天器中继传输，这也使数据被非法用户访问的概率大幅增加。空间任务和地面系统的设计人员必须在系统设计阶段考虑到数据的安全性问题。

数据通信系统中的信息安全性主要包括 3 个方面的内容：数据的可获得性、保密性和完整性。可获得性保证系统是可以使用的；保密性防止非法用户对数据的窃取；完整性保护数据不被非法篡改。在空间数据系统中，有 3 类需要保护的对象：信息和数据（信息），通信和数据处理业务（业务）以及航天器和地面设备（资源）。

对数据系统的安全性设计首先要明确系统有可能遭受的威胁和恶意攻击的类型。对空间数据系统的威胁一般可以分为 3 类：对射频传输系统的威胁、对空间系统资源（如航天器）的威胁和对地面系统的威胁。信息系统可能遭受的攻击可以分为被动攻击和主动攻击两类。典型的被动攻击如窃听，包括对数据内容的窃听和数据流信息（如信息量大小，源和宿的地址等）的窃听。主动攻击的类型较多，如资源过载、篡改信息内容、伪造消息、重放攻击、妨碍正确命令执行、内部攻击（合法用户的非法操作）以及软件攻击（如病毒）等。

安全措施的选用需要根据任务的安全性要求、任务操作要求、使用的协议以及星上系统的能力决定，不同的安全服务可能在不同的层进行。安全性等级可以粗略地划分为高、中、低 3 类，以满足不同任务类型的需求。不同安全等级的要求如表 3.4-1 所示。

表 3.4-1 不同安全等级的要求

等 级	高	中	低
对遥控数据的保护	认证；加密；访问控制；数据完整性（含抗重放攻击）	认证；数据完整性可能有加密要求	认证；数据完整性
对遥测数据的保护	认证；加密；数据完整性或其他安全措施（可选）	数据加密；数据完整性	部分遥测数据加密
对地面系统所有数据的保护	认证；加密；访问控制；数据完整性	认证；数据完整性可能有加密要求	部分地面数据加密

3.4.2 数据安全机制

（1）保密性

保密性通常采用数据加密技术来体现。

（2）认证

数字签名是认证常用的方法，它在原始消息的末尾附加一定长度的额外信息，接收方可以根据它证实消息确实是由签名的用户发出。数字签名的本质特征是签名的数据不能被非法实体重建。数字签名的生成一般要求使用非对称加密算法，发送方和接收方持有不同的密钥，两个密钥之间存在一定的数学关系。发送方用私密密钥和加密算法产生一个加密的数字签名，该签名的获得通常与需签名的数据有关。接收方用发送方的公开密钥将接收的数据和签名验证通过后，数据的合法性就得到了验证。

（3）数据完整性

数据完整性包括两方面，一方面是数据单元的完整性，另一方面是整个数据流的完整性，对这两方面的功能需要使用不同的机制实现。数据单元的完整性通常用附加完整性计算值（ICV）的方法实现，有点类似于数字签名附在数据内容后面用于验证数据的合法性。CRC 校验就是 ICV 的一个简单例子，这种 ICV 是数据本身的一个函数，接收方根据收到的数据计算自己的 ICV，然后与收到的 ICV 相比，这样就可以验证数据在发送过程中是否经过了改变。检验数据流的完整性常用序列计数的方法实现，这种方法可以防止重放攻击。

（4）访问控制

访问控制的基本功能是确保合法用户对数据的访问，它不是用于数据保密和完整性保护的技术,而是对非法用户的一个屏障。访问控制采用的手段是多方面的,包括使用用户名和密码的方式控制对数据的访问等。

3.4.3 数据安全机制的实现方式

空间数据安全机制可以在分层结构的四层中实现,分别是物理层、数据链路层、网络层和应用层。

1. 物理层数据安全

物理层一般实现对数据的整体加密,可以为空间任务数据提供点对点的较高级别加密能力。对分包遥控来说,意味着对 CLTU、捕获和空闲序列都进行加密;对分包遥测来说,意味着对信道访问业务数据单元(CA-SDU)加密;对高级在轨系统来说,则需对完整的物理信道访问协议数据单元(PCA-PDU)进行加密。

这种整体加密方式的缺点是:需要给所有系统接入点发放密钥;影响链路层的数据同步,需要提供额外的数据同步功能;所有的检错和纠错信息不能保持明文状态。总之,整体加密可以提供高安全性的加密,但在一定程度上会影响 CCSDS 协议特有的优越性。

2. 链路层数据安全

分包遥控的数据链路的数据安全涉及范围从分段层到编码层;分包遥测的数据链路的数据安全包括传送层和编码层;AOS 所有点对点空间链路子网(SLS)业务的 VCDU 业务、VCA 业务、比特流业务、插入业务、包装业务和多路复用业务也均属于数据链路层数据安全范围。而路径业务和互联网业务数据安全一般属于网络层范围。数据链路层提供数据加密、完整性和认证服务,这些服务不一定对所有数据流实现,可能只在某些虚信道或主信道上采用。

(1) 遥控数据链路层安全

遥控数据链路层的数据安全有两种实现方案:方案 A 是在传送层以下实现;方案 B 是在分段层以下实现。图 3.4-1 给出了遥控数据安全保护的实现点。加密措施应尽量在一层中完成,这样可以不破坏分包遥控分层结构的完整性。最简单的实现方法就是在该层内对协议数据单元按照数据保护协议进行加工,需注意的是在采用数据保护协议后,可能会带来额外的导头或尾序列,从而改变原协议数据单元的长度。表 3.4-2 给出了方案 A 和方案 B 在实现数据加密、数据认证和数据完整性方面的特点。

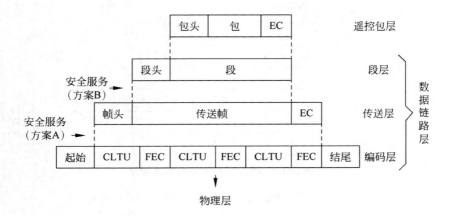

图 3.4-1　遥控数据安全的实现选择

表 3.4-2　遥控数据保护的实现

安全机制	方案 A	方案 B
数据加密	对遥控传送帧加密,但对编码层的前向纠错校验码和头、尾序列不加密	对遥控段加密,传送帧导头和差错控制域不加密
认证(EC)	数字签名附加在传送帧尾、差错控制域之后	数据签名附加在遥控段尾
数据完整性	ICV 附加在传送帧尾、数字签名之前,有些数字签名也能提供完整性检验	ICV 附加在段尾、数字签名之前

（2）遥测数据链路层安全

遥测链路层的数据安全也有两种实现方案：方案 A 是在遥测传送层以下实现；方案 B 是在遥测传送层以上实现,如图 3.4-2 所示。对方案 A 来说,完整遥测传送帧的加密在其他安全性措施(如完整性)之后进行,但同步字需要保持明文状态,以便地面系统定界信道访问业务数据单元(CA-SDU)。对方案 B 来说,安全性措施在帧数据域采用,帧导头和帧尾保持明文状态,在这种用法中,帧副导头常被用于提供密钥的管理和分发等功能。

（3）AOS 数据链路安全

在 AOS 中,数据保护方案 A 在虚信道访问子层(VCA)以下实现,对整个虚信道数据单元提供保护；方案 B 在 VCA 子层以上实现,采用的数据保护措施针对虚信道进行,不会影响交互支持,并能够允许通信中纠错检错技术的应用。它们的实现如图 3.4-3 所示。

如果在空间链路子网的 VCA 子层实现(方案 B),那么数字签名、ICV

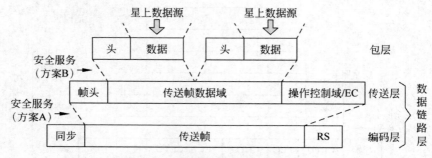

图 3.4-2　遥测数据安全的实现选择

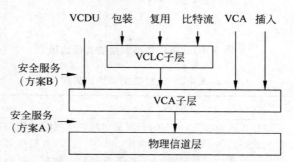

图 3.4-3　AOS 数据安全的实现选择

和加密数据均应包括在虚信道数据单元的数据域内,不应对导头或尾序列有任何影响,例如可以在插入区放置数字签名或 ICV。另外插入区还可以用于其他安全管理的功能,例如密钥的分发、识别或加密同步等,见图 3.4-4。

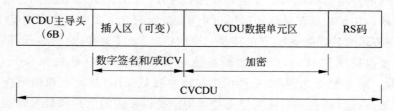

图 3.4-4　安全机制在 VCA 子层的实现

3. 网络层数据安全

在空间通信协议(SCPS)中开发了网络层的安全协议(SP),该协议可以为数据提供从源到宿的安全保护,其他任何未经授权的中间级系统或网络都不能访问受保护数据。这样,非安全网络就可以用来传送敏感数据。SCPS-SP 本身并不采用数据保护算法,但定义了安全协议框架,以提供空间通信系统数据传输的认证、加密和完整性。

SCPS-SP 的结构如图 3.4-5 所示。它在从上层（如传送层）来的数据单元基础上，增加了最小 8b 的明文导头、最小 8b 的加密导头和长度可变的 ICV，所有数据除明文导头外，均使用用户定义的专用算法进行加密。

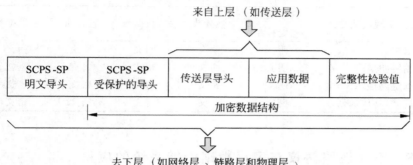

图 3.4-5 SCPS-SP 的结构

4. 包装层数据安全

为了保护遥测或遥控数据或实现遥控数据认证，数据保护也可以在包装层实现，如图 3.4-6 所示。通过对包数据域加密、增加数字签名或在数据域末尾增加 ICV 来保证数据安全性。但包主导头需要保持明文状态，仅对应用数据域进行加密，副导头也可以加密。如果仅有部分源包需要加密，那么包主导头中的应用过程标识符可以成为区分明文包或密文包的标志。

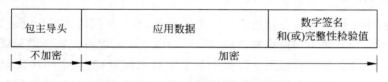

图 3.4-6 包装层实现安全机制的概念

5. 应用层数据安全

安全机制原则上可以应用于应用层，但一般仅实现访问控制功能。对于空间任务来说，对应用层数据的保护可在包装层实现。

6. 安全机制的组合

为了满足更高级别的安全任务，可能需要同时使用上面介绍的各种安全机制的组合，数据安全保护可在多层同时实现。因为通过加密有可能会使网络中其他部分或交互支持不能识别一些协议信息（如导头或尾序列等），所以，一般来说，相对于认证和数据完整性检验，数据加密对数据结构和业务的影响最大。而认证和数据完整性检验通常只需在数据结构的某个合适位置增加若干字节。采用不同加密方式对各层不同域的影响如表 3.4-3 所示。

表 3.4-3　加密对不同域的影响

加密实现层或方式	同步头和差错控制	帧导头	帧数据域	包导头	包数据域
网络层	明文	明文	明文	明文	密文
数据链路层 B	明文	明文	密文	密文	密文
数据链路层 A	明文	密文	密文	密文	密文
物理层(整体加密)	密文	密文	密文	密文	密文

3.5　空间链路协议在卫星数据中继系统的应用

3.5.1　概述

卫星数据中继系统全程链路一般由用户目标、中继卫星和地面终端站之间的空间段数据传输链路以及地面终端站、运行控制中心和用户应用中心之间的地面段数据传输链路构成。通过卫星数据中继系统的端到端数据传输协议的结构通常参照 CCSDS 建议的五层结构,即物理层、数据链路层、网络层、传送层和应用层。图 3.5-1 给出了通过卫星数据中继系统的端到端协议栈的一般配置。

由于中继卫星转发器通常是透明转发器,不对数据格式进行处理,只进行射频信号的频率和极化的变换,所以,中继卫星可以看作物理层射频子层的射频信道部分。根据卫星数据中继系统数据传输特点,空间段传输链路仅进行物理层和数据链路层的操作和处理,一般不对网络层、传送层和应用层的协议内容进行操作和处理,不对用户数据进行传送帧一级的流量控制。地面段数据传输通常采用光纤传输手段,有关协议可见相关书籍,本章不再赘述。

1. 物理层

物理层分为两个子层,一个是射频子层,一个是内码编码与调制子层。射频子层主要包括射频信号的频率、带宽、功率、极化以及信道特性要求等;内码编码与调制子层主要包括内码编码、扩频调制和载波调制。与 CCSDS 分层结构有稍微差别,CCSDS 的物理层划分为调制和射频两个子层,而在图 3.5-1 中,卷积编码作为内码编码与调制器一起被划分在物理层。

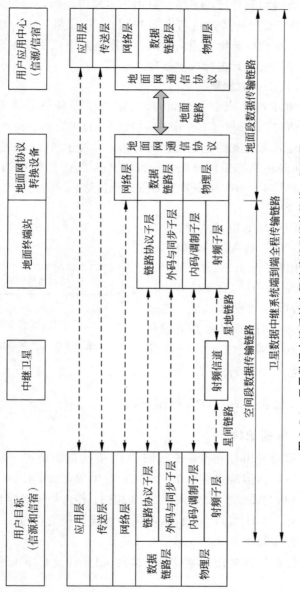

图 3.5-1 卫星数据中继系统全程链路端到端协议栈一般配置

2. 数据链路层

数据链路层分为两个子层,一个是外码编码与同步子层,一个是数据链路协议子层。外码编码与同步子层一般用于传递传送帧,对数据进行 BCH 或 RS 纠错编码以及对传送帧进行定界和同步,并按照一定的物理层操作程序或要求来激活和释放物理通信信道;数据链路协议子层主要用于对来自高层的数据或数据单元进行成帧处理。

3. 支持的 CADU 数据结构

在卫星数据中继系统中,数据传输通常支持 3 种信道接入数据单元(CADU)数据结构:①基于 COS 分包遥控的 CADU 数据结构,一般用于仅有遥控及数据注入等突发性业务的前向链路;②基于 AOS 的 CADU 数据结构,可用于前向链路和返向链路;③自定义的 CADU 数据结构,一般用于非 CCSDS 格式的专用高速率数据的点到点传输。

4. 位序号约定

传送帧帧格式中位序号约定如图 3.5-2 所示。在一个 N 位数域中,第 1 个被传送的比特(图 3.5-2 中最左位)为位 0,接着是位 1,……,直至位 $N-1$。当这个 N 位的数域被视为一个二进制数时,首先被传送的位 0 是最高有效位(MSB)。传送帧帧格式中 8b 为 1B,字节的编号和计数从 0 开始。

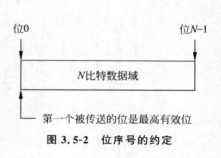

图 3.5-2 位序号的约定

3.5.2 基于分包遥控的 CADU 数据结构

3.5.2.1 数据结构

前向遥控链路采用与分包遥控相同的 CADU 数据结构。CADU 由捕获序列、空闲序列、通信链路传输单元(CLTU)构成,如图 3.2-15 所示。其中,CLTU 的结构与图 3.2-12 和图 3.2-13 相同;传送帧中各字段的含义与 3.2.2.4 节相同;BCH 编码、加扰、接收端编码层处理流程与 3.2.2.5 节相同。物理层操作步骤见 3.2.2.6 节。

前向链路遥控发送端传送帧、加扰、编码、CLTU 及 CADU 的操作过程如图 3.5-3 所示。

3.5.2.2 协议参数的确定

尽管前向链路遥控已有成熟的协议标准和操作步骤,但是仍然需要发

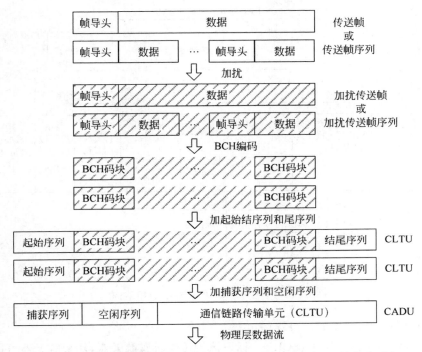

图 3.5-3　遥控发送端对传送帧、加扰、编码、CLTU 及 CADU 的操作过程

送端与接收端双方对协议中设置的参数和状态进行确认。例如：①PLOP 操作要求；②捕获序列长度；③CLTU 结尾序列的长度,是否需要重复及重复的次数；④空闲序列长度；⑤航天器标识符和虚信道标识符；⑥卷积编码和 BCH 编码的选择；⑦加扰选择等。

3.5.3　基于 AOS 的 CADU 数据结构

3.5.3.1　数据结构

该 CADU 数据结构与 AOS 相同,由同步字和传送帧或编码传送帧构成。为了实现简单和可靠同步,在服务支持期间对于同一物理信道,帧长度为固定值。带有 RS 编码的 CADU 数据结构如图 3.5-4 所示。

该 CADU 数据结构各字段定义如下。

(1) 同步字：在已加扰或未加扰的传送帧或编码传送帧前附加同步字,以利于接收端实现帧同步和定界。同步字的长度为 32b 或 64b。

(2) 传送帧各字段定义如下：

① 版本号：其中,00 表示该数据单元是 CCSDS 遥测传送帧；01 表示

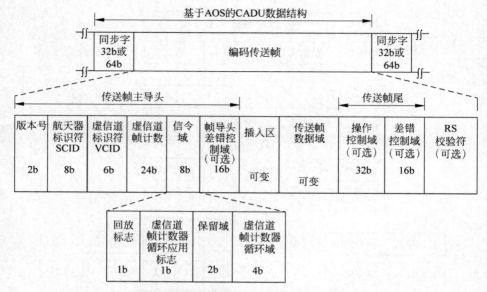

图 3.5-4　基于 AOS 的 CADU 数据结构

该数据单位是 VCDU。目前为 01。

② 航天器标识符(SCID)：标识该传送帧所属航天器,复杂航天器可能会被分配多个 SCID。

③ 虚信道标识符(VCID)：标明在 SCID 限制下传送帧所属的虚拟信道。当 VCID 为全 0 时,表明仅使用了一条虚信道;当 VCID 为全 1 时,表明该虚信道传送的是填充数据。

④ 虚信道传送帧计数：为每个虚信道(含填充帧信道)上产生的传送帧按顺序编号,数值为 $0 \sim 2^{24} - 1$。

⑤ 信令域：信令域有 8b,依次为回放标志 1b、虚信道帧计数器循环应用标志 1b、保留域 2b 和虚信道帧计数器循环域 4b。回放标志为 0,表明该传送帧为实时数据;回放标志为 1,表明该传送帧为回放数据。虚信道帧计数器循环应用标志为 0,表明虚信道帧计数器循环域没有使用,并被接收者忽略。虚信道帧计数器循环应用标志为 1,表明虚信道帧计数器循环域被使用,并被接收者所承认;保留域为未来应用保留,目前将其设置为 00;如果使用虚信道帧计数器循环,当虚信道帧计数器每次恢复到 0 时,虚信道帧计数器循环将增加,循环域的使用可将虚信道计数器从 24 位扩展到 28 位。如果不使用虚信道帧计数器循环,该域设置为 0000。

⑥ 传送帧导头差错控制：使用 RS(10,6)码为传送帧导头提供保护,

该项是可选的。

⑦ 传送帧插入区：用于实现插入业务，其长度必须为字节的整数倍。插入区的设置和插入区的大小为可选，一旦选定，所有传送帧都必须包含该域。

⑧ 传送帧数据域：承载用户数据。

⑨ 传送帧操作控制域：是否选用依 VCID 而定；一旦选定，相应虚信道的所有传送帧都必须包含该域。图 3.5-5 给出了操作控制域用于报告终端状态和链路状态的一个例子，其中，第 1 字节的前 2b 为类型标志，后 6b 可用来标志终端状态；第 2 字节的前 2b 为链路类型标志，后 6b 可用来标志链路状态或传输信令信息；第 3，4 字节为未来使用保留，填充以 0 开始的 0，1 交替序列。

⑩ 传送帧差错控制域：通过使用 $CRC(n,n-16)$ 检测传送帧中的错误。$CRC(n,n-16)$ 校验是可选的。如果使用 RS 编码作为外码，可以不使用 $CRC(n,n-16)$ 校验。

$CRC(n,n-16)$ 编码生成多项式：$x^{16}+x^{12}+x^5+1$。

第1字节		第2字节		第3字节	第4字节
类型标志	终端状态标志	链路类型	链路状态标志或信令标志	保留	保留
2b	6b	2b	8b	8b	8b

图 3.5-5　传送帧操作控制域传递终端状态和链路状态的格式举例

(3) RS 校验符：RS 编码是可选的。当使用 RS 编码作为外码编码时，在传送帧的末端附加 RS 校验符，构成编码传送帧。

3.5.3.2　协议参数的确定

当使用该数据结构时，发送端与接收端双方应就协议中设置的参数和状态进行确认。例如：①传送帧或编码传送帧的选择及其长度的确认，帧长度可以根据是否有 RS 编码、交织深度、数据速率、虚拟填充符号数等确定；②纠错编码和编码码率的选择；③航天器标识符和虚信道标识符，判断传送帧所使用的物理信道和分发目的地；④填充传送帧中的 SCID 的确定；⑤操作控制域的使用、处理、出现的频率及接入方式；⑥是否使用 $CRC(n,n-16)$ 校验；⑦加扰方式选择；⑧同步字图样、字长的确认以及加/去帧同步字的处理；⑨操作要求等。

3.5.4 自定义的 CADU 结构

该数据结构在同步字后紧接自定义的传送帧或编码传送帧。为了实现简单和可靠同步,在服务支持期间对于同一物理信道,帧长度为固定值。图 3.5-6 给出了一种自定义的 CADU 数据结构。

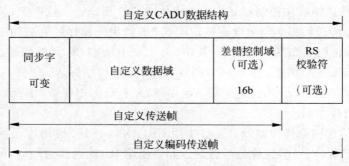

图 3.5-6 自定义 CADU 数据结构

其中,数据域承载自定义的用户数据或其他格式的数据;同步字和差错控制域与 RS 校验符的定义与 3.5.3 节相同。

同样,当使用自定义数据结构时,发送端与接收端双方也应就协议中设置的参数和状态进行确认。

参考文献

[1] CCSDS701.0-B-3. Advanced Orbiting Systems,Networks and Data Link:Architectural Specification[S]. Blue Book,June 2001(ISO 133420:1997).

第4章

空间链路预算

空间链路预算是卫星数据中继系统设计和设备研制的一项重要工作，它将确定空间链路传播特性参数的取值、中继卫星有效载荷的能力以及地面终端站和用户终端的天线口径、发射功率、接收系统噪声、数据传输差错率、工作点载噪比等性能参数。本章从基本概念入手，描述空间电波传播的主要特性以及链路预算涉及的中继卫星、地面终端站和用户终端的性能参数；介绍前向链路、返向链路和全链路预算中的基本方程和计算方法，并给出了链路预算的一般步骤和预算实例。

4.1 概述

4.1.1 空间链路组成

卫星数据中继系统空间中继通信链路（简称"空间链路"）由中继卫星与用户目标之间的星间链路以及中继卫星与地面终端站之间的星地链路（亦称"馈电链路"）组成。空间链路分为前向链路和返向链路。前向链路是从地面终端站的信道编码器输入端开始，通过调制器、上变频器、功率放大器（HPA）和发射天线，经星地链路到中继卫星，通过中继卫星的接收天线、转发器、发射天线转发，再经星间链路到用户终端接收天线，通过低噪声放大器（LNA）、下变频器和解调器，最后到信道译码器输出端为止；返向链路是从用户终端的信道编码器输入端开始，通过调制器、上变频器、功率放大器（HPA）和发射天线，经星间链路到中继卫星，通过中继卫星的接收天线、转发器、发射天线转发，再经星地链路到地面终端站接收天线，通过低噪声放大器（LNA）、下变频器和解调器，最后到信道译码器输出端为止。

以图 4.1-1 所示的返向链路为例，从用户终端 HPA 输入端至地面终端站 LNA 输出端为射频-射频链路；从用户终端调制器输出端至地面终端站解调器输入端为中频-中频链路；从用户终端信道编码器输入端至地面终端站信道译码器输出端为基带-基带链路；前向链路亦然。

为了指导实际系统的设计和建设，可以借用假想参考数字链路（HRDL）的概念，将空间段的基带-基带链路视为综合业务数字网（ISDN）数字假想参考连接（HRX）的一部分。根据 ITU 有关建议和卫星数据中继系统的使用特点，空间段 HRDL 输出端的比特差错率在可用时间内应不超过下列给定值：

（1）在任何月份的 2% 以上时间，1min 时间间隔，比特差错率 1×10^{-6}；

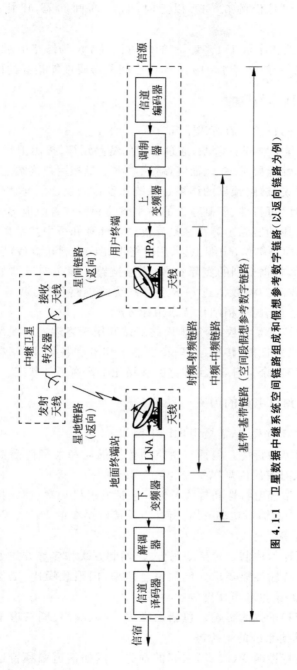

图 4.1-1 卫星数据中继系统空间链路组成和假想参考数字链路（以返向链路为例）

（2）在任何月份的 0.03% 以上时间，1s 时间间隔，比特差错率 1×10^{-3}；

（3）比特差错率低于 1×10^{-3} 的时间超过 10s 为链路中断。

简单起见，一般选择 1×10^{-6} 作为空间段误码性能指标的门限值。

4.1.2 链路预算的目的

链路预算的目的一般有以下几方面。

（1）在系统总体设计阶段，通过合理的链路预算，提出卫星数据中继系统全链路总体性能要求，对地面终端站、中继卫星和用户终端进行技术指标分配。也就是说，链路预算的结果是系统和设备的设计依据，它影响着系统的性能、可用性、可行性、研制建设的技术风险和系统各组成部分的成本，所以总体设计阶段的链路预算往往是反复迭代计算和折中的结果。

（2）在地面终端站、中继卫星、用户终端完成研制建设或经过地面测试和在轨测试后，根据得到的实际参数，通过链路预算确定链路的运行状态，也就是说，根据新的参数值进一步进行系统级链路预算，调整某些工作参数，掌握系统总的容量，精细化技术指标分配。

（3）已知转发器参数，确定地面终端站和用户终端的天线尺寸，发射机功率、接收机噪声性能、传输速率、转发器工作点和各类业务载波的门限载噪比、误比特率和余量等，使实际链路载噪比工作在最佳状态。

4.1.3 链路预算考虑的因素

在链路预算过程中，需要考虑以下因素。

（1）空间传播特性。包括自由空间传播损耗和大气传播损耗（例如降雨、大气吸收、对流层闪烁以及云、雾、雪引起的损耗等）。

（2）地面站辐射特性和接收特性。包括发射机功率、馈线损耗、发射天线增益、等效全向辐射功率、极化特性以及接收系统的 G/T、天线的跟踪精度和指向精度等。

（3）数据通信体制。包括编码方式、调制方式和多址方式等。

（4）链路传输性能要求。例如信息速率、门限载噪比、工作点载噪比、误比特率、链路余量和可用度等。

（5）噪声和干扰的影响。包括白噪声、互调噪声、同信道干扰、邻信道干扰和来自其他系统的干扰等。

（6）信道特性畸变（失真）引起的损失。例如信道幅频特性失真、群时延特性失真和相位噪声等造成的损失。

（7）辐射限制。包括地面站上行辐射限制,例如互调辐射限制、杂散辐射限制和偏轴辐射限制以及中继卫星的发射信号到达地面的辐射限制。

（8）系统的功率容量和带宽容量。

（9）系统建造成本和设备生产成本。

4.2 链路预算中的基本概念

4.2.1 速率与带宽

4.2.1.1 数据速率

数据速率有多种含义,它可以指信息速率、合成速率、编码速率、传输速率、符号速率等。在卫星数据中继链路中,信息速率指外码编码器输入端或内码编码器输入端的速率,如图 4.2-1 中的 o 点或 a 点,视信源与信道的接口点位置而定。如果信源内无外码编码,而在信道侧采用了外码与内码级联编码方式,则外码编码前的速率被视为从信源来的信息速率(o 点）;如果外码编码含在信源内,信源与信道之间的接口位于内码编码前(a 点),则内码编码前的速率被视为信息速率,在容易混淆时需要特别指明。

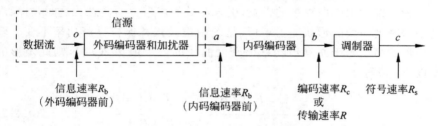

图 4.2-1　卫星中继链路数据速率的定义和相互关系

信息速率 R_b 定义为单位时间（每秒）传送的比特数;编码速率 R_c 指编码后的数据速率;传输速率 R 指数据流在映射到调制信道之前的速率;符号速率 R_s 指数据流映射之后的速率,亦称"调制速率",定义为单位时间（每秒）传送的符号数。如果编码后无其他数据合成,即 $R=R_c$,则信息速率 R_b 与符号速率 R_s 的关系为

$$R_s = \frac{R_b}{C_r \log_2 M} \tag{4.2-1}$$

式中,C_r 为编码效率（C_r 小于 1）;M 为调制阶数。

4.2.1.2 载波带宽

带宽的定义不是唯一的,可以根据各种使用要求而定义,通常有以下几种。

1. 载波等效噪声带宽

载波等效噪声带宽通常用噪声理论表述其物理意义。噪声经过接收机带通滤波器的过滤,其带宽受到了限制,成为带限白噪声,或称为"窄带噪声"。设经过滤波器后的噪声双边带功率谱密度为 $P_n(f)$,如图 4.2-2 所示,则此噪声的功率为

$$P_n = \int_{-\infty}^{\infty} P_n(f) \mathrm{d}f \tag{4.2-2}$$

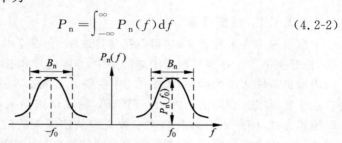

图 4.2-2   带通型噪声功率谱密度示意图

为了描述限带白噪声的带宽,引入等效噪声带宽的概念。这时,将噪声功率谱密度曲线的形状变为矩形(见图中虚线),并保持噪声功率不变。若令矩形的高度等于原噪声功率谱密度曲线的最大值 $P_n(f_0)$,则此矩形的宽度 B_n 应等于

$$B_n = \frac{\int_{-\infty}^{\infty} P_n(f) \mathrm{d}f}{2 P_n(f_0)} = \frac{\int_0^{\infty} P_n(f) \mathrm{d}f}{P_n(f_0)} \tag{4.2-3}$$

上式保证了图中矩形虚线下面的面积与功率谱密度曲线下面的面积相等,即功率相等。故将上式中的 B_n 称为"等效噪声带宽"。

理想的载波等效噪声带宽应等于符号速率,但从减小码间干扰的角度出发,一般要乘以一个载波扩展因子,该扩展因子大多在 1.05~1.25 范围内。对于数字调相信号,若取载波扩展因子为 1.2,那么载波等效噪声带宽为 $B_n = 1.2 R_s$。

载波等效噪声带宽是一个重要概念,在计算链路性能时,特别是计算 C/T、C/N、C/N_0、E_b/N_0 之间的相互关系时,要经常用到等效噪声带宽的概念,并认为限带白噪声的功率谱在带宽 B_n 内是恒定的。

2. 载波占用带宽

载波占用带宽 B_0 是指载波信号实际占用的带宽,通常定义为 $-26\mathrm{dB}$

处带宽,即载波频谱从峰值下降 26dB 时所占的频谱宽度。在工程上,数字调相载波信号的占用带宽为

$$B_o = (1 + \alpha) R_s \tag{4.2-4}$$

式中,α 为滚降系数。

在卫星数据中继系统中,由于数据速率跨度大,中继卫星带宽较宽,大多数在 300MHz 以上,中低速数据对带宽的要求容易满足,而对于高速率数据,带宽的限制较为苛刻,所以滚降系数通常取多个,一般在 0.2,0.25,0.35 或 0.5 中选取。

【例 1】 假设,用户目标信源来的信息速率为 150Mb/s,信道采用 1/2 卷积＋RS(255,223) 的级联编码和 QPSK 调制,确定符号速率 R_s、等效噪声带宽和载波占用带宽。

解：由式(4.2-1),可得符号速率

$$R_s = \frac{R_b}{C_r \log_2 M} = \frac{150}{\frac{1}{2} \times \frac{223}{255} \times \log_2 4} \approx 171.52 (\text{Msym/s})$$

取扩展因子 1.2,等效带宽为 $B_n = 171.52 \times 1.2 \approx 205.8 (\text{MHz})$。

取滚降系数 0.35,由式(4.2-4),占用带宽为 $B_o = (1 + 0.35) \times 171.52 \approx 231.6 (\text{MHz})$

需要指出的是,当滚降系数与载波扩展因子相同或接近时,例如均为 0.2 时,占用带宽与噪声带宽在数值上相同,故在链路预算中往往用占用带宽代替等效噪声带宽。

3. 载波分配带宽

为了保护载波信号免于或少被相邻载波干扰,或防止可能由于自身原因干扰其他载波,在分配带宽资源时,要在载波占用带宽的基础上加上一定的保护带宽 B_g。即占用带宽与保护带宽之和称为"载波分配带宽"B_a。在工程上,保护带宽一般取占用带宽的 $\pm 2.5\% \sim \pm 10\%$,视邻道干扰情况而定。

4. 半功率带宽

信号功率谱中比峰值低 3dB 的两个频率点之间的间隔,称为"-3dB 带宽"。这是对信号功率谱集中程度的最简单和粗略的描述。

5. 谱零点带宽

这种定义以信号功率谱的主瓣宽度为带宽,也是最简单的信号带宽度量,适合于主瓣包含信号的大部分功率的情形。

6. 载波带宽占用比

载波带宽占用比指载波分配带宽与卫星转发器带宽之比,以 η_B 表示。计算公式为

$$\eta_B = (B_a/B_t) \times 100\% \tag{4.2-5}$$

式中,B_a 为载波分配带宽;B_t 为转发器带宽,两者单位均为 Hz。

载波带宽占用比常用于考察与功率占用比之间是否平衡。当载波在转发器中的功率占用比与带宽占用比基本平衡时,有

$$\mathrm{BO_{ol}} \approx \mathrm{BO_o} + 10\lg(B_t/B_a)$$
$$\mathrm{EIRP_{Sl}} \approx \mathrm{EIRP_{SS}} - \mathrm{BO_o} - 10\lg(B_t/B_a) = \mathrm{EIRP_{ss}} - \mathrm{BO_{ol}}$$

$$\tag{4.2-6}$$

式中,$\mathrm{BO_o}$ 为转发器总的输出回退量,单位为 dB;$\mathrm{BO_{ol}}$ 为某个载波的输出回退量,单位为 dB;$\mathrm{EIRP_{SS}}$ 为转发器饱和输出 EIRP,单位为 dBW;$\mathrm{EIRP_{Sl}}$ 为分配给某个载波的 EIRP,单位为 dBW。

4.2.2 噪声与干扰

噪声是指不希望有的、通常不可预测的、对携有消息的信号造成影响的电磁波形。以地面站接收系统为例,它的噪声来源包括内部和外部。来自接收机内部的噪声主要是有源的线性网络,如放大器、变频器等,以及无源的线性网络,如滤波器、馈线等,这些内部噪声可能是热噪声也可能不是热噪声。来自外部的噪声主要是宇宙噪声、大气噪声、降雨噪声、太阳噪声、天电噪声和地面噪声。

干扰可能来自本系统内部,也可能来自外部其他系统,甚至来自人为的干扰。系统自身存在的干扰主要有互调干扰、邻道干扰、同信道干扰以及信道特性畸变(失真)引起的干扰。本节所讨论的干扰是指系统自身存在的互调干扰、邻道干扰和同信道干扰。对于信道特性畸变(失真)引起的干扰分析见第 5 章。对于来自外部系统的干扰,例如其他中继卫星、通信卫星、地面微波和人为干扰等,可参考其他书籍,本章不再赘述。

4.2.2.1 热噪声和白噪声

热噪声是由传导介质中带电粒子(通常是电子)随机运动而产生的。从热噪声的功率谱密度实验结果及热力学和量子力学的分析表明,在室温 $T = T_0 = 290\mathrm{K}$,$f < 1000\mathrm{GHz}$ 条件下,匹配负载所得到的噪声单边功率谱密度可表示为

$$N_0 = kT \tag{4.2-7}$$

式中，N_0 为噪声单边功率谱密度，单位为 W/Hz；T 为物体的绝对温度，单位为 K；k 为玻尔兹曼常数，$k = 1.38\,054 \times 10^{-23}$(J/K)。

从式(4.2-7)可以看出，在这种条件下，噪声单边功率谱密度 N_0 与 T 成正比，与电阻阻值无关，并且不随频率变化，即呈现均匀谱，因而借用光谱的概念把此时的热噪声称为"白噪声"。

4.2.2.2 等效噪声温度和噪声系数

为了分析和设计的方便，通常把接收机的内部噪声都等效为热噪声来处理，因而引入等效噪声温度的概念。

把内部产生的噪声功率归算到网络的输入端，并用 ΔN 表示，则网络输出的噪声功率为

$$N = (kT_i B_n + \Delta N)G_p \qquad (4.2\text{-}8)$$

式中，$kT_i B_n$ 是输入端匹配电阻在环境温度为 T_i 条件下产生的热噪声功率；G_p 是网络最大功率增益。

假设有一个温度 T_e，如果一个输入匹配电阻在这个温度产生的白噪声功率正好等于上述附加的噪声功率 ΔN，即 $\Delta N = kT_e B_n$，那么，就称 T_e 为"等效噪声温度"，也就是 ΔN 等效为由一个温度为 T_e 的热噪声源产生的功率。这样，式(4.2-8)就可以写成

$$N = kB_n G_p(T_i + T_e) \qquad (4.2\text{-}9)$$

需要强调的是，由匹配电阻产生的热噪声功率是依赖于环境温度的，T_i 是物理温度，而 T_e 则是一个等效的温度。还要强调，T_e 是指折合到网络输入端来度量内部噪声的量，如果折合到网络输出端计算，则需乘以增益，即 $T_{eo} = T_e G_p$。

若令 $T' = T_i + T_e$，则

$$N = kT'B_n G_p \qquad (4.2\text{-}10)$$

即网络可视为一个无噪声的理想网络，所有噪声等效为输入匹配电阻在 T' 温度时产生的热噪声，如图 4.2-3 所示。

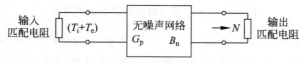

图 4.2-3　总的输入端等效噪声温度概念

T' 为总的输入端等效噪声温度，利用它可以比较两个或多个系统。若两个系统的总等效噪声温度相同，即使内部或外部噪声情况不一样，这两个系统的灵敏度是相同的。

除了用等效噪声温度来表示接收机的内部噪声外,有时也用噪声系数 F 表示,其定义为:一个电阻与线性网络匹配连接,当该电阻处于室温 $T_i = T_0 = 290(\text{K})$ 的条件时,输入信噪比 S_i/N_i 与输出信噪比 S/N 的比值。即

$$F = \frac{S_i/N_i}{S/N} \tag{4.2-11}$$

由于 $S/S_i = G_p$,并根据式(4.2-9),F 又可写为

$$F = \frac{N}{N_i G_p} = \frac{N}{k T_0 B_n G_p} = 1 + \frac{T_e}{T_0} \tag{4.2-12}$$

通常,用分贝表示为

$$[F] = 10\lg\left(1 + \frac{T_e}{T_0}\right) \tag{4.2-13}$$

由式(4.2-12)可知

$$T_e = (F - 1)T_0 \tag{4.2-14}$$

式(4.2-12)和式(4.2-14)表明了噪声系数与等效噪声温度的关系。

在地面站中,接收系统往往是由接收天线、馈线、低噪声放大器、变频器、中频放大器和滤波器等级联而成,因此,有时需要考虑级联网络总的等效噪声温度。

一般地,假设有 l 个四端网络串联,如图4.2-4所示。每个网络有一个功率增益 G_j 和等效噪声温度 T_{ej},其中 $j = 1, 2, \cdots, l$,各级等效噪声带宽相同,即 $B_1 = B_2 = , \cdots, = B_l$,则这个级联网络总的等效噪声温度 T_e 为

$$T_e = T_{e1} + T_{e2}/G_1 + T_{e3}/G_1 G_2 + \cdots + T_{el}/G_1 G_2, \cdots, G_{l-1} \tag{4.2-15}$$

总的噪声系数 F 为

$$F = F_1 + (F_2 - 1)/G_1 + (F_3 - 1)/G_1 G_2 + \cdots + (F_l - 1)/G_1 G_2, \cdots, G_{l-1} \tag{4.2-16}$$

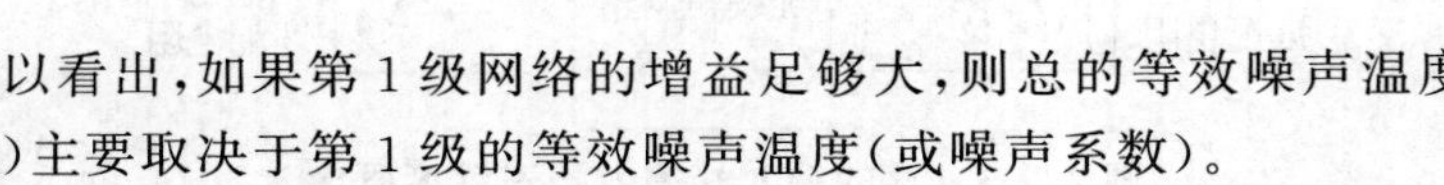

图 4.2-4 l 个级联网络的等效噪声温度

可以看出,如果第1级网络的增益足够大,则总的等效噪声温度(或噪声系数)主要取决于第1级的等效噪声温度(或噪声系数)。

4.2.2.3 干扰噪声

1. 互调噪声

地面站或中继卫星转发器通常采用大功率放大器作为其发射部件。它

的输入-输出功率特性是非线性的,相位特性也是非线性的。当输入多个载波信号时,由于这种非线性,它们会相互调制而产生新的频率分量,落入信号频带内形成干扰,亦称为"互调噪声"。地面站接收系统的非线性器件也会产生互调噪声,但它们一般工作在线性区,故互调噪声较小。

互调噪声的功率谱密度并不具有白噪声的性质。为了便于计算,仍引用等效噪声温度的概念。取互调噪声功率谱密度的平均值为 $\overline{W}_{IM}$,仿照热噪声,令

$$\overline{W}_{IM} = kT_{IM} \tag{4.2-17}$$

式中,T_{IM} 为互调的等效噪声温度。关于互调噪声的进一步分析见第 5 章。

2. 邻道干扰

在卫星数据中继系统中,存在着多个频分载波同时传输的情形。一个载波的功率谱可能会落到相邻近的载波噪声带宽 B_n 内,如图 4.2-5 阴影所示。这种干扰称为"邻近信道干扰",简称"邻道干扰"或"邻道噪声"。

在计算邻道干扰时,通常考虑邻近的两个载波的干扰,例如图 4.2-5,在计算对信道 2 的干扰时,要考虑信道 1 和

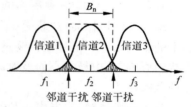

图 4.2-5 邻道干扰示意图

信道 3 对它的干扰。由邻道干扰引起的载波与邻道干扰的比值一般要求在 26dB 以上。

3. 同信道干扰

为了充分利用卫星的频率资源,卫星数据中继系统常采用频率重复技术,即把已有的频段再使用一次,这相当于把频带扩展了一倍。频率重复的使用通常有两种方法:一种是波束隔离方法,即分别指向不同区域的两个波束传递各自的消息,但是使用相同的频带。此时,一个波束在其最大辐射方向上的功率与另一个波束(称为"干扰波束")旁瓣在此方向上的功率分量之比称为"隔离度";另一种是极化隔离方法,即两个波束的指向区域可能是重叠的,并使用相同的频带,它们靠正交极化方法,即一个信号波用水平线极化,一个信号波用垂直线极化,或一个信号波用左旋圆极化,一个信号波用右旋圆极化,各自传递各自的消息。如果波束隔离和极化隔离这两种方法同时使用,则频带的利用率相当于原来的 4 倍。

在采用频率复用技术时,无论是空间波束隔离还是正交极化隔离,相互间都可能存在干扰,这种干扰称为"同信道干扰"。同信道干扰的大小取决于它们之间隔离度的大小。对于采用正交线极化隔离的中继卫星天线,通

常要求其隔离度在 27dB 以上。

4. 邻星干扰

工作频段相同的两颗相邻的卫星之间一般都有共同的地面覆盖区,由于天线波束具有一定的宽度,地面发送天线会在指向邻星的方向上产生干扰辐射(上行邻星干扰),地面接收天线也会在邻星方向上接收到干扰信号(下行邻星干扰)。为了限制相互之间的干扰,两颗邻星的操作者会按照ITU 制定的《无线电规则》对载波功率谱密度和地面天线口径大小做适当的限制,因此,在一般情况下,邻星干扰可以容忍但必须控制在允许的范围内。

4.2.3 载波与噪声比

4.2.3.1 载波与噪声比的含义

载波与噪声比简称"载噪比",它是决定卫星数据中继系统链路性能最基本的参数之一。信号在传输过程中会产生各种损耗,并受到各种噪声和干扰的影响,其中最关心的是地面站接收机输入端和中继卫星转发器输入端的载噪比。

为了避免混淆,本书中的载噪比是指以下 3 种表示方法的统称,即载波功率与噪声功率之比 C/N、载波功率与噪声功率谱密度之比 C/N_0、载波功率与等效噪声温度之比 C/T。它们之间的关系为

$$C/N = C/(kTB_n) = C/(N_0 B_n) \tag{4.2-18}$$

式中,T 为绝对温度,单位为 K;k 为玻尔兹曼常数,$k = 1.38 \times 10^{-23}$(J/K);$N_0 = kT$ 表示噪声功率谱密度,单位为 W/Hz;B_n 为等效噪声带宽,单位为 Hz。

若用对数表示:

$$C/N = 10\lg(C/T) + 228.6 - 10\lg B_n$$
$$= 10\lg(C/N_0) - 10\lg B_n \tag{4.2-19}$$

为了计算方便,常采用载波功率与噪声功率谱密度之比,这样在计算过程中可以忽略带宽的因素,且它的值为正数。对于数字调制,衡量链路的最终性能是 E_b/N_0 及其对应的误比特率。若用对数表示,E_b/N_0 与 C/N_0 的换算关系为

$$C/N_0 = E_b/N_0 + 10\lg R_b \tag{4.2-20}$$

式中,E_b/N_0 为每比特能量与噪声功率谱密度比,单位为 dB;R_b 为信息速率,单位为 b/s。

这里，E_b/N_0 值指调制解调器的实际值，即包含了解调译码损失的实际值。

4.2.3.2 门限载噪比和门限余量

1. 门限载噪比

在卫星数据中继系统设计中，门限载噪比的含义为：为保证用户接收到的数据有一定的质量，接收机必须得到的最低载噪比。也就是说，对接收机收到的信号进行解调译码后所要满足的最差的差错率。例如采用卷积编码和 QPSK 调制的链路，误比特率低于 1×10^{-6}。

2. 门限余量

在卫星数据中继链路中，由于存在降雨以及设备性能的不稳定等因素，链路在工作时必须适当选择链路参数，使得到的载噪比适当大于门限载噪比，即要留有适当的储备余量 E。以 C/N_0 表示为例，门限余量 E 表示为

$$[E]=[C/N_0]_{op}-[C/N_0]_{th} \tag{4.2-21}$$

式中，$[C/N_0]_{op}$ 为工作点的载波功率与噪声功率谱密度比；$[C/N_0]_{th}$ 为门限点的载波功率与噪声功率谱密度比。门限余量的选择涉及链路的性能、可用性和系统建设成本，需要反复计算权衡。

4.2.4 时间百分比性能指标

因为无线电波的传播具有不确定性，所以，在描述特定通信链路性能时，经常采用一些统计参数。例如通信过程中的大气影响，只能采用统计的方法来描述。这些具有统计性质的性能参数，一般为一个时间基础上的百分比，如一年的百分之几，一个月的百分之几。统计时间的长度一般需要高出某个特定下限值。

以时间为基础的统计参量一般包括载噪比及相关参数、大气效应参数（如雨衰、交叉极化鉴别率）、载波与干扰比等。作为参数指标，两个最常用的时间周期为年度和最差月份。大多数传播效应预报模型和测试都以年度为统计单位（8769h）；最差月份是指传播损耗（主要是雨衰）造成系统性能下降最严重的月份。

图 4.2-6 给出了用时间百分比表示系统性能参数的典型例子。在半对数图中，系统参数在横坐标上以线性刻度表示，时间变量的百分比在纵坐标上按照对数刻度表示。

通常用几个术语来表示百分比变量，例如中断率、超过率、可用性、可靠性等。如果时间百分比变量是大于或等于该参数的时间百分比，用 p 表

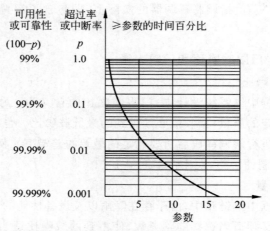

图 4.2-6 时间百分比性能

示,则图 4.2-6 表示该参数的中断率或超过率。如果时间百分比变量是 $(100-p)$,则图 4.2-6 表示该参数的可用性。

表 4.2-1 给出了每年和每月的中断时间以及通信链路指标中通常出现的 p 和 $(100-p)$ 的相应百分比范围。例如,99.99% 的链路可用性对应于每年超过率为 0.01% 或每年超过时间为 53min 的链路。为了便于系统设计,在 ITU-R P.841-4 建议中给出了一个年度统计到最差月份统计的换算公式:

$$p = 0.3 p_w^{1.15} \qquad (4.2\text{-}22)$$

式中,p 为年平均超标百分比(%);p_w 为年平均超标最差月份时间百分比(%)。

表 4.2-1 年度和月度中断时间与对应的百分比

超过率或中断率 $p/\%$	可用性或可靠性 $100-p/\%$	中 断 时 间	
		年度/(h/y 或 min/y)	月度/(h/y 或 min/y)
0	100	0h	0h
10	90	876h	73h
1	99	87.6h	7.3h
0.1	99.9	8.76h	44min
0.05	99.95	4.38h	22min
0.01	99.99	53min	4min
0.005	99.995	26min	2min
0.001	99.999	5min	0.4min

将式(4.2-22)进行逆运算,可以得到

$$p_w = 2.84 P^{0.87} \tag{4.2-23}$$

例如,假设希望确定保持最差月份超过率不大于1%所需的余量,但是,对于所关注的地区,仅有年度降雨储备量超过率测量值可用,这时根据式(4.2-23),当年度降雨余量的 p 为0.3%时,可以得到预期的最差月份的 p_w 为1%。

4.3 空间电波传播特性

4.3.1 自由空间传播损耗

自由空间传播损耗是传播损耗中最主要的损耗,它占传播损耗的绝大部分。无线电波从点源全向天线发出后在自由空间传播,能量将均匀扩散到一个球面上,距离越远,球面积就越大,单位面积接收的信号就越弱。自由空间传播损耗 L_F 可以表示为

$$L_F = \left(\frac{4\pi d}{\lambda}\right)^2 = \left(\frac{4\pi d f}{c}\right)^2 \tag{4.3-1}$$

式中,d 为传播距离;λ 为工作波长;c 为光速;f 为工作频率。

当 d 以 km 为单位、f 以 GHz 为单位,且用分贝表示时,式(4.3-1)变为

$$L_F = 92.45 + 20\lg f + 20\lg d \tag{4.3-2}$$

1. 非静止轨道卫星与地面站之间的距离

设卫星星下点的经度和纬度分别为 λ_S 和 ϕ_S,地面站的经度和纬度分别为 λ_E 和 ϕ_E,中继卫星的高度为 h,则非静止轨道中继卫星与地面站之间的直线距离可以用下式表示:

$$d = (R_E + h)\sqrt{1 + \left(\frac{R_E}{R_E + h}\right)^2 - 2\left(\frac{R_E}{R_E + h}\right)(\cos(\lambda_E - \lambda_S)\cos\phi_S\cos\phi_E + \sin\phi_S\sin\phi_E)} \tag{4.3-3}$$

式中,R_E 为平均地球赤道半径,单位为 km。

2. 静止轨道中继卫星与地面站之间的距离

对于静止轨道中继卫星,由于倾角很小,可以近似认为星下点纬度 ϕ_S 为0°。静止轨道中继卫星与地面站之间的距离可以表示为

$$d = R_A \sqrt{1.022\,88 - 0.302\,53\cos(\lambda_E - \lambda_S)\cos\phi_E} \tag{4.3-4}$$

式中,d 为传播距离,单位为 km;R_A 为静止轨道中继卫星的地心距,通常

取 42 164km(地球赤道半径 6378km＋卫星高度 35 786km)。

3. 静止轨道中继卫星与低轨航天器之间的距离

静止轨道中继卫星与低轨航天器之间的距离及其几何关系如图 4.3-1 所示。图中 A 点为中继卫星所在位置，B 点为低轨航天器所在位置。它们之间的直线距离 d_{AB} 可以表示为

$$d_{AB} = \sqrt{R_A^2 + R_B^2 - 2R_A R_B \cos\phi_B \cos(\lambda_S - \lambda_B)} \qquad (4.3\text{-}5)$$

式中，R_A 为静止轨道中继卫星的地心距，取 42 164km；R_B 为低轨航天器的地心距(平均地球半径＋低轨卫星高度)；λ_S 为中继卫星的星下点经度，单位为(°)；λ_B 和 ϕ_B 分别为低轨航天器星下点经度和纬度，单位为(°)。

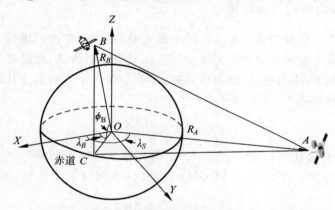

图 4.3-1　静止轨道中继卫星与低轨航天器之间的斜距

在星间链路电平预算中，通常使用最大斜距来计算自由空间的链路损耗，最大斜距是中继卫星轨道覆盖的最远距离，与低轨航天器的星下点经纬度无关，结合中继卫星的轨道覆盖，最大斜距 $d_{AB\max}$ 可简化为

$$d_{AB\max} \approx \sqrt{R_A^2 - R_e^2} + \sqrt{R_B^2 - R_e^2} \qquad (4.3\text{-}6)$$

式中，R_e 为平均地球半径，单位为 km，R_e 一般取 6371km；R_B 为低轨航天器的地心距，单位为 km；$R_B = R_e + h_B$，h_B 为低轨航天器的高度。

例如，中继卫星 R_A 为 42 164km，对于 500km 轨道高度的低轨航天器，R_B 取 6871km，代入式(4.3-6)，可得最大斜距 $d_{AB\max}$ 约为 44 254km。

4.3.2　大气传播损耗

地球大气对地球表面和太空之间传播的无线电波的影响一直是卫星数据中继系统设计及性能评估中重点关注的因素。当这些影响在星地链路出现时，可能对传输信号的幅度、相位、极化、入射角等产生不可控的变化。对

于模拟信号,将会造成传输信号质量下降;对于数字信号,将会使差错率增加。大气对空间无线电波传播的影响取决于无线电频率、当地气候、当地地形、传输类型、路径仰角(亦指地面站天线仰角)等。通常,随着频率的增加和仰角的降低,这种影响将会变得更严重。

卫星数据中继系统目前常用频率是在 $2 \sim 31 GHz$ 范围内,其中,2GHz 频段常用于星地测控和星间链路测控;20/30GHz 频段常用于馈电链路;星间链路目前较多使用 23/26GHz 频段,未来可能扩展到 60GHz,甚至太赫兹频段。下面以 3GHz 为低频段和高频段的分界点,分别讨论大气传播损耗的因素和影响。

4.3.2.1 低频段的电波传播

大气层一般分为 3 层,分别是对流层、平流层和电离层。从地球表面起到高约 15km(因纬度不同而有差异)的空间是对流层,再往上到高约 50km 的空间是平流层,继续往上到高约 1000km 的空间是电离层,电离层进一步分为 D 层、E 层和 F 层。电离层是给低于 3GHz 卫星链路带来传输损耗的主要因素。它的两个主要特性会造成无线电波的衰减:①沿传播路径由电子总含量(TEC)决定的背景电离;②沿传播路径的电离层不规则性。

与 TEC 相关的衰减包括法拉第旋转、群时延、色散、多普勒频移、到达方向的变化和吸收。电离层不规则性造成的主要效应是闪烁。本章主要讨论法拉第旋转和电离层闪烁。

1. 法拉第旋转

极化旋转是指在地球磁场内,由无线电波与电离层中电子的相互作用造成的无线电波极化方向的旋转,这种情况常被称为"法拉第旋转"或"法拉第效应"。法拉第旋转无法改变圆极化波的极化方向,因此,圆极化波不受影响。但电离层会使线极化波的极化方向产生旋转。

极化旋转角 θ_p 与无线电频率、电磁场强度和电子密度有关[1]:

$$\theta_p = 236 B_{av} N_T f^{-2} \tag{4.3-7}$$

式中,θ_p 为法拉第旋转角,单位为 rad;B_{av} 为平均地球电磁场强度,单位为 Wb/m^2;N_T 为 TEC,单位为 el/m^2;f 为无线电波频率,单位为 GHz。

若假设平均地球电磁场强度为 $5 \times 10^{21} Wb/m^2$,在最大的 TEC($10^{19} el/m^2$)条件下,当频率为 300MHz 时,法拉第旋转超过 100rad,而相同条件下 3GHz 频率的法拉第旋转约为 1rad。可见,工作在 3GHz 以下的线极化波的极化方向会产生明显旋转,影响通信质量,所以在 2GHz 的测控频率上,通常选用圆极化方式工作。当工作频率在 20GHz 以上时,法拉第旋转的影响较小,基本可以忽略。

由于法拉第旋转正比于信号传播路径上的电子密度和地球磁场强度,所以,它的均值呈现出与昼夜、季节以及太阳周期非常相似的特性,且通常是可以预测的。

2. 电离层闪烁

电离层闪烁指无线电信号幅度和相位的快速波动,主要由电离层电子密度分布不均匀引起。在 30MHz~7GHz 的链路上已观测到了闪烁效应。

电离层闪烁发生的频度和强度与时间、地理位置、太阳活动、地磁环境有关,其衰落强度还与工作频率有关,对 VHF,UHF 和 L 波段的信号影响尤其严重。在亚洲地区,地磁中纬度区的电离层闪烁夏天最严重,冬季最小,电离层闪烁现象一般持续 30 分钟到数小时,通常发生在日落后(18 时)至深夜(24 时),子夜时出现衰落最大值,中午前后可能出现第二大值。地球上有两个电离层闪烁较为严重的地带,即低纬度区(指地球赤道至其南北 20°以内的区域)和高纬度(50°以上,尤其是 65°以上)地区。在某些大气条件下,闪烁非常严重,会影响到可靠的通信。

电离层闪烁引起的衰减近似与频率的平方成反比。据 ITU 统计,在 4GHz 的 C 频段,电离层闪烁可能造成幅度(峰峰值)超过 10dB 的变化,闪烁变化频率为 0.1~1Hz。甚至对于 Ku 频段的信号,在低纬度的地区也可能受到电离层闪烁的影响,例如日本冲绳记录到的 12GHz 卫星信号最大 3dB 值的电离层闪烁事件。

电离层闪烁影响的频率和地域都较宽,不易通过频率分集、极化分集、扩展频谱等方法解决,但可通过编码、交织、重发等技术来克服衰落,减少电离层闪烁的影响。

4.3.2.2 高频段的电波传播

高于 3GHz 的传播损耗主要有降雨引起的衰减、大气吸收引起的衰减、云层(雨云和冰云)引起的衰减、雨和冰去极化、对流层闪烁引起的衰减、沙尘暴引起的衰减等,在链路预算中,需要根据不同的气候条件计算相应的衰减。

1. 降雨引起的衰减

与降雨衰减大小密切相关的两个参量常用降雨率 R_p(mm/h)和降雨出现的时间概率 p(%)表示。降雨率虽然能够表明当地降雨强度的大小,但是并不能表示降雨持续时间和雨量的多少。降雨衰减一般用 A_{RAIN}(dB)表示,很明显,不同季节、不同地区的 A_{RAIN} 值一定与该地区的上述两个参量都有关。

由于世界各地降雨量、降雨概率差别很大,ITU 对雨区进行了划分,将全球分为 $A, B, \cdots, Q$ 等 15 个区域。我国各地分属 C, E, F, K, N 五个区,其中东南地区为 N 区,中部大部分地区为 K 区。文献[4]给出了我国 $R_{0.01}$ 降雨率分布等值线图。

表 4.3-1 给出了 ITU 发布的各雨区的降雨率与年时间百分比之间的关系。

表 4.3-1　ITU 发布的各雨区($A \sim Q$)的降雨率 R_p 与年时间百分比 p 之间的关系

mm/h

p	A	B	C	D	E	F	G	H	J	K	L	M	N	P	Q
0.001%	22	32	42	40	70	78	65	83	55	100	150	120	180	250	170
0.003%	14	21	26	29	41	54	45	55	45	70	105	95	140	200	142
0.01%	8	12	15	19	22	28	30	32	35	42	60	63	95	145	115
0.03%	5	6	9	13	12	15	20	18	28	23	33	40	65	105	96
0.1%	2	3	5	8	6	8	12	10	20	12	15	22	35	65	72
0.3%	0.8	2	2.8	4.5	2.4	4.5	7	4	13	4.2	7	11	15	34	49
1%	0.1	0.5	0.7	2.1	0.6	1.7	3	2	8	1.5	2	4	5	12	24

另外,在链路预算时还会用到降雨可用度的概念,一般用 a_{RAIN} 表示,即

$$a_{\text{RAIN}} = 1 - p \tag{4.3-8}$$

为了进行降雨衰减预测,人们提出了多个计算降雨衰减的模型,其中 ITU-R 雨衰模型是在给定频率、仰角、降雨率、极化角和地面站位置等参数的情况下,根据年平均率统计分布预测年雨衰统计分布的方法,也是当前国际广泛认可的最经典的降雨预测模型。因此,下面介绍利用 ITU-R 模型计算降雨衰减的方法和步骤。

第 1 步:确定地面站所在地的降雨高度

降雨高度可以由下式表示:

$$h_{\text{R}} = h_0 + 0.36 \tag{4.3-9}$$

式中,h_{R} 为降雨高度,单位为 km;h_0 为年平均 0℃ 等温线距海平面的高度,单位为 km。

如果无法根据本地气象数据确定 h_0,则可以根据 ITU-R 839-3 中提供的典型值的全球等值线图进行估计。利用 4 个最接近网格点处的值进行双线性内插,可以确定某一位置的降雨高度。

h_R 也可以用下式估算[2]：

$$h_R = \begin{cases} 3.0 + 0.028\phi, & 0° \leqslant \phi < 36° \\ 4.0 - 0.075(\phi - 36), & \phi \geqslant 36° \end{cases} \quad (4.3\text{-}10)$$

式中，ϕ 为地面站所处地区的纬度。

第 2 步：计算倾斜路径长度及其水平投影

倾斜路径长度的计算公式为

$$L_S = \begin{cases} \dfrac{h_R - h_S}{\sin\theta}, & \theta \geqslant 5° \\[4mm] \dfrac{2(h_R - h_S)}{\left(\sin^2\theta + \dfrac{2(h_R - h_S)}{R_E}\right)^{1/2} + \sin\theta}, & \theta < 5° \end{cases} \quad (4.3\text{-}11)$$

式中，L_S 为倾斜路径长度，单位为 km；h_R 为由第 1 步计算的降雨高度，单位为 km；h_S 为地面站海拔高度，单位为 km；θ 为地面站天线仰角；R_E 为等效地球半径，一般取 $(4/3)R_e \approx 8500$km。

图 4.3-2 给出了经过降雨区的倾斜路径和水平投影长度的概念。

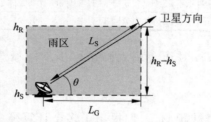

图 4.3-2 经过降雨区的倾斜路径和水平投影长度的概念

水平投影长度为

$$L_G = L_S \cos\theta \quad (4.3\text{-}12)$$

式中，L_G 为水平投影长度，单位为 km。

第 3 步：确定年平均 0.01% 时间的降雨率

针对所关注的地面站位置，确定年平均 0.01% 时间（1mm 累积时间）超过的降雨率 $R_{0.01}$（mm/h）。如果当地有 $R_{0.01}$ 的降雨统计数据，则用当地数据；如果无此数据，则可以从 ITU-R P.837-4 建议中提供的降雨强度图中选取 0.01% 中断率处的降雨率值。当地面站在我国境内时，可用我国降雨率 $R_{0.01}$ 分布图。

第 4 步：计算所关注频率下的降雨衰减率

降雨衰减率的计算可以基于下式：

$$\gamma_R = k(R_{0.01})^\alpha \tag{4.3-13}$$

式中，γ_R 为降雨衰减率，单位为 dB/km；k 和 α 为因变量，每个因变量都是频率、仰角及极化倾角的函数。利用所关注频率的回归系数 k_H，k_V，α_H，α_V，根据下式计算 k 和 α：

$$\begin{cases} k = [k_H + k_V + (k_H - k_V)\cos^2\theta \cdot \cos 2\tau]/2 \\ \alpha = [k_H\alpha_H + k_V\alpha_V + (k_H\alpha_H - k_V\alpha_V)\cos^2\theta \cdot \cos 2\tau]/2k \end{cases} \tag{4.3-14}$$

式中，τ 为线极化传输的相对于地平面的极化倾角，单位为(°)；对于圆极化传输，$\tau = 45°$。τ 值的计算方法可参考 ITU-R P.791 附录 1。

表 4.3-2 给出了卫星数据中继系统常用频率下的 k_H，k_V，α_H，α_V 值。其他频率可参考 ITU-R P.838-3 有关图表中的数据，表中未给出的值可用内插法得到，内插时，频率和 k 取对数刻度，而 α 取线性刻度。

表 4.3-2　卫星数据中继系统常用频率下用于确定雨衰率的回归系数

频率/GHz	k_H	k_V	α_H	α_V
1	0.000 025 9	0.000 030 8	0.9691	0.8592
2	0.000 084 7	0.000 099 8	1.0664	0.9490
4	0.000 107 1	0.000 246 1	1.6009	1.2476
15	0.044 81	0.050 08	1.1233	1.0440
20	0.091 64	0.096 11	1.0586	0.9847
25	0.1571	0.1533	0.9991	0.9491
30	0.2403	0.2291	0.9485	0.9129
35	0.3374	0.3224	0.9047	0.8761
40	0.4431	0.4274	0.8673	0.8421
45	0.5521	0.5375	0.8355	0.8123
50	0.6600	0.6472	0.8084	0.7871
60	0.8606	0.8515	0.7656	0.7486
70	1.0315	1.0253	0.7345	0.7215

另外，k 和 α 还可以采用下面的公式来估计[2]：

$$k = \begin{cases} 4.21 \times 10^{-5} f^{2.420}, & 2.9 \leqslant f \leqslant 54 \\ 4.09 \times 10^{-2} f^{0.699}, & 54 \leqslant f \leqslant 180 \end{cases}$$

$$\alpha = \begin{cases} 1.41 \times 10^{-0.0779}, & 8.5 \leqslant f \leqslant 25 \\ 2.63 \times 10^{-0.272}, & 25 \leqslant f \leqslant 164 \end{cases} \tag{4.3-15}$$

式中，频率 f 的单位为 GHz。

第 5 步：计算水平缩减因子

根据降雨率 $R_{0.01}$，确定水平缩减因子 $r_{0.01}$，即

$$r_{0.01} = [1 + 0.78\sqrt{L_G \gamma_R / f} - 0.38(1 - e^{-2L_G})]^{-1} \tag{4.3-16}$$

第 6 步：计算垂直调整因子

年平均 0.01% 时间的垂直调整因子 $v_{0.01}$ 为

$$v_{0.01} = \left\{ 1 + \sqrt{\sin\theta} \left[31(1 - e^{-\frac{\theta}{1+\chi}}) \frac{\sqrt{L_R \gamma_R}}{f^2} - 0.45 \right] \right\}^{-1} \tag{4.3-17}$$

式中，

$$L_R = \begin{cases} L_G r_{0.01} / \cos\theta, & \zeta > \theta \\ (h_R - h_S) / \sin\theta, & \zeta \leqslant \theta \end{cases} \tag{4.3-18}$$

$$\zeta = \arctan\left(\frac{h_R - h_S}{L_G r_{0.01}} \right) \tag{4.3-19}$$

$$\chi = \begin{cases} 36 - |\phi|, & |\phi| < 36° \\ 0, & |\phi| \geqslant 36° \end{cases} \tag{4.3-20}$$

式中，L_R 为衰减路径，单位为 km；ξ 为比较因子，单位为 (°)；ϕ 为地面站纬度，单位为 (°)；χ 为纬度调整系数，单位为 (°)。

第 7 步：计算等效路径长度

等效路径长度 L_E 可根据下式确定：

$$L_E = L_R v_{0.01} \tag{4.3-21}$$

第 8 步：计算年平均 0.01% 时间的降雨衰减

年平均 0.01% 时间的降雨衰减 $A_{0.01}$ 可根据下式确定：

$$A_{0.01} = L_E \gamma_R \tag{4.3-22}$$

第 9 步：计算年平均其他百分比时间的降雨衰减

年平均其他百分比（p，取值范围为 $0.001\% \sim 5\%$）时间的衰减 A_p 可根据下式得出

$$A_p = A_{0.01} \left(\frac{p}{0.01} \right)^{-[0.655 + 0.033\ln p - 0.045\ln A_{0.01} - \beta(1-p)\sin\theta]} \tag{4.3-23}$$

式中，β 为公式中间变量，即

$$\beta = \begin{cases} 0, & p \geqslant 1\%，或 |\phi| \geqslant 36° \\ -0.005(|\phi| - 36), & p < 1\%，且 |\phi| < 36°, \theta \geqslant 25° \\ -0.005(|\phi| - 36) + 1.8 - 4.25\sin\theta, & 其他 \end{cases}$$

$$\tag{4.3-24}$$

计算 A_p 除了利用式(4.3-23)外,工程中还有另一种计算方法,需要用到降雨可用度的概念。根据式(4.3-8),以降雨可用度为 $a_{RAIN}=99.99\%$ 时的降雨衰减 $A_{0.01}$ 为基础,计算其他降雨可用度时的降雨衰减:

当降雨可用度 $a<99.9\%$ 时,有

$$A_p=0.12A_{0.01}((1-a)\times100)^{-0.5} \tag{4.3-25}$$

当降雨可用度 $99.9\%\leqslant a\leqslant99.99\%$ 时,有

$$A_p=0.15A_{0.01}((1-a)\times100)^{-0.41} \tag{4.3-26}$$

第 10 步:估计最坏月份 p_w 时间超过的衰减值

在系统设计中,有时需要估计最坏月份 p_w 时间超过的衰减值。式(4.2-23)给出了此时间百分比与年时间百分比 p 之间的关系。

【例 2】 假设:某地面站位于北纬 $40°$,海拔 $100m$,降雨率 $R_{0.01}$ 为 $50mm/h$,天线仰角为 $15°$,接收频率为 $20GHz$,降雨可用度要求为 99.8%,计算此条件下的雨衰值。

解: 按照下述步骤求出:

① 由式(4.3-10)、式(4.3-11)和式(4.3-12),计算出雨层高度、斜路径长度和水平投影长度分别为 $3.7km$,$13.91km$ 和 $13.44km$;

② 由式(4.3-13)和式(4.3-15),计算出降雨衰减率 γ_R 为 $5.96dB/km$;

③ 由式(4.3-16)和式(4.3-17),计算水平缩减因子和垂直调整因子分别为 0.46 和 0.92;

④ 由式(4.3-21)和式(4.3-22),计算有效路径长度 L_E 和年 0.01% 时间的降雨衰减 $A_{0.01}$ 分别为 $5.89km$ 和 $35.1dB$;

⑤ 最后,由式(4.3-25)计算出降雨可用度为 99.8% 时的降雨衰减值约为 $9.4dB$。

文献[3]给出了中国 34 个城市经纬度、海拔高度和降雨强度参数,以及与 $87.5°E$ 卫星 Ka,Ku 频段链路的雨衰值与对应的降雨百分比。

由于无线电波在经过大气传播时,降雨的影响较大,大气传播可用度主要取决于降雨可用度,所以,降雨可用度有时亦称为"传播可用度"或"链路可用度"。

2. 气体吸收损耗

无线电波在大气中传播时,大气层中的氧分子、水蒸气分子对无线电波能量的吸收,将产生信号损耗,记为 L_a。大气气体吸收损耗与频率、地面站天线仰角等参数有关。在 $15\sim35GHz$ 频段,水蒸气分子的吸收在气体吸收损耗中占主要地位,并在 $22.3GHz$ 处发生谐振吸收而出现一个损耗峰;在 $15GHz$ 以下和 $35\sim80GHz$ 频段则主要是氧分子的吸收,并在 $60GHz$ 附近

发生谐振吸收而出现一个较大的损耗峰；在 100GHz 以上，氧分子在 118.74GHz 处发生谐振吸收而出现更大的损耗峰，水蒸气分子在 183.3GHz 和 323.8GHz 附近发生谐振吸收，出现更大的损耗峰。

当频率低于 10GHz、天线仰角在 5°以上时，大气气体吸收损耗可基本忽略；在 20～30GHz 频段，比 0.3～10GHz 的损耗要大 1～2dB。ITU-R P.676 给出了计算气体衰减的近似模型。

当频率低于 35GHz 时（不含吸收峰附近频率），在工程上，大气气体吸收损耗可以用以下近似公式估计[4]：

$$L_a = \frac{0.042e^{0.0691f}}{\sin\theta} \tag{4.3-27}$$

式中，L_a 为大气气体吸收损耗，单位为 dB；θ 为天线仰角，单位为(°)；f 为频率，单位为 GHz。

例如，当天线仰角 θ 为 15°、频率为 20GHz 时，由式(4.3-27)得出的 L_a 约为 0.65dB。

3. 云和雾引起的衰减

虽然雨是影响无线电波传播的最重要的水汽凝结体，但是云和雾对地面与卫星间空间链路的影响也不容忽视。云和雾均属于水悬体，通常由直径不超过 0.1mm 的小水滴组成，而雨滴的直径通常为 0.1～10mm。然而，云是小水滴而不是水蒸气，云内部的相对湿度通常可以接近 100%。高层云（如卷云）由冰晶组成，它不是主要衰减源，通常可以忽略，但能造成去极化效应。

云的平均液态水含量变化范围很大，为 0.05～2g/m³。在雷暴天气的大堆积云已经观测到了超过 5g/m³ 的峰值。对于晴天堆积云来说，峰值通常小于 1g/m³。

由云引起的总衰减可以由下述统计公式得到：

$$A_T = \frac{Lk_C}{\sin\theta} \tag{4.3-28}$$

式中，A_T 为云引起的总衰减，单位为 dB；θ 为天线仰角，$10° \leqslant \theta \leqslant 90°$；$L$ 为液态水的总柱含量，单位为 g/m³，或等效为单位为 mm 的沉淀水量；k_C 为衰减系数，单位为 (dB/km)/(g/m³)。

液态水的总柱含量的统计数据可以通过辐射测量或发射无线电探空仪获得。如果没有云中液态水含量统计数据，可参考 ITU 提供的全球云中液态水含量等值线图。

图 4.3-3 给出了频率为 5～200GHz、温度为 -8～20℃时的云衰减系数

k_C 的近似值,详细可见 ITU-R P. 840-3。

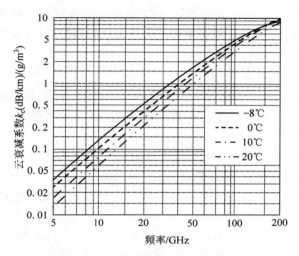

图 4.3-3　以温度和频率为变量的云衰减

图 4.3-4 给出了仰角为 5°～30°时云的总衰减与频率的关系。该计算基于云底为 0.33km、高度为 0.67km、液态水含量为 0.29g/m³ 的层云。可以看到,云衰减随着频率的增加而增加,随着仰角的增加而减小。

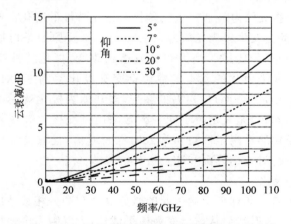

图 4.3-4　以仰角和频率为变量的总的云衰减

一般情况下,在 30GHz 频率以下,云衰减通常小于降雨引起的衰减。例如,在北美和欧洲,云衰减在 20GHz 时约为 0.5dB,在 30GHz 时约为 1.1dB;在东南亚,云衰减在 20GHz 时约为 2.1dB,在 30GHz 时约为 4.5dB。

雾带来的衰减对于低于 100GHz 的频率来说是极小的。中雾(300m

量级的可见距离)中的液态水密度通常为 0.05g/m³；大雾(50m 量级的可见距离)中的则为 0.5g/m³。大雾在 30GHz 频率的衰减量级约为 0.4dB/km。即使是低仰角，卫星链路穿过雾的总路径也比较短(几百米量级)，所以对于 100GHz 以下的链路，由雾造成的总衰减可以忽略不计。

4. 降雪引起的衰减

尽管降雨衰减是影响毫米波传播的主要因素，但雪、雹产生的影响也是必须考虑的。通常，雪和雹引起的衰减可以用下述公式表示，它比降雨引起的衰减要小：

$$L_s = 7.47 \times 10^{-5} f \cdot I_s (1 + 5.77 \times 10^{-5} f^3 \cdot I_s^{0.6}) \quad (4.3\text{-}29)$$

式中，L_s 为雪和雹引起的衰减，单位为 dB/km；f 为工作频率，单位为 GHz；I_s 为降雪强度(每小时在单位容器内的积雪融化成水的高度)，单位为 mm/h。

例如，当频率为 20GHz、降雪强度为 20mm/h 时，由式(4.3-29)可知，降雪衰减约为 0.11dB/km。

在世界大部分气候区，雹起重要作用的时间小于 0.0001%。雨中的雹的吸收和散射比仅有雨时的要大，且取决于雹的尺寸和形状以及水层的厚度。另外，雪和冰粒因其非球形的性质还会产生去极化。

5. 去极化效应

去极化是指无线电波通过大气传播时极化特性的变化。对于线极化和圆极化系统，都会发生去极化效应。去极化的主要原因是传播路径上的降雨、高空冰粒和多径传播。当无线电波遭到改变，极化特性变化时就称为"去极化"。定义去极化的基本参数包括交叉极化鉴别率(XPD)和极化隔离度(XPI)。在高于 10GHz 左右的频带，雨和冰去极化就成了系统设计中必须要考虑的问题，尤其是对于同一频带采用正交极化频率复用的中继链路。多径去极化通常限于仰角非常低的空间通信，且取决于接收天线的极化特性。本节将讨论估算雨和冰去极化的方法。

(1) 雨去极化

雨去极化是由非球形雨滴引起的微分衰减和微分相移造成的。随着雨滴尺寸的增加，其形状会从球形变为扁平球形，大气阻力会使雨滴的上面更加平坦甚至变凹。而且，由于不同高度风力不同，雨滴也可能相对水平面是倾斜的。如图 4.3-5 所示，其倾斜角随着空间和时间在降落过程中随机变化。雨的去极化特性与雨滴的倾斜角有关，该角定义为雨滴的轴线与水平方向的夹角，如图中的 ψ 角。

图 4.3-6 给出了 E(电场)中线极化传输链路的去极化示意图。矢量

E_1 和 E_2 分别表示相互正交的垂直方向波和水平方向波,传输两个独立的信号。传输电波可能被传播介质去极化,产生多个方向上的分量。

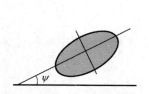

图 4.3-5 扁平球形雨滴的倾斜角

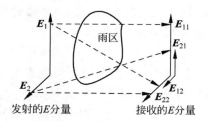

图 4.3-6 线极化的去极化

对于垂直方向,线极化的交叉极化鉴别率 XPD 定义为

$$\mathrm{XPD}_1 = 20\lg(\,|\,E_{11}\,|\,/\,|\,E_{12}\,|\,)$$

对于水平方向,线极化的交叉极化鉴别率 XPD 定义为

$$\mathrm{XPD}_2 = 20\lg(\,|\,E_{22}\,|\,/\,|\,E_{21}\,|\,)$$

一个与 XPD 密切相关的参数是隔离度 XPI,它是同一极化方向上同向极化接收功率(预期)与交叉极化功率的比,即

对于垂直方向,

$$\mathrm{XPI}_1 = 20\lg(\,|\,E_{11}\,|\,/\,|\,E_{21}\,|\,)$$

对于水平方向,

$$\mathrm{XPI}_2 = 20\lg(\,|\,E_{22}\,|\,/\,|\,E_{12}\,|\,)$$

隔离度考虑了接收机天线、馈源和其他部件以及传播媒介的性能。当接收机的极化性能接近理想状态时,只有传播媒介对系统的性能造成去极化影响,XPD 与 XPI 几乎是相等的。

同理,可定义圆极化波的 XPD 和 XPI。圆极化波的 XPD 与方向和水平面成 45°的线极化波的 XPD 基本相同。圆极化波的 XPI 与方向和水平面成 45°的线极化波的 XPI 基本相同。

(2) 冰去极化

除了雨去极化之外,地-空路径上的第二个去极化因素是高空中存在的冰晶。冰晶去极化主要是由微分相移造成的。环绕尘粒形成的冰晶的形状受周围温度和气动力的影响,常见的形状是针形和碟形。冰晶在卷云中存在的时间不确定,但在积雨云中,冰晶经历一个上升、降落,并在云的较低区域融化的生存周期。已经有人在频率为 4～30GHz 和更高频率的卫星链路上观测到了冰去极化效应。

（3）去极化估计

由雨和冰云引起的去极化而产生的交叉极化计算方法可参考 ITU-R. P618-8 给出的建议。包括冰晶的影响，未超过时间百分比 p 的交叉极化鉴别率 XPD(p) 可表示为

$$\text{XPD}(p) = \text{XPD}_{\text{rain}} - C_{\text{ice}} \tag{4.3-30}$$

式中，XPD_{rain} 为未超过时间百分比 p 的雨交叉极化鉴别率，单位为 dB；C_{ice} 为冰晶的影响，单位为 dB。

式（4.3-30）中，雨交叉极化鉴别率可以表示为

$$\text{XPD}_{\text{rain}} = C_f - C_A + C_\tau + C_\theta + C_\sigma \tag{4.3-31}$$

式中，相关项均为分贝值：

频率相关项：

$$C_f = 30\lg f, \quad 8\text{GHz} \leqslant f \leqslant 35\text{GHz} \tag{4.3-32}$$

雨衰相关项：

$$C_A = V(f)\lg A_p \tag{4.3-33}$$

$$V(f) = \begin{cases} 12.8f^{0.19}, & 8\text{GHz} \leqslant f \leqslant 20\text{GHz} \\ 22.6, & 20\text{GHz} \leqslant f \leqslant 35\text{GHz} \end{cases} \tag{4.3-34}$$

极化改善因子：

$$C_\tau = -10\lg[1 - 0.484(1 + \cos(4\tau))] \tag{4.3-35}$$

仰角相关项：

$$C_\theta = -40\lg(\cos\theta), \quad \theta \leqslant 60° \tag{4.3-36}$$

倾斜角相关项：

$$C_\sigma = 0.005\,22\sigma^2 \tag{4.3-37}$$

在式（4.3-30）中，冰晶的影响可以表示为

$$C_{\text{ice}} = \text{XPD}_{\text{rain}}(0.3 + 0.1\lg p)/2 \tag{4.3-38}$$

需要指出的是：①上述公式对于 $8\text{GHz} \leqslant f \leqslant 35\text{GHz}$、仰角 $\theta \leqslant 60°$ 是有效的；②τ 是线极化时相对于水平面（地平线）的极化倾角（°）；③当 $\tau = 45°$ 时，$C_\tau = 0$。当 $\tau = 0°$ 或 $\tau = 90°$ 时，C_τ 达到最大值 15dB；④对于圆极化，$\tau = 45°$；⑤σ 为雨滴倾斜角分布的有效标准偏差（°），当时间百分比 p 分别为 1%、0.1%、0.01%、0.001% 时，σ 分别取 0°、5°、10° 和 15°。图 4.3-7 给出了线极化改善因子 C_τ 与极化角的关系曲线。

当需要计算 $4\text{GHz} \leqslant f_2 < 8\text{GHz}$ 的 XPD 时，可用下述半经验公式：

$$\text{XPD}_2 = \text{XPD}_1 - 20\lg(f_2/f_1) \tag{4.3-39}$$

式中，XPD_1 为由式（4.3-30）在 $f_1 = 8$（GHz）时的 XPD(p)，单位为 dB。

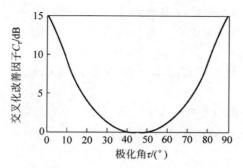

图 4.3-7　线极化改善因子 C_τ 与极化角 τ 的关系曲线

图 4.3-8 给出了交叉极化鉴别率和雨衰的关系。由图可知,雨衰越大,交叉极化鉴别率性能越差。在同等条件下,27GHz 频率的交叉极化鉴别率比 12GHz 频率的交叉极化鉴别率要恶化 9dB 左右;对于 27GHz 频率,当雨衰值低于 12dB 时,交叉极化鉴别率高于 30dB。

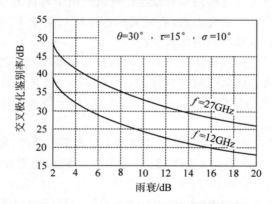

图 4.3-8　交叉极化鉴别率和雨衰的关系

总之,降雨对频率在 C 频段以下的无线电波信号造成的衰减以及交叉极化特性的恶化量较小,对链路性能影响不是很大;降雨对频率在 X 频段(7GHz)以上的无线电波信号造成的衰减、G/T 值恶化及交叉极化特性恶化比较大,因此,在对 X 频段以上的系统进行设计时,应充分考虑降雨带来的各种影响。

【例 3】 取频率为 20GHz、地面终端站天线仰角为 15°,计算交叉极化鉴别率 XPD(p)。

解:按照下述步骤求出:

① 计算频率相关项 C_f:取频率 $f=20$(GHz),$C_f=30\lg 20 \approx 39$(dB);

② 计算雨衰相关项 C_A：取雨衰 $A_p = 9.4$(dB)，$C_A = 22.6\lg 9.4 \approx 22$(dB)；

③ 计算极化改善因子 C_τ：取 $\tau = 5°$，$C_\tau = -10\lg[1 - 0.484(1 + \cos(4 \times 5))] \approx 12.13$(dB)；

④ 计算仰角相关项 C_θ：取天线仰角 $\theta = 15°$，$C_\theta = -40\lg(\cos 15°) \approx 0.6$(dB)；

⑤ 计算倾斜角相关项 C_σ：取 $\sigma = 10°$，$C_\sigma = 0.005\,22 \times 10^2 \approx 0.52$(dB)；

⑥ 根据式(4.3-31)，计算 XPD_{rain}：

$$\text{XPD}_{rain} = 39 - 22 + 12.13 + 0.6 + 0.52 = 30.25 \text{(dB)}$$

⑦ 考虑冰晶的影响，计算冰晶相关项 C_σ：

$$C_{ice} = 30.25 \times (0.3 + 0.1 \times \lg 0.01)/2 \approx 1.51 \text{(dB)}$$

最后根据式(4.3-30)，得到时间百分比 p 的交叉极化鉴别率 $\text{XPD}(p)$ 为 28.74dB。

6. 对流层闪烁

闪烁效应出现在电离层和对流层。电离层电子密度的不均匀性对频率在 6GHz 以下的信号会有影响，而对流层产生的折射率不均匀性会对频率在 3GHz 以上的信号产生闪烁效应。

对流层闪烁是由海拔几千米高度内的折射率波动产生的高湿度差和温度翻转层引起的。该效应是季节性的，每天都随气候条件变化。人们已在 10GHz 以上频率的地面无线路径上和 50GHz 以上频率的地空无线路径上观测到了对流层闪烁。

大致上，对流层的折射率结构可以视为是水平分层的，变化出现在随高度变化的薄层上，低仰角的倾斜路径受闪烁的影响更严重。对于频率在 10GHz 以上的低仰角（10°以下）和低余量（<3~4dB）系统，闪烁引起的恶化要大于由降雨引起的恶化。为此，这类系统的设计规划需要精确的闪烁模型。

下面给出一个闪烁计算模型，该模型对于斜路径仰角大于或等于 4°有效。这是因为当仰角小于 4°时，对流层效应的建模更加困难，闪烁更深且变化更大。

闪烁模型所需的输入参数如下：

T：一个月或更长时段内地面站地表面平均环境温度（℃）；

H：一个月或更长时段内地面站地表面平均相对湿度（%）；

θ：路径（天线）仰角 θ，$\theta \geqslant 4°$；

f：频率，4~20GHz；

η：天线效率，如果未知，保守估计取 0.5；

D：天线口径(m)。

闪烁模型分步计算如下：

第 1 步，计算 T 值下的饱和水蒸气压力：

$$e_s = 6.1121\exp[17.502T/(T+240.97)] \tag{4.3-40}$$

式中，e_s 为饱和水蒸气压力，单位为 kPa。

第 2 步，计算无线电折射率的潮湿项：

$$N_{wet} = 3732He_s/(273+T)^2 \tag{4.3-41}$$

第 3 步，计算信号幅度(dB)的归一化标准偏差：

$$\sigma_{ref} = 3.6 \times 10^{-3} + N_{wet} \times 10^{-4} \tag{4.3-42}$$

第 4 步，计算有效路径长度：

$$L = 2h_L/(\sqrt{\sin^2\theta + 2.35 \times 10^{-4}} + \sin\theta) \tag{4.3-43}$$

式中，L 为有效路径长度，单位为 m；h_L 为湍流层高度，取值为 1000m。

第 5 步，计算等效天线口径：

$$D_{eff} = \sqrt{\eta}D \tag{4.3-44}$$

式中，η 为天线效率；D 为天线口径，单位为 m。

第 6 步，计算天线平均因子：

$$g(x) = \sqrt{3.86(x^2+1)^{(11/12)}\sin[(11/6)\arctan(1/x)] - 7.08x^{5/6}} \tag{4.3-45}$$

式中，$x = 1.22D_{eff}^2(f/L)$

第 7 步，计算所考虑时段和传播路径的信号幅度的标准偏差：

$$\sigma = \sigma_{ref}f^{7/12}[g(x)/(\sin\theta)^{1.2}] \tag{4.3-46}$$

式中，σ 为信号幅度的标准偏差，单位为 dB。

第 8 步，计算时间百分比因子：

针对所关注的 $0.01 < p \leqslant 50$ 范围内的时间百分比 p，确定时间百分比因子 $a(p)$，即

$$a(p) = -0.061(\lg p)^3 + 0.072(\lg p)^2 - 1.71(\lg p) + 3.0 \tag{4.3-47}$$

式中，p 为中断百分比。

第 9 步，计算时间百分比 p 的闪烁衰落深度：

$$A_S(p) = a(p) \cdot \sigma \tag{4.3-48}$$

式中，$A_S(p)$ 为闪烁衰落深度，单位为 dB。

7. 沙尘暴引起的衰减

由沙尘暴引起的衰减与粒子潮湿度及无线电波穿过沙尘暴的路径长度

有关。在 14GHz 频率,干燥粒子的衰减在 0.03dB/km 量级,湿度大于 20% 时的粒子衰减在 0.65dB/km 量级。常见沙尘暴分布的高度大多数为 1km 以下,对链路的影响并不严重。

4.3.3　减轻大气影响的措施

4.3.3.1　功率控制技术

功率控制是指当路径上出现衰落时,为保持接收机的预期功率电平而改变发射机发射功率的方法。功率控制试图通过在衰落期间增加发射功率,并随后在衰落事件之后将功率返回到无衰落时的值来保持链路。功率控制的目的是与路径上衰落成正比地改变发射功率,使严重衰落期间接收功率保持不变。无论是上行链路还是下行链路,都可以采用功率控制。

当采用功率控制时,尤其是在上行链路,必须进行持续监视。确保不要把功率电平设得过高,否则会造成接收机前端过激励,严重时可能造成物理损坏。另外,当多载波共用同一个非线性功率放大器时,必须保持功率平衡,以避免小载波的增益被抑制。

通过功率控制,能够补偿的最大路径衰落等于地面站或卫星功率放大器的最大输出与无衰落情况下所需的输出之差。假设功率控制是理想的,那么功率控制对可用性的影响与随时都有这一链路余量时的相同。理想的功率控制系统能在与雨衰成正比的情况下精确地改变功率。功率控制中的误差会造成中断概率的增加,从而使余量的有效性降低。

功率控制系统有两类:开环系统和闭环系统。在闭环系统中,当检测到的星上接收信号电平(它通过遥测信道返回到地面)随时间变化时,直接调节地面发射功率电平。控制范围可能达到 20dB,如果可以连续回传遥测接收信号电平,则响应时间是近似连续的;在开环系统中,利用本身遭受路径衰落的射频控制信号来调节发射功率电平。射频控制信号可以是与上行链路频率相同或相近的信标信号,或者是下行链路信号,或者是来自地面辐射计的测量信号。

无论使用哪种方法,上行链路功率控制确实存在一些局限。通常,很难使到达卫星的所需功率通量密度保持在一个合理的精度,例如 ±1dB 以内。造成这种情况的因素为:①控制信号检测或处理中的误差;②由控制操作引起的时延;③用来估计上行链路衰减的预报模型的不确定性。

功率控制也存在一些副作用:①可能增加系统间干扰。如果干扰路径上不存在相同的雨衰,可能会引起对邻星或邻星地面站的干扰电平的增加以及对地面微波系统的干扰电平的增加。②由于雨的交叉极化效应,功率控制所提高的功率还会使交叉极化分量增加,从而增大了对相邻卫星造成干扰的可能性。

4.3.3.2 分集接收技术

1. 位置分集

由于降雨量较大的区域一般比较小,如果要克服大降雨量的严重影响,则可设置两个地面站,使其距离大于降雨区域,且两个站各自与卫星的路径相互统计独立。位置分集就是利用这种特性,将一条通信链路分配给两个地面站,利用地面链路的分集处理器,对两个站进行择优选用。如果其中有一个站的衰减超过了该站的功率储备,那么至少还有另一个站可以使用,这样就使得链路可用度得到提高。只要两个站位置设计合适,使它们不要处于同一个严重降雨区内,地面站就不需要有多大的功率储备也能保证系统可用度。

由于上行链路位置分集实现的复杂性,位置分集的实现大多数采用下行链路位置分集(接收分集)。位置分集带来的好处可以用分集增益或分集改善系数来体现。

(1) 分集增益 $G_D(p)$

分集增益 $G_D(p)$ 定义为:同一时间百分比 p 下,单站衰减值 $A_S(p)$ 和联合两站(或多站)分集工作衰减值 $A_J(p)$ 之差(分贝值),如图 4.3-9 所示,即

$$G_D(p) = A_S(p) - A_J(p) \tag{4.3-49}$$

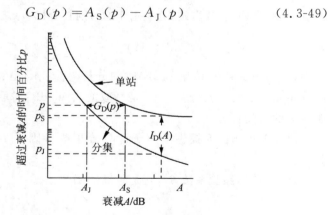

图 4.3-9 分集增益和分集改善的定义

根据 ITU 位置增益模型,分集增益的经验关系可以分解成多个分量,即

$$G_D = G_d(d, A_S) \cdot G_f(f) \cdot G_\theta(\theta) \cdot G_\Phi(\Phi) \qquad (4.3\text{-}50)$$

式中，$G_d(d, A_S) = a(1 - e^{-bd})$ 是由站距 d 带来的增益，单位为 dB；其中，

$$a = 0.78A_S - 1.94(1 - e^{-0.11A_S}), \quad b = 0.59(1 - e^{-0.1A_S})$$

$G_f(f) = e^{-0.025f}$ 是由工作频率 f 带来的增益，单位为 dB；

$G_\theta(\theta) = 1 + 0.006\theta$ 是由仰角 θ 带来的增益，单位为 dB；

$G_\Phi(\Phi) = 1 + 0.002\Phi$ 是由基线方向角 Φ 带来的增益，单位为 dB。

【例 4】 假设以下条件：①频率为 20GHz，仰角为 20°，地面站纬度为北纬 38.4°；②利用该站位置的 ITU-R 雨衰模型，得到在年度链路可用度为 99.9% 情况下，该系统的单站雨衰值为 11.31dB；③与第 2 个分集站的站距为 10km，方向角为 85°，算出站距 d 带来的增益 $G_d(d, A_S)$ 为 7.30dB，由工作频率 f 带来的增益 $G_f(f)$ 为 0.61dB，由仰角 θ 带来的增益 $G_\theta(\theta)$ 为 1.12dB，由基线方向角 Φ 带来的增益 $G_\Phi(\Phi)$ 为 1.17dB。计算总的分集增益。

解：根据上述条件，由式(4.3-50)计算出总的分集增益 G_D 为

$$G_D = 7.30 \times 0.61 \times 1.12 \times 1.17 = 5.84 (\text{dB})$$

利用式(4.3-49)，可以得到分集工作时的雨衰 A_J 为

$$A_J = A_S - G_D = 11.31 - 5.84 = 5.47 (\text{dB})$$

(2) 分集改善因子

分集改善因子 $I_D(A)$ 定义为：在相同的衰减值情况下，单站的时间百分比 p_S 与联合两站(或多站)分集工作的时间百分比 p_J 之比(见图 4.3-10)，即

$$I_D(A) = \frac{p_S(a = A)}{p_J(a = A)} \qquad (4.3\text{-}51)$$

式中，$I_D(A)$ 是衰减值为 A(dB)时的分集改善；p_S 是衰减值为 A(dB)时单站分布相关的时间百分比。p_J 是衰减值为 A(dB)时联合两站(或多站)分布相关的时间百分比。

ITU-R P.618-8 提供了用于计算分集改善因子 I 的方法。计算步骤如下：

首先，计算经验系数 β^2，它是距离的函数：

$$\beta^2 = d^{1.33} \times 10^{-4} \qquad (4.3\text{-}52)$$

然后，计算分集改善因子 I：

$$I = \frac{p_1}{p_2} = \frac{1}{(1 + \beta^2)} \left(1 + \frac{100\beta^2}{p_1}\right) \approx 1 + \frac{100\beta^2}{p_1} \qquad (4.3\text{-}53)$$

式中，p_1 是单站的时间百分比；p_2 是双站的时间百分比。

图 4.3-10 给出了站距为 0～50km 时，p_2 和 p_1 的关系[1]。对于同一倾斜路径衰减，该图可以用来确定分集与不分集(0km)情况下的时间百分比之间的改善。

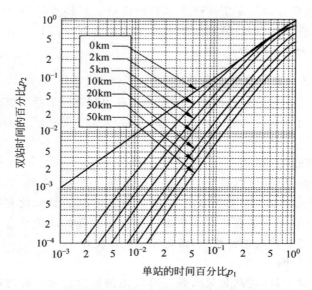

图 4.3-10　相同衰减时有分集和无分集百分比时间关系

【例 5】 假设计算条件仍与上述位置分集的条件相同，计算分集改善因子。

解：当站距为 10km 时，经验系数为
$$\beta^2 = 10^{1.33} \times 10^{-4} = 2.14 \times 10^{-3}$$

则分集改善因子为

$$I = \frac{p_1}{p_2} \approx 1 + \frac{100\beta^2}{p_1} = 1 + \frac{100 \times 2.14 \times 10^{-3}}{0.1} \approx 3.14$$

其中，本例中的 $p_1 = 100\% -$ 可用度 $= 100\% - 99.9\% = 0.1\%$。因此，对于单站衰减为 11.31dB 的系统，在增加第二个站分集工作后，将使系统的可用度从 99.9％ 提高到：

$$100\% - p_2 = 100\% - p_1/I = 100\% - 0.1\%/3.14\% \approx 99.97\%$$

虽然位置分集的效果很好，但需要在一个卫星链路上配置两个地面站，而且还需要额外的地面线路和设备，因此代价比较高，在降雨频繁、雨衰特别大或可用度要求特别高的情况下才会考虑采用这一技术。

2. 频率分集

由于雨衰与频率的关系很大，在高频段（如 Ku，Ka 频段），降雨对链路

影响较大,而在低频段(如 L,S,C 频段),降雨对链路影响较小。频率分集的含义就是使系统工作在高低两个频段。以 Ka 频段和 C 频段为例,当雨衰不大时系统工作在 Ka 频段,当雨衰严重时系统工作在 C 频段。与位置分集相比,频率分集的复杂性及成本有所降低。但缺点是卫星和地面站必须配备双频段工作设备,另外低频段卫星传输能力与高频段卫星传输能力可能存在较大的差距。

4.3.3.3　信号改进恢复技术

减轻大气影响的另一种常见的技术是在出现链路衰落和其他路径恶化时改变通信信号参数来实现性能改善,主要包括带宽缩减、延时传输、自适应编码调制等。

1. 带宽缩减

在强衰减期间,可以减少上行或下行链路上的信号带宽,从而使链路上的可用载噪比增加。带宽减少 1/2 将会使该链路的载噪比提高 3dB。显然,带宽缩减仅限于信息速率或数据速率允许改变的应用场合。在数字系统和信号延迟可接受的链路中,带宽缩减更易实现。

2. 延时传输

延时传输亦称"时间分集",是一种实用的恢复技术。在实时性要求不高的应用场合,例如大容量数据传输和存储转发应用中,可以采用这种技术。这种技术要在雨衰时段存储数据,并在雨衰结束后进行发送。根据降雨情况,存储时间可能需要几分钟到几小时。

3. 自适应编码调制

在遭受雨衰或其他恶化影响的链路上,通过采用自适应编码调制(ACM)技术,改变雨衰期间的信号参数以维持所需要的载噪比。在欧洲电信标准化协会(ETSI)的 DVB-S2X 标准和 CCSDS 相关标准中都提出了自适应编码调制方案,以适应链路雨衰和传输路径的变化。也就是说,在晴天时,使用高阶调制和高效编码,传输高速率数据;在雨衰期间,降低调制阶数(提高功率利用率)和编码率(提高编码增益),以保持链路的可用度。可见,采用自适应技术是以降低传输速率为代价的。

4.3.3.4　极化调整技术

降低去极化影响的方法是对地面站天线的极化特性进行调整。也就是说,当预测到极化变化时,对天线的极化角进行校正,使卫星天线与地面站天线之间的极化特性相匹配。在实际应用中,随着天气的变化做到精确预测和实时校正还是比较困难的。

4.4 链路性能参数

4.4.1 地面站主要性能参数

本节中的地面站指中继卫星地面终端站、测距转发站、模拟测试站和标校站等。地面站主要性能参数是指与链路预算有关的性能参数。

4.4.1.1 与地理有关的参数

在链路预算中,涉及地面站站址的地理位置,例如经度、纬度、海拔高度等。根据地面站站址位置、中继卫星的轨道位置以及球面三角和解析几何知识,可以推导出地面站到卫星的仰角 E、方位角 A 和距离 d。具体推导方法可参阅参考文献[5]。

1. 对于非静止轨道卫星,地面站的仰角和方位角

设地面站经度为 λ_E 和纬度为 ϕ_E;卫星星下点经度为 λ_S 和纬度为 ϕ_S;卫星高度为 h。

(1)地面站天线仰角

地面站天线指向非静止轨道中继卫星时的仰角 E 定义为天线指向卫星的轴向方向与地面站水平面的夹角,可以用下式表示:

$$
E = \arctan\left(\frac{\cos\alpha - \dfrac{R_E}{R_E + h}}{\sin\alpha}\right)
$$

$$
= \arctan\left[\frac{\cos(\lambda_E - \lambda_S)\cos\phi_S\cos\phi_E + \sin\phi_S\sin\phi_E - \dfrac{R_E}{R_E + h}}{\sqrt{1 - (\cos(\lambda_E - \lambda_S)\cos\phi_S\cos\phi_E + \sin\phi_S\sin\phi_E)^2}}\right]
$$

$$(4.4-1)$$

式中,α 为地心角,单位为(°)。

(2)地面站天线方位角

地面站天线指向非静止轨道中继卫星时的方位角 A 定义为以地面站真北方向为基准,顺时针旋转至地面站与卫星星下点连线的角度,可以用下式表示:

$$
A = \arctan\left(\frac{\sin(\lambda_E - \lambda_S)\cos\phi_S}{\cos(\lambda_E - \lambda_S)\cos\phi_S\sin\phi_E - \sin\phi_S\cos\phi_E}\right) \quad (4.4-2)
$$

2. 对于静止轨道卫星,地面站的仰角和方位角

静止轨道卫星与非静止轨道卫星的轨道参数的最大区别是前者的星下

点纬度 ϕ_S 为 0。因此只要令式(4.4-1)和式(4.4-2)中的 ϕ_S 为 0,并将地球赤道平均半径 $R_E=6378(\text{km})$ 和静止轨道卫星对地高度 $h=35\,786(\text{km})$ 代入,即可得到指向静止轨道卫星时的地面站天线仰角 E 和方位角 A,分别为

$$E=\arctan\left[\frac{\cos(\lambda_E-\lambda_S)\cos\phi_E-0.15\,12695}{\sqrt{1-(\cos(\lambda_E-\lambda_S)\cos\phi_E)^2}}\right] \quad (4.4\text{-}3)$$

$$A_i=\arctan\left(\frac{\tan\mid(\lambda_E-\lambda_S)\mid}{\sin\phi_E}\right) \quad (4.4\text{-}4)$$

根据地面站与地球表面星下点的相对位置不同,站在地面站向星下点看,有 4 种可能的方向,即东北、西北、东南、西南。表 4.4-1 给出了 4 种不同方向的方位角的取值。另外两种特殊情况情形可以直接得到方位角:①若地面站与星下点经度相同,那么地面站在北半球,则方位角为 180°;地面站在南半球,则方位角为 0°。②若地面站位于赤道上,那么地面站在星下点西侧,则方位角为 90°;地面站在星下点东侧,则方位角为 270°。

表 4.4-1 4 种不同方向的方位角取值

条　　件	方位角/(°)	条　　件	方位角/(°)
星下点在地面站东北	A_i	星下点在地面站东南	$180-A_i$
星下点在地面站西北	$360-A_i$	星下点在地面站西南	$180+A_i$

3. 天线极化角

由于卫星的经度与地面站的经度一般不相同,这时地面站天线的极化角必须旋转一个角度才能与卫星电波的极化方向相匹配,这个旋转的角度称为"极化角",用 θ_p 表示,即

$$\theta_p=\pm\left[90-\arctan\left(\frac{\tan\phi_E}{\sin\mid(\lambda_E-\lambda_S)\mid}\right)\right] \quad (4.4\text{-}5)$$

如果卫星在地面站的南偏东,则极化角顺时针旋转(面向着天线);如果卫星在地面站的南偏西,则极化角逆时针旋转(面向着天线)。

例如,中继卫星经度为 80°,地面终端站经度为 110°,纬度为 40°,则该站的极化角为

$$\theta_p=\pm\left[90-\arctan\left(\frac{\tan40°}{\sin30°}\right)\right]=30.79°$$

由于卫星在地面站的南偏西,故极化角应逆时针旋转。

4.4.1.2　与天线有关的参数

1. 增益

天线增益是表征天线将输入自身的功率按照特定方向辐射的能力。即

在输入功率相同的条件下,天线在一指定方向上的辐射强度与一理想的全向天线的平均辐射强度的比值。

天线增益通常指最大辐射方向(亦称"轴向")的增益 $G_{\max}$,其值可以表示为

$$G_{\max} = (4\pi/\lambda^2)A_{\mathrm{eff}} \tag{4.4-6}$$

式中,$\lambda = c/f$,其中 c 为光速($3 \times 10^8 \,\mathrm{m/s}$),$f$ 为无线电波的频率,单位为 Hz;A_{eff} 为天线等效口径面积。

对于一个直径为 D 的圆反射面天线,几何面积 $A = \pi D^2/4$,$A_{\mathrm{eff}} = \eta A$,$\eta$ 为天线效率,因而有

$$G_{\max} = \eta(\pi D/\lambda)^2 = \eta(\pi D f/c)^2 \tag{4.4-7}$$

用分贝表示,$G_{\max}$ 为

$$G_{\max} = 20.4 + 20\lg D + 20\lg f + 10\lg\eta \tag{4.4-8}$$

式中,$G_{\max}$ 为最大天线增益,单位为 dBi;D 为天线口面的直径,单位为 m;f 为频率,单位为 GHz。

2. 波束宽度

波束宽度通常定义为沿最大辐射方向两侧,辐射强度降低到某个值的两点间的夹角。波束宽度越窄,说明方向性越好。当辐射强度下降到一半所对应的角度,称为"半功率波束宽度",即下降 3dB 对应的宽度,常用 $\theta_{-3\mathrm{dB}}$ 表示。$\theta_{-3\mathrm{dB}}$ 值与 λ/D 及照射系数有关。对于均匀照射,系数的值是 58.5°;对于非均匀照射,会导致反射器边沿衰减,3dB 波束宽度增加,系数的值依赖于照射的特性,通常选择 70°,于是有如下表达式:

$$\theta_{-3\mathrm{dB}} = 70(\lambda/D) = 70(c/fD) \tag{4.4-9}$$

从式(4.4-7)和式(4.4-9)可以导出天线的最大增益是 3dB 波束宽度的函数,即

$$G_{\max} = \eta(\pi D f/c)^2 = \eta(\pi 70/\theta_{-3\mathrm{dB}})^2 \tag{4.4-10}$$

如果 $\eta = 0.6$,则

$$G_{\max} \approx 29\,000/(\theta_{-3\mathrm{dB}})^2 \tag{4.4-11}$$

3. 极化失配损耗

如果接收天线的极化与来自发射天线的入射波的极化完全相同,则称为"极化匹配"。这时,就能从入射波中吸取最大的能量。但实际上,不可能做到理想极化,也就是不能完全匹配,这时,就有功率损耗。在链路预算中,通常需要考虑极化失配引起的极化损耗 L_{P}。

对于圆极化,发射波只在天线轴向是圆极化,偏离轴向就变为椭圆极化。假设接收天线电压轴比为 X_{R},入射波电压轴比为 X_{T},两极化椭圆长

轴之间的夹角为 α，则

$$L_P = -10\lg \frac{1}{2}\left[1 + \frac{\pm 4X_R X_T + (1 - X_T^2)(1 - X_R^2)\cos 2\alpha}{(1 + X_T^2)(1 + X_R^2)}\right]$$

(4.4-12)

式中，"$\pm$"取决于入射波信号极化旋转方向与接收天线的极化方向是否相同，极化旋转方向相同时取"$+$"，极化旋转方向相反时取"$-$"。

在理想情况下，$X_R = X_T = 1$，$\alpha = 0$，若旋转方向相同，则取"$+$"，没有极化损耗，即 $L_P = 0$。若旋转方向正好相反，则取"$-$"，此时 $L_P \to \infty$，相当于起到了极化隔离的作用。对于一定的 X_R 和 X_T，当 $\alpha = \pm 90°$ 时，L_P 最大。目前许多大口径天线的圆极化轴比都能够优于 1.06，$L_P \approx 0$。

对于线极化波，在大气中传播时会在其极化平面上产生旋转，假设极化面旋转角度为 θ_p，相当于入射波线极化方向与接收天线所要求的线极化方向之间有一个夹角。则极化损耗为[4]

$$L_P = -20\lg\cos\theta_p$$

(4.4-13)

需要说明的是，在利用圆极化天线接收线极化波或线极化天线接收圆极化波的情况下，极化损耗 L_P 都是 3dB。

【例 6】 假设用户终端发射天线轴比和中继卫星接收天线轴比均为 2dB，计算圆极化失配损失。

解：将 2dB 轴比代入式（4.4-12），计算出的极化失配损失约为 0.23dB。

4. 指向损耗

当天线指向偏离最大增益方向时，其结果将造成天线增益降低，该天线增益的降低值称为"指向损耗"L_e，它是偏离角度 θ_e 的函数：

$$L_e = 12(\theta_e / \theta_{-3dB})^2$$

(4.4-14)

需要注意的是：偏离角度 θ_e 是单边角，而 θ_{-3dB} 是双边角；当 $\theta_e = \theta_{-3dB}/2$ 时，天线指向损耗为 3dB；θ_e 可以指发射偏离角，也可以指接收偏离角。

引起地面站天线指向误差的因素主要有 3 种：由卫星位置漂移引起的误差 θ_{sa}，典型值为 0.05°；天线指向控制系统误差 θ_{ea}；由风等因素引起的误差 θ_{gw}。此时，天线指向误差（偏离角度）θ_e 为以上 3 项的均方和，即

$$\theta_e = \sqrt{\theta_{sa}^2 + \theta_{ea}^2 + \theta_{gw}^2}$$

(4.4-15)

当地面站配置了天线跟踪设备时，可以减小天线指向误差，一般跟踪精度为 1/10～1/8 的半功率波束宽度。这样，天线指向损耗为 0.12～0.19dB。

在链路预算中,有时还要考虑天线面精度不够而引起的增益损失,典型的计算公式为

$$\Delta G = 0.007\,61(ef)^2 \tag{4.4-16}$$

式中,e 为天线表面均方根误差,单位为 mm;f 为频率,单位为 GHz。

例如,在 $f = 6(GHz)$ 时,1mm 的表面精度误差就会造成 0.27dB 的增益损失。在 $f = 20(GHz)$ 时,0.4mm 的表面精度误差就会造成 0.49dB 的增益损失。表面精度误差还会造成天线旁瓣性能恶化。因此在系统设计时不能忽视对天线表面精度(尤其是 Ka 以上频段)的要求。

4.4.1.3　等效全向辐射功率

在卫星数据中继系统中,经常用等效全向辐射功率(EIRP)来代表地面站或中继卫星发射系统的发射能力。它指的是发射的功率 P_T 与发射天线的增益 G_T 的乘积。在实际的发射装置中,发射机与天线之间还有一段馈线。设馈线的损耗为 L_{FT},则用分贝表示的 EIRP 为

$$EIRP = P_T + G_T - L_{FT} \tag{4.4-17}$$

4.4.1.4　接收天线噪声温度

地面站天线接收的外部噪声包括来自天空的噪声和地球表面辐射的噪声以及由大气和降雨引起的噪声,图 4.4-1 显示了这种情况。

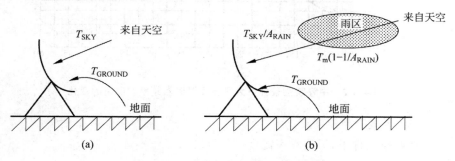

图 4.4-1　地面站天线噪声温度来源

(a) 晴天;(b) 雨天

1. 中等晴空条件下的天线噪声温度

来自如大气气体、太阳、地球表面等噪声源的噪声通常用其亮度温度表示。天线温度是天线方向图同天空亮度温度、地面亮度温度的卷积。对于方向图包含一个单独分布源的天线,天线温度和亮度温度是相同的[1]。

(1) 来自地面的噪声温度

地球辐射对天线噪声的贡献 T_{GROUND} 可参考如下数值[4]进行大致估计:

$$T_{\text{GROUND}} = \begin{cases} 50(\text{K}), & 0° < \theta < 10° \\ 10 \sim 30(\text{K}), & 10° < \theta < 90° \end{cases} \qquad (4.4\text{-}18)$$

具体地，T_{GROUND} 还与频率、天线口径有关，当频率相同时，天线口径越小，地面贡献的噪声温度越高；当天线口径相同时，频率越高，地面贡献的噪声温度越高。

（2）来自大气气体的噪声温度

图 4.4-2 给出了中等晴空条件下，$1 \sim 60\text{GHz}$ 频率范围内的大气的亮度温度曲线，其他频率可参考 ITU-R Rec. P. 372-8。

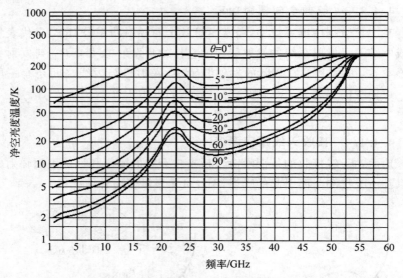

图 4.4-2　中等晴空条件下大气亮度温度随频率和仰角的变化

（3）天线噪声温度

在晴空条件下，天线噪声温度 T_A 可表示

$$T_A = T_{\text{SKY}} + T_{\text{GROUND}} \qquad (4.4\text{-}19)$$

式中，T_{SKY} 为晴空下的噪声温度，单位为 K，可由图 4.4-2 查出。

【例 7】　假设频率为 20GHz、仰角为 $15°$，计算晴空下的天线噪声温度。

解：由图 4.4-2 查出 T_{SKY} 约为 60K；再根据式（4.4-18），取地面噪声温度为 20K。此时，晴空下的天线噪声温度 T_A 为 80K。

2. 降雨条件下的天线噪声温度

（1）降雨引起的噪声温度

降雨引起的噪声温度 T_r 可以根据雨衰值直接确定：

$$T_r = T_m(1 - 10^{-\frac{A_r}{10}}) \tag{4.4-20}$$

式中，T_m 为路径平均温度，单位为 K；A_r 为路径总雨衰，单位为 dB。

T_m 难以直接测量，在卫星链路上利用信标传播同时测量雨衰和噪声温度可以得到一个较为准确的 T_m 统计值。绝大多数测量数据指出，T_m 在 270～280K 时噪声温度与衰减测量之间的统计相关性最好[1]。

（2）降雨引起的天线噪声温度

降雨引起的天线噪声温度 T_{Ar} 为

$$T_{Ar} = T_{SKY}/(10^{\frac{A_r}{10}}) + T_r + T_{GROUND} \tag{4.4-21}$$

通过推导，可以得出降雨给天线噪声温度带来的增量 ΔT_r 为

$$\Delta T_r = (T_m - T_{SKY})(1 - 10^{-\frac{A_r}{10}}) \tag{4.4-22}$$

【例 8】 假设：T_m 取 275K、雨衰为 9.4dB，计算降雨引起的天线噪声温度增量。

解：由式（4.4-20）可知，T_r 为 243.4K；当 T_{SKY} 为 60K，T_{GROUND} 为 20K 时，根据式（4.4-21）可得，降雨引起的天线噪声温度 T_{Ar} 约为 270.3K；根据式（4.4-22），可以得出降雨引起的天线噪声温度增量 ΔT_r 约为 190.3K。

降雨引起的噪声温度将直接增加到接收系统的噪声温度上，使接收系统总体性能恶化。同时，降雨引起的衰减使信号功率降低。这两种效应是叠加的，共同造成链路载噪比的降低。

4.4.1.5 接收机噪声温度

接收机通常由低噪声放大器、下变频器、中频放大器等级联组成。对于一个级联系统的等效噪声温度 T_e，一般表达式为

$$T_e = T_{e1} + \frac{T_{e2}}{G_1} + \frac{T_{e3}}{G_1 G_2} + \cdots + \frac{T_{en}}{G_1 G_2 \cdots G_{n-1}} \tag{4.4-23}$$

假设，T_{e1} 为 LNA 噪声温度，G_1 为 LNA 增益。可见，当 LNA 增益足够大时，级联系统的噪声温度 T_e 主要取决于 LNA 的噪声温度 T_{e1}。

4.4.1.6 接收系统品质因数

地面站接收系统品质因数，即 G/T 值，是地面站接收天线增益 G_R 与接收系统噪声温度 T_S 之比，用分贝表示为

$$[G/T] = G_R - 10\lg T_S \tag{4.4-24}$$

在计算 G/T 值时，需要确定一个参考点，通常 G_R 和 T_S 都折算到

LNA 的输入端,如图 4.4-3 所示。

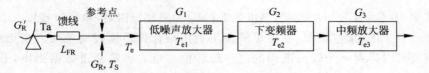

图 4.4-3 G/T 的计算

(1) 折算到 LNA 输入端的接收天线增益 G_R 可用下式计算:

$$G_R = G'_R + 10\lg(1 - P^2) - L_{FR} \tag{4.4-25}$$

式中,G'_R 表示折算前的接收天线增益,单位为 dB;P 为反射系数,又称"失配损耗",$P = \dfrac{\rho - 1}{\rho + 1}$,$\rho$ 为电压驻波比;L_{FR} 为阻发滤波器插入损耗和馈线损耗,单位为 dB。

(2) 等效到 LNA 输入端的系统噪声温度 T_S 可用下式计算:

$$T_S = \frac{T_a}{L_{FR}} + \left(1 - \frac{1}{L_{FR}}\right)T_0 + T_e \tag{4.4-26}$$

式中,T_a 为天线折算到输出法兰盘的噪声温度,单位为 K;T_0 为环境温度,通常取 290K;T_e 为接收机的噪声温度。

需要说明的是以上计算的是晴空条件下的 G/T 值,在降雨条件下,除了造成雨衰和去极化的影响外,还会增加接收系统噪声温度,恶化接收系统 G/T 值。

由降雨带来的 G/T 值的恶化量为

$$\Delta[G/T] = 10\lg\frac{T_S + \Delta T_A}{T_S} \tag{4.4-27}$$

降雨条件下的地面站接收系统品质因数为

$$[G/T]_{rain} = [G/T] - \Delta[G/T] \tag{4.4-28}$$

【例 9】 假设地面站天线口径为 13m,天线效率为 0.6,天线仰角为 15°,工作频率为 20GHz,LNA 噪声系数为 2.5dB,LNA 增益为 50dB,下变频器噪声系数为 3dB。计算晴天条件下的接收系统 G/T 值和降雨情况下的 G/T 值。

解:按照下述步骤进行计算。

① 确定等效到 LNA 输入端的天线增益 G_R

利用式(4.4-8),计算的天线接收增益 G'_R 为 66.48dB;然后,取反射系数为 0.13、阻发滤波器插入损耗为 0.5dB,由式(4.4-25)计算出等效到

LNA 输入端的天线增益 G_R 为 65.9dB。

② 计算接收机噪声温度 T_e

利用式(4.2-14),将 2.5dB 的 LNA 噪声系数换算成噪声温度,约为 225.7K;由于 LNA 有 50dB 的增益,LNA 后面的低损耗电缆和变频器的噪声温度等效到 LNA 输入端非常小,可忽略,故 T_e 取 225.7K。

③ 计算接收系统噪声温度 T_S

设阻发滤波器插入损耗为 0.5dB,由例 7 中给出的 20GHz 频率的天线噪声温度为 80K,则等效到 LNA 输入端的天线噪声温度为 71.3K。利用式(4.4-26),计算出等效到 LNA 输入端的接收系统噪声温度 T_S 为 328.5K。

④ 计算晴天条件下的接收系统 G/T

由式(4.4-24)得出,接收系统 $G/T = 65.9 - 10\lg 328.5 \approx 40.7 (\text{dB/K})$

⑤ 计算降雨条件下的接收系统 G/T

根据上述例 8 的结果,ΔT_r 约为 190.3K。由式(4.4-27)得出

$$\Delta[G/T] = 10\lg \frac{328.5 + 190.3}{328.5} \approx 2.0(\text{dB})$$

最后,由式(4.4-28)得出降雨条件下的 G/T 为 38.7dB/K。

4.4.2　用户终端主要性能参数

用户终端的等效全向辐射功率 EIRP 和接收系统 G/T 在计算方法上与地面站是一致的。用户终端的应用场合大致有两种:一种是工作在地面,一种是工作在空间飞行器上。对于前者,需要考虑大气传播的影响,例如降雨衰减引起的天线噪声温度的增加和 G/T 值的降低。对于后者,由于用户终端天线位于太空,所以一般不需要考虑大气传播的影响,地面的噪声也可以忽略不计。

当用户终端位于地球表面时,它与静止轨道卫星之间的距离按照式(4.3-4)计算;当用户终端工作在空间飞行器上时,它们之间的距离 d 按照式(4.3-5)或式(4.3-6)计算。

4.4.3　中继卫星有效载荷主要性能参数

中继卫星转发器有许多参数来描述其特性,但对于链路预算来说,常用到的主要有转发器饱和功率通量密度(SFD)、等效全向辐射功率(EIRP)、接收系统品质因数(G/T)、转发器增益(G_S)以及互调噪声载噪比、转发器

功率输出回退和输入回退等。

转发器的 SFD,EIRP,G/T 这 3 个参数值与卫星波束覆盖区域的大小、地理位置及赋形特性有关。一般来说,越靠近波束中心,3 个参数的值越大,越靠近波束边缘,3 个参数的值越小,但也不排除在某些特殊区域,采用区域波束增强技术来提高局部地区的覆盖性能。

4.4.3.1 等效全向辐射功率

卫星转发器的 EIRP 是指在天线口面处输出的等效全向辐射功率,单位为 dBW。它可以指单载波输入时转发器的最大输出功率,即单载波饱和工作时的 EIRP,记为 $EIRP_{SS}$;也可以指多载波输入时转发器的最大输出功率,即多载波饱和工作时的 EIRP,记为 $EIRP_{SM}$。还可以指某一个载波的 EIRP,记为 $EIRP_S$ 或 $EIRP_{S1}$。这些概念在链路预算中都会用到。卫星 EIRP 值是下行链路预算中的重要参数。

4.4.3.2 输入饱和功率通量密度

输入饱和通量密度(SFD)的含义是指卫星转发器输出功率达到饱和状态时,相应的接收天线口面入口处的单位面积的输入功率,单位为 dBW/m^2。SFD 反映了卫星转发器的接收灵敏度。通过调整转发器通道中的可变衰减器,可以在一定范围内改变 SFD 的数值。可变衰减值越小,SFD 值就越小,灵敏度越高,所要求的上行功率就越低,即地面发射较低的功率就能把转发器推至饱和状态。当然,也不能一味提高灵敏度。因为灵敏度的提高虽然降低了对上行功率的要求,也降低了上行链路的载噪比。另外,灵敏度过高,噪声和干扰也会更多、更容易地进入上行链路,降低其抗干扰能力。

SFD 是上行链路预算的重要参数,其主要作用是确定地面站发射的 EIRP,进而计算出地面站所需的发射天线口径的大小和功率放大器的输出功率。

4.4.3.3 接收天线噪声温度

输入到卫星接收天线的外部噪声主要是地球噪声和外部空间噪声。同步轨道卫星的地球视角是 17.4°,相当于天线的 3dB 角为 17.4°,当指向地球时,地球噪声是主要的,通常取 290K。另外,天线噪声温度与频率、卫星波束宽度、指向区域有关。通常陆地比海洋辐射更多的噪声。在工程上计算时,陆地波束可取 290K,海洋波束可取 160K。

雨衰对卫星接收天线等效噪声温度的影响是有限的,这是因为星上接收天线和接收机噪声温度比较高,一般在 $500\sim1000$K,所以上行雨衰对卫星接收系统噪声温度的贡献很小,在工程计算时一般不予考虑。

4.4.3.4 接收系统品质因数

与地面站相同,卫星转发器接收系统的品质因数定义为卫星接收天线增益与接收系统噪声温度之比,用 $(G/T)_S$ 表示。$(G/T)_S$ 和 SFD 反映的都是卫星接收系统的性能,在链路预算中的主要作用是计算上行载噪比,并涉及地面站与用户终端的天线和功率的大小及成本的高低。

4.4.3.5 转发器增益

一般地,卫星转发器增益是指转发器输出功率与输入功率之比。在链路预算时,常把天线增益包括进去,即接收天线入口处到发射天线出口处的总的增益。当小信号输入时,转发器工作在线性区,此时的增益称为"小信号增益";当大信号输入且转发器工作在饱和区时,称此时的增益为"饱和增益";转发器工作在饱和区时会产生增益压缩。

转发器增益大小的设计与整个系统中地面站和用户终端的天线大小有关。地面天线越小,所需的转发器增益越大。但是,转发器增益的增加是有限度的,过高的增益在相位满足一定条件下容易自激而产生大量噪声,甚至使转发器无法工作。

4.4.3.6 输入输出回退

卫星转发器的功率放大器大多采用行波管功率放大器或固态功率放大器。这两种放大器在最大输出功率点附近的输入-输出关系曲线都会呈现非线性特性,固态功率放大器的线性特性比行波管放大器好一些。为了提高线性度,行波管放大器通常配置线性化器。

(1) 转发器总的输入输出回退

当多个载波工作于同一个转发器时,为了避免由非线性产生的互调干扰,必须控制转发器输出的功率不能过大而进入非线性区。也就是说,转发器多载波工作时其功率需要有一定的回退量。

转发器总的输入回退量和总的输出回退量分别用 BO_i 和 BO_o 表示。

(2) 载波输入输出回退

载波的输入输出回退是指某个载波相对于转发器单载波饱和状态时的回退,分别用 BO_{il} 和 BO_{ol} 表示:

$$BO_{il} = SFD_S - PFD_S \tag{4.4-29}$$

$$BO_{ol} = EIRP_{SS} - EIRP_{Sl} \tag{4.4-30}$$

式中，SFD_S 为卫星饱和通量密度，单位为 dBW/m^2；PFD_S 为载波功率通量密度，单位为 dBW/m^2；$EIRP_{SS}$ 为卫星饱和 $EIRP$，单位为 dBW；$EIRP_{Sl}$ 为某一载波的卫星 $EIRP$，单位为 dBW。

（3）转发器输出回退与输入回退的关系

对于行波管放大器来说，输出回退与输入回退关系可用下面的经验公式表示：

$$BO_o = -0.003\,013(BO_i)^3 - 0.1014(BO_i)^2 + 0.057\,14(BO_i) + 0.072\,75 \tag{4.4-31}$$

式中，BO_o 表示输出回退量，单位为 dB；BO_i 表示输入回退量，单位为 dB。

需要注意的是，在利用式（4.4-31）计算时，BO_i 取负分贝值。例如，当 BO_i 取 $-3dB$ 时，BO_o 约为 $-0.93dB$。

对于固态功率放大器来说，输出回退与输入回退关系可用下面的经验公式表示：

$$BO_o = 0.9511(BO_i) + 0.3021 \tag{4.4-32}$$

同样，在利用式（4.4-32）计算时，BO_i 取负分贝值。例如，当 BO_i 取 $-3dB$ 时，BO_o 约为 $-2.55dB$。

输入回退与输出回退的关系和所选用的功率放大器特性有关。上述经验公式是根据实际测试结果，通过曲线拟合得到的。式（4.4-31）与实际测试值的均方根误差在 $0.06 \sim 0.26dB$。式（4.4-32）拟合的均方根误差约为 $0.3dB$。

4.4.3.7 转发器互调噪声

当卫星转发器中的功率放大器以接近饱和功率放大多个载波时，载波之间产生的互调产物可能落到有用信号带内，形成互调噪声（或称"互调干扰"），从而降低有用信号的载噪比。同时互调产物还占用转发器的有效功率，减小了的转发器的有效容量。

互调噪声的频率分布和功率大小，与功率放大器的特性、工作点的选取、同时放大的载波数量、功率大小、已调载波频谱和各载波排列情况有关。一般来说，输入回退越多，互调噪声就越小。当输入的载波数足够多时，在转发器带内的互调功率谱密度分布是连续的，但不是平坦的。为了估计对链路的影响,通常取平均值。为了计算方便,我们引入"等效"互调噪声温度 T_I 的概念,它与互调噪声密度 $(N_0)_{IM}$ 的关系可视为 $(N_0)_{IM} = kT_I$。

通常用实验的方法或计算机模拟的方法求得载波功率与互调噪声平均功率谱密度之比。

分析表明[6],当转发器总的输出回退为 3dB 时,超过 5 阶的互调产物可以忽略。以 3 阶互调为例,转发器输出的总载波功率 P_S 与总的 3 阶互调功率 P_{IM3} 之比的分贝值为

$$P_S/P_{IM3} = 9.54 + 2BO_o \qquad (4.4-33)$$

例如,若 $BO_o = 3dB$,则 $P_S/P_{IM3} \approx 15.5(dB)$。

减小互调噪声的主要措施是限制输出功率,使放大器工作在线性区。表 4.4-2 给出了转发器互调载噪比与输入回退的关系(典型值)。在工程应用中,一般要求载波与 3 阶互调产物之间的差值不小于 23dB。

表 4.4-2 转发器 3 阶互调与输入回退的关系

BO_i/dB	0	6	9	11
$(C/I)_{IM3}/dB$	10.4	17.7	24.1	28.4

当载波数较少时,可以通过合理的频率配置,避开互调分量落入到信号载波的带内。

卫星转发器和天线系统还会产生无源互调噪声。由于无源互调噪声一般很小,故在卫星数据中继系统的链路预算中,可以忽略此因素的影响。但对于小信号、高灵敏度系统(例如卫星移动通信系统),需要考虑无源互调噪声的影响并提出限制性指标要求,例如总的无源互调电平应低于转发器热噪声电平 20dB 以下等。

4.4.3.8 转发器量化噪声

在数字透明转发器中,通常用到模/数转换(A/D)和数/模转换(D/A)电路。A/D 电路对载波信号进行抽样量化,在完成数字处理后,D/A 电路再将数字信号恢复成模拟信号,在这个过程中会产生量化噪声。因此,对于数字透明转发器,在链路预算中还要考虑量化噪声的影响。量化噪声可以用载波功率与量化噪声功率比 $(C/N)_Q$ 或载波功率与量化噪声功率谱密度比 $(C/N_0)_Q$ 表示。通常 $(C/N)_Q$ 需要达到 30dB 以上。

4.5　基本链路方程

4.5.1　卫星链路

一般的卫星链路由上行链路和下行链路组成。上行链路的信号质量取决于始发地面站发出的信号功率大小和卫星收到的信号功率大小。下行链路的信号质量取决于卫星转发的信号功率大小和地面站收到的信号功率大小。由于卫星与地面站之间的距离遥远,因此卫星收到的上行信号和地面站收到的下行信号都是非常微弱的,而且很容易受到各种各样的噪声和干扰的影响。

卫星链路的性能常用接收机输入端的载波与噪声比来衡量。例如:载波功率与噪声温度比(C/T)、载波功率与噪声功率谱密度比(C/N_0)以及载波功率与噪声功率比(C/N)等。C/T 值与带宽、玻尔兹曼常数无关,但数值为负数;C/N_0 值与带宽无关,数值为正数;C/N 值与带宽有关。故在链路预算中使用 C/N_0 值较为方便。

卫星转发链路一般有两种,一种是透明转发的链路;一种是再生处理转发的链路。前者的上行链路 C/N_0 值会对端到端链路总 C/N_0 值产生影响;后者的上行链路 C/N_0 值对端到端链路的总 C/N_0 值没有贡献,但是对总的差错率性能会有影响。

4.5.2　透明转发卫星链路

4.5.2.1　链路构成

图 4.5-1 给出了卫星数据中继系统链路预算基本链路构成,它包括馈电(上行和下行)链路和星间(上行和下行)链路。馈电链路上行和星间链路下行构成前向链路,如图 4.5-1(a)所示。星间链路上行和馈电链路下行构成返向链路,如图 4.5-1(b)所示。

4.5.2.2　上行链路方程

用分贝表示的上行链路载波功率与噪声功率谱密度比计算公式为

$$(C/N_0)_U = \text{EIRP}_E - L_{U\Sigma} + (G/T)_S + 228.6 \qquad (4.5\text{-}1)$$

式中,$(C/N_0)_U$ 为上行链路载波功率与噪声功率谱密度比,单位为 dBHz;EIRP_E 为地面站或用户终端的等效全向辐射功率,单位为 dBW;$(G/T)_S$ 为卫星接收系统品质因数,单位为 dB/K;228.6 为用分贝表示的玻尔兹曼

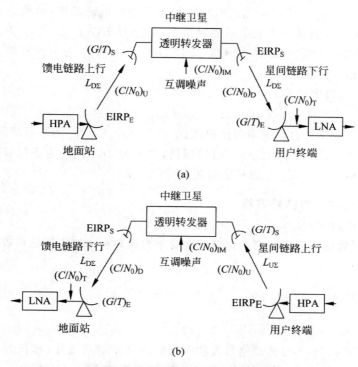

图 4.5-1 卫星数据中继系统透明转发链路预算基本链路构成

（a）前向链路；（b）返向链路

常数；$L_{U\Sigma}$ 为上行链路总的传播损耗，单位为 dB。

$L_{U\Sigma}$ 可以表示为

$$L_{U\Sigma} = L_{UF} + A_{URAIN} + L_{Ua} + L_{UP} + L_{other} \qquad (4.5\text{-}2)$$

式中，L_{UF} 为上行自由空间传播损耗，单位为 dB；A_{URAIN} 为上行降雨衰减，单位为 dB；L_{Ua} 为上行大气（气体）损耗，单位为 dB；L_{UP} 为上行极化失配损耗，单位为 dB；L_{other} 为其他损耗，单位为 dB。

假设卫星输入饱和功率通量密度用 SFD 表示，则

$$SFD = EIRP_E - L_{U\Sigma} + 10\lg(4\pi/\lambda^2) \qquad (4.5\text{-}3)$$

式中，SFD 为输入饱和功率通量密度，单位为 dBW/m^2；$10\lg(4\pi/\lambda^2)$ 为单位面积天线增益，单位为 dB。

4.5.2.3 下行链路方程

用分贝表示的下行链路载波功率与噪声功率谱密度比计算公式为

$$(C/N_0)_D = EIRP_D - L_{D\Sigma} + (G/T)_E + 228.6 \qquad (4.5\text{-}4)$$

式中，$(C/N_0)_D$ 为下行链路载波功率与噪声功率谱密度比，单位为 dBHz；$EIRP_D$ 为卫星发送的等效全向辐射功率，单位为 dBW；$(G/T)_E$ 为地面站或用户终端的接收系统品质因数，单位为 dB/K。$L_{D\Sigma}$ 为下行链路总的传播损耗，单位为 dB。

$L_{D\Sigma}$ 可以表示为

$$L_{D\Sigma} = L_{DF} + A_{DRAIN} + L_{Da} + L_{DP} + L_{other} \qquad (4.5\text{-}5)$$

式中，L_{DF} 为下行自由空间传播损耗，单位为 dB；A_{DRAIN} 为下行降雨衰减，单位为 dB；L_{Da} 为下行大气（气体）损耗，单位为 dB；L_{DP} 为下行极化失配损耗，单位为 dB；L_{other} 为其他损耗，单位为 dB。

4.5.2.4 全链路方程

1. 总的 $(C/N_0)_T$

卫星数据中继系统总的链路载波功率与噪声功率谱密度比可以用下式表示：

$$(C/N_0)_T = 10\lg\Big\{\ [10^{\frac{(C/N_0)_U}{10}}]^{-1} + [10^{\frac{(C/N_0)_D}{10}}]^{-1} + [10^{\frac{(C/N_0)_{IM}}{10}}]^{-1} +$$

$$[10^{\frac{(C/N_0)_{AC}}{10}}]^{-1} + [10^{\frac{(C/N_0)_{CO}}{10}}]^{-1}\Big\}^{-1} \qquad (4.5\text{-}6)$$

式中，$(C/N_0)_T$ 为总的链路载波功率与噪声功率谱密度比，单位为 dBHz；$(C/N_0)_{IM}$ 为互调噪声引起的 C/N_0 值，单位为 dBHz；$(C/N_0)_{AC}$ 为邻信道干扰引起的 C/N_0 值，单位为 dBHz；$(C/N_0)_{CO}$ 为频谱复用引起的同信道干扰 C/N_0 值，单位为 dBHz。

式 (4.5-6) 未包含来自其他系统的干扰。如果要考虑来自其他系统的干扰，例如，其他卫星通信系统或地面微波系统等，则可以在上式中增加相应干扰的载噪比。

2. 数据传输所需的门限 $(C/N_0)_{th}$

数据传输所需的门限 $(C/N_0)_{th}$ 可以用下式表示：

$$(C/N_0)_{th} = (E_b/N_0)_{th} + 10\lg R \qquad (4.5\text{-}7)$$

式中，$(E_b/N_0)_{th}$ 为每比特能量与噪声功率谱密度比的门限值，单位为 dB；R 为所需传输的数据速率，单位为 b/s。$(E_b/N_0)_{th}$ 是链路必须达到的最低值，它可以根据数据传输的误比特率 P_b 要求而定。P_b 是 E_b/N_0 的函数，它与所采用的编码调制/解调译码方式和设备性能损失等有关。一般情况下，设备性能（例如解调、译码、解扩）损失小于 1dB。

3. 门限余量 M_{th}

根据式 (4.5-6) 和式 (4.5-7)，门限余量 M_{th} 为

$$M_{\text{th}} = (C/N_0)_{\text{T}} - (C/N_0)_{\text{th}} \quad (4.5\text{-}8)$$

门限余量亦称"链路余量",它的大小可以根据链路可用度要求和卫星转发器的传输能力确定。通常,把门限余量 M_{th} 正好满足链路可用度要求的总的 $(C/N_0)_{\text{T}}$ 作为系统的工作点 $(C/N_0)_{\text{OP}}$。

4. 载波功率占用比

载波功率占用比指某载波工作参数确定后最终在卫星转发器上分配的 EIRP_{Sl} 占转发器总的可用功率的比例。以 η_P 表示,计算公式如下:

$$\eta_P = \frac{(\text{EIRP}_{\text{Sl}})}{(\text{EIRP}_{\text{SS}} - \text{BO}_{\text{o}})} \times 100\% \quad (4.5\text{-}9)$$

式中,$(\text{EIRP}_{\text{SS}} - \text{BO}_{\text{o}})$ 为输出回退后总的转发器输出 EIRP 真值;$(\text{EIRP}_{\text{Sl}})$ 为某载波所需的转发器输出 EIRP 真值。

4.5.3 再生处理转发卫星链路

4.5.3.1 链路构成

在星上除了要完成信号的变频和放大外,还要完成信号的再生处理,即解调译码和编码调制。再生处理转发的卫星链路预算的基本链路构成与透明转发链路的基本相同,区别在于上行链路性能和下行链路性能独立分开,即分别计算上行链路总载噪比和下行链路总载噪比,然后再分别计算其对应的差错率,最后,计算全链路的总的差错率。

4.5.3.2 上行链路方程

在上行链路总的 $(C/N_0)_{\text{UT}}$ 中,除了上行信号载波 $(C/N_0)_{\text{U}}$ 外,还包括由地面站互调噪声引起的 $(C/N_0)_{\text{UIM}}$ 以及上行的邻信道干扰 $(C/N_0)_{\text{UAC}}$ 和上行的同信道干扰 $(C/N_0)_{\text{UCO}}$。

上行链路总的 $(C/N_0)_{\text{UT}}$ 可以表示为

$$(C/N_0)_{\text{UT}} = 10\lg\left\{ \left[10^{\frac{(C/N_0)_{\text{U}}}{10}}\right]^{-1} + \left[10^{\frac{(C/N_0)_{\text{UIM}}}{10}}\right]^{-1} + \right.$$
$$\left. \left[10^{\frac{(C/N_0)_{\text{UAC}}}{10}}\right]^{-1} + \left[10^{\frac{(C/N_0)_{\text{UCO}}}{10}}\right]^{-1} \right\}^{-1} \quad (4.5\text{-}10)$$

上行链路数据传输所需的门限 $(C/N_0)_{\text{Uth}}$ 和门限余量 M_{U} 可参照式(4.5-7)和式(4.5-8)计算。如果要考虑来自其他系统的上行干扰,例如,其他卫星通信系统和地面微波系统等,则可以在上式中增加相应干扰的 C/N_0 项。

4.5.3.3 下行链路方程

在下行链路总的 $(C/N_0)_{\text{DT}}$ 中,除了下行信号载波 $(C/N_0)_{\text{D}}$ 外,还应

包括由卫星转发器互调噪声引起的$(C/N_0)_{SIM}$以及下行的邻信道干扰$(C/N_0)_{DAC}$和下行的同信道干扰$(C/N_0)_{DCO}$。

$$(C/N_0)_{DT} = 10\lg\{[10^{\frac{(C/N_0)_D}{10}}]^{-1} + [10^{\frac{(C/N_0)_{SIM}}{10}}]^{-1} +$$

$$[10^{\frac{(C/N_0)_{DAC}}{10}}]^{-1} + [10^{\frac{(C/N_0)_{DCO}}{10}}]^{-1}\}^{-1} \qquad (4.5\text{-}11)$$

下行链路数据传输所需的门限$(C/N_0)_{Dth}$和门限余量M_D可以参照式(4.5-7)和式(4.5-8)计算。如果要考虑来自其他系统的下行干扰,例如,其他卫星通信系统和地面微波系统等,则可以在上式中增加相应干扰的C/N_0项。

4.5.3.4 全链路方程

首先,根据上行链路的工作点$(C/N_0)_{UOP}$和数据速率,得出E_b/N_0值,计算上行链路差错率。然后,根据下行链路的工作点$(C/N_0)_{DOP}$和数据速率,得出E_b/N_0值,计算下行链路差错率。

如果一个比特在上行链路和下行链路上都是正确或都是错误的,那么该比特在端到端链路中将是正确的。因此,一个比特是正确的总概率P_{corr}为

$$P_{corr} = (1 - P_U)(1 - P_D) + P_U P_D \qquad (4.5\text{-}12)$$

式中,P_U为上行链路差错率;P_D为下行链路差错率;$P_U P_D$为上、下两条链路上比特都错误的概率。若P_U和P_D都很小,则$P_U P_D$项可忽略。

端到端链路总的差错率P_E为

$$P_E = 1 - P_{corr} \qquad (4.5\text{-}13)$$

总体上看,由于星上再生处理隔离了上行链路噪声对总链路噪声的积累作用,其传输性能要优于透明转发器。当上行和下行的载噪比相同时,星上处理转发器的链路性能改善最大,约为 3dB;当上行和下行的载噪比相差较大(例如超过 10dB)时,再生处理转发的链路性能改善的优势就不明显了,因为此时系统的总载噪比(或差错率)主要由载噪比(或差错率)较差的链路决定。

4.5.4 干扰计算

4.5.4.1 交叉极化干扰计算

为了充分利用有限的频谱资源,卫星数据中继系统常采用正交极化频率复用方式,在给定的工作频段上提供双倍的使用带宽。交叉极化干扰是指工作在不同极化的同频率载波之间的相互干扰。交叉极化干扰分为上行

交叉极化干扰和下行交叉极化干扰,上行交叉极化干扰通常只出现在一个或某几个载波上,下行交叉极化干扰通常影响整个接收频段。

链路总的极化隔离度 XPI_Σ 包括卫星天线交叉极化隔离度 XPI_S、地面站天线交叉极化隔离度 XPI_E 以及由雨和冰云引起的去极化 XPI_{RAIN}。XPI_Σ 计算公式为

$$XPI_\Sigma = 20\lg\{[10^{\frac{XPI_E}{20}}]^{-1} + [10^{\frac{XPI_S}{20}}]^{-1} + [10^{\frac{XPI_{RAIN}}{20}}]^{-1}\}^{-1}$$

$$(4.5\text{-}14)$$

在晴天情况下,上述公式中不包含 XPI_{RAIN} 项。上述公式也适用于极化鉴别率(XPD)的计算。

交叉极化干扰是一种同信道干扰(另一种是空分复用产生的同信道干扰)。若用载波与同信道干扰功率谱密度 $(C/N_0)_{CO}$ 表示,则

$$(C/N_0)_{CO} = XPI_\Sigma + 10\lg B_n \qquad (4.5\text{-}15)$$

为了减小交叉极化干扰,卫星天线和地面站天线都应满足一定的极化隔离度指标。对于卫星,一般要求在相对于峰值 1dB 等值线以内,发射天线交叉极化隔离度和接收天线交叉极化隔离度(XPI)均不低于 33dB 或在覆盖区波束内大于 27dB;对于地面站,一般要求其天线在波束中心的交叉极化隔离度(XPI)不低于 35dB。在频谱复用的链路预算中,应将极化干扰因素计入全链路总的 $(C/N_0)_T$ 中。

【例 10】 假设地面终端站线极化天线轴向极化隔离度为 33dB,中继卫星线极化天线在 3dB 波束宽度内的极化隔离度为 27dB,计算降雨条件下 $(C/N_0)_{COrain}$。

解: 首先,参考式(4.5-14),得出晴天条件下总的极化隔离度为 23.47dB。若等效噪声带宽取 205.8MHz(见例 1),则由式(4.5-15)得到晴天条件下的 $(C/N_0)_{CO}$ 为

$$(C/N_0)_{COclear} = 23.47 + 10\lg(205.8 \times 10^6) \approx 106.6 (\text{dBHz})$$

然后,根据例 3 的计算结果,降雨引起的交叉极化鉴别率 XPD 为 28.74dB,并认为 XPD 与 XPI 相等,故总的极化隔离度为 19.69dB。

最后,得到降雨条件下 $(C/N_0)_{COrain}$ 为

$$(C/N_0)_{COrain} = 19.69 + 10\lg(205.8 \times 10^6) \approx 102.8 (\text{dBHz})$$

4.5.4.2 邻星干扰计算

1. 从实际干扰的角度,计算来自邻星系统干扰的 *C/I*

(1)上行链路

上行链路相邻卫星系统干扰由相邻卫星系统中一个或多个地面站干扰

产生。计算时通常采用如下简化公式：

$$(C/N)_{\mathrm{Uas}} = (C_S/I_0)_{\mathrm{Uas}} - \mathrm{BO}_{\mathrm{il}} - 10\lg B_n \qquad (4.5\text{-}16)$$

式中，$(C_S/I_0)_{\mathrm{Uas}}$ 为上行链路相邻卫星系统干扰参数，单位为 dBHz；$\mathrm{BO}_{\mathrm{il}}$ 为某载波的转发器输入回退，单位为 dB。$(C_S/I_0)_{\mathrm{Uas}}$ 通常由卫星操作者根据本卫星系统工作参数和实际相邻卫星系统工作参数综合确定。当不考虑实际邻星系统的干扰，而从本系统保护比要求的角度出发时，$(C_S/I_0)_{\mathrm{Uas}}$ 可由式(4.5-18)给出。

（2）下行链路

下行链路相邻卫星系统干扰由来自一个或多个相邻卫星系统的下行链路。计算时通常采用如下简化公式：

$$(C/N)_{\mathrm{Das}} = (C_S/I_0)_{\mathrm{Das}} - \mathrm{BO}_{\mathrm{ol}} + G_{\mathrm{er}} - G_{\varphi r} - 10\lg B_n \quad (4.5\text{-}17)$$

式中，$(C_S/I_0)_{\mathrm{Das}}$ 为下行链路相邻卫星系统干扰参数，单位为 dBHz；$\mathrm{BO}_{\mathrm{ol}}$ 为某载波的转发器输出回退，单位为 dB；G_{er} 为地面站天线接收增益，单位为 dB；$G_{\varphi r}$ 为地面站天线在相邻卫星方向的接收增益，单位为 dB。

$(C_S/I_0)_{\mathrm{Das}}$ 通常由卫星操作者根据本卫星系统工作参数和实际相邻卫星系统工作参数综合确定。当不考虑实际邻星系统的干扰，而从本系统保护比要求的角度出发时，$(C_S/I_0)_{\mathrm{Das}}$ 可由式(4.5-19)给出。

2. 从本系统保护比要求的角度，计算对来自邻星系统的干扰限制要求

（1）上行链路

上行链路相邻卫星系统干扰 $(C_S/I_0)_{\mathrm{Uas}}$ 是指到达本卫星接收机输入端口的载波功率与来自相邻卫星系统上行站的干扰功率谱密度之比，其计算公式为

$$(C_S/I_0)_{\mathrm{Uas}} = (C/N)_T + 12.2 + 3 + \mathrm{BO}_i + 10\lg B_{\mathrm{tr}} \qquad (4.5\text{-}18)$$

式中，$(C/N)_T$ 为全链路总的载波功率与噪声功率比，单位为 dB；12.2dB 为根据无线电规则附录 8(2012)中要求的 6% 的系统干扰噪声增加量保护比要求；3dB 为对于仅上行或仅下行链路，相对全链路的保护比增加量；B_{tr} 为转发器带宽。

（2）下行链路

下行链路相邻卫星系统干扰 $(C_S/I_0)_{\mathrm{Das}}$ 是指到达地面站接收机输入端口的载波功率与来自相邻卫星系统下行的干扰功率谱密度之比，计算公式为

$$(C_S/I_0)_{\mathrm{Das}} = (C/N)_T + 12.2 + 3 + \mathrm{BO}_o + 10\lg B_{\mathrm{tr}} \qquad (4.5\text{-}19)$$

4.5.4.3　其他干扰计算

在卫星数据中继系统链路预算中，除了前文讨论的互调、交叉极化、邻

星等干扰外,还有一些其他干扰分量,例如,来自本系统载波之间的邻信道干扰以及来自地面微波系统的干扰和人为干扰等。必要时,在链路预算中可以将这些因素计入全链路总的 $(C/N_0)_T$ 中。

4.5.5 链路辐射限制

4.5.5.1 噪声辐射限制

为了减小对其他卫星的干扰,对地面站辐射的互调噪声、杂散噪声和带外辐射也有一些指标限制。例如:地面站发射的杂散辐射(其中包括寄生的单频信号、频带噪声和其他无用信号,但不包括互调信号)EIRP 应低于未调制载波 60dB 以上;地面站在工作仰角上发射多载波产生的带外互调产物 EIRP,在任何 4kHz 带宽内应不超过 21dBW;在工作频带外,地面站发射的载波旁瓣电平在任何 4kHz 带宽内应比频谱主瓣峰值低 26dB 以上。

4.5.5.2 偏轴辐射限制

地面站偏轴 EIRP 谱密度指地面站辐射到相邻卫星方向的 EIRP 谱密度,为地面站功率放大器发射的功率谱密度与发射天线偏轴增益之和,用 $\mathrm{EIRP}_{e\varphi}$ 表示,计算公式为

$$\mathrm{EIRP}_{e\varphi} = \mathrm{PD}_{et} - L_{ft} + G_{\varphi t} \tag{4.5-20}$$

式中,$\mathrm{EIRP}_{e\varphi}$ 为地面站发射的偏轴 EIRP 谱密度,单位为 dBW/Hz;PD_{et} 为地面站功率放大器输出的功率谱密度,单位为 dBW/Hz;L_{ft} 为地面站功率放大器输出端与天线发射端口之间的损耗,单位为 dB;$G_{\varphi t}$ 为天线在相邻卫星方向的发射增益,单位为 dB。

计算 $G_{\varphi t}$ 时,需首先计算天线主轴与相邻卫星方向之间的夹角,即顶心角,用 φ 表示。

$$\varphi \approx 1.1 \times |\varphi_{2a} - \varphi_2| \tag{4.5-21}$$

式中,φ_{2a} 为相邻卫星的经度,单位为(°);φ_2 为本卫星的经度,单位为(°)。

为了减小相互之间的干扰,ITU 对地面天线口径和辐射方向图做出了明确的限制。根据 ITU-R.585-5 建议,对于 $D/\lambda > 50$ 的抛物面天线,在 $1° \leqslant \varphi \leqslant 20°$ 范围内,90% 的旁瓣峰值应不超过下式给出的值:

$$G(\varphi) = 29 - 25\lg\varphi \quad (\mathrm{dBi}) \tag{4.5-22}$$

例如,当相邻卫星与本卫星经度差为 2.5° 时,由式(4.5-21)可知顶心角为 2.75°,由式(4.5-22),得出天线偏轴增益为 18.02dB。然后,再根据 ITU 有关偏轴 EIRP 限制的建议,估计是否满足要求。

4.5.5.3　卫星至地球表面的辐射限制

为了防止卫星下行信号过大对地面系统造成干扰,ITU 对卫星下行信号的辐射功率谱密度进行了限制,如表 4.5-1 所示。

表 4.5-1　适用于中继卫星 SSA 和 KSA 链路的 PFD 限值(晴天)

业　务	频　段	参考带宽 B_R	到达地球表面的角度	PFD 极限 /(dBW/m^2)
SSA/MA 前向 SSA/MA 返向	2025～2110MHz 2200～2290MHz	4kHz	0°～5°	−154
			5°～25°	−154+0.5(α−5)
			25°～90°	−144
KSA 前向 KSA 返向	22.55～23.55GHz 25.25～27.50GHz	1MHz	0°～5°	−115
			5°～25°	−115+0.5(α−5)
			25°～90°	−105

对于 SSA/MA 链路,晴天条件下辐射到地球表面的功率谱密度 PSD_D 为

$$PSD_D = EIRP_S - L_{DF} + 10\lg(4\pi/\lambda^2) - 10\lg(B_n/4)\quad(dBW/m^2/4kHz)$$

$$(4.5-23)$$

式中,B_n 为等效噪声带宽,单位为 kHz。

对于 KSA 链路,晴天条件下辐射到地球表面的功率谱密度 PSD_D 为

$$PSD_D = EIRP_S - L_{DF} + 10\lg(4\pi/\lambda^2) - 10\lg(B_n/1)\quad(dBW/m^2/1MHz)$$

$$(4.5-24)$$

式中,B_n 为等效噪声带宽,单位为 MHz。

4.6　链路预算和设计考虑

4.6.1　一般任务和步骤

4.6.1.1　一般任务

卫星数据中继链路预算任务大致有以下两种情形。

(1) 面向系统总体设计的链路预算

在系统研制建设之初,根据用户业务要求,确定链路的总体性能和传输能力。根据链路预算结果,对中继卫星有效载荷(包括天线和转发器)和各类地面站的链路性能参数提出技术指标要求。

(2) 面向系统应用的链路预算

根据系统总体设计给出(或已知)的卫星有效载荷和地面站的链路性能

指标要求,面向各类业务应用进行链路预算,即针对具体的载波速率、带宽和 E_b/N_0 要求,计算地面站发射的载波 EIRP 和接收的载噪比,确定天线口径、HPA 功率、接收机噪声性能以及链路的功率容量和带宽容量等。

4.6.1.2 一般步骤

卫星链路设计一般可以按照以下几个步骤来完成:①选择和确定链路预算所针对的卫星业务种类,例如卫星固定业务、卫星移动业务、卫星广播业务和卫星中继业务,以及选择卫星转发器的转发方式,即透明转发还是再生转发;②根据卫星运行轨道和工作频段,选择链路预算的卫星轨道参数和具体频率值;③根据业务的传输体制和所需的性能要求,确定业务载波的编码调制参数和门限值,例如,调制阶数、编码方式、编码率、门限误比特率和门限 E_b/N_0 等;④确定链路可用度,系统工作的门限余量或降雨余量;⑤根据地面站参数和卫星转发器参数以及互调噪声、邻道干扰、同信道干扰等,计算上行链路载噪比、下行链路载噪比和全链路总的载噪比;⑥根据卫星的饱和 EIRP$_{SS}$、输入输出回退量和上述步骤得出的业务载波的卫星 EIRP$_S$,计算可容纳的载波数量,即功率容量;⑦根据转发器带宽和业务载波的带宽以及互调噪声的分布情况,计算可容纳的载波数量,即带宽容量;⑧计算辐射限制,考察是否满足 ITU 相关要求;⑨进行必要的功率和带宽容量平衡、转发器增益档设置、输入输出回退量调整、性能参数折中以及迭代计算,确定最终的链路预算结果。

4.6.2 链路预算示例

4.6.2.1 输入条件

(1) 中继卫星位于静止轨道,透明转发,仅以返向链路为例,计算单载波高速率数据传输的链路参数。

(2) 在假设参考数字链路输出端(见图 4.1-1),在任何月份(累计运行时间)的 90% 时间误比特率 $\leqslant 1 \times 10^{-7}$(这里,该示例取门限误比特率为 1×10^{-7})。

(3) 星间链路上行工作频率取 26GHz,馈电链路下行工作频率取 20GHz。

(4) 由于采用单载波高速率数据传输方式,故馈电链路下行不考虑互调噪声和邻道干扰的影响,仅考虑降雨衰减以及下行极化复用引起的同信道干扰的影响和信道特性畸变带来的影响。

4.6.2.2 确定所需的门限 $(C/N_0)_{th}$ 和载波占用带宽

根据编码调制/解调译码设备的性能指标(通常在相关技术标准中给出),确定所需的门限 $(C/N_0)_{th}$。

(1) 采用 LDPC/QPSK 方式,取 LDPC 编码率为 5/6,当误比特率为 1×10^{-7} 时,对应的门限 E_b/N_0 为 6.1dB。

(2) 取信息速率为 300Mb/s,按照式(4.5-7)计算,对应的经卫星环的门限 $(C/N_0)_{th}$ 值为 90.9dBHz。

(3) 取滚降系数为 0.35,按照式(4.2-4)计算,载波占用带宽为 243MHz。

4.6.2.3 星间链路上行 $(C/N_0)_U$

以轨道高度为 1200km 的太阳同步轨道用户航天器为例,它与静止轨道中继卫星的最大距离为 45 806km(见第 1 章表 1.1-1);中继卫星星间天线 G/T 取 24.1dB/K(以"阿蒂米斯"星间天线直径 2.85m 为例估计);饱和通量密度取 $-101\text{dBW}/\text{m}^2$;当卫星天线与用户终端天线的圆极化轴比均为 2dB 时,从例 6 可知,上行极化失配损耗约为 0.23dB。

参考式(4.5-1)和式(4.5-2),星间链路上行 $(C/N_0)_U$ 计算如下:

$$
\begin{aligned}
(C/N_0)_U &= \text{EIRP}_{UT} - L_{UTAP} - L_{UP} - L_{UF} - L_{SAP} + (G/T)_S + 228.6 \\
&= 58.6 - 0.5 - 0.23 - 213.97 - 0.5 + 24.1 + 228.6 \\
&= 96.1(\text{dBHz})
\end{aligned}
$$

式中,L_{UTAP} 和 L_{SAP} 分别为用户终端天线指向误差和中继卫星星间天线指向误差带来的损失,分别取 0.5dB(用户终端天线和中继卫星星间天线均为自动跟踪方式工作)。

4.6.2.4 载波功率通量密度 SFD_C

到达中继卫星星间天线的载波功率通量密度 SFD_C 为

$$
\begin{aligned}
\text{SFD}_C &= \text{EIRP}_{UT} - L_{UTAP} - L_{UP} - L_{UF} - L_{SAP} - 20\lg(0.3/f) + 10\lg 4\pi \\
&= 58.6 - 0.5 - 0.23 - 213.97 - 0.5 + 38.76 + 10.99 \\
&= -106.85(\text{dBW}/\text{m}^2)
\end{aligned}
$$

假设星间链路输入饱和通量密度为 $-101\text{dBW}/\text{m}^2$,则

$$
\text{输入回退 BO}_i = -106.85 - (-101) = -5.85(\text{dB})
$$

由式(4.4-33),得出输出回退 $\text{BO}_o = -4.33(\text{dB})$。

4.6.2.5 馈电链路下行 $(C/N_0)_D$

中继卫星和地面终端站之间的最大距离取 40 000km;中继卫星馈电

链路下行采用线极化频谱复用方式工作；假设入射波线极化方向与接收天线所要求的线极化方向之间的夹角为 $10°$，则由式(4.4-13)得出馈电链路下行极化失配损耗约为 0.13dB；从例 2 可知，降雨衰减为 9.4dB；卫星饱和 EIRP 取 56dBW。

根据式(4.5-4)和式(4.5-5)，馈电链路下行 $(C/N_0)_\text{D}$ 计算如下：

(1) 晴天情况下 $(C/N_0)_\text{Dclear}$

$$(C/N_0)_\text{Dclear} = \text{EIRP}_\text{SS} - \text{BO}_\text{o} - L_\text{SAP} - L_\text{DP} - L_\text{DF} - L_\text{EAP} + (G/T)_\text{E} + 228.6$$
$$= 56 - 4.33 - 0.9 - 0.13 - 210.5 - 0.7 + 40.7 + 228.6$$
$$= 108.74(\text{dBHz})$$

(2) 降雨情况下 $(C/N_0)_\text{Drain}$

$$(C/N_0)_\text{Drain} = \text{EIRP}_\text{SS} - \text{BO}_\text{o} - L_\text{SAP} - L_\text{DP} - L_\text{DF} - L_\text{RAIN} - \Delta(G-T)_\text{E} - L_\text{EAP} + (G-T)_\text{E} + 228.6$$
$$= 56 - 4.33 - 0.9 - 0.13 - 210.5 - 9.4 - 2.0 - 0.7 + 40.7 + 228.6$$
$$= 97.34(\text{dBHz})$$

式中，L_SAP 和 L_EAP 分别为中继卫星馈电链路天线指向误差和地面站天线指向误差带来的损失，分别取 0.9dB 和 0.7dB。

4.6.2.6 极化复用引起的同信道干扰 $(C/N_0)_\text{CO}$

通常情况下，地面终端站天线的轴向极化隔离度最小为 33dB，中继卫星天线在 3dB 波束宽度内的极化隔离度为 27dB，故晴天条件下总的极化隔离度为 23.47dB，此时同信道干扰 $(C/N_0)_\text{COclear}$ 为

$$(C/N_0)_\text{COclear} = 23.47 + 10\lg(243 \times 10^6) \approx 107.33(\text{dBHz})$$

根据例 10 的计算，在降雨条件下，总的极化隔离度降为 19.69dB。因此，降雨条件下同信道干扰 $(C/N_0)_\text{COrain}$ 为

$$(C/N_0)_\text{COrain} = 19.69 + 10\lg(243 \times 10^6) \approx 103.55(\text{dBHz})$$

4.6.2.7 信道特性畸变带来的损失

信道特性的不理想会对载波信号的传输产生影响，即引起载噪比性能下降。为简单起见，这里仅考虑幅频特性、群时延特性、相位噪声特性和 I/Q 不平衡特性，根据第 5 章的分析，它们所引起的载噪比损失分别取 0.2dB，0.5dB，0.3dB 和 0.2dB，并按照代数相加的方法(近似)，得出信道特性畸变引入的总的载噪比损失为 1.2dB。

4.6.2.8 全链路总的 $(C/N_0)_T$

参考式(4.5-6),计算全链路总的 $(C/N_0)_T$:

(1) 计算晴天情况下全链路总的 $(C/N_0)_{Tclear}$ 和门限余量 M_{th}

$$(C/N_0)_{Tclear} = 10\lg\{\,[10^{\frac{(C/N_0)_U}{10}}]^{-1} + [10^{\frac{(C/N_0)_{Dclear}}{10}}]^{-1} +$$

$$[10^{\frac{(C/N_0)_{COclear}}{10}}]^{-1}\}^{-1} - 1.2$$

$$= 10\lg\{\,[10^{\frac{96.1}{10}}]^{-1} + [10^{\frac{108.74}{10}}]^{-1} + [10^{\frac{107.33}{10}}]^{-1}\}^{-1} - 1.2$$

$$= 94.4(\text{dBHz})$$

由式(4.5-8), $M_{th} = (C/N_0)_{Tclear} - (C/N_0)_{th} = 94.4 - 90.9 = 3.5(\text{dB})$。

(2) 计算降雨情况下全链路总的 $(C/N_0)_{Train}$ 和剩余余量 M_e

$$(C/N_0)_{Train} = 10\lg\{\,[10^{\frac{(C/N_0)_U}{10}}]^{-1} + [10^{\frac{(C/N_0)_{Drain}}{10}}]^{-1} +$$

$$[10^{\frac{(C/N_0)_{COrain}}{10}}]^{-1}\}^{-1} - 1.2$$

$$= 10\lg\{\,[10^{\frac{96.1}{10}}]^{-1} + [10^{\frac{97.34}{10}}]^{-1} + [10^{\frac{103.55}{10}}]^{-1}\}^{-1} - 1.2$$

$$= 92.04(\text{dBHz})$$

参考式(4.5-8), $M_e = (C/N_0)_{Train} - (C/N_0)_{th} = 92.04 - 90.9 \approx 1.1(\text{dB})$。

表 4.6-1 给出了上述返向链路的预算结果。

表 4.6-1　中继卫星系统返向链路预算示例

星间链路上行	参　　数	
用户终端 EIRP/dBW	58.6	
空间传播损耗/dB	-213.97	
极化失配损耗/dB	-0.23	
中继卫星 G/T 值/(dB/K)	24.10	
总的天线指向损耗/dB	-1.0	
输入回退 BO_i/dB	-5.85	
上行 $(C/N_0)_U$/dBHz	96.1	
馈电链路下行	晴天	降雨
卫星饱和 EIRP/dBW	56.0	56.0
输出回退 BO_o/dB	-4.33	-4.33
卫星载波 EIRP/dBW	51.67	51.67

续表

馈电链路下行	晴天	降雨
空间传播损耗/dB	-210.5	-210.5
极化损耗/dB	-0.13	-0.13
降雨衰减/dB	0	-9.4
总的天线指向损耗/dB	-1.6	-1.6
地面站 G/T 值降低/dB	0	-2.0
地面站 G/T 值/(dB/K)	40.7	40.7
下行$(C/N_0)_D$/dBHz	108.74	97.34

全 链 路	晴天	降雨
同信道$(C/N_0)_{CO}$/dBHz	107.33	103.55
信道特性不理想损失/dB	-1.2	-1.2
总的$(C/N_0)_T$/dBHz	94.4	92.0
门限$(C/N_0)_{th}$/dBHz	90.9	90.9
信息速率/(Mb/s)	300	300
总的$(E_b/N_0)_T$/dB	9.6	7.2
信息所要求的(E_b/N_0)/dB	6.1	6.1
余量/dB	3.5	1.1

4.6.2.9 计算分析和设计考虑

(1) 链路余量和可用度分析

从上面的计算中可以看出,在用户终端 EIRP 为 58.6dBW、卫星 G/T 值为 24.1dB/K、卫星饱和通量密度为 -101dBW/m^2、卫星馈电链路下行 EIRP 为 56dBW、地面站 G/T 值为 40.7dB/K、信息速率为 300Mb/s、门限误比特率为 1×10^{-7} 条件下,在晴天时,门限余量约有 3.5dB;在降雨时,除了雨衰为 9.4dB 外,还有约 1.1dB 的剩余余量。9.4dB 的雨衰值对应的返向链路可用度为 99.8%,由于还有约 1.1dB 的剩余余量,因此返向链路实际的可用度超过了 99.8%。

(2) 天线口径和功率大小分析

要满足上述计算结果,用户终端天线口径至少需要 1m,HPA 需要 40W 以上,发射馈线损耗不大于 2.5dB;中继卫星星间天线口径至少要达到 2.85m 以上;地面终端站天线口径要大于等于 13m。

(3) 地面通量密度分析

在卫星馈电链路下行实际载波 EIRP 为 51.67dBW、载波带宽为 243MHz、地面站天线仰角 15°时的星地自由空间传播损耗为 210.5dB 的条

件下,利用式(4.5-24),馈电链路下行载波信号到达地面的功率通量密度为

$$\text{PSD}_D = 51.67 - 210.5 + 10\lg(4\pi/\lambda^2) - 10\lg(243/1)$$

$$= -135.22(\text{dBW/m}^2/\text{MHz})$$

由表 4.5-1 可知,当仰角为 15°时,到达地面的功率通量密度的限值为 $-110\text{dBW/m}^2/\text{MHz}$。可见,该载波到达地面的功率通量密度低于 ITU 的限值。

（4）设计考虑

上述的链路预算针对的是 300Mb/s 的信息速率。实际上,在设计链路总体性能时,还需要根据不同的数据速率(最高速率和最低速率)进行计算,经反复计算比较,得到中继卫星最佳的通量密度范围(增益挡位范围)、最小输入电平、用户终端天线口径和 HPA 型谱序列等。在设计时还要考虑中继卫星、地面终端站和用户终端的可实现性和制造成本。最后,对链路各组成部分提出指标要求,完成系统设计指标的分配。

参考文献

［1］ LOUIS J,IPPOLITO J R.卫星通信系统工程[M].孙宝升,译.北京：国防工业出版社,2012.

［2］ 郭庆,王振永,顾学迈.卫星通信系统[M].北京：电子工业出版社,2010.

［3］ 闵士权.卫星通信系统工程设计与应用[M].北京：电子工业出版社,2015.

［4］ 汪春霆,张俊祥,潘申富,等.卫星通信系统[M].北京：国防工业出版社,2012.

［5］ 吕海寰,蔡剑铭,甘仲民,等.卫星通信系统[M].北京：人民邮电出版社,1988.

［6］ SPILKER J J.数字卫星通信[M].白延隆,李道本,译.北京：人民邮电出版社,1980.

第5章
信道特性对信号传输的影响

第2章对编码调制系统性能的分析是在理想信道或仅有高斯白噪声的情况下进行的,没有考虑信道特性的畸变。然而实际信道的特性总不是理想的,例如,为了抑制噪声和邻信道干扰、有效利用频谱,加入了发送带通滤波器、接收带通滤波器以及低通滤波器等,这些滤波器将会影响信道的特性。另外,在实际信道中存在的非线性器件也会引起信号传输性能的恶化。对上述因素带来的影响分析是比较复杂的,特别是进行数学上的分析更为困难。本章将着重从概念上解释已得出的结果。

5.1　概述

5.1.1　信道的概念

信道是一种物理媒介,其作用是将来自发送端的信号传送到接收端。信道有狭义信道和广义信道之分。狭义信道仅指传输媒介。例如,在无线信道中,信道可以是自由空间、电离层、对流层等。在有线信道中,可以是明线、电缆、光缆等;广义信道除了包括传输媒介外,还包括变换器(例如编码器、调制器、变频器等)的有关部分。

为了讨论通信系统的性能,对于信道可以有不同的定义。例如,从调制器输出端到解调器输入端之间的部分称为"信道",其中可能包括放大器、变频器和天线等设备,在研究各种调制方式的性能时使用这种定义是方便的,所以,有时称之为"调制信道"。此外,有时为了便于分析通信系统的总体性能,把调制和解调等过程的电路特性(例如一些滤波器的特性)对信号的影响也放入信道特性中一并考虑;在讨论信道编码和译码时,我们把编码器输出端到译码器输入端之间的部分称为"编码信道",在研究纠错编码对数字信号进行差错控制的效果时,利用编码信道的概念更为方便。从这个意义上讲,信道和收发端之间的界限是相对的。

5.1.2　信道模型分类

信道的数学模型分为调制信道模型和编码信道模型两类。调制信道模型用加性干扰和乘性干扰表示信道对信号传输的影响。加性干扰是叠加在信号上的各种噪声,例如高斯白噪声等。乘性干扰使信号产生各种失真(亦称"畸变"),例如线性失真、非线性失真、时间延迟以及衰减等。乘性干扰基本保持恒定的信道称为"恒参信道"。乘性干扰随机变化的信道称为"变参信道"。中继卫星信道可以视作恒参信道,因为它的特性变化很小、很慢,参数值基本恒定。

编码信道包含调制信道在内，故加性干扰和乘性干扰都对编码信道有影响。这种影响的结果是使编码信道中传输的数字码元产生错误。所以编码信道模型主要用错误概率来描述其特性，这种错误概率称为"转移概率"。例如在二进制系统中，就是 0 转移至 1 的概率和 1 转移至 0 的概率。本章重点讨论中继卫星信道的乘性干扰对信号传输的影响。

5.1.3　信号失真分类

在信道中，电路、部件或设备的线性特性和非线性特性的不均匀性导致在信道的输出端除了有用信号以外，还伴有各种失真产物。这些失真产物有多种不同的分类方法，一般是按照波形失真的性质或产生的原因分类。

按照波形失真的性质来分，可以分为幅度失真、频率失真和相位失真3 种。对幅度不同的信号的放大量不同称为"幅度失真"。对频率不同的信号的放大量不同称为"频率失真"。对频率不同的信号，经放大后产生的时间延迟不同称为"相位失真"或"群时延失真"。幅度失真又称为"非线性失真"，频率失真和相位失真又称为"线性失真"。

按照失真产生的原因，通常有幅度-幅度特性的非线性（引起幅度失真）、幅度-相位特性的非线性（引起相位非线性失真）、相位-频率特性偏离线性关系（引起相位失真）、幅度-频率特性的不平坦（引起频率失真）4 种。

5.2　线性失真的影响

5.2.1　群时延-频率特性

5.2.1.1　基本概念

1. 线性失真的原因

我们知道，对于给定的线性信道，其传递函数可以表示为

$$H(j\omega) = A(\omega)e^{j\phi(\omega)} \tag{5.2-1}$$

式中，$A(\omega)$ 表示信道的幅度——频率特性；$\phi(\omega)$ 表示信道的相位——频率特性。

线性失真是指信道的传递函数（幅度和相位）随输入信号频率变化的不均匀性，这包括幅度-频率特性（简称"幅频特性"）失真和相位-频率特性（简称"相频特性"）失真，它与信号的幅度无关。显然，只有电抗分量才与频率有关，也就是说，当信道中存在电感 L 和电容 C 这些电抗元件时，电流或电

压不能随时间瞬时变化,达到所需的幅度大小需要滞后一段时间。同样晶体管中载流子扩散也需要滞后一段时间。这种滞后时间称为信道的"信号传播时延"。可见 L 和 C 的存在是造成线性失真的根源。此外,由于长馈线的失配而形成的回波也是产生线性失真的原因之一。线性失真的特点是,它只会使信号各频率分量的幅度或相位发生变化,而不会在输出信号中产生新的频率分量。

2. 相位时延的概念

假设信道具有恒定的幅度特性和线性相位特性,即式(5.2-1)中

$$\begin{cases} A(\omega) = A, & A \text{ 为常数} \\ \phi(\omega) = \omega\tau_0 + \phi_i, & \phi_i \neq 0 \end{cases}$$

式中,ω 为信号角频率,τ_0 为时间常数,ϕ_i 为相位截距角(简称"相截角")。

为了进一步说明概念,图 5.2-1 给出了简单的调幅波波形及其频谱,图中(a)为调幅波波形;(b)为调幅波的频谱,由载波 ω_c 和上边带 $\omega_c + \Omega$、下边带 $\omega_c - \Omega$ 构成群频信号。

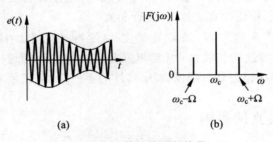

图 5.2-1　简单的群频信号

(a) 调幅波;(b) 调幅波频谱

图 5.2-2 给出了相位时延的概念,其中图(a)为信道的恒定幅度特性和线性相位特性。图(b)表示群频信号经过图(a)的信道后产生的信号延迟。

由于我们已经假设 $A(\omega)$ 为常数,这时信号时延就完全由信道的相位特性 $\phi(\omega)$ 决定。从图 5.2-2(b)可以看出,信号的载波分量 ω_c 通过信道后,其相位移动了 $\phi(\omega_c)$,这是信道的 $\phi(\omega)$ 特性对 ω_c 分量的影响结果,这个结果也可以用时间来表示。载波信号被看作以 ω_c 角速度旋转的矢量。当初相角 ϕ_0 为零时,该矢量的瞬时相位 $\phi(t)$ 为

$$\phi(t) = \omega_c t$$

设载波信号在信道输入端的瞬时相位为 $\phi_1(t)$,则

$$\phi_1(t) = \omega t_1$$

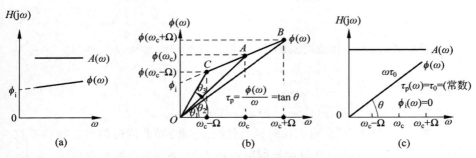

图 5.2-2 相位时延概念

（a）恒定幅度特性和线性相位特性；（b）相位时延概念；（c）恒定幅度特性和恒定相位特性

信道输出端的载波信号的瞬时相位为 $\phi_2(t)$

$$\phi_2(t) = \omega t_2$$

信道对载波产生的相移 $\phi(\omega_c)$ 为

$$\phi(\omega_c) = \phi_2(t) - \phi_1(t) = \omega_c(t_2 - t_1) = \omega_c \tau_{p2} \qquad (5.2\text{-}2)$$

式中，$\tau_{p2} = t_2 - t_1$，它表示信道输出信号的某个瞬时值对于输入信号的相应瞬时值的滞后时间，这个时间称为信道对信号载波的"相位时延"。

式(5.2-2)可改写为

$$\tau_{p2} = \frac{\phi(\omega_c)}{\omega_c} = \tan\theta_2 \qquad (5.2\text{-}3)$$

如用图表示，则相位时延等于 $\phi(\omega_c)$ 曲线上与 ω_c 对应的点和坐标原点之间连线 OA 的斜率 $\tan\theta_2$，如图 5.2-2(b)所示。

同样，对于信号的上边频分量($\omega_c + \Omega$)和下边频分量($\omega_c - \Omega$)，相应的相位时延分别为斜线 OB 的斜率 $\tau_{p1} = \dfrac{\phi(\omega_c + \Omega)}{\omega_c + \Omega} = \tan\theta_1$ 和斜线 OC 的斜率 $\tau_{p3} = \dfrac{\phi(\omega_c - \Omega)}{\omega_c - \Omega} = \tan\theta_3$。因为 $\phi(\omega)$ 的相截角 $\phi_i \neq 0$，所以 $\theta_1 \neq \theta_2 \neq \theta_3$，即

$$\tau_{p1} \neq \tau_{p2} \neq \tau_{p3} \qquad (5.2\text{-}4)$$

式(5.2-4)表明，频率成分复杂的信号通过具有恒定幅度特性和线性相位特性的信道传输后，信道对各频点分量产生的相位时延的值各不相等，即具有色散性质。

综上可知，相位时延 τ_p 等于在所指频率上的相移 $\phi(\omega)$ 与角频率 ω 之比，即

$$\tau_p = \frac{\phi(\omega)}{\omega} = \tan\theta \qquad (5.2\text{-}5)$$

根据式(5.2-5)相位时延的定义,恒定的相位时延可以表示为

$$\tau_p(\omega) = \phi(\omega)/\omega = \tau_0, \quad \tau_0 \text{ 为常数}$$

或者

$$\phi(\omega) = \omega\tau_0 \qquad (5.2\text{-}6)$$

式(5.2-6)表明,恒定相位时延特性(无色散)要求信道的相位特性不仅是一条直线,而且必须是通过坐标原点的直线,即 $\phi(\omega)$ 的相截角 ϕ_i 为零,如图 5.2-2(c)所示。

另外,信道的幅度特性不仅影响信号的幅度,有时也会影响信号的时延。所以,理想相位时延特性或多频信号传输不失真的充分条件是在信号频率范围内同时满足

$$\begin{cases} A(\omega) = A, & A \text{ 为常数} \\ \phi(\omega) = \omega\tau_0, & \tau_0 \text{ 为常数} \end{cases} \qquad (5.2\text{-}7)$$

实际上相位时延只是信道插入相移的一种时域表示。我们知道,相位是描述信号振荡在给定时刻的一个物理量,所以相位时延只能用来表征信道输出信号和输入信号瞬时值之间的相对时间关系。当信号通过信道传播时,信号的相位在随时间发生变化,因而产生了相位时延。相位只是一种状态而不是能量,因此相位变化不是能量传播,不能将相位时延理解为"相位"从信道的输入端传递到信道的输出端所花的时间,相位延迟也不是信号传播意义上的信号时延。

3. 包络时延的概念

所谓包络,一般指调幅信号各个振荡峰值点的连线或轨迹。当信号通过信道时,不仅它的各个频率分量要产生相位时延,而且信道输出信号的包络对于输入信号的包络也有一个时间延迟。这个延迟称为信道对信号产生的"包络时延"。由于信号包络是群频各分量的合成信号的幅度最大值随时间变化的轨迹,所以,包络时延在一定条件下能够代表该群频信号能量的传播时间。又因为已调信号的包络波形和基带调制信号的波形相同,于是包络又代表了群频信号的信息分量。

可以证明[1],调幅波的包络时延 τ_e 为

$$\tau_e = \frac{\phi(\omega_c + \Omega) - \phi(\omega_c - \Omega)}{2\Omega} = \frac{\phi_e}{\Omega} = \tan\theta \qquad (5.2\text{-}8)$$

式中,τ_e 表示信道在 ω_c 处的包络时延,即信道的包络相移与包络角频率之

比。它等于 $\phi(\omega)$ 曲线上对应于 $(\omega_c + \Omega)$、$(\omega_c - \Omega)$ 两点的割线之斜率 $\tan\theta$,如图 5.2-3 所示。很明显,这个结论也适合频率成分更复杂的群频信号。

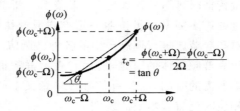

图 5.2-3 包络时延概念

关于包络时延的概念还需要注意以下几点:

(1) 如果在信号频谱范围内包络时延为常数,那么,信号的任何一对边频分量按式(5.2-7)计算得到的各个包络时延值均相等。这样就能保证信号通过信道后各信息分量之间的相对时间关系和幅度关系保持不变,不会出现包络失真,也不会损失信号的信息。因此,具有理想包络时延特性的信道,它的幅度特性和相位特性为

$$\begin{cases} A(\omega) = A, & A \text{ 为常数} \\ \phi(\omega) = \omega\tau_0 + \phi_i, & \tau_0 \text{ 为常数},\phi_i \text{ 为常数} \end{cases} \qquad (5.2\text{-}9)$$

很明显,理想包络时延特性的条件比式(5.2-7)理想相位时延特性所要求的条件容易满足。因为它只要求恒定幅度特性和线性相位特性,不要求 $\phi(\omega)$ 直线一定要过坐标原点。这意味着相截角 ϕ_i 可以为任意值。ϕ_i 的极性可以为正也可以为负。于是,可以说,在信号传输过程中,如果有包络时延失真就必然有相位时延失真。然而,有相位时延失真不一定会出现包络失真。

(2) 当信道的 $\phi(\omega)$ 为曲线时,包络时延值不仅随载波角频率 ω 变化,也随包络频率 Ω 的大小变化。如果包络频率不是单一频率,而是占有一定的频带宽度,由于 $\tau_e(\omega)$ 不是常数,在信号频谱范围内的不同边频分量的包络时延彼此不相同,这时就会引起信号包络失真。

(3) 上述包络时延的论述虽然是以幅度调制(AM)信号为例,但是实际上群频信号除了 AM 外,还有频率调制(FM)信号和相位调制(PM)信号。理论分析表明,只要 FM 和 PM 的调制指数不大,不出现可观的高阶边带分量,关于上述包络时延的结论同样也适用 FM 信号和 PM 信号。例如对于调相信号,包络时延是指它的瞬时相位对载波相位偏离最大值变化的轨迹。

所以,"包络时延"这个术语是广义的。

4. 群时延的概念

群时延是指群频信号通过线性信道传播时,信道对信号整体产生的时延,又称"信号能量传播时延",常用符号 τ_g 来表示。所谓"群频"信号是由频率彼此非常接近的许多频率分量按照一定方式或规律组成的复杂信号,常见的基带信号对高频载波进行调制产生的各种已调信号就是一种群频信号。因为群时延代表群频整体的时延,所以它表示群频信号能量从信道的输入端传到输出端所需的时间,它具有信号传播意义上的时延含义。在这一点上群时延和相位时延有着本质的差别。

群时延在数学上定义为相频特性对信号角频率的一阶导数:

$$\tau_g(\omega) = -\frac{\mathrm{d}\phi(\omega)}{\mathrm{d}\omega} \tag{5.2-10}$$

式中,"−"说明信道的输出信号对其输入信号总是滞后的。

群时延定义的图形表示如图 5.2-4(a)所示。从图中可以知道,群时延是 $\phi(\omega)$ 曲线在所指角频率处的切线之斜率 $\tan\theta$。

把相频特性的各点取导数,然后以角频率 ω 为横轴,$\tau(\omega)$ 为纵轴,把导数的值画成曲线,就得到群时延特性曲线,如图 5.2-4(b)中的实线所示。

如果用频率表示,群时延定义为

$$\tau_g(f) = -\frac{1}{2\pi}\frac{\mathrm{d}\phi(f)}{\mathrm{d}f}$$

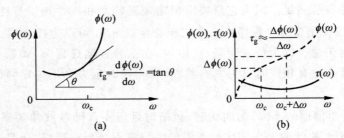

图 5.2-4 群时延定义及群时延与相频特性关系

(a) 群时延定义;(b) 群时延与相频特性关系

在实际测量中,无法测量出 $\mathrm{d}\phi(\omega)/\mathrm{d}\omega$ 确定的群时延,这是因为无法做到使频带无限窄,而只能做到有限窄,所以实际测量得到的结果是按照 $\Delta\phi(\omega)/\Delta\omega$ 确定的群时延。例如图 5.2-4(b)中的虚线所示,近似地将相频特性曲线的一小段看成是斜直线。测量时,将一个窄带范围的信号,例如一个窄带调制的调频波($\Delta\omega \ll \omega_c$)通过信道,近似地认为输出与输入调频波之间的时延就是对应于载波频率的群时延。

5. 各种时延概念的比较

表 5.2-1 给出了上述 3 种线性信道时延特性的主要内容。

表 5.2-1 线性信道时延特性

名称	数 学 表 达 式	几 何 意 义	应 用 场 合	理想特性
相位时延	$\tau_p(\omega) = \dfrac{\phi(\omega)}{\omega}$	相位时延等于坐标原点与 $\phi(\omega)$ 曲线上对应于所指频率的点之连线的斜率	表示单一频率信号或群频信号中某一个频率分量的时延	$\tau_p(\omega) =$ 常数
包络时延	$\tau_e = \dfrac{\phi(\omega_c + \Omega) - \phi(\omega_c - \Omega)}{2\Omega}$	包络时延等于 $\phi(\omega)$ 曲线上对应于 $(\omega_c \pm \Omega)$ 两个频率点的割线之斜率	用于已调信号的包络时延特性研究和群时延测量	$\tau_e(\omega) =$ 常数
群时延	$\tau_g(\omega) = -\dfrac{\mathrm{d}\phi(\omega)}{\mathrm{d}\omega}$	群时延等于 $\phi(\omega)$ 曲线所指频率上的切线之斜率	用于表示信道的传播延迟大小和信号传播失真	$\tau_g(\omega) =$ 常数

（1）群时延值和包络时延值相等的条件

可以证明，如果同时满足下列条件：

$$\begin{cases} A(\omega) = A, & A \text{ 为常数} \\ \phi(\omega) = \dfrac{\mathrm{d}\phi(\omega)}{\mathrm{d}\omega}\omega + \phi_i(\omega), & \dfrac{\mathrm{d}\phi(\omega)}{\mathrm{d}\omega} = \text{常数} \end{cases}$$

则群时延值等于包络时延值。即

$$\tau_e(\omega) = \tau_g(\omega) = \frac{\mathrm{d}\phi(\omega)}{\mathrm{d}\omega}$$

（2）相位时延和群时延相等的条件

相位时延和群时延相等的条件是信道的相位时延是常数。即在信号频谱范围内同时满足：

$$\begin{cases} A(\omega) = A, & A \text{ 为常数} \\ \phi(\omega) = \dfrac{\mathrm{d}\phi(\omega)}{\mathrm{d}\omega} \cdot \omega, & \dfrac{\mathrm{d}\phi(\omega)}{\mathrm{d}\omega} = \text{常数} \end{cases}$$

需要指出的是，关于相位时延和群时延相等的条件只是从数学方面推导出来的。这些条件严格说来是不能实现的。

在卫星数据中继系统工程应用中，往往不直接用相频特性或相位时延的概念，而是用群时延概念来分析传输信道关于相位方面的性能。

除了上述时延概念以外,还有信号前沿时延、相截时延等,这里不再赘述。

5.2.1.2 群时延-频率特性失真的影响

1. 群时延失真

群时延-频率特性失真(简称"群时延失真")的定义一般有两种:一种是将群时延特性对理想群时延特性的偏离称为"群时延失真"。另一种是将群时延特性对其参考值的偏离称为"群时延失真"。这两种定义对研究信号时延失真来说是等效的。但是后者应用比较方便,群时延参考值可以是带内中心频率处的群时延值,也可以用带内的群时延平均值来代替,还可以根据实际情况以带内某一个合适的参考频率上的群时延值为参考。

群时延失真又称为"相对群时延"。它和绝对群时延的区别除了定义方面以外,绝对群时延总是带"一"号,不能为"十"号。相对群时延的极性则可正可负。相对群时延不表示信号传播意义上的时延。相对群时延值的大小是信号包络传输失真大小的量度。

2. 群时延失真的度量

群时延失真的度量有多种方法,有的只要求最大值不超过规定值即可,对群时延-频率之间的关系曲线形状不作具体要求。有的不仅要求群时延的峰峰值要低于规定值,而且对群时延随频率变化的特性曲线形状也有明确要求。但多数是从总的群时延失真曲线中分解出 2 个或 3 个特定分量分别提出要求。下面给出群时延特性 $\tau(\omega)$ 的数学展开:

在 $\omega = \omega_c$ 附近,将公式(5.2-10)按泰勒级数展开:

$$\tau(\omega) = \tau(\omega_c) + \frac{\tau'(\omega_c)}{1!}(\omega - \omega_c) + \frac{\tau''(\omega_c)}{2!}(\omega - \omega_c)^2 +$$
$$\frac{\tau'''(\omega_c)}{3!}(\omega - \omega_c)^3 + \cdots \tag{5.2-11}$$

式中,第 1 项只引入一个固定时延,不会引起信号失真;第 2 项是群时延的线性分量(一次斜率),它是频差($\omega - \omega_c$)的线性函数;第 3 项是群时延的抛物线分量(二次曲率),与($\omega - \omega_c$)^2 成正比;第 4 项是群时延的波动分量(峰-峰);再往上是更高次幂分量,对群时延失真贡献很小,可以忽略不计。因此群时延失真仅考查式(5.2-11)的第 2,3,4 项即可。

3. 群时延失真的影响

在实际信道中,从零频率至无限大的频率范围,一直保持恒定群时延特性是不可能的。群时延特性的不理想会对信号传输造成影响。如果传输的是多路电话信号,则会引起不可懂串话噪声;如果传输的是彩色电视信号,则会引起图像色调失真;如果传输的是数据,则会使码元信号波形展宽,从而引起严重的码间串扰,损害通信质量。

下面给出几个群时延特性失真对 PSK 信号影响的仿真分析结果。

(1) 仿真分析结果一[2]

在本章文献[2]中,假设:①一矩形滤波器的群时延特性在有关带宽内是线性的,或者是抛物线形的;②基带信号为周期性矩形脉冲序列 010101……;③已调信号为抑制载波双边带信号。通过计算机仿真,得出线性和抛物线时延对脉冲失真的值并形成"眼图"。性能恶化用"眼图"张开度的减小量来求得。图 5.2-5 便是用这种方法在某一差错率的情况下,得到的两种时延失真引起的信噪比恶化结果。图中,τ/T_s 为归一化时延,τ 是从中心频率至频带边沿的时延,T_s 为码元宽度($T_s=1/R_s$)。例如 8PSK 系统,当带宽为 30MHz、符号率为 30Ms/s、时延差 $\tau=3$ns 时,归一化时延 $\tau/T_s \approx 0.09$,从图 5.2-5 中可以看出,线性群时延引起的信噪比恶化约为 1dB,抛物线群时延引起的信噪比恶化约 0.4dB。

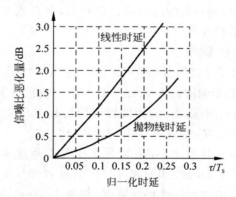

图 5.2-5 群时延失真引起的信噪比恶化

文献[2]还给出了当计算机模拟得到的不同归一化带宽时,采用理想矩形滤波器和升余弦滤波器两种情况下的信噪比损失,如图 5.2-6 所示,显然后者损失较小。同时也说明了当带宽小于符号速率时,信噪比恶化量将大幅上升。

(2) 仿真分析结果二[3]

文献[3]对特定滤波器的信号传输的影响进行了分析。这里仅给出基本结论:①在采用 3dB 带的 3 极点最大平坦巴特沃斯滤波器以及接收机由一个滤波器、相干相位检波器、抽样判决电路组成和信噪比在滤波器后测量、符号差错率为 10^{-6} 的条件下,当符号速率与 3dB 带宽之比小于 0.8

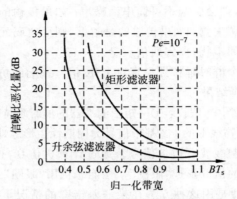

图 5.2-6　PSK 系统滤波引起的信噪比恶化

时,对于 QPSK 和 8PSK 信号,其信噪比损失都很小,只有 0.2dB 左右;但是当符号速率与 3dB 带宽之比大于 0.8 时,信噪比恶化迅速上升;②滤波器的影响不仅与滤波器的形式有关,而且还与滤波器放置的位置有关。例如发端的发射滤波器放在功率放大器之前还是之后,对系统的误码性能降低是不同的。同样,接收机的噪声混进信号去,是在滤波前还是滤波后,对信噪比的影响也不相同[3]。

（3）仿真分析结果三

图 5.2-7 给出了差错率分别在 1×10^{-5} 和 1×10^{-6} 条件下,群时延失真对 QPSK 信号的影响的仿真结果。其中图(a)为线性和抛物线时延分别引起的 E_b/N_0 恶化曲线,图(b)为线性时延引起 E_b/N_0 恶化 0.5dB 加上抛物线时延引起 E_b/N_0 恶化 0.5dB 时的综合影响。

从图 5.2-7(a)可以看出,在带宽为 2 倍的符号速率、差错率近似 1×10^{-5} 的条件下,对于 QPSK 调制和符号速率为 150Ms/s 的数据流,如果频带边缘线性群时延值为 0.5 个码元宽度（约为 3.33ns）,则线性群时延引起的信噪比损失约为 0.5dB;如果频带边缘抛物线群时延值超过 1 个码元宽度（约为 6.67ns）,则抛物线群时延引起的信噪比损失约为 0.7dB。在实际的卫星中继信道中,线性群时延和抛物线性群时延同时存在,这种综合影响不是简单的线性叠加。图 5.2-7(b)给出了带宽为 300MHz、0.5 个码元宽度线性群时延和 1 个码元宽度抛物线群时延同时存在时的仿真结果,从图(b)中可以看出,在差错率为 1×10^{-5} 的情况下,线性和抛物线群时延综合影响的信噪比恶化量约为 0.9dB。

通过对群时延特性影响的仿真分析,可得出一些结论:①从总体趋势上,一般地说群时延失真越大,信号传输性能恶化越严重;②线性群时延的

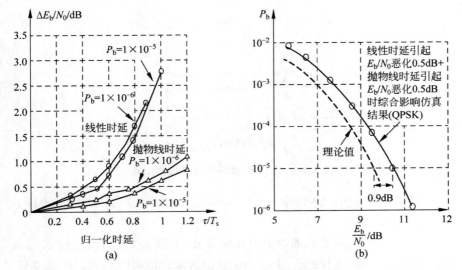

图 5.2-7 群时延失真对 QPSK 信号的影响

(a) 线性和抛物线群时延对信噪比的恶化；(b) 线性和抛物线群时延同时作用的影响

影响比抛物线群时延要大,波动的影响次之;③高速率数据传输对信道群时延特性要求更严格。

5.2.1.3 群时延-频率特性的指标要求

图 5.2-8 给出了群时延-频率特性参数的图示计算方法。

(1)一次斜率

群时延特性的一次斜率又称"线性群时延",是指在规定的扫描带宽两端之间的群时延差值,常用 ns/MHz 表示。在图 5.2-8 中,其含义是 B 点与 A' 点之间群时延的代数差除以扫描带宽。即一次斜率＝$(B-A')$/扫描带宽。

若 B 点在 A' 点之上,则斜率为正。若 B 点在 A' 点之下,斜率为负。

以图 5.2-8 的 300MHz 带宽为例,一次斜率＝$(7-20)/300 \approx -0.043(ns/MHz)$。

(2)二次曲率

群时延特性的二次曲率又称"抛物线群时延",是指图 5.2-8 中 C 点群时延(连接 A 点与 B 点的直线在中心频率点的群时延值)与 D 点群时延的代数差除以 1/2 带宽的平方所得的商。即,二次曲率＝$(C-D)/(1/2 \times$扫描带宽$)^2$,单位为 ns/MHz^2。若 A 和 B 两点间的直线在曲线之上,二次曲率为正。若 A 和 B 两点间的直线在曲线之下,则二次曲率为负。

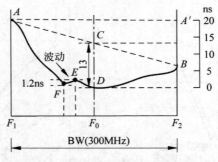

图 5.2-8 群时延-频率特性参数的计算

以图 5.2-8 为例,二次曲率 $=(13-0)/(0.5\times300)^2\approx0.000\ 578(\text{ns}/\text{MHz}^2)$

（3）波动

波动是指群时延特性曲线上的波动部分,如图 5.2-8 曲线上的 E 点和 F 点,即波动的峰-峰值 $=E-F$,用 ns(p-p)表示。例如图 5.2-8 中,波动峰-峰值 $=E-F\approx1.2(\text{ns(p-p)})$。

图 5.2-9 给出了卫星数据中继系统 KSA 链路地面终端站中频-射频（或射频-中频）、中继卫星转发器（射频-射频）、用户终端射频-中频（或中频-射频）以及经过均衡后的空间段中频到中频的群时延特性指标要求。

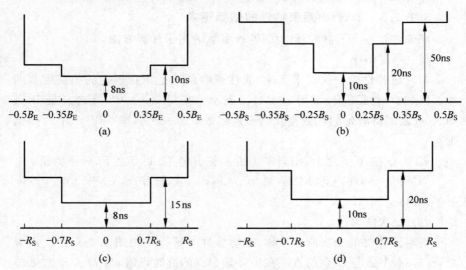

图 5.2-9 卫星数据中继系统 KSA 链路群时延特性模板

（a）地面终端站群时延特性；（b）转发器群时延特性；

（c）用户终端群时延特性；（d）IF-IF 群时延特性

图中，B_E 为地面终端站中频-射频带宽；B_S 为中继卫星转发器带宽；R_S 为数据符号速率。对于波动，在 $f_0 \pm (35\% \times B)$ 或 $f_0 \pm (70\% \times R_S)$ 频率范围内，要求波动峰-峰值一般不超过 2ns。这里需要指出的是，图中横坐标的频谱宽度采用了带宽和符号速率两种表示。这是因为地面终端站和中继卫星的信道是多载波共用，故用带宽较为合适；用户终端一般仅发射一个载波，故用载波符号速率较为合适；空间段中频到中频通常是考察某个载波传输的信道特性，故常用符号速率表示频谱宽度。

为了提高群时延特性的线性度，除了选用群时延特性好的滤波器电路和精心调整外，往往需要在中频电路或射频电路加入时延均衡器，从而减小群时延失真的影响。另一种措施是将已调信号的频谱严格限制在群时延特性变化较小的频带内，即保持已调信号在信道特性的线性范围内传输。另外，在有多个滤波器、多级放大器的信道中，如果接口连接不匹配造成回波，也会引起群时延特性超标或异常波动。

5.2.2 幅度-频率特性

5.2.2.1 基本概念

从式(5.2-1)可知，$A(\omega)$ 为信道的幅度-频率特性(简称"幅频特性"或"幅频响应")，亦称"增益-频率特性"。在理想情况下，当输入到信道的信号幅度保持不变、而在一定频率范围内改变其频率时，在经过理想的传输信道后，其输出信号的幅度在各个频率点上得到的数值应该是相同的，即幅频特性是常数，$A(\omega) = k$，如图 5.2-10(a)中的虚直线所示。但是，实际的信道特性不是理想的，对各种频率成分的响应是不一样的。例如一个简单的 RC 滤波器的输入与输出之比就是频率的函数。因此，实际信道输出的幅频特性就不是一条平的直线，如图 5.2-10(a)中的弯曲的实线所示。图 5.2-10(b)给出了幅频特性中幅度(增益)斜率的概念，它是指单位带宽内幅度(增益)变化的陡度($\Delta A / \Delta \omega$)，在信道有多径衰落或信道设备连接不匹配时容易引起幅度(增益)斜率超标。

5.2.2.2 幅度-频率特性失真的影响

总的来说，幅频特性的畸变主要是由信道中的滤波器幅频特性不理想引起的，亦即滤波器对不同频率分量的幅度衰减不同所致。这种畸变会给信号波形带来失真。图 5.2-11 给出了一个简单的例子。这里输入信号包含基波和它的二次谐波，它们的幅度比为 2 : 1，如图 5.2-11(a)所示。当它们通过信道后基波受到衰减，而谐波没有衰减，使它们的幅度比变为 1 : 1，

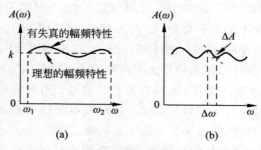

图 5.2-10 幅频特性的概念

如图 5.2-11(b)所示。可见,输出信号的波形与输入波形相比较具有明显的失真。

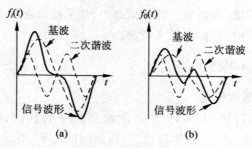

图 5.2-11 简单的幅度失真前后的波形比较

对于幅频特性失真的影响,如果传输的是模拟话音信号,则会引起话音的失真;如果传输的是彩色电视信号,则会引起图像信号失真和色饱和度的变化;对于数据传输,幅频特性失真也会导致相邻码元波形上的相互重叠,造成码间串扰,使符号差错率增加。

表 5.2-2 给出了在差错率近似 1×10^{-5} 条件下,QPSK 信号分别通过如图 5.2-12 所示的幅频特性(线性和抛物线)的信道时,引起 E_b/N_0 恶化的仿真结果。实际信道的幅频特性曲线形状差别很大,该仿真结果仅作为参考。

表 5.2-2 通过不同幅频特性信道时 QPSK 信号 E_b/N_0 恶化的仿真结果

带宽边缘处的衰减值/dB	1	2	3	4	5
线性形幅频特性/dB	0.25	0.6	1.05	1.5	2.0
抛物线形幅频特性/dB	0.05	0.2	0.4	0.55	0.7

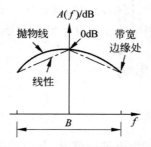

图 5.2-12 仿真时的幅频曲线

5.2.2.3 幅度-频率特性的指标要求

幅频特性的好坏可以用其平坦度或波动的相对大小等参数来衡量。在卫星数据中继系统中常用平坦度表示。图 5.2-13 给出了 KSA 链路中地面终端站中频-射频(或射频-中频)、中继卫星转发器(射频-射频)、用户终端射频-中频(或中频-射频)以及经过均衡后的空间段中频到中频的幅频特性模板。

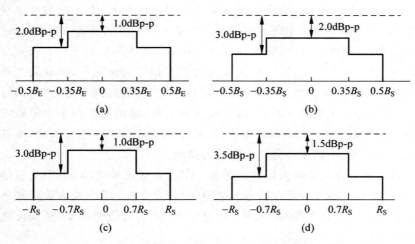

图 5.2-13 卫星数据中继系统 KSA 链路幅频特性模板

(a) 地面终端站幅频特性;(b) 卫星转发器幅频特性;(c) 用户终端幅频特性;(d) IF-IF 幅频特性

图中,B_E 为地面终端站中频-射频带宽;B_S 为中继卫星转发器带宽;R_S 为数据符号速率。另外,还要求在 $f_0\pm(70\%\times R_S)$ 频率范围内,增益斜率不大于 0.1dB/MHz。

为了提高幅频特性的平坦度,减小幅度-频率失真,可以在调制信道内采用幅度均衡器,使信道的幅频特性得到均衡,也可以将幅度均衡器放在调制信道以外(解调器之后),同样起到均衡作用。另一种措施是将已调信号的频谱严格限制在信道幅度特性比较平坦的部分。

5.3 非线性失真的影响

5.3.1 非线性失真的概念

非线性失真是指当信号通过信道时,其输出信号与输入信号不成线性关系。如果信道的传输参数随输入信号的幅度变化,就会产生非线性失真。它包括幅度非线性失真(增益随信号的幅度变化)和相位非线性失真(相位随信号的幅度变化)。非线性失真的来源是信道中存在着非线性元部件,例如电子管、晶体管或其他有源部件以及采用铁磁性材料的线圈、变压器等。在中继卫星信道中,非线性失真贡献较多的是功率放大器。

图 5.3-1 给出了一种典型的行波管特性曲线,其中,实线为幅度特性,虚线为相位特性。从幅度特性曲线可以看出,当输入信号功率很小时,输出功率随输入功率呈线性变化。当输入功率逐步增加时,由于行波管非线性作用,输出功率增加的比例逐步减小。当输入功率增加到某一数值时,输出功率最大,达到饱和点,继续增加输入功率,输出功率反而下降;当多载波输入时,输出会受到"压缩",即在输入总功率相等的情况下,多载波工作时总的输出功率比单载波工作时的输出功率小。越靠近饱和点,两者的差别越大。理论上,在饱和点处,当两个载波输入时,输出的总功率比单载波输出减小约为 1.2dB;当多载波输入时,减小约为 1.5dB。还应指出,当各载波功率不等时,小载波会受到大载波的抑制。

幅度非线性的影响大致在两方面:①在多载波输入时,会产生新的频率分量,如果这些分量落在信号频带内,便造成干扰;②当输入信号频谱的低旁瓣分量通过放大器时,其输出可能增大,使信号频谱展宽,从而可能增加邻道干扰。

图 5.3-1 还给出了单载波工作时行波管的输出相位特性。当高频电磁波通过行波管慢波系统时会产生相移。注入的信号功率不同,所产生的相移也不同。测试结果表明,射频相移是包络功率的函数。当多个已调载波输入时,其包络是有起伏的。这样,必然在每个载波中产生一附加相移,它随总的输入功率变化而变化。在一定条件下,相位的变化转化为频率的变化,即产生新的频率分量,这就是所谓调幅-调相(AM-PM)变换。与幅度非线性一样,它可能形成对有用信号的干扰。

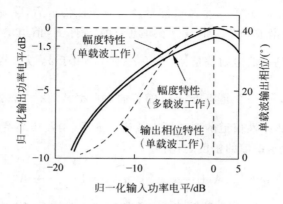

图 5.3-1　典型的行波管特性曲线

综上所述，由于行波管的幅度非线性和相位非线性，在多载波工作的情况下，会产生新的频率分量。这种非线性作用称为"互调"或"交调"。

5.3.2　非线性信道特性

5.3.2.1　幅度非线性信道特性

信道的幅度非线性特性可以用一个无穷多项的幂级数来逼近，即

$$f_o(t) = a_0 + \sum_{n=1}^{\infty} a_n f_i^n(t), \quad n \text{ 为正整数} \tag{5.3-1}$$

式中，$f_o(t)$ 为信道的输出信号；$f_i(t)$ 为信道的输入信号；a_n 为各项系数，一般为复数。a_0 为直流项，可以被电容去除。

在失真不大的情况下，取 $f_i(t)$ 的前 3 项就可以保证有足够的精度。于是

$$f_o(t) \approx a_1 f_i(t) + a_2 f_i^2(t) + a_3 f_i^3(t) \tag{5.3-2}$$

一般情况下，a_1 和 a_3 符号相反。

行波管放大器非线性的规律是：小信号输入时增益最大，随着输入电平的增加，增益会降低，出现输出不随输入线性增加的现象。这反映在式(5.3-2)中的 a_1 为正号、a_3 为负号，且 $|a_1| > |a_3|$。

1. 单载波情形

假如输入信号 $f_i(t)$ 是一个单频信号，$f_i(t) = A\cos\omega_0 t$，那么根据式(5.3-2)，则有

$$f_o(t) = \left(a_1 A + \frac{3}{4} a_3 A^3\right)\cos\omega_0 t + \frac{a_2}{2} A^2 \cos 2\omega_0 t + \frac{a_3}{4} A^3 \cos 3\omega_0 t$$

$$\tag{5.3-3}$$

由式(5.3-3)可知,单个载波信号经过非线性信道后,除了基波信号外,还产生了 2 次谐波和 3 次谐波。在理想线性条件下,信道增益是 a_1,而考虑非线性特性后,信道增益是 $\left(a_1 + \dfrac{3}{4} a_3 A^2\right)$。由于 a_1 为正号,a_3 为负号,所以 $\left(a_1 + \dfrac{3}{4} a_3 A^2\right)$ 总是小于 a_1。随着输入功率 $A^2/2$ 的增加,它们的差值变大,这就是非线性信道的增益压缩效应。通常,增益压缩特性 q 定义为压缩后的幅度和压缩前的幅度之比:

$$q = \left(a_1 A + \frac{3}{4} a_3 A^3\right) \Big/ a_1 A = 1 + \frac{3}{4} \frac{a_3}{a_1} A^2 \tag{5.3-4}$$

式中,$q<1$。q 可以用分贝数表示,通常定义 $q = -1(\mathrm{dB})$ 的点为 1dB 压缩点。

2. 多载波情形

首先分析 2 个等幅载波信号的情况。输入信号 $f_i(t) = \dfrac{A}{\sqrt{2}} \cos\omega_1 t + \dfrac{A}{\sqrt{2}} \cos\omega_2 t$。总的输入功率 P_{in} 仍然保持为单载波信号幅度为 A 时的功率,$P_{in} = A^2/2$。根据式(5.3-2),并考虑滤波器限带作用,去掉谐波、合波分量后,则有

$$f_o(t) = \frac{A}{\sqrt{2}}\left(a_1 + \frac{9}{8} a_3 A^2\right)(\cos\omega_1 t + \cos\omega_2 t) +$$
$$\frac{3 a_3 A^3}{8\sqrt{2}}[\cos(2\omega_1 - \omega_2)t + \cos(2\omega_2 - \omega_1)t] \tag{5.3-5}$$

式(5.3-5)说明,在两个载波信号激励下,非线性信道除了产生两个基波信号及它们的各次谐波、合波外,还产生了 $2\omega_1 - \omega_2$ 和 $2\omega_2 - \omega_1$ 频率分量,称为"$2f_a - f_b$ 型互调产物"。不难推出,当输入信号为 3 个载波信号时,3 次方项还会产生 $f_a + f_b - f_c$ 型互调产物。

不难理解,当输入载波信号数目很大时,非线性信道将产生更多更复杂组合的互调产物。这些互调产物可能会落在信号频带内造成对有用信号的干扰。

为了表征具体产品的互调特性,在实际测试时,通常采用输入间隔为规定值的等幅双载波测量 $2f_a - f_b$ 型互调产物的功率。

3. 3 阶互调系数

这里,3 阶互调系数是指 $2f_a - f_b$ 频率信号的幅度与基波的幅度之比。

根据式(5.3-5),并取对数,可以得出 $2f_a-f_b$ 型 3 阶互调系数 γ_3:

$$\gamma_3 = 20\lg\left|\frac{3a_3A^2}{8a_1+9a_3A^2}\right| \tag{5.3-6}$$

5.3.2.2 相位非线性信道特性

1. 单载波情形

为了简化计算,令 a_1 的相位为零,a_3 的相位为 ϕ_3。于是,式(5.3-3)中的基波信号可以表示为

$$f_o(t) = \left(a_1A + \frac{3}{4}\mid a_3\mid A^3\mathrm{e}^{-\mathrm{j}\phi_3}\right)\cos\omega_0 t \tag{5.3-7}$$

经整理,式(5.3-7)可以表示为

$$f_o(t) = g(A)\cos\left[\omega_0 t + \theta(A)\right] \tag{5.3-8}$$

其中:

$$g(A) = \sqrt{\left(a_1A + \frac{3}{4}A^3\mid a_3\mid\cos\varphi_3\right)^2 + \left(\frac{3}{4}A^3\mid a_3\mid\sin\varphi_3\right)^2}$$

$$\theta(A) = -\arctan\left[\frac{\dfrac{3}{4}A^3\mid a_3\mid\sin\varphi_3}{a_1A + \dfrac{3}{4}A^3\mid a_3\mid\cos\varphi_3}\right]$$

通常 $g(A)$ 称为"幅度-幅度(AM-AM)变换",它是增益压缩的又一种表示形式。$\theta(A)$ 称为"幅度-相位(AM-PM)变换",简称"幅相变换",它是考虑到 a_3 和 a_1 相差偏离 $180°$ 所引入的一项非线性指标。幅相变换说明了输出的信号相位与输入的信号幅度有关,它的大小可用系数 K_P 来表示,量纲为 $(°)/\mathrm{dB}$,即在一定频率和一定功率电平下,输入功率在最大相对变化(用分贝表示)时所引起的输出信号最大相位变化,即

$$K_P = \Delta\phi/10\lg\left[(P_i + \Delta P_i)/P_i\right] \tag{5.3-9}$$

2. 多载波情形

当输入为多载波时,其包络是有起伏的,它通过相位非线性信道后,其输出的每个载波都会产生附加相移变化,从而产生新的频率分量。对幅相变换特性有以下结论[4]:①幅相变换会产生互调分量;②其互调分量与幅度非线性 3 次项所产生的 $2f_a-f_b$ 型、$f_a+f_b-f_c$ 型互调一样,只是其载波有 $\pi/2$ 的相移。

3. AM-PM 与 AM-AM 的关系

对于大多数功率放大器来说,当输入电平较低时,幅度非线性畸变较小,AM/PM 畸变占主导地位;当工作在饱和区时,AM/PM 畸变将以相对

缓慢的速率随输入电平的增加而增加,而幅度非线性畸变将迅速增加,这时幅度非线性的影响将占主导地位。

理论和实验已证明[4],由 AM-AM 变换和 AM-PM 变换引起的总互调可用 AM-AM 产生的互调乘以一个大于 1 的系数来计算,该系数仅与功率放大器工作点有关。

5.3.3　非线性信道的影响

5.3.3.1　互调噪声的影响

1. 互调噪声谱

上面的分析是在没有调制情况下进行的。实际上,各载波都是被基带信号所调制。这样,它们的频谱具有一定形状分布。由于话音信号、数据信号具有随机特性,故不能用确知信号的数学模型来描述。根据随机过程理论,一般是用它们的功率谱密度来表征。限于篇幅,这里只给出以下结论[4]:①在输入的多载波信号中,若每个已调波的功率谱密度是以无调制时的载频为中心对称分布的,则每一个互调功率谱密度也是以相应的无调制时的互调波为中心对称分布的;②转发器带内总的互调功率谱密度是所有落入带内的各阶互调功率谱密度之和;③转发器带内的互调功率谱密度分布是连续的,但不是平坦的。为了估计其对信道的影响,通常取平均值。为了计算方便,通常引入"等效"互调噪声温度 T_{IM} 的概念,它与互调噪声功率谱密度 N_{0IM} 的关系为 $N_{0IM}=kT_{IM}$。

2. 互调噪声引起链路总的$(C/N_0)_t$ 降低

从第 4 章的链路预算中可知,在链路总的$(C/N_0)_t$ 中,除了由热噪声引起的上行链路$(C/N_0)_U$ 和下行链路$(C/N_0)_D$ 以外,还有转发器互调$(C/N_0)_{IM}$。很明显,若转发器互调噪声密度 N_{0IM} 越高,互调$(C/N_0)_{IM}$就越低,使总的链路$(C/N_0)_t$ 降低。同样,当地面站功率放大器多载波工作时,上行链路也会产生互调噪声,从而引起链路总的$(C/N_0)_t$ 降低。

3. 减小互调噪声的措施

减小互调噪声的措施主要有:①合理设置回退量。在多载波工作时,可根据容量和功率要求,合理设置功率放大器的功率回退量,使之尽量工作在线性区。②优化载波排列。计算表明[4],等幅、等间隔的 n 个载波产生的 $2f_a-f_b$ 型互调,在载波群的频带内比较均匀分布,而 $f_a+f_b-f_c$ 型互调则在载波群中央部分密度最大。通过优化载波排列,让产生的互调落在有用载波信号的带外,或者使互调噪声最小。③利用幅度预失真技术和相位校正技术,提高放大器幅度和相位特性的线性度。④利用功率合成技术减小非线性失真。

5.3.3.2 频谱展宽效应的影响

1. 频谱展宽效应

当一个数字调制信号经过非线性信道后,产生的各次谐波和互调分量必然加强调制信号频谱的旁瓣幅度,这就是非线性信道的频谱展宽效应。频谱展宽的程度与调制方式、滤波器滚降特性有关。图 5.3-2 给出了一个限带 QPSK 信号经过含有行波管放大器的信道后,其等效基带频谱展宽的计算机仿真结果[5]。从图 5.3-2 可见,经非线性信道后,原来被限带滤波抑制的旁瓣分量又抬高了,非线性程度不同,旁瓣抬高的程度也不相同。表 5.3-1 给出了在不同的非线性指标时旁瓣隆起的试验结果,其中旁瓣隆起值为旁瓣包络最大峰值与主瓣包络最大峰值之比。旁瓣隆起归一化值是将旁瓣包络最大峰值对未调载波幅度归一化所得。从表中可见,非线性越严重,旁瓣隆起越高。

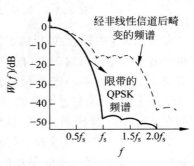

图 5.3-2 非线性信道的频谱展宽

表 5.3-1 一个频谱展宽效应的实验结果

3 阶互调/dB	−28	−25	−18	−15
旁瓣隆起值/dB	−45	−40	−30	−22
旁瓣隆起归一化值/dB	−81.3	−76.3	−66.3	−58.3

2. 频谱展宽的影响和防止措施

载波旁瓣频谱展宽的影响是:①对邻道信号造成码间干扰,引起误码性能恶化;②造成载波频谱特性超过规定值。减小载波旁瓣频谱展宽的措施是:①选择合适的调制方式,例如将 QPSK 调制改为 OQPSK 调制;②尽量提高信道的线性度;③必要时,增加载波之间的保护间隔。

5.3.3.3 非线性信道对误码性能的影响

将式(5.3-8)按三角函数展开,得到:

$$f_o(t) = g(A)\cos\theta(A)\cos\omega_0 t - g(A)\sin\theta(A)\sin\omega_0 t$$
$$= g(A)\cos\theta(A)\cos\omega_0 t + g(A)\sin\theta(A)\cos(\omega_0 t + 90°)$$

这个展开式可以用一个同相/正交信道非线性失真模型来表示,如

图 5.3-3 所示。

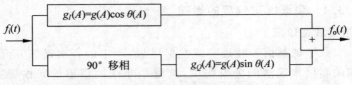

图 5.3-3 同相/正交信道非线性失真模型

在图 5.3-3 中，$g_I(A)$ 反映了同相信道的增益压缩特性，$g_Q(A)$ 则表示同相信道的增益压缩对正交信道的非线性干扰。这意味着正交调制的同相信道与正交信道之间将产生相互干扰，亦称"正交干扰"。对于 PSK 信号，本来是恒定包络，但经过滤波器的限带作用后，包络会产生起伏变化，当信道存在 AM/PM 变换 $\theta(A)$ 时，这种正交干扰将导致数据差错率增加。

由于存在 AM/PM 变换，相当于信号相位移动了 θ。这等效于在相干解调中，相干载波存在相位误差 θ 的情况。图 5.3-4 给出了在 QPSK 调制、I 路和 Q 路数据速率相等、加性高斯白噪声、理想的比特同步以及 AM-PM 变换的相位分别为在 $\theta = 4°$ 和 $\theta = 6°$ 条件下，误比特率的理论仿真结果。图 5.3-5 给出了由相位误差引起的等效 C/N 值的恶化量（理论值）[2]。从图中可以看出，多电平调幅对信道中的非线性失真比较敏感，电平数越多，滚降系数越小，对信道的非线性要求越高。

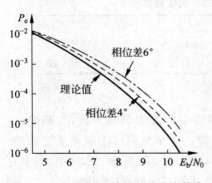

图 5.3-4 AM/PM 对 QPSK 误比特率的影响

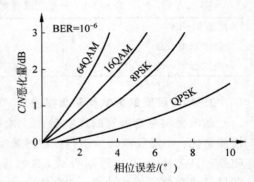

图 5.3-5 相位误差引起的 C/N 值恶化量

5.3.3.4 非线性信道特性的指标要求

对非线性特性的指标要求一般在两个方面：一是针对本系统的影响提出的指标要求；二是对其他系统的影响提出的限制性要求。对于本系统来说,一般是根据总的性能要求,例如误码性能所要求的 E_b/N_0 值,分配某段链路的载波与互调噪声比指标,然后根据这个指标,再确定具体设备的指标要求;对其他系统的影响,通常给出互调产物的限制,以降低对邻星的干扰。例如,地面终端站在工作仰角上发射多载波所产生的带外互调产物 EIRP,在任何 4kHz 带宽内应不超过 21dBW;用户终端发射双载波所产生的带外互调产物 EIRP,应低于信号载波 30dB 以上等。

5.4　其他失真的影响

5.4.1　相位噪声

5.4.1.1　产生相位噪声的原因

在数据传输中,通常采用相干解调技术和载波跟踪环路。载波跟踪的精度除了与跟踪环的信噪比、动态范围、瞬态响应、捕获特性以及载波频率偏移有关外,还取决于载波的相位噪声。这种噪声一般是由振荡器短期频率稳定度不好引起的。

在卫星数据中继系统的一条链路中,存在多个振荡器,例如,地面终端站上变频器的本振或频率合成器、中继卫星转发器的频率转换器,以及用户终端下变频器的本振或频率合成器,它们都有可能出现相位噪声。

相位噪声由不确定的随机噪声和信号中的随机波动两部分组成。随机噪声一般指白频率噪声和白相位噪声。随机波动一般指闪变频率噪声、闪变相位噪声和随机频率变化。

产生相位噪声的原因大致有以下几个方面:①振荡器的温度变化;②电源电压波动;③外界磁场、湿度以及机械振动等因素的影响;④负载阻抗变化;⑤随机噪声的干扰等。

本节将首先分析随机噪声对相位的影响,然后对振动的影响给出简要分析。

5.4.1.2　相位噪声的表征

相位噪声可以用频域参数或时域参数来表征。频域参数主要是相位噪声的功率谱密度,当需要确定载波跟踪环的环路带宽时,就要用到这个参数;时域参数主要是频率稳定度,当需要从定时误差的观点来确定时钟的精度或相对频率稳定度时,就要用到这个参数,相位噪声在时域中称为"相位抖动"。

在分析信道特性时,一般倾向于使用相位噪声的功率谱密度参数,它可以用频谱仪直接测量得到。由于相位噪声对称地分布在载波两边,因此可以用其一边的功率谱密度来描述,即所谓"单边带相位噪声"。

在工程应用中,讨论相位噪声,往往用单边带相位噪声功率 $P_{\mathrm{SSB}}(f_{\mathrm{m}})$ 与载波信号功率 P_{c} 的比值来描述:

$$L(f_{\mathrm{m}}) = \frac{P_{\mathrm{SSB}}(f_{\mathrm{m}})}{P_{\mathrm{c}}}$$

式中,$L(f_{\mathrm{m}})$ 指的是在偏离信号主载波的某一频率 f_{m} 处,在 1 Hz 噪声带宽 B_{n} 内的单边带相位噪声功率与载波信号功率 P_{c} 的比值。$L(f_{\mathrm{m}})$ 通常用对数表示:

$$L(f_{\mathrm{m}}) = 10 \lg \left[\frac{P_{\mathrm{SSB}}(f_{\mathrm{m}})}{P_{\mathrm{c}}} \right], \quad 量纲为 \mathrm{dBc/Hz} \qquad (5.4\text{-}1)$$

表 5.4-1 给出了卫星数据中继系统单边带相位噪声的限制。

表 5.4-1　卫星数据中继系统单边带相位噪声的限制

偏离主载波的频率	发送地面站	卫星转发器	接收地面站
100Hz	≤−60dBc/Hz	≤−60dBc/Hz	≤−60dBc/Hz
1kHz	≤−70dBc/Hz	≤−70dBc/Hz	≤−70dBc/Hz
10kHz	≤−80dBc/Hz	≤−80dBc/Hz	≤−80dBc/Hz
100kHz	≤−93dBc/Hz	≤−93dBc/Hz	≤−93dBc/Hz
≥1MHz	≤−103dBc/Hz	≤−103dBc/Hz	≤−113dBc/Hz

载波的相位噪声还可以用偏离载波、在一定频率范围内的各相位噪声限值的集合来表示。从频率 f_{a} 到频率 f_{b} 的相位噪声可以按下式计算:

$$\sigma_{\varphi_n} = \frac{180}{\pi} \sqrt{\int_{f_{\mathrm{a}}}^{f_{\mathrm{b}}} S_{\varphi_n}(f) \, \mathrm{d}f} \qquad (5.4\text{-}2)$$

式中,$S_{\varphi_n}(t)$ 为单边带相位噪声连续谱,单位为 rad^2;σ_{φ_n} 为频率 $f_{\mathrm{a}} \sim f_{\mathrm{b}}$ 的相位噪声,单位为 $(°)$。

5.4.1.3　相位噪声的影响

1. 相位噪声对误码性能的影响

振荡器的相位噪声将引起本地载波相位抖动,使检测的信噪比恶化,造成传输质量降低。对于 PSK 调制的载波来说,相位噪声是不可忽略的。图 5.4-1 给出了发送地面站—卫星转发器—接收地面站全链路(3 部分叠加)相位噪声引起的误码性能仿真结果。该结果是在表 5.4-1 的相位噪声条件下得出的,可以看出,当差错率为 1×10^{-5} 时,全链路总的相位噪声引起的 E_{b}/N_0 恶化量约为 0.28dB。

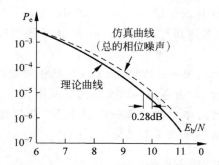

图 5.4-1 相位噪声引起的误码性能降低

2. 振动对相位噪声的影响

晶体振荡器特有的压频效应使其成为对振动最敏感部件。

（1）对于简谐振动 $a = A\cos(2\pi f_v t)$，将会产生边带调制，其幅度近似为

$$I(f_v) \approx 20\lg \frac{(\boldsymbol{\Gamma} \times \boldsymbol{A}) f_0}{2 f_v} \tag{5.4-3}$$

式中，A 为简谐振动的加速度峰值，单位为 g；f_v 为简谐振动频率，单位为 Hz；f_0 为晶体振荡器的静态频率，单位为 Hz；$\boldsymbol{\Gamma}$ 为晶体振荡器的加速度灵敏度，单位为 g^{-1}。加速度灵敏度为矢量，它随着平台三维振动方向的不同而不同，但其绝对值相差不大。

晶体振荡器使用说明书中一般只给出一个加速度灵敏度的标量。例如，一种频率为 100MHz 的切型晶体振荡器，其 $|\boldsymbol{\Gamma}|$ 为 $2 \times 10^{-10}/g$，对于振动频率为 50Hz、加速度峰值为 5g 的简谐振动，其边带杂波为 -60dBc。

（2）在随机振动条件下，振动谱宽内晶体振荡器相位噪声几乎与其静态相位噪声无关。它可以用下式表示。

$$\ell_\varphi(f) = \frac{(\boldsymbol{\Gamma} \times f_0)^2 G(f)}{4 f^2}, \quad (f_L \leqslant f \leqslant f_H) \tag{5.4-4}$$

式中，$G(f)$ 为晶体振荡器感受到的振动功率谱密度，单位为 g^2/Hz；f_L 为随机振动谱频率下限；f_H 为随机振动谱频率上限。

仍以 100MHz 晶体振荡器为例，晶体振荡器加速度灵敏度取 $1 \times 10^{-10}/g$，装载平台振动谱宽为 $15 \sim 2000$Hz，振动功率谱密度为 $0.01g^2/Hz$。故该晶体振荡器在随机振动环境下，f 为 1kHz 处的相位噪声为

$$\ell_\varphi(f) = \frac{(1 \times 10^{-10}/(\mathrm{g}) \times 100 \times 10^6 (\mathrm{Hz}))^2 \times 0.01(\mathrm{g}^2/\mathrm{Hz})}{4 \times (1 \times 10^3 (\mathrm{Hz}))^2} = 2.5 \times 10^{-13}/\mathrm{Hz}$$

取对数后,1kHz 处的相位噪声为 $-126\mathrm{dBc/Hz}$。通常,在静态情况下,1kHz 处的相位噪声可达到 $-155\mathrm{dBc}$。可见,由于随机振动,相位噪声恶化了 29dB。

(3) 为了降低相位噪声的影响,除了采用低相位噪声参考源以外,要降低振动的功率谱密度,对参考源采取必要的抗振措施:例如,对电路进行全表面封装;在盖板与盒体之间安置软性屏蔽条;螺钉固定处加螺纹剂等,使参考源内部共振频率远高于振动频率上限。

5.4.2 同相/正交信道不平衡

5.4.2.1 产生不平衡的原因

同相信道(I)/正交信道(Q)不平衡包括增益不平衡和相位不平衡。其产生的主要原因是调制器的不理想。实际上,要做到完全理想的调制器是不可能的。

增益不平衡 G_{imb} 是指调制后的 I,Q 两路信号的幅度不相等。它可以表示为

$$G_{\mathrm{imb}} = 20\lg[\max(\varepsilon_I/\varepsilon_Q)] \tag{5.4-5}$$

式中,ε_I 和 ε_Q 分别为调制后 I 路和 Q 路的幅度,如图 5.4-2(a)所示。$\varepsilon_I/\varepsilon_Q$ 常用百分比表示。

相位不平衡是指调制后的 I 路或 Q 路的相角偏离理论值。以 QPSK 为例,调制后的理论相角差是 $90°$,如果存在相位不平衡 θ,那么 $\theta=|90°-\varphi|$,如图 5.4-2(b)所示,图中 φ 为实际的相位。

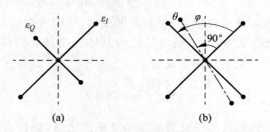

图 5.4-2 I/Q 不平衡示意图

(a) I/Q 幅度不平衡;(b) I/Q 相位不平衡

5.4.2.2 I/Q 不平衡的影响

1. 增益不平衡的影响

增益不平衡的影响可以看作接收端的接收电平不规则地高于或低于门限电平,使解调器判决电平产生漂移,偏离最佳值,对误码性能造成影响。

判决门限通常采用中值判决门限,对信号"1"码或"0"码,噪声容限均为1/2,如图 5.4-3 所示。在产生漂移 Δx 后,则对"1"码的噪声容限减少到 $1/2-\Delta x$,对"0"码增加到 $1/2+\Delta x$。很明显,前者引起差错率增大部分,比后者引起的减少部分大,所以产生等效 C/N 恶化。同时由于判决器具有一定的灵敏度,存在着不识别区,其结果与信号幅度减少的不确定幅度等效。因此上述两种电平幅度变化之和带来 C/N 的损失,如图 5.4-4 所示。

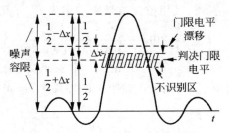

图 5.4-3   判决门限电平变动的影响

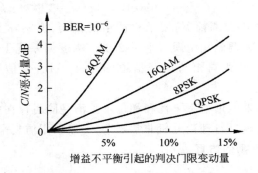

图 5.4-4   判决门限变动引起的等效 C/N 恶化量

对于 QPSK 调制,增益不平衡引起的信噪比损失可以利用下式估算:

$$L_{\Delta x} = 20\lg \frac{1}{1-\Delta x} \tag{5.4-6}$$

式中,Δx 为增益不平衡的幅度(%)。

例如,当 $\Delta x = 2.8\%$ 时,$L_{\Delta x} \approx 0.25(\text{dB})$。当 $\Delta x = 5.6\%$ 时,$L_{\Delta x} \approx 0.5(\text{dB})$。

2. 相位不平衡的影响

PSK 调制的信息体现在已调信号的相位中,相位不平衡会影响接收端正确地判读已调信号传输的信息。理论上它比增益不平衡的影响要更大一些。由于相位不平衡导致 I 信道与 Q 信道之间相互干扰,用理论分析它的误码性能非常复杂,故可以利用分析调制解调静态调相误差的方法来近似地估计相位不平衡对 PSK 系统的损失。

对于 BPSK 调制器,其相位误差带来的损失 $L_{\Delta\varphi2}$ 可以用下式近似:

$$L_{\Delta\varphi2} = 20\lg \frac{1}{\cos\Delta\varphi_2} \qquad (5.4\text{-}7)$$

例如,当 $\Delta\varphi=3°$ 时,$L_{\Delta\varphi2}\approx0.012$(dB)。当 $\Delta\varphi=5°$ 时,$L_{\Delta\varphi2}\approx0.033$(dB)。

对于 QPSK 调制器,其相位误差带来的损失 $L_{\Delta\varphi4}$ 可以用下式近似:

$$L_{\Delta\varphi4} = 20\lg \frac{1}{|\cos\Delta\varphi|-|\sin\Delta\varphi|} \qquad (5.4\text{-}8)$$

例如,当 $\Delta\varphi=3°$ 时,$L_{\Delta\varphi4}\approx0.48$(dB)。当 $\Delta\varphi=5°$ 时,$L_{\Delta\varphi4}\approx0.83$(dB)。

对于 8PSK 调制器,其相位误差带来的损失 $L_{\Delta\varphi8}$ 可以用下式近似:

$$L_{\Delta\varphi8} = 20\lg \frac{\sin[(\pi/8)+\Delta\varphi]}{\sin(\pi/8)} \qquad (5.4\text{-}9)$$

式中,π 表示 $180°$。

例如,当 $\Delta\varphi=3°$ 时,$L_{\Delta\varphi8}\approx1.02$(dB)。当 $\Delta\varphi=5°$ 时,$L_{\Delta\varphi8}\approx1.63$(dB)。

对于多电平正交调幅器,要求更严格的正交,但实际上做不到完全正交。目前 16QAM 调制相位误差小于 $2°$p-p,幅度偏差优于 ±0.3dB。相位误差的存在将会导致同相与正交信道的相互干扰,使信噪比恶化(参考图 5.3-5)。

实际上调制器的增益不平衡和相位不平衡是同时存在的。对这两种因素同时作用的影响进行理论分析非常复杂,一般采用仿真来获得。

3. I/Q 不平衡的仿真

（1）仿真模型

I/Q 不平衡仿真模型框图如图 5.4-5 所示。该模型采用理想的 QPSK 调制器和解调器,I/Q 不平衡模块位于理想调制器输出端,用于模拟增益和相位的不平衡量。数据源产生的伪随机数据一路送至调制信道,一路送至误比特率分析仪,以便于比较。仿真软件采用 MATLAB 中的 Simulink 模块。

（2）仿真结果

仿真分别考虑了单独增益不平衡、单独相位不平衡以及增益和相位同时不平衡 3 种情况的影响。表 5.4-2 给出了相应的仿真结果。该结果是在 $\text{BER}\approx1\times10^{-5}$ 条件下得出的。表中,0.25dB 和 $\pm3°$ 为 QPSK 调制器的指标要求值,0.5dB 和 $\pm5°$ 为超过指标的值。

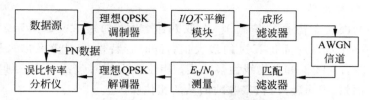

图 5.4-5 QPSK 调制 I/Q 不平衡仿真模型框图

表 5.4-2 QPSK 调制 I/Q 不平衡仿真结果（BER $\approx 1 \times 10^{-5}$）

不平衡类型	增益不平衡		相位不平衡		增益/相位同时不平衡	
不平衡参数	0.25dB	0.5dB	$\pm 3°$	$\pm 5°$	0.25dB/$\pm 3°$	0.5dB/$\pm 5°$
$\Delta E_b/N_0$	0.008dB	0.049dB	0.021dB	0.128dB	0.039dB	0.206dB

从仿真的结果可以看出：

（1）在不考虑相位不平衡情况下，仅增益不平衡引起的信噪比恶化量 $\Delta E_b/N_0$ 小于 0.05dB，对误比特率的影响非常小。

（2）在不考虑增益不平衡情况下，仅相位不平衡引起的信噪比恶化量 $\Delta E_b/N_0$ 小于 0.15dB。可见，相位不平衡对信噪比的恶化量比增益不平衡对信噪比的恶化量大。

（3）在同时考虑增益不平衡和相位不平衡情况下，引起的信噪比恶化量 $\Delta E_b/N_0$ 小于 0.3dB。可见，同时存在增益不平衡和相位不平衡比两者单独存在对信噪比恶化的影响大，且它们之间的关系不是简单的线性叠加。

（4）由于仿真条件与理论估算条件的差别，它们的结果存在一定的差异，在工程上可以参考或折中选取。

5.4.3 多种失真同时存在的影响

前面对群时延、相位噪声、I/Q 不平衡的影响分别进行了分析和仿真，但是在实际系统中这 3 种失真往往是同时存在的。本节将对这 3 种失真同时存在时的影响给出仿真结果，力求更接近实际的信道情况。

1. 仿真模型

仿真模型框图如图 5.4-6 所示。该模型采用理想的 QPSK 调制解调器和成形滤波器。为了便于分析问题，假设信道是线性信道，所以 3 种失真模块串联连接。在理想调制器输出端顺序连接 I/Q 不平衡模块、相位噪声模块、群时延失真模块。数据源产生的伪随机数据一路送至调制信道，一路送至误比特率分析仪，以便于比较。

2. 仿真参数

在前面独立仿真的基础上,选取两组参数,如表 5.4-3 所示。其中, I/Q 不平衡选取前面仿真过的最大值;群时延特性分别考虑带来损失为 0.5dB 左右的线性和抛物线性群时延;相位噪声同时包括了表 5.4-1 中的发送地面站、卫星转发器、接收地面站的相位噪声。

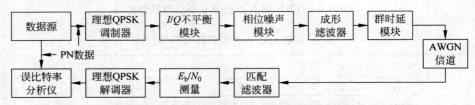

图 5.4-6　群时延失真、相位噪声、I/Q 不平衡综合因素仿真模型框图

表 5.4-3　综合仿真的参数取值

	I/Q 不平衡	线性群时延	抛物线群时延	相位噪声
1 组参数	0.5dB/±5°	3.33ns	—	见表 5.4-1
2 组参数	0.5dB/±5°	—	6.67ns	见表 5.4-1
$\Delta E_b/N_0$	0.206dB(见表 5.4-2)	0.54dB	0.54dB	0.28dB(见图 5.4-1)

3. 仿真结果

仿真结果如图 5.4-7 所示。

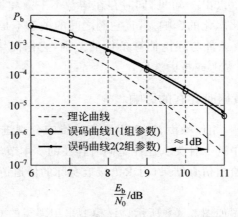

图 5.4-7　3 种失真同时存在的误码性能

从图 5.4-7 可以看出,这两组参数带来的 E_b/N_0 损失相近。在误比特率为 $1×10^{-5}$ 时, E_b/N_0 损失约为 1dB。它近似等于 3 部分分别带来的 E_b/N_0 损失之和。

参考文献

[1] 李德儒. 群时延测量技术[M]. 北京：电子工业出版社,1990.

[2] 牛继列. 数字微波接力通信系统原理与设计[M]. 北京：北京邮电大学出版社,1989.

[3] SPILKER J J. 数字卫星通信[M]. 白延隆,李道本,译. 北京：人民邮电出版社,1980.

[4] 吕海寰,蔡剑铭,甘仲民,等. 卫星通信系统[M]. 北京：人民邮电出版社,1991.

[5] 杨知行. 数字微波接力信道与电路[M]. 北京：人民邮电出版社,1988.

第6章

中继卫星

中继卫星被称为"卫星中的卫星"。它采用天基的设计思想为各类中低轨道卫星、飞船等用户航天器提供跟踪定轨和数据中继服务,大幅提高中低轨道用户航天器测控通信的轨道覆盖率和使用效益。本章在简要介绍卫星运行规律的基础上,重点讨论中继卫星总体设计所要考虑的因素,以及卫星平台、有效载荷和捕获跟踪系统的功能、组成及其工作原理。最后讨论中继卫星有效载荷的在轨标校方法。

6.1 卫星轨道

轨道力学是研究卫星质心运动规律的学科,也是研究卫星运行规律的手段,其主要任务是精确地计算出任意给定时刻卫星质心的位置和速度。根据牛顿力学的原理,外力和初始状态决定了质心的运动。卫星受到的外力主要包括地球引力、地球大气阻力、太阳辐射压力以及日、月引力等。复杂的外力形式决定了卫星运动的复杂性,尤其还有一些不确定因素,尚要依赖其他学科的研究成果。

6.1.1 黄道与春分点

地球绕太阳公转的轨道面平面称为"黄道面",黄道面与以太阳为中心的天球的交线是一个大圆,称为"黄道"。它是一条距离为 $147 \times 10^6 \sim 152 \times 10^6$ km,周期为 1 年的近圆轨道,如图 6.1-1 所示。黄道面与地球赤道面的夹角称为"黄赤交角",用 ε 表示。黄赤交角存在缓慢的变化,这是由于春分点位置的变化产生的,黄赤交角的变化范围在 $22°00' \sim 24°30'$,变化周期约为 4.1×10^4 年,平均值等于 $23°30'$。

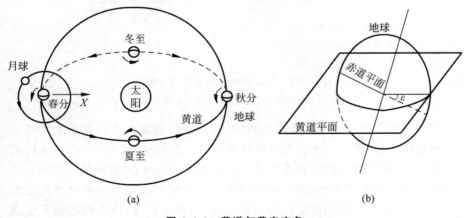

图 6.1-1 黄道与黄赤交角

(a) 黄道与春分点;(b) 黄赤交角

春分点是天球上黄道与赤道的一个交点,即太阳沿黄道从南向北通过赤道的那一点,它就在春分时刻从地心看向太阳的那个方向。如果忽略地球极轴以 26 000 年为周期的缓慢进动等影响,春分点的方向在惯性空间是固定不变的,在天空中位于白羊座附近。这一坐标系是固连在惯性空间的,因此在惯性空间是固定的,不随地球的自转而转动,也没有地方性和周期性变化。

6.1.2　地心赤道坐标系

过空间任意一点 O 作三条相互垂直的数轴 OX,OY,OZ,它们都以 O 点为原点且具有相同的长度单位。这三条轴分别称为"横轴"(X 轴)、"纵轴"(Y 轴)、"竖轴"(Z 轴),统称为"坐标轴"。它们的正方向符合右手定则(右手四指沿 X 轴正方向握向 Y 轴正方向,大拇指所指的方向就是 Z 轴正方向),这样就构成了一个空间直角坐标系,空间任意点 P 可用坐标(x,y,z)表示。球坐标系是一种利用球坐标(r,θ,ϕ)表示空间任意点 P 在三维空间的位置的三维正交坐标系,原点与点 P 之间的距离为 r,原点到点 P 的连线与正 Z 轴之间的夹角为天顶角 θ,原点到点 P 的连线在 XY 平面的投影线与正 X 轴之间的夹角为方位角 ϕ。图 6.1-2 给出了这两种坐标系的表示。

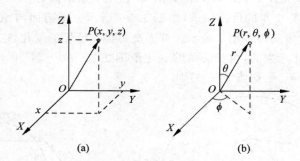

图 6.1-2　空间直角坐标系与球坐标系
(a) 空间直角坐标系;(b) 空间球坐标系

为了便于描述卫星在惯性空间的运行轨道,通常将坐标系的原点固定在地球的质心,即选用地心赤道惯性坐标系。如图 6.1-3 所示,坐标系的原点为地心,基本面为地球赤道平面。Z 轴垂直于赤道面,指向地球北极。X 轴和 Y 轴在赤道平面内,X 轴指向春分点。Y 轴的正向指向春分点的正东方。X,Y,Z 三个轴的指向符合右手定则,即右手平展,使大拇指与其余四指垂直,把右手放入坐标系,四指沿+X 方向弯向+Y 方向,大拇指所指的

方向为$+Z$方向。通常所用的 J2000 地心赤道惯性坐标系基准平台为历元
2000 年 1 月 1 日地球时 12 时的平赤道
面,X 轴指向历元时刻的平春分点。这是
轨道计算常用的惯性坐标系。但由于岁
差运动,地球的赤道面也在不断变化,所
以在有些情况下也可用当前瞬时的平赤
道惯性坐标系来描述卫星轨道。

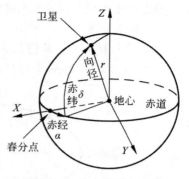

在球坐标系中,卫星的位置用赤经
α、赤纬 δ 和地心距 r 表示。赤经是卫星
相对于春分点的角距,以春分点为原点,
沿赤道面向东度量。赤纬是卫星相对于
赤道面的角距,即卫星的俯视方向与赤道

图 6.1-3　地心赤道坐标系

平面的夹角,从赤道向北或向南度量,向北为正,向南为负。球坐标和直角
坐标关系如下:

$$\begin{cases} \sin\delta = \dfrac{z}{r} \\ \tan\alpha = \dfrac{y}{x} \\ r = \sqrt{x^2 + y^2 + z^2} \end{cases} \qquad (6.1\text{-}1)$$

当 $x>0$ 且 $y>0$,α 在第一象限;当 $x<0$ 且 $y>0$,α 在第二象限;当
$x<0$ 且 $y<0$,α 在第三象限;当 $x>0$ 且 $y<0$,α 在第四象限。

显然有

$$\begin{cases} x = r\cos\alpha\cos\delta \\ y = r\sin\alpha\cos\delta \\ z = r\sin\delta \end{cases} \qquad (6.1\text{-}2)$$

6.1.3　轨道根数

围绕地球运行的卫星轨道是通过地心平面内的一个椭圆,地心处于椭
圆的一个焦点。通过两个焦点的轴径为长轴,长轴的一端离地心最近的点,
称为"近地点",长轴的另一端为远地点,如图 6.1-4 所示。通常,开普勒的
经典轨道要素被用来描述卫星的轨道,利用一组具有几何意义的 6 个参数
描述卫星在惯性空间的运行轨道,确定某一时刻卫星在地心赤道惯性坐标
系中的位置。这 6 个轨道参数(轨道半长轴 a、轨道偏心率 e、轨道倾角 i、
升交点赤经 Ω、近地点幅角 ω、真近点角 f)被称为"轨道六要素",亦称"轨

道六根数"。轨道根数反映轨道的总体特征,其中 i,Ω,ω 确定轨道方位; a,e 确定轨道形状与大小;f 确定位置与时间的关系。

（1）轨道半长轴 a

轨道半长轴为椭圆轨道长轴的一半,即远地点与近地点距离的一半,它描述了椭圆轨道的大小,用符号 a 表示,如图 6.1-4 所示。

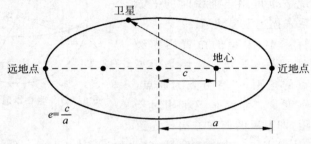

图 6.1-4 椭圆轨道半长轴

（2）轨道偏心率 e

轨道偏心率是一个非常重要的参数,它决定了轨道的形状,用符号 e 表示。对于一般的圆锥曲线,偏心率定义为圆锥曲线上一点的向径 r 与该点到准线距离 x 之比。对于椭圆,偏心率为两焦点之间的距离与椭圆长轴之比,即 $e = 2c/2a = c/a = r/x$。

如图 6.1-5 所示,当 $0 < e < 1$ 时,轨道为椭圆;当 $e = 0$ 时,轨道为圆形;当 $e = 1$ 时,轨道为抛物线;而当 $e > 1$ 时,轨道为双曲线。如果 $e \geqslant 1$,会导致卫星从地球引力中脱离,例如月球和火星探测器,它们运行轨道的偏心率 $e \geqslant 1$。

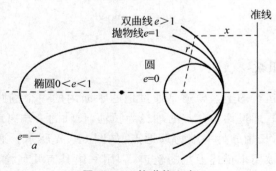

图 6.1-5 轨道偏心率

（3）轨道倾角 i

轨道倾角为卫星轨道平面与地球赤道平面的夹角,或表示为轨道的角动量矢量与北极方向的夹角,用符号 i 表示,其取值范围为 $0° \leqslant i \leqslant 180°$。从北极看,卫星在 $i < 90°$ 轨道上运动方向和地球自转方向相同,称 $i < 90°$ 的轨道为"顺行轨道",$i > 90°$ 的轨道为"逆行轨道",$i = 90°$ 的轨道为"极地轨道"。

（4）升交点赤经 Ω

卫星从南半球向北半球运行时,穿过赤道面的交点为升交点,在赤道面上从春分点（x 轴）向东度量到升交点的地心张角为升交点赤经,用符号 Ω 表示,其取值范围为 $0° \leqslant \Omega < 360°$。轨道倾角 i 和升交点赤经 Ω 确定了轨道平面在惯性空间的取向。

（5）近地点幅角 ω

近地点幅角为轨道近地点与升交点对地心的张角,从升交点沿着卫星运动的方向度量到近地点,用符号 ω 表示,其取值范围为 $0° \leqslant \omega < 360°$。它描述了在轨道平面内椭圆轨道的取向。

（6）真近点角 f（或经过近地点的时刻 τ）

真近点角是指某一时刻（t_0）,卫星与近地点对地心的张角,在轨道平面内从近地点沿卫星运动方向度量,用符号 f 表示,其取值范围为 $0° \leqslant f < 360°$。这一参数建立了卫星在轨道上的位置与时间的关系。它有时可用近地点时刻 τ 表示。

图 6.1-6 中给出了 i, Ω, ω, f 的示意图。

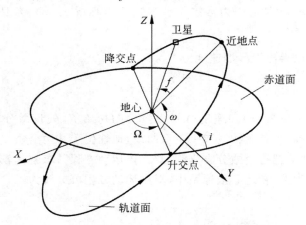

图 6.1-6　轨道要素（i, Ω, ω, f）几何示意图

6.1.4　卫星运动的基本规律

卫星在宇宙空间的运行轨道取决于以下两个因素。

　　一个因素是已经完全解析的简化理论轨道。对接近一个行星的卫星来说,它一般取符合二体问题运动规律的开普勒轨道。二体问题是天体力学中的一个基本问题,是指由两个天体构成的力学系统,每个天体等效成质点,而且是仅有万有引力作用而无其他外力作用下的运动规律。在研究卫星相对地球运动时,卫星尺寸远小于它和地球的距离,可以视为质点。地球又可以近似为球形,其质量等密度层呈一定厚度的同心球壳。在这一前提下,就引力效果而言,地球可以看作质量集中在地心的质点,卫星和地球近似组成一个二体问题。用于计算卫星任何时刻的位置和速度的基本常数形式有多种,常用的是开普勒要素,它具有明显的几何意义。这些要素决定着轨道的大小、形状和空间的方位。

　　另一因素是精确理论轨道与简化理论轨道之差,即天体受到一个以上其他质量体的作用而产生的可觉察的复杂运动,称为"轨道摄动"。卫星受到的摄动力主要有:地球非球形引力、其他天体引力、大气阻力、太阳辐射压力等。通过轨道的计算,可以求出卫星在任何时刻的位置和速度。

　　本章将进一步阐述所谓的无摄运动,即轨道仅受到球形对称地球的引力影响。在地心坐标系中,卫星位置由矢量 $\boldsymbol{r}$ 表示,它是时间 t 的函数。根据万有引力原理,卫星受到地球的引力为

$$\boldsymbol{F} = -\frac{m\mu}{r^3}\boldsymbol{r} \tag{6.1-3}$$

式中,$\mu = Gm_e$ 为地心引力常数,$\mu = 398\,600.44 \mathrm{km}^3/\mathrm{s}^2$;$r$ 为卫星到地心的距离,$r = \sqrt{x^2 + y^2 + z^2}$。

　　由此可以得出卫星加速度为

$$\frac{\mathrm{d}^2\boldsymbol{r}}{\mathrm{d}t^2} = -\frac{\mu}{r^3}\boldsymbol{r} \tag{6.1-4}$$

它取决于卫星位置($\boldsymbol{r}$)和速度($\boldsymbol{V} = \mathrm{d}\boldsymbol{r}/\mathrm{d}t$)的初始值,矢量微分方程的解可以是一个椭圆、一条抛物线或一条双曲线,地球位于其两个焦点之一。在经典力学中,常常把这个微分方程称为"二体运动方程",求解比较简单。

　　以卫星为例,在地心坐标系中,卫星运动方程可分解为

$$\begin{cases} \ddot{x} = -\dfrac{\mu x}{r^3} \\[2mm] \ddot{y} = -\dfrac{\mu y}{r^3} \\[2mm] \ddot{z} = -\dfrac{\mu z}{r^3} \end{cases} \tag{6.1-5}$$

式中，x,y,z 为卫星坐标。

方程组(6.1-5)是一个 6 阶的非线性微分方程。如果给定 6 个初始条件——t_0 时刻卫星的位置 $x(t_0),y(t_0),z(t_0)$ 和速度 $\dot{x}(t_0),\dot{y}(t_0),\dot{z}(t_0)$，则此方程组完全可解。其解可以写成如下形式：

$$\begin{cases} x = x(\sigma_i,t) \\ y = y(\sigma_i,t) \\ z = z(\sigma_i,t) \\ \dot{x} = \dot{x}(\sigma_i,t) \\ \dot{y} = \dot{y}(\sigma_i,t) \\ \dot{z} = \dot{z}(\sigma_i,t) \end{cases} \tag{6.1-6}$$

方程组中，$\sigma_i(i=1,2,\cdots,6)$ 为 6 个独立积分常数。

方程组(6.1-6)给出了积分常数和卫星位置、速度之间的关系。根据 $t=t_0$ 时刻卫星的位置 $x(t_0),y(t_0),z(t_0)$ 和速度 $\dot{x}(t_0),\dot{y}(t_0),\dot{z}(t_0)$，可以唯一地确定积分常数 $\sigma_i=\sigma_i(x_0,y_0,z_0,\dot{x}_0,\dot{y}_0,\dot{z}_0,t_0)$。在积分常数确定后，通过式(6.1-6)可以解出任意给定时刻的卫星位置和速度。

下面给出解方程组(6.1-5)的方法。

从方程组(6.1-5)中，第一方程乘以 y，减去第二方程乘以 x，可以得到

$$\ddot{x}y - \ddot{y}x = 0$$

即

$$\frac{\mathrm{d}}{\mathrm{d}t}(\dot{x}y - \dot{y}x) = 0$$

积分得

$$(\dot{x}y - \dot{y}x) = A$$

同理可得

$$\begin{cases} (\dot{y}z - \dot{z}y) = C \\ (\dot{z}x - \dot{x}z) = B \end{cases}$$

从而得出

$$Cx + By + Az = 0 \tag{6.1-7}$$

式中，A,B,C 为积分常数，其中两个是独立的。

式(6.1-7)表明，卫星在一个平面内运动，这个平面过地心，通常称这个平面为"轨道平面"。卫星相对于地心的动量矩 $\boldsymbol{h}$ 等于卫星地心距矢量和速度矢量的矢积：

$$\boldsymbol{r} \times \boldsymbol{v} = \boldsymbol{h}$$

在地心中心引力场中,卫星相对地心的动量矩 h 保持恒定,其方向和幅值取决于积分常数 A,B,C。根据矢积的公式,可以直接得到动量矩 h 的 3 个分量 h_x, h_y, h_z 就是 A, B, C,且有 $h = \sqrt{h_x^2 + h_y^2 + h_z^2} = \sqrt{A^2 + B^2 + C^2}$,动量矩 h 的方向和卫星轨道面的法线是平行的,称 h 和 Z 轴的夹角为"轨道倾角" i,轨道平面与地球赤道面的交线为节线,节线与 X 轴的夹角称为"升交点赤经" Ω,轨道倾角 i 和升交点赤经 Ω 确定了轨道平面在空间坐标的方位。

动量矩 h 的 3 个分量与 i,Ω 的关系为

$$\begin{cases} i = \arccos\left(\dfrac{h_z}{h}\right) \\ \Omega = \dfrac{\pi}{2} + \arctan\left(\dfrac{h_y}{h_x}\right) \end{cases}$$

卫星在轨道平面内运动,满足万有引力和牛顿第二定律,其平面内方程可以写为

$$\begin{cases} \dfrac{d^2\eta}{dt^2} = -\dfrac{\mu\eta}{r^3} \\ \dfrac{d^2\xi}{dt^2} = -\dfrac{\mu\xi}{r^3} \end{cases} \tag{6.1-8}$$

式中,η 和 ξ 为在 $O\eta\xi$ 坐标系(O 为地心,$O\eta$ 轴和 $O\xi$ 轴为卫星轨道平面内相互垂直的两个轴)中的卫星坐标,作极坐标变换 $\eta = r\cos\theta, \xi = r\sin\theta$,代入上式可得

$$\begin{cases} \ddot{r} - r\dot{\theta}^2 = -\dfrac{\mu}{r^2} \\ r\ddot{\theta} + 2\dot{r}\dot{\theta} = 0 \end{cases} \tag{6.1-9}$$

第二式积分得

$$r^2\dot{\theta} = h$$

式中,h 为积分常数,是卫星相对于地心的动量矩幅值,方程组(6.1-9)的一般解为[1]

$$r = \dfrac{h^2}{\mu[1 + e\cos(\theta - \omega)]} \tag{6.1-10}$$

式(6.1-10)就是卫星的轨道方程,说明卫星沿圆锥曲线运动。对于地球轨道卫星,此圆锥曲线是椭圆,地心处在此椭圆曲线的一个焦点上,式中有两个积分常数,即 e 和 ω。由解析几何可得,e 为椭圆偏心率,$0 < e < 1$。令 $\dfrac{h^2}{\mu} =$

p，p 为椭圆的半通径，是在椭圆内通过焦点的垂线长度，见图 6.1-7。

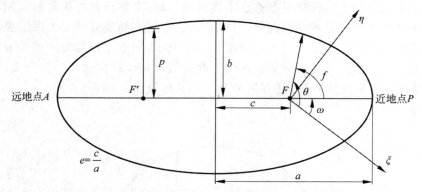

图 6.1-7 半通径 p、椭圆半长轴 a、半短轴 b 示意图

半通径 p 和偏心率 e 与椭圆半长轴 a、半短轴 b 的关系如下：

$$p = a(1 - e^2) = b\sqrt{1 - e^2}, \tag{6.1-11}$$

$$e = \sqrt{1 - \left(\frac{b}{a}\right)^2}$$

将 $p = \dfrac{h^2}{\mu}$ 代入式(6.1-11)，得到半长轴 a 和动量矩幅值 h 的关系：

$$a = \frac{h^2}{\mu(1 - e^2)} \tag{6.1-12}$$

因为偏心率 e 是独立的，所以半长轴 a 与动量矩幅值 h 是对应的。

在式(6.1-10)中，另一个积分常数是 ω。当 $\theta - \omega = 0°$时，卫星的地心距 r 为最小，该点称为"近地点"P；当 $\theta - \omega = 180°$时，卫星的地心距 r 为最大，该点称为"远地点"A。极角 ω 决定了此椭圆在轨道平面上的方向，称为"近地点幅角"。卫星相对于椭圆长轴的极角称为"真近点角"f，$f = \theta - \omega$。随着卫星的运转，真近点角不断增大，轨道方程(6.1-10)可以写成

$$r = \frac{a(1 - e^2)}{1 + e\cos f} \tag{6.1-13}$$

卫星近地点($f = 0°$)和远地点($f = 180°$)的地心距 r_P，r_A 与半长轴、偏心率之间的关系为

$$\begin{cases} r_P = a(1 - e) \\ r_A = a(1 + e) \\ e = \dfrac{r_A - r_P}{r_A + r_P} \end{cases} \tag{6.1-14}$$

天体问题共有 3 种近点角,包括偏近点角、平近点角和真近点角。偏近点角是过椭圆上的任意一点垂直于椭圆半长轴,交半长轴外接圆的点到原点的直线与半长轴所成的夹角,用 E 表示。平近点角就是轨道上的卫星在辅助圆上相对于中心点的运行角度,用 M 表示,平近点角与时间的关系是线性的。真近点角是指卫星从近地点起沿轨道运动时向径扫过的角度,用 f 表示。真近点角决定了卫星在轨道中的具体位置。3 种近点角见图 6.1-8 所示。

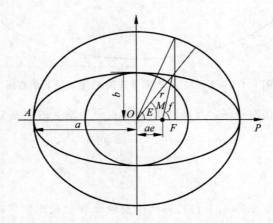

图 6.1-8 偏近点角 E、平近点角 M 和真近点角 f 示意图

由图 6.1-8 中向径 r 的横纵坐标的两种表示可得

$$\begin{cases} r\cos f = a\cos E - ae \\ r\sin f = a\sqrt{1-e^2}\sin E \end{cases}$$

将式(6.1-13)代入上式得

$$\begin{cases} \cos f = \dfrac{\cos E - e}{1 - e\cos E} \\ \sin f = \dfrac{\sqrt{1-e^2}\sin E}{1 - e\cos E} \end{cases} \tag{6.1-15}$$

式(6.1-15)给出了真近点角与偏近点角的关系。

利用开普勒定律,结合图 6.1-8 中的三角函数关系,可以推导出描述卫星位置与时间关系的开普勒方程为

$$M = n(t - t_{\mathrm{P}}) = E - e\sin E \tag{6.1-16}$$

式中,n 为卫星沿椭圆轨道运行的平均角速率;t_{P} 是积分常数,它是卫星经过近地点的时刻,该时刻对应的真近点角 $f = 0°$。在给定时刻 t,3 种近点

角 E,M,f 都是对应的。平运动速度 n 和偏心率 e 是先给定的,解开普勒方程求得 E,利用 E 与 f 的关系可求得真近点角。通过推导,不难导出卫星在赤道惯性坐标系中的坐标为[1]

$$\begin{bmatrix} x \\ y \\ z \end{bmatrix} = \frac{a(1-e^2)}{1+e\cos f} \begin{bmatrix} \cos\Omega\cos(\omega+f) - \sin\Omega\sin(\omega+f)\cos i \\ \sin\Omega\cos(\omega+f) + \cos\Omega\sin(\omega+f)\cos i \\ \sin(\omega+f)\sin i \end{bmatrix}$$

$$(6.1\text{-}17)$$

这就是用轨道要素描述卫星位置的公式。

6.1.5 卫星轨道摄动

理想轨道是以二体问题的假设为前提,而实际上地球并不是均匀球体,引力场并不是理想的中心力场,卫星会受到非球形的地球引力场作用。另外,卫星还受到大气阻力和日、月等天体引力,以及太阳辐射压力和地球的潮汐等力的作用,这些作用力统称为"摄动力"。在摄动力的作用下,卫星运行轨道偏离了二体问题的轨道,这种偏离二体问题轨道的运动称为"轨道摄动"。在一般情况下,围绕地球轨道运行的卫星所受到的摄动加速度比地球引力加速度小 2~3 个数量级以上,但在长时间的作用下,轨道也会产生很大变化。在摄动力作用下卫星的椭圆轨道将不再闭合,轨道面也不再保持不变,近地点幅角也将产生进动。

6.1.5.1 轨道摄动方程

用轨道要素表示卫星的摄动方程,在天体力学中是著名的拉格朗日行星运动方程,本节将给出开普勒要素的摄动方程及变化形式。

卫星的运动可以用下述梯度方程描述:

$$\ddot{r} = \nabla U$$

式中,r 为卫星位置矢量;U 为位函数。

对于地球轨道卫星情况,U 可以分解为

$$U = \frac{\mu}{r} + R(r)$$

式中,$\frac{\mu}{r}$ 为中心力场的位函数;$R(r)$ 为扰动位函数。

如果忽略扰动位函数 $R(r)$,就变成了二体问题,在 6.1.4 节中已经求出了二体问题的精确解,形式上可以写成

$$r = r(a,e,\Omega,i,\omega,M)$$

在考虑摄动问题时,6 个轨道要素将不再是常数,而是时间 t 的函数,

于是有

$$\dot{\boldsymbol{r}} = \frac{\partial \boldsymbol{r}}{\partial a}\frac{\mathrm{d}a}{\mathrm{d}t} + \frac{\partial \boldsymbol{r}}{\partial e}\frac{\mathrm{d}e}{\mathrm{d}t} + \frac{\partial \boldsymbol{r}}{\partial \Omega}\frac{\mathrm{d}\Omega}{\mathrm{d}t} + \frac{\partial \boldsymbol{r}}{\partial i}\frac{\mathrm{d}i}{\mathrm{d}t} + \frac{\partial \boldsymbol{r}}{\partial \omega}\frac{\mathrm{d}\omega}{\mathrm{d}t} + \frac{\partial \boldsymbol{r}}{\partial M}\frac{\mathrm{d}M}{\mathrm{d}t}$$

考虑到

$$\dot{\boldsymbol{r}} = n\frac{\partial \boldsymbol{r}}{\partial M}$$

以上速度的两种表示方法应该是等效的,于是可得到下面的关系:

$$\frac{\partial \boldsymbol{r}}{\partial a}\frac{\mathrm{d}a}{\mathrm{d}t} + \frac{\partial \boldsymbol{r}}{\partial e}\frac{\mathrm{d}e}{\mathrm{d}t} + \frac{\partial \boldsymbol{r}}{\partial \Omega}\frac{\mathrm{d}\Omega}{\mathrm{d}t} + \frac{\partial \boldsymbol{r}}{\partial i}\frac{\mathrm{d}i}{\mathrm{d}t} + \frac{\partial \boldsymbol{r}}{\partial \omega}\frac{\mathrm{d}\omega}{\mathrm{d}t} + \frac{\partial \boldsymbol{r}}{\partial M}\left(\frac{\mathrm{d}M}{\mathrm{d}t} - n\right) = 0$$

(6.1-18)

对于加速度,有

$$\frac{\partial \dot{\boldsymbol{r}}}{\partial a}\frac{\mathrm{d}a}{\mathrm{d}t} + \frac{\partial \dot{\boldsymbol{r}}}{\partial e}\frac{\mathrm{d}e}{\mathrm{d}t} + \frac{\partial \dot{\boldsymbol{r}}}{\partial \Omega}\frac{\mathrm{d}\Omega}{\mathrm{d}t} + \frac{\partial \dot{\boldsymbol{r}}}{\partial i}\frac{\mathrm{d}i}{\mathrm{d}t} + \frac{\partial \dot{\boldsymbol{r}}}{\partial \omega}\frac{\mathrm{d}\omega}{\mathrm{d}t} + \frac{\partial \dot{\boldsymbol{r}}}{\partial M}\frac{\mathrm{d}M}{\mathrm{d}t} = \nabla\left(\frac{\mu}{r}\right) + \nabla R$$

对于二体问题,有

$$n\frac{\partial \dot{\boldsymbol{r}}}{\partial M} = \nabla\left(\frac{\mu}{r}\right)$$

于是可得

$$\frac{\partial \dot{\boldsymbol{r}}}{\partial a}\frac{\mathrm{d}a}{\mathrm{d}t} + \frac{\partial \dot{\boldsymbol{r}}}{\partial e}\frac{\mathrm{d}e}{\mathrm{d}t} + \frac{\partial \dot{\boldsymbol{r}}}{\partial \Omega}\frac{\mathrm{d}\Omega}{\mathrm{d}t} + \frac{\partial \dot{\boldsymbol{r}}}{\partial i}\frac{\mathrm{d}i}{\mathrm{d}t} + \frac{\partial \dot{\boldsymbol{r}}}{\partial \omega}\frac{\mathrm{d}\omega}{\mathrm{d}t} + \frac{\partial \dot{\boldsymbol{r}}}{\partial M}\left(\frac{\mathrm{d}M}{\mathrm{d}t} - n\right) = \nabla R$$

(6.1-19)

式(6.1-18)和式(6.1-19)唯一地确定了轨道要素的变化率与扰动位之间的关系,由这两个关系式可以导出摄动方程为[2]

$$\begin{cases} \dfrac{\mathrm{d}a}{\mathrm{d}t} = \dfrac{2}{na}\dfrac{\partial R}{\partial M} \\[2mm] \dfrac{\mathrm{d}e}{\mathrm{d}t} = \dfrac{1-e^2}{na^2 e}\dfrac{\partial R}{\partial M} - \dfrac{\sqrt{1-e^2}}{na^2 e}\dfrac{\partial R}{\partial \omega} \\[2mm] \dfrac{\mathrm{d}\Omega}{\mathrm{d}t} = \dfrac{1}{na^2\sqrt{1-e^2}\sin i}\dfrac{\partial R}{\partial i} \\[2mm] \dfrac{\mathrm{d}i}{\mathrm{d}t} = \dfrac{\cos i}{na^2\sqrt{1-e^2}\sin i}\dfrac{\partial R}{\partial i} - \dfrac{1}{na^2\sqrt{1-e^2}\sin i}\dfrac{\partial R}{\partial \Omega} \\[2mm] \dfrac{\mathrm{d}\omega}{\mathrm{d}t} = \dfrac{\sqrt{1-e^2}}{na^2 e}\dfrac{\partial R}{\partial e} - \dfrac{\cos i}{na^2\sqrt{1-e^2}\sin i}\dfrac{\partial R}{\partial i} \\[2mm] \dfrac{\mathrm{d}M}{\mathrm{d}t} = n - \dfrac{1-e^2}{na^2 e}\dfrac{\partial R}{\partial e} - \dfrac{2}{na}\dfrac{\partial R}{\partial a} \end{cases}$$

(6.1-20)

这就是著名的拉格朗日行星摄动方程,只要知道扰动位的表达式,就可以代入方程求解,得到任意时刻的轨道要素。摄动方程的上述形式只适用于扰动位函数来表示的情况,为了研究更一般的情况,需寻找更一般的形式,即高斯型摄动方程。

将任意时刻作用在卫星上的扰动加速度分解成相互垂直的 3 个分量 T,S,W,其中 T 沿卫星向径方向,W 沿轨道平面正法线方向,W,T 与 S 构成右手系。高斯型摄动方程建立了轨道要素随时间的变化率与这 3 个分量之间的关系,表达形式为

$$
\begin{cases}
\dfrac{\mathrm{d}a}{\mathrm{d}t} = \dfrac{2}{n\sqrt{1-e^2}}\left[Te\sin f + S\,\dfrac{p}{r}\right] \\[3mm]
\dfrac{\mathrm{d}e}{\mathrm{d}t} = \dfrac{\sqrt{1-e^2}}{na}\left[T\sin f + S(\cos E + \cos f)\right] \\[3mm]
\dfrac{\mathrm{d}\Omega}{\mathrm{d}t} = \dfrac{Wr\sin u}{na^2\sqrt{1-e^2}\sin i} \\[3mm]
\dfrac{\mathrm{d}i}{\mathrm{d}t} = \dfrac{Wr\cos u}{na^2\sqrt{1-e^2}} \\[3mm]
\dfrac{\mathrm{d}\omega}{\mathrm{d}t} = \dfrac{\sqrt{1-e^2}}{nae}\left[S\sin f\left(1+\dfrac{r}{p}\right) - T\cos f\right] - \dfrac{Wr\cos i\sin u}{na^2\sqrt{1-e^2}\sin i} \\[3mm]
\dfrac{\mathrm{d}M}{\mathrm{d}t} = n - \dfrac{1}{nae}\left\{T\left[\dfrac{2re}{a} - (1-e^2)\cos f\right] + S\sin f\left[(1-e^2)+\dfrac{r}{a}\right]\right\}
\end{cases}
$$

$$(6.1\text{-}21)$$

6.1.5.2 地球形状摄动

地球的质量分布是不均匀的,它的形状是一个不均匀的扁椭球体,其引力作用不完全对称。地球的非球形引力场造成轨道摄动,尤其是对近地轨道卫星有较大的影响。一般情况下,将引力场对卫星产生的加速度表示为一个位函数的梯度,地球引力位函数的一般形式为

$$
U = \dfrac{\mu}{r}\left\{1 - \sum_{n=2}^{\infty}\left(\dfrac{R_e}{r}\right)\left[J_n P_n(\sin\varphi) - \right.\right.
$$

$$
\left.\left. \sum_{m=1}^{n} J_{nm} P_{nm}(\sin\varphi)\times\cos m(\lambda-\lambda_{nm})\right]\right\}
$$

式中,r,λ,φ 分别为卫星在球坐标系下的地心距、地心经度、地心纬度;R_e 为地球的平均赤道半径;P_n 为勒让德多项式;P_{nm} 为缔合勒让德多项式。

$$P_n(z) = \frac{1}{2^n n!} \frac{\mathrm{d}^n}{\mathrm{d}z^n}(z^2-1)^n$$

$$P_{nm}(z) = (1-z^2)^{\frac{m}{2}} \frac{\mathrm{d}^m}{\mathrm{d}z^m} P_n(z)$$

上述位函数中包含 $P_n(\sin\varphi)$ 项的正负号,在 $-90° \leqslant \varphi \leqslant 90°$ 交变 n 次,这些项与卫星的经度无关,使位函数沿纬度方向呈现出正、负值交替的环带,这是由地球的扁状引起的,这些项称为"带谐项",J_n 为带谐系数。包含 $P_{nm}(\sin\varphi) \times \cos m(\lambda - \lambda_{nm})$ 的各项,在 $-90° < \varphi < 90°$ 有 $n-m$ 个零点,在 $0° \leqslant \lambda - \lambda_{nm} \leqslant 180°$ 有 $2m$ 个零点,使位函数沿经度和纬度方向交替变化,形成正、负值交替出现的田块,它表明沿经度方向地球的形状不相同,这些项称为"田谐项",J_{nm} 为田谐项系数。

其中,反映地球扁率的带谐系数 $J_2 = 1.082\,63 \times 10^{-3}$,它对轨道摄动的影响最大;反映赤道不圆程度的田谐项系数 $J_{22} = 1.812\,22 \times 10^{-3}$,导致静止轨道卫星的长期漂移。非球形引力场引起各轨道参数的周期性变化,影响最大的是轨道面的进动和近地点幅角的长期变化。

非球形引力场引起的轨道面转动,表现为升、降交点的进动。只考虑 J_2 项的作用时,升交点进动速率 $\dot{\Omega}$ 为

$$\dot{\Omega} = -\frac{3}{2} \frac{nJ_2}{(1-e^2)^2} \left(\frac{R_e}{a}\right)^2 \cos i \tag{6.1-22}$$

式中,$\dot{\Omega}$ 为升交点进动速率,单位为 rad/s;n 为平均角速度;R_e 为地球赤道半径。

对于近圆轨道,升交点赤经摄动的增量 $\Delta\Omega$ 近似值为

$$\Delta\Omega = -10 \left(\frac{R_e}{a}\right)^{\frac{7}{2}} \cos i \tag{6.1-23}$$

规定升交点由西向东进动为正。进动方向和速率随倾角的不同有较大的变化。对于顺行轨道,$i < 90°$,轨道面旋转方向与地球自转方向相反,升交点西退;对于逆行轨道,$i > 90°$,轨道面旋转方向与地球自转方向相同,升交点东进。这一摄动规律应用于太阳同步轨道。

非球形引力场引起的近地点幅角进动,使轨道长轴在轨道面内转动,用近地点幅角的变化来表示。当只考虑 J_2 项的影响时,近地点幅角变化速率 $\dot{\omega}$ 为

$$\dot{\omega} = \frac{3nJ_2}{2(1-e^2)^2} \left(\frac{R_e}{a}\right) \left(2 - \frac{5}{2}\sin^2 i\right) \tag{6.1-24}$$

当 $i<63.4°$ 时，$\dot{\omega}>0$，长轴沿卫星运动方向向前转动；当 $116.6°>i>63.4°$ 时，$\dot{\omega}<0$，长轴向后转动；而当 $i=63.4°$ 或 $i=116.6°$ 时，$\dot{\omega}=0$，长轴在轨道面内保持不动。因此把 $i=63.4°$ 称为"临界倾角"。这一摄动特点应用于"闪电型"轨道。

6.1.5.3 大气阻力摄动

大气阻力摄动引起卫星轨道速度不断下降，使轨道的半长轴逐渐减小、轨道高度逐渐降低、周期逐渐缩短。对于近地轨道卫星，特别是轨道较低的卫星，大气阻力的影响是十分显著的。由于大气阻力始终作用在卫星上，即使这个力并不是很大，但是长时间的累积效应仍然会很大。

大气阻力对卫星产生的加速度 a_d 为[3]

$$a_d = -0.5\rho(C_d A/m)V^2 \tag{6.1-25}$$

式中，ρ 为大气密度，单位为 kg/m^3；A 为卫星横向截面积，单位为 m^2；m 为卫星质量，单位为 kg；V 为卫星与大气的相对运动速度，单位为 m/s；C_d 为阻力系数，它与表面材料、表面温度和外形等因素有关，通常取值 $2.0\sim2.2$。

大气阻力持续地消耗卫星轨道能量，成为轨道衰减和决定卫星轨道寿命的主要因素。大气密度随高度降低呈指数增高，高度较低的轨道受到更为严重的影响。大气密度随太阳活动等因素有很大变化，太阳活动高年高空大气密度增加，轨道摄动加大。

对于近地轨道卫星，对轨道的选择需考虑卫星的轨道寿命，同时也要分析为补偿大气摄动以实现轨道保持所需的速度增量。对于地球同步轨道卫星，大气阻力可以忽略不计。

6.1.5.4 天体引力摄动

从原理上讲，行星系内外所有天体对卫星均会产生引力，但由于引力随着距离的立方而减弱，唯一需要注意的引力来自那些近而小的天体（月球）或重而远的天体（太阳）。地球同步轨道卫星的地心距约为地球半径的 6.6 倍，根据天文学中的数据计算，日、月对于地球同步轨道卫星的摄动力与地球中心引力之比分别是 0.75×10^{-5} 和 1.63×10^{-5}，地球带谐项的摄动力与地球中心引力之比是 3.7×10^{-5}，在地球同步轨道上的卫星受到日、月的引力与地球的摄动力是同一个量级，因此，必须考虑日、月引力影响。本节着重说明日、月摄动对地球同步轨道卫星影响的基本规律。

太阳有巨大的质量，但距地球很远，它引起的轨道摄动比月球的摄动小，月球引起的摄动约为太阳引起的摄动的 2.2 倍。以作用在单位质量的

F' 表示日、月作用在单位质量卫星的摄动力，可以统一表示为

$$F' = n'^2 \left[\left(\frac{r'}{r'_1} \right)^3 r'_1 - r' \right]$$

式中，r' 表示日、月相对地球的距离矢量（由地球指向日、月）；r'_1 表示卫星指向日、月的距离矢量；n' 表示太阳视运动的平均转速或月球绕地球的平均转速。

对于太阳，$n'^2 = \dfrac{Gm_s}{r_{os}^3}$，$m_s$ 为太阳质量，r_{os} 为地月系统质心到太阳的平均距离；对于月球，$n'^2 = \dfrac{Gm_m}{r_{em}^3}$，$m_m$ 为月球质量，r_{em} 为地球到月球的平均距离。

一般情况下，日、月不在卫星的轨道面内，地球的赤道面与黄道面有 23.45° 的夹角，月球的白道面与黄道面的夹角为 5.15°。其摄动力既有轨道面内的分量，也有垂直轨道面的分量，引起轨道倾角的长期变化。根据轨道倾角摄动方程和天文常数，可以推导出在太阳引力作用下，一年内倾角摄动的平均速率为[1]

$$\begin{cases} \dfrac{\Delta i_x}{\Delta t} = n_e \times (-0.405 i_y + 0.205) \times 10^{-5} \\[3mm] \dfrac{\Delta i_y}{\Delta t} = n_e \times (0.405 i_x) \times 10^{-5} \end{cases} \tag{6.1-26}$$

式中，n_e 表示地球自转的平均转速。

由此可以看出太阳引力使轨道面进动，同时使轨道倾角矢量倒向春分方向，一年内的平均倾倒速率为 $0.205 n_e \times 10^{-5}\,\mathrm{rad/s}$。

在月球引力作用下，一天内倾角摄动的平均速率为[1]

$$\begin{cases} \dfrac{\Delta i_x}{\Delta t} = n_e \times (0.443 + 0.074\cos\Omega_{ms}) \times 10^{-5} \\[3mm] \dfrac{\Delta i_y}{\Delta t} = n_e \times (-0.099\sin\Omega_{ms}) \times 10^{-5} \end{cases} \tag{6.1-27}$$

式中，Ω_{ms} 表示白道升交点的黄经，在 0°～360° 变化。

由此可以看出月球引力产生的轨道倾角摄动与月球轨道面的方位有关，在 18.6 年的周期中，月球轨道与赤道的夹角在 23.45°±5.15° 范围内变化，月球引力产生年平均倾角变率最大值为 0.68°/年（$\Omega_{ms} = 0°$），最小值为 0.48°/年（$\Omega_{ms} = 180°$）。月球引力同样使轨道面进动，其进动的角频率为 $0.943 n_e \times 10^{-5}\,\mathrm{rad/s}$。

日、月引力对静止轨道卫星的影响是倾角的长期变化,与地球自转轴缓慢进动的合成结果,造成静止轨道倾角的长期变化,导致卫星定点位置的南北漂移,需要卫星用速度增量予以补偿。

对于近地轨道,天体摄动影响远小于地球形状摄动的影响,因此可以忽略。但对于轨道周期超过 12h 的高轨道,天体引力摄动将有重要影响,任务分析阶段应予以考虑。

6.1.5.5 太阳光压摄动

卫星运行在日照区时将受到太阳辐射。在地球轨道附近,总能量约为 $1367\mathrm{W/m^2}$ 的太阳光照射到卫星表面时,一部分光子被吸收,其余光子被反射。光子的动量传递给卫星,使卫星动量改变而引起摄动,其摄动力 F_d 为

$$F_d = k \frac{A_r}{m} P_e \tag{6.1-28}$$

式中,P_e 为 $4.6 \times 10^{-6} \mathrm{N/m^2}$ 为平均太阳辐射压的近似值;$\dfrac{A_r}{m}$ 为卫星的向阳面积与质量比;k 为表面特性系数,一般在 $1 \sim 2$ 之间,全反射表面为 2,全吸收为 1。

太阳辐射压摄动力与到太阳距离的平方成反比,对于地球轨道卫星,辐射压几乎不随距地面的高度而变化。在 600km 以下高度,因大气阻力起主要作用,辐射压的影响可以忽略。但即便是运行在近地轨道、面积与质量比值特别大的飞行器,也会受到辐射压的严重影响。

地球同步轨道高度的卫星受到太阳辐射的摄动力 F_d 与地心引力 F_e 之比为

$$\frac{F_d}{F_e} = \frac{kP_e}{g} \left(\frac{A_r}{m} \right) \left(\frac{r_s}{R_e} \right)^2 \tag{6.1-29}$$

假设卫星的面质比 $\dfrac{A_r}{m} = 0.1 (\mathrm{m^2/kg})$,则 $F_d = 0.2 \times 10^{-5} F_e$,和地球形状摄动,日、月摄动是同一量级。

太阳辐射压使轨道变化的趋势如图 6.1-9 所示。当卫星在圆轨道上沿下半圈运行时,太阳辐射压的作用使卫星加速,经过半圈的积累,相当于在点 1 处顺速度方向施加一个速度增量 ΔV_1,使上半圈的地心距增大;当卫星在圆轨道上沿上半圈运行时,太阳辐射压起减速作用,半圈积累的结果相当于在点 2 处反向作用一个速度增量 ΔV_2,使下半圈的地心距减小,轨道呈椭圆状,点 1 逐渐下降为近地点,点 2 逐渐上升为远地点。随着地球的公

转,卫星轨道的偏心率矢量 e 的方向在赤道坐标面上不断地旋转,并且增长。半年后太阳辐射压从反方向射来,偏心率矢量 e 继续旋转,但是长度缩短,因此太阳辐射压使轨道偏心率发生长周期摄动。

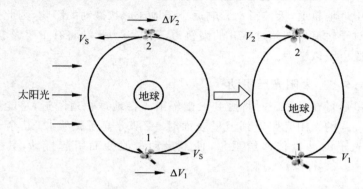

图 6.1-9　太阳辐射压影响偏心率示意图

6.1.6　日凌和星蚀

6.1.6.1　日凌中断

地球自转的轨道与太阳成 $23.5°$ 的倾斜角,每年在春分和秋分前后,地球同步轨道卫星处于太阳与地球之间,地面站天线波束中心对准卫星的同时可能也会对准太阳,这时强大的太阳噪声使通信无法进行,这种现象通常称为"日凌中断"。月球的运行也会产生同样的影响,但比太阳弱得多,所以一般不会造成通信信号的中断。

对于低轨卫星,由于其相对于地面站的运行速度较快,太阳—卫星—地面站之间形成"近直线"的概率相对较低且持续时间通常很短,基本上可以不考虑太阳噪声对地面站下行信号接收的影响。对于高轨卫星,由于其相对于地面站的运行速度较慢,太阳—卫星—地面站之间形成"近直线"的概率相对较高且持续时间一般较长,当太阳—卫星—地面站之间的夹角减小到一定程度时,就会出现信号传输的日凌中断现象。

日凌现象是卫星数据中继系统遇到的一种无法避免的自然现象。但日凌只影响卫星的下行链路,不影响其上行链路。它每年均会集中发生 2 次,即春分(3 月 21 日)和秋分(9 月 23 日)期间,每次持续 6 天左右。日凌发生的日期和时间可以根据卫星位置、地球站地理位置、接收天线特性等进行准确预报。

6.1.6.2 星食

星食分为地星食(地影)和月星食(月影)两种。和日食、月食一样,当地球运行到太阳和卫星之间的时候,卫星处于地球阴影之中,这就是地星食;而当月球运行到太阳和卫星之间的时候,也会出现同样的情况,这就是月星食。对于静止轨道卫星来说,地星食通常发生在春分和秋分前后各 23 天,每年有 92 天。在开始与结束阶段,每次星食时间持续约 10min,在春分日或秋分日达到最大,星食最大持续时间约 72min。

中继卫星使用太阳能作为能源,为保持不间断服务,就需要有一个蓄电池储能装置,以维持星食期间的电源供给。由于蓄电池储能的限制,必要时需要关闭卫星上部分设备以减少耗电,维持重要载荷的正常工作。

6.2 中继卫星轨道设计

卫星运行轨道的设计是根据卫星的用途和实现方法选择卫星轨道的初始轨道要素、轨道摄动与发射窗口,使卫星能够满足使用部门的应用要求。在中继卫星任务中,对轨道覆盖区、轨道寿命、太阳入射规律、星食等与总体设计密切相关的因素都影响着轨道的选取和设计。本节将重点从轨道选择、变轨策略、发射窗口、轨道位置保持 4 个方面介绍中继卫星运行轨道的设计。

6.2.1 轨道选择

6.2.1.1 地球同步轨道

卫星轨道周期与地球自转周期相等的轨道称为"地球同步轨道"(GSO)。同步轨道卫星的星下点轨迹是以赤道为中心的 8 字形[4],随着轨道倾角 i 的不同,8 字形的大小也不同。当轨道倾角 $i=0°$ 时,星下点轨迹就变为一个点,从地球上看去,卫星好像是静止在天空,永久保持在该位置,这时的轨道称为"地球静止轨道"(GEO)。可见 GEO 是 GSO 的一个特例。GEO 的高度为 35 786km,轨道周期为 86 164s。由于 GEO 卫星初始值的偏差和摄动因素的影响,轨道参数会发生改变,偏离其定点位置,所以,相对于 GSO 卫星,GEO 卫星需要消耗更多的燃料进行轨道位置的保持。

GSO 是中继卫星常用的轨道类型,理论上只要发射 2 颗卫星,在空间角位置上间隔 160°,便可以对 350～12 000km 近地轨道卫星实现近 100%

的连续跟踪覆盖。但实际上,要想实现稳定、可靠的全球中继业务服务,需要更多中继卫星组成星座来提供支持。

倾斜地球同步轨道(IGSO)是一种特殊的地球同步圆轨道,具有与GEO相同的轨道高度,因此具有与地球自转周期相同的轨道周期。但是,由于轨道倾角较大,所以8字形的区域很大。可以利用8字形的两端区域为两极地区提供服务。1颗IGSO卫星对特定区域的覆盖性能可能不如1颗GEO卫星,但是利用多颗IGSO卫星组成的星座却可以达到比GEO卫星更好的覆盖性能,可以实现更高的链路可用度和分集增益。IGSO卫星的星下点轨迹的交点地理经度 λ 为

$$\lambda = \Omega + \omega + M - s \tag{6.2-1}$$

式中,Ω 为升交点赤经;ω 为近地点幅角;M 为平近点角;S 为格林尼治时角。

任意两颗IGSO卫星重复相同星下点轨迹的条件为

$$\begin{cases} i_1 = i_2 \\ \Omega_1 + u_{01} = \Omega_2 + u_{02} \end{cases} \tag{6.2-2}$$

式中,i 为轨道倾角;u_0 为卫星起始时刻的相位。

如果希望任意 N 颗卫星的星下点轨迹等间隔分布,则还需满足:

$$\Delta u_{i,j} = 360/N \tag{6.2-3}$$

一般来讲,多颗IGSO卫星会被设计成几个具有相同星下点轨迹且分布均匀的星座。

6.2.1.2　大椭圆轨道

大椭圆轨道(HEO),即大偏心率轨道,指近地点高度与远地点高度相差特别显著的轨道。根据空间物体运动规律,卫星在HEO远地点附近运动速度特别慢,适合具有空间逗留要求的航天任务。如果将HEO远地点布置于北半球上空,则卫星处于北半球上空的时间占一个轨道周期的大半。

大椭圆冻结轨道是指倾角为63.4°的大椭圆轨道。该轨道的近地点高度、远地点高度和近地点的星下点纬度受空间摄动影响小,改变非常慢,轨道长期维持所需的燃料较少。闪电轨道是一种特殊的大椭圆冻结轨道,其远地点位于北半球高纬度地区,使得卫星在1个周期内有90%以上的弧段位于北半球上空。闪电轨道的周期约为12h,地面轨迹2圈后回归,有利于星地管理和卫星对地观测,同时卫星有50%的弧段位于30 000~40 000km,对地覆盖范围大,卫星视场可以覆盖北极地区。

如果在3个大椭圆轨道面内各安排1颗卫星,每颗卫星升交点的相位

间隔120°,便可以实现24小时连续的区域通信。大椭圆轨道最典型的应用是俄罗斯的"闪电号"轨道系列卫星系统,由于俄罗斯大部分地区的地理纬度较高,同步轨道对其意义较小,因此通常采用远地点在北极上空的大椭圆轨道。另外,隶属于美国国家侦查局(NRO)的卫星数据系统(SDS),有3颗卫星也工作于大椭圆轨道。

大椭圆轨道卫星系统也有一些缺点:①卫星与地面站的相对位置不固定,地面站的天线必须不断地跟踪卫星;②卫星和地面站间的距离和相对速度都不断地变化,引起信号功率、时延和极化角变化,多普勒频移较大;③需要用多颗卫星才能实现区域的连续通信,通信链路需要在地面和几颗星之间不断地切换;④轨道的每一圈都要通过高能粒子辐射带,影响卫星的工作寿命。虽然缺点不少,但是,由于该轨道的卫星能够解决70°以上高纬度地区,甚至南北两极的通信问题,得到了广泛应用和发展。

6.2.2 变轨设计

中继卫星多为地球同步轨道卫星,一般在发射后,首先进入地球同步转移轨道(GTO),或者超同步转移轨道(SGTO),然后通过卫星自身变轨,进入同步轨道。因此,中继卫星比一般的近地轨道卫星消耗更多的推进剂,轨道机动过程也更为复杂。所以,完成变轨是地球同步轨道卫星定点前的主要任务。变轨设计包括转移轨道设计、变轨策略设计、变轨运动方程和变轨优化等工作。

6.2.2.1 转移轨道

转移轨道的确定需要考虑运载火箭能力、卫星测控时间要求、发射场地理位置和发射方向的限制等因素。一般来说,近地点高度的选取不宜过低,以免大气阻力对卫星轨道和姿态影响过大,一般不低于200km,远地点高度应至少达到地球同步轨道。理论上转移轨道的最小倾角为发射场纬度,若运载火箭的能力有余量,可利用其余量尽可能压低倾角。

以中国"长征三号"乙型运载火箭在西昌发射质量为5100kg的卫星为例,其转移轨道如图6.2-1所示。对于能力更强的火箭,纬度更低的发射场可将轨道进一步抬升,如"阿里安-5"运载火箭,在法属圭亚那库鲁发射场,可将10 000kg的载荷送入近地点为250km,远地点为36 000km,倾角为3°的转移轨道。也可以通过增加上面级,将卫星送入更高的转移轨道。

6.2.2.2 变轨策略

卫星在转移轨道惯性飞行若干圈,作好姿态调整,然后,由远地点发动

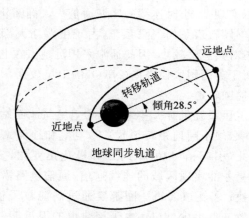

图 6.2-1 转移轨道倾角示意图

机多次点火变轨,到达地球同步轨道。也可以采用上面级,将卫星送入略低于或略高于同步轨道的准同步轨道,之后卫星缓慢漂移,待漂到指定经度时,再由推进系统施加速度增量,使卫星进入地球同步轨道。

对于地球同步轨道中继卫星,变轨发动机多为双组元液体发动机,可以采用多次变轨的策略,变轨次数的确定原则为:①每次变轨时间不能过长,以减少弧段损失,一般单次点火时间不超过 90 分钟;②有利于测控时间的安排,本次变轨时应考虑下次变轨的计划,避免卫星长期不可控;③避免因过多的变轨次数而引起运行时间长、控制工作量增加;④每次的控制量应逐渐减小,以减少控制误差的积累;⑤在最后一次变轨后,卫星位置应在定点位置附近。

以 2017 年 8 月 18 日发射"TDRS-M"卫星为例进一步说明变轨策略:"阿特拉斯 V401"运载火箭和半人马上面级将"TDRS-M"卫星送入近地点 4647km,远地点 35 753km,倾角 26.2°的地球同步转移轨道;在发射后的 3 天内,"TDRS-M"卫星完成第 1 次远地点发动机点火,将卫星近地点抬高至 10 560km,轨道倾角减小至 17.2°;第 2 次远地点发动机点火将卫星近地点抬高至 22 000km,轨道倾角减小至 10.6°;第 3 次远地点发动机点火将卫星近地点抬高至 32 050km,轨道倾角减小至 7.7°;第 4 次远地点发动机点火将卫星调整至 35 290km×35 786km 的轨道上,轨道倾角为 7.11°,之后进行定点捕获。8 月 28 日,"TDRS-M"卫星成功定点于西经 149.5°,轨道高度为 35 776km×35 802km,轨道倾角为 7°。变轨过程的高度变化如图 6.2-2 所示。

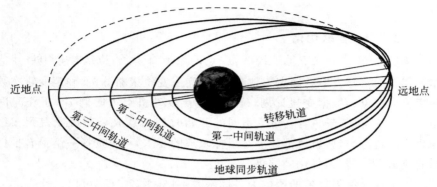

图 6.2-2　轨道高度变化示意图

6.2.2.3　变轨运动方程

卫星运动在地心惯性坐标系中描述,变轨过程的运动方程如下:

$$\begin{cases} \dfrac{\mathrm{d}^2 x}{\mathrm{d}t^2} = -\dfrac{\mu x}{r^3} + \dfrac{F}{m}\cos\alpha\cos\delta \\[2mm] \dfrac{\mathrm{d}^2 y}{\mathrm{d}t^2} = -\dfrac{\mu y}{r^3} + \dfrac{F}{m}\sin\alpha\cos\delta \\[2mm] \dfrac{\mathrm{d}^2 z}{\mathrm{d}t^2} = -\dfrac{\mu z}{r^3} + \dfrac{F}{m}\sin\delta \\[2mm] \dfrac{\mathrm{d}m}{\mathrm{d}t} = -\dot{m} \end{cases} \tag{6.2-4}$$

式中,F 为发动机推力,单位为 N;m 为卫星瞬时质量,单位为 kg;$\dot{m}$ 为推进剂质量秒流量,单位为 kg/s;α 和 δ 分别为推力方向的赤经和赤纬,单位为(°)。

对于三轴稳定的卫星,且无径向分量变轨时,α 与 δ 满足

$$x\cos\alpha\cos\delta + y\sin\alpha\cos\delta + z\sin\delta = 0$$

这时 α 与 δ 中只有一个独立变量。

对于脉冲推力的模型,运动方程为

$$\begin{cases} \dot{x} = \dot{x}_0 + \Delta v\cos\alpha\cos\delta \\[1mm] \dot{y} = \dot{y}_0 + \Delta v\sin\alpha\cos\delta \\[1mm] \dot{z} = \dot{z}_0 + \Delta v\sin\delta \end{cases}$$

式中,下标"0"为点火瞬间的卫星参数;x,y,z 为熄火瞬时的卫星位置;$\dot{x},\dot{y},\dot{z}$ 为熄火瞬时的卫星速度三分量;Δv 为远地点发动机提供的速度

增量。

6.2.2.4 变轨优化

实现第 N 个升交点地理经度为 λ_N 的轨道有多条,应选择其中最佳值作为变轨的实施方案。确定入轨参数后,完成变轨策略分析,确定变轨次数和变轨远地点。根据变轨计划,确定远地点发动机点火时间 t_0,工作时间 Δt 及点火过程姿态的偏航角。不同的开始时刻和点火姿态可以得到多组变轨后的轨道,这些轨道都能满足目标轨道的要求,从中选择一组最省推进剂的轨道,即可作为优化的结果。

衡量点火结果优劣的函数为目标函数,目标函数 ΔG_1 可以设计为

$$\Delta G_1 = m + m_1 + m_2 + m_3$$

式中,m 为第一次发动机点火所消耗的推进剂值;m_1, m_2, m_3 分别为后三次发动机点火所消耗的推进剂值。

每次点火后,由于存在误差,需要对后续变轨过程进行优化,优化的目标函数可以根据本次变轨后的轨道参数重新调整。

6.2.3 发射窗口

卫星发射窗口是指可供卫星发射的火箭起飞时间的集合。一般需要根据卫星任务、星上设备要求和各大系统要求,结合卫星、太阳、月球运动规律,确定允许发射卫星的时间。

归纳起来,卫星发射窗口选择的限制条件有以下几个方面:①卫星飞行期间,太阳能电池正常供电所需太阳照射卫星的方向以及地球阴影时间长短要求;②卫星飞行期间,某些特殊部件对太阳光、地球反射光、月球反射光的规避要求;③卫星飞行期间,热控要求的太阳光照射卫星的方向;④卫星飞行期间,满足地面站对卫星测控条件的要求;⑤卫星各类敏感器测量要求的地球、卫星、太阳的几何关系;⑥卫星进、出地影时卫星所处的轨道位置的要求。

为了得到各限制条件对发射窗口的影响,每个限制条件对应的发射窗口要分别计算,综合分析处理这些结果,得到最终发射窗口。

计算中还必须考虑如下因素:①轨道机动引起的轨道参数的变化;②姿态机动引起的轨道参数的变化;③轨道误差;④姿态误差;⑤运行期间太阳、月球位置的变化;⑥运载火箭主动段运行时间及误差;⑦异常情况时的应急处理能力。

6.2.4 静止轨道位置保持

地球静止轨道卫星的星下点应在赤道上的某个指定位置,而由于轨道摄动的影响,卫星会不断偏离定点位置,在东西(经度)和南北(纬度)方向漂移着。

静止轨道卫星具有轨道倾角 i、偏心率 e 和漂移率均较小的特点,这种轨道的卫星相对地球在东西方向运动(经度漂移量 λ)、南北方向运动(纬度漂移量 φ)的一阶近似式为

$$\begin{cases} \lambda = \dot{\lambda} + 2e\sin M \\ \varphi = \sin i \sin\Omega \approx i\sin\Omega \end{cases} \tag{6.2-5}$$

式中,$\dot{\lambda}$ 为平经度漂移率;M 为平近点角;Ω 为升交点赤经。

显然,卫星东西方向运动幅值依赖于漂移率、平近点角及偏心率,而南北方向运动幅值依赖于轨道倾角,所以定点保持的任务也就是要适时的控制这 4 个轨道根数。当卫星的星下点经度或纬度达到允许边界时,卫星施加合适的控制。不同的保持精度要求的控制周期不同,控制策略也可能不同。

6.2.4.1 东西位置保持

一般来说,地球静止轨道卫星东西方向的位置保持要考虑平经度及偏心率的控制,对于面积质量比比较小的卫星,偏心率摄动量较小,当其相对于定点保持精度要求小得多时,可以不控制偏心率摄动,仅在误差分配中予以考虑。因此,东西位置保持控制,主要是克服地球非球形引力产生的卫星平经度长期加速漂移。由于轨道周期与地球自转周期相同,地球非球形引力场中的带谐项和部分田谐项会造成卫星定点经度的长期漂移。如果仅考虑田谐项前 4 阶摄动,平经度摄动加速度计算公式为[6]

$$\ddot{\lambda} = 0.001\,688°\sin 2(\lambda + 14.91°) - 0.000\,078\,32°\sin(\lambda - 7°) +$$
$$0.000\,235\,2°\sin 3(\lambda - 21.06°) - 0.000\,008\,95°\sin 2(\lambda - 31.2°) +$$
$$0.000\,011\,4°\sin 4(\lambda - 30.65°) \tag{6.2-6}$$

如果不加以控制,卫星将按 $\lambda = \lambda_0 + \dot{\lambda}_0 t + 0.5\ddot{\lambda}t^2$ 的规律漂出限定的经度区间(λ_f 为经度区间中点)位置,所以采取初始漂移速度的负偏置,即初始漂移速度的方向与漂移加速度 $\ddot{\lambda}$ 方向相反,如图 6.2-3 的 C 点,当漂移至边界 B 点时,漂移速度降为零,漂移方向改变,直至漂移到另一端的边界 A,再进行轨道半长轴控制,将漂移速度又控制到 C 点。

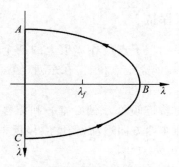

图 6.2-3　东西位置保持控制环

对于限定的经度区间 $\Delta\lambda$，可以得到每次半长轴的偏置量为

$$\Delta a = \frac{a_s}{540}\sqrt{2\mid\ddot{\lambda}\mid\Delta\lambda} \qquad (6.2\text{-}7)$$

式中，a_s 为静止轨道半径。

两次半长轴修正间隔

$$\Delta T = \sqrt{\frac{8\Delta\lambda}{\mid\ddot{\lambda}\mid}} \qquad (6.2\text{-}8)$$

6.2.4.2　南北位置保持

对于地球静止轨道卫星，由于受到日、月引力及带谐系数 J_2 的联合作用，轨道倾角会产生长周期变化，轨道倾角（$i_x = \sin i\cos\Omega$，$i_y = \sin i\sin\Omega$）的变化与月球升交点黄经 Ω_m 有关[6]。

$$\begin{cases} i_x = -0.39°\cos\Omega_m \\ i_y = 0.848°T - 0.29°\sin\Omega_m \end{cases} \qquad (6.2\text{-}9)$$

由式(6.2-9)可知，轨道倾角的漂移方向和漂移率均与 Ω_m 有关。受月球倾角变化的影响，轨道倾角每年的变化量在 $0.75°\sim0.95°$。

为了保证卫星天线波束覆盖区不变，通常要求卫星南北位置保持在定点位置周围一定范围内，南北位置保持主要通过控制轨道倾角来限制卫星在纬度上的运动。如果要求轨道倾角不超过 $0.05°$，则大约每半个月进行一次南北位置保持，通过施加法向推力完成轨道倾角控制。

对于中继卫星，由于其星间天线（反射面天线或相控阵天线）通常具有跟踪能力，其波束可以快速跟踪目标。因此，中继卫星在轨可以不频繁进行南北位置保持，以节省推进剂。

6.3 中继卫星总体设计

中继卫星总体设计是定方向、定大局、定功能和定指标的设计,在卫星整个研制过程中始终起着主导性和决策性的作用。因此,需要组织总体和分系统各专业技术人员,在对用户需求、大系统约束和现有技术综合分析基础上,通过任务分析、方案论证、指标分解、分系统及单机设计等工作,形成满足要求的中继卫星总体技术方案。

本节将从总体设计要求、任务分析、有效载荷设计、卫星平台设计 4 个方面介绍中继卫星总体设计。

6.3.1 总体设计的一般要求

中继卫星总体设计的任务是明确系统和分系统的主要功能,选定所采用的技术,形成总体性能指标,确定各分系统的技术要求,为各分系统设计提供依据。中继卫星总体设计直接决定了卫星的总体性能水平、可靠性、安全性、研制经费和周期。根据中继卫星服务对象、服务类型和技术特点,对总体设计的要求主要包括:

(1) 基于卫星公用平台的设计。为了缩短研制周期、降低研制成本、提高卫星可靠性,通常采用公用通信卫星平台来研制中继卫星。因此,在中继卫星的总体设计过程中,需在卫星任务要求分析和有效载荷方案初步论证的基础上,做好卫星平台的选型,并提出适应性改进要求。这样,一方面平台继承性好,卫星可靠性高,另一方面有利于卫星平台及其产品的批产研制。

(2) 用户目标捕获跟踪功能设计。中继卫星的服务对象是中低轨航天器,其具有运动速度快的特点。而高速率数据传输往往使用更高的 Ka 频段,使得中继卫星星间天线波束很窄。因此,为了保证数据中继的连续性和稳定性,中继卫星通常设计捕获跟踪功能,以实现对用户目标的精确指向。

(3) 天线指向与姿态复合控制技术设计。中继卫星通常携带有大型星间天线,星间天线的运动会引起卫星姿态变化,同样卫星姿态的变化也会影响天线指向。因此,需要采用天线指向与卫星姿态的复合控制技术,并开展复合控制设计、仿真与试验。

(4) 长寿命高可靠性设计。中继卫星一般规模庞大、成本高昂,为了提升卫星的综合效益,中继卫星工作寿命一般要求达到 12 年,甚至更长。同时,中继卫星面向用户提供全天时、全天候的服务,如果性能不稳定或出现故障,将影响卫星的在轨服务能力。因此必须严格按照长寿命、高可靠的要求,开展中继卫星的系统、分系统以及单机的设计、分析和试验验证。

(5) 发射和地球同步轨道环境适应性设计。卫星发射过程需要经历复杂恶劣的力学环境,在转移轨道和运行轨道还要经历火工品点火冲击以及太阳翼和天线展开到位冲击。因此卫星结构和单机设计要能够承受各类力学载荷的作用。此外,地球同步轨道空间环境恶劣,受到地球辐射带捕获电子、宇宙射线和等离子体等的影响,会出现电离总剂量、单粒子、表面充放电和内带电等效应,这在总体设计中需要充分考虑。

(6) 变轨和在轨位置保持设计。中继卫星一般先由运载火箭送入具有一定倾角的地球转移轨道,然后通过自身变轨和定点捕获进入工作轨道。因此,卫星的推进分系统和控制分系统设计及推进剂携带量预算上需求满足自身的变轨需求。此外,轨道摄动的影响使卫星按一定规律作东西和南北漂移运动,因此为保证馈电链路覆盖要求,中继卫星需定期开展东西和南北位置保持控制。

(7) 对其他大系统的适应性设计。运载系统、发射场、地面测控、运控中心和用户应用系统的要求是中继卫星设计的重要约束。卫星总体设计中须做好运载及发射场的选型和接口适应性设计,并在运控中心和用户应用系统的相应约束下开展总体设计和接口设计。

(8) 卫星轨位和频率设计。ITU 对星地和星间通信使用的频段进行了划分,中继卫星星间链路使用星间通信频段,星地链路使用星地通信频段。据统计,目前同步轨道在轨正常运行的卫星有 500 余颗,还有大量失效未能离轨的卫星,邻近卫星的频率干扰日趋严重,对卫星安全运行带来风险。同时,地球同步轨道位置和频率又是稀缺资源,因此,中继卫星的轨位和频率设计需要提前进行国际协调并获得认可。

6.3.2　中继卫星任务分析

任务分析是卫星总体设计的基础,需要依据用户需求分析确定卫星轨道参数、形成卫星系统功能组成和总体性能指标要求,进而提出对卫星有效载荷和平台设计要求,并形成卫星载荷及平台的初步方案和研制流程。卫星任务分析工作内容主要包括:

(1) 总体性能指标分析:根据用户需求,确定卫星任务功能与总体性能指标;

(2) 轨道设计分析:确定卫星运行轨道,开展发射窗口、变轨策略、飞行程序、轨道维持等分析工作;

（3）大系统接口分析：开展对运载、测控、发射场等大系统的接口要求分析，完成运载和发射场选型；

（4）总体参数分配：根据总体性能指标，分配、确定载荷技术指标要求，开展有效载荷多方案论证。

6.3.2.1 总体性能指标分析

总体性能指标分析是卫星总体设计的首要工作，是在用户任务要求分析和卫星系统方案初步论证基础上确定卫星系统层面的性能指标。中继卫星总体性能指标主要包括数据中继服务性能指标和卫星平台能力指标。数据中继服务性能指标包括覆盖特性、捕获跟踪、传输容量、传输质量等。卫星平台能力指标包括姿态轨道控制能力、测控能力、供电能力、数据处理能力、结构承载以及热控能力等，并通过有效载荷需求分析和其他大系统的约束分析来确定。地球同步轨道中继卫星的主要性能参数如表 6.3-1 所示。

表 6.3-1　地球同步轨道中继卫星主要性能参数

性 能 分 类	性 能 参 数	主 要 内 容
数据中继服务性能	覆盖特性	覆盖用户航天器的轨道高度及周期长度
	捕获跟踪	捕获跟踪方式及跟踪精度
	传输容量	数据传输速率和传输路数
	传输质量	转发器信道特性和误比特率
卫星平台性能	寿命	设计寿命、工作寿命
	可靠性	转移轨道可靠性、寿命末期可靠性
	姿轨控能力	姿态控制精度、轨道控制精度、偏置能力
	测控能力	测控体制、频点、带宽、等效全向辐射功率、接收灵敏度、调制方式、码速率、抗干扰能力
	供电能力	供配电体制、输出功率、母线电压
	数据处理能力	计算处理能力
	结构承载能力	结构刚度、强度、设备布局空间
	热控能力	热量均衡和向外辐射能力

6.3.2.2 轨道设计

轨道设计的内容包括：发射窗口设计、变轨策略设计、轨道保持设计和离轨方案设计等。轨道设计要综合考虑卫星任务要求、轨道参数要求、地面测控条件、发射场条件、运载能力、卫星姿态轨道控制方式、星上测控及电源状态等因素。具体的中继卫星轨道设计和分析方法见 6.2 节。

6.3.2.3　大系统接口分析

卫星与运载火箭、发射场、地面测控、运行控制和用户应用共同构成了工程系统。其他大系统是卫星的重要外部环境,对卫星设计形成了重要约束,需根据用户要求,对相关大系统的基本约束和主要接口进行分析,作为卫星总体设计的基本依据。

（1）卫星与运载火箭接口

国内外发射高轨卫星的运载火箭均为系列型号,如发射 NASA 跟踪与数据中继卫星(TDRS)的“阿特拉斯 V”运载火箭,发射俄罗斯“射线”中继卫星的“质子-M”火箭,以及我国发射“天链一号”的“长征三号”运载火箭等。一般在卫星方案论证阶段,根据卫星的初步发射质量、外形尺寸以及转移轨道初步要求选择运载火箭和整流罩型号,然后根据所选运载火箭的相关要求和具体约束开展卫星结构设计、星外设备布局、星箭机械接口和变轨策略设计。

卫星对运载火箭的接口要求主要包括:特定轨道运载能力约束、入轨参数与精度、分离参数与精度、发射窗口、整流罩约束、星箭机械接口、力学环境条件、电性能接口要求、电磁兼容性要求。

（2）卫星与发射场系统接口

全球用于中继卫星发射的发射场主要位于低纬度地区,如美国的卡纳维拉尔角航天发射场(北纬 28.5°,西经 81°)发射 TDRS、我国的西昌卫星发射场(北纬 28°,东经 102°)发射“天链”中继卫星、法属圭亚那航天中心(北纬 5°,西经 53°)发射“阿蒂米斯”中继卫星。对于运载能力强的运载火箭,也可以选择高纬度发射场,如俄罗斯拜科努尔航天发射场(北纬 46°,东经 63°)发射“射线”中继卫星。

卫星与发射场的接口一般包括技术区、发射区和转场运输。技术区主要用于卫星的总装、测试和推进剂加注。总装测试厂房应满足航天器操作的空间要求、环境条件要求,具备吊装、总装和测试的相关设施和设备。加注厂房应满足相应的安全要求、推进剂存放以及排污和气源要求。发射区要求包括电源间、控制室、塔架、远距离测试和电磁兼容等要求。转场运输条件主要包括公路等级、运输速度、高度和接地要求。

（3）卫星与地面测控系统接口

在卫星方案阶段,卫星系统应与地面测控系统协同,确定卫星测控体制、测控频段以及其他测控要求,并制定卫星对地面测控系统的接口要求。

卫星系统与地面测控系统的接口要求包括遥测接口与遥控接口。遥测接口主要包括：下行载波频率、调制方式、极化方式、等效全向辐射功率、遥测参数类型、遥测帧格式、遥测码型、码速率等。遥控接口主要包括：上行载波频率、调制方式、极化方式、到达接收天线的功率通量密度、接收天线增益、接收灵敏度、遥控指令类型、指令格式、遥控码型、码速率、测距音、数据注入要求等。经协调，形成天地一体化的测控系统接口控制文件。

（4）卫星与地面运行控制系统接口

中继卫星旨在为目标航天器提供天基测控和数据中继服务，服务过程的任务调度、轨道注入、天线指向、捕获跟踪等控制和管理工作需要由地面运行控制系统来完成。因此，在中继卫星的方案设计阶段，需要与地面运行控制系统协同确定卫星的各种使用和管理模式，并确定卫星对地面运行控制系统的接口要求。

除了测控以外，卫星系统与地面运行控制系统的接口要求还包括星地链路接口要求和地面标校接口要求。星地链路接口要求主要包括工作频率、极化方式、传输带宽、饱和通量密度、等效全向辐射功率、接收系统品质因素等。地面标校接口要求主要包括标校站数量、标校频率、标校间隔、标校处理时间和跟踪精度等。

（5）卫星与应用系统接口

中继卫星的应用系统主要是指各类中继用户终端设备，中继卫星面向应用系统提供服务，与应用系统之间的接口要求属于卫星总体设计的顶层约束，一般在用户需求分析和中继卫星任务分析过程中逐步形成。

由于中继用户很多，为了保证数据中继服务的一致性，中继终端通常为型谱化产品。中继卫星与应用系统的接口要求主要包括业务要求、使用要求、有效载荷要求、轨道要求等。其中业务要求主要是指业务类型，如测控业务、数传业务等；使用要求包括传输体制、频率计划、传输速率、数据差错率、覆盖范围、跟踪模式等；对有效载荷的要求主要有等效全向辐射功率、天线增益/噪声温度比值、饱和功率通量密度、转发器信道设置、信道特性、天线指向精度和跟踪精度等。对轨道的要求主要是用户航天器的轨道参数以及中继卫星的定点位置和位置保持精度等。

6.3.2.4 总体参数分配

中继卫星的总体参数主要指卫星的质量、功率、外形尺寸、推进剂、天线指向精度、寿命和可靠性等。卫星总体参数预算及分配是指在卫星总体性能指标分析和初步方案确定基础上，完成上述参数向各分系统或部件进行分配的过程。本节主要对质量、功率、推进剂、天线指向精度等的预算分配方法进行介绍。

1. 卫星质量预算及分配

卫星质量由有效载荷质量、平台各分系统质量、总装直属件质量、卫星推进剂质量 4 部分组成。质量预算应留有一定余量,主要应对单机/部件质量估计不准、总体要求变化带来的整星质量增加的风险。质量余量取值需根据卫星质量、继承性和火箭运载能力约束进行确定。

仪器和设备的质量在单机/部件论证阶段,可以根据具有相似功能的设备/部件的质量进行类比估算;在单机部件设计阶段,可以根据模块和元器件组成,进行整机质量计算;在正样设计阶段,根据初样单机/部件的研制情况进行最终确定。

2. 卫星功率预算及分配

卫星功率是整星的重要设计参数,由有效载荷和卫星平台设备的功率需求确定,是卫星能源系统设计的重要依据。卫星在不同轨道阶段和不同光照条件下的功率需求是不同的,因此在进行功率预算和分配时,需要分阶段对卫星功率需求进行分析。

卫星功率需求由整星负载功率需求、蓄电池充电功率、线路供电损耗 3 部分构成。卫星供电能力应在功率需求的基础上留有一定余量,通常要求卫星寿命末期 1 个分流级失效情况下整星功率余量不小于 7.5%。

整星负载包括长期负载、短期负载和脉冲工作负载。长期负载主要指卫星正常工作开机的仪器设备,例如星上计算机、应答机、行波管放大器等。短期负载主要指短期开机的仪器设备,例如天线展开控制器、火工品管理器等。脉冲工作负载是指工作时间在几毫秒到几百毫秒的大电流脉冲负载,例如火工切割器解锁、电爆阀起爆等,这类负载通常由蓄电池供电,在功率预算和分配时,可以不考虑脉冲用电负载。

卫星蓄电池组在光照期完成充电,在地影期放电,因此在光照期功率预算中需考虑充电功率需求,一般充电电流为蓄电池组容量的 1/20～1/10。

线路损耗包括电缆网、电连接器触电、继电器触电产生的功率损耗。线路功率损耗可统一考虑,一般按负载总功率的 1% 估算。

3. 卫星推进剂预算及分配

卫星推进剂预算的目的是确定卫星整个寿命期间轨道和姿态控制需要的推进剂装填量。卫星推进剂消耗包括转移轨道段推进剂消耗、定点捕获推进剂消耗、运行期间姿态控制推进剂消耗、东西位置保持推进剂消耗、南北位置保持推进剂消耗以及寿命末期推进剂消耗。

在已知发动机推力、比冲和效率的情况下,有 3 种方法可以进行推进剂消耗量计算,即数值积分方法、已知 Δt 的直接计算方法和已知 ΔV 的直接计算方法。

在已知点火时长 Δt 时,所需推进剂消耗量可以用下式计算:

$$\Delta m = \dot{m} \Delta t = F \Delta t / (I_{sp} g) \qquad (6.3\text{-}1)$$

在已知速度增量 ΔV 时,所需推进剂消耗量可以用下式计算:

$$\Delta m = m_0 \left[1 - e^{-\Delta V/(I_{sp} g \eta)} \right] \qquad (6.3\text{-}2)$$

式中,Δm 为推进剂消耗量,单位为 kg;F 为发动机(推力器)推力,单位为 N;ΔV 为速度增量,单位为 m/s;m_0 为卫星初始质量,单位为 kg;$\dot{m}$ 为推进剂质量流,单位为 kg/s;I_{sp} 为发动机(推力器)比冲,单位为 s;η 为发动机(推力器)工作效率;g 为重力加速度,单位为 m/s^2。

在推进剂预算中还应对各种误差因素进行分析。主要包括:转移轨道入轨误差、推进剂混合比偏差、发动机(推力器)比冲误差、发动机变轨指向误差、位置保持指向误差、南北位置保持耦合效应、姿态控制误差等。可以建立误差修正表分别进行预算,其中的姿态控制误差、混合比偏差等不涉及速度增量,其预算值一般取经验值。

(1)转移轨道推进剂消耗

转移轨道变轨的推进剂消耗量一般采取数值积分方法进行求解。转移轨道非点火期间的姿态控制所消耗推进剂量一般预留 4~6kg。

(2)定点捕获推进剂消耗

发动机变轨结束后卫星进入准同步轨道,期间卫星需要完成定点捕获。所需的速度增量一般按下式进行估算:

$$\Delta V = 5.692 \dot{\lambda} \qquad (6.3\text{-}3)$$

式中,$\dot{\lambda}$ 为经度漂移率,一般为 1°/d。将 ΔV 代入式(6.3-2)可以得出定点捕获推进剂消耗。

(3)运行期间姿态控制推进剂消耗

卫星在轨期间姿态控制所消耗的推进剂量一般按每年 1kg 进行预算。

(4)东西位置保持推进剂消耗

对于地球同步轨道卫星的东西位置保持控制,主要是克服地球非球形引力产生的卫星平经度长期加速漂移。此外,太阳辐射压会引起卫星较大的轨道偏心率摄动,轨道偏心率误差会使星下点经度发生日振荡。如果卫星东西位置保持精度要求较高,则在东西位置保持时需要考虑轨道偏心率的调整,这将增加东西位置保持的推进剂消耗。东西位置保持控制所需的速度增量计算方法如下:

$$\begin{cases} \dfrac{\sin(0.5\omega_s T + \delta)}{\sin(0.5\omega_s T)} = \dfrac{e_r}{e_k} \\ \Delta V = V_s e_k \sin\delta \end{cases} \tag{6.3-4}$$

式中，e_k 为偏心率摄动圆半径；T 为东西位置保持间隔，单位为 s；V_s 为静止轨道速度，3.074 66km/s；e_r 为偏心率容许值，$e_r = 1.5a_s/(\omega_z \omega_s a)$，其中，$\omega_z$ 为地球自转角速度，单位为 rad/s；ω_s 为地球公转角速度，单位为 rad/s；a_s 为太阳辐射压加速度，单位为 m/s^2；a 为静止轨道半长轴，单位为 km。

（5）南北位置保持推进剂消耗 ω_z

卫星星下点南北漂移主要由日、月引力摄动引起。每次控制所需的速度增量为

$$\Delta V = \Delta i \pi V_s / 180 \tag{6.3-5}$$

其中，

$$\Delta i = (\Delta i_x^2 + \Delta i_y^2)^{1/2}$$

$$\Delta i_x = \frac{3.596°}{\dot{\Omega}_m}[\cos(\Omega_{mT}) - \cos(\Omega_{m0})] \times 10^{-4}$$

$$\Delta i_y = 22.74° T + \frac{2.681°}{\dot{\Omega}_m}[\sin(\Omega_{mT}) - \sin(\Omega_{m0})] \times 10^{-4}$$

式中，T 为南北位置保持间隔，单位为 d；Ω_{m0} 为初始月球升交点黄经；Ω_{mT} 为终了月球升交点黄经。

根据单次东西、南北位置保持所需的速度增量，结合卫星寿命，可计算出总的位置保持的速度增量，然后由式（6.3-4）和式（6.3-5）计算出位置保持所需的推进剂消耗量。

由于星间天线和星地天线均有波束指向可调节能力，所以中继卫星一般可以不进行南北位置保持，以减少卫星推进剂消耗。

（6）寿命末期推进剂消耗

为了保证地球同步轨道长期为人类服务，卫星寿命末期需要进行离轨操作。按照国际机构间空间碎片协调委员会（IADC）给出的空间碎片减缓指南要求，一般应将卫星轨道抬高 300km 以上，需要的速度增量约为 10m/s。

4. 卫星天线指向精度预算及分配

天线指向精度是中继卫星的一项系统级的指标。该指标涉及天线性能、卫星结构精度维持能力、姿态控制部件的安装精度、姿态控制精度及卫

星轨道漂移等多种因素。

对于中继卫星,其星间链路天线和星地链路天线一般均为波束可移动天线,由于安装、姿态控制、轨道漂移引起的指向误差均可利用天线波束指向的调整来弥补。所以,对于中继卫星,天线指向精度主要取决于其波束在轨标定精度和天线转动的控制精度。

6.3.3 有效载荷总体设计

中继卫星有效载荷的主要性能指标可以分为覆盖区和覆盖性能、传输容量和传输质量。传输容量相关的指标包括等效全向辐射功率、接收系统天线增益/噪声温度比、饱和通量密度、工作频段及带宽等。传输质量主要是指转发器的信道特性指标,例如幅频特性、群时延特性、幅度非线性特性、相位非线性特性、相位噪声性能以及数据传输的差错率等。

6.3.3.1 覆盖区和覆盖性能

覆盖区亦称"服务区",中继卫星主要服务于中低轨航天器,因此其覆盖区主要是指对中低轨道的覆盖范围。覆盖性能是指中继卫星对于不同高度的中低轨航天器的轨道覆盖率。对于实际运行在同一轨道高度的中低轨航天器,由于其轨道倾角不同,轨道覆盖率会有所不同。对于相同轨道高度和轨道倾角的中低轨航天器,由于其每一轨的星下点位置不同,中继卫星对其每一轨的轨道覆盖率也会不同。因此,在几何空间中,通常定义中继卫星对中低轨航天器的理论轨道覆盖率为覆盖的球面积与总的球面积之比,如图 6.3-1 所示。

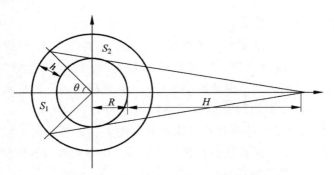

图 6.3-1 中继卫星理论覆盖率示意图

在图 6.3-1 中,R 为地球半径;H 为地球同步轨道高度;h 为中低轨航天器轨道高度;S_1 为地球同步轨道对轨道高度为 h 的中低轨航天器的不可见面积；S_2 为地球同步轨道对轨道高度为 h 的中低轨航天器的可见面积；总面积 S 为 S_1 与 S_2 之和。根据图中几何关系，不难推出单颗中继卫星对中低轨航天器的理论轨道覆盖率 P 为

$$P = \frac{S_2}{S} = \frac{1 + \cos\left(8.7 + \arcsin\dfrac{R}{R+h}\right)}{2} \qquad (6.3\text{-}6)$$

式中，R 为地球半径，单位为 km；h 为中低轨航天器轨道高度，单位为 km；S_2 为地球同步轨道对低轨航天器轨道高度的可见面积；S 为总面积。

表 6.3-2 给出了单颗中继卫星对不同轨道高度的中低轨航天器的理论覆盖率。

表 6.3-2　单颗中继卫星对不同轨道高度的中低轨航天器的理论轨道覆盖率

轨道高度	理论覆盖率	轨道高度	理论覆盖率
地表	42.4%	500km 轨道	61.5%
200km 轨道	54.8%	1000km 轨道	68.3%
350km 轨道	58.6%	1500km 轨道	72.9%

受限于用户终端天线转动范围、遮挡等约束，实际的轨道覆盖率会小于理论的轨道覆盖率。

如果采用两颗中继卫星，可以在一定的空间分布下，实现对中低轨道的全覆盖。当两颗中继卫星地理经度间隔大于 160°时，理论上可以实现对 350km 以上中低轨航天器的全轨道覆盖。

6.3.3.2　工作频段

工作频段的选择通常需要考虑以下因素：①符合 ITU 和我国对中继卫星使用频段的划分规定；②有足够的带宽，有利于高速率数据传输；③有利于用户终端天线和射频的小型化；④高频段微波元器件水平和技术成熟度；⑤与地面测控网及国外天基网的兼容性；⑥有利于减小外界干扰，尤其是共享频段的各种商业无线电业务的干扰；⑦有利于频率资源的高效利用和本系统未来容量的扩展。目前卫星中继业务大多数使用 S 频段和 Ka 频段，具体频率范围见第 1 章。

6.3.3.3　等效全向辐射功率

中继卫星等效全向辐射功率（EIRP）表示有效载荷的发射能力。在总体设计时，需要对 EIRP 值进行分解，合理分配和确定发射天线增益和功率

放大器输出功率。对于反射面天线,增益主要由天线的有效口径确定,要求的天线增益越高,天线口径就越大;对于相控阵天线,增益主要由阵元增益、阵元数量和布阵方式确定,要求的天线增益越高,需要的阵元数就越多。在总体设计时需要考虑平台空间限制、结构热变形以及卫星姿态控制性能对它的影响等。对于功率放大器,它是卫星电源功耗的重要贡献者,发射功率越大,要求星上供电能力和散热能力越强,总体设计时需要综合考虑。

6.3.3.4 天线增益与等效噪声温度比

天线的噪声温度主要来自于接收方向上的热辐射。以星间天线为例,当波束指向用户航天器时,即背景大部分为冷空,等效噪声温度低,一般约为 50K。当波束指向地球时,噪声温度升高,一般会达到 290K 以上。

为了减小用户航天器中继终端的天线口径和发射机功率,通常要求中继卫星的 G/T 值应尽量高。因此在中继卫星总体设计和 G/T 值指标分解时,一方面要尽量提高天线增益,把各种因素对增益的影响降到最低;另一方面要尽量降低接收机的噪声温度,选用噪声系数低的放大器;同时还要降低天线与接收机之间的馈线损耗。

6.3.3.5 饱和功率通量密度

饱和功率通量密度(SPFD)反映了卫星接收信号的灵敏度。它不仅影响上行链路的载噪比,也影响转发器的增益设计和增益档设置。灵敏度过高,虽然可以降低用户终端的发射功率,但也使链路载噪比降低,从而降低了总的链路载噪比和链路误码性能。总体设计时应根据不同的数据速率和地面站或用户终端发射功率反复进行链路计算,选择合适的灵敏度取值范围。

6.3.3.6 转发器带宽

卫星转发器带宽的选择通常取决于传输信息的要求。对于工作在 Ka 频段的数据中继卫星,转发器带宽通常选择 300MHz 以上。转发器带宽也不能太宽,带宽太宽不利于减小噪声输入,不利于提高转发器的增益平坦度。因此,转发器往往分成多个转发通道,每个通道之间在频率上有一定隔离(保护带),一般要求两个转发通道之间的频率隔离宽度约为通道带宽的 1/10。表 6.3-3 给出了典型的中继卫星转发器带宽、信息速率和载波占用带宽。

表 6.3-3　典型的中继卫星转发器带宽、信息速率和载波占用带宽

转发器类型	转发器带宽 /MHz	编码调制	信息速率 /(Mb/s)	载波占用带宽 /MHz
SSA 前返向转发器	12	OQPSK、编码率 1/2	3	4.5(滚降系数 0.5)
KSA 前向转发器	50	OQPSK、编码率 1/2	20	30(滚降系数 0.5)
KSA 返向转发器	320	OQPSK、编码率 5/6	300	270(滚降系数 0.5)
	450	16APSK、编码率 5/6	1000	405(滚降系数 0.35)

6.3.3.7　幅频特性

转发器的幅频特性,亦称"幅频响应"或"增益平坦度",是指当卫星受到不同频率、恒定幅度的信号照射时,卫星转发的下行信号幅度随频率变化的特性,常用标量函数 $G = G(f)$ 表示。

(1) 带内增益平坦度 ΔG,即通带内幅频响应的起伏变化量

$$\Delta G = G_{\max} - \Delta G_{\min}$$

式中,$G_{\max}$ 和 $G_{\min}$ 分别为带宽内的增益最大值和增益最小值,单位为 dB。

表 6.3-4 给出了中继卫星转发器增益平坦度指标分配值和实测值。

表 6.3-4　中继卫星 SSA/KSA 转发器增益平坦度指标分配值和实测值

转发器类型	转发器有效带宽 /MHz	增益平坦度/(dBp-p)	
		分配值	平均实测值
SSA 前返向转发器	12	≤3	0.81
KSA 前返向转发器	50/300	≤3	1.82

(2) 增益斜率 G',即通带内幅频响应特性曲线的斜率,可以表示为

$$G' = \frac{\mathrm{d}}{\mathrm{d}f} G(f)$$

(3) 带外抑制,指通道对它通道外信号的抑制能力,常用通带外的增益与通带内的增益之比的分贝值表示。

6.3.3.8　群时延特性

从第 5 章可知,一个线性系统还可以用群时延特性来描述其特性。对于中继卫星转发器,群时延是指当群频信号通过转发器时,转发器对信号整体产生的时延。

根据仿真结果,对于 QPSK 信号,当带内群时延波动的峰-峰值与数据码元宽度比值小于 0.3 时,E_S/N_0 的损失小于 0.5dB[5]。例如,当数据传输速率为 300Mb/s 时,其码元宽度为 3.33ns,如果按照群时延波动的峰-峰

值与数据码元宽度的比值为 0.5，则要求群时延波动的峰-峰值不大于 1.6ns。表 6.3-5 给出了中继卫星转发器群时延指标分配值和实测值。

表 6.3-5　中继卫星 SSA/KSA 转发器群时延指标分配值和实测值

转发器类型	转发器有效带宽/MHz	群时延变化值/ns		群时延波动峰峰值/ns	
		分配值	实测平均值	分配值	平均实测值
S 频段前返向转发器	12	≤130	85.8	≤3.0	2.80
Ka 频段前向转发器	50	≤80	31.1	≤3.0	2.74
Ka 频段返向转发器	300	≤50	19.7	≤1.6	1.47

6.3.3.9　非线性信道特性

转发器的非线性特性主要取决于高功率放大器的非线性特性。在理想情况下，功率放大器呈线性特征，其输出功率和输出相位是输入功率的线性函数。但实际上，各种放大器都不是理想的线性放大器，即呈现出幅度非线性和相位非线性，这两种非线性失真都与输入信号的幅度大小有关。在第 5 章中给出了非线性信道的详细分析。

中继卫星转发器的非线性失真将会产生互调产物。降低互调产物的措施除了选用线性度好的 TWT 和 SSPA 以外，通常选择在线性区工作。在总体设计时应注意在线性区工作时发射功率是否满足指标要求，必要时可考虑采用线性化技术，以改善转发器的线性特性。

表 6.3-6 给出了中继卫星转发器功率放大器 3 阶互调和 AM/PM 变换指标分配值和实测值。

表 6.3-6　中继卫星转发器功率放大器 3 阶互调和 AM/PM 变换指标分配值和实测值

转发器类型	3 阶互调/dB		AM/PM 变换/((°)/dB)	
	分配值	平均实测值	分配值	平均实测值
S 频段前向转发器（固态功率放大器）	回退 0dB 时，−16	−16.14	≤6.0	2.62
	回退 6dB 时，−24	−32.40		
	回退 12dB 时，−36	−42.24		
Ka 频段前返向转发器（带线性化器的行波管放大器）	回退 0dB 时，−12	−13.52		
	回退 6dB 时，−20	−32.08		
	回退 12dB 时，−32	−38.01		

6.3.3.10　相位噪声

转发器的相位噪声主要取决于本振的相位噪声。本振的相位噪声功率

谱密度按照 $20\lg(f_c/f_0)$ 增加,其中,f_0 为本振的基准频率(例如 10MHz);f_c 为射频载波频率。可见,随着工作频段的提高,载波的相位噪声功率随之加大。从第5章可知,相位噪声会对数据传输产生影响。如果不降低发射载波和接收机本振的相位噪声,将会使数据传输的误码性能恶化。表 6.3-7 给出了中继卫星转发器总的相位噪声指标。在总体设计中,需要根据这个总的指标对各个本振的相位噪声进一步分配。

表 6.3-7　中继卫星转发器总的相位噪声指标和实测值

转发器总的单边带相位噪声		平均实测值
偏离中心频率	指标	
100Hz	≤−60dBc	−65.64dBc
1kHz	≤−70dBc	−72.41dBc
10kHz	≤−80dBc	−81.22dBc
100kHz	≤−93dBc	−93.75dBc
≥1MHz	≤−103dBc	−105.31dBc

6.3.4　卫星平台总体设计

6.3.4.1　卫星平台组成

按照服务功能的不同,中继卫星平台分为测控、电源、姿态与轨道控制、推进、热控和结构等分系统。测控分系统用于采集和下传卫星状态参数,同时接收、解调地面测控站发射的遥控信号,输送指令信息;电源分系统在卫星各个飞行阶段为卫星提供和分配电能;姿态与轨道控制分系统包括姿态与轨道控制和天线指向控制两个紧密相关的回路,主要完成卫星在轨各阶段姿态和轨道控制及星间天线的指向控制;推进分系统主要为中继卫星提供转移轨道变轨、定点捕获、定点位置保持和姿态控制所需动力;热控分系统保障卫星在发射前、发射中、转移轨道段以及整个寿命期间星上所有仪器、设备和本身构件的温度都处在所要求的范围之内。结构分系统用于支撑和固定星上各种设备和部件,传递和承受载荷。

6.3.4.2　卫星平台选型

利用公用卫星平台研制中继卫星,可降低研制难度、减少研制成本、缩短研制周期、提高系统可靠性。在完成卫星有效载荷初步方案论证的基础上,可以开展卫星平台选型工作,主要考虑因素包括有效载荷的质量、功率需求以及安装面积和安装空间的需求。

对于中继卫星,由于控制系统增加了天线指向控制功能,所以在姿态与轨道控制方面需要进行适应性改进。在卫星构型方面,为了便于大型星间天线的安装,可以对次级结构与有效载荷的接口进行适应性改进。

6.3.4.3 平台设计要求

在卫星平台总体技术指标分析的基础上,进一步明确卫星平台各分系统的功能、技术指标和技术要求,为各分系统的设计提供依据。

(1) 测控分系统

测控分系统应具有跟踪、遥控和遥测功能。应能接收、解调地面测控站发射的遥控副载波信号,传送指令信息。同时采集卫星状态参数,实时下发卫星全部遥测参数。遥测信号还可以作为信标,用于地面测控站和地面终端站的天线跟踪。主要技术要求应包括射频特性、测控体制和通道容量等方面。射频特性方面的技术指标应包括测控频率、工作带宽、EIRP 值、G/T 值、辐射方向图、捕获门限、测距精度、频率稳定度和抗干扰能力等。测控体制方面的技术指标应包括调制体制、码型和差错率等。通道容量方面的技术指标应包括遥控指令的容量和遥测参数的容量。

(2) 电源分系统

电源分系统设计要求主要包括供电母线体制、太阳翼输出功率和蓄电池组容量等。

(3) 姿态与轨道控制分系统

姿态与轨道控制分系统设计要求主要包括姿态稳定方式、控制模式设置、偏置能力和控制精度等。

(4) 推进分系统

推进分系统设计要求主要包括贮箱容积、气瓶容积、推力器数量及选型等。

(5) 热控分系统

在热控设计完成后,需要对热控设计进行仿真分析,确保设计的正确性,在整星研制阶段还要通过热平衡试验进行试验验证。

(6) 结构分系统

结构分系统设计要求分为基本要求、强制要求和导出要求 3 类。基本要求是指对强度的基本要求和设计原则。强制要求是指运载火箭和环境条件对设计提出的约束和要求,如基频、结构构型、质量等。导出要求是通过分析论证对强制要求进行转化,提出具体技术要求或技术指标,如主结构部件的刚度要求、结构变形要求、机械接口要求等。

6.4 中继卫星各分系统设计

6.4.1 测控分系统

6.4.1.1 主要功能

中继卫星测控分系统主要用于卫星发射和在轨运行全过程的遥测信息下传、遥控指令接收,以及卫星的跟踪和测定轨。国际上通常把卫星的测控分系统称为"跟踪、遥测和遥控(TT&C)分系统"。跟踪是指地面测控站跟踪卫星,测出卫星的飞行轨道参数;遥测是将卫星各部分测量的物理量信息转化为电信号,并以无线电的方式传送到地面测控站;遥控是将各种控制量信息以无线电的方式发射到卫星,在卫星接收后,根据控制量信息执行相关动作。

6.4.1.2 系统组成

中继卫星的测控分系统通常由遥测天线、遥控天线、滤波器、应答机、功率放大器、测控单元等组成,图6.4-1给出了简化的星上S频段测控系统的组成。其中,S频段遥测遥控天线通常安装在卫星的对地面和背地面,实现对地全向覆盖。功率放大器通常为固态功率放大器。S频段应答机包括接收机和发射机两部分。接收机由低噪声放大器、变频器、载波解调器等组成,实现遥控信号放大、频率变换和载波解调。发射机由编码器、载波相位调制器和放大器等组成,实现遥测副载波信号和测距音信号的相位调制。测控单元由遥测终端与遥控终端组成。其中,遥测终端的主要功能是完成卫星内部各种参数的测量、采集、变换和副载波调制。遥控终端的主要功能是副载波解调和指令(或数据)译码,指令译码器由地址同步识别、指令逻辑控制和指令输出等模块组成,数据译码器由数据注入电路和数据输出电路等组成。

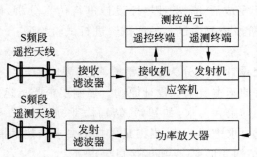

图 6.4-1 简化的星上 S 频段测控分系统的组成

6.4.1.3 卫星遥测

卫星遥测是指对星上各种传感器的信息进行采集和处理。来自传感器的信息通过信号变换和匹配,将所需的信息变为合适的电信号;通过模/数(A/D)变换将模拟信号转换成数字信号或者对传感器的信息直接进行采集和编排;然后对来自多个遥测源的数据进行综合处理,并按通信协议编制成符合遥测信道要求的数据流;最后对该数据流进行编码、调制和功率放大,经天线发向地面测控站。图 6.4-2 给出了卫星遥测工作流程。

1. 传感器

中继卫星涉及的遥测物理信号有电流、电压、温度和压力,涉及的传感器主要有电磁传感器、温度传感器、压力传感器等。电磁传感器用在配电器内部的对外配电线上,通过霍尔器件的磁感应特性获得电流的变化,通过后续电路的取样、信号放大等实现电流信号到电压信号的转换;温度传感器用于测量设备内部或外部的工作温度,监控卫星热设计的结果,并作为部分设备故障的检测依据。常用的温度传感器主要包括铂电阻、热电偶和半导体式热敏电阻,工作原理都是利用电阻值随温度的变化特性获得温度的变化信息;压力传感器将被测对象的压力变化转化为电压的变化,用于对推进系统气瓶、燃料贮箱、管路以及蓄电池单体的压力进行测量,监视上述部件的工作状态。常用的压力传感器主要有晶体应变式压力传感器、电阻式压力传感器、电容式压力传感器和电感式压力传感器。

2. 信号变换、采集和处理

在进行信号采集之前,需要根据输入信号和采集电路的工作范围、接口阻抗等进行幅度、阻抗的调整和匹配,以便后级电路的可靠、稳定工作。对模拟信号的采集,要先进行 A/D 变换,把模拟量转化为数字量。对数字量信号可以直接进行采集。对于经过采集的数据,需要按照设计的数据格式或传输策略进行编排和码型变换,形成统一的数据流。

3. 遥测数据编码

在实际信道上传输遥测信号时,信道传输特性的不理想及信道噪声的影响会使信号在传输过程中受到干扰,信息码元波形变坏,因此传输到接收端后可能发生错误判断。遥测数据编码的基本思想是,在发送端根据要传输的信息码元序列,按一定的规律加入监督码元,使原来不相关的信息码元变成相关的(编码)。传输时将监督码元和信息码元一起传送。

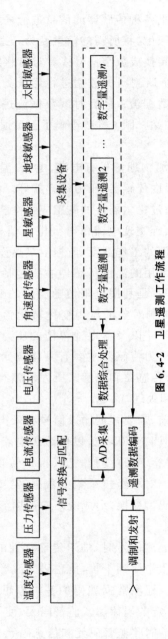

图 6.4-2　卫星遥测工作流程

地面根据信息码元和监督码元间的规则进行检验,即译码。通过译码可以发现传输中出现的错误,再通过反馈信道,要求星上重发有错的数据,或者由译码器自动将错误纠正。

4. 遥测调制和发射

中继卫星的遥测调制体制通常采用 S 频段微波统一载波体制(USB)。首先,各种遥测数据与遥控的反馈指令码一起构成 PCM 遥测数据流,对副载波进行 PSK 或 DPSK 调制。然后,将已调制的副载波信号再与测距信号一起对应答机的统一载波进行调相。最后,经 SSPA 和遥测天线向地面发射。

6.4.1.4 卫星遥控

卫星遥控是指遥控信号的解调和指令数据的恢复、有效性验证、检错纠错和译码,准确地把地面指令信息传送到目标设备。根据目标设备指令接口形式的不同,卫星遥控系统还必须完成接口协议和接口电平的转换。图 6.4-3 给出了卫星遥控工作流程。

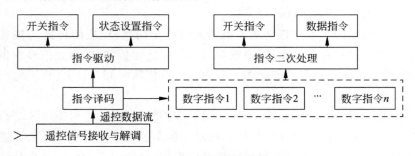

图 6.4-3 卫星遥控工作流程

按照遥控信号的接收、解调、译码和驱动输出的顺序,卫星遥控工作的流程是:①信号接收与解调。在 UCB 测控体制下,在完成载波信号处理后,进行副载波解调,恢复出遥控数据流。②指令译码。对恢复出的遥控数据流完成数据的校验和检错,并对符合规则的数据进行译码,识别指令类型,确定指令信号的输出对象。译码过程中相关的指令验证结果会及时反馈到地面,进行正确性验证。③指令驱动输出。根据指令类型、接口形式向相关设备送出指令控制信号。信号类型包括脉冲信号和数字信号。脉冲信号根据负载的不同有电压幅度、脉冲宽度、驱动电流等多种形式。数字信号一般是串型信号,它用时序、逻辑、上升沿下降沿特性和数据协议等来描述。

衡量指令通道安全性的一个重要指标是误指令和串指令概率,必须通过有效的差错控制措施减少误指令和串指令发生的概率。常用的差错控制方法有检错重发法、前向纠错法和混合纠错法 3 种：①检错重发法是指发送端按一定的编码规则对信息码元加入有一定检错能力的监督码元，接收端根据编码规则检查接收到的编码信息。一旦检测出有错码时，即向发送端发出询问信号请求重发。发送端收到询问信号后，把发生错误的那部分信息重发，直到接收端正确接收为止。②前向纠错法是指发送端对信息码元按一定的规则产生监督码元，形成具有纠错能力的码字。接收端收到码字后按规定的规则译码，当检测到接收码组中有错误时，能够确定其位置并进行纠正。③混合纠错法是指检错和纠错结合使用的方法。当出现少量错码、并在接收端能够纠正时，即用前向纠错法纠正；当错码较多超过自行纠错能力、但尚能检错时，就用检错重发法，通过反馈信道要求发送端重发一遍。

由于中继卫星可见测控弧段较长，为了节约信道开销，星地遥控指令的差错控制一般采用检错重发的机制。地面在指令码发送时携带校验信息，星上完成对接收到的遥控指令的检错处理，并及时通过遥测信道把判决信息反馈到地面，地面根据具体策略选择重发或放弃。

6.4.1.5　卫星测距

卫星测距的基本原理是从地面站发射一个信号，经空间传播后被星上应答机接收并转发回地面站，通过测量信号的往返传输时间（或信号的相位延迟）得到地面站到卫星的距离。测距信号的传输时间与星上设备、地面设备和空间路径长度有关。

在统一载波测控体制中，一般采用谐波类测距技术，即根据正弦波的某些特征（例如相移）来计算信号传输时延。通常选择多个频率的正弦波进行测距，最高频率的测距音满足测距精度的要求，最低频率的测距音满足解模糊的要求，中间频率的测距音保证前后两个频率之间的连接。

在扩频测控体制中，一般采用伪噪声码（PN）测距技术，利用 PN 码的相位变化计算时延。最大无模糊距离取决于 PN 序列的长度，测距的分辨力取决于组成序列的码元宽度。通常选择极窄的码元组成的长周期的 PN 序列码作为测距信号。

星上提供测距信号的转发通道和稳定的内部时延。地面站完成测距信号的发送、接收及距离的计算。为了提高测距精度，中继卫星往往采用多站同时测距的方式。

6.4.1.6　设计考虑

1. 工作模式

星上测控系统的工作模式涉及两个方面：一个是系统工作模式，例如，上下行测距加遥测、上行遥控加下行遥测、上下行测距加上行遥控和下行遥测、只有下行遥测等。另一个是天线覆盖工作模式，主要考虑使用的工况，通常有全向和定向两种。在卫星主动段、转移轨道以及定点后的紧急情况下，测控系统工作在全向模式；卫星在定点后的正常情况下工作在定向模式。在全向工作模式下，上行信号通过全向遥控天线接收，下行信号由全向遥测天线发射。在定向工作模式下，上行遥控信号通过全向遥控天线接收，下行遥测信号则通过高增益的转发器和定向天线发射。在定点后，全向工作模式作为定向工作模式的备份，在紧急情况下启用。对于中继卫星，全向工作模式通常使用 S 频段，定向工作模式通常使用 Ka 频段或其他频段。测控系统的工作模式通常是在星地测控系统总体设计时进行选择和确定。

2. 指令功能

指令功能的设计主要考虑指令类型、指令容量、指令协议和误指令概率。①指令类型。指令类型包括直接指令和间接指令，接口形式主要有开关指令接口和数字指令接口。不同的用户设备可能提出不同的指令接口需求，但接口设计的原则是尽量减少接口种类，新接入的设备需要适应原有接口的要求。②指令容量。按指令用户的需求提供足够的指令容量，要求每种指令在需求的基础上保留 10% 的余量。③指令协议。指令协议是星地信息交互的格式约定，定义指令的帧结构、校验体制、优先级策略等。④误指令概率。误指令概率是指在地面发送指令后，卫星遥控单元出现指令误判的概率，包括串指令概率和漏指令概率。其中，串指令概率是地面发送指令 A，卫星判断为指令 B 的概率；漏指令概率是指地面发送指令 A，卫星判断为指令非法的概率。

3. 遥测功能

遥测功能的设计主要考虑遥测接口类型、遥测容量和遥测协议等。①遥测类型。主要包括电压量、电流量、压力和温度量。为了最终把遥测状态传回地面，上述参数一般需要转化成电压信号进行处理。根据遥测接口的划分，遥测类型分为数字量、模拟量、温度量和状态量。②遥测容量。按遥测用户的需求提供足够的遥测容量，要求每种遥测在需求的基础上保留 10% 的余量。③遥测协议。遥测协议是星地遥测信息交互的格式约定。它定义了遥测数据帧结构、调度策略、差错控制方式、处理系数和公式等。遥测协议还对每个参数在遥测数据流中的位置及传输带宽进行定义。

4. 遥测精度

遥测精度是指从卫星遥测源到地面遥测参数恢复全过程中各种误差的总和。包括传感器误差，传输通道误差、模/数转换误差以及星地传输误差等。在设计中,可以通过误差的合理分配和设计,满足用户对遥测采集精度的要求。

6.4.2 电源分系统

6.4.2.1 主要功能

电源分系统的主要功能是通过某种物理变化或化学变化,将太阳能或化学能转换成电能,并根据需要进行存储、调节和分配。太阳能电池阵为主电源,蓄电池组为储能装置,电源控制设备对供电母线和电量实行调节和控制,配电器完成电能分配,为中继卫星在主动段、转移轨道段、同步轨道段和整个寿命期间为有效载荷及平台各系统的有源单机提供和分配电能。为卫星各类火工品装置提供可靠的起爆通路和起爆管理能力。

6.4.2.2 系统组成

电源系统通常由一次电源子系统和总体电路子系统组成。其中,一次电源子系统由以下几部分构成:表面贴装单结或三结砷化镓太阳电池片的太阳翼,两组氢镍或锂离子蓄电池组,以及一台电源控制装置(包括母线误差电压放大处理模块、分流调节模块、充电调节模块、放电调节模块、母线过压保护和遥测遥控接口等)。总体电路子系统由配电器、火工品管理器和低频电缆网组成,实现对星上各设备的电源分配以及对星上火工品的起爆管理。

6.4.2.3 设计考虑

1. 发电技术

卫星使用的发电技术主要是太阳能发电技术,即利用太阳能电池片的光伏效应将太阳能转化为电能的技术,满足卫星寿命从几个月到十几年、功率从几千瓦到几万瓦的能量需求。

太阳能电池以半导体材料为基础,背电极采用导电箔片或合金触片全覆盖在底层背光面的形式,而面电极位于顶层向光面一侧。面电极的导电薄网面既要保证电流有效收集,又要保证光线最大限度通过。此外,为了防止高能粒子损伤表面,在电池表面还要镀一层减反射膜,并粘贴抗辐照的玻璃盖片。

通常使用的太阳能电池有两类,分别是硅太阳能电池和砷化镓太阳能电池。硅太阳能电池是最先开发的太阳能电池,具有技术成熟、成本低、性能稳定、长寿命等优点。但由于发电效率低,且质量较重,目前已在空间减少应用。砷化镓太阳能电池于 20 世纪 70 年代开始空间试验并逐步应用,其发电效率相比硅太阳能电池显著提高,目前使用的单结砷化镓太阳能电池产品效率约为 20%,三结砷化镓太阳能电池产品效率约为 30%。随着太阳能电池技术的进步,太阳能电池片的效率还会进一步提高。

2. 储能技术

中继卫星工作在地球同步轨道,受地影期影响,需要使用储能装置满足卫星地影期间的负载功率需求。目前广泛应用的储能装置是以电化学形式储存能量的化学电池,常用的有氢镍蓄电池和锂离子蓄电池。

氢镍蓄电池的正极是经过电化学或化学方法浸渍制成的烧结镍电池,负极为铂催化电极,活性物质氢气充满在高压容器内,电池以氢氧化钾水溶液作为电解质,为全密封体系。在正常充放电工作状态下,放电时氢气被氧化成水,充电时水被电解后生成氢气。

锂离子蓄电池是靠锂离子在正负极材料之间的嵌入和脱嵌来发电的一种可重复充电的高能电池。正极材料一般采用嵌锂化合物,如 $LiCoO_2$,$LiNiO_2$ 等。负极采用锂-碳层间化合物 Li_xC_6,电解质为溶解了锂盐的有机溶剂。以 $LiCoO_2$ 为正极的锂离子蓄电池为例,充电时锂离子从 $LiCoO_2$ 晶胞中脱出,Co^{3+} 氧化为 Co^{4+},放电时锂离子则嵌入 $LiCoO_2$ 晶胞,Co^{4+} 被还原为 Co^{3+}。锂离子蓄电池由于体积小、重量轻、比能量密度高的特点,已经被越来越多的卫星广泛采用。

3. 供配电体制

在设计卫星电源系统时,要对功率需求、技术指标、服务寿命、质量、体积等约束条件进行分析,确定合理的母线电压和供配电体制。

典型的卫星母线电压有 28V,42V,50V,100V,选择高的母线电压,有利于降低电缆网上的功率损耗,降低电缆网重量,但会增加元器件选择及电路设计的难度。一般来讲,功率需求小于 2kW 的卫星,采用 28V 供电母线;对于 2～5kW 功率的卫星,采用 42V/50V 母线;对于 5～20kW 功率的卫星采用 100V 母线电压。

卫星电源系统可以选用单母线配置,也可以选择双母线配置。单母线即只有一条一次母线为负载设备供电;双母线即每条母线均配备太阳电池阵、蓄电池组和电源控制设备,两条母线可独立供电,需要时亦可并联供电。如果出现一个太阳翼未展开,或者一组蓄电池故障,或者由于隔离不良、负载单点失效而引起某条母线失效等故障,均可通过母线并联/断开开关,保证给另一条母线的一部分最关键的卫星负载供电或断开失效的母线而不导致整星失效。

目前的中继卫星一般采用单母线拓扑形式,电源控制器提供单一电压输出,分别由南、北配电器完成对卫星南、北板单机的供电。卫星可以统一设置二次电源,也可以由单机自行变换工作所需的电源电压。

6.4.3 姿态与轨道控制分系统

6.4.3.1 主要功能

卫星在轨道上运动将受到各种力和力矩的作用。从刚体力学的角度来说,力使卫星的轨道产生摄动,力矩使卫星姿态产生扰动。因此,卫星的控制可以分为两大类,即轨道控制和姿态控制。对卫星的质心施以外力,有目的地改变其运动轨迹,称为"轨道控制";对卫星施加力矩,以保持或按需要改变其在空间的定向,称为"姿态控制"。

中继卫星姿态与轨道控制系统的主要功能是完成卫星从星箭分离开始到在轨运行直至寿命末期各任务阶段的姿态控制和轨道控制。在转移轨道上,通常以巡航或地球指向姿态运行,在远地点发动机点火前,姿态与轨道控制系统完成建立远地点发动机点火姿态的任务,并在远地点发动机点火期间保证变轨姿态精度;在同步轨道上,姿态与轨道控制系统控制卫星建立正常运行姿态,满足控制精度要求,并定期对卫星的定点位置进行修正控制;到寿命末期,完成卫星离轨操作。姿态与轨道控制系统还要参与星间天线的指向控制过程。

6.4.3.2 系统组成

姿态与轨道控制系统由控制器、测量部件和执行机构组成。测量部件通常包括地球敏感器、太阳敏感器、星敏感器、陀螺以及自主导航单元。执行机构通常包括动量轮、太阳帆板驱动机构、10N推力器、远地点发动机、天线指向机构(GDA)组成。典型的组成框图如图6.4-4所示。

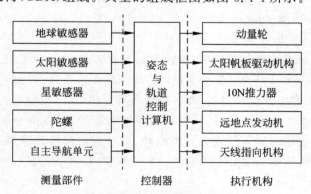

图6.4-4 姿态与轨道控制系统组成

6.4.3.3　设计考虑

1. 姿态确定与控制

姿态确定的基本问题是确定固连于星体的本体坐标系在参考坐标系中的姿态参数,称为"三轴姿态确定"。参考坐标系可以是卫星地心赤道坐标系,也可以是地心轨道坐标系。中继卫星姿态测量可以采用太阳敏感器、地球敏感器和陀螺组合定姿方式,也可以采用星敏感器和陀螺的组合定姿方式。

中继卫星通常选用三轴稳定姿态控制方式,可以采用零动量控制方案或偏置动量控制方案。采用零动量控制方案时,卫星的各轴之间耦合小,控制方便,容易进行姿态机动。采用偏置动量控制方案时,虽然卫星各轴之间存在一定耦合,但可以利用偏置动量的定轴性使姿态更稳定,不易受到干扰的影响,从而减小推进剂消耗。

由于中继卫星上安装了大型可转动星间天线,所以,星间天线的运动会影响星体姿态的变化,同样,星体姿态的变化也会影响星间天线指向的变化,即星体姿态与天线指向的相互耦合问题。这个问题是中继卫星特有的问题,也是需要解决的关键技术,通常的方法是采用天线指向控制和星体姿态控制两个回路的复合控制。控制系统要着重从以下几个方面进行复合控制设计:①星体姿态控制和天线指向控制两个回路的前馈补偿;②天线回扫时"匀加速-匀速-匀减速"的回扫轨迹设计;③天线采用等距或不等距螺旋扫描时同样采用"匀加速-匀速-匀减速"设计;④星体姿态和天线指向两个控制回路的频带域带宽隔离设计和多回路参数与稳定性设计,以保证天线指向控制对卫星姿态扰动有较好的抑制能力。

在系统稳定性分析中,运用多种稳定性分析方法保证多回路系统稳定性,包括多变量频域特征轨迹方法;双回路循环迭代设计,即天线控制和姿态控制两回路逐一设计、闭环后再相互校核和修订设计,进行参数优选和稳定性分析,直至满足稳定性要求和挠性抑制要求。

2. 轨道确定与控制

轨道确定是利用地基或天基跟踪站对卫星运动状态的测量数据和运动方程,使用统计学原理对轨道根数进行估计的过程。随着技术的进步,通过GPS、天文导航等技术手段的应用,可以实现卫星的自主轨道确定。中继卫星轨道确定通常由地面测控站完成,通过单站测距或多站测距的方式,实现轨道确定。

轨道控制包括轨道机动和位置保持。为了节省燃料,中继卫星通常由运载火箭送至地球同步转移轨道,通过远地点发动机多次点火变轨,进入地球同步轨道。东西位置保持控制的是卫星的经度,摄动力在地理纬度方向的分量会改变卫星的轨道速度大小。向东的摄动力会提高轨道高度而导致卫星向西漂,向西的摄动力会降低轨道高度而导致卫星向东漂。为了维持卫星的定点位置,中继卫星需要定期开展东西位置保持;南北位置保持控制的是卫星的倾角,卫星每天在南北纬度方向周期性漂移,纬度漂移的幅值等于轨道的倾角。由于中继卫星星间天线具备自跟踪能力,对轨道倾角控制要求不高,一般不进行频繁的南北位置保持。

3. 控制系统的工作模式

在转移轨道,控制系统的工作模式有太阳捕获模式、地球捕获模式、地球指向模式和远地点模式。在同步轨道,控制系统的主要工作模式有太阳捕获模式、地球捕获模式、正常工作模式、位置保持模式、巡航模式等。除了星上自主控制工作模式外,通过遥控指令还可以实现星地大回路推力器应急姿态与轨道控制。

（1）太阳捕获模式（SAM）

在星箭分离后,或在转移轨道控制系统发生故障,或同步轨道故障安全模式找不到地球后,进入太阳捕获模式,以保证卫星的能源供应。若太阳未出现在背地面的太阳敏感器视场内,则开始太阳搜索。先做俯仰搜索,若背地面太阳敏感器仍未看到太阳,再做滚动搜索。若仍不成功,则重做俯仰、滚动搜索。在搜索过程中一旦背地面两个太阳敏感器有太阳出现信号输出,便转入巡航,即-Z轴指向太阳,并绕-Z轴慢旋。

太阳捕获模式的控制器,以背地面两个太阳敏感器的输出信号分别作为滚动轴和俯仰轴的角位置反馈信号,以陀螺信号作为三轴速率反馈信号。在地影期间,X轴和Y轴的位置反馈信号为陀螺速率积分信号。

（2）地球捕获模式（EAM）

在建立远地点点火姿态前,或在卫星故障排除后,卫星需要由指向太阳巡航运行转为指地运行,这时启动地球捕获模式,其工作过程如下：

启动地球搜索模式,地面注入姿态和角速度偏置数据,使卫星由巡航转为星体XOZ面内的某A轴指向太阳,星体绕A轴慢旋搜索地球（此A轴由地面根据捕获时的卫星-太阳、卫星-地球连线之间的关系决定）。仍以背地面两个太阳敏感器输出信号作为位置反馈,陀螺信号作为三轴速率反馈,若地球在地球敏感器视场中出现,则"地球出现信号"通过遥测送往地面。当第二次搜索到地球时,由地面命令转入地球指向模式。

（3）地球指向模式（EPM）

当卫星由地球搜索切换到地球指向时，滚动和俯仰的测量也同时由背地面上的太阳敏感器切换到地球敏感器，而偏航角则用 $-X$ 面或 $+X$ 面太阳敏感器进行测量，执行机构三轴均用 10N 推力器。因为远地点点火模式要使用陀螺的积分作为姿态基准，需要在 EPM 模式下对陀螺的漂移进行标定，确定陀螺漂移补偿值。

（4）远地点点火模式（AFM）

因为远地点发动机安装在背地面，卫星从地球指向模式转入远地点模式时，首先要建立远地点点火姿态。在地球指向模式下，先使卫星绕 Z 轴建立远地点点火姿态。然后用陀螺积分测量三轴姿态，使卫星 $-X$ 轴指向地面，此时 $+Z$ 轴与前进方向（朝东）的夹角就是所需的远地点点火姿态。

（5）正常模式（NM）

正常模式是中继卫星在同步轨道正常运行时采用的工作模式。正常模式时的俯仰轴、滚动轴、偏航轴由动量轮进行控制，保证有效载荷工作所要求的卫星姿态。

（6）位置保持模式（SKM）

位置保持模式用于准同步轨道的定点捕获和倾角修正以及定点后的东西位置保持的轨道控制，并使卫星保持对地定向的三轴姿态。通常用成对的 10N 推力器对称点火。在准同步轨道要进行若干次定点捕获和倾角修正。在进入同步轨道运行后，一般大约每隔 7 天进行一次东西位置保持。使用地球敏感器测量滚动和俯仰姿态，太阳敏感器测量偏航姿态，动量轮转速固定，执行机构为三轴 10N 推力器。

当陀螺不能正常提供卫星的三轴姿态角速度时，只用卫星三轴姿态角的测量信息进行位置保持模式的姿态控制。此时，控制器参数受太阳帆板的特性影响较大，需要根据太阳帆板的特性选择滤波器参数。

（7）惯性指向模式（TPM）

惯性指向模式作为卫星在同步轨道运行期间的故障安全模式，主要完成以下 3 种功能，即对日定向、对地定向和对惯性空间某个方向定向。根据不同的使用需求，利用星敏感器全天球捕获能力实现对惯性空间的任意指向姿态。该模式的执行机构为推力器或反作用轮。在同步轨道段若发生故障可转换到该模式，在该模式下对轮子转速进行控制，保持当前转速。当完成定点捕获后，可在该模式下启动反作用轮，建立转正常模式时的偏置角动量和姿态。

6.4.4 推进分系统

6.4.4.1 主要功能

中继卫星推进系统依靠自身携带的氧化剂和燃烧剂点火高速喷射,产生反作用推进动力,为卫星转移轨道变轨、定点捕获、定点位置保持提供所需的推力,为姿态控制提供所需力矩。具体地,在星箭分离后,为整星提供控制力矩,使卫星进行速率阻尼,建立卫星巡航姿态;在转移轨道期间,为整星提供控制力矩,把卫星调整到有利于变轨点火的最佳姿态,通过远地点发动机多次点火,把卫星由转移轨道推进到准同步轨道;10N 推力器提供推力,把卫星由准同步轨道调整到同步轨道;在卫星定点后的整个寿命期间,10N 推力器为卫星姿态保持和动量轮角动量管理提供所需的控制力矩,完成卫星的轨道位置保持。

6.4.4.2 系统组成

中继卫星通常采用双组元统一化学推进系统。该系统主要由气路和液路两部分组成。

1. 气路部分

气路部分包括氦气增压系统和管路输送系统。氦气增压系统是在卫星远地点变轨时为贮箱提供恒定的压力而设置的,使远地点发动机在变轨时获得稳定的推力,保持在高比冲状态。氦气增压系统主要由高压氦气瓶、高压压力传感器、常闭电爆阀、常开电爆阀、高压自锁阀、气滤、减压器、单向阀、氦气加排阀及相应的管路连接件等组成,如图 6.4-5 所示。

2. 液路部分

液路部分主要由贮箱、液路加排阀、液路常闭电爆阀及常开电爆阀、大小液滤、自锁阀、中压压力传感器、远地点发动机、10N 推力器和管路连接件等组成。如图 6.4-6 所示(仅画出部分燃烧剂液路,氧化剂液路部分基本相同)。

6.4.4.3 设计考虑

1. 高压气路

高压气路是储存高压气体并向推进剂贮箱提供稳定流动的增压气体的装置。双组元推进系统的增压气体一般为氦气。高压气路由氦气增压系统和管路输送系统组成,氦气增压系统为远地点发动机变轨期间的贮箱提供恒定的压力,推进系统采用恒压工作模式,使远地点发动机在变轨期间获得稳定的压力,从而保持稳定推力及高比冲状态。卫星在定点后,通常切断高

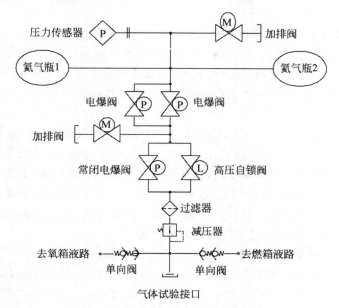

图 6.4-5　推进系统气路部分组成

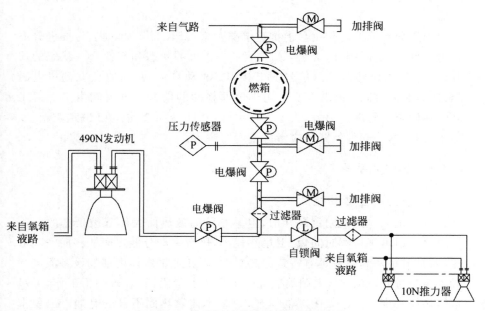

图 6.4-6　推进系统燃烧剂液路部分组成

压气路,推进系统采用落压工作模式。

2. 推进剂储存和供给

推进剂储存和供给部分包括贮箱、液路加排阀、液路常开电爆阀及常闭电爆阀、过滤器、自锁阀、压力传感器等,负责氧化剂和燃烧剂的分配管理以及在不同的工作模式和加速度条件下,为推力器和发动机提供无夹气的推进剂。

推进剂贮箱采用表面张力贮箱,主要有网式和板式两种。液路控制阀门包括自锁阀和电爆阀,具有主备切换、故障隔离、推进剂分配等作用。流量调节控制不仅影响发动机性能,还会影响卫星的使用寿命,对于使用多个贮箱的推进系统,还要控制贮箱间的均衡排放,使贮箱间的推进剂质量平衡。推进剂过滤器用于保护推力器不被污染物堵塞,避免控制阀口材料受颗粒物而损坏,是系统可靠工作的重要保障。

3. 发动机和推力器

远地点发动机和推力器是将化学能转换为动能、输出控制力和力矩的重要部件。中继卫星常用的远地点发动机有420N,445N,490N等,推力器主要以10N和22N为主。此外,电推进技术的高比冲优势会极大地减少推进剂携带量。因此,随着电推进技术的成熟,越来越多的卫星开始使用电推力器。

推进分系统的动作由星上推进电路盒来控制。其功能是:为推进分系统电部件(除电爆阀外)提供二次电源;提供电源状态和部件开关状态的遥测;提供压力传感器遥测信号的电接口;驱动自锁阀、远地点发动机电磁阀、推力器电磁阀;提供必要的用于地面检测的信号。电爆阀由星上火工品管理器统一管理。另外,为了获得关键部位的温度数据,在气瓶、贮箱、发动机、推力器等部件外壁还应考虑温度监测点。

6.4.5 热控分系统

6.4.5.1 主要功能

从卫星发射到太阳翼展开前,卫星本体的散热面大部分被折叠的太阳翼遮挡。但由于持续时间短,卫星热耗小,仍有一部分散热面能够向空间散热,而且卫星及其设备具有一定的热惯性,因此卫星本体内部的设备温度一般不会超过允许值;从太阳翼展开到卫星定点阶段,有效载荷不工作,卫星本体热耗较少。由于太阳翼的展开,卫星本体散热面不再受遮挡。卫星本体由于热耗少,温度水平很低,需要打开卫星内部的电加热器,以维持卫星散热面OSR及星内仪器和设备在允许的最低温度水平之上;在卫星定点后的正常运行阶段,随着季节变化和热控涂层性能的退化,卫星将经历高温和低温工况的考验。

中继卫星热控系统的功能就是通过控制卫星内部及外部环境的热交换,使星上仪器、设备在各个阶段始终处于正常的工作温度范围内。

6.4.5.2　系统组成

热控分系统主要由热控涂层、多层隔热组件、热管、温度传感器、电加热器、导热填料、扩热板和 10N 推力器加热器等组成。

1. 热控涂层

热控涂层包括:玻璃型二次表面镜(OSR)、SR107 白漆、ACR-1 防静电白漆、E51-M 黑漆、铝黑色阳极氧化、铝光亮阳极氧化、不锈钢化学转换涂层、S-852 铝粉漆、镀锗聚酰亚胺膜、镀金抛光等。

2. 多层隔热组件

通常使用 3 种多层隔热组件,即低温多层隔热组件、中温多层隔热组件和高温多层隔热组件。低温多层隔热组件由反射屏和间隔层组成,主要用于星体外表面的隔热以及星内的气瓶、贮箱和管路的保温;中温多层隔热组件的反射屏为双面镀铝聚酰亚胺膜,间隔层为涤纶网,通常与高温多层隔热组件组合使用,用于远地点发动机和推力器的隔热以及遮挡点火后的羽流影响。

3. 热管

图 6.4-7 给出了 3 种常用的铝-氨轴向矩形槽道热管,即矩形截面双孔热管、工字形截面双孔热管和 T 形截面双孔热管。所有热管均由两个各自独立的热管组成,它们可以互为备份。工字形截面双孔热管为外贴热管,和预埋热管共同组成正交热管网络。矩形截面双孔热管预埋在服务舱蜂窝板内,用于拉平两蓄电池组的温度。

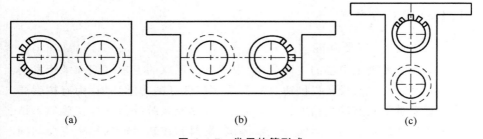

(a)　　　　　　　　　　(b)　　　　　　　　　(c)

图 6.4-7　常用热管形式

(a) 矩形热管;(b) 工字形热管;(c) T 字形热管

4. 扩热板

扩热板主要用于热耗较大、散热条件较差的仪器和设备的散热。扩热板的材料为铝合金,外表面黑色阳极氧化处理,半球发射率(单位表面积向整个半球空间发射的所有波长的总辐射能量与同温度下黑体辐射能量之比)不小于 0.85。扩热板通常先用室温硫化硅橡胶粘贴在卫星面板上,然后在扩热板的上面安装仪器,并在扩热板和仪器安装面之间填充导热脂。

6.4.5.3 设计考虑

1. 热量收集与传输

星上设备产生的热量分布在不同的区域,通过收集、传输到热辐射器后方,以便向空间辐射。设备与设备之间通常采用普通热管进行热量收集与传输,热管的传热能力要大于可能的最大传热量,同时尽量减小设备与热管间的传热热阻。热量的传输还可以采用导热传输和辐射传输等方式。导热传输是指发射设备产生的热量通过导热直接传给板式热辐射器。辐射传输是指利用设备表面高发射率涂层,将热量以辐射方式传给热辐射器。

2. 热量吸收与辐射

卫星主要通过辐射方式向冷空排散热量。控制热辐射器吸收的外热流和向空间排散的热流就可以控制卫星的温度。因此,热辐射器表面的热控涂层对卫星热设计十分重要。热辐射器可以以卫星结构外板作基板,如卫星的南北面板辐射器,也可以设计成可展开的热辐射器。

3. 隔热

为了控制卫星的温度,除了热量排散外,还需要进行隔热,以防止剧烈变化的外热流引起卫星或星上设备的温度过低或过高。另一方面还需要防止热量向太空的过量散失,卫星上采用的隔热方法主要有导热隔热、辐射隔热和对流隔热。

6.4.6 结构分系统

6.4.6.1 主要功能

结构分系统是卫星的主体骨架,用于形成可靠的卫星框架和承担发射载荷,为所有仪器、设备提供适合的安装面和良好的力学环境,为有精度要求的设备提供具有较高精度的安装基准,为热控系统提供热控实施等。结构分系统在制造、储存、运输、吊装、测试、发射和在轨运行的整个寿命期间应满足以下功能要求:①保持卫星的完整性,支撑星体及星上设备;②满足星体的刚度、强度和热防护要求;③满足仪器和设备的安装位置、安装精度的要求；④在各种受载、地面操作和运输、发射以及空间环境条件下，保障仪器和设备的安全；⑤提供星上展开部件的解锁、展开和锁定所需的结构环境。

6.4.6.2　结构构型和部件连接

1. 结构构型

中继卫星目前常用的结构构型主要有承力筒形和桁架形两种，如图 6.4-8 所示。

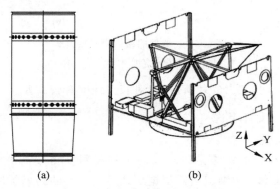

（a）　　　　　　　　　　（b）

图 6.4-8　两种主承力结构形式

（a）中心承力筒；（b）主承力桁架结构

为了减轻重量，中继卫星结构通常采用复合材料结构部件。中心承力筒是典型的复合材料壳体结构，结构板是典型的复合材料板式结构。纤维增强复合材料杆件是桁架结构中广泛应用的结构部件。对于承力筒式卫星结构，核心承力部件的中心承力筒广泛采用蜂窝夹层结构，中心承力筒与各结构板或其他结构部件相连接，形成卫星的主结构，提供与运载火箭和重要设备的安装接口和空间。对于桁架式卫星结构，主要结构部件有杆件和接头两类，杆件多用复合材料，一般采用缠绕工艺。接头分为螺接接头、胶接接头和焊接接头 3 种形式，也可以采用胶接和螺接相结合的接头形式。

2. 结构连接

结构件的连接主要采用机械紧固连接（螺接）、胶接和焊接 3 种方式。图 6.4-9 给出了结构板间的螺接方式，将板边侧向预埋块及板上连接孔套通过螺钉紧固，装配的精度可通过修锉连接孔套和垫片来保证。结构板以外的结构件之间通常采用角条的间接连接方式，虽然增加重量，但可以使结构装配更加简便，提高结构装配精度。

在桁架结构中，复合材料与接头间的连接通常采用胶接方式，由于杆件

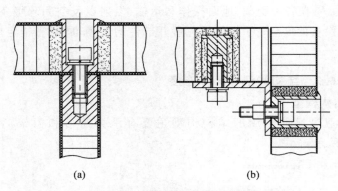

图 6.4-9 典型的结构板螺接方式

(a) 直接连接；(b) 通过角条连接

与接头连接处承受较大的载荷，所以对胶接强度有较高要求。

6.4.6.3 设计考虑

1. 结构构型

结构构型设计的核心是以较少的结构材料获得较高的结构刚度和强度，提高结构效率。中继卫星需根据所选运载火箭的约束条件，合理选取卫星的外形，并根据各系统布局需求及最短路径传力原则选取主结构形式。结构的设计载荷是使用载荷与安全系数的乘积。结构设计时应首先确定安全系数。安全系数的选取与设计分析方法、结构构型、结构特性、材料性能、制造工艺、连接方式以及地面验证方式等因素相关。安全系数选择的标准可参考 NASA-STD-5001 标准。

2. 强度校核

卫星结构最基本的要求就是强度要求，即在承受各种载荷作用下，结构不被破坏。因此在结构设计阶段，应按照不同载荷工况，开展整星结构和各主要部件的力学分析，获得结构中存在的最大应力和位移，并根据材料和结构的强度准则，校核结构强度。

3. 结构优化

结构优化设计是求解以结构设计参数为自变量的目标函数的约束极值问题。结构优化设计主要分为 3 个层次，即拓扑优化、形状优化以及尺寸优化。拓扑优化研究连续体结构中开孔的数量和位置，从而实现材料的最优分布；形状优化是改善应力集中情况、防止裂损、提高承载能力的重要举措；尺寸优化的目的是在满足结构力学、热学等控制方程、边界条件和诸多约束条件的前提下，寻求一组最优的结构尺寸参数，使结构性能达到最优。

4. 结构部装

在结构部装时,需要进行合理的装配顺序设计和定位设计,对定位销位置和数量的选取进行优化。同时,设计必要的工装或辅助工艺板来共同保证装配精度以及总装期间的精度保持。对于承力筒结构,在结构装配设计时,首先以中心承力筒的对接框定位销为准,建立整星结构装配基准,然后进行水平结构板装配和统调,再进行隔板及南北东西外侧板的装配。

6.4.7 天线分系统

6.4.7.1 主要功能

中继卫星天线分系统的主要功能是:接收来自地面终端站的前向信号,通过天线的增益特性,将前向信号电平提高,并送至前向转发器。同时接收来自用户终端的返向信号,通过天线的增益特性,将返向信号电平提高,并送至返向转发器。另外,天线还发送星上产生的信标信号,辅助用户终端捕获跟踪该信标信号。

6.4.7.2 系统组成

中继卫星天线分系统通常包括星间天线、馈电链路天线、测控测距天线和信标天线。其中,星间天线包括单址天线和多址天线两种,单址天线主要用于单一用户的高速率数据中继服务,通常采用可展开反射面天线或者可展开伞状天线。多址天线主要为多个用户同时提供低速率数据中继服务和天基测控服务,通常采用相控阵天线。信标天线用于向整个覆盖区发送信标信号,因此多采用宽波束喇叭天线。

6.4.7.3 可展开反射面天线

中继卫星通常配置大口径的反射面天线。由于工作频段高,要求天线具有较高的型面精度。因此,高精度的可展开反射面天线是中继卫星的一项关键技术。

高精度可展开反射面天线有固面和柔性两种形式。固面天线最大的优点是型面精度高。欧洲的数据中继卫星采用的就是固面天线形式,如图 6.4-10(a)所示。但固面天线的缺点是结构质量大,收缩率小,无法用作较大口径的可展开天线;柔性反射面天线有多种形式,如径向肋伞天线、自回弹天线等。与固面天线相比,只要型面精度能够达到要求,天线收拢体积、结构质量等性能指标都优于固面天线。NASA 的 TDRS 卫星就采用了伞天线形状,如图 6.4-10(b)所示。

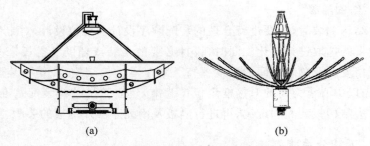

图 6.4-10 固面天线和伞天线示意图

(a) 固面天线；(b) 伞状天线

6.4.7.4 相控阵天线

相控阵天线具有迅速、灵敏、准确的波束指向控制和搜索、截获、识别、跟踪多个目标等优点，它在地基、空基等领域已经得到广泛应用。在天基领域，中继卫星需要为众多低轨卫星提供多目标测控服务，相控阵天线至关重要。NASA 从第 1 颗 TDRS 起，星间 S 频段多址（SMA）链路就采用了相控阵天线技术，目前已经历了 3 代。

SMA 相控阵天线通常采用多个螺旋天线阵元构成整个天线阵面，螺旋天线阵元的数量由所要求的 EIRP 和 G/T 值以及卫星载荷的能力而定。接收阵元和发射阵元一般分开设置。当卫星平台结构受限时，也可以一部分阵元收发共用。NASA 的第 1 代 TDRS 的 SMA 天线阵元数量为 30 个，其中有 12 个阵元为收发共用。发射波束采用射频空间合成，4 位移相器实现发射波束扫描；接收波束采用地面形成技术，即 30 个天线阵元同时接收来自用户目标的信号，放大后经频分复用（FDM）下传到地面终端站，地面终端站对 30 路 FDM 信号进行分离，然后进行接收波束形成。

NASA 第 2 代 TDRS 的 SMA 天线阵元数量为 36 个，阵面布局如图 6.4-11 所示，每个阵元由 7 个辐射单元组成，整个面积约为 $3.8\mathrm{m}^2$，其天线增益 G 与扫描角 θ_s 之间的关系可以用下面的多项式逼近：

$$G(\theta_s) = 33.202 + 0.009\,697\,5\theta_s - 0.021\,587\theta_s^2 - 0.000\,048\,485\theta_s^3$$

$$(6.4\text{-}1)$$

天线噪声温度 T_a 与扫描角之间的关系可以用下面的多项式逼近：

$$T_a(\theta_s) = 223.05 - 18.898\theta_s + 11.612\theta_s^2 - 2.6421\theta_s^3 +$$

$$0.205\,47\theta_s^4 - 0.005\,217\,8\theta_s^5 \qquad (6.4\text{-}2)$$

根据第 4 章中的系统噪声温度计算公式（4.4-26），星间相控阵天线的

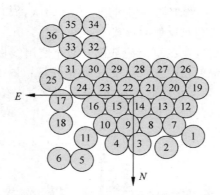

图 6.4-11　NASA 第 2 代中继卫星 SMA 阵面布局

系统噪声温度 $T_S(\theta_s)$ 可以表示为

$$T_S(\theta_s) = \frac{T_a(\theta_s)}{L_{FR}} + \left(1 - \frac{1}{L_{FR}}\right) T_0 + T_e \qquad (6.4\text{-}3)$$

从式(6.4-1)和式(6.4-3)可以看出,虽然天线增益随扫描角增大而下降,但是系统噪声温度随扫描角增大也呈下降趋势,故总的 G/T 值随扫描角的增大而下降不明显。例如,当 θ_s 为 10.5°时,G/T 下降仅有 0.6dB 左右。

6.4.7.5　设计考虑

1. 天线形式

中继卫星应用的反射面天线,通常以正馈抛物面天线和偏馈抛物面天线为主。

（1）正馈抛物面天线

正馈抛物面天线的反射面由形状为旋转抛物面的导体表面或导体栅网构成。馈源是放置在抛物面焦点上的具有弱方向性的初级辐射器,它可以是喇叭天线、螺旋天线、缝隙天线、微带天线等。抛物面天线可以把方向性较弱的初级辐射器的辐射反射为方向性较强的辐射。按照电磁波反射的次数,正馈抛物面天线可以分为单反射面天线和双反射面天线。

关于反射面天线的辐射原理可参考第 8 章的相关内容。

（2）偏馈抛物面天线

正馈抛物面天线的缺点是总有一部分辐射波被馈源或副反射面遮挡,使天线增益下降,旁瓣电平抬高。偏置结构的抛物面天线的优点是:①避免了馈源、副反射面及支撑结构的遮挡,使旁瓣电平和交叉极化得到了改善;②由于偏置,馈源与反射面相互作用减少,一次馈源的电压驻波比与主反射面基本无关；③偏置馈源一般可以应用于较大的口径。偏馈抛物面天线也有单反射面形式和双反射面形式。

偏馈抛物面天线也存在一定的缺陷：①在使用线极化时，单偏置抛物面的去极化效应在辐射场中会产生交叉极化分量；②在使用圆极化时，天线波束有偏斜，而且随极化旋向的不同，会向相反方向偏斜；③与对称抛物面相比，结构不对称，使加工复杂。图 6.4-12 给出了单偏置反射面天线示意图。

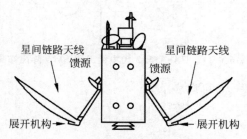

图 6.4-12　单偏置反射面天线构形

总之，天线形式要在综合考虑覆盖区形状、整星可用布局空间、工作频段、天线增益、交叉极化等要求的基础上做出选择。

2. 馈源形式

考虑到尺寸等因素，C 频段以下反射面天线的馈源可以有多种形式，如螺旋天线、微带天线等，C 频段以上反射面天线的馈源以喇叭天线为主。目前，中继卫星 Ka 频段馈源以喇叭天线为主。

喇叭天线是由波导扩展而成的，电磁波在波导中传输形成 3 类基本的导波模：横电波、横磁波、横电磁波。横电波又称"TE 波（H 波）"，其电场的纵向分量为零，即 $E_z = 0$；横磁波又称"TM 波（E 波）"，其磁场的纵向分量为零，即 $H_z = 0$；横电磁波又称"TEM 波"，其电场和磁场的纵向分量均为零，即 $E_z = H_z = 0$。

喇叭天线种类比较多，其中最基本的形式如图 6.4-13 所示。矩形喇叭是由主模（TE_{10} 模）矩形波导扩展而成。若波导的窄壁尺寸扩展而宽壁尺寸不变，则称为"E 面扇形喇叭"，如图 6.4-13（a）所示；若波导的宽壁尺寸扩展而窄壁尺寸保持不变，则称为"H 面扇形喇叭"，如图 6.4-13（b）所示；若波导的两壁尺寸均扩展则称为"角锥喇叭"，如图 6.4-13（c）所示。圆锥喇叭如图 6.4-13（d）所示，它是由载 TE_{11} 模的圆波导扩展而成。

喇叭的"四壁"可以是光滑的，也可以是波纹的。按工作模式可以分为主模、双模、多模、混合模、组合模、和模、差模（跟踪）模等。对于中继卫星星

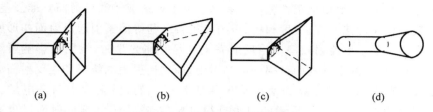

图 6.4-13 喇叭天线的基本形式

(a) E 面扇形喇叭；(b) H 面扇形喇叭；(c) 角锥喇叭；(d) 圆锥喇叭

间天线,为了实现对用户目标的捕获跟踪,喇叭天线通常采用工作在和模、差模状态的喇叭天线。

波纹喇叭是一种较理想的馈源喇叭,它可以产生混合模 TEM_{11}。在 TEM_{11} 模中,TE 和 TM 分量有相同的截止频率和相速,在所设计的频带内与频率无关。因此 E 面和 H 面方向图在工作带宽内等化好,相位中心也基本与频率无关。波纹喇叭作为馈源,可以降低损失、改善照射效率,且具有良好的交叉极化特性和旁瓣特性。

3. 天线效率

在反射面天线的设计中,主要考虑的一个问题是对给定的反射面和馈源系统,可以得到的天线增益是多少。在此我们把影响天线增益的一些因素考虑成效率因子,把这些效率因子与理论上的最大方向性系数相乘就得到了实际的增益。这种处理方法有一个好处是使设计者比较明确地知道哪些因素对增益限制起重要作用,设计者就可以对那些起重要作用的参数仔细设计并进行改进,使之得到最佳设计效果。影响反射面增益的主要效率因子可分成两部分:一部分是馈源的因素,一部分是反射面的因素。

馈源效率因子主要取决于以下因素:①馈源泄漏效率。定义为由副反射面(或反射面)截获的馈源辐射能量与馈源总辐射能量之比,它表征馈源的辐射能量有多少被反射面利用。②照射效率。是口径照射均匀度的度量,即因口径幅值分布与均匀口径分布的增益减少量的量度。③交叉极化效率。对称抛物面的交叉极化辐射主要由馈源和反射面曲率不理想造成。④馈源相位误差。馈源相位中心未与反射面的焦点重合,造成反射面的相位误差。⑤馈源插损和驻波比。

反射面效率因子主要取决于以下因素:①遮挡效应。包括馈源、副反射面和支架的影响,它减少了截获射频能量的可用面积,同时也减少了聚焦于主波束的总的可用能量;由于不连续的口径分布和入射到遮挡面上的散射,增加了旁瓣电平。②反射面表面公差。包括主反射面公差和副反射面公差两部分,一般由加工工艺和安装水平的偏差造成。③反射面对准公差。一般是由于冷热交变、温度梯度、重力和桁架载荷等因素引起反射面变形所导致。④反射面绕射效率。当反射完全满足几何光学时,绕射的影响可忽略不计,但实际上存在两种损失应当考虑,即副反射面的绕射和主反射面的泄漏。前者与正常计算的泄漏损失相比是很小的,但它表现为在电轴的 $10°\sim20°$ 的旁瓣电平。后者的损失是很重要的,它是因为副反射面尺度有限,在与主面张角之外不能达到锐截止波束而产生的,但当副反射面尺寸大于 10 倍波长时,这个因子接近 1,一般可以不考虑。

4. 空间环境适应性

卫星天线在设计时要特别注意发射环境、空间环境、质量的减轻和体积的限制等问题,而这些问题又密切影响着电气性能的设计。①安装在卫星上的天线必须由运载工具发射,不仅要求它质量轻,还要满足力学环境条件。由于它局限于有限容积的整流罩之内,要求天线收拢后的最大包络不能超过火箭整流罩的最大内包络。②当卫星到达空间之后,它还要经受得起空间恶劣环境的考验,例如它应能在很大的温度梯度、很高的真空度以及太阳射线等环境条件下正常工作。③为了在有限的频谱内增加传输容量,天线应具有极化鉴别率很高的双极化特性,以实现频率复用。

6.4.8 转发器分系统

6.4.8.1 主要功能

转发器分系统是中继卫星有效载荷的重要组成部分,它承担前向信号转发和返向信号转发任务。其基本功能是:①频率预选,提取输入的有用信号;②对信号进行低噪声放大和频率变换,将信号频率转换为相应的下行发射频率;③对信号进行滤波和分路,对带外干扰信号进行一定程度的抑制;④对信号进行功率放大;⑤将输出的多路信号进行滤波、合路,送往发射天线。

6.4.8.2 系统组成

转发器分系统通常由输入预选器、接收机、输入多工器、高功率放大器、输出多工器及开关等相关部件组成,并通过波导及电缆将各部件连接成射频链路。图 6.4-14 给出了转发器分系统的组成原理框图。

1. 输入预选器

输入预选器位于低噪声放大器之前,对天线接收的信号进行滤波,传输有用信号,抑制无用信号和带外杂波。它通常由一个带通滤波器和一个低

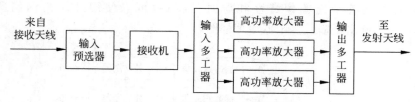

图 6.4-14 转发器分系统组成原理框图

通滤波器构成。带通滤波器主要用来抑制近带杂波,低通滤波器主要用来抑制远带杂波。对于中继卫星转发器的输入预选器,带通滤波器为 11 阶切比雪夫原型波导滤波器,采用波导膜片耦合;低通滤波器为脊波导结构,由一段脊波导低通滤波器和两段阻抗变换器构成。

2. 接收机

接收机的主要功能是接收和放大微弱的上行信号及上、下行频率的变换,并产生足够的增益。接收机输出的信号频率必须有足够的精度和稳定度。接收机的幅度和相位应满足线性度要求,以使信号传输失真最小。

接收机通常由二次电源、射频部分和本振模块 3 部分构成。其中,二次电源负责将一次电源(母线)转换为接收机内部各模块所需的二次电源;射频部分负责将接收信号进行低噪声放大,并变频为发射信号频率;本振模块负责提供高精度的本振信号,与接收信号进行混频。然后经滤波器、放大模块、隔离器,得到射频输出。接收机原理框图如图 6.4-15 所示。

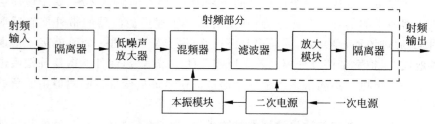

图 6.4-15 接收机原理框图

3. 输入多工器

输入多工器通常置于接收机之后,通过环形器将多个通道滤波器依次连接起来,把接收机输出的宽带通道分成若干窄带通道,实现通道化,保证驻波性能和避免信号串扰。输入多工器处于高功率放大器之前,因此对插入损耗的要求一般不严格,允许使用比较复杂的电路结构。例如:为了实现通道电性能的独立性和结构排列上的灵活性,可以使用环行器分路;为了获得通道陡峭的选择性,可以使用阶数较多(例如大于 6)的多种传递函数；为了改善带内幅频特性和群时延特性，可以使用外均衡网络等。图 6.4-16 给出了输入多工器原理框图。

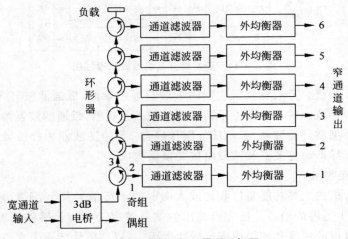

图 6.4-16 输入多工器原理框图

从图 6.4-16 中可看出，接收机输出的宽带信号经 3dB 桥分成两路宽带信号，分别送到奇通道组和偶通道组的多工器中。采用奇偶分组，可以使每个组内的两个相邻通道的频率间隔至少大于一个通道的带宽，因而减轻了该组中相邻通道之间的相互干扰。

当宽带信号从第一个环行器的 1 端输入，经环形到达 2 端，属于该通道滤波器通带的信号顺利通过，而其余的信号被通道滤波器的带外抑制反射回来，通过该环行器的 3 端输出到下一个环行器。如此一个通道接一个通道地提取，把宽带信号分离成若干所需要的窄带信号，经外均衡器补偿后进入下一个单机。不属于该组中 6 个通道的信号最后全部被隔离器中的负载所吸收。

输入多工器中的通道滤波器是窄带的，带内幅频特性、相频特性和带外衰减陡度等性能对该通道的通信质量影响很大。因此，输入多工器的电性能主要取决于滤波器的性能。

4. 高功率放大器

中继卫星常用的高功率放大器有固态功率放大器(SSPA)和行波管功率放大器(TWTA)两种。下面以 TWTA 为例对其组成进行描述。

星载 TWTA 通常分为两个结构件：多功能组件和行波管，前者包括行波管电源、信道放大器和线性化器；后者主要是指行波管(TWT)，其组成原理如图 6.4-17 所示。

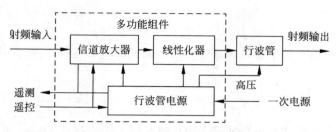

图 6.4-17 TWT 放大器组成原理图

（1）行波管电源。电源的功能是将卫星平台一次电源提供的电压转换为行波管各个电极需要的电压，并能够对这些电压按一定顺序通断。对电源的要求有：电源转换效率、电压稳定性、负载稳定性、温度稳定性、电压波纹、电磁兼容（EMC）、空间环境条件的适应性、供电指令和逻辑电路以及遥测遥控功能。

（2）信道放大器。信道放大器的功能是提供增益。在信道放大器中常配有可调节衰减器，用于调整行波管放大器的增益。

（3）线性化器。线性化器的功能是对信号进行预失真。由于行波管的幅度特性和相位特性是非线性的，为了提高线性度，通常在行波管输入端接入一个具有预失真特性的线性化器，其幅度特性和相位特性同行波管的相应特性相反，从而使行波管放大器总的幅度特性和相位特性接近一个常数。这种带有线性化器的行波管放大器称为"线性化行波管放大器"。

（4）行波管。其功能是将行波管中的电子束与高频信号电磁场发生相互作用，将电子束从电源获得的直流能量转换给高频信号，使高频信号得到放大。行波管的基本结构由电子枪、慢波电路、聚束系统、输入输出耦合电路和收集极等构成，详细描述见第 7 章。

5. 输出多工器

输出多工器位于高功率放大器之后，它由多工器和谐波滤波器组成。其主要功能是将多路大功率信号进行合成，去除谐波、抑制带外信号后输出到发射天线。输出多工器的关键技术主要是低损耗设计、热设计和微放电设计等。

6.4.8.3 设计考虑

1. 转发器增益计算和指标分配

转发器的增益 G_P 定义为输出功率 P_{out} 与输入功率 P_{in} 的比值：

$$G_P = \frac{P_{out}}{P_{in}}$$

用分贝表示为

$$[G_p] = [P_{out}] - [P_{in}] \qquad (6.4\text{-}4)$$

式中的输入功率可以通过输入功率通量密度 PFD 和接收天线增益 G_r 得到：

$$[P_{in}] = PFD + G_r + 10\lg\frac{\lambda^2}{4\pi} \qquad (6.4\text{-}5)$$

转发器输出功率可以通过 EIRP 和发射天线增益 G_t 得到，即

$$[P_{out}] = EIRP - G_t \qquad (6.4\text{-}6)$$

以 KSA 返向转发器为例，当星间链路频率为 26GHz、天线增益为 53.2dBW、饱和通量密度为 -107dBW/m^2 时，由式（6.4-5）可知，返向转发器的输入功率为 -103.5dBW；当星地链路频率为 20GHz、天线增益为 40.5dB、饱和 EIRP 为 55dBW 时，由式（6.4-6）可知，返向转发器的输出功率为 14.5dBW。再根据式（6.4-4），得出转发器的增益为 118dB。表 6.4-1 给出了典型的中继卫星转发器增益值。

表 6.4-1　中继卫星 SSA/KSA 转发器增益值和实测值

转发器类型	转发器增益值/dB	
	分配值	实测值
SSA 前向转发器	≥122	124.6
SSA 返向转发器	≥129	132.2
KSA 前向转发器	≥119	121.4
KSA 返向转发器	≥118	120.1

转发器增益应合理地分配到转发器链路的各个环节。一般情况下，按先总体、后分机的顺序。转发器总体首先根据总的增益要求对接收部分、分路部分、发射部分进行增益分配，然后各分机再根据总体的分配进行详细设计。

接收部分：主要考虑输入馈线（波导）损耗、输入预选器插损、接收机电平范围及增益等。接收系统的噪声系数与输入馈线损耗密切相关，要优化布局，减小输入馈线损耗。接收机增益可以根据链路电平估算值进行适当选择，同时，接收机的工作电平范围应能够涵盖转发器输入电平范围及动态范围的要求。

发射部分：主要考虑功率放大器饱和输出功率、增益，输出多工器插损和输出馈线（波导）损耗等。在确定转发器的输出功率要求后，进行高功率放大器的选型，选择合适的高功率放大器；选择低插损的传输馈线、输出多

工器等设备。同时优化布局设计,尽量减少高功率放大器到转发器输出界面之间的馈线长度。

分路部分:通常由输入多工器和分路器、合路器等无源设备以及连接部件的电缆或波导组成。分路部分一般是损耗,在设计时应注意:①接收机增益与后段衰减的匹配,使接收系统噪声系数不受后段衰减的影响而恶化;②接收机输出到功率放大器入口的衰减量分配应在考虑无源设备及电缆损耗的基础上留一定的调配余量;③饱和通量密度通常要求有一个范围,为 $10\sim30\mathrm{dB}$,因此增益设计要有相应的调整范围;④考虑到制造的非理想性,设计时在增益范围基础上还应留出余量,即具有更大的调整范围和更精细的步进调整。

仍以 KSA 返向转发器为例,图 6.4-18 给出了转发器内各接口点信号电平示意图。

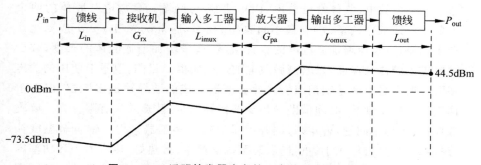

图 6.4-18 透明转发器内各接口点信号电平示意图

2. 噪声系数计算和指标分配

从第 4 章的噪声系数级联公式(4.2-16)可以看出,转发器接收系统的噪声系数主要由接收机及接收机前端的无源设备贡献。在设计时应选择适合的接收机增益,接收机后面的设备对总的噪声系数的贡献一般可以忽略不计。因此,为了降低接收系统的噪声系数,需要采用低噪声系数的接收机,并尽量减小前端输入预选器的插损,并通过布局优化,降低输入馈线(波导)长度。

3. 信道特性指标分配

转发器的幅度-频率特性和群时延-频率特性主要由通道滤波器特性决定,包括输入滤波器、输入多工器或分路器、输出多工器或合路器、输出滤波器等。其中,带宽相对较窄的是输入多工器或分路器、输出多工器或合路器,带宽相对较宽的设备主要是输入滤波器、输出滤波器。对于窄带设备,一般认为带内特性随机性较大,可以采用均方根合成方式进行指标合成和分解;对于相对宽带的设备或器件的信道特性,在通道内为单调变化的,可以直接进行代数相加或相减。

在频率规划和转发器设计时,应充分考虑星上的变频器可能产生的频率分量,对各谐波、杂波分量进行分析。在有源单机设计时,要考虑电源模块杂波的影响。另外还要关注转发器对其他系统的干扰,重点是考虑转发器与测控系统之间的频率兼容性。

转发器信道的非线性指标主要是 3 阶互调和 AM/PM 变换。一般地,这些非线性指标主要由高功率放大器贡献,应选用相应指标更优的功率放大器。

4. 输出多工器指标分配

输出多工器位于高功率放大器之后,因为要承受较大功率,所以应着重考虑真空微放电、气体常压放电、PIM、散热等问题。微放电与腔体的两个主要参数即工作频率(f)和最小间隙(d)相关(通常认为与 $f \times d$ 成反比)。在实际设计中,应增加微放电的设计余量,适量增加谐振腔体的长度,减少螺钉进入腔体的深度,以增高微放电的放电阀值。目前,卫星上使用的输出多工器通常是由薄壁铟钢双模波导滤波器构成的波导输出多工器,但由于铟钢的导热特性差,必须借助导热支架传导热量,散热效果有限。为了解决低损耗、大功率问题,近年来,国外卫星的输出多工器采用了铝合金温度补偿技术。它具有体积小、重量轻、装配调试简单、散热好、热应力小和功率容量大的优点,有替代铟钢多工器的趋势。此外,在输出多工器设计中还需要特别注意:①使用低损耗的传输线,严格控制插入损耗;②选择适当的传递函数、谐振腔数和工作模式;③严格控制带内群时延,如有必要,可在输入多工器中对群时延进行“预补偿”;④对所承受的最大功率工况下产生的热分布进行详细分析,并在结构设计上充分考虑散热。例如,增加底板面积,对各通道的支架进行精细化设计,保证热量能够有效地传递到底板上。

5. 功率放大器的选择

高功率放大器是转发器的末级有源设备,对它的基本要求是宽频带和高增益,并具有相对较小的幅度和相位非线性。目前使用的功率放大器主要有两类:电真空型器件(以 TWTA 为代表)和半导体型器件(以 SSPA 为代表)。在 S 频段前向转发器中多采用 SSPA。在 Ka 频段前向转发器和返向转发器中多采用 TWTA。为了得到更大的功率,TWT 可以采用多种方法改进:采用高导流系数电子枪,增加电子注电流;使用强度高、电阻小、导热率高的金属作为慢波结构;研制长寿命、大电流密度的阴极;改进制

造工艺,提高行波管装配过程的自动化水平;通过计算机模拟技术完善行
波管物理模型,改进行波管的非线性特性并提高效率。

　　TWTA 增益控制通常有自动电平控制(ALC)模式和固定增益模式
(FGM)两种,可以通过遥控指令进行模式切换。在 ALC 模式下,转发器输
出功率可保持在固定输出,不随输入功率的变化而变化;在 FGM 模式下,
可以采用两种方式:一是调整高功率放大器的增益档,通常有 30dB 的可调
范围;二是在多路信号共用末级功放的情况下,通过在每路设置可调节的
衰减器来实现每路独立的增益调整。

　　转发器系统通常会有相当数量的功率放大器,功率放大器的功耗、热耗
在整个转发器系统的功耗、热耗中占有很大的比例,应尽可能使用效率较高
的功率放大器。在低频段,SSPA 的效率通常优于 30%。在高频段,
TWTA 的效率可达 55% 以上。对于热耗受限的转发器系统,可优先选用
辐冷散热的行波管,将产生的部分热量直接辐射到卫星舱体外。

6.4.9　捕获跟踪分系统

6.4.9.1　主要功能

　　捕获跟踪分系统的主要功能是:当用户目标出现在中继卫星视场内
时,接收用户目标发来的载波信号,实现误差信号的获取与分离;控制天线
驱动执行机构完成天线的指向控制;与用户目标配合,实现星间链路的捕
获、跟踪和建立,为数据传输提供稳定的星间链路支持。

6.4.9.2　系统组成

　　捕获跟踪分系统由射频敏感器和天线指向控制子系统两大部分组成。
图 6.4-19 给出了典型的捕获跟踪分系统组成原理框图。

1. 射频敏感器

　　射频敏感器包括天线、低噪声放大器(LNA)、单通道调制器、下变频器
和捕获跟踪接收机。其工作原理是:当星间天线收到用户目标发来的信号
时,馈源激励出主模,得到射频“和”(Σ)信号,经 LNA 放大和相位调整后输
出到单通道调制器;同时馈源激励出差模,得到射频“差”(Δ)信号(天线指
向偏差信号),经 LNA 放大后也输出到单通道调制器。

　　单通道调制器的作用是分离方位角、仰角射频偏差信号,与“和”支路信
号一起形成单通道角跟踪信号。主要部件是 $0/\pi$ 调制器、90°移相器和 0°～
360°可调移相器。可调移相器采用数字式电控移相器,通过遥控指令对其
进行设定。单通道调制器原理框图如图 6.4-20 所示。

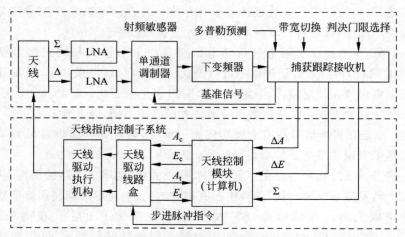

图 6.4-19 典型的捕获跟踪分系统组成原理框图

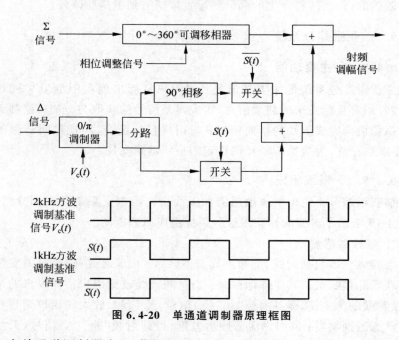

图 6.4-20 单通道调制器原理框图

在单通道调制器内，Σ 信号通过 0°～360°移相器(一般为 5b 移相器)进行相位调整。Δ 信号进入 0/π 调制器，用 2kHz 基准方波信号 $V_c(t)$ 对 Δ 信号分时进行 0，π 相位调制，用 90°移相器和 1kHz 基准方波信号 $S(t)$、$\overline{S(t)}$ 分离方位差(ΔA)、仰角差(ΔE)射频信号。然后与 0°～360°移相器输出的 Σ 信号耦合，形成一路包含 Σ，ΔA，ΔE 信息的射频调幅信号。该射频调幅信号经过下变频器,变换为中频信号,经中频放大后进入捕获跟踪接收机。

在捕获跟踪接收机内,经过混频、滤波、放大和检波后,输出 Σ 信号。然后角误差信号提取处理器提取出含有 ΔA 和 ΔE 信息的信号,消除交叉耦合后送天线指向控制子系统。

由于各用户目标的信号强度、数据速率、在轨运动速度各不相同,需要在每次捕获跟踪过程中用地面遥控对捕获跟踪接收机的射频带宽、判决电平、中频带宽、多普勒频移补偿值进行设置。

2. 天线指向控制子系统

天线指向控制子系统包括天线控制模块、天线驱动线路盒和天线驱动执行机构。

天线控制模块接收地面指令,完成星间天线的程序跟踪、螺旋扫描搜索、自动捕获跟踪、回扫等指向控制功能。天线控制模块输出控制信号方位角(A_c)、仰角(E_c)到天线驱动机构,驱动天线运动。

天线驱动线路盒测量的天线框架角(方位角 A_t,仰角 E_t)也反馈到天线控制模块。在自动捕获跟踪时,"Σ"信号的直流电平信号用作发现用户目标信号的判据;ΔA 和 ΔE 直流电平信号用作自动捕获跟踪控制的反馈信号。天线驱动线路盒接收天线控制模块发来的步进脉冲指令,形成驱动信号送给天线驱动机构。

天线驱动机构根据天线驱动线路盒来的驱动信号,分别使天线沿方位角和仰角两个方向转动,实现对用户目标的跟踪指向。

6.4.9.3　设计考虑

1. 天线指向控制

天线指向控制技术是中继卫星为适应捕获跟踪用户目标的需求而特有的一项技术。天线指向控制一般分为扫描搜索、程序跟踪、自动跟踪和回扫4种工作模式。

扫描搜索模式是指天线按照某种轨迹(例如螺旋线)转动,在一定范围内搜索用户目标实现目标捕获。当搜索到目标后,星上转入自动跟踪。自动跟踪模式是利用射频敏感器直接测量天线跟踪指向误差,通过天线指向控制实现星间天线对用户目标的高精度跟踪。程序跟踪模式是天线的一种较低精度的跟踪模式,此时不需要天线跟踪误差的直接测量,天线按照用户目标的轨迹预报信息指向用户目标。中继卫星天线完成对用户目标的一次跟踪后,需要快速机动到下一次捕获跟踪的起始点,为下一次的捕获跟踪做准备,这个快速机动过程称为"回扫"。在回扫阶段,控制天线从当前的方位角和仰角快速运动到指定的目标方位角和仰角,指定的目标方位角和仰角通常又是下一个跟踪弧段的起始角位置。

2. 目标捕获

目标捕获一般包括天线回扫和扫描搜索两个阶段。在回扫时,地面向星上天线控制模块注入回扫参数,或由星上自主规划并实时计算回扫运动轨迹,以旋转变压器测量的天线框架角作为反馈量,控制天线按照匀加速-匀速-匀减速的方式作回扫运动,直到达到目标转角位置。由于回扫时天线转动角速度较大,会造成星体较大的姿态超调,所以在回扫模式下需要根据注入标志对卫星姿态进行补偿,以满足指向精度的要求。

在扫描搜索阶段,地面向星上天线控制模块注入设定的扫描搜索轨迹,或由星上自主规划,实时计算扫描搜索轨迹,以旋转变压器测量的天线框架角作为反馈量,控制天线在预定的空间指向范围内,按照一定的规律进行扫描搜索,直至捕获发现目标。扫描搜索轨迹通常为线速度一定的螺旋线。螺旋扫描轨迹的螺距、扫描速度等可根据波束宽度、捕获概率以及射频敏感器的设计情况来确定。在扫描搜索时,天线的转动轨迹为螺旋扫描轨迹迭加上对用户目标的程序跟踪轨迹。

一般情况下,当调幅信号的解调门限 $(S/N)_i$ 低于 4dB 时,解调特性急剧下降。因此,通常要求星间天线在 3dB 波束宽度处的链路的 $(S/N)_i$ 应满足大于 4dB 的要求。

3. 程序跟踪

程序跟踪是指按照目标在星间天线坐标系内的运动轨迹,用软件程序控制天线跟踪指向目标的过程。程序跟踪轨迹可以选择地面规划,也可以选择星上自主规划。

当采用地面规划时,根据中继卫星和用户目标轨道运动规律以及中继卫星姿态,地面站采用分段二次拟合的方法,计算用户目标轨迹拟合系数(包括用户目标轨迹分段数、每段时间长度、一次项拟合系数和二次项拟合系数),制定控制天线跟踪用户目标的程序,并注入中继卫星上。如果采用星上自主规划方式,则由星上自主进行用户目标的轨道递推和轨迹规划,生成用户目标轨道和程序跟踪开始时刻,天线控制模块按照程序发送指令,驱动天线跟踪用户目标。在程序跟踪模式下,天线控制模块利用天线框架角测量信号作为回馈量,以保证星间天线按照预定的用户目标轨迹运动。

程序跟踪是开环控制过程,指向精度较低,一般用于 S 频段星间链路低速率的数据中继传输。

4. 自动跟踪

受卫星平台控制误差、用户目标轨道预报误差、总装误差等因素的影响,天线程序跟踪指向误差有可能超过星间天线的 3dB 波束宽度角,因此,自动跟踪功能是不可缺少的。自动跟踪分为 3 种:步进跟踪、圆锥扫描跟踪和单脉冲跟踪。单脉冲指的是在一个脉冲的间隔时间内就能得到完整的天线波束偏离卫星的信息(方位误差和仰角误差)。按照实现方式的不同,单脉冲跟踪又分为多喇叭跟踪和多模跟踪两种方式。多模跟踪是根据馈源喇叭中电磁场波的多种模式得到方位差信号和仰角差信号实现天线跟踪的,应用较为广泛。中继卫星的星间天线通常采用单脉冲跟踪体制,它的优点是跟踪速度快和跟踪精度高。为了减小"和""差"支路的不一致性,同时保证接收系统的 G/T 值,一般在低噪声放大器后实现"和""差"支路的单通道合成。考虑到"和""差"支路在温度变化情况下,相位难以保持一致,通常在"和"支路前端配置移相器,调节"和""差"支路相位的一致性。

5. 星地控制

星地控制模式通过地面测控站向星上计算机发送指令序列来实现。指令序列包含步进脉冲总个数、方向、频率等信息。然后,由星上控制计算机按照指令序列内容向天线驱动线路输出步进脉冲,驱动天线转动。星地控制模式不是星上自主闭环控制模式,而是作为一种备份手段,为地面控制星间天线转动增加灵活手段。

6. 模式间的转换

天线指向控制各模式之间可以通过遥控转换,也可以在满足一定条件下自主转换。星上自主完成的模式转换包括:回扫模式到天线不控制模式;程序跟踪模式到天线不控制模式;扫描搜索模式到天线不控制模式;自动跟踪模式到天线不控制模式;扫描搜索模式到自动跟踪模式;扫描搜索模式到程序跟踪模式;自动跟踪模式到程序跟踪模式。星地控制模式到天线不控制模式。各模式之间的转换关系[6]如图 6.4-21 所示。

7. 卫星姿态与天线运动复合控制技术

通常,中继卫星上装载了重达上百千克的大型星间天线,天线运动将会影响卫星的姿态,卫星姿态的变化又反过来影响天线的指向精度,即存在天线运动和卫星姿态运动相互耦合问题,增加了天线捕获跟踪的难度。因此,卫星姿态与天线运动复合控制技术是中继卫星需要解决的一项关键技术。

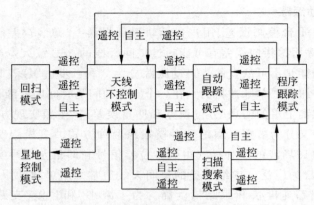

图 6.4-21　天线控制模式之间的转换关系

6.5　中继卫星星间天线在轨标校

中继卫星发射入轨后,首先应对星间天线进行在轨标校,才能够准确地捕获跟踪目标。中继卫星星间天线在轨标校包括单通道调制器相位标校和星间天线框架角误差标校两个方面。

6.5.1　单通道调制器相位误差标校

6.5.1.1　标校目的

中继卫星捕获跟踪系统在跟踪不同频段信号时,需要对单通道调制器中的移相器作适当调整。另外受温度、元器件老化或其他因素影响,其天线指向特性也会发生偏移,需要在轨进行标校。通过调整移相器,更有效地分离天线的方位指向偏差信号和仰角指向偏差信号,也就是使测量得到的这两个偏差信号尽量正交。

6.5.1.2　标校站设置

移相器在轨相位标校可以采用单站标校法或多站标校法。当标校精度要求较高时一般采用多站标校法。多站标校系统一般由3个标校站和1个地面终端站组成,如图 6.5-1 所示。3 个标校站采用 L 形分布在中继卫星星间天线对地视场内,标校站 2、标校站 3 以标校站 1 为基准,沿中继卫星星间天线坐标系 $O_a X_a Y_a Z_a$ 方位、俯仰方向偏离一定距离分布,其中标校站 1、中继卫星、标校站 2(或标校站 3)构成的夹角 α 应不大于星间天线差波束方向图最大值对应的角度。

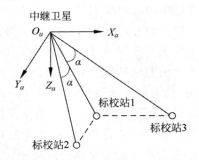

图 6.5-1 星间天线对标校站的夹角关系

6.5.1.3 标校方法

1. 单站标校

单站标校法的具体步骤如下:

(1) 地面标校站天线对准中继卫星,中继卫星的星间天线精确指向地面标校站。

(2) 地面标校站发射适当功率的单载波信号,使中继卫星捕获跟踪接收机输出稳定的三电平信号。

(3) 中继卫星星间天线沿方位方向拉偏 α 角度。

(4) 在方位方向角度偏差电压极性正确条件下,记录和统计星间天线指向角(方位角、俯仰角)偏差电压遥测值,按照式(6.5-1)和式(6.5-2)计算平均值,然后按照式(6.5-4)计算俯仰方向产生的交叉耦合度。

(5) 调整单通道调制器"和"支路移相码(差支路移相码设为固定值),重复步骤(3)和(4),直至俯仰方向产生的交叉耦合度最小。

(6) 中继卫星星间天线精确指向标校站,中继卫星星间天线沿俯仰方向拉偏 α 角度。

(7) 在俯仰方向角度偏差电压极性正确条件下,记录和统计星间天线指向角(方位角、俯仰角)偏差电压遥测值,按照式(6.5-1)和式(6.5-2)计算平均值,然后按照式(6.5-3)计算方位方向产生的交叉耦合度。

(8) 调整单通道调制器"和"支路移相码,重复步骤(6)和(7),直至方位方向产生的交叉耦合度最小。

(9) 根据步骤(5)和(8)获得的"和"支路移相码,选定一组合适的"和"支路移相码作为星间天线单通道调制器相位误差标校结果。

2. 三站标校

三站标校法的具体步骤如下:

（1）各标校站天线稳定跟踪中继卫星。

（2）标校站 1 发送标校信号，中继卫星星间天线精确指向标校站 1。

（3）标校站 1 停止发送标校信号，标校站 2 发送标校信号。

（4）在方位方向角度偏差电压极性正确条件下，记录和统计星间天线指向角（方位角、俯仰角）偏差电压遥测值，按照式（6.5-1）和式（6.5-2）计算平均值，然后按照式（6.5-4）计算俯仰方向产生的交叉耦合度。

（5）调整单通道调制器"和"支路移相码（差支路移相码设为固定值），重复步骤（4），直至俯仰方向产生的交叉耦合度最小。

（6）标校站 2 停止发送标校信号，标校站 3 发送标校信号。

（7）在俯仰方向角度偏差电压极性正确条件下，记录和统计星间天线指向角（方位角、俯仰角）偏差电压遥测值，按照式（6.5-1）和式（6.5-2）计算平均值，然后按照式（6.5-3）计算方位方向产生的交叉耦合度。

（8）调整单通道调制器"和"支路移相码，重复步骤（7），直至方位方向产生的交叉耦合度最小。

（9）根据步骤（5）和（8）获得的"和"支路移相码，选定一组合适的"和"支路移相码作为星间天线单通道调制器相位误差标校结果。

由于卫星在轨日周期性温度变化，可能会导致移相器相位变化，可以选择一天中的不同时间进行多次标校，取合适的相位状态，以适应全天候工作的需求。

6.5.1.4　数据处理

星间天线方位角、俯仰角偏差电压遥测值 Δv_{Ai} 和 Δv_{Ei} 的平均值 $\overline{\Delta v_A}$ 和 $\overline{\Delta v_E}$ 可以表示为

$$\overline{\Delta v_A} = \frac{1}{n} \sum_{i=1}^{n} \Delta v_{Ai} \tag{6.5-1}$$

$$\overline{\Delta v_E} = \frac{1}{n} \sum_{i=1}^{n} \Delta v_{Ei} \tag{6.5-2}$$

式中：Δv_{Ai} 为方位方向的角度偏差电压第 i 个遥测值；Δv_{Ei} 为俯仰方向的角度偏差电压第 i 个遥测值；$\overline{\Delta v_A}$ 为方位方向的角度偏差电压遥测平均值；$\overline{\Delta v_E}$ 为俯仰方向的角度偏差电压遥测平均值；n 为遥测数据采样点数。

方位方向产生的交叉耦合度 C_A 和俯仰方向产生的交叉耦合度 C_E 可按下式计算：

$$C_A = \overline{\Delta v_A} / \overline{\Delta v_E} \qquad (6.5\text{-}3)$$

$$C_E = \overline{\Delta v_E} / \overline{\Delta v_A} \qquad (6.5\text{-}4)$$

6.5.1.5 结果验证

在单通道调制器相位误差标校工作结束后,一般还需要对标校结果进行验证。标校结果验证的步骤如下:

(1) 验证前将标校结果注入中继卫星。标校站天线稳定跟踪中继卫星,并发送标校信号。中继卫星星间天线精确指向标校站。

(2) 中继卫星星间天线沿方位正方向拉偏 α 角度,记录和统计星间天线指向角(方位角、俯仰角)偏差电压遥测值,按照前述计算公式,计算其平均值和俯仰方向产生的交叉耦合度。

(3) 中继卫星星间天线沿方位负方向拉偏 α 角度,重复步骤(2)。

(4) 中继卫星星间天线再次精确指向标校站。

(5) 中继卫星星间天线沿俯仰正方向拉偏 α 角度,记录和统计星间天线指向角(方位角、俯仰角)偏差电压遥测值,按照前面所述的计算公式,计算其平均值和方位方向产生的交叉耦合度。

(6) 中继卫星星间天线沿俯仰负方向拉偏 α 角度,重复步骤(5)。

当在不同方向拉偏时,在另一方向产生的交叉耦合度满足指标要求,则标校结果有效。

6.5.2 星间天线框架角误差标校

6.5.2.1 标校目的

在开环控制模式下,通常是根据中继卫星轨道和用户目标轨道的运动规律,由地面站预先制定控制天线跟踪用户目标的程序,通过上行链路注入中继卫星星上计算机,计算机按照这个程序发送程控指令,驱动天线跟踪运动中的用户目标。在这个过程中,射频敏感器的输出信号不参与反馈控制。另外,由于存在姿态敏感器安装误差,GDA 安装误差,GDA 垂直度误差、天线电轴的指向偏离(相对机械零位)等因素,在轨体现为天线实际指向与理论计算的指向不一致。所以,为了提高开环控制模式下的跟踪指向精度,可以在地面设置标校站,预先对中继卫星星间天线指向的系统偏差进行标定,并利用该结果,对天线方位角和俯仰角进行校正。

6.5.2.2 标校站设置

星间天线框架角误差标校需要多个标校站配合进行。在理论上至少需要两个标校站,最多一般不超过 4 个。标校站应布设在星间天线对地视场内不同地方,站间相距尽可能远,但一般不宜设置在星下点附近。

6.5.2.3 标校方法

中继卫星星间天线框架角误差标校通常采用线性修正模型,其数学表达式为

$$\begin{cases} A = k_A A_{th} + \Delta A \\ E = k_E E_{th} + \Delta E \end{cases} \tag{6.5-5}$$

式中,A 为星间天线方位角遥测值;k_A 为方位角标校斜率参数(待测标校系数);A_{th} 为星间天线方位角理论值;ΔA 为方位角校偏角(待测标校系数);E 为星间天线仰角遥测值;k_E 为仰角标校斜率参数(待测标校系数);E_{th} 为星间天线仰角理论值;ΔE 为仰角校偏角(待测标校系数)。

以两个标校站为例,框架角误差标校具体步骤如下:

(1)标校站 1 天线稳定跟踪中继卫星,并发送标校信号。中继卫星星间天线以自动跟踪方式跟踪标校站 1。

(2)统计星间天线框架角和卫星姿态角遥测值,每帧遥测结果为一组。

(3)按照式(6.5-8)~式(6.5-11)计算每组对应的星间天线框架角理论值。

(4)按照式(6.5-6)和式(6.5-7),计算多组星间天线框架角遥测平均值。按照式(6.5-12)和式(6.5-13),计算多组星间天线框架角理论平均值。

(5)对标校站 2 重复步骤(1)~(4),获得星间天线指向标校站 2 时的框架角遥测平均值和理论平均值。

(6)根据两站所获得的星间天线框架角遥测平均值和理论平均值,按照式(6.5-16)~式(6.5-19)计算星间天线标校系数,作为星间天线框架角误差标校结果。

6.5.2.4 数据处理

1. 计算星间天线框架角遥测平均值

中继卫星星间天线自动跟踪标校站时框架角的遥测平均值为

$$\overline{A}_M = \frac{1}{n} \sum_{i=1}^{n} A_{Mi} \tag{6.5-6}$$

$$\overline{E}_M = \frac{1}{n} \sum_{i=1}^{n} E_{Mi} \tag{6.5-7}$$

式中,$\overline{A}_M$ 为星间天线方位角遥测平均值;$\overline{E}_M$ 为星间天线俯仰角遥测平均

值；n 为遥测采样点数目。

2. 计算星间天线框架角理论平均值

假设：标校站 j 的站址大地坐标为 $Z_j = h_j, L_j, B_j$，其中，h 为从地球参考椭球体的表面沿其外法线方向度量到空间某点 Z 的距离；L 为大地经度；B 为大地纬度；j 为标校站数（$j=1,2,\cdots,N$，标校站数 N 一般为 $2 \leqslant N \leqslant 4$）；中继卫星在 J2000 惯性坐标系中的位置矢量 $\boldsymbol{r}_{1i} = [x_{1i} \quad y_{1i} \quad z_{1i}]$。星间天线框架角理论平均值计算方法如下：

（1）根据标校站 j 的站址坐标，计算 t_i 时刻（$i=1,\cdots,n$）标校站在 J2000 惯性坐标系中的位置矢量 $\boldsymbol{r}_{2i} = [x_{2i} \quad y_{2i} \quad z_{2i}]$。

（2）按照式（6.5-8），计算中继卫星星间天线 t_i 时刻对标校站的指向 $\Delta \boldsymbol{r}_i$：

$$\Delta \boldsymbol{r}_i = \boldsymbol{r}_{2i} - \boldsymbol{r}_{1i} \tag{6.5-8}$$

（3）按照式（6.5-9），将 $\Delta \boldsymbol{r}_i$ 矢量转换到星间天线坐标系中：

$$\begin{bmatrix} x_i \\ y_i \\ z_i \end{bmatrix} = \boldsymbol{R}_{\mathrm{AI}} \cdot \Delta \boldsymbol{r}_i \tag{6.5-9}$$

式中，$[x_i \quad y_i \quad z_i]^{\mathrm{T}}$ 为星间天线指向 $\Delta \boldsymbol{r}_i$ 在星间天线坐标系 $o_a x_a y_a z_a$ 中的坐标。$\boldsymbol{R}_{\mathrm{AI}}$ 表示 J2000 惯性坐标系到星间天线坐标系的转换矩阵。

（4）按照式（6.5-10）和式（6.5-11）分别计算星间天线 t_i 时刻理论方位角 $A_{\mathrm{th}i}$ 和俯仰角 $E_{\mathrm{th}i}$。星间天线指向的空间几何关系如图 6.5-2 所示。

$$A_{\mathrm{th}i} = -\arctan(y_i/z_i) \tag{6.5-10}$$

$$E_{\mathrm{th}i} = \arcsin(x_i/\rho) \tag{6.5-11}$$

式中，$\rho = \sqrt{x_i^2 + y_i^2 + z_i^2}$。

（5）按照式（6.5-12）和式（6.5-13）计算中继卫星星间天线自动跟踪标校站时框架角理论平均值。

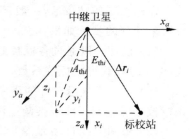

图 6.5-2 星间天线指向的空间几何关系

$$\overline{A}_{\mathrm{th}} = \frac{1}{n} \sum_{i=1}^{n} A_{\mathrm{th}i} \tag{6.5-12}$$

$$\overline{E}_{\mathrm{th}} = \frac{1}{n} \sum_{i=1}^{n} E_{\mathrm{th}i} \tag{6.5-13}$$

式中,$\overline{A}_{th}$ 为星间天线方位角理论计算平均值;$\overline{E}_{th}$ 为星间天线俯仰角理论计算平均值。

3. 计算标校系数

根据式(6.5-5),当采用两个标校站标校时,有以下联立方程[6]:

$$\begin{cases} A_1 = k_A A_{th1} + \Delta A \\ A_2 = k_A A_{th2} + \Delta A \end{cases} \tag{6.5-14}$$

$$\begin{cases} E_1 = k_E E_{th1} + \Delta E \\ E_2 = k_E E_{th2} + \Delta E \end{cases} \tag{6.5-15}$$

可解得标校系数:

$$k_A = (A_1 - A_2)/(A_{th1} - A_{th2}) \tag{6.5-16}$$

$$\Delta A = (A_1 A_{th2} - A_2 A_{th1})/(A_{th2} - A_{th1}) \tag{6.5-17}$$

$$k_E = (E_1 - E_2)/(E_{th1} - E_{th2}) \tag{6.5-18}$$

$$\Delta E = (E_1 E_{th2} - E_2 E_{th1})/(E_{th2} - E_{th1}) \tag{6.5-19}$$

在中继卫星星间天线自动跟踪标校站 j 的过程中,需要记录中继卫星姿态的滚动角 φ_i、俯仰角 θ_i、偏航角 ψ_i,以便于对天线的理论方位角 A_{th} 和理论俯仰角 E_{th} 进行补偿。

6.5.2.5 结果验证

在标校工作结束后,一般还需要对标校结果进行验证。框架角误差标校结果验证的步骤如下:

(1)设计一段通过各标校站的中继卫星星间天线程序跟踪轨迹,通过式(6.5-5)和获得的标校系数,计算程序跟踪控制参数。

(2)星间天线沿设计的程序跟踪轨迹指向标校站1,记录星间天线指向该标校站时星间天线框架角遥测值(A_{p1},E_{p1})。

(3)星间天线自动跟踪标校站1,记录星间天线框架角遥测值(A_{a1},E_{a1})。

(4)星间天线指向另一个标校站,即 j 依次递增,重复步骤(1)~(3),完成对标校站 j 的程序跟踪和自动跟踪。

(5)按照式(6.5-20)和式(6.5-21),计算分别采用程序跟踪模式和自动跟踪模式指向各标校站时,星间天线方位角之差 ΔA_j 和俯仰角之差 ΔE_j:

$$\Delta A_j = | A_{p_j} - A_{a_j} | \tag{6.5-20}$$

$$\Delta E_j = | E_{p_j} - E_{a_j} | \tag{6.5-21}$$

(6)按照式(6.5-22)和式(6.5-23),计算分别采用程序跟踪模式和自动跟踪模式指向各标校站时,星间天线方位角之差的平均值$\overline{\Delta A}$和俯仰角之差平均值$\overline{\Delta E}$:

$$\overline{\Delta A} = \frac{1}{N}\sum_{j=1}^{N}\Delta A_j \tag{6.5-22}$$

$$\overline{\Delta E} = \frac{1}{N}\sum_{j=1}^{N}\Delta E_j \tag{6.5-23}$$

式中,N为标校站数。

(7) 按照式(6.5-24)~式(6.5-26),计算星间天线程序跟踪精度:

$$\delta_A = |\overline{\Delta A}| + 3 \times \sqrt{\frac{\sqrt{\sum_{j=1}^{N}(\Delta A_j - \overline{\Delta A})^2}}{N}} \tag{6.5-24}$$

$$\delta_E = |\overline{\Delta E}| + 3 \times \sqrt{\frac{\sqrt{\sum_{j=1}^{N}(\Delta E_j - \overline{\Delta E})^2}}{N}} \tag{6.5-25}$$

$$\delta = \sqrt{\delta_A^2 + \delta_E^2} \tag{6.5-26}$$

式中,δ_A为星间天线程序跟踪方位角误差;δ_E为星间天线程序跟踪俯仰角误差;δ为星间天线程序跟踪精度。

如果结果满足指标要求,则标校结果有效。

由于星间天线安装在有姿态控制的卫星平台上,卫星平台的滚动轴和俯仰轴的不稳定,将直接使天线电轴指向不稳定。卫星偏航轴的不稳定,也会带来一定的指向误差。对天线指向而言,卫星平台滚动轴和俯仰轴的变化将引起天线电轴1:1的变化[6];偏航轴的变化将引起天线方位角和俯仰角的变化,这种变化会引起射频敏感器定向灵敏度变化和交叉耦合。所以,由卫星位置计算天线的理论方位角A_{th}和理论俯仰角E_{th}时,还须加入卫星姿态角(φ, θ, ψ)信息进行补偿。

参考文献

[1] 章仁为.卫星轨道姿态动力学与控制[M].北京:北京航空航天大学出版社,1998.
[2] 杨嘉墀.航天器轨道动力学与控制[M].北京:中国宇航出版社,2005.
[3] 谭维炽,胡金刚.航天器系统工程[M].北京:中国科学技术出版社,2009.
[4] 吕海寰,蔡剑铭,甘仲民,等.卫星通信系统[M].北京:人民邮电出版社,1988.
[5] 陈道明.通信卫星有效载荷技术[M].北京:中国宇航出版社,2001.
[6] 周志成.通信卫星工程[M].北京:中国宇航出版社,2014.

第7章

地面运行控制系统

中继卫星地面运行控制系统是集数据发送与接收、数据存储与分发、航天器测量与控制为一体的综合性系统。地面运行控制系统的任务可以概括为"面向用户提供服务,面向卫星实施控制"。本章将重点介绍地面终端站、多站测距系统、在轨测试系统、中继卫星天线标校系统和运行控制中心的主要功能、基本组成和工作原理。

7.1 功能和组成

7.1.1 主要功能

地面运行控制系统的具体任务包括:①受理用户的各类申请,例如用户航天器测控、实时数据中继、事后数据分发等,进行计划协调,确定任务列表;②向中继卫星转发来自用户应用中心的前向数据;③向用户应用中心转发来自中继卫星的返向数据和测量信息;④与中继卫星和用户目标配合,完成对用户目标的捕获跟踪、测距及相关轨道计算。

为了完成上述任务,地面运行控制系统需具有以下功能:

(1)计划生成。受理用户的各类使用申请,按照航天任务的优先权和合理利用资源的原则,产生测控任务计划和相应的控制中继卫星的指令,配置卫星中继信道,并及时将任务计划反馈给用户应用中心。

(2)辅助捕获跟踪。对中继卫星星间天线指向进行遥控,辅助中继卫星对用户目标实施捕获和程序跟踪。

(3)实时数据传输。根据不同的用户需求,实现 SSA,SMA,KSA 数据的实时中继传输,包括遥测、遥控和业务数据。

(4)数据分发和存储。向用户应用中心分发用户目标返回的数据,并在地面终端站或运控中心进行短期存储。

(5)中继卫星 TT&C。具有对中继卫星的长期测控与管理能力。

(6)系统监控和测试。对中继卫星和地面运行控制系统的运行状况进行全面监控管理。通过中继卫星实现大回路模拟测试,测试各种链路的射频特性、信道特性和数据传输性能。完成中继卫星在轨测试和用户终端入网验证测试。

7.1.2 系统组成

地面运行控制系统由地面终端站、模拟测试站、测距转发站、卫星天线标校站、卫星数据中继系统运行控制中心(简称"运控中心")和在轨测试系统组成。地面终端站的数量由中继卫星的数量确定,通常1颗中继卫星至少需要对应1套地面终端站。模拟测试站、测距转发站、星间天线标校站和在轨测试系统的数量可以综合考虑中继卫星轨道位置、覆盖情况以及站址位置等因素集约化配置。参考国外TDRSS的配置,地面运行控制系统组成如图7.1-1所示。

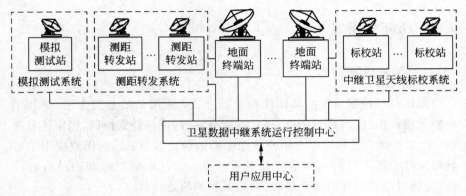

图 7.1-1 地面运行控制系统组成

地面终端站用于接收中继卫星转发的用户目标的返向数据,通过地面通信链路转发到运控中心,同时接收运控中心转发的来自用户应用中心的前向数据,发往中继卫星。地面终端站还作为TT&C站对中继卫星进行测控。地面终端站与测距转发站一起,获得中继卫星的测距信息;与模拟测试站一起对中继卫星进行在轨测试,对全链路进行模拟测试。地面终端站还参与对用户目标的距离测量,并承担用户终端的入网验证测试工作。

模拟测试站用于模拟用户终端数传信道,与地面终端站配合,完成中继卫星前向链路和返向链路的性能测试以及中继卫星在轨测试,并为用户终端入网验证提供服务。

测距转发站用于伪码测距信号的转发,与地面终端站配合,实现对中继卫星的距离测量。

天线标校系统主要完成对中继卫星星间天线框架角和捕获跟踪系统射频敏感器的标校。

运控中心主要完成:生成各类任务计划;根据相关计划完成对中继卫星和地面终端站的资源配置、操作控制和监视;对中继卫星和用户航天器进行测定轨计算;与用户应用中心进行服务信息、操作状态信息和前返向数据的交换。

从上面的功能和组成可以看出,地面运行控制系统的组成单元多、接口关系复杂。简单说,互连接口包括外部接口和内部接口两大类。

外部接口主要有:①地面终端站与中继卫星之间的星地测控接口和星地数传接口;②模拟测试站与中继卫星之间的星间链路数传接口;③测距转发站与中继卫星之间的接口;④标校站与中继卫星之间的接口;⑤运控中心与用户应用中心的接口。

内部接口是指地面终端站、模拟测试站、测距转发站、标校站和运控中心等相互之间的接口,内容包括数据信息、测量信息、调度信息、监控信息以及光纤通信等。

在工程上,上述这些接口通常由相关接口控制文件约定。本章将不对这些接口约定进行详细描述。

7.2 地面终端站

7.2.1 概述

7.2.1.1 主要功能

地面终端站是一个集测控和通信为一体的大型综合性设施,承担中继卫星测控和数据中继传输两大任务。其主要功能是:①完成 KSA/SSA/SMA 上行数据的信道编码、扩频、调制和发送以及下行数据的接收、解扩、解调和信道译码;②对中继卫星进行测控;③对用户航天器进行测距;④与测距转发站配合,对中继卫星进行测距,并对测距转发站进行远程监控;⑤与模拟测试站配合,对中继卫星进行在轨测试,对传输链路进行性能测试;⑥与标校站配合,实现对中继卫星的在轨标校。

7.2.1.2 基本组成

地面终端站由天线与跟踪指向分系统、KSA/SSA 数传分系统、SMA 数传分系统、TT&C 分系统、多站测距分系统、时频分系统、测试标校分系统和监控分系统等组成。图 7.2-1 给出了地面终端站的组成框图[1]。

中继卫星测控和数据中继传输可以通过两个独立的天线实现,也可以采用同一个天线面、多频段馈源方式实现。本章按照采用 S 和 Ka 双频段共用天线的方式进行描述。

在正常情况下,天线自动跟踪通过接收中继卫星发送的 Ka 频段信标信号实现。当中继卫星姿态异常时,可以跟踪 S 频段 TT&C 遥测信号;KSA/SSA/SMA 业务分系统支持 S 频段低速率数据和 Ka 频段中高速率数据传输;当需要对用户航天器测定轨时,则在对 SSA 下行信号解扩的同

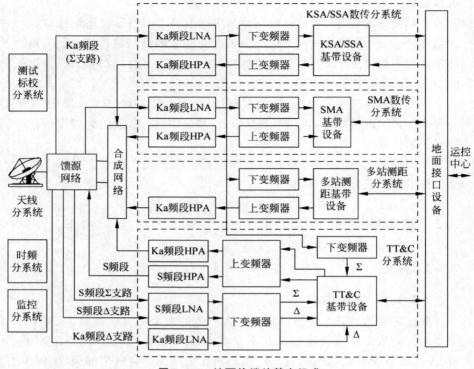

图 7.2-1　地面终端站基本组成

时,完成伪码的相关处理,得到用户航天器测距数据;多站测距分系统可以用单独的功率放大器,其接收机与 KSA/SSA/SMA 业务共用;TT&C 分系统包括 S 频段 TT&C 和 Ka 频段 TT&C 两部分。

7.2.2　天线与跟踪指向分系统

7.2.2.1　组成及工作原理

地面终端站天线与跟踪指向分系统用于发射和接收电磁波,对中继卫星进行角度测量、极化控制和自动跟踪。其组成包括天线面、馈源网络、天线座架与结构、天线控制单元(ACU)、天线驱动单元(ADU)、极化控制器、跟踪接收机、控制保护装置和辅助设备等,如图 7.2-2 所示。在地面终端站中,跟踪接收机通常归属于 TT&C 综合基带设备单元。

1. 天线面和馈源网络

天线面与馈源网络是天线系统最重要的组成部分,其主要功能首先是能量转换。即一方面将发射机经馈线输出的电磁导波能量变换成无线电电

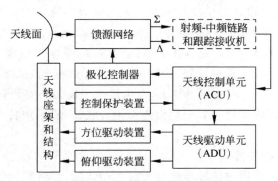

图 7.2-2　地面终端站天线系统组成框图

磁波能量向空间辐射(称为"发射天线");另一方面将入射的空间电磁波能量转换成电磁导波能量传输给接收机(称为"接收天线")。

另一个功能是实现天线特定极化波的定向辐射和接收。为了实现频率资源的高效利用,中继卫星对地天线一般采用极化复用方式工作,这就要求地面终端站天线具有双极化接收和发射能力,并与中继卫星信号的极化方向相匹配。

地面终端站天线通常采用卡塞格伦天线和具有差模跟踪能力的 S/Ka 双频段组合馈源。Ka 频段馈源由圆锥波纹喇叭(CCH)、圆波导 TE21 模耦合器、双工器、旋转关节、滤波器及极化面调整装置等组成;S 频段初级辐射器采用多喇叭体制,通过在 Ka 频段喇叭周围放置 4 个或 8 个 S 频段喇叭的方式实现。由于 4 喇叭合成网络比较简单,在工程上通常选择 4 喇叭作为 S 频段馈源方案。

2. 天线控制单元和天线驱动单元

天线控制单元(ACU)和天线驱动单元(ADU)是天线跟踪系统的核心部分,直接决定了天线跟踪性能的好坏。ACU 和 ADU 实时监测接收的信标信号功率,通过判断主波束偏离卫星的情况,适时控制驱动装置,调整天线的方位角和仰角,保持天线精确跟踪中继卫星。

3. 极化控制器

极化控制器的功能是完成线极化和圆极化转换。在极化方式为线极化时,实现线极化面的调整。极化控制器的控制方式有本控和遥控两种方式。在本控时可直接在驱动装置上控制电机转动,完成线极化和圆极化转换和线极化面的调整。在遥控时接收 ACU 的控制命令,完成极化控制。

4. 天线座架与结构

天线座架与结构为天线提供支撑,为方位角和仰角的调节提供相关装置和结构,为相关设备提供安装平台。天线座架安装方式分为方位-俯仰座架和 X-Y 座架两种,而方位-俯仰座架又分为转台式、轮轨式、立柱式 3 种类型。对天线座架的要求是:在满足结构刚度、强度和精度等指标的前提下,应做到结构紧凑、重量较轻,俯仰可做 $0°\sim180°$ 转动,以满足系统标校的要求;高频机房内空间应尽可能大,以满足电子设备的安装和维护,提高天线的可靠性和可维护性。对于地面终端站天线,一般采用转台式方位-俯仰座架形式。

5. 控制保护装置

控制保护装置通过传感器感知天线运动情况,并将感知信息送到 ACU 和 ADU,以实现天线跟踪过程中的状态监控和异常处理。

7.2.2.2 地面终端站天线的电性能参数

描述天线能量转换和方向特性的电性能参数有天线辐射方向图(简称"方向图")、主瓣宽度、旁瓣特性、方向性系数、天线增益、天线效率、输入阻抗、频带宽度和有效面积等。描述天线极化特性的电性能参数有极化轴比、极化隔离度和极化鉴别率等。从天线互易原理可知,发射天线的电性能参数的定义同样适用于接收天线。

1. 天线方向图和天线旁瓣特性

天线方向图是描述电磁波辐射场在空间某方向上能量集中程度的图形。旁瓣是指主瓣以外的波瓣,最靠近主瓣的一对旁瓣称为"第一旁瓣",其他旁瓣称为"宽角旁瓣",离主波束 $180°$ 处的旁瓣称为"后瓣"。旁瓣辐射会对其他相邻卫星和地面微波系统产生干扰,因此 ITU-R 对天线的旁瓣特性做出了限制性规定,要求以发射主瓣为中心参考点的 $1°$ 以外的旁瓣峰值超过所确定的包络线的旁瓣数不能多于总旁瓣数的 10%,第一旁瓣功率比主瓣小 14dB 以上。

对于地面终端站的 Ka 频段天线,其包络线为

$$\begin{cases} G(\theta) = 29 - 25\lg\theta, & 1° \leqslant \theta \leqslant 20° \\ G(\theta) = -3.5, & 20° < \theta \leqslant 26.3° \\ G(\theta) = 32 - 25\lg\theta, & 26.3° < \theta \leqslant 48° \\ G(\theta) = -10, & \theta > 48° \end{cases} \tag{7.2-1}$$

式中,$G(\theta)$ 为旁瓣在空间角 θ 的增益,单位为 dBi;θ 为主瓣中心轴与旁瓣的夹角,单位为 $(°)$。

天线方向图是一个三维立体的曲面图形,但画起来比较复杂。工程上一般采用两个相互正交主平面上剖面图来表示天线的方向性,即平面方向图。

绘制天线平面方向图可采用极坐标形式和直角坐标形式。极坐标绘出的方向图形象、直观,但对方向性很强的天线难以精确表示。直角坐标恰恰相反,它虽不直观,但可以精确地表示强方向性天线的方向图。对于中继卫星地面终端站天线,它具有高增益、低旁瓣特性,通常采用直角坐标绘制方向图。另外,绘制天线方向图时需要经过归一化处理,即纵坐标以相对值来表示。

图 7.2-3 给出了天线方向图的示意图。从图中可以看出,它有许多波瓣(相邻两个零点之间的部分),其中主瓣(亦称"主波束")是天线辐射最大方向的波瓣,旁瓣则是除主瓣外的其他波瓣。天线的波束宽度是指主波束内辐射强度相同的相邻两个方向的角度间隔。最常用的是下降到半功率点($-3\mathrm{dB}$)的波束宽度($\theta_{1/2}$),在某些场合也使用$-10\mathrm{dB}$功率点波束宽度和零值功率波束宽度。对于高效率的地面终端站天线,其半功率点波束宽度可用下式进行估算:

$$\theta_{1/2} \approx \frac{70\lambda}{D} = \frac{70C}{Df} \qquad (7.2\text{-}2)$$

式中,D 为天线直径,单位为 m;λ 为工作波长,单位为 m;C 为光速,单位为 m/s;f 为频率,单位为 Hz。

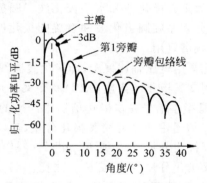

图 7.2-3 归一化天线方向图(单边)

例如,对于口径为 15m 的天线,当工作频率为 30GHz 时,半功率点波束宽度约为 0.047°;当工作频率为 2.025GHz 时,半功率点波束宽度约为 0.69°。

2. 天线增益

天线的增益通常指最大辐射方向的增益,是天线最重要的性能参数,当使用抛物面天线时,其增益可按下式计算:

$$G = 10\lg\left(\frac{\pi D}{\lambda}\right)^2 \eta \qquad (7.2\text{-}3)$$

式中，η 为天线辐射效率。

天线辐射效率 η 等于天线的辐射功率与输入到天线的输入功率之比，也就是说，输入功率的一部分会在天线上损耗。引起损耗的主要因素有口径照射效率、副面漏射、支撑杆遮挡、表面公差、相位误差、馈源辐射效率等。天线辐射效率一般不包括因阻抗或极化失配引起的损耗。另外，在计算 EIRP、G/T 和实际的天线增益时还要考虑馈源、馈线损耗的影响。

天线增益和波束宽度都是用来描述天线辐射功率集中程度的参数，它们之间存在着密切的关系。在实际应用中，若已测量或计算得到天线方向图的半功率点的波束宽度，可以通过以下近似关系式来估算出天线增益[2]：

$$G = \frac{15\,000 \sim 40\,000}{\theta_{1/2E}\theta_{1/2H}} \tag{7.2-4}$$

式中，$\theta_{1/2E}$ 为 E 平面半功率点的波束宽度，单位为(°)；$\theta_{1/2H}$ 为 H 平面半功率点的波束宽度，单位为(°)。

3. 极化轴比和极化隔离度

天线极化一般分为线极化和圆极化两大类。线极化波是在直线方向来回振荡的电磁波，分为垂直极化波和水平极化波。圆极化波是电场矢量作圆周旋转的电磁波，分为左旋圆极化波和右旋圆极化波。利用不同极化的隔离作用，可以实现频谱复用。

表征圆极化性能常用电压轴比概念，即极化波椭圆的长轴与短轴之比。表征线极化性能常用交叉极化隔离度（XPI）和交叉极化鉴别率（XPD）。如图 7.2-4 所示，XPI 是指本信号在本极化信道内产生的同极化分量（E_{11} 或 E_{22}）与本信号在另一信道中产生的交叉极化分量（E_{12} 或 E_{21}）之比。XPD 是指本极化信道的同极化分量（E_{11} 或 E_{22}）与另一极化信道的信号在本极化信道内产生的交叉极化分量（E_{21} 或 E_{12}）之比。XPI 和 XPD 不仅表示了交叉极化分量的大小，也表示了两个信道间干扰的程度。需要注意的是，XPI 在单、双极化系统中均存在，XPD 只存在于双极化系统中。在双极化系统中，只有当两路信号幅度相等（$E_{11} = E_{22}$），去极化源对称，且 $E_{12} = E_{21}$，此时 XPI 和 XPD 在数值上才是相等的。

国际通信卫星组织对此项指标有严格的要求，例如，C 频段天线采用双圆极化方式工作时，其主轴电压轴比应达到 1.06。采用线极化方式工作时，其主轴极化隔离度应达到 35dB。

对于圆极化，极化隔离度 I 与轴比 AR 之间的关系可以用下式表示：

$$I = 20\lg\frac{(\text{AR}+1)}{(\text{AR}-1)} \tag{7.2-5}$$

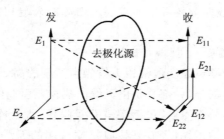

图 7.2-4 同极化分量与交叉极化分量

接收天线的极化与入射电磁波的极化一般是有差异的,这种差异称为"极化失配",从而会产生极化损耗,带来接收功率的损失。在中继卫星链路性能计算中需要考虑极化损耗。

4. 归一化差斜率

归一化差斜率是指用"和"信号(或最大接收天线方向图的和增益)来归一化的定向误差特性曲线的斜率。在单脉冲跟踪系统中,通常用它来代表跟踪系统的定向灵敏度,其物理意义是单位偏角下系统输出的误差电压。为提高跟踪灵敏度,希望在一定偏角条件下,产生的误差电压尽量大,即角误差灵敏度尽量高,这对降低热噪声引入的角度随机误差是有利的。

单脉冲跟踪天线的定向灵敏度(或误差斜率)K_m 可以表示为

$$K_m = \frac{\theta_{3dB}}{\sqrt{G_\Sigma}} \times \left. \frac{\partial F_\Delta(\theta)}{\partial \theta} \right|_{\theta=0°} \qquad (7.2\text{-}6)$$

式中,G_Σ 表示"和"波束的最大增益;$F_\Delta(\theta)$ 表示"差"波束的电压增益,θ 表示"差"波束角度;θ_{3dB} 表示"和"波束的 3dB 波束宽度。

由式(7.2-6)可以看出,K_m 与 $F_\Delta(\theta)$ 是矛盾的,即通常所说的"和""差"矛盾。一般地 $K_m = 1.2 \sim 1.6$。有时也用归一化差斜率表示,即

$$\mu = \frac{1}{\sqrt{G_\Sigma}} \times \left. \frac{\partial F_\Delta(\theta)}{\partial \theta} \right|_{\theta=0°} \qquad (7.2\text{-}7)$$

式中,μ 为归一化差斜率,$1/(°)$。

5. 输入阻抗

天线的输入阻抗定义为天线在输入端的电压与电流的比值。一般情况下输入阻抗包括电阻和电抗两部分。当输入电压和电流同相时,输入阻抗呈纯阻性。在实际中,通常是根据天线的输入阻抗来设计馈线,以达到相互匹配。当天线与馈线之间阻抗匹配较好时,馈入或从天线辐射出去的功率最大。在工程中,还规定了馈线所允许的电压驻波比(VSWR),VSWR 越

小,说明天线与馈线匹配越好。通常要求馈源输入端和输出端的 VSWR$\leqslant$1.25:1。

6. 天线噪声温度

天线接收到的噪声强度通常用天线噪声温度的高低来衡量。天线接收的噪声可以分成两部分,一部分是由天线的热损耗引起的内部噪声,另一部分是天线接收到的外部噪声,包括宇宙背景噪声、大气噪声、地面噪声和工业噪声。考虑到传输损耗,等效到接收机输入端的天线系统噪声温度由下式给出:

$$T_a = \frac{T_a}{L_F} + \left(1 - \frac{1}{L_F}\right) T_0 \qquad (7.2\text{-}8)$$

式中,T_a 为天线截获外界噪声功率所对应的等效噪声温度,单位为 K;L_F 为馈线损耗;T_0 为环境温度,单位为 K,通常取 290K。

7.2.2.3 地面终端站天线的跟踪

1. 跟踪方式

天线伺服跟踪设备的基本作用是保证天线能够稳定、可靠地对准卫星。天线跟踪卫星的方式通常有手动跟踪、程序跟踪和自动跟踪 3 种。对于大型地面终端站天线,通常以自动跟踪为主,手动跟踪和程序跟踪为辅。

(1)手动跟踪

根据预知的卫星轨道位置数据随时间变化的规律,人工按时间调整天线的指向。在手动跟踪时,可以根据收到的信号由操作人员直接操纵伺服系统,使收到的卫星信号最强。手动跟踪适用于口径较小的天线以及应急情况。

(2)程序跟踪

根据中继卫星轨道预报的数据,计算出地面终端站所在地观察卫星的方位角和仰角随时间变化的数据,并根据从天线角度器检测来的天线位置角度,利用计算机进行运算和比较,得出天线实际角度在标准时间内的角度差值,然后将此值送入伺服系统,驱动天线,消除误差角。通过不断地比较、驱动,使天线始终指向中继卫星。

(3)自动跟踪

根据地面终端站收到的卫星信标信号,检测出误差信号,驱动伺服跟踪系统,使天线自动跟踪中继卫星。根据跟踪原理的不同,自动跟踪可分为步进跟踪、圆锥扫描跟踪和单脉冲跟踪 3 种体制。

① 步进跟踪。步进跟踪又称为"极值跟踪",根据卫星信标信号的极大

值来判定天线是否对准卫星。步进跟踪的原理和设备比较简单,就是按照一定的时间间隔,使天线在方位面或俯仰面内以一个微小的角度转动,通过计算机在确定的时间内对接收的卫星信标信号电平的增减进行判别,如果接收电平增加了,则天线沿原方向继续转动一个微小的角度;如果接收电平减小了,那么天线就要向相反的方向转动。方位方向和俯仰方向依次重复交替进行,这样就能使天线波束逐步对准卫星。这种跟踪方式的缺点是波束不能停留在完全对准卫星的方向上,而是在该方向周围不断地摆动,因而跟踪精度不是很高。

② 圆锥扫描跟踪。圆锥扫描跟踪是将馈源喇叭天线绕天线对称轴做圆周运动,或将副面倾斜旋转,以使天线波束呈圆锥状旋转。当天线轴对准卫星时,收到的信标信号是一恒定值。当天线轴偏离卫星时接收的信标信号将受到一个频率极低的信号对其进行幅度调制。调制频率与波束的旋转频率相同,调制的深度与波束偏离卫星的距离有关,调制的相位与波束偏离的方向有关,所以根据调制信号的幅度和相位就能检测出天线波束的指向误差。这种体制的优点也是设备简单,缺点是馈源永远偏离抛物面的焦点,使天线增益下降。

③ 单脉冲跟踪。顾名思义,单脉冲跟踪是指在一个脉冲的间隔时间内就能确定天线波束偏离卫星的方向,并能驱动伺服系统使天线迅速对准卫星。根据实现方式的不同,单脉冲跟踪又分为多喇叭跟踪和高次模跟踪两种方式。多喇叭跟踪一般采用 4 个喇叭,按照 4 个象限排列,每个馈源喇叭产生一个波束。这 4 个波束的信号叠加得到“和”波束;上面两个波束之和与下面两个波束之和相减,得到“仰角差”波束;左边两个波束之和与右边两个波束之和相减,得到“方位差”波束。当天线波束对准卫星时,天线只能收到“和”波束的信号,两个“差”波束信号输出为零;当天线波束偏离卫星时,除接收到“和”波束的信号外,还收到“方位差”和“仰角差”两个误差信号,把误差信号放大后驱动电机,直至天线波束对准卫星,误差信号才消失。通常“和”信号还被用作基准信号,用它来鉴别误差信号的相位,以决定驱动电机的转向。例如,仰角误差信号的相位超前“和”信号相位,天线向上转动;反之,仰角误差信号相位滞后“和”信号,则天线向下转动。方位方向的跟踪原理也一样。高次模方式是利用波导内的多模特性,取出跟踪信号,以主模为“和”信号、高次模为“差”信号进行跟踪。单脉冲跟踪体制的跟踪速度和跟踪精度较高,但它的设备比较复杂,成本也比较高。另外这种体制使天线一直处于运动状态,增加了机械和电机的磨损。

2. 跟踪接收机

中继卫星的下行遥测信号是一种有残留载波的调相信号。因此,角跟踪接收机绝大多数为连续波锁相接收机,完成对下行残留载波的锁定与跟踪。单脉冲跟踪接收机有三通道、双通道和单通道 3 种类型。但不论采用哪种类型,都必须用"和"支路锁相接收机的输出为角误差检波器提供参考基准,并用锁相接收机产生的 AGC 电压对各通道信号进行归一化处理。图 7.2-5 给出了双通道跟踪接收机原理框图。

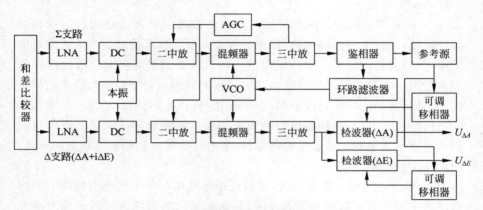

图 7.2-5 双通道跟踪接收机原理框图

在和、差比较器中,形成"和"信号及"方位差"信号、"仰角差"信号,并将这两个"差"信号正交合成为一路"差"信号。"和"信号(Σ)与"差"信号(Δ)分别经低噪声放大和变频后送到中频(70MHz)跟踪接收机。"和"支路信号经中频放大后送载波锁相环。当载波锁定后,VCO 将跟踪输入信号的频率和相位,其输出还作为本振信号送到"差"支路混频器。从"差"支路混频器输出的中频信号经滤波、放大后分两路输出,一路送到方位角误差检波器,另一路送到仰角误差检波器。由于作为本振的 VCO 输出信号跟踪了"和"支路输入信号的相位,则"差"支路三中放输出信号与"和"支路三中放输出信号一样都与参考信号相位相关。为了补偿方位和俯仰两路的固定相移偏差,在参考信号送到相干检波器之前分别经可调移相器,以保证在同步检波器中两输入信号同相或反相,输出幅度最大。另外,可调移相器还用于灵敏度标校,通过校正移相器的相位,使合成的差信号经同步检波后能正确地分解出方位角误差电压和仰角误差电压。

在跟踪接收机中,"和"支路具有闭环 AGC 电路,其 AGC 电压同时加到"和"支路与"差"支路,以控制其增益完成幅度归一化,使"差"支路三中放信号输出幅度仅与天线偏角有关,而与距离远近无关。"和"支路与"差"支路的下变频器使用同一本振源,以保证两支路信号的相位相关。

3. 天线的跟踪精度和指向精度

(1) 天线跟踪精度

天线波束中心轴(电轴)实际指向角与理想指向角之间的偏差称为"天线跟踪精度"。影响天线跟踪精度的因素主要有:天线波束中心轴的漂移;电波传播引起卫星信标信号的不稳定性;步距和信标信号电平的测量误差;接收系统噪声的影响;伺服系统误差以及由风速、海况等自然环境条件的影响。在正常天气条件下,步进跟踪方式的跟踪精度约为天线波束宽度的1/10,单脉冲跟踪方式的跟踪精度约为波束宽度的1/20。

(2) 天线指向精度

天线波束中心轴指向卫星后,它在角度指示器上指示的实际指向角与对准卫星所需(用卫星星历表计算)的指向角之间的偏差称为"天线指向精度"。影响天线指向精度的主要因素有轴角编码器指示误差、机械轴和馈源校正误差、伺服系统误差、天线结构畸变误差以及由目标运动引起的动态滞后误差。由天线波束指向精度(亦称"指向误差")引起的增益恶化量 ΔG_p 可以用下式表示:

$$\Delta G_p = 0.003(D/\lambda)^2(\Delta\theta)^2 \qquad (7.2\text{-}9)$$

式中,ΔG_p 为指向精度引起的增益恶化量,单位为 dB;D 为天线直径,单位为 m;λ 为工作波长,单位为 m;$\Delta\theta$ 为天线指向偏离的角度,单位为(°)。

天线指向精度应至少小于波束宽度的1/5。

7.2.3 KSA/SSA 数据传输分系统

7.2.3.1 基本组成

地面终端站的 KSA/SSA 数据传输分系统由上行链路、下行链路和基带等设备组成。上行链路包括 Ka 频段高功率放大器和上变频器。下行链路包括低噪声放大器和下变频器。基带设备包括高速基带设备(数据解调器)和中低速基带设备(调制解调设备)两类。

7.2.3.2 行波管功率放大器

高功率放大器(简称"高功放")是将携带各种信息的射频信号放大到足够高的功率电平,经过馈线由天线发向中继卫星。在 KSA/SSA 数据传输分系统上行链路中的高功放通常采用行波管放大器。

1. 行波管的组成及工作原理

行波管(TWT)是一个真空电子器件,它由电子枪、慢波结构、收集极、聚焦装置、输入/输出装置和监控单元等组成。高频信号经由输入耦合装置馈入,以电磁波的形式沿螺旋线"行走"。同时,电子枪产生的电子束沿螺旋线的中心轴运动,电子束与高频信号电磁场发生相互作用,将其从电源获得的直流能量转换给高频信号,使高频信号得到放大,放大后的高频信号由输出耦合装置导出。最后,电子流被收集极收回。行波管的一般原理结构如图 7.2-6 所示。

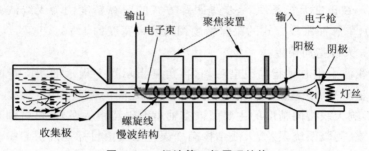

图 7.2-6　行波管一般原理结构

(1)电子枪:电子枪通常由阴极、聚束极和加速极(又称"阳极")3 部分组成,其主要作用是产生具有一定能量的高速电子束。从能量角度来看,电子枪所做的工作就是把直流电源的能量交给电子束,变成电子束的动能。从阴极表面发射出来的电子在阳极电压的加速作用下得到了足够大的速度,因而具有很大的动能。聚束极用来控制发射的电子束形状,进而与管中的信号电磁场产生相互作用。

(2)慢波系统:慢波系统是减慢电磁波速度的装置,是一种特殊的电磁波传输线。由于行波管的工作是依赖于电子束与信号电磁场之间的相互作用而完成的,这就要求电磁波的传播速度要与电子束的速度在传播方向上保持一致。但电磁波在真空中是以光速进行的,采用螺旋线型结构可以降低电磁波在轴向上的传播速度,以便电子束和电磁场充分进行能量交换。由于螺旋线的散热能力较差,一般在中、小功率行波管中采用。对于千瓦以上的大功率行波管,一般采用环杆式、耦合腔式等结构的慢波系统。

(3)聚焦装置:聚焦装置是一种产生轴向磁场、维持电子束截面形状的装置。高速电子束从电子枪出来后,便进入互作用区并与螺旋线上传播的信号电磁场发生持续的相互作用。由于电子束在前进的过程中不断发散,一些电子有可能打到螺旋线上,形成螺旋线电流,这会影响能量交换。为了使电子束保持原来的形状,需要采用外加轴向磁场的办法来约束电子束使其不向外发散,从而顺利地穿过螺旋线。

(4)收集极:电子束在穿过螺旋线时,虽然有少量的电子打在螺旋线上,但大部分却一直在向前跑。为了使这部分电子形成回路,需要一个专门的电极来收集它们,称为"收集极"。收集极在收集电子的过程中要受到高速电子的轰击而发热。为了将这些热能散发掉,在收集极外应装散热片,功率大的行波管,还要采用强迫风冷、水冷等措施。

(5)输入输出装置:在行波管内,高频信号是沿慢波系统传输的,在行波管外,传输线通常是波导或者同轴线。信号要进入慢波系统或者从慢波系统取出放大了的信号,需要通过输入、输出装置完成。

2. 行波管放大器的组成及工作原理

行波管放大器(TWTA)主要由隔离器、驱动放大器、行波管、滤波器、信号检测系统和电源等组成,如图 7.2-7 所示。射频输入信号先通过一个输入匹配隔离器,以改善输入驻波比,然后经过驱动放大器,进入行波管。行波管将信号放大后,经输出隔离器、电弧检测器、谐波滤波器和定向耦合器输出。其中,驱动放大器用于提高输入信号的电平,使整个功放达到一定的增益;输入监视口监视输入信号的质量及电平;行波管输出端的电弧检测器用于检测行波管波导中可能出现的电弧。当出现电弧时,电弧检测器会产生响应信号,迅速切断功放的射频激励信号,从而熄灭电弧;谐波滤波器用于滤除功放管输出的谐波;输出信号通过定向耦合器耦合出 3 路,其中 1 路为输出监视口,可连接测量仪器,另 2 路分别检测出正向功率和反射功率,送入监控单元;监控单元完成功放的状态参数显示、逻辑控制、保护电路监控;电源系统为行波管放大器提供低压灯丝电源、高压螺旋线电源和高压收集极电源。

7.2.3.3 固态功率放大器

固态功率放大器(简称"固态功放")指由微波晶体管构成的功率放大器。按照所用晶体管的不同,又分为微波双极晶体管放大器和微波场效应晶体管放大器。

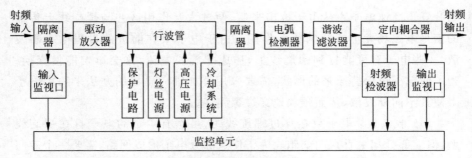

图 7.2-7 行波管放大器组成框图

1. 基本原理

微波双极晶体管的工作是以少数载流子的扩散运动为基础的,其工作频率的提高和噪声系数的降低受到结构工艺的限制。微波场效应晶体管与普通场效应晶体管工作原理基本相同,利用多数载流子工作,其高频特性、噪声特性、稳定性等均优于双极型晶体管,所以在高频段几乎都选用微波场效应晶体管。目前用于大功率的场效应晶体管多为以砷化镓半导体材料的封底制作的 N 沟道金属-半导体场效应晶体管(GaAs MES FET)。图 7.2-8 给出了一个基本的 N 沟道场效应晶体管结构。

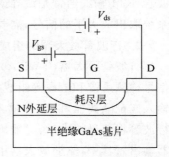

图 7.2-8 GaAs MES FET 结构示意图

衬底材料是具有高电阻率的本征砷化镓,在衬底上生长一层 N 型外延层,称为"有源沟道"。在沟道上方制作源极(S)、栅极(G)和漏极(D)。栅极的金属与 N 型半导体之间形成肖特基势垒(耗尽层)。当栅极和源极之间加负电压 V_{gs} 时,肖特基势垒区变宽,使 N 沟道变薄。由于漏极和源极之间加正电压 V_{ds},当沟道变薄时相当于增大了沟道的电阻,使电流减小。所以控制栅压 V_{gs} 可以灵敏地改变耗尽层宽窄,从而调整沟道厚薄,达到控制电流的目的。

2. 基本组成

固态功放依据功能可划分为驱动模块、功放模块、监控模块和电源模块等几个部分,其组成如图 7.2-9 所示。驱动模块为功放提供较高的增益和足够的驱动电平。功放模块则通过功率合成将若干个功放芯片的输出功率叠加,以获取较大的输出功率。电源模块将外部的交流电转换为各模块工作时所需的直流电。监控模块控制功放的增益和电平,查询功放的功率、温度等状态参数。

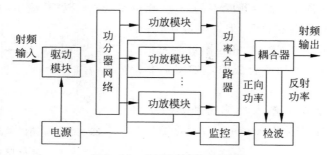

图 7.2-9　固态功放组成框图

其中,功放模块主要由晶体管及输入输出匹配网络组成。图 7.2-10 给出了 MESFET 典型应用电路。为了获得高的功率增益,在放大器的输入、输出端分别设计一个输入、输出匹配网络,使放大器的输入、输出阻抗分别与信号源阻抗和负载阻抗相匹配。

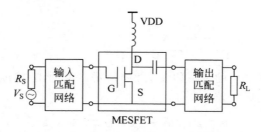

图 7.2-10　场效应晶体管典型应用电路

3. 功率合成技术

相对于电真空器件,单个固态器件输出功率受加工工艺、热处理、阻抗匹配等问题的限制而难以生产出大功率、低噪声和低成本的器件,因而无法满足大功率微波发射的要求。为了获得大功率的输出,往往采用功率合成的方式。功率合成技术发展到目前的阶段,大致可以分为 4 种:管芯合成、电路合成、空间合成以及以上 3 种合成方法的混合。

（1）管芯合成技术

管芯功率合成技术将电路集中制作在长度小于半波长的半导体基片上,通过多个管芯级联和匹配电路实现更高功率的输出。随着频率的提高、管芯数量的限制,合成更高功率的单片难度较大,因此,管芯功率合成输出功率有限。

（2）电路合成技术

将多个放大器通过功率合成器输出,可实现比管芯功率合成更高的输

出功率。当各放大器输出功率的幅度、相位完全相同时,总输出功率为单个
放大器输出功率的总和,但在实际中,各个
放大器的输出功率幅度、相位不可能完全一
致。两路放大器功率合成原理如图 7.2-11
所示。

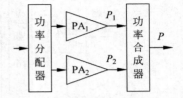

图 7.2-11　两路电路功率
合成原理

假设合成器输入功率分别为 P_1 和
P_2,插入相位分别为 φ_1 和 φ_2,则总输出功
率 P 为

$$P = \frac{1}{2} \mid \sqrt{P_1} \, \mathrm{e}^{\mathrm{j}\varphi_1} + \sqrt{P_2} \, \mathrm{e}^{\mathrm{j}\varphi_2} \mid^2 \tag{7.2-10}$$

当相位一致($\varphi_1 = \varphi_2$)、幅度不同时,式(7.2-10)可简化为

$$P = \frac{1}{2} \mid \sqrt{P_1} + \sqrt{P_2} \mid^2 \tag{7.2-11}$$

合成效率为

$$\eta = \frac{P}{P_1 + P_2} = \frac{\frac{1}{2} \mid \sqrt{P_1} + \sqrt{P_2} \mid^2}{P_1 + P_2} = \frac{1}{2} + \frac{\sqrt{P_1 P_2}}{P_1 + P_2} \tag{7.2-12}$$

幅度与合成效率的关系如表 7.2-1 所示。可见,当相位一致、幅度不同
时对合成效率的影响较小。

表 7.2-1　信号幅度与合成效率的关系

幅度差 p/dB	0	0.5	1.0	1.5	2.0	2.5	3
合成效率 η/%	100	99.917	99.670	99.264	98.703	97.998	97.159

当幅度一致($P_1 = P_2$)、相位不同时,式(7.2-10)可简化为

$$P = \frac{1}{2} P_1 \mid \mathrm{e}^{\mathrm{j}\varphi_1} + \mathrm{e}^{\mathrm{j}\varphi_2} \mid^2 = P_1 [1 + \cos(\varphi_1 - \varphi_2)] \tag{7.2-13}$$

相应的合成效率为

$$\eta = \frac{P}{2P_1} = \frac{1}{2} [1 + \cos(\varphi_1 - \varphi_2)] \tag{7.2-14}$$

相位与合成效率关系如表 7.2-2 所示。可见,当幅度一致、相位不同时
对合成效率的影响较大。

表 7.2-2　信号相位与合成效率的关系

相位差 Q/(°)	0	5	10	15	20	25	30
合成效率 η/%	100	99.81	99.24	98.29	96.98	95.32	93.30

电路合成技术虽然较为方便,但随着合成的放大器增多、频率增高,电路合成的空间越来越小,空间边界变得复杂,产生的高次模影响合成器的工作稳定性、合成效率和输出功率。

（3）空间合成技术

将多个功率放大单元按一定距离排列成阵列形式,输入信号以一定的相位关系输入到各功率放大单元,输出信号按照特定的相位关系在空间某处实现功率的叠加。其传输损耗主要由有源器件到天线的失配损耗引起,这类损耗可以通过优化设计将其降到很低。在此类合成技术中,所有的合成单元并联,在理想情况下合成单元数量不影响损耗,在合成单元数目较多时有明显的优势。由于多个合成单元输出信号必须是在空间某处同相叠加才能获得最大合成功率,所以相位的移相控制和精准度必须准确。两路放大器空间功率合成原理如图 7.2-12 所示。

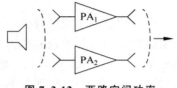

图 7.2-12　两路空间功率
合成原理

4. 固态功放的特点

固态功放的主要特点是:①工作电压低,电源简单、经济。工作电压一般低于 50V,这就使得微波固态功率放大器的结构简单,体积小、重量轻、耗电省,便于集成化。②寿命长。其平均无故障工作时间与行波管放大器相比更长,其单管寿命为百万小时左右,而电真空只有数千小时。③可靠性高。对于功率合成功率放大器,当其中某个模块出现故障时,其他模块仍然可以正常工作,使故障得以弱化。④非线性失真比行波管小。

5. 功率放大器的主要技术要求

功率放大器的技术要求主要有输出功率、增益、幅频特性、3 阶互调、杂散等。

（1）输出功率

输出功率通常以 1dB 压缩点输出功率或饱和输出功率作为指标。当输入功率较小时,增益为常数,称为"小信号（或线性）增益";当输入功率继续增大时,由于非线性特性会使功率放大器增益减小,当增益比小信号增益下降 1dB 时,称为"1dB 增益压缩",对应的输出功率称为"1dB 压缩点输出功率";当继续增大输入信号功率、输出信号功率不再增大时,此时的输出功率称为"饱和输出功率"。输出功率的选择需根据链路性能要求来确定。当线性度要求较高时,需要增加线性化电路来改善,但这会增加功率放大器的复杂性和成本。

（2）增益

功率放大器输出信号功率与输入信号功率的比值称为功率放大器的"增益"。该比值一般换算成分贝（dB）值表示。增益值的要求可由上行链路各级电平的计算和分配给出。通常功率放大器的增益都有一定的可调范围，以适应输入信号电平的变化。

（3）幅频特性

幅频特性亦称"带内平坦度"。表示功率放大器功率在工作频率范围内随工作频率的变化量，其技术指标一般小于 3dB/GHz。

（4）3 阶互调

由于功放的非线性特性，当多个信号进入功放时会产生互调。其中对数据传输影响最大的是频率为 $2f_1-f_2$ 和 $2f_2-f_1$ 的 3 阶互调分量。互调分量 $2f_1-f_2$ 或 $2f_2-f_1$ 的功率（通常取较大者）与载波 f_1 或 f_2 的功率（通常取较小者）之比即功率放大器的 3 阶互调电平。例如当输出功率回退 7dB 时，用分贝值表示，通常要求 3 阶互调小于 -23dBc。

（5）杂散

杂散（亦称"杂波"）信号是指主信号以外的无用信号。通常用杂散信号与主信号之间幅度的比值表示。如果杂散信号在有用信号带内，则影响信号的通信质量；如果杂散信号在有用信号带外，则影响其他信号的通信质量。杂散来源主要有：信号源自身携带的杂波，经过放大器放大输出；进入电路的外界干扰杂波；振荡器或电路自身产生的噪声或寄生单音，以及来自电源的杂波等。用分贝值表示，通常要求功放输出的杂散信号小于 -60dBc。

7.2.3.4　低噪声放大器

中继卫星通常位于 36 000km 高度的同步轨道，由于距离遥远，地面终端站接收到的卫星信号非常微弱。因此，要求接收系统不仅要有足够的放大增益，而且其本身引入的噪声要足够低，不能"淹没"微弱的有用信号。同时，接收系统还会接收到很多外部噪声，例如宇宙噪声、太阳噪声、大气噪声、降雨噪声、干扰噪声和地面噪声等。

1. 基本原理

微波低噪声放大器有参量低噪声放大器和晶体管低噪声放大器两大类。

参量低噪声放大器主要由变容二极管和铁氧体器件组成。变容二极管参量放大器工作原理是利用非线性电抗特性来实现放大。当非线性电抗受到输入信号和另一外加高频电源(泵源)同时作用时,在一定条件下,信号将从泵源中取得能量而得到放大。早期的深制冷参量放大器工作在液氦制冷的密闭系统内,虽然噪声温度可以做到很低,但是设备比较复杂,操作维护极不方便。随着半导体工艺技术的发展,利用半导体热偶进行制冷的常温参量放大器,已替代有庞大冷却装置的参量放大器,使用和维护更加简便。

晶体管低噪声放大器的原理是利用 PN 结的正反向偏置,通过栅极电压(对场效应管)的改变引起漏极电流的变化,或者通过基极电流(对双极晶体管)变化而改变集电极电流的大小实现信号放大。目前,晶体管主要有:双极晶体管(BJT)、金属-半导体结场效应晶体管(MESFET)、高电子迁移率晶体管(HEMT)、假晶高电子迁移率晶体管(PHEMT)和异质结双极晶体管(HBT)。

(1) 双极晶体管:由于这种晶体管有两种载流子——电子和空穴参与导电工作,所以称为"双极晶体管"。半导体材料一般有硅和锗两种,其中,又因为硅的性能更好,所以最常用的是硅晶体管。双极晶体管通常工作在 $8GHz^{[3]}$ 以下的频段。

(2) 金属-半导体结场效应晶体管:该管子有源、漏和栅极。在栅极上,与普通的双极晶体管不同,它不是利用 P 型和 N 型半导体连接构成 PN 结,而是利用金属与半导体直接接触,形成肖特基势垒结。在这种势垒结中,只有多数载流子参与导电。在这里,半导体材料是 N 型砷化镓(GaAs),结中的多数载流子是电子。电子在 N 型砷化镓中迁移率比起锗、硅中的载流子迁移率要高得多,所以其工作频率可以更高,噪声性能也更好。目前多采用 GaAs-MESFET 场效应晶体管。

(3) 新型晶体管:随着异质结器件的迅速发展,出现了许多新的晶体管器件,如硅锗(SiGe),磷化铟(InP)材料的 BJT 扩展晶体管 HBT 以及AlGaAs/GaAs 材料的 MESFET 扩展晶体管 HEMT 和 PHEMT 等。HEMT 是利用在异质结界面处形成的二维电子气进行工作的。由于二维电子气中的电子脱离了原来施主杂质离子的束缚,在运动过程中所受杂质散射的作用大大减弱,因此载流子迁移率大为提高。通过栅偏压控制二维电子的浓度,即可控制漏-源电流,使 HEMT 器件的工作频率突破了 GaAs MESFET 极限频率的限制,高频噪声也大幅降低。这些器件因其优越的性能,更低的噪声系数,得到了快速发展,工作频率都已进入毫米波领域。

通常,低噪声放大器总的增益应为 $50 \sim 60dB$,单级晶体管放大器不论是增益还是输出功率,都不能满足要求。因此必须通过多级级联来实现。一般地,前面一、二级按照低噪声设计,中间级按照最大增益设计,末级及末前级保证良好的线性。图 7.2-13 给出了 HEMT 放大器的级联示意图。表 7.2-3 给出了几种常用晶体管的噪声性能。

表 7.2-3　几种常用晶体管放大器的噪声性能

器　　件	SiBJT	SiCMOS	SiGeHBT	GaAsMESFET	GaAsHBT	GaAsHEMT
频率范围/GHz	10	20	30	40	60	100
典型增益/dB	10～15	10～20	10～15	5～15	10～20	10～20
噪声系数/dB	2.0 (2GHz)	1.0 (4GHz)	0.6 (8GHz)	1.0 (10GHz)	4.0 (12GHz)	0.5 (12GHz)

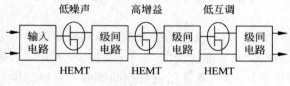

图 7.2-13　HEMT 放大器的级联

2. 低噪声放大器的主要技术要求

衡量低噪声放大器性能的一个重要技术指标是等效噪声温度(T_e)或噪声系数(F)。T_e 和 F 的概念及其相互关系见第 4 章。除了噪声温度或噪声系数指标外,对低噪声放大器的技术指标要求还有工作频段、增益、幅频特性、3 阶互调特性、杂散、1dB 压缩点输出功率等。对于 Ka 频段低噪声放大器,一般地,噪声系数要求不大于 1.8dB;增益不小于 55dB;1dB 压缩点输出功率不小于 5dBm;带内杂散低于 −50dBc;当带宽为 1.5GHz 时,幅频响应不大于 3dBp-p,在任意 40MHz 带内,幅频响应不大于 1.2dBp-p。低噪声放大器工作在接收系统的最前端,通常要求采用 1∶1 主备工作方式,以保证其可靠性。

7.2.3.5　变频器

1. 基本功能

变频是指把射频信号转换为中频信号或中频信号转换为射频信号的过程。从频域观察,实际上就是信号频谱在频率轴上的搬移。如果频率是从低向高变换,即由中频变为射频,称为"上变频"。反之,如果频率是从高向低变换,即由射频变为中频,称为"下变频"。地面终端站变频器的主要功能是:①进行频率变换。上变频器将基带设备送来的中频信号变换为适合中继卫星传输的上行射频信号;下变频器则是把中继卫星发送的下行射频信号变换为基带设备所需要的中频信号。②选择工作频段或中继卫星转发器。通过改变变频器的频率综合器频率,可以选择不同业务所使用的工作频率或中继卫星转发器。③提供信号增益。在上变频过程中,将上行信号放大到高功率放大器能正常工作的电平。在下变频过程中,将下行信号放大到基带设备能正常工作的电平。

2. 基本原理

输入信号频率与本地振荡器输出信号频率经过混频器后,将产生一系列频率成分,通过滤波,取出"和频"成分或者"差频"成分,从而达到变频的目的。以上变频为例,其工作原理如图 7.2-14 所示。

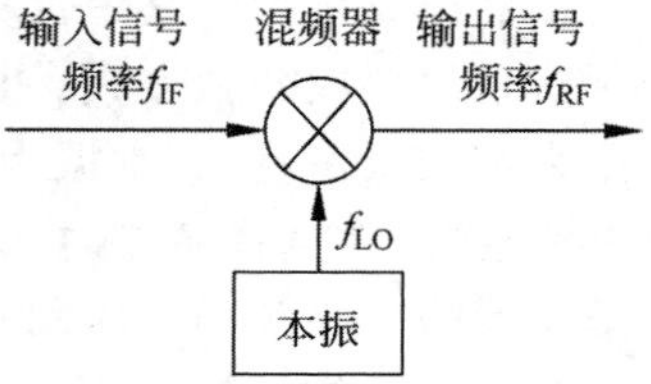

中频信号 f_{IF} 记为

$$V_{IF}(t) = \cos 2\pi f_{IF} t$$

本振信号 f_{LO} 记为

$$V_{LO}(t) = \cos 2\pi f_{LO} t$$

将中频信号与本振信号相乘,可以得到混频输出 $V_{RF}(t)$ 为

图 7.2-14 变频原理

$$V_{RF}(t) = \cos 2\pi f_{LO} t \cos 2\pi f_{IF} t$$
$$= \cos 2\pi (f_{LO} - f_{IF})t + \cos 2\pi (f_{LO} + f_{IF})t$$

可见,输出的射频信号中包含了"和频"信号与"差频"信号。经过滤波后,输出和频信号,实现对中频信号的上变频。

$$f_{RF} = f_{IF} + f_{LO}$$

变频方式一般有一次变频方式和二次变频方式。一次变频方式的电路结构简单,组合频率干扰小,但带宽有限。二次变频的优点是调整方便,易于实现宽带,但要选择合适的中频频率,使干扰分量落在带外。对于高速率数据传输的变频器一般采用二次变频方式。

3. 基本组成

变频器通常包括混频器、本地振荡器(简称"本振")、中频放大器、中频滤波器、射频滤波器和群时延均衡器等。各部分的主要功能是:混频器完成中频信号与射频信号之间的频率变换;本地振荡器为混频器提供高频信号,通过改变本振频率可以实现对通带内信号频率的选择;中频放大器使混频器输出的中频信号达到规定电平;中频滤波器用于抑制混频过程中产生的带内寄生信号和本振信号的泄露;射频滤波器用于抑制通带以外的噪声及干扰信号;均衡器用于对信号的幅度、相位进行均衡补偿,以满足系统对幅频特性和群时延特性的要求。在某些情况下,在上变频器输出端增加一个射频放大器,以提高上变频器的整机增益。在下变频器输入端加一个射频放大器,提高下变频链路增益,降低输入端的噪声系数。

在地面终端站中,根据传输业务的不同,分为 KSA/SSA 数传链路变频器、SMA 链路变频器、Ka 频段多站测距链路变频器、Ka 频段 TT&C 链路变频器和 S 频段 TT&C 链路变频器等,它们的基本原理和基本组成相似。下面以 KSA/SSA 数传链路的变频器为例进行描述。

（1）前向链路

KSA/SSA 前向链路变频器,即上变频器,采用两级变频技术,第一级为 L 频段上变频器,第二级为 Ka 频段上变频器,图 7.2-15 给出了简化的上变频器组成框图。其中,L 频段上变频器采用二次变频方式,Ka 频段上变频器采用一次变频方式。从整体上看,也可视为三次变频方式,其中,一本振为点频振荡器,二本振为频率合成器,可以实现频率步进。这种方式频率灵活性好,在选择载波时,只需改变二本振的输出频率,而不需要改变中频滤波器的中心频率。因此其矩形系数能够做得很好,可以有效抑制本振信号泄露。经过计算,L 频段上变频器没有 9 次以内的组合频率干扰落在带内。Ka 频段上变频器将 950～1450MHz 的中频信号上变频至为 Ka 频段信号,并提供一定的增益。经三次变频后,不会出现频谱倒置现象。

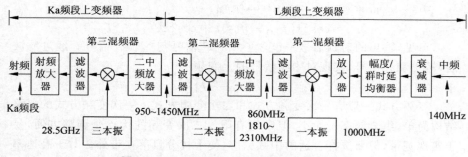

图 7.2-15　KSA/SSA 前向链路上变频器组成

（2）返向链路

KSA/SSA 返向链路变频器,即下变频器,采用两级变频技术,第一级为 Ka 频段下变频器,第二级为 L 频段下变频器。Ka 频段和 L 频段下变频器均采用二次变频方式,图 7.2-16 给出了简化的下变频器组成框图。为了避免出现频谱倒置现象,Ka 频段两次变频的本振均可以选择低本振(差频)。

由于高速率数据解调器的中频通常选择在 L 频段,而中低速率数据解调器的中频通常选择 140MHz 或 70MHz,所以,中低速率数据解调器需要 L 频段变频器,实现到 140MHz 或 70MHz 的变换。另外,返向数据通常为多路,为实现多路变频器的路径切换,在 Ka 频段下变频器输出端口与 L 频段下变频器输入端口之间通常需要插入一个 L 频段开关矩阵。

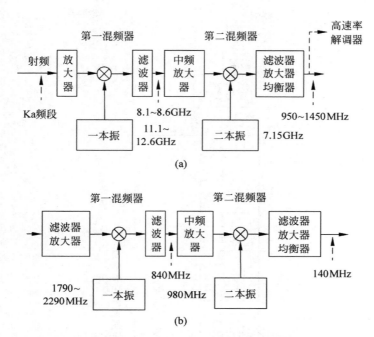

图 7.2-16 KSA/SSA 返向链路下变频器组成

(a) Ka 频段下变频器；(b) L 频段下变频器

4. 变频器的基本要求

对变频器的基本性能要求是：①覆盖的频段范围要大，能够任意选择不同的转发器和不同的载波频率；②频率稳定度要高，典型值优于 $10^{-7}\sim$ 10^{-8}/日；③良好的幅频特性和群时延特性；④互调噪声要小，3 阶互调低于基波电平 45dB 以下；⑤杂散输出和本振信号泄露小，杂散 EIRP 应低于 4dBW/4kHz；⑥相位噪声小，偏移载频 100Hz 时单边相位噪声谱密度应低于信号载波 60dBc/Hz 以下；⑦具有低的噪声系数；⑧具有一定的功率增益和增益调节能力。

7.2.3.6 KSA/SSA 基带设备

1. KSA 高速率数据基带设备

KSA 高速率数据基带设备的主要功能是对中继卫星转发回地面终端站的高速率数据信号进行解调和译码，还原成原始数据。基带设备的组成包括解调译码和网络接口转换两部分，如图 7.2-17 所示。以卷积和 RS 级联编码方式为例，解调译码部分由中频单元、解调单元、维特比译码单元、RS 译码单元组成。

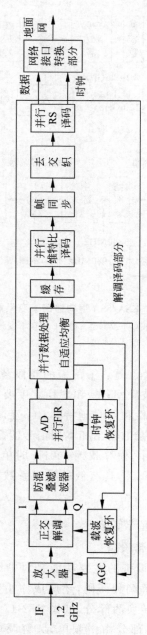

图 7.2-17 KSA 返向高速率数据基带设备组成

中频单元的输入频率范围通常为 950～1450MHz,对于高速率数据载波,中心频率通常选则在 1.2GHz。载波信号首先送到中频单元,进行放大、滤波和自动增益控制,使载波恢复电路达到合适的输入电平和尽可能高的信噪比。信号的解调通常采用大规模高速可编程逻辑器件完成。由于数据速率高达每秒数百兆比特以上,高速 A/D 采样、高速可变速率并行解调算法、自适应均衡算法、高速并行 FIR 滤波以及高速并行译码技术是实现高速解调的关键。

基带设备中的网络接口转换部分主要完成与地面网络的接口协议转换。通常使用 TCP/IP 协议对高速率数据进行打包,然后通过地面网络连接到远端用户。

2. KSA/SSA 中低速率数据基带设备

KSA/SSA 中低速率数据基带设备由调制解调单元和用户航天器测距单元组成,如图 7.2-18 所示。

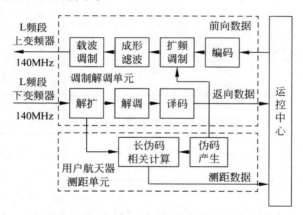

图 7.2-18 KSA/SSA 中低速数据基带设备组成

调制解调单元主要功能是:①前、返向链路的中低速率数据的编码译码、调制解调和扩频解扩;②前向链路幅度和相位预均衡;③前向信号频率扫描和多普勒频率预补偿;④返向链路幅度和相位均衡;⑤多路数据同时发送和同时接收;⑥对来自和送往运控中心的数据进行必要的组包/拆包、复接/分接、格式化、缓冲存储、时钟同步和接口变换等处理。

用户航天器测距单元主要功能是:①生成前向扩频伪码,送往扩频调制器;②接收解扩后的返向伪码;③将接收的伪码与本地伪码样本进行相关计算;④将得到的距离测量数据经地面网络送往运控中心。通常,用户航天器的测距伪码选择长伪码。

3. 主要技术要求

对 KSA/SSA 基带设备的主要技术要求是：①扩频、编码、调制方式和参数以及传输的数据速率和数据模式应符合要求；②应能适应信号的最大多普勒频率及其变化率；③应能对前向信号多普勒频率和固定频率偏差进行频率预补偿。表 7.2-4 和表 7.2-5 分别给出了国外卫星数据中继系统 QPSK 调制信号主要参数、返向链路的数据组及模式。表 7.2-6 给出了常用的链路误比特率性能要求。

表 7.2-4 典型的 QPSK 调制信号参数

参数	成形滤波函数	指令与测距信道功率比	I/Q 功率比偏差	相位不平衡度(p-p)	增益不平衡度(p-p)
参数值	升余弦平方根	+10dB(QPSK)	±0.5dB	±3°	±0.25dB
参数	I/Q 符号未对齐度	I/Q PN 码未对齐度	I/Q 符号不对称度	I/Q PN 码不对称度	符号抖动(p-p)
参数值	≤3%	≤1%	不劣于±3%	不劣于±1%	≤0.1%
参数	PN 码码片抖动(RMS)	符号前沿上升时间	数据速率偏差		
参数值	≤1°	≤持续时间的5%	不劣于±0.01%		

表 7.2-5 返向链路数据组及模式

数据组与模式	多普勒测量		测距	3Mcps PN 码异步信道	传输的符号率
	单向	双向			
数据组 1 模式 1 (相干)		√	√	I 和 Q	I：≤300ksps(SSA,SMA,KSA) Q：≤300ksps(SSA,SMA,KSA)
数据组 1 模式 2 (非相干)			√	I 和 Q	I：≤300ksps(SSA,SMA,KSA) Q：≤300ksps(SSA,SMA,KSA)
数据组 1 模式 3		√	√	仅 I	I：≤300ksps(SSA,SMA,KSA) Q：≤6Msps(SSA)，≤3Msps(SMA) ≤300Msps(KSA)
数据组 2 (相干)		√		不用	I：≤3Msps(SMA)；≤6Msps(SSA) ≤300Msps(KSA)
数据组 2 (非相干)	√			不用	Q：≤3Msps(SMA)，≤6Msps(SSA) ≤300Msps(KSA)

表 7.2-6　误比特率性能要求

译码方式	调制方式	编码率,约束长度	误比特率	E_b/N_0（卫星环）	用户航天器轨道动态
维特比译码	QPSK	1/2,7	1×10^{-7}	≤8.2dB	
维特比译码+RS	QPSK	(1/2,7)+RS(255,223)	1×10^{-7}	≤5.7dB	≤7.9km/s
LDPC(码长 8192)	QPSK	1/2	1×10^{-7}	≤4.3dB①	≤11.4km/s²
LDPC(码长 6144)	QPSK	2/3	1×10^{-7}	≤5.0dB①	≤0.013km/s³
LDPC(码长 8176)	8PSK	7/8	1×10^{-7}	≤10.3dB	

注：①解调损失应小于 1dB。

7.2.4　SMA 数据传输分系统

7.2.4.1　SMA 系统的技术特点

SMA 系统指中继卫星和多个用户航天器之间采用 S 频段多址联接的系统。SMA 与 SSA/KSA 不同,它是一种多信道多址通信系统,其星间通信采用相控阵多波束天线实现码分＋空分多址通信;其星地通信采用频分多路(FDM)方式,传输星间链路相控阵各阵元接收的码分多址信号。这样的多信道多址通信比单信道单址通信复杂得多,其主要表现在：①FDM 要求带限。以 NASA 一代中继卫星为例,它采用 30 个阵元的相控阵天线,FDM 共 30 路,转发器带宽为 225MHz,通路间间隔为 7.5MHz。为了不产生路间干扰,用户航天器发射的信号频谱带宽一般限制在 5MHz。②FDM 信号在变频、放大时,对通道的线性度要求较高,以避免产生频分多路互调噪声。③在传输码分多址信号时,要考虑码分多址的自干扰,对码型的选择较严格。④多波束天线的波束指向需要校准。⑤多址通信应用、多址分配制度和管理机制同 SSA/KSA 有很大区别,SMA 系统可以实现按需分配制度。

7.2.4.2　SMA 系统工作原理

SMA 系统由星上和地面两部分构成。中继卫星上采用相控阵天线同时与多个用户航天器保持通信。前向通信业务通常为遥控指令,数据率较低,采用时分单波束,分时完成前向通信。为此,中继卫星上装有电调移相器,由地面发出指令调节相位,让波束以步进扫描方式对准各用户航天器。返向通信业务通常为遥测或数据,速率较高,用不同的扩频码区分用户航天器,用多波束对准各个用户航天器。为此,中继卫星上采用 FDM 方式传输各阵元接收的信号。地面部分主要是地面终端站的 SMA 数据传输分系统,包括上行链路、下行链路、扩频调制器、FDM 解复用器、波束形成处理器、解扩解调器以及按需接入控制器和标校站等。图 7.2-19 给出了 SMA 系统的组成原理。下面以 NASA 中继卫星 SMA 系统为例简述工作原理。

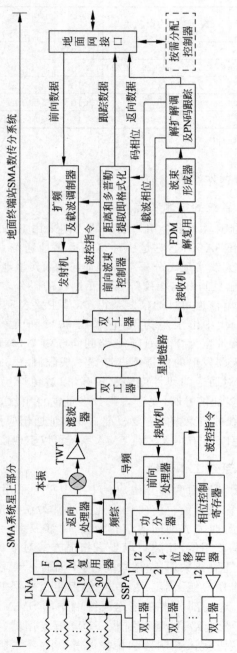

图 7.2-19 SMA 系统组成原理

（1）当使用 SMA 方式传输前向数据时，SMA 数据传输分系统接收从运控中心转发的前向数据，经过编码、扩频、调制、上变频和功率放大后，通过天线向中继卫星发射。中继卫星接收到上行信号后，进行低噪声放大、变频和前向处理，然后经多路发射机和多阵元天线向用户航天器发射。SMA 多路发射机由功分器、12 路移相器和 12 路固态功放组成。前向处理器解调出控制指令送 12 路移相器，形成跳波束，分时指向多个用户航天器。

（2）当使用 SMA 方式传输返向数据时，中继卫星 30 个阵元天线接收视场内用户航天器发来的信号，然后，被复用成 FDM 信号，经过变频和功率放大后，通过天线发向地面终端站。地面终端站的 SMA 数据传输分系统接收中继卫星转发的返向信号，经过放大、变频、FDM 解复用和数字波束形成（DBF），使星上相控阵天线生成多个指向不同用户航天器的波束。再经过解扩、解调、译码，恢复出返向数据，并送至运控中心。

7.2.4.3 多波束形成的工作方式

假设用户航天器的轨道高度为 3000km，地球半径 6380km，中继卫星高度 36 000km，则相控阵天线各阵元波束宽度约为 26°，可使中低轨用户航天器处在每个阵元波束照射之内。

以 26°波束宽度的阵元增益 16dB 为例，30 个阵元的附加增益约 14dB，则总的合成增益为 30dB，合成的波束宽度约为 5°。当用户航天器以最大速度 10km/s 运动时，在中继卫星上看到的最大角速度为 0.017°/s，用户航天器穿过 5°波束时需 294s。可见，中继卫星跟踪用户航天器时波束移动的角速度是很小的。假设波束移动步进间隔为合成波束宽度的 5%，即 0.25°，则波束步进时间间隔约为 15s。如果在 15s 内能够依据用户航天器更新位置，在地面计算出 30 个阵元新的加权系数，就会使星上相控阵天线的合成波束移动并对准用户航天器。这种星上相控阵天线"地面多波束形成"技术，可以简化中继卫星上的设备量，从而减小了体积、重量和功耗。

波束形成一般分为开环和闭环两种形式。开环形式中有主波束控制方式和扫描方式，闭环形式中有相位自动调整方式和自适应方式。

（1）主波束控制方式的基本思路是：利用用户航天器的状态矢量，把其星历制作为时间的函数；利用中继卫星的跟踪和遥测数据，将中继卫星的位置和姿态数据也制作为时间的函数。根据这两个时间函数计算出相控阵天线的相位和幅度的加权预测值，送到波束形成器，产生对准用户航天器的主波束指向值。需要指出的是，所产生的波束指向是星地传输时延后的波束指向。

（2）自适应波束形成。对于不同的目的和应用场合，自适应处理可以采用不同的准则，例如最大信噪比准则、最大信号干扰噪声比准则、空间谱分析法和误差均方最小准则（LMS）等，其中 LMS 准则用得最广。LMS 准则的基本思路是：在多数情况下人们对有用信号总是具备某些先验知识，在接收系统中设置与有用信号有较大相关性的本地参考信号，将阵元输出与本地参考进行比较，根据比较结果调整阵元加权值。经过多次重复迭代，更新加权值，使输出信号与参考信号的误差均方值最小，即阵元输出信噪比最大。

在实际应用中，地面一般知道用户航天器的位置，初始捕获时可以先采用主波束控制方式，将主波束指向期望的用户航天器附近，得到一组次优的加权矢量。然后，以初始捕获得到的加权矢量为起点，采用 LMS 自适应算法逐次逼近最优加权矢量，得到一个指向期望信号方向的波束。如果没有用户航天器轨道的先验信息，可先采用扫描方式，一旦扫描到用户航天器，相控阵天线会合成输出较强的信号，进而再转换成闭环跟踪方式。

7.2.4.4 SMA 基带设备

在地面终端站中，SMA 数传分系统可以采用独立的功率放大器、低噪声接收机和变频器建立上、下行链路，也可以根据极化方式和频谱安排与其他业务共用上、下行链路设备。有关高功率放大器、低噪声放大器、变频器的组成和工作原理与 KSA/SSA 数传链路的相同，这里不再赘述。

1. 前向基带设备

SMA 数传分系统的前向基带设备包括扩频/载波调制器和前向波束控制器。扩频/载波调制器与 SSA 业务的相同，完成遥控数据的编码、扩频调制和载波调制。前向波束控制器的主要功能是根据前向天线阵几何图形、中继卫星轨道位置以及用户航天器星历表计算每个阵元发射信号的移相值，生成控制星上移相器的指令，以便于形成前向波束并指向用户航天器。

2. 返向基带设备

返向基带设备通常由 FDM 解复用单元、返向波束形成单元和解扩解调单元等组成。

（1）FDM 解复用单元

FDM 解复用单元主要由分路器、镜像抑制混频器、多点频频率源和声表面波（SAW）滤波器构成，如图 7.2-20 所示。

SAW 滤波器组是实现相控阵各阵元信号频率复用和解复用的关键部件，其难点是要求的频率高、相对带宽窄、矩形系数小，同时还必须有良好的

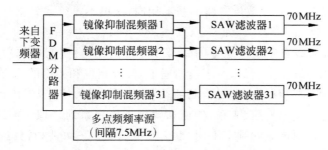

图 7.2-20　FDM 解复用单元组成原理

幅度特性、相位特性及其稳定性。目前，SAW 滤波器在偏离中心频率
4.5MHz 处的抑制度可达 40dB 以上，矩形系数 $B_{40dB}/B_{3dB}=9(MHz)/6(MHz)=1.5$。考虑到复用和解复用两个滤波器的滤波效果，各通道隔离
度可达 70dB 以上。

（2）多波束形成单元

图 7.2-21 给出了 SMA 返向链路波束形成单元的组成框图。来自
FDM 解复用单元的 30 路阵元的信号被分配到多个波束形成单元，每一个
波束形成单元对应一个用户航天器，其数量可根据实际需要确定。

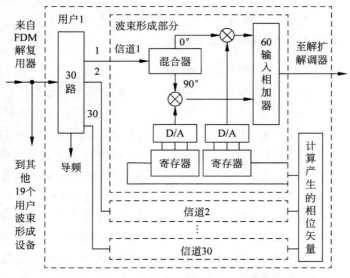

图 7.2-21　SMA 返向链路波束形成单元组成原理

（3）解扩解调单元

除了数据传输速率范围有所不同外，SMA 系统中的解扩解调单元的组

成和工作原理与 SSA 数传链路的基本相同,这里不再赘述。

3. 通道校准

相控阵天线在空间环境中的变形和器件老化,会引起各辐射单元相对幅度和相位的改变。例如,对于前向通道,假设相位和幅度的均方根误差分别为 ±16° 和 9%,预计引起的合成损失约为 0.34dB。对于返向信道,接收信号需要通过频率复用、变频、传输和解复用等一系列处理才能组合起来。各阵元信号复用传输的频率不同,也会产生幅度不一致性和相位不一致性。波束形成的关键是幅度和相位控制的精度和稳定度以及阵元通路间的时延匹配精度。所以,对于星上的相控阵天线,必须进行在轨定期校正。考虑到卫星载荷的限制,一般采用地面校正方式,将这些误差源计入地面波束形成处理器中。在地面终端站内,对所有射频电缆的时延特性也应加以严格控制。根据中继卫星返向链路幅相一致性指标的要求,地面系统至少需要在 4h 内保持一定的幅相一致性,中继卫星至少需要在 20min 内保持一定的幅相一致性。因此,需要频繁校准返向链路,更新加权修正表。为此,SMA 系统需设置标校站,以定期进行自动验证和校准。

标校站至少需要 2 个,一个用于 SMA 前向校准,接收并处理 SMA 前向校准信号;一个用于 SMA 返向校准,产生并发送 SMA 返向校准信号。另外,为了验证相控阵天线时分和空分多址的能力,可以设置多个标校站,并兼顾全系统模拟测试和试验验证功能。

7.2.4.5　SMA 按需接入系统

目前,用户接入 SSA/KSA 系统的模式是基于任务驱动型的用户申请-计划生成-调度执行模式(亦称"预分配模式"),即根据用户的使用申请,运控中心需要做出月计划、周计划和日计划,然后再让用户按照计划执行。在优先任务或紧急情况下,从用户提出使用申请到执行建立链路的响应时间一般最快也要 20min 左右。当使用 SMA 系统时,除了上述预分配接入模式外,还可以引入按需接入模式。以返向链路为例,假如有 5 颗中继卫星,每颗中继卫星形成 20 个波束,则 5 个地面终端站中总共有 100 个波束形成器,通过综合运用和按需分配这些波束形成器,并将多颗中继卫星接收的多址信号进行组阵,提高信号增益,则可以为众多的小型航天器提供廉价、灵活和实时的测控通信服务。

1. 按需接入系统组成

按需接入系统(DAS)通常包括阵元解复用单元组、波束形成单元组(BUG)、解调单元组(DUG)、转换开关、DAS 控制器、路由器以及数据存

储/归档/检索单元等,如图 7.2-22 所示。数据存储/归档/检索单元实际上
是一个可编程遥测处理器(PTP),完成帧同步、译码、恢复用户数据帧、数据
格式化处理(加用户规定的字头注解)以及存储和归档等功能。

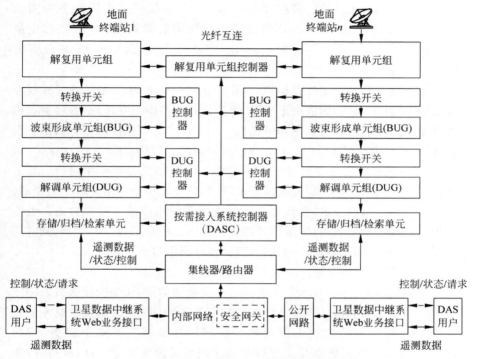

图 7.2-22　SMA 返向链路 DAS 系统组成框图

　　用户通过卫星数据中继系统 Web 业务接口(SWSI)发送用户请求信
息,经业务规划、资源配置、服务启动、服务控制和数据服务等步骤提供遥测
和低速率数据服务。DAS 系统实际上是一个智能的集线器和路由交换系
统,其软硬件的设计是实现的关键。

2. 业务规划

　　业务规划功能为用户提供可以使用的 DAS 业务的时间窗口。当用户
需要进入卫星数据中继系统时,可以通过 SWSI 发出可用性查询请求。然
后 SWSI 向 DAS 系统提交"资源可用性请求"信息。针对这一请求,DAS
控制器(DASC)根据用户航天器到中继卫星的通视性计算结果计算出时间
窗口。在确定可提供的服务时段后,DASC 通过 SWSI 回复用户,为其提供
用户可展望的服务时间窗口,即服务可用性安排预告。

3. 业务调度和资源配置

用户可以通过 SWSI 向 DAS 发出请求来"调度"实时数传业务或者重放数据业务。然后发出"资源配置请求"信息,该信息包括用户航天器识别代码(SIC)、请求标识符、服务规格代码(SSC)标识号和确定服务所需的SSC 参数(如数传速率等)。该信息还包括所请求服务的起止时间和中继卫星识别符。SWSI 还允许用户存储一个预定数量的请求 DAS 服务的SSC 参数变化表。

根据接收到的资源配置请求,DASC 评估在请求时段内支持这种服务所需的 DAS 资源(例如波束形成器、解调器和归档服务器等)是否可资利用以及用户航天器的状态矢量和可视性。一旦确定可以提供服务并做出了安排,DASC 便通过 SWSI,利用"资源配置回复信息"通知用户。

DAS 既可以支持专用用户(确保服务),又可以支持非专用用户。对于非专用用户的请求,按照"先来先服务"的原则分配给专用用户剩下的资源。

业务请求可以要求"连续服务",一直服务到用户请求结束为止。也可以要求"按需"服务一次,限定服务的起止时间。用户服务一经批准,就将其置于 DAS 的滑动时间窗口调度表中,滑动时间窗口一般为 96h。

4. 业务启动和控制

按需接入业务是 DAS 系统提供的一项自动功能,无须操作人员或用户干预。在业务启动前,DASC 向 BUG 控制器和 DUG 控制器发送业务配置参数。BUG 控制器向波束形成单元组和地面站接口发送配置指令,而DUG 控制器向中频转换开关和解调单元组发送配置指令。DASC 直接向数据格式化/归档服务器发送配置指令。

在服务运行过程中,BUG 控制器和 DUG 控制器采集附属单元的状态信息并送往 DASC。DASC 采集来自 PTP 的状态信息,对服务进行监控,并通过 web 接口定时(如每分钟)向用户发送用户航天器性能数据,也可以提供告警信息。由于实现了自动化,业务的调度、启动和监视都无须操作人员干预。

5. 数据业务服务

在服务期间,DAS 可以向用户提供实时数据,也可以根据要求将数据归档和存储,以备将来为用户"重放"。数据业务服务的流程是:地面终端站将接收的用户航天器的信号送到指定的波束形成器;波束形成器生成天线波束;然后经由中频开关向解调单元输出一路中频信号;解调器完成信号的伪噪声解扩、载波捕获和解调;随后将数据送到归档/存储/检索单元(PTP);最后经过路由器以及内部网络或公开网络以 TCP/IP 包的形式将数据送给用户。

用户数据一般被格式化为帧长固定且带有附加标记的数据流。如果用户航天器遥测符合 CCSDS 建议,DAS 的 PTP 就能识别和界定这些数据。通常 DAS 能够支持多种 CCSDS 遥测格式(见第 3 章)。对于不符合CCSDS 建议的帧结构的遥测数据,均可以打成 TCP/IP 包再送给用户。DAS 的存储容量可以按照用户服务级别协议进行分配。而存储时间则按照每次服务请求的时间段来定。用户可以请求重放任何服务时间存储的数据。重放的数据与实时服务的数据一样,即格式化的 TCP/IP 包数据流。

7.2.4.6 主要技术要求

对 SMA 数据传输分系统的技术要求有:①形成的波束数量及波束跟踪方式,包括开环跟踪和闭环跟踪。在波束跟踪过程中,数据传输应保持平稳和连续;②波束的跟踪精度;③波束控制及捕获跟踪参数计算能力;④形成的波束的轴比。例如,在 $\pm 10.6°$ 扫描范围内,轴向轴比不大于2.0dB;⑤DBF 合成损失不大于 0.2dB;⑥FDM 通路间的时延匹配精度要优于 ± 10ns;⑦FDM 信道特性退化引起的性能降低,一般要求不大于 1dB。

当采用按需分配接入方式时,应能满足用户通过互联网,实时接入卫星数据中继系统,操作控制和管理自己的飞行目标。在目标位于中继卫星视场内时,接入时延应达到秒级。

7.2.5 TT&C 分系统

7.2.5.1 测控体制

目前,大多数的卫星测控均采用微波统一系统的体制,即采用统一载波共用信道和一套天线完成对航天器的跟踪、测角、测距、测速、遥测、遥控和通信等多种功能。微波统一系统可工作在 S,C,Ka 等不同的频段。对于中继卫星测控,通常选择 USB 体制。

1. 载波调制体制

载波调制体制常用的有 PM/PM 体制和 FM/PM 体制两种。PM/PM调制,即上行载波和下行载波均采用调相体制。FM/PM 调制,即上行载波调频、下行载波调相的体制。在中继卫星 TT&C 系统中通常使用 PM/PM调制。中继卫星应答机一般工作在有一定转发比要求的相参转发状态,可以从星地双向锁定的载波信号中提取多普勒频率。

2. 测距体制

测距信号有伪码(PN 码)、侧音和伪码加侧音 3 种,形成不同的测距体制。目前使用较多的是纯侧音体制,例如,USB 系统采用 7 个侧音,主侧音为 100kHz,次侧音为 20kHz,4kHz,800Hz,160Hz,32Hz(或 40Hz)和 8Hz(或 10Hz)。由于次侧音频率很低,当用这种很低频率的侧音直接对载波调制时,调制后的侧音频率除了 100kHz 主侧音及 20kHz 次侧音以外,还将 4kHz 与 20kHz 折叠(调频或调幅),产生 16kHz 折叠音。再将 800Hz 以下的侧音分别与 16kHz 折叠产生 16.8kHz,16.16kHz,16.032kHz(或 16.040kHz)和 16.008kHz(或 16.010kHz)折叠音。最高侧音频率的选择与测距精度要求有关,次侧音是侧音匹配解模糊所必需的,最低侧音频率用来保证系统最大无模糊距离。在中继卫星的测控过程中,测距侧音的发送方式通常采用在捕获阶段由低到高依次发送,在跟踪测量阶段只发送主侧音。

测距误差由大气传播误差和测量设备噪声及多路径传输引起。大气传播误差可以由测量时刻大气的特征参数加以修正,修正后大部分误差可以消除,其修正剩余称为"残差";测量设备噪声及多路径传输引起的误差分为系统误差和随机误差两部分。系统误差主要是时延校零残差以及来源于测距设备本身,例如主音环动态滞后、温度漂移、多普勒频率、侧音电平变化、调制解调器和滤波器相位抖动和漂移等引起的误差。随机误差主要包括热噪声、主音环输出的相位抖动、量化噪声等引起的误差。

对测距设备的要求主要有捕获门限信噪比和捕获时间等,例如,主音的捕获门限 $S/\Phi=35(\text{dBHz})$,距离捕获时间不大于 8s 等。

3. 副载波调制体制

当采用统一载波信道进行信息传输时,通常采用二次调制方式。在上行,经 PCM 编码的遥控指令或其他低速率数据先调制(通常为 PSK 或 mFSK 调制)在各自的正弦副载波上,然后将各已调副载波信号与测距信号相加,构成复合基带信号,一起对统一载波进行二次调制(通常为 PM 调制),形成频分复用的统一载波信号;在下行,航天器的遥测信息通常也采用二次调制,例如,为了满足专门时段对卫星状态监视的要求,有时将编码遥测分为两路同时下传,即正常遥测和驻留遥测(或称"副遥测"),两路数据流分别调制在两个副载波上,然后再调制在统一载波上进行传输。

4. 遥测体制

遥测体制有编码遥测和模拟遥测两种。编码遥测通常采用 PCM/PSK/PM 或 PCM/DPSK/PM 调制体制,一般用于卫星的工程参数遥测。模拟遥测通常采用 PPM/MFSK/PM 调制体制,一般用于卫星的姿态参数遥测等。

7.2.5.2　测控信息传递过程

在对中继卫星测控时,地面终端站 TT&C 基带设备接收到运控中心来的控制指令,经基带数据处理计算机完成合法性检查及码型变换后,首先进行遥控副载波调制。然后,将已调遥控副载波与测距音一起对 70MHz 载波进行 PM 调制。该已调信号经上变频、功率放大后由天线向中继卫星发送。

中继卫星接收并解调出遥控指令码,经译码后送执行机构。同时指令码送遥测的副载波调制器,与遥测信息一起返回地面,进行星地大环路指令校验。校验比对正确后,再由卫星执行机构执行;中继卫星产生的遥测数据经脉冲编码,与反馈的遥控指令码一起构成 PCM 码流,对副载波进行 PSK 调制。然后与测距信号一起对载波进行 PM 调制。经上变频和功率放大后,由卫星天线发送到地面终端站。

地面终端站天线对中继卫星发送的遥测信号进行接收,经低噪声放大器和下变频器,变换为 70MHz 中频信号。TT&C 基带设备完成遥测信号和测距信号的解调。经数据处理计算机的处理,将距离数据、遥测数据送至运控中心。

7.2.5.3　TT&C 分系统组成

从图 7.1-1 可知,TT&C 分系统包括 S 频段 TT&C 和 Ka 频段 TT&C 两部分。S 频段 TT&C 的链路部分由 S 频段的功率放大器、低噪声放大器和变频器构成;Ka 频段 TT&C 的链路部分由 Ka 频段的固态功率放大器、低噪声放大器和变频器构成。其中,"和"支路的 Ka 频段低噪声放大器可以与其他业务共用。综合基带设备可以为 S 频段和 Ka 频段共用。关于功率放大器、低噪声放大器和变频器的组成和工作原理见 7.2.3 节。

7.2.5.4　TT&C 综合基带设备

TT&C 综合基带设备是一种多功能的数字基带设备。它由上行信号处理单元和下行信号处理单元组成,具有遥测、遥控、测角和测距等功能。简化的 TT&C 基带设备组成如图 7.2-23 所示。

上行信号处理单元主要包括遥控模块和 PM 调制器。遥控模块的主要功能是接收并处理来自运控中心的命令块(或注入数据),对命令块进行 PCM 编码,完成码型变换和副载波调制,实现实时发送、定时发送或延时发送功能;PM 调制器的主要功能是接收遥控模块产生的遥控副载波信号和侧音测距模块产生的测距侧音信号,完成对 70MHz 载波的 PM 调制。该

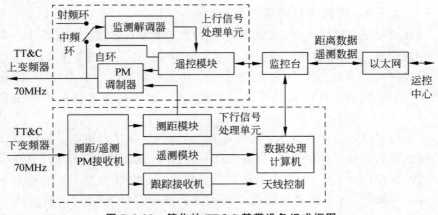

图7.2-23 简化的TT&C基带设备组成框图

单元还支持多级闭环自检功能,包括视频闭环比对(自环比对)、通过监测解调器的中频闭环比对以及站内射频闭环比对(来自小环监测接收机的小环比对)等。

下行信号处理单元主要包括测距/遥测PM接收机、遥测模块、测距模块、基带数据处理计算机和跟踪接收机。①测距/遥测PM接收机接收TT&C下行链路送入的70MHz中频信号并进行AGC放大,完成频率引导、载波捕获、跟踪和PM解调。然后,将解调得到的测距音信号送给测距模块,将解调得到的遥测副载波信号送给遥测模块。同时向跟踪接收机提供频率参考和AGC参考信号。②遥测模块负责副载波信号的跟踪、解调和数据恢复,将恢复出来的PCM遥测数据传送给基带数据处理计算机。计算机软件完成数据打包和预处理后经网络传送到监控台和运控中心。③基带数据处理计算机可以完成遥测信息的挑点处理、反演变换以及显示和打印,也可以完成遥测数据差错率测试、参数存储等功能。④测距模块为上行、下行共用模块。上行与PM调制器连接,完成纯侧音信号的产生,并按要求顺序发送。下行与PM接收机连接,提取测距侧音(主音、次音)信号。测距模块进行收发侧音相位测量得到相位差,并完成侧音相位匹配处理和距离计算。侧音捕获过程由计算机控制按照低侧音到高侧音的顺序进行,捕获完成后只发主音进行测量。

跟踪接收机的输入为70MHz中频,"和"通道与"差"通道一起构成双通道跟踪接收机,完成角误差提取。跟踪接收机的工作原理见7.2.2.3节。

7.2.5.5 TT&C监视控制操作台

在TT&C分系统中,通常设置一个监视控制操作台(简称"监控台"),

担负整个测控系统各个设备运行状态监视和工作参数设置等任务。设备的配置、联调、标校以及测控等工作均可在监控台的调度下完成。跟踪接收机提取的角误差信息模拟量送角跟踪伺服系统,数字量送监控台,在监控台的控制下完成自动校相。监控台硬件设备一般由数据处理服务器、数据库服务器、地面设备监视控制系统(MCS)服务器、网络时间协议(NTP)服务器以及磁盘阵列、打印机、网络设备(交换机、路由器、防火墙等)、MCS 客户端、卫星模拟器等组成。应用软件包括遥测数据处理软件、遥控指令生成与操作软件、综合信息监视软件、数据库管理软件、飞行动力学(FDS)软件、轨道控制与分析计算软件等。TT&C 监视控制操作台通常配置在运控中心。

7.2.6 多站测距分系统

7.2.6.1 组成和工作过程

如图 7.2-1 所示,多站测距分系统由功率放大器、低噪声放大器、变频器和多站测距终端组成。其中,低噪声放大器通常与其他业务共用。

在多站测距时,多站测距终端产生测距伪码,与前向指令信息一起对载波进行调制,经上变频和功率放大后向中继卫星发送;中继卫星转发器转发该信号;经低噪声放大、下变频和基带处理后,得到地面终端站-中继卫星-地面终端站之间的双程距离和;同时,接收经中继卫星转发器转发的多个测距站的信号,分别实现对各测距站转发的载波及伪码信号的捕获跟踪。经处理后,得到对应各测距转发站的双向四程距离和。

7.2.6.2 多站测距基带设备

1. 主要功能

多站测距基带设备(亦称"多站测距终端")的主要功能是:①产生一路前向伪码扩频调制测距信号;②接收并解扩/解调多路返向测距信号;③提取距离数据;④对中继卫星直接转发信号进行频率测量。多站测距基带设备通过地面终端站上行和下行链路、中继卫星转发器和测距转发站,实现对中继卫星的精确测距。

2. 基本组成

多站测距基带设备由前向发送单元和返向接收单元组成,如图 7.2-24所示。前向发送单元由测距伪码产生器、测距伪码扩频调制器、载波调制器和测距信号模拟模块组成。主要完成 1 路前向测距信号的产生,以及多路返向测距信号的模拟,包括中继卫星转发的测距转发站的测距信号模拟和本站的测距信号的模拟。前向发送单元通常设计为双通道。当处于工作状态时,一个通道产生 1 路前向调制信号输出,另一个通道禁止输出;当设备为自检状态时,其中一个通道分时产生模拟中继卫星转发的本站信号和模拟多个测距转发站的返向码分多址信号,另一个通道输出高斯白噪声。

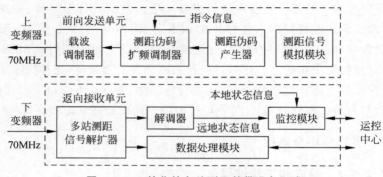

图 7.2-24　简化的多站测距基带设备组成

返向接收单元由多站测距信号解扩器、解调器、数据处理模块和监控模块等组成。主要完成多路测距信号的接收、解扩、解调以及距离数据的生成和提取,并对中继卫星转发的本站测距信号的频率进行测量以及对长码进行快速捕获。返向接收单元通常也设计为双通道,其中一个通道接收和处理多个测距转发站的返向码分信号,另一个通道接收和处理中继卫星转发的本站码分信号。

7.2.7　时频分系统

7.2.7.1　组成和功能

地面终端站时频分系统的主要任务是产生 IRIG-B 码(简称"B 码")和 10MHz 频标信号,为地面终端站各设备提供所需的时间和频率信号。

时频分系统由站时统设备、10MHz 频标终端、IRIG-B 码终端(简称"B 码终端")、10MHz 频标分路放大单元、B 码分路放大单元等组成,如图 7.2-25 所示。各部分的功能是:①站时统设备为频标终端提供 10MHz 标准频率信号,为 B 码终端提供标准时间信号;②频标终端的电压控制晶体振荡器(VCXO)对 10MHz 频标信号进行锁相,提供符合高精度长稳和短稳指标的标准 10MHz 信号;③10MHz 频标分路放大单元接收频标终端送来的 10MHz 频标信号,并进行分路放大,提供给各设备使用;④B 码终端接收来自站时统送来的 B 码信号,为各设备提供高精度标准时间信号,为各测量数据提供精确的时间标记;⑤B 码分路放大单元接收 B 码终端送来的 B 码信号,并进行分路放大,提供给各设备使用。

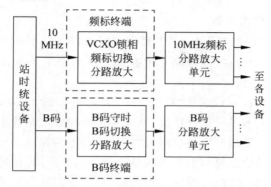

图 7.2-25 地面终端站时频分系统组成

通常,频标终端内部也有 10MHz 频标信号,当站时统送来的 10MHz 频标信号出现异常时,自动切换使用内部频标信号。当站时统的 10MHz 频标信号恢复正常后,自动切换回使用站时统 10MHz 频标信号;另外,当站时统送来的 B 码信号出现故障时,B 码终端能够使输出的 B 码信号自动在守时状态下继续工作。当站时统 B 码信号恢复正常后,B 码终端能够自动转换到对时状态。为了保证可靠性,频标终端和 B 码终端均采用热备份的工作模式。同时还具有远控接口,可在监控系统的操作下,完成本分系统的自动检测和其他操作。

7.2.7.2 主要技术要求

对于频标终端,通常对其输出的稳定度、准确度、相位噪声和输出幅度有严格的要求。例如:在使用站时统时,频标稳定度优于 $1 \times 10^{-11}/20\mathrm{ms}$,频率准确度优于 1×10^{-10};输出的相位噪声在偏离信号 100Hz 处应低于 $-105\mathrm{dBc/Hz}$;信号输出幅度大于 7dBm;输出的多路信号之间隔离度要大于 40dB。对于 B 码终端,它是一种标准化设备,其技术要求应符合有关标准的规定。

7.2.8 测试标校分系统

地面终端站的测试标校分系统用来帮助地面终端站进行距离标校、角度标校以及视频环、中频环和射频环的测试、联试和监测等。测试标校分系统的主要设备包括 TT&C 系统的模拟应答机/信标机、距离校零变频器、小环监测接收机、遥测信号模拟源以及 SSA/SMA/KSA 数据传输系统的各种模拟转发器等。

7.2.8.1 距离标校

距离标校的主要内容是：①准确分离星地设备的距离零值；②测定地面设备距离零值的稳定性，即测定地面设备距离零值的变化量；③准确测定距离零值的传递值。

目前，距离标校一般采用"应答/变频比对替代法"方案，对于大型的地面终端站而言，大多采用标校塔法，即采用在标校塔上设置距离校零变频器的校零方案，通过精确测定标校塔设备（包括校零变频器、电缆、波导、喇叭、天线等）的距离零值以及与地面终端站天线之间的距离，就可以测定地面终端站设备本身的距离零值，在测定星地距离时，只需从星地距离的测量数据中将设备本身的这一零值扣除即可。具体是：

首先采用标校塔法测量出地面终端站设备总的距离值 $R_{G\Sigma}$。

$$R_{G\Sigma} = R_G + R_T + R_L + R_B$$

式中，R_G 为地面终端站发"1"到收"1"产生的设备距离零值；R_T 为精确测定的转发器（校零变频器）距离零值；R_L 为转发器至标校天线连接馈线引入的距离零值；R_B 为地面终端站天线至标校天线间经大地测量的距离值。当测出 $R_{G\Sigma}$ 后，由于 R_T，R_L，R_B 为已知精确测量值，即可计算出地面终端站设备距离零值 R_G。

由于中继卫星转发器的距离零值 R_S 已精确测定，这样星地之间总的零值 R_0（$R_0 = R_G + R_S$）就可以标定出来。在实际星地距离测量时，总的距离值 R_Σ 等于地面终端站与中继卫星之间的距离 R 和总的距离零值 R_0 之和，这样就可以求出地面终端站与中继卫星之间距离 R 的值，具体标定方法参见参考文献[4-5]。

7.2.8.2 角度标校

对目标进行跟踪后获得的方位和俯仰的角度测量数据并不代表目标的真实位置，必须扣除天线及角跟踪系统的零值及固定偏差，才能获得目标的精确的角坐标数据。与其他的无线电跟踪测量系统相同，地面终端站的角度标校除了测定天线及角跟踪系统的零值和固定偏差外，还需要对跟踪系统的工作参数进行标定。这些工作参数包括方位角零值、仰角零值和天线轴系误差。其中天线轴系误差包括天线大盘不水平、方位轴与俯仰轴不正交、光轴（望远镜轴）与机械轴失配（光轴与俯仰轴不正交）、天线重力下垂、光轴与电轴失配等。另外还需要考虑轴角编码器误差及其线性度以及自动跟踪通道的交叉耦合和定向灵敏度等。

常用的标校方法有有源标校和无源标校。对于角度零值、天线重力下垂、光轴与电轴失配、自动跟踪通道的交叉耦合调整与标定、定向灵敏度标定应采用有源标校方法,即在应答机/信标机的配合下进行。对于大型的地面终端站,通常将应答机/信标机放置在标校塔上。标校塔的距离 R 必须满足天线辐射的远场条件 $R > 2D^2/\lambda$(D 为天线口径,λ 为波长)。标校塔的高度至少应满足能够测到天线的"和"方向图的第二副瓣的要求。对于轴系误差、轴角编码器误差等,通常采用无源标校。由于 CCD 相机的出现,可以使用微光电视实现天线轴系误差和自动跟踪系统的标定。详细的角度标校方法可参考有关文献。

7.2.8.3 自环测试

自环测试是地面终端站内部设备经闭合回路进行的测试,构成的环路通常有视频环、中频环和射频环。其目的是在业务传输前对设备状况和性能进行检查,以及在业务传输过程中对设备状况和信号参数进行监视。自环测试的内容依据不同的业务而有所不同。例如,TT&C 的遥控业务,可以通过上行射频输出与小环监测接收机形成射频环路,用于遥控单元的比对校验;SSA/SMA/KSA 业务可以通过模拟转发器形成射频环路,对数据传输设备的信道特性和载波特性进行性能测试。具体的测试内容和方法见第 10 章。

7.2.8.4 测试标校设备

1. 距离校零变频器

地面终端站的距离校零变频器有 S 频段校零变频器和 Ka 频段校零变频器两种。距离校零变频器亦称"零距离转发器"(ZRT),它具有上行频率与下行频率的转换和距离校零两种功能。校零变频器主要由混频器、本振、电控衰减器、监控单元等组成。为了使校零变频器的群时延随温度、频率的变化降至最小,校零变频器的输入端和输出端通常均不加滤波器,并使用群时延绝对值和群时延变化量都很小的宽带混频器和宽带放大器。图 7.2-26 给出了距离校零变频器的组成框图。

图 7.2-26 距离校零变频器的组成

距离标校一般采用有线闭环、偏馈振子天线闭环以及经标校塔闭环 3 种方式进行。有线闭环是指从功率放大器后的定向耦合器输出,经校零变频器变换成接收频率,送至低噪声放大器输入端的定向耦合器,形成有线连接的射频闭环回路;偏馈振子天线闭环是指由在天线主反射面一定位置上安装的偏馈振子小天线(收发共用或收发分开)形成的无线闭环;标校塔闭环是指将校零变频器及收发天线置于距离已知的标校塔上而形成的无线闭环。有线方式与无线方式可通过开关切换。

2. 模拟应答机

模拟应答机一般放在标校塔上,用于系统联调、角度标校、距离标校和自检等。它具有相干转发测距信号、解调遥控信号和发射遥测信号的能力。模拟应答机通常与信标机设计在一起,可以发射遥测信标信号,配合地面终端站完成角度标校。

模拟应答机通常由混频器、本振、滤波器、解调器、调制器、频率综合器、电控衰减器和监控单元等组成。在地面终端站中,使用的模拟应答机有 S 频段模拟应答机和 Ka 频段模拟应答机两种。图 7.2-27 给出了典型的 Ka 频段模拟应答机组成框图。

图 7.2-27 Ka 频段模拟应答机的组成

由图 7.2-27 可知,上行射频信号经 3 次下变频得到 70MHz 中频信号,70MHz 中频信号经过解调得到侧音信号和遥控信号;侧音信号和遥测模拟源产生的遥测信号相加后再经 70MHz 调相和 3 次上变频得到下行射频信号。对于测距侧音,应答机实际上是一个解调-再调制过程,可以保证输出有较高的信噪比,实现调制度可调节。

3. 小环监测接收机

小环监测接收机用于遥控单元的小环(射频环)比对校验,它从高功放(或上变频器)输出端耦合口接收包含遥控指令的射频载波信号,进行下变频后得到 70MHz 中频载波信号,然后送到 TT&C 综合基带设备进行指令解调并与发出的指令进行比对。

小环监测接收机包括混频器、本振、AGC 模块,电控衰减器,开关和功分器等几部分。当输入的射频信号幅度变化时,通过 AGC 控制衰减器的衰减,使小环监测接收机的输出幅度保持在额定值,为基带设备提供稳定的中频信号。小环监测接收机分为 S 频段和 Ka 频段两种,S 频段小环监测接收机通常为二次变频,Ka 频段小环监测接收机通常为三次变频。为了缩短系统间连线,通常与上行链路的上变频器放在一起。

4. 遥测信号模拟源

该模拟源按照固定格式产生 PCM 码流,经过副载波调制后,形成已调制副载波信号(亦称"视频信号"),然后将其送往载波调制器进行 PM 或 FM 调制,形成中频载波调制的遥测模拟信号。遥测信号模拟源主要用于各种闭环测试。将视频信号送往遥测副载波解调器,可以实现视频闭环(自环)测试;将遥测模拟信号送遥测中频接收机,即可实现中频闭环测试;将遥测模拟信号上变频至射频后送到低噪声放大器,即可实现射频闭环测试。

5. 模拟转发器

模拟转发器(亦称"测试转发器")的任务是模拟中继卫星转发器的功能,是地面终端站站内射频环测试以及地面终端站与模拟测试站之间射频环测试的关键设备。根据中继卫星转发器和数据传输的特点,模拟转发器包括 SSA 链路、SMA 链路、KSA 链路的模拟转发器以及馈电链路的 30/20GHz 模拟转发器。模拟转发器一般由输入输出隔离器、带通滤波器、电控衰减器、混频器和本振源等组成,如图 7.2-28 所示。

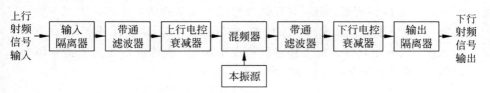

图 7.2-28　模拟转发器的组成原理

当上行射频信号馈送到模拟转发器射频输入口后,信号经过隔离器、带通滤波器、上行电控衰减器,进入混频器。混频出的下行信号,经过带通滤波器滤除组合干扰后再通过下行电控衰减器和隔离器输出。上行电控衰减器用于模拟上行链路的空间损耗,下行电控衰减器用于模拟下行链路的空间损耗。

SSA,SMA 和 KSA 链路的模拟转发器包括前向转发和返向转发两部分。由于 KSA 返向链路带宽较宽,KSA 返向模拟转发器可采用分段混频方案。对于馈电链路的 30/20GHz 模拟转发器一般采用二次变频方案。

模拟转发器的主要技术要求是:应能满足上下行频率变换关系和频率步进间距;具有足够的电平衰减范围;输入输出驻波比、幅频特性、群时延特性、相位噪声、3 阶互调、杂波干扰和频率稳准度等指标一般应比地面终端站上下行设备的要求要高一些。

7.2.9　监视与控制分系统

7.2.9.1　主要功能

地面终端站监控分系统的主要任务是完成对地面终端站、测距转发站中所有被监控设备的监视、控制和管理。其监控范围包括天馈伺分系统（TT&C 分系统）、数传分系统、多站测距分系统以及测试标校分系统等，并通过多站测距分系统实现对远地测距转发站设备的远程监控管理。监控分系统的主要功能是：①监视功能：采集、监视设备工作状态和工作参数；收集、监视所测量的数据信息；实时监视来自运控中心的控制命令；打印控制命令和故障信息。②控制功能：接收/分解来自运控中心的控制命令，通过监控计算机设置各分系统工作方式、工作参数和工作状态；根据要求的上行 EIRP 值，对上行信号电平进行雨衰补偿；对标校设备和设施进行远程控制。③管理功能：操作终端支持多个用户同时登录，对不同分系统设备进行监控操作，对用户实行按级管理；采用主备机自动同步机制，保证各分系统前端机和服务器主备状态一致，并具备人工干预功能；提供工作日志、设备维护及设备功能的有效状态管理；提供操作指南和维护指南等电子文件。④拼装功能：编排并存储典型任务方案的命令序列。根据不同的任务，将命令序列拼装成一个宏任务，执行宏任务时，调出任务宏，送往有关分系统；任务中允许改变工作参数和设备配置；操作终端提供宏命令编辑环境，能够对宏命令进行检索、添加、删除和修改。

7.2.9.2　监控体系结构

监控分系统实际上是一个面向任务的监控和管理系统。由于被监控管理的设备种类和数目繁多，任务处理流程复杂，因此，通常采用分布式监控与集中式管理相结合的方式。

监控分系统一般采用三级监控模式：设备监控、分系统监控和系统监控。设备监控通过设备面板控制操作；分系统监控完成对分系统所有被监控设备的管理和控制；系统监控实现对各分系统的监控和管理。监控管理体系架构如图 7.2-29 所示。

7.2.9.3　监控分系统组成

监控分系统由系统级监控、分系统级监控以及相应的监控软件组成。系统级监控包括数据服务器、操作终端（客户端）、网络打印机、接口转换单元和网络交换设备。为了提高可靠性，服务器可以采用一主一备配置。操作终端可以配置多台，一部分设置在地面终端站内，一部分设置在运控中心

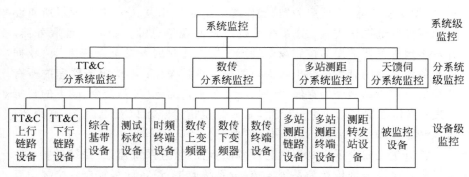

图 7.2-29　地面终端站监控管理体系架构

内,用作远程监控操作和管理。分系统级监控涉及 TT&C、数传、多站测距和天馈伺等,其硬件也是由计算机和接口转换单元组成,计算机可以采用一主一备配置,接口转换单元提供设备监控串行接口到网络接口的转换。监控分系统的硬件设备组成见图 7.2-30。

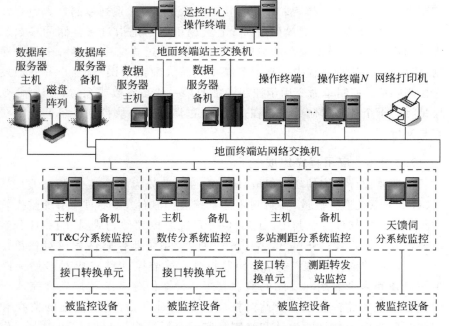

图 7.2-30　地面终端站监控分系统设备组成

7.2.9.4　监控工作模式

设备监控采用客户机/服务器(C/S)模式。它由设备分机、分系统前端机、数据库服务器、本地服务器、操作终端组成。其中,分机监控通过所属设备面板控制键操作实施;分系统前端机将监视信息帧上报到本地服务器,并对本地服务器下发的控制命令进行三取二比对后下发至设备执行;数据库服务器完成所有数据的出入库及数据库维护操作;本地服务器完成所有监视信息和控制命令的存储、转发,以及各种宏命令、过程命令、脚本的解析下发;操作终端与用户进行交互,完成监视信息显示以及单命令、宏命令、过程命令及脚本的编辑、调用和下发执行。

控制优先权由低至高依次为设备面板控制、分系统监控、系统监控;使用优先权由高至低依次为系统监控、分系统监控、设备面板控制;控制信息的传递顺序依次为:系统级→分系统级→设备级。监视信息的传递顺序依次为:设备级→分系统级→系统级。

7.2.9.5 控制信息的类型

监控分系统内交互的控制信息采用统一的格式进行独立封装成帧。控制命令一般分为五类:宏存储命令、宏调用命令、过程命令、控制单命令和控制命令块。其中:宏存储命令是指将某一设备的一系列控制参数组合在一起,形成一个单独的配置存储命令;宏调用命令是指对已存储的参数宏进行调用,以实现设备工作参数的自动化调用;过程命令是指一个指令序列,依次执行,执行过程中一旦遇到某个设置失败或错误,就停止并立即发送控制响应;控制单命令用于控制设备的某一状态参数或配置;控制命令块是将若干个控制单命令组合在一起,通过调用命令块控制设备的若干状态与配置。

7.2.9.6 应用程序组成

根据监控分系统的功能组成,应用软件大致分为 TT&C 分系统监控软件、数传分系统监控软件、多站测距分系统监控软件、天馈伺分系统监控软件和全站监控软件等。其中:TT&C 分系统监控软件完成对 TT&C 分系统设备的监控管理;SSA/SMA/KSA 数传分系统监控软件完成对各数传分系统设备的监控管理;多站测距监控分系统监控软件完成对多站测距主站设备和多个测距转发站的监控管理;天馈伺分系统监控软件完成天馈伺分系统的监控管理;全站监控软件完成对全站设备、设施的监视和控制。监控应用软件的设计和编制是实现全系统自动化监控和正常工作的关键。

7.3　多站测距系统

7.3.1　概述

7.3.1.1　功能与组成

多站测距系统用于中继卫星轨道位置的精确定位。该系统由位于地面终端站内的多站测距分系统、多个远地测距转发站、中继卫星转发器以及位于运控中心的相关数据处理设备组成。图 7.3-1 给出了由 3 个测距转发站组成的多站测距系统示意图。图中 3 个测距转发站的设备配置和技术状态均相同。

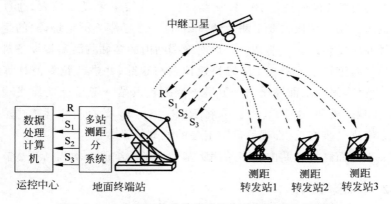

图 7.3-1　3 个测距转发站组成的多站测距系统示意图

7.3.1.2　工作原理

1. 测距信号传输体制

多站测距多址方式通常采用码分多址和频分多址相结合的方式。中继卫星转发的地面终端站测距信号与中继卫星转发的测距转发站测距信号之间采用频分方式工作。多个测距转发站可以使用同一个频率转发,但测距站之间采用码分方式区分各站信号。

在多站测距系统中,PN 码通常采用 18 位移位寄存器产生的平衡 Gold 码,码长为 $2^{18}-1$。调制方式多采用 BPSK 调制。为了实现对测距转发站的监控,在测距信号传输的同时,也可以利用调制信道传输前向指令信息和测距转发站的设备状态信息。这些信息通常与 PN 码模 2 加后进入调制信道传输。

2. 测距信号传输过程

下面以 3 个测距站为例,简要说明采用 R+3S 定位法的测距信号的传输过程:①地面终端站多站测距基带设备产生的测距信号经上行信道的变频、放大,通过天线发向卫星;卫星接收该信号并进行转发;地面终端站收到卫星转发的测距信号,经处理后得到传输时延 T;扣除地面终端站和卫星转发器本身时延,计算得到地面终端站→卫星→地面终端站的"双程距离和" R。②同时,3 个测距转发站也接收到卫星转发的前向测距信号;测距转发站将收到的信号进行放大、变频;然后完成前向 PN 码的捕获跟踪并解调出指令信息。③3 个测距转发站分别产生 3 个不同的 PN 码,其码速率和码长均与接收信号的 PN 码相同,并与接收的 PN 码同步;每个测距转发站将各自的 PN 码进行 BPSK 调制,然后经上变频和功率放大,通过天线发向卫星。④卫星接收 3 个测距转发站(同一个频率不同地址码)的返向测距信号并转发到地面终端站。⑤地面终端站内的多站测距基带设备对卫星转发的 3 路测距信号进行 PN 码快速捕获与跟踪,并进行距离值计算和随机误差统计,得到地面终端站→卫星→测距转发站→卫星→地面终端站的双向"四程距离和" S_1,S_2,S_3。⑥将 R,S_1,S_2,S_3 数据送往运控中心;运控中心经进一步修正、处理后确定卫星的轨道位置参数。

关于地面终端站站内的多站测距基带设备的组成和功能见 7.2 节。

7.3.2　测距转发站

7.3.2.1　功能与组成

测距转发站的主要功能是接收中继卫星转发的测距信号,完成测距信号的相干转发,配合地面终端站的多站测距分系统完成对中继卫星的测距。另外,测距转发站通常还具有:①对本站设备距离零值标校能力;②上行电平自动雨衰补偿能力;③故障诊断和远程管理能力以及工作环境自动监测能力,可实现无人值守。

测距转发站由天线与指向跟踪分系统、接收链路、发射链路、测距转发终端、监控管理设备和标校分系统组成,组成框图如图 7.3-2 所示。

7.3.2.2　天线与指向跟踪分系统

1. 天馈子系统

测距转发站天馈子系统由天线和馈源以及天线座架等组成。天线通常为赋形卡塞格伦双反射面天线。馈源包括波纹喇叭、变极化关节、极化分离

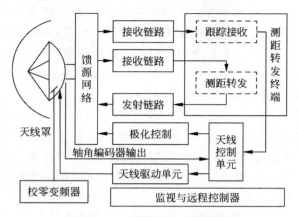

图 7.3-2 测距转发站组成框图

器及收阻滤波器和发阻滤波器等。图 7.3-3 为一种 Ka 频段馈源的组成示意图。天线面接收到的信号通过波纹喇叭进入极化分离器,然后从侧臂耦合出去,再通过发阻滤波器进入低噪声放大器;从功率放大器输出的信号经收阻滤波器、极化分离器的直臂进入波纹喇叭,然后通过双反射面天线发射出去。

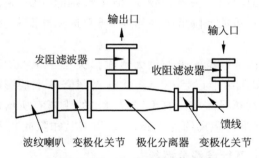

图 7.3-3 Ka 频段馈源组成

发阻滤波器是一个低通滤波器,它的输出端直接与低噪声放大器连接,其主要功能是滤除发射频段的各种信号。通常要求发阻滤波器性能稳定、损耗小、工作频带以外的衰减量大,使进入低噪声放大器的发射频段的信号达到最小。由于 Ka 频段频率较高,对调配螺钉非常敏感,任何误差都可能使其通带和阻带内的性能变差,所以一般选用螺钉电感式低通滤波器结构。

收阻滤波器工作频带为发射频段,其功能是阻止功率放大器产生的接收频段杂波信号进入低噪声放大器。要求其在接收频带的衰减量大。一般选用 WR28 波导膜片式带通滤波器。

对于采用线极化的中继卫星馈电链路,要求测距转发站具有极化变换和极化面调整功能。通常采用极化控制器进行控制和调整,控制方式有本控和远控两种方式。在本控方式时用人工操作控制电机转动,完成极化变换和线极化面的调整。在远控方式时由远地发来的命令控制电机转动,完成极化变换和线极化面的调整。

测距转发站的天线座架结构一般为方位-俯仰型,方位采用齿轮驱动,俯仰采用丝杠驱动。方位组合包括方位驱动装置、方位旋变和方位限位装置,俯仰组合包括俯仰驱动装置、俯仰旋变及俯仰限位装置等。关于天线控制单元和驱动单元的基本功能与地面终端站天线相同,这里不再赘述。

2. 天线跟踪

与地面终端站相同,测距转发站天线也可以使用中继卫星的下行 Ka 频段 TT&C 遥测信号完成角度捕获和跟踪。由于测距转发站天线口径较小,一般采用步进跟踪方式。跟踪接收机通常集成在测距转发终端设备内。

3. 天线罩

天线罩的主要功能是为天线创造一个合适的工作环境,保护天线设备不受风、雨、雪等自然环境的影响,但天线罩会对天线的辐射特性造成影响,例如功率损耗、相位变化、去极化效应、波束形状的畸变、瞄准误差、噪声温度升高等。为了尽可能地降低上述影响,通常选用球面外形和性能良好的介质结构参数。

目前,Ka 频段天线罩带来的最大传输损失小于 1.2dB,产生的交叉极化低于 -32dB,最大瞄准误差小于 $0.02°$,对副瓣电平的影响不大于 2dB。由于电波穿过天线罩导致与没有天线罩测出的距离有所增加,例如厚度为 3cm 的天线罩,增加的距离约为 4cm,故可以将其扣除或归入系统误差。

7.3.2.3 上下行链路分系统

测距转发站的上行链路主要包括上变频器和功率放大器。上变频器采用 3 级变频方式,即 L 频段变频器、C 频段变频器和 Ka 频段变频器 3 级。为了保证组合干扰满足要求,并使频谱不倒置,可以采用低本振频率。通过选择合适的本振频率,将中频频率上变频到系统所要求的射频频率,然后送入功率放大器进行放大。功率放大器通常选用固态功率放大器。

测距转发站的下行链路主要包括低噪声放大器和下变频器,下变频器同样采用 3 级变频方式。为了提高镜频抑制度及保证组合干扰满足要求,Ku 本振和 C 本振都采用高本振频率。同时为了频谱不倒置,L 本振采用低本振频率。通过合理选择 3 级变频器的本振频率,将 Ka 频段射频信号变频为中频信号,然后送入测距转发终端。在实际应用中,为了缩短 Ka 频段信号的传输路径,常将 LNA 和 Ka 频段变频器合二为一成为一个 LNB 组件,并将其置于天线中心体内。为了有效降低本振频率,保证本振源的可靠性,上、下链路的 Ka 频段变频器可以采用亚谐波变频方案。

7.3.2.4　测距转发终端

1. 前向解扩解调器

前向解扩解调器的组成如图 7.3-4 所示。

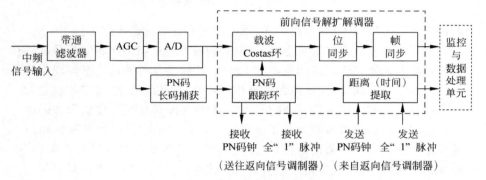

图 7.3-4　前向解扩解调器组成

输入的中频信号经带通滤波器滤波、AGC 放大器放大和 A/D 采样后送给数据解扩解调器。解扩解调器完成 PN 码和载波捕获跟踪、信号解扩解调以及数据位同步和帧同步,将解调的控制指令数据送至监控与数据处理单元。PN 码跟踪环、载波科斯塔斯环、位同步、帧同步、距离提取等功能模块均可以采用数字方式实现。PN 码长码的快速捕获可以采用频域并行相关和自适应门限检测技术来实现,得到的 PN 码相位送到解扩/解调器的 PN 码跟踪环,使码环快速进入跟踪状态。

2. 返向调制器

返向调制器主要由数据寄存器、PN 码产生器、BPSK 调制器等组成,如图 7.3-5 所示。

返向的信息数据先由监控与数据处理单元注入数据寄存器,然后数据从寄存器读出,经过并/串变换,与短 PN 码模 2 加,进入调制器调制,形成返向信号。为了实现分时产生测距转发信号和测距校零信号的功能,可在监控与数据处理单元的控制下,改变数据时钟速率和 PN 码时钟速率,选择 PN 码码型。码钟产生器可以设计为相干和非相干两种状态。返向调制器的硬件电路大部分功能模块可以用 FPGA 实现,控制器可以用 DSP 实现,

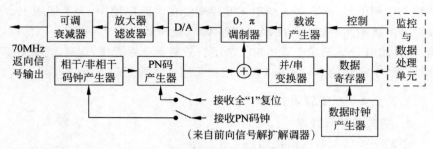

图 7.3-5 返向调制器组成

载波产生器可以用 DDS 方式实现,通过控制器对载波进行控制。

当设备处于测距转发状态时,返向调制器产生返向测距转发信号,前向信号解扩解调器将锁定后的本地 PN 码全"1"脉冲及码钟送至返向调制器,使之与接收信号同步,完成测距信号相干转发;当设备处于校零状态时,返向调制器产生测距校零信号,断开接收电路的 PN 码初相复位信号和码钟。前向信号解扩解调器接收调制器送来的前向 PN 码全"1"脉冲及码钟相位,完成原始距离(时间)数据的提取,并送监控与数据处理单元计算得到校零距离值。通常,测距校零信号也可以作为接收机自检的模拟源信号。

3. 监控与数据处理单元

该单元由监控电路和数据处理计算机组成,完成对各功能模块的控制。可以控制的参数通常有:PN 码跟踪环中的码生成多项式及初相和码长,位同步环中的数据速率,帧同步电路中的帧格式及容错参数等。由于测距转发站、中继卫星和地面终端站均为固定目标,其距离变化很小,可以对接收PN 码初相进行预置,使之能够更快地捕获信号。

7.3.2.5 跟踪接收机

步进跟踪接收机接收中继卫星下行 TT&C 遥测信号,完成载波捕获及跟踪,提取相干 AGC 电压,送至监控与数据处理单元,处理后的数据送入伺服系统,使天线实时跟踪中继卫星。在一般情况下,跟踪接收机与测距转发终端设备可以共用硬件平台,采用双通道接收电路,其中一个通道接收TT&C 遥测信号,提取 AGC 电压,完成步进跟踪接收机功能。另一个通道完成前向测距信号的解扩解调及伪码相干转发。步进跟踪原理见 7.2 节,这里不再赘述。

7.3.2.6 测距转发站的零值标校

1. 偏馈距离零值稳定性标定

对于小型的测距转发站,通常采用偏馈法来标定距离零值稳定性,即在天线主反射器附近安装偏馈振子天线。其安装位置应满足近场辐射特性，并最大限度减少多径效应对距离零值的影响，保证距离校零测试电平和数据的稳定性。偏馈距离零值稳定性标定的设备连接如图 7.3-6 所示（图中 K2 打至 A）。

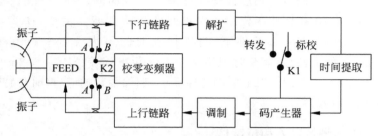

图 7.3-6　偏馈距离零值稳定性标定连接图

偏馈距离零值稳定性测定通常与标校塔法测距离零值 R_g 同时进行，以保证两种方法测得的设备零值 R_g 没有变化。此时，偏馈距离零值稳定性标定测得的系统总的距离值作为本站设备零值变化比对的标准。

2. 有线闭环距离零值稳定性检验

在测距转发站中，有线校零法通常作为辅助手段，检验零值稳定性。如图 7.3-6 所示，图中 K2 打至 B，将上行发射链路与下行接收链路形成闭环，测量射频有线闭环条件下的距离零值稳定性。扣除变频器和馈线距离零值、偏馈振子到主天线馈源的距离，即可得到测距转发站的系统零值。

3. 标校与转发状态距离值的提取

从图 7.3-6 可以看出，当开关 K1 打至转发状态时，测距信号经下行信道接收解扩解调后，测距码同步本站码产生器，产生相干码经上行链路发送，完成测距转发站的转发功能。当开关 K1 打至标校状态时，码产生器产生的测距码与返回的码比较时延，测出系统距离零值。这两种状态的电路完全相同，距离值始终在提取，只是在标校状态时，距离值为标校有效数据，开关 K 通常由软件实现，因此它不会产生校零误差。

7.3.2.7　测距转发站的无人值守

测距转发站通常设计为无人值守方式。在测距转发站可以配置 UPS 电源和远程监控设备，监视和控制测距转发站的电源系统、空调系统和工作计算机，实现电源设备和环境温度的远程自动化管理，保持计算机持续工作以及测距转发站与地面终端站的不间断通信。

7.3.2.8 测距转发站的一般要求

对测距转发站的一般要求是：①工作频率、PN 码率、码长和前/返向调制体制应符合要求。②根据工作频率和链路预算确定站的 EIRP 值和 G/T 值。③满足角跟踪精度、角度捕获时间、距离捕获时间、距离误差、设备适应的最大多普勒频率及其变化率以及站可用度等要求。例如，在 $C/N_0 =$ 37dBHz，$R_b = 2$(Kb/s) 条件下，角度捕获时间不大于 5s；在 $C/N_0 =$ 41(dBHz) 条件下，距离捕获时间不大于 5s；距离误差 $\Delta R_{双程} \leqslant 3m$；站可用度不小于 99.6%。④满足信道特性要求，例如幅频响应、群时延特性、相位噪声和 3 阶互调等。

7.3.3 距离测量误差和精度估计

7.3.3.1 随机误差

引起多站测距系统随机误差的环节主要是地面终端站内的多站测距分系统和测距转发站。在地面终端站多站测距分系统中，随机误差主要由热噪声、量化误差、频率短期稳定度（短稳）等引起。在测距转发站中，随机误差主要由热噪声、PN 码同步误差和短稳引起。

1. 热噪声引起的随机误差 σ_{R1}

距离的测量通常采用测 PN 码整周数（粗测）和 PN 码相位（精测）的方式。地面热噪声对码环相位的提取会产生影响，从而导致距离精测误差。对于非相干单 Δ 环，码跟踪误差 σ_t 为

$$\sigma_t = \Delta \sqrt{\frac{B_n(1 + 2B_{IF}/(C/N_0))}{2C/N_0}} \tag{7.3-1}$$

式中，Δ 为 PN 码码元宽度；B_n 为码环带宽；B_{IF} 为相关器处理带宽；C/N_0 为载波功率与噪声功率谱密度比。

对应的测距误差 σ_{R1} 可由下式计算：

$$\sigma_{R1} = \frac{1}{2}C\sigma_t \tag{7.3-2}$$

式中，C 为光速。

【例 1】 假设，PN 码钟频率为 3MHz（$\Delta = 0.33 \times 10^{-6}$(s)）；$B_n$ 为 6Hz；信息速率为 1Kb/s，B_{IF} 取信息速率的 2 倍（$B_{IF} = 2$(kHz)），求测距误差。

解：（1）对于地面终端站，当地面终端站接收 C/N_0 为 41dB/Hz 时，由式(7.3-1)计算可知，相应的码跟踪误差 σ_t 为 5.8ns。由式(7.3-2)计算可知，对应的测距误差 σ_{R1} 为 0.87m。

（2）对于测距转发站，若取 C/N_0 为 43dB/Hz，在其他条件与多站测距分系统相同情况下，热噪声导致的测距误差 $\sigma_{R1}=0.64(\mathrm{m})$。

2. 量化误差 σ_{R2}

相位分辨力一般用 32 位二进制码进行计算，其相位分辨力可以达到 $360°/2^{32}$。但实际上常取 10 位二进制码，其相位分辨力 $360°/2^{10}=0.35°$。当 PN 码时钟频率为 3MHz 时，其波长 λ_{PN} 为 100m。测距量化步长（精度）$L=\lambda_{PN}/2\times2^N\approx0.049(\mathrm{m})$，故引起的量化误差 $\sigma_{R2}=0.049/\sqrt{12}\approx0.014(\mathrm{m})$。

3. 短稳引起的测距误差 σ_{R3}

短期频率稳定度引起的测距误差 σ_{R3} 为

$$\sigma_{R3}=\sqrt{2}\delta(\tau)R \tag{7.3-3}$$

式中，$\delta(\tau)$ 为短期频率稳定度；R 为作用距离。

例如，取短稳 $\delta(\tau)=1\times10^{-9}/\mathrm{ms}$，地面终端站→中继卫星→测距转发站的作用距离 R 为 90 000km，则 $\sigma_{R3}=0.13(\mathrm{m})$。

4. 总的随机误差

地面终端站多站测距分系统 $\sigma_R=\sqrt{\sigma_{R1}^2+\sigma_{R2}^2+\sigma_{R3}^2}=\sqrt{0.87^2+0.014^2+0.13^2}\approx0.9(\mathrm{m})$

测距转发站 $\sigma_R=\sqrt{\sigma_{R1}^2+\sigma_{R3}^2}=\sqrt{0.64^2+0.13^2}\approx0.65(\mathrm{m})$

7.3.3.2 系统误差

总的系统误差由地面终端站的多站测距分系统、测距转发站、中继卫星转发器 3 个部分引起的系统误差构成。下面仅就多站测距分系统和测距转发站的系统误差进行分析。

1. 信道时延漂移误差

信道时延主要由模拟链路时延和数字信号处理电路时延构成。模拟链路时延包括天线时延、滤波器时延、电缆时延、变频器时延等。在一般情况下，定向耦合器、隔离器的传输路径短，信号时延很小，因此时延漂移也很小，可以忽略不计。低噪声放大器工作在小信号范围，由信号引起的幅相变化可以忽略不计。放大器在工作温度范围内时延漂移系数很小，也可以忽略不计。

（1）电缆时延漂移

同轴电缆在电缆弯曲、振动和温度变化时对时延影响较大。以聚乙烯介质材料的电缆为例，每米电缆产生的时延 τ_{1m} 可以用下式表示：

$$\tau_{1m} = \frac{\sqrt{\varepsilon}}{C} \tag{7.3-4}$$

式中, C 为光速; ε 为介电常数。

【例 2】 取 ε 为 1.38、电缆长度为 30m、室外温度变化为 40℃、随温度变化的时延稳定性为 10ppm/℃,计算电缆时延漂移引起的系统误差 $\Delta R_{电缆}$。

解: ① 首先由式(7.3-4)计算每米电缆时延 τ_{1m},得出每米电缆约为 3.916ns;

② 30m 电缆的时延约为 117.48ns;

③ 电缆时延漂移 $\Delta\tau = 117.48 \times 40 \times 10 \approx 0.047(\text{ns})$;

④ 由式(7.3-2),得出相应的系统误差 $\Delta R_{电缆}$ 约为 0.007m。

(2) 变频器时延漂移

变频器是影响时延漂移的一个重要因素。变频器通常包含功分器、隔离器、放大器、滤波器、混频器等。在一般情况下,功分器、隔离器引起的时延变化很小,可以忽略不计。变频器中的放大器、混频器在工作温度范围内小信号工作,引起的幅相变化也很小,其时延变化也可以忽略不计。但是滤波器对时延漂移的影响较大。

对于微波介质滤波器,时延一般不大于 1ns,时延温度稳定系数为 1×10^{-3}。因此,当温度变化为 40℃ 时,其时延变化 $\Delta\tau_1$ 为 0.04ns。对于 LC 滤波器,电感材料采用新型的羰基铁材料,其温度稳定性可达到 0.5×10^{-3},当 LC 滤波器在通带内最大时延为 70ns 时,在 40℃ 温度变化范围内的时延变化 $\Delta\tau_3$ 约为 1.4ns。因此,对于采用 2 个微波介质滤波器和 1 个 LC 滤波器的变频器,其时延漂移约为

$$\Delta\tau_{变频器} = \sqrt{(\Delta\tau_1)^2 + (\Delta\tau_2)^2 + (\Delta\tau_3)^2} = \sqrt{0.04^2 + 0.04^2 + 1.4^2}$$
$$\approx 1.401(\text{ns})$$

经计算,变频器时延漂移引起的系统误差约为 0.21m。考虑到实际加工后的滤波器与设计值之间的差异,可留有一定的余量,按照 3 倍计算,可取 0.63m。

下行信道时延漂移引起的系统误差 $\Delta R_{下行信道}$ 为

$$\Delta R_{下行信道} = \sqrt{\Delta R_{电缆}^2 + \Delta R_{变频器}^2} = \sqrt{0.007^2 + 0.63^2} \approx 0.63(\text{m})$$

假设上行信道和下行信道的系统误差相同,则上、下信道时延漂移引起的系统误差 $\Delta R_{上下信道}$ 为

$$\Delta R_{上下信道} = \sqrt{\Delta R_{上行}^2 + \Delta R_{下行}^2} = \sqrt{0.63^2 + 0.63^2} \approx 0.891(\text{m})$$

2. 基带的漂移误差

基带群时延会随温度、时间、信号电平和多普勒的变化而变化,从而引起漂移误差。假设其群时延为 $0.15\mu s$,随温度和时间的相对变化为 10^{-3},则在 40℃ 温度变化范围内的时延变化为 6ns,相应的系统误差 ΔR_1 为 0.9m。另外,假设目标动态滞后 PN 码环跟踪误差 ΔR_2 取 0.6m、电平变化引起的误差 ΔR_3 取 1.4m,则基带的系统误差 $\Delta R_{基带}$ 为

$$\Delta R_{基带} = \sqrt{\Delta R_1^2 + \Delta R_2^2 + \Delta R_3^2} = \sqrt{0.9^2 + 0.6^2 + 1.4^2} \approx 1.77(m)$$

3. 信道和基带总的系统误差

$$\Delta R_{信道+基带} = \sqrt{\Delta R_{上下信道}^2 + \Delta R_{基带}^2} = \sqrt{0.891^2 + 1.77^2} \approx 1.982(m)$$

4. 多站测距系统总的系统误差

若不考虑中继卫星,仅考虑地面终端站的多站测距分系统和测距转发站两部分,作为估计,假设地面终端站的多站测距分系统和测距转发站的系统误差相同,则整个多站测距系统的总的系统误差 $\Delta R_{多站测距总系统误差}$ 约为

$$\Delta R_{多站测距总系统误差} = \sqrt{\Delta R_{转发站}^2 + \Delta R_{地面终端站}^2}$$
$$= \sqrt{1.982^2 + 1.982^2} \approx 2.8(m)$$

对整个多站测距系统,一般要求总的系统误差不大于 3m。

7.4 中继卫星在轨测试系统和标校系统

7.4.1 概述

在中继卫星定点后,通常要求对其平台部分和有效载荷部分进行在轨测试。其目的是验证星上仪器和设备工作是否正常、性能参数与卫星发射前地面测试的结果是否吻合。为了实现中继卫星在轨测试,需要在地面设置工作在星间链路的模拟测试站,并与地面终端站相关设备、测试仪器、测试计算机和测试软件等共同组成中继卫星在轨测试系统。

在中继卫星定点以后,还需要对中继卫星星间链路 Ka 频段单址天线(简称"单址天线")和 S 频段多址相控阵天线(简称"多址天线")进行标校。

7.4.2 模拟测试站

7.4.2.1 主要功能

模拟测试站的主要功能是:①模拟产生用户航天器发送的不同速率、不同编码调制体制和信息传输格式的数据信号;②模拟用户航天器接收前

向数据,验证前向链路的传输性能;③将测距伪码与接收伪码同步,插入时延,模拟用户航天器测距转发功能;④根据用户航天器的飞行轨道,模拟其动态性能,例如信号强度变化和多普勒频率变化等;⑤模拟用户航天器捕获跟踪中继卫星的功能。另外,模拟测试站还参与中继卫星在轨测试以及为用户终端测试和试验提供射频、中频测试通道和测试接口等。

7.4.2.2　设备组成

模拟测试站实际上是一种位于地面的大型用户终端设备,主要由天线分系统、信道分系统、数传终端、数据产生与数据接收分系统以及监控分系统等组成。

天线通常采用 S/Ka 双频段抛物面天线,其组成与地面终端站一样,包括天线、馈线、伺服、跟踪、结构等。其工作频段为 ITU 划分的星间链路的 S 频段和 Ka 频段。天线跟踪采用自动跟踪方式跟踪中继卫星的星间信标信号;信道分系统主要包括 S/Ka 频段的功放、低噪声放大器、上/下变频器等,完成前向和返向 SSA,SMA,KSA 链路的数据传输以及接收 G/T 值和发射 EIRP 值的调节等功能;数传终端由调制解调器和基带切换开关等组成,完成多种数据率、多种体制的编码与译码、调制与解调、扩频与解扩、相干与非相干测距转发等功能,并实现载波、数据、伪码时钟的多普勒频率的模拟;数据产生与数据接收分系统的功能是按照规定的格式产生和接收不同速率的数据,为数据格式比对和误码性能测试提供支持;监控系统主要由监控计算机、网络通信设备和监控软件组成,对站的设备和业务运行进行自动化监控和管理。

7.4.2.3　对模拟测试站的一般要求

为了满足系统测试精度的要求,模拟测试站通常按照高精确度的标准测试站设计。例如,①为了确定中继卫星的 EIRP、G/T 值、天线轴比等,测试站本身的 EIRP、G/T 值、天线轴比等性能要更优、精度更准确和稳定;②为了测量和比对待入网验证的用户终端,测试站本身的上下行信道、数传终端的性能指标应更好、调节范围更大;③要求模拟测试站具有宽频带、多速率、多体制的数据传输能力和支持尽可能多的用户终端功能;④提供射频、中频、基带多层环路的接口,包括信号注入口、校准口和监测口等。

7.4.3　在轨测试系统

7.4.3.1　系统组成

在轨测试系统包括硬件平台和测试软件。硬件平台由测试链路、开关矩阵、测量仪器和测量计算机组成,如图 7.4-1 所示。测量仪器包括信号源、功率计、频谱仪和矢量网络分析仪等,并通过开关矩阵与测试信道连接。开关矩阵由电子开关、控制器和放大器组成,并通过独立的计算机控制。在轨测试软件按照在轨测试的方法和流程,控制仪器仪表的操作,采集信号数据,对数据进行处理,完成各项测试内容,产生测试结果。

7.4.3.2 测试链路

在对中继卫星在轨测试时,通常利用地面终端站、模拟测试站实现测试信号的发送和接收。因此,地面终端站和模拟测试站的射频和中频链路需要预留用于在轨测试的接口。

如图 7.4-1 所示,在上行链路,包括射频和中频发射测试链路(通常为两路,用于测试 3 阶互调)、发射信号返回监视链路、发射信号功率监测链路。在下行链路,包括射频和中频接收测试链路、注入链路和注入检测链路。

发射信号功率监测一般采用功率计,将功率计传感器与耦合器(C3)连接;发射信号返回监视链路通常为波导或电缆,发射信号从耦合器(C4)引出,经波导或电缆、开关矩阵,连接至频谱仪,监视发送信号的特性;注入链路的作用是将信号源产生的信号经耦合器(C1,C2)注入低噪声放大器的输入端(D),以便于对接收系统进行校准。注入信号功率检测链路用于注入信号的监测。

在轨测试系统与地面终端站、模拟测试站的测试接口连接时,传输线不能太长,要尽量靠近测试接口,否则不仅会带来传输损耗,而且会影响测试的结果。从目前的技术水平看,20~30GHz 频段每米电缆损耗为 2~3dB,每米波导损耗为 0.3~0.6dB。

7.4.3.3 测量误差估计

在轨测试系统的测量误差来源主要有 4 部分:①测试系统误差,例如校准误差、仪器读数误差、测试系统连接失配引起的误差以及数据处理中的数据拟合、数据精度、公式计算等误差;②测试链路涉及的设备误差,如天线、馈线、耦合器等;③测试链路接口带来的误差,如设备连接失配、极化失配以及地面天线与卫星天线波束中心未对准等;④环境变化引起的误差,如测试设备工作环境变化、大气环境变化以及自由空间传播损耗的变化等;⑤随机或偶然误差。对于误差项中无法测量的项目,如大气损耗等,可以根据经验和其他参考数据估计。表 7.4-1 给出了在轨测试系统主要误差源误差估计值。为了保证在轨测试的精度,要求在轨测试系统各种误差尽量小以及地面终端站和模拟测试站相关设备的性能指标尽量高。

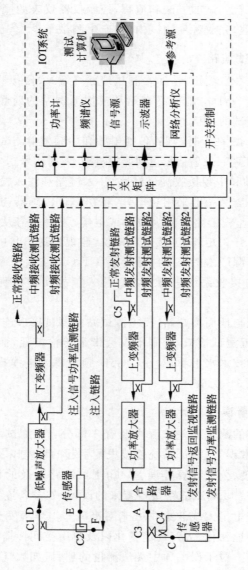

图 7.4-1 在轨测试系统地面站硬件平台组成原理框图

表 7.4-1　在轨测试系统主要误差源误差估计

误　差　源	S 频段/dB	Ka 频段/dB
测试系统误差	0.20	0.40
天线增益误差	0.50	0.50
馈线损耗误差	0.10	0.20
耦合器耦合度误差	0.10	0.15
星地天线波束中心未对准引起的误差	0.20	0.20
连接失配引起的误差	0.15	0.30
极化失配引起的误差	0.10	0.10
测试环境引起的误差	0.10	0.30
大气损耗估计误差	0.10	0.5(对于绝对值测试项目)
		0.2(对于相对值测试项目)

7.4.3.4　在轨测试的主要项目

中继卫星在轨测试包括卫星平台和有效载荷两部分。

1. 卫星平台在轨测试

卫星平台的测试主要针对姿态和轨道控制、推进、热控、测控、供配电等分系统进行测试。姿态和轨道控制分系统的测试项目主要是姿态精度、定点保持精度、控制模式转换和地球敏感器保护等;推进分系统的测试项目主要是剩余推进剂估算、推力器健康状况、推力器标定等;热控分系统的测试项目主要是热控和加热器的功能;测控分系统的测试项目主要是遥测信号的功率稳定度、频率稳定度、调制度、相位噪声、遥测传输格式切换以及遥控灵敏度及其信号电平动态范围等;供配电分系统的测试项目主要是电源供电能力、电源分流功能、蓄电池性能、太阳帆板跟踪能力等。卫星平台测试通过 TT&C 站和运控中心发送指令以及对遥测数据分析处理来获取测量结果。有关卫星平台的测试内容、原理和方法可见其他专业书籍,这里不再赘述。

2. 卫星有效载荷在轨测试

中继卫星有效载荷在轨测试包括转发器和天线。转发器的测试项目主要有:输入输出特性、饱和通量密度、单载波饱和 EIRP 值、增益、G/T 值、幅频特性、群时延特性、载波相位噪声、3 阶互调、杂散、调幅/调相变换系数、频率准确度及稳定度、EIRP 稳定度、增益档位等。天线的测试项目主要有:转动范围、发射方向图、接收方向图、自动跟踪捕获性能、圆极化轴比(星间天线)和线极化隔离度(星地天线)。

具体测试原理和方法见第 10 章。

7.4.4　星间天线在轨标校系统

7.4.4.1　单址天线标校系统

单址天线标校包含捕获跟踪系统射频敏感器的相位标校(亦称"跟踪标校")和天线指向角标校。跟踪标校的目的是修正因设备工作点漂移、元器件老化等因素造成的天线自动跟踪特性的偏移,以提高自动跟踪精度;天线指向角标校的目的是修正因支撑结构变形、测量部件零点漂移等因素引入的误差,以提高程序跟踪的指向精度。天线指向角偏差可通过统计分析指向控制角度与自动跟踪角度间的差值来获得。为了实现标校,需要在地面适当位置配置跟踪标校站和指向角标校站。

1. 系统组成和功能

单址天线标校系统由跟踪标校子系统、指向角标校子系统以及数据处理评估子系统组成。跟踪标校子系统的功能主要是产生用于星间天线自动跟踪控制回路校相的信标信号,实现对单址天线跟踪系统(单通道调制器)"和""差"相位的校准和补偿;指向角标校子系统的功能主要是产生用于天线指向角标定的信标信号,实现对星间天线 GDA 框架角误差的标定,以保证单址天线对用户航天器的可靠捕获和精确跟踪。数据处理评估子系统完成标校过程中的数据处理、计算、分析及标校效果的评估。图 7.4-2 给出了单址天线标校系统的组成。

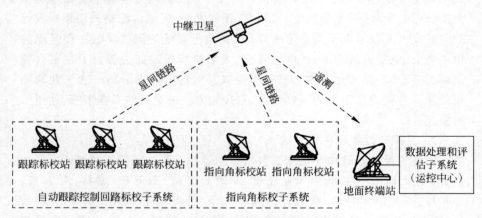

图 7.4-2　单址天线标校系统的组成

2. 标校站

标校站由天线、功率放大器、低噪声放大器、变频器、跟踪接收机、信号源和频谱仪等组成,如图 7.4-3 所示。标校站天线口径一般较小,设备量不大,可以用车辆装载,以便机动,寻找合适的站址位置。

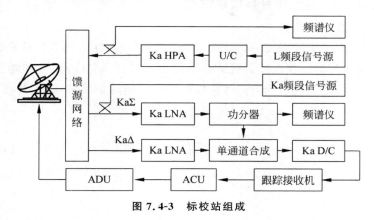

图 7.4-3 标校站组成

对标校站的要求是:应能接收和跟踪中继卫星的信标信号,并接收远程控制命令,按照规定的顺序发送一个指定频率的单载波信号。标校站的工作频率、天线极化方式、捕获跟踪性能、跟踪误差、天线转角范围、转动速度、捕获时间、发射 EIRP、接收 G/T、频率稳定度、数据传输能力和可靠性等指标应满足要求。

3. 标校原理

(1)跟踪校相

跟踪标校子系统通常设置 3 个标校站。其中,1 个标校站为主站,其他 2 个为副站。主站位于中继卫星星间天线波束中心处,两个副站设置在波束内的两个正交方向,通常是在波束宽度的二分之一处。其中,1 个副站按照天线正方位角(或负方位角)布站,用于标校方位特性。另一个副站按照天线正仰角(或负仰角)布站,用于标校俯仰特性。

第 6 章给出了 3 个站 L 型分布的要求以及跟踪校相的原理、步骤和数据处理方法。

(2)框架角标校

框架角标校一般需要 2 个指向角标校站,且站间距离要尽量远。星间天线的方位角、仰角的每个轴的框架角测量值的物理特性可以拟合成 $y = kx + b$ 形式。其中,k 主要是测量电路的放大倍数以及坐标系旋转引起的轴间耦合误差,b 主要是测量电路的 0 点偏移和系统偏差。

第 6 章给出了星间天线框架角误差标校的布站要求以及标校的原理、

步骤和数据处理方法。

7.4.4.2 多址天线标校系统

1. 功能和组成

SMA 多址天线标校(简称"SMA 标校")系统的主要任务是检测和标校中继卫星星间链路相控阵天线通道间的相对时延、幅度一致性和相位一致性。SMA 标校系统包括前向链路标校和返向链路标校两部分,如图 7.4-4 所示。

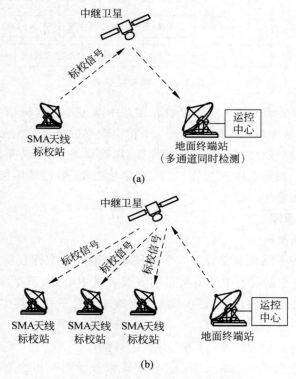

图 7.4-4　多址天线标校系统的组成

(a) 返向链路多址天线标校;(b) 前向链路多址天线标校

通常,一颗中继卫星需要配置 3 套前向 SMA 标校站,用于支持 SMA 前向链路标校,配置 1 套返向 SMA 标校设备用于支持返向标校。SMA 前向标校频度一般为每月 1 次,返向 SMA 标校频度较高,一般需要每小时(甚至更短时间)1 次。

标校站由天伺馈单元、信道单元、标校和模拟测试终端设备、时频设备、监控设备、校零变频器等组成,如图 7.4-5 所示。其主要功能是:模拟 SMA 标校终端,完成 SMA 前向标校信号的接收和处理以及 SMA 返向标校信号的产生和发送。

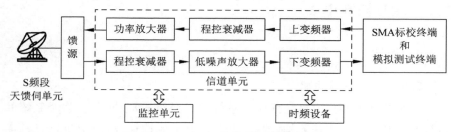

图 7.4-5 SMA 标校站/模拟测试站组成

2. 标校工作流程

当进行 SMA 前向链路标校时,SMA 标校站接收由中继卫星转发的前向标校信号,经程控衰减、低噪声放大、下变频后,送入 SMA 标校终端进行处理,并将结果发送到监控单元。当进行 SMA 返向链路标校时,由 SMA 标校终端产生返向标校信号,经上变频、程控衰减、功率放大后,向中继卫星发送。

标校站还兼顾 SMA 链路的性能测试功能。当进行 SMA 前向链路模拟测试时,标校站接收来自地面终端站的 SMA 模拟测试信号,SMA 模拟测试终端经过解扩、解调、译码和数据比对,完成 SMA 前向链路性能测试。当进行 SMA 返向链路模拟测试时,SMA 模拟测试终端产生模拟数据,经编码、调制、扩频、上变频和功率放大后,向中继卫星发送,完成 SMA 返向链路性能测试,以验证相控阵天线空分多址的能力。

3. 标校原理

前向链路标校通常采用旋转矢量校正法。地面终端站发送前向标校信号,同时运控中心通过遥控指令依次周期性改变通道相位状态。用 3 套 SMA 天线标校站同时接收前向标校信号,完成对前向标校信号的功率幅度检测,并将结果发送到运控中心。运控中心对标校站功率检测结果进行联合处理,反演计算通道间相位差,形成前向通道校正补偿表,并通过遥控信道注入卫星,完成前向 SMA 波束指向补偿控制。

返向链路标校基于多通道检测技术,采用在线标校方式,即标校与返向数传任务同步进行。利用一个 SMA 天线标校站发送返向标校信号,地面终端站接收并完成返向多通道间相对时延、幅度一致性和相位一致性检测,并将时延检测结果、幅相检测结果分别送入返向 SMA 数字接收机及波束形成设备,完成对返向多个通道时延补偿和幅相补偿处理。

7.5 运行控制中心

7.5.1 概述

7.5.1.1 主要功能

运行控制中心是卫星数据中继系统的重要组成部分,负责整个系统的运行和控制。其主要任务是:①完成中继卫星测控任务,对卫星进行长期管理,监视其运行状态;②作为卫星数据中继系统的接入点,受理用户使用中继卫星的申请,完成任务计划生成、系统资源分配和业务协调;③作为用户数据的地面交换节点,实现用户数据的存储、传输和分发;④根据用户要求,对用户航天器进行测定轨和用户航天器的星历预报;⑤与各地面站(地面终端站、测距转发站和模拟测试站的统称)配合,完成中继卫星在轨测试、标校以及链路性能测试和用户终端入网验证测试;⑥对各地面站设备状态和参数进行远程监控;⑦对全程链路的建立、维持和释放过程进行监控。

7.5.1.2 运控中心组成

运控中心由一套分布式计算机系统构成,包括计划管理和数据分发以及卫星和地面站操作控制两大部分。计划管理和数据分发部分包括计划生成子系统、用户航天器子系统、数据分发子系统、数据库子系统、仿真子系统和网络交换子系统等;卫星和地面站操作控制部分包括轨道控制子系统、卫星监控子系统、地面站监控子系统、显示子系统和数据库子系统等。外部系统(如地面终端站、用户应用中心等)可通过路由器与运控中心互连。运控中心的一般组成如图 7.5-1 所示。

7.5.1.3 对运控中心的技术要求

对运控中心的一般要求是:①应能满足卫星数据中继系统所要求的各项监视、控制和显示功能;②具有较好的可扩充性,可以满足多星系统的运行和控制;③运控中心内部应能提供分级防护能力,防范非法的外部远程访问;④具有较强的实时数据分发能力和事后重放能力;⑤能够记录和存储多天的用户数据;⑥可靠性要高,系统可用度大于 99.9%。

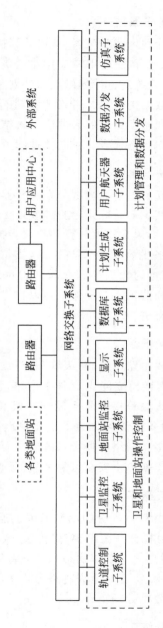

图 7.5-1 运控中心一般组成

7.5.2 计划管理和数据分发

7.5.2.1 计划生成子系统

计划生成子系统由计划生成服务器、接口计算机、调制解调器等设备组成。其主要功能是：①接收和处理用户应用中心的使用申请，根据使用申请和系统运行状况，生成系统运行计划以及周计划和日计划的安排，包括资源分配、中继卫星测控、数据传输等。并对申请进行响应，向用户应用中心发布相关信息。②接收和转发用户航天器测定轨结果。③接收和处理地面站的工作计划申请和工作状态报告。④向数据库子系统提交日志。

7.5.2.2 数据分发子系统

数据分发子系统由互为备份的数据分发服务器、网络前端机、操作设备和海量磁盘阵列组成。其主要功能是：①信息交换。完成运控中心与外部系统之间测控信息的交换，包括路由计算和协议转换。②数据分发与存储。完成前向和返向中继业务的数据分发与存储，支持返向数据的事后重发。③管理存储设备，提供海量的数据存储介质。④对外部测控信息和数据通信的链路状态进行维护和监视。⑤操作员可以在操作设备上使用远程登录的方式对软件运行的状态进行管理。

7.5.2.3 网络交换子系统

网络交换子系统主要由路由器、防火墙和交换机等组成，网络拓扑结构如图 7.5-2 所示。核心交换机之间组成骨干网络，汇聚层和接入层交换机之间构成二级网络。防火墙跨接在骨干网交换机和路由器之间，实现数据的双向过滤，防范外部的非法访问。为了避免单点故障失效，交换机之间、防火墙之间实现交叉连接。网络交换子系统的主要功能是为运控中心内部以及与外部网络的数据交换提供安全可靠的软/硬件平台。

7.5.2.4 用户航天器子系统

用户航天器子系统由互为备份的用户航天器服务器和操作设备组成。其主要功能是：在星间目标捕获跟踪、数据传输、全程链路建立与释放等过程中，收集、整理、分析用户终端工作状态及链路各组成单元的相关信息，并以图形化的方式进行显示，实现对全程链路的状态监视；并根据不同任务，完成用户航天器的相关数据处理工作。

7.5.2.5 仿真子系统

仿真子系统的硬件由路由器、交换机、中继卫星仿真服务器、用户应用

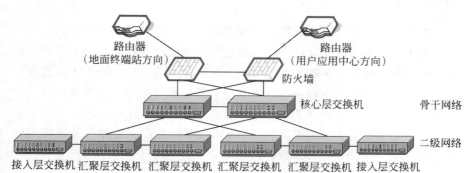

图 7.5-2　网络交换子系统拓扑结构

中心仿真服务器、操作设备、通信服务器构成，并通过路由器连接到骨干网上。仿真子系统的仿真内容主要包括：中继卫星的动力学仿真、遥测遥控流程仿真、信息格式转换仿真；运控中心与用户应用中心之间各种数据交互过程的仿真以及数据传输性能的测试和分析。

7.5.3　卫星和地面站操作控制

7.5.3.1　卫星轨道控制子系统

卫星轨道控制子系统的硬件主要由用于轨道控制计算的服务器和一些操作设备组成。其主要功能包括：任务调度与管理；中继卫星测控数据的接收、处理和记录；中继卫星平台和有效载荷的管理；中继卫星和用户航天器轨道确定与预报；轨道数据的事后精度分析；中继卫星捕获跟踪用户航天器的模式、策略、注入参数计算以及天线指向参数计算；用户航天器捕获跟踪中继卫星的模式、策略以及终端天线指向参数计算等。

7.5.3.2　中继卫星监控子系统

中继卫星监控子系统由互为备份的遥测遥控服务器、时统单元、显示计算服务器、图形工作站和操作设备组成。其功能包括：①接收来自地面终端站的中继卫星遥测数据原码，对原码进行解析计算，保存此计算结果，并向其他软件发布。②自动或人工生成中继卫星遥控指令或指令序列，并通过地面终端站向中继卫星发送。③从数据库中读取控制计算结果，或本地人工输入控制参数，加工成遥控发送需要的（一组）比例字指令。④为控制计算软件提供中继卫星平台姿态监视和捕获跟踪过程监视所需的遥测参数。⑤提供人机交互界面，显示测控信息，实现对卫星状态的监视。⑥根据操作员的选择，查询相关测控信息，例如：计划信息、测控数据、计算结果和控制过程等。

7.5.3.3 地面站远程监控子系统

地面站远程监控子系统由互为备份的地面站监控服务器和监控设备组成。其功能包括：①接收来自终端站、测距转发站、模拟测试站的监控数据，进行分析处理，实现设备状态参数的远程监视。②以人工操作或程序自动控制的方式向各地面站监控系统发送控制命令，实现对各地面站设备的远程控制。③完成相关辅助工作，例如地面站设备控制宏命令的编辑和管理、设备工作计划的接收与处理等。

7.5.3.4 公共显示子系统

公共显示子系统的设备主要由投影软幕、投影仪、RGB 切换矩阵、音视频切换矩阵、拼接控制器、信号放大器和显示设备等组成。其主要功能是实现对多路计算机显示信号和视频信号的选择输出，完成大屏幕显示和信号的切换以及 LED 文字信息的显示。

7.5.3.5 数据库子系统

数据库子系统由数据库服务器、磁盘阵列和操作设备等组成。其功能是数据库操作管理，为中继卫星测控数据、申请与计划数据、地面站技术状态数据、系统运行中间结果数据、日志信息以及各应用软件的运行状态数据等提供存储和事后查询支持。

7.5.4 运行模式和运行流程

7.5.4.1 运行模式

在执行中继卫星平台管理和用户数据中继任务时，需要执行一系列的计算和操作步骤。这些步骤之间通常存在严格的时序和逻辑关系。为了减少人工操作，增强系统运行的可靠性，运控中心一般的运行模式为基于计划的自动调度模式，同时提供人工操作支持，以完成特殊情况下系统的应急操作，即以计划驱动下的自动运行为主、人工干预为辅的运行模式。

7.5.4.2 运行流程

运控中心的运行流程分计划生成和调度执行两个阶段，如图 7.5-3 所示。

1. 计划生成阶段

计划生成阶段的工作主要由资源分配与计划生成软件完成。其中，资源分配软件模块负责处理各类使用申请（例如，用户使用申请、中继卫星平

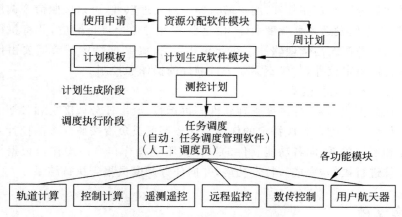

图 7.5-3 运控中心的运行流程

台管理申请、地面站设备维护申请等），完成中继卫星资源分配，生成卫星数据中继系统运行的周计划（描述每周的工作内容），并向用户应用中心发布；计划生成软件模块还负责在每个工作日根据周计划中当天的工作计划和相应的计划模板，产生当天的测控计划（描述业务或测控任务的具体操作过程），作为调度执行的依据。

在任务期间，如果收到用户航天器新的轨道根数，则使用新的轨道根数对捕获跟踪参数进行重新计算，并使用新计算结果对测控计划中的捕获跟踪时间进行调整。

2. 调度执行阶段

在调度执行阶段，任务调度管理软件加载测控计划，并根据测控计划给定的时间及约束关系，依次向执行层的各功能软件（例如，轨道计算、控制计算、遥测遥控、远程监控、数传控制和用户航天器处理等）发送命令，完成相关功能，进而完成整个测控任务。此时，系统的运行时序由任务调度管理软件控制，各功能软件除在某些特定环节需要由操作员进行结果审核外，一般不需要进行额外的操作和控制。在特殊情况下，调度执行阶段也可以采用人工手动方式完成。

（1）自动运行模式

任务调度管理软件是系统自动运行的核心。它根据当天的测控计划，对分布在各台服务器上的轨道计算、控制策略计算、遥测处理、遥控处理、地面站监控、数据分发等软件进行调度。其中：对轨道计算软件和控制计算软件，可以按照远程调用的模式，通过调度代理软件调用其中的计算模块，实时或准实时完成相关计算功能；对遥测遥控软件、地面站远程监控软件、实时数据分发与存储软件、用户航天器信息处理软件,可以按照命令调用的模式,向它们发送各种调度命令,由这些软件对命令进行响应,并将执行结果发回任务调度与管理软件。在此模式下,除在某些特定环节需要由操作员进行结果审核外,一般不需要进行额外的操作和控制。

(2)人工运行模式

在此模式下,任务调度管理软件不再运行,改由任务调度员和各功能软件操作员相互配合完成特定的任务。任务调度员负责按照任务测控计划的时序和逻辑关系,向各功能软件的操作员下达操作口令。操作员根据口令对软件进行操作,完成其特定功能,并向任务调度员报告执行结果。

参考文献

[1] 刘嘉兴. 跟踪与数据中继卫星系统(TDRSS)概论[J]. 电讯技术,1999(3):1-30.
[2] 甘仲民,张更新,王华力,等. 毫米波通信技术与系统[M]. 北京:电子工业出版社,2003.
[3] 梁前熠. 试验任务卫星通信系统[M]. 北京:国防工业出版社,2016.
[4] 赵业福,柴建国. 卫星测控站测距系统距离零值校准方法探讨. 飞行器测控学报,1999,3:40.
[5] 赵业福. 比相测距系统的天、地零值校准[J]. 飞行器测控学报,2001,1:27-35.

第8章

用户终端

本章重点描述用户终端各单元的功能、组成和工作原理。为了便于理解,首先给出本章中有关"用户"的一些术语的含义:①用户或中继用户:需要卫星数据中继系统提供数据中继业务服务的申请方或用户目标的操作者。②用户目标:卫星数据中继系统的服务对象,与中继卫星建立星间链路的用户终端及其载体的总称,包括航天类用户目标和非航天类用户目标。③用户终端或中继终端:安装在用户目标(或用户平台)上的与中继卫星建立星间链路和保持跟踪通信的终端设备。当用户终端接入卫星数据中继系统运行时,它是卫星数据中继系统全程链路的一个重要组成部分,参与星间链路的捕获跟踪和数据传输。④用户平台:安装用户终端的载体。⑤用户应用中心:通过卫星数据中继系统与用户目标之间进行各类数据传输的用户方的地面数据处理设备和设施。

8.1 概述

8.1.1 用户终端的功能和分类

用户终端的主要功能是:①捕获跟踪中继卫星,接收中继卫星转发来的前向指令或前向数据,并将前向指令或前向数据送给用户目标(或用户平台)的数据处理系统。②向中继卫星发送用户目标(或用户平台)产生的遥测、遥感或其他数据。③当需要为用户目标(或用户平台)测定轨时,转发测距信息。④与卫星数据中继系统配合,建立星间链路,完成全程链路的数据中继传输任务。同时,对自身的工作参数和状态进行设置和监测。

用户终端可以按照用户类别、工作频段、信息速率、业务类型、装载形式、工作模式等进行分类。按照用户类别,用户终端分为安装在航天器(例如卫星、飞船等)上的终端和非航天器(例如无人机、船、地面等)上的终端两大类;按照工作频段,用户终端分为 S 频段终端、Ka 频段终端、S/Ka 双频段终端、激光通信终端等;按照信息速率,用户终端分为低速率终端、中速率终端和高速率终端;按照业务类型,用户终端分为用于传输遥测、遥控指令、测距信息的测控终端和用于传输数据的数传终端等;按照装载形式,用户终端分为星载终端、船(飞船)载终端、机载终端、固定终端和便携终端等;按照单工、双工模式,用户终端分为全双工终端(同时具有接收链路和发送链路)和单工终端(仅有发送链路或仅有接收链路)等;按照是否与其他业务兼容,分为双模式终端、多模式终端。例如,与地基 S 频段测控应答机一体化的天基/地基双模式 S 频段测控终端以及与低轨卫星数传终端综合设计的双模式数传终端等。

传输的数据速率范围大是卫星数据中继系统数据中继的一个显著特点,从每秒几百比特到每秒几千兆比特。考虑到技术实现的可能性和成本因素,通常将速率范围分档。相对而言,信息速率在150Kb/s以下的数据可视为低速率数据;信息速率在150Kb/s~10Mb/s的数据可视为中等速率数据;信息速率在10Mb/s以上的数据可视为高速率数据。另外还要考虑,当传输速率 $R \leqslant 300\text{Kb/s}$(采用1/2码率编码时,信息速率 IR$\leqslant$150Kb/s)时,需要采用扩频方式对所发送的载波进行能量扩散。为了减少编码调制器的种类,便于实现芯片化、系列化和通用化,根据目前达到的技术水平,可以将用户终端的编码调制器的信息速率范围分成几个档次。例如:①1~150Kb/s:支持 SSA,SMA,KSA 前返向链路带有扩频调制的低速率数据传输;②150Kb/s~10Mb/s:支持 SSA、KSA 前返向链路中低速率数据传输;③10~1000Mb/s:支持 KSA 返向链路高速率数据传输。

8.1.2 用户终端的一般组成

用户终端的组成有多种形式。按照模块化划分,用户终端一般由天线(含跟踪)模块、收发射频模块、基带处理模块和综合接口模块等组成,如图 8.1-1 所示。其中收发射频模块包含发射信道、接收信道、HPA、LNA 等 4 个子模块。根据工作频段、天线类型、调制器位置、数据速率、单工/双工模式的不同以及芯片化程度,模块会有不同的组合形式。

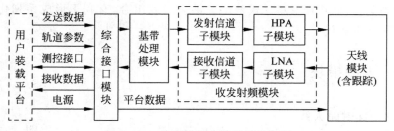

图 8.1-1 典型的用户终端组成框图

天线模块分为 Ka 频段天线、S 频段天线和 S/Ka 双频段天线 3 类。Ka频段天线一般用于中高速率数据传输。S 频段天线一般用于中低速率数据传输。HPA 有行波管放大器和固态放大器两类,主要用于射频信号的大功率放大。LNA 完成前向信号的低噪声放大。前向接收信道和返向发射信道主要具有上变频、下变频、小信号放大、滤波和均衡等功能。基带处理模块完成各种通信体制信号的处理,包括编码译码、扩频解扩、调制解调等。综合接口模块主要完成用户终端与装载平台之间的接口,例如:与信源/信宿的数据接口和时钟接口、测控信息接口、平台的姿态和轨道信息接口以及监控和电源接口等。

8.1.3 用户终端的一般要求

对用户终端的一般要求是:①应具有足够高的 EIRP 和 G/T 值,提供良好的信道特性、载波特性和基带特性,以满足数据传输和测定轨要求。②用户终端天线应能迅速、稳定、可靠地指向中继卫星。当天线波束很宽时,天线可不进行跟踪;当天线波束较窄时,应考虑采用程序跟踪或自动跟踪方式指向中继卫星。对于自动跟踪的 Ka 频段天线,应能接收中继卫星的信标信号或前向载波信号实现天线的捕获、再捕获和跟踪。③应能根据来自平台的指向控制参数,完成与不同轨道位置的中继卫星星间链路的自动切换。④用户终端接收系统应能在地面终端站不进行多普勒频率预补偿情况下对含有多普勒频率的前向业务载波和 PN 码进行捕获跟踪和解扩解调。⑤用户终端应能提供尽量多的监控参数,例如:接收电平、误比特率、发送电平、天线捕获跟踪状态、扩频码捕获状态、载波捕获状态、数据/时钟同步状态、相干/非相干工作状态、速率选择、编码方式、调制方式、数据接口、单元故障等,以便于地面对其工作状态进行了解和控制。⑥根据频率计划、极化方式、地址码要求和信道干扰情况,用户终端的频率、极化、地址码应能灵活调整。⑦用户终端设计应尽可能减小体积,降低重量和功耗,以便实现小型化、低功耗及单元模块的灵活更换和组合,有利于形成系列化、通用化和升级换代。

8.2 天线模块

8.2.1 反射面天线

反射面天线的结构简单,射频器件少,易实现收发共用,常被高频段用户终端选用。反射面天线系统一般由反射面、馈源网络及跟踪伺服设备组成。从发射的角度看,发射机输出的电磁波通过馈电线路传输到馈源,由馈源做初次辐射,辐射出去的电磁波到达反射面板后进行二次辐射,然后以平面波的形式辐射到远区。需要注意的是反射面天线适用于对外形轮廓没有限制的场合。

8.2.1.1 反射面

1. 前馈天线

前馈天线的反射面是以抛物线为母线，以该抛物线的焦轴（抛物线的焦点与抛物线中心点的连线）为旋转对称轴旋转而成的圆口径反射面。将馈源置于抛物面的焦点，馈源的轴线与旋转轴重合，并且使馈源口指向抛物面中心。

电磁波在天线反射面和馈源间的传输过程遵循光学反射原理。以接收为例，前馈天线接收到来自空间的电磁波能量经反射面反射后汇聚到反射面的焦点处。由于馈源放置在反射面的焦点处，这些能量会进入馈源，经过馈源收集转换为接收的电磁波信号。前馈天线接收电磁波反射原理如图 8.2-1 所示。

前馈天线具有结构简单、技术成熟、易于制造等优点。前馈天线的不足之处是天线效率较低，这是由于馈源置于反射面的前面，馈源不可避免地会对天线面造成部分遮挡，从而降低天线的效率；另外，天线的发射馈线和接收馈线必须从反射面背后绕接到反射面焦点处，增加了发射链路和接收链路的插入损耗。

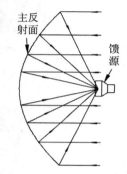

图 8.2-1　前馈天线接收电磁波反射原理

2. 偏馈天线

（1）单偏置天线

单偏置天线的反射面是旋转对称抛物面的一部分，该反射面是由旋转对称抛物面与平行于旋转轴的圆柱相贯而成的。天线的有效辐射口径为相贯圆柱体的截面直径。单偏置天线电磁波反射几何示意图如图 8.2-2（a）所示。

在天线工作时馈源位于天线面的焦点位置，馈源波束中心不指向沿偏置角方向的反射面中心，而是有一个修正角。如果馈源的波束中心指向沿偏置角的方向，则经过反射面反射后的天线口面场分布会很不均匀，天线效率就会降低。

相对于旋转对称天线，单偏置天线有明显的优点。首先，由于单偏置天线采用馈源偏置结构，馈源相位中心与反射面下沿连线和旋转轴有一定的净空角，馈源不会对反射面造成遮挡，天线的有效辐射口径最大；其次，由于反射面没有被遮挡，天线辐射方向图的旁瓣也会降低。

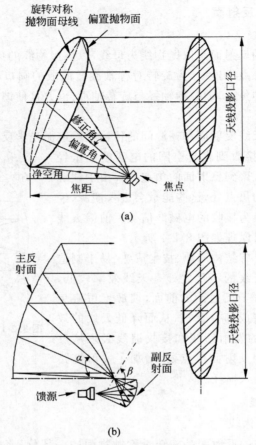

图 8.2-2　偏置天线电磁波反射几何示意图

(a) 单偏置天线；(b) 格里高利型双偏置天线

　　单偏置天线也有其自身的不足。由于采用偏置结构，线极化工作时天线的交叉极化特性会劣化；圆极化工作时天线的收、发波束电轴不能同时平行于旋转轴。

　　单偏置天线主要应用在非航天类小型用户终端，天线口径一般在 0.3～2.4m 之间，站型主要为便携站和车载站。

　　(2) 双偏置天线

　　与单偏置天线相比，双偏置天线增加了一个偏置副反射面。在双偏置天线中，馈源的轴线与副反射面的旋转对称轴不重合，有一定的偏置角(β)，主反射面旋转对称轴与馈源轴线经副面的反射线也有一定的偏置角

（α）。天线的主反射面与单偏置反射面天线的反射面相似，均是由旋转对称抛物面与平行于旋转轴的圆柱相贯而成的。天线的有效辐射口径为相贯圆柱体的截面直径。图 8.2-2(b)给出了格里高利型双偏置反射面天线电磁波反射几何示意图，该形式天线的副反射面是旋转椭球的一部分。旋转椭球以椭圆为母线，椭圆的长轴为旋转轴。旋转椭球的一个焦点与主反射面的焦点重合，另一个焦点与馈源相位中心重合。旋转椭球的旋转轴与主反射面旋转轴成一定角度放置，馈源的轴线与旋转椭球的旋转轴成一定角度放置。

双偏置天线通过合理设计馈源轴线与副反射面的旋转对称轴的偏置角以及副反射面旋转轴与主反射面旋转轴的偏置角，使由馈源发出的电磁波经副反射面反射后无遮挡地到达主反射面，经过主反射面反射后无遮挡地以平面波的形式辐射到自由空间，从而提高了天线的效率。在双偏置天线中，电磁波辐射方向图经过副反射面和主反射面两次互补的非旋转对称反射，最终形成旋转对称的天线辐射方向图，以保证天线在线极化工作时有优良的交叉极化特性，在圆极化工作时波束电轴也不发生偏移。但是双偏置天线对馈源、副反射面以及主反射面之间的定位精度要求高，生产成本较高。此类型天线的主反射面板的制造材料一般使用碳纤维复合材料，在高精度模胎上采用真空负压工艺制造而成。双偏置天线有良好的电气特性，在结构上也易于展开和收藏。

3. 后馈天线

后馈天线主要有卡塞格伦天线、格里高利天线和环焦天线等。

（1）卡塞格伦天线

卡塞格伦天线是一种对称双反射面天线，此种天线的原理来源于卡塞格伦光学望远镜，简称为"卡氏天线"。其主反射面的母线是一段抛物线，副反射面的母线是一段双曲线。副反射面母线双曲线有两个焦点，其中一个（称为"虚焦点"）与抛物面的焦点重合，另一个焦点与馈源的相位中心重合（称为"实焦点"），但两个焦点都在主反射面的焦轴上。将主反射面母线的焦轴作为主副反射面的旋转对称轴，主反射面和副反射面分别由抛物线和双曲线围绕旋转轴旋转而成。卡塞格伦天线电磁波反射几何示意图如图 8.2-3(a)所示。

由馈源辐射出去的电磁波是球面波，先后经过副反射面和主反射面的反射后形成平面波，以平面波的形式向空间发射。由图 8.2-3(a)可以看出，依据双曲线的几何特性，在对应副反射面口径的区域内，经过主反射面反射的平面波被副反射面遮挡而不能辐射到自由空间，有部分电磁波进入馈源中,会造成能量的损失和天线驻波系数的升高。后来发展的卡塞格伦天线主、副反射面赋型技术有效解决了这一问题。

卡塞格伦天线赋型技术是通过设定的赋型方程对天线的主、副反射面进行赋型,赋型后的主反射面的焦点和副反射面的虚焦点不再固定不变,而是随着馈源辐射出的电磁波发射到副反射面入射角的角度改变而变化,使电磁波再次经主反射面反射后不再落入副反射面遮挡区。赋型后的卡塞格伦天线反射几何示意图见图8.2-3(b)。

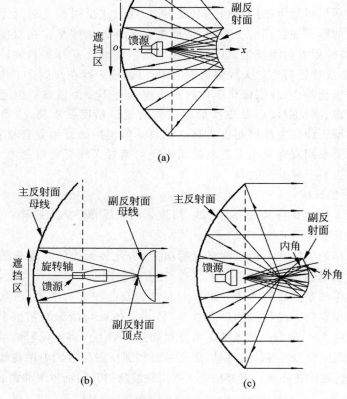

图 8.2-3 双反射面天线电磁波反射示意图
(a) 传统的卡塞格伦天线;(b) 修正后的卡塞格伦天线;(c) 格里高利双反射面天线

赋型卡塞格伦天线主要优点是:馈源与主反射面距离较短,且馈线从主反射面中心点穿过,减小了信号损失;纵向尺寸小,结构紧凑;改变了天线主反射面的口径场分布,具有高增益、低旁瓣、低噪声温度等特性。赋型卡塞格伦天线一般用于口径与波长的比值较大的天线。

（2）格里高利天线

图 8.2-3(c)给出了格里高利双反射面天线反射几何示意图,它的副反射面为对称切割的旋转椭球面,馈源置于椭球面的一个焦点上,椭球面的另一个焦点与主反射面焦点重合。格里高利天线应用了椭球面的两个几何性质：①椭球面上任意点到两焦点距离之和为常数；②椭球面上任一点的切线平分该点到两焦点连线所构成的外角,法线平分内角。这样由焦点发出的射线经椭球面反射后,所有放射线汇聚于椭球面的另一个焦点。其所有的反射线就像从抛物面焦点发出的一样。

（3）环焦天线

环焦天线也是一种双反射面旋转对称天线,其电磁波反射几何示意图如图 8.2-4 所示。环焦天线主反射面的母线为抛物线的一部分,副反射面的母线为椭圆的一部分。椭圆的一个焦点(此处定义为第一焦点)与抛物线的焦点重合,另一个焦点与馈源的相位中心位置重合,椭圆的长轴与抛物线的焦轴存在一定的夹角,图中 β 即为该角。天线的旋转轴与主反射面母线焦轴平行且存在一定距离,图中 L 即为该距离；副反射面母线的另一个焦点在天线的旋转轴上,主反射面母线和副反射面母线围绕旋转轴旋转形成天线的主反射面和副反射面。主反射面母线的焦点形成一个环,这也是

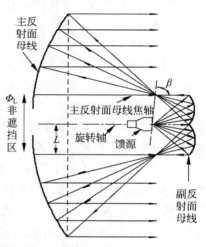

图 8.2-4 环焦天线电磁波反射几何图

环焦天线名称的由来。馈源的相位中心置于副反射面的第二焦点,馈源的轴线与天线的旋转轴重合。馈源的辐射方向指向副反射面,馈源辐射出的球面波经过副反射面和主反射面的两次反射,转换成平面波后沿着天线电轴方向向自由空间辐射。

环焦天线的主要优点是：环焦天线的非遮挡区域为以副反射面直径为横截面的圆柱体,只要馈源网络的最大横截面不超出副面的横截面就能有效避免遮挡,天线效率高；环焦天线也具有高增益、低旁瓣、低噪声温度等特性；馈源与主反射面距离较短,馈线损耗小。但是,大口径的环焦天线的

副面加工难度大,故一般用于口径较小的中小型天线,天线口径大致为 $0.6\sim$ 9m,应用范围包括固定、车载、船载等多种终端。对于 2.4m 及以下口径的环焦天线,天线主反射面主要采用整块面板制成。目前主反射面主要有两种制造材料,一种是可整体旋压的软铝,另一种是新型碳纤维复合材料。

8.2.1.2 馈源网络

馈源网络包含馈源和微波网络,馈源用来实现电磁波对反射面的照射和对来自反射面电磁波的收集,微波网络用来实现收信号的接收与发射、多频段信号的合成与分离。馈源的主要形式有喇叭、腔振子、对数周期、螺旋等类型。由于反射面天线一般是旋转对称形式,为了提高天线效率,也要求馈源方向图具有旋转对称特点。具有旋转对称特性的馈源主要有主模喇叭、多模喇叭和波纹喇叭等,由于主模喇叭的工作带宽窄,不具有宽带特性,主要用于测控等领域。在高增益定向天线中主要采用多模喇叭和波纹喇叭。

1. 馈源

（1）多模喇叭

多模喇叭是相对于主模喇叭而言的。主模喇叭是利用圆波导中的主模（TE_{11} 模）作为馈源辐射的模式,在特定的窄带频率内 E 面波束和 H 面波束才具有旋转对称的特性,但在超出特定的窄带频率范围时,E 面波束宽度比 H 面波束宽度窄,而且两个面的相位特性也不相同,导致馈源辐射性能下降,天线增益降低。为了改善主模喇叭的带宽和增益特性,20 世纪 60 年代,在主模喇叭的基础上逐渐发展出了多模喇叭。多模喇叭除了激励主模喇叭使用的 TE_{11} 模外,还增加了 TM_{11},TE_{12},TM_{12},TE_{13} 等高次模。TE_{1n} 模对 E 面和 H 面的方向图都有贡献,而 TM_{1n} 模只对 E 面方向图有贡献,而对 H 面方向图没有贡献。通过合理设计使模式的数量及各模式的幅度和相位配置合适,使喇叭具有幅度和相位均为旋转对称的特性,从而保证多模喇叭具有带宽宽、辐射效率高的特性。随着多年的研究,多模喇叭设计技术早已成熟,能够在 20% 的相对带宽内具有良好的辐射特性。多模喇叭一般由高次模激励器和移相器组成。激励器包括变张角激励器、台阶激励器以及半径和张角同时跃变的激励器等多种类型。移相段包括圆锥移相段和圆柱移相段等。一种典型的多模喇叭原理如图 8.2-5 所示。

多模喇叭较主模喇叭工作带宽虽然有很大的改进,但在低频段工作时（如 C 频段）,多模喇叭的工作带宽依然相对较窄,因此多模喇叭尽量用于 Ku,Ka 等高频段。另外多模喇叭还具有结构简单、加工容易和耐高功率等特性。

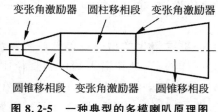

图 8.2-5 一种典型的多模喇叭原理图

（2）波纹喇叭

波纹喇叭是在普通的圆喇叭或圆锥喇叭内壁上开有一定深度的波纹槽形成，如图 8.2-6 所示。图中，$2a_0$ 为馈电圆波导内直径；$2a$ 为辐射口径面直径；$d=(b-a)$ 为波纹槽深度，一般为 $\frac{1}{4}\lambda_{max} \leqslant (b-a) \leqslant \frac{1}{2}\lambda_{min}$；$\theta_0$ 为喇叭的半张角；W 为波纹槽的宽度，$W \ll \lambda$；t 为波纹齿的厚度，一般 $t \ll W$；$P=(W+t)$ 为槽齿的周期，一般 $P \leqslant \frac{1}{4}\lambda_{min}$；$\delta=\frac{p}{W}$ 一般取 $0.6 \sim 0.8$；g 为第一个波纹槽到喇叭颈的距离，一般取 0.3λ；$\Delta=\frac{a}{\lambda}\tan\frac{\theta_0}{2}$ 为喇叭内球面波波阵面与口径面的最大距离差值与波长的比值，它表征喇叭口面上相位不均匀的程度，口径面上的最大相位差 $\psi_{max}=2\pi\Delta$；R 为球面波波阵面的曲率半径；x 为喇叭的相位中心（O 点）离喇叭口径面的距离；相位中心可以简单地认为喇叭所辐射的球面波都是以该点为球心。

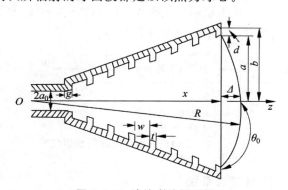

图 8.2-6 波纹喇叭剖面图

波纹喇叭具有辐射方向图旋转对称、交叉极化性能好、副瓣电平低、工作频带宽等特性，很适合用作各类高性能面天线的馈源。但波纹喇叭的设计参数比普通喇叭多，设计过程也比较复杂。例如宽带波纹喇叭设计，包含了模转换器设计、过渡段设计、输出张开段设计、深槽的选择和等效口面相位差的选择等。

在波纹喇叭中有一重要衍生类型——单脉冲跟踪波纹喇叭,它与普通波纹喇叭在形式上是一样的,只是其输入端口的直径比普通波纹喇叭大一些,这是因为在普通波纹喇叭里传输的是 HE_{11} 模,而在单脉冲跟踪波纹喇叭中既要传输 HE_{11} 模,又要传输 HE_{21} 模。HE_{21} 模属于高次模,只能在较大口径的波导中传输。单脉冲跟踪波纹喇叭主要应用于需要精确自跟踪的用户终端中。

2. 微波网络

微波网络是天线馈源系统的组成之一,它直接与馈源喇叭连接,通常由分波器、合路器、滤波器、圆极化器、旋转关节、正交模耦合器、连接波导等部件组成,通过不同的组合形式实现对电磁信号的不同处理以实现天线要求的电气性能。微波网络的分类有多种形式:按照频段可分为单频段微波网络、双频段或多频段共用微波网络;按照极化方式可分为线极化微波网络、圆极化微波网络和线圆极化共用微波网络;按照收发功能可分为接收微波网络、发射微波网络和收发共用微波网络;按照结构端口数又可分为两端口微波网络、四端口微波网络和多端口微波网络。

中继卫星星间链路多数工作在 Ka 频段和 S 频段,且均为圆极化方式,所以用户终端天线可根据工作频段设计其微波网络。若终端天线仅工作在 Ka 频段或 S 频段,可采用单频段两端口收发微波网络,其组成原理框图如图 8.2-7 所示。若用户终端同时工作在 Ka 频段和 S 频段,可采用双频段多端口收发微波网络,限于篇幅,这里不再赘述。

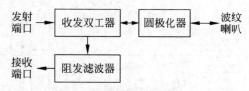

图 8.2-7 单频段两端口微波网络组成图

8.2.1.3 伺服跟踪系统

伺服跟踪系统的作用是保证天线能够稳定、可靠地对准中继卫星。由于卫星的轨道漂移和用户终端平台载体的运动,天线指向发生偏差,需要伺服跟踪设备实现天线准确对准卫星。天线对卫星的跟踪方式主要有步进跟踪、程序跟踪、波束扫描和单脉冲跟踪等方式。它们的工作原理见第 6 章和

第 7 章相关内容。

8.2.2 宽波束天线

对于 S 频段测控终端,其数据速率一般在 1～4Kb/s,所要求的 EIRP 较低,可以采用宽波束天线指向中继卫星。宽波束天线一般有振子天线、螺旋天线、微带天线和低增益宽波束喇叭天线等。本节仅对振子天线、螺旋天线和微带天线进行描述。

8.2.2.1 振子天线

振子天线(亦称"偶极子天线")一般分为对称振子天线和非对称振子天线。单振子天线是非对称振子天线的一种,如图 8.2-8(b)所示。图 8.2-8(a)为对称振子天线,它可以看作由展开的开路双导线传输线进化而来,其典型结构由两根等长、纵向排列的管状导体组成,在中间有一小的馈电间隙。通过载有等幅反向电流的平衡传输线在间隙两端加上电压,在两根管状导体上形成的电流分布产生辐射场。当振子的直径 a 远小于一个波长时,可以把振子看作细导体,中心馈电振子的电流分布 $I(z)$ 可以表示为

$$I(z) = I_m \sin k(L - |z|), \quad |z \leqslant L| \tag{8.2-1}$$

式中,I_m 是导体上的最大电流,L 为振子一臂的长度。

可以看出时间变量 $\sin \omega t$ 并没有出现在表达式中,因此偶极子上的电流可以近似为驻波。图 8.2-9 给出了对称振子天线的电流分布。

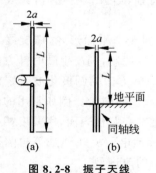

图 8.2-8　振子天线
(a) 对称振子;(b) 接地单振子

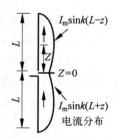

图 8.2-9　对称振子电流分布

在不同长度的振子天线当中,半波振子天线是使用最多的振子天线。它的输入阻抗约为 73Ω,可以良好地匹配标准传输线(75Ω)。

8.2.2.2 螺旋天线

螺旋天线由螺旋线绕制而成。它用同轴电缆馈电,其内导体与螺旋线

相连接,外导体与金属圆盘相连接,如图 8.2-10 所示。图中,D 为螺旋线直径;S 为圈与圈的间距;L 为一圈的长度;n 为圈数;$A = nS$ 为轴长;d 为螺旋线导线直径;$a = \arctan(S/\pi D)$ 为螺距角;g 为螺旋线到接地板的距离;$C = \pi D$ 为螺旋线周长;D' 为接地金属圆盘的直径。当 $12° < a < 16°$、$n > 3$、螺旋圈的直径不变时,天线增益 G 可用下面的经验公式[1]近似:

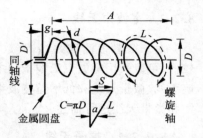

图 8.2-10 螺旋天线及设计参数

$$G \approx 15 \left(\frac{C}{\lambda}\right)^2 \frac{nS}{\lambda} \tag{8.2-2}$$

输入电阻 R 按照下式估算[1],其误差可在 ±20% 以内:

$$R \approx 140 \frac{C}{\lambda} \tag{8.2-3}$$

螺旋天线的方向图与螺旋线圈的直径有很大关系。当直径很小时(约在 0.18λ 以下),在螺旋轴垂直的平面上有最强的辐射;当螺旋的直径在 $0.25\lambda \sim 0.45\lambda$,沿螺旋轴的方向辐射最强,称为"轴向模螺旋天线";进一步提高直径与波长比值时,天线方向图变为圆锥形。另一个影响性能的参数是扩展因子 $\varepsilon = e^{2\pi a}$,它表示螺旋线绕一圈后半径增长的比例。最早发明的螺旋天线是等角螺旋天线,它具有宽频带特性,当波长变化后,天线的形状尺寸之间的相对关系不变。

螺旋天线有平面形式和非平面形式。对于非平面形式,螺旋线绕制在低介质常数的介质圆柱上,如果螺旋线顺时针绕制,则产生顺时针方向的圆极化波;反之,如果逆时针绕制,则产生逆时针方向的圆极化波。螺旋天线可以设计成单线螺旋、双线螺旋、四线螺旋或多线螺旋。例如常用的四线螺旋天线,它由四根相同的螺旋线等间隔地绕在一圆柱表面,用幅度相等而相对相位为 $0°,90°,180°,270°$ 的信号对四螺旋馈电。另一种是等角圆锥形螺旋天线,它可以看作低增益的圆柱螺旋天线的改进型。

当 S 频段用户终端使用螺旋天线时,只要选择合适的设计参数,可获得 $0 \sim 9$dB 的天线增益和 $1 \sim 3$dB 的轴比[2]。图 8.2-11 给出了螺旋天线示例,其中,图(a)为平面对数螺旋天线,图(b)为圆锥阿基米德螺旋天线。

8.2.2.3 微带天线

微带天线是在带有导体接地板的介质基片上贴加导体薄片而构成的平面印制电路天线。它在导体薄片与接地板之间激起电磁场,并通过贴片四

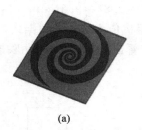 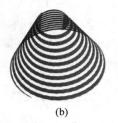

(a)　　　　　　　　　(b)

图 8.2-11　螺旋天线示意图

（a）平面对数螺旋天线；（b）圆锥阿基米德螺旋天线

周与接地板间的缝隙向外辐射。根据辐射单元形式的不同,微带天线大致包括微带贴片天线、微带振子天线、微带行波天线和微带缝隙天线 4 大类,其中微带贴片天线最为常见。微带贴片可以印制成各种形状,如矩形、圆形、椭圆、环形或各种多边形,还可以在贴片的背面放一谐振腔,称为"背腔式"。由于单个贴片只具有低辐射效率、窄带宽和弱方向性,增益一般不超过 7dB 左右[3],当 $-45°\leqslant\theta\leqslant45°$ 时,轴比一般不超过 2.5dB。因此,实际应用的微带天线大多数采用微带贴片阵列天线,并由微带线串联或并联馈电。微带阵列天线的优点之一是:馈电网络和辐射单元可以印制在同一张电路板上,可以利用单片微波集成电路(MMIC)技术进行制造,它的平面结构还易于与飞行器表面共形设计。

　　图 8.2-12 给出了矩形微带贴片天线示意图。矩形贴片由微带传输线馈电,单元尺寸为 $L\times W$,介质基片厚度为 h。为了使输入阻抗为实数,矩形贴片常常工作在谐振频率附近。谐振频率主要由天线模型即腔体大小决定。由于边缘场对贴片长度有延伸作用,半波贴片的长度应略小于半个波长。通常可以利用下式近似估计谐振半波贴片的长度 L:

$$L \approx 0.49\lambda_d = 0.49\frac{\lambda}{\sqrt{\varepsilon_r}} \tag{8.2-4}$$

式中,λ 为信号波长;λ_d 为介质波长;ε_r 为相对介电常数。

　　选择适当的贴片宽度 W 可以得到合适的辐射电阻(通常是 50Ω)。在谐振矩形贴片边缘典型的输入阻抗值为 $100\sim400\Omega$。通过微带传输线边馈的谐振贴片的输入阻抗近似为电阻值(谐振时电抗部分为零),即

$$Z_A = 90\frac{\varepsilon_r^2}{\varepsilon_r - 1}\left(\frac{L}{W}\right)^2 \quad (\text{半波贴片}) \tag{8.2-5}$$

　　图 8.2-13 给出了由 4 个贴片构成的子阵列。以中继卫星星间链路工作频率 26GHz($\lambda \approx 11.5$(mm))为例,当介质基片的 $\varepsilon_r = 2.2$、$\lambda_d = \lambda/\sqrt{\varepsilon_r} \approx$

7.8(mm)、两个辐射单元的间距均为 $d=0.8\lambda\approx9.2$(mm)时,每个半波贴片的长度为 $L=3.8$(mm)。假如输入阻抗值为 200Ω,根据式(8.2-5),贴片宽度 $W=5.1$(mm)。从图8.2-13可以看出,4个单元为并联连接,故产生 50Ω 输入阻抗。

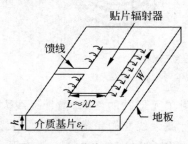

图8.2-12 单片矩形贴片天线

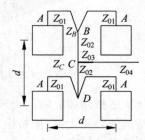

图8.2-13 四贴片的子阵列

对于阵元数为 N、阵元间距 $d=0.8\lambda$ 的方形微带阵列,其天线增益为

$$G=\eta\frac{4\pi}{\lambda^2}Nd^2=8.04N\eta \tag{8.2-6}$$

式中,η 为贴片谐振器的辐射效率。

在毫米波频段低端,当阵元数 N 为 $16,64,256,1024$ 时,η 一般不超过 80%。但当阵元数超过 1024 时,严重的馈电损耗会导致天线效率低于 50%[3]。

8.2.3 相控阵天线

8.2.3.1 基本原理和类型

相控阵天线是从阵列天线发展而来的,它与普通阵列天线最大不同之处在于阵列中各单元激励电流的相对相位是可以控制的。当激励电流的相位随时间呈线性递增或线性递减时,主瓣最大值方向也将变化,阵列天线就会产生波束扫描。实际上,大多数阵列天线通过改变接入天线辐射单元的电控移相器的相移量来完成波束在一定空域内的扫描。

相控阵天线分为无源相控阵天线和有源相控阵天线。无源相控阵天线的基本组成包括阵列辐射单元、移相器和馈电网络。辐射单元一般采用弱方向性天线,例如偶极子天线、开口波导或喇叭、微带天线、缝隙天线等。阵列有多种形式,例如直线阵、平面阵、圆环阵、圆柱形阵、球形阵和共形阵等;移相器有模拟式和数字式两大类,模拟式移相器的相位是连续可调的,数字式移相器的相位是阶跃变化的。目前模拟式移相器已很少使用,取而代之的是数字式移相器,例如铁氧体移相器和 PIN 二极管移相器;馈电网络亦称"波束形成网络",用于形成所需的波束(例如多波束、和差波束等)。无源相控阵天线的发射机和接收机一般均为集中式。

随着 MMIC 技术的成熟,由固态发射/接收(T/R)组件构成的有源相控阵天线发展迅速。在有源相控阵天线中,每个 T/R 组件直接与天线单元相连接,可以大幅降低馈电网络带来的损耗,提高发射信号功率和接收信号灵敏度,有效改善相控阵天线的性能。

在实际应用中,从扫描方式上,还分为混合相控阵和全相控阵两类。混合相控阵亦称"一维相控阵",即只在俯仰方向采用相控阵波束扫描,而在方位面上采用传统的机械扫描。全相控阵亦称"两维相控阵",是指在俯仰面和方位面均采用相位控制方式进行波束扫描的相控阵天线。

8.2.3.2　多波束形成

利用相控阵天线实现多波束的关键是构造一种波束形成网络。它的输出口与阵列中的各天线单元相连接,对于不同的输入口,它能够提供阵列中天线单元以不同的相位分布,从而产生不同指向的波束。巴特勒(Butler)矩阵就是一种常用的多波束形成网络[4],详细描述见有关书籍。

有源相控阵天线可以通过馈电网络在射频域实现波束形成(模拟形成),也可以在数字中频或通过基带处理实现波束形成(数字形成)。如果采用模拟形成方式,一旦波束形成网络方案确定之后,波束形状、相邻波束的相交电平和波束指向便固定了,不容易改动。特别是当要形成的波束数目较多时,硬件实现将变得十分复杂,且难以调整,要形成低副瓣的多波束或实现自适应波束控制就更为困难。数字波束形成(DBF)方式具有可编程、可自检、不漂移、不老化、精度高等优点,得到了广泛应用。DBF 技术可以应用于接收模式,也可以应用于发射模式。以接收为例,DBF 网络将阵列中各单元的接收信号变换成基带信号,然后在专用的数字处理器中对来自各天线单元的基带信号进行幅度和相位加权等处理,实现所要求的多波束指向。

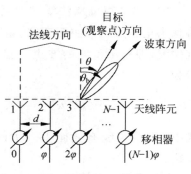

8.2.3.3　相控阵天线的辐射特性

1. 线形相控阵天线

图 8.2-14 给出了等幅激励、等间距、线形相控阵天线示意图。图中,d 为

图 8.2-14　等幅激励等间距线形相控阵天线

阵元间距；θ 为偏离阵面法线的角度；N 为阵元数。通常认为相邻天线单元在观察点处场强的相位差 φ 由空间相位差 $k_0 d \sin\theta$ 和激励电流的相位偏移量 α 两部分组成，即

$$\varphi = k_0 d \sin\theta + \alpha, \quad k_0 = 2\pi/\lambda \qquad (8.2\text{-}7)$$

式中，k_0 为传播常数。

若令步进相移量 α 为 $-k_0 d \sin\theta_b$，则此时有

$$\varphi = k_0 d (\sin\theta - \sin\theta_b)$$

式中，θ_b 为波束指向或波束偏离法线的扫描角。

相控阵天线的辐射特性（主瓣宽度、副瓣电平和零点位置等）将随着扫描角 θ_b 的改变而改变。下面仅以等幅激励、等间距线形相控阵天线为例，说明其主要辐射特性。

在满足一定条件时[4]：

（1）波束扫描角 θ_b 可以用下式估计：

$$\theta_b = \arcsin\left(\frac{\alpha}{k_0 d}\right) = \arcsin\left(\frac{\lambda\alpha}{2\pi d}\right) \qquad (8.2\text{-}8)$$

可见，通过改变相邻单元之间的步进相移量 α，就能改变天线波束最大值的指向。

（2）半功率点波瓣宽度可以用下式估计：

$$\Delta\theta_{1/2} \approx \frac{51\lambda}{Nd\cos\theta_b} \qquad (8.2\text{-}9)$$

可见，波瓣宽度与直线阵长度 $L = (N-1)d \approx Nd$ 成反比，还与天线扫描角 θ_b 有关，当波束指向偏离阵列法线方向越大，即 θ_b 增大时，半功率点波瓣宽度也随之增加。

（3）当波束偏离法线方向后（波束扫描），扫描角方向上的有效面积将减小至 $A_e \cos\theta_b$，主瓣变宽、副瓣升高。另外，考虑到实际天线会出现阻抗失配，即对于不同的波束扫描角存在一定的反射现象，故天线增益表示为

$$G(\theta_b) = \frac{4\pi}{\lambda^2} A_e (1 - |\Gamma(\theta_b)|^2)\cos\theta_b \qquad (8.2\text{-}10)$$

式中，A_e 为天线有效面积；$|\Gamma(\theta_b)|$ 为反射系数，它随扫描角的变化而变化。

（4）当阵元间距 d 增加时，在扫描过程中会出现栅瓣，即同主瓣差不多大小的旁瓣，栅瓣的存在会使角度判断出现错误。因此阵元间距 d 应严格

限制。在阵元数较多、栅瓣宽度可忽略的条件下,若要求在最大扫描角 θ_m 时不出现栅瓣,最大阵元间距 d_m 应满足:

$$d_m < \frac{\lambda}{1 + |\sin\theta_m|} \tag{8.2-11}$$

2. 平面相控阵天线

如果要求相控阵天线进行二维波束扫描,就必须采用平面相控阵天线。图 8.2-15 给出了平面相控阵天线的阵列结构及其坐标示意图。在等幅激励条件下,平面相控阵天线方向图可以看作两个正交线阵方向图的乘积。关于平面相控阵天线的分析,可应用与线阵类似的方法,这里不再赘述。

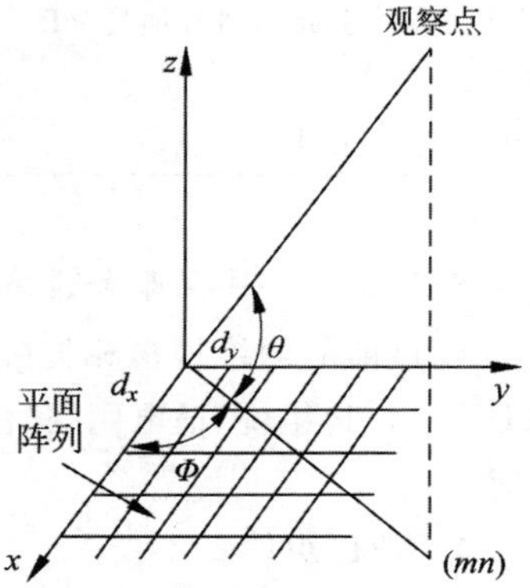

对于阵元数较多的大阵,考虑馈电网络的欧姆损失 L_R,平面相控阵天线的净增益可以近似为

图 8.2-15 平面相控阵阵列结构和坐标示意图

$$G(\theta_b, \phi_b)$$
$$\approx 4\pi N\eta \frac{d_x d_y}{\lambda^2}(1 - |\Gamma(\theta_b, \phi_b)|^2)\cos\theta_b / L_R \tag{8.2-12}$$

式中,d_x 为沿 x 轴方向的单元间距;d_y 为沿 y 轴方向的单元间距;N 为阵元总数;η 为照射效率;L_R 为欧姆损失因子;$\Gamma(\theta_b, \phi_b)$ 表示在扫描角 (θ_b, ϕ_b) 方向的反射系数;$\cos\theta_b$ 表示波束扫描时的增益下降因子。

3. 相控阵天线阵元数估计

相控阵天线阵元数为相控阵天线增益与天线阵元增益之比。但与一般的天线增益计算有所不同的是,相控阵天线的增益还要考虑不同波束扫描角的影响。

相控阵接收天线阵元数的近似公式为

$$N_r \approx G_r L_S L_P L_R / G_e \tag{8.2-13}$$

式中,N_r 为接收天线阵元数;G_r 为接收天线增益;L_S 为波束扫描角变化引起的增益损失,$L_S = (\cos\theta_b)^{1.5}$;$L_P$ 为极化失配引起的增益损失,$L_P = (1 + \cos\theta_b)^2 / 2(1 + \cos^2\theta_b)$;$L_R$ 为阻抗失配等引起的增益损失,一般取 1.0dB;G_e 为天线阵元增益。

表 8.2-1 给出了接收天线增益为 36dB、单元增益为 6dB、不同扫描角时的 Ka 频段用户终端平面相控阵接收天线所需的阵元数估计值。

表 8.2-1 Ka 频段用户终端相控阵天线单元数估计(接收天线增益 36dB)

扫描角 θ_b/(°)	30	40	50	60	70
波束扫描角变化引起的增益损失/dB	0.94	1.74	2.88	4.52	6.99
极化失配引起的增益损失/dB	0.02	0.08	0.20	0.46	0.94
阻抗失配等引起的增益损失/dB	1.0	1.0	1.0	1.0	1.0
单元增益/dB	6	6	6	6	6
接收阵元数估计	1571	1915	2559	3963	7817

8.2.3.4 相控阵天线系统的组成

以目前的两维模拟相控阵天线为例,相控阵天线系统主要由天线阵元及阵列、T/R 组件、馈电网络、波束控制 4 个部分组成,组成框图如图 8.2-16 所示。

1. T/R 组件

一个 T/R 组件分为发射通道和接收通道两部分。接收通道包括低噪声放大模块和接收移相模块,发射通道包括发射移相模块和功放模块,T/R 组件的基本组成如图 8.2-17 所示。

由图 8.2-17 可以看出,在接收时,T/R 组件将从天线接收到的前向射频信号经过低噪声放大器放大后进入滤波器,滤波器对有可能出现的发射频率进行滤除,然后进入接收移相模块;接收移相模块对信号进行二次放大,通过数控移相器进行移相,最后再通过放大器放大后输出;π 型匹配电路的作用是实现移相器和放大器之间的阻抗匹配。在发射时,输入信号首先进入发射移相模块,经数控移相器、π 型匹配电路和放大器后进入功放模块;在功放模块,驱动放大器和功率放大器对信号再次进行放大,最后通过隔离器输出。输出的返向射频信号送至双工器发射端口。如果收发阵元分开设计,则不需要双工器。

2. 馈电网络

阵列馈电网络的作用是将能量按照一定的比例馈送到天线阵列单元,完成各阵元的激励,即为各阵元提供复加权所需的振幅和相位,以便形成所要求的方向图,或者使天线性能某项指标达到最佳。对馈电网络设计的主要要求是:满足阻抗匹配或某种辐射特性以及宽频带、易于加工和传输线

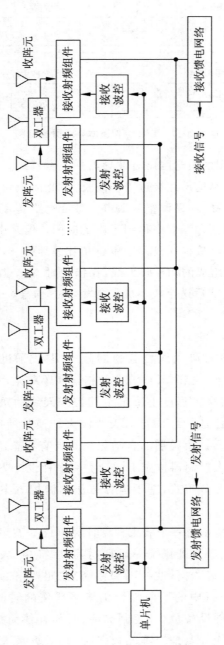

图 8.2-16 模拟相控阵天线系统一般组成

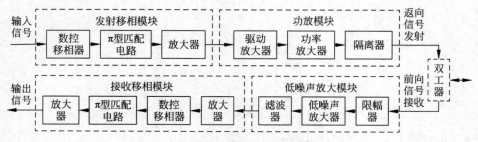

图 8.2-17　T/R 组件基本组成原理框图

间串扰尽量小。常用的馈电网络有波导器件和微带线。波导具有损耗低、耐功率高的优点,但结构尺寸接近工作波长,因此体积和质量较大,还存在机械加工量大、成本高、不易调整的缺点。微带电路具有结构紧凑、体积小和质量轻的优点,因而在工程中得到了广泛应用。但是由于微带线横截面尺寸远小于工作波长,故损耗较大且和 Q 值比波导差。

对于 N 个阵元组成的相控阵天线,在接收时 N 个阵元收到的信号经 $N:1$ 的合成网络合成后送至接收机。在发射时,信号经 $1:N$ 分配网络送至每个阵元。

3. 波束控制器

波束控制器是相控阵天线特有的部分,它取代了机械扫描天线中的伺服驱动系统。由于相控阵天线波束的扫描和跟踪是由波束控制器实现的,因此波束控制器很大程度上决定了相控阵天线的跟踪扫描性能。波束控制器的设计目标是:① 满足对天线波束转换的速度要求,做到迅速精确的波束控制;② 波束控制的自动化;③ 具有状态监视和故障检测功能。相控阵天线波束控制器按照不同分类有多种设计方案。基于流程的波控方案有集中式和分布式,基于运算方法的波控方案分为查表法和实时运算法。

集中式波控方案是由一个波束控制计算机根据波束指向和形状要求对各阵元点的相位、幅度进行统一运算,算完后将相位、幅度等数据分别传输至阵面各点,即将数据(波控码和指令)按照严格的先后顺序送至阵面的每一行,在同一行中的不同阵元仍按照严格的时间顺序传递数据。此方法的优点是硬件设备量少、控制灵活、幅相补偿简捷方便,适用于阵元较少的相控阵天线。但是当阵元较多时,其运算量大,运算时间长,影响波束扫描的速度;分布式波控方案是将波控运算基码送至各阵元,各种补偿数据置于阵元存储器中,各阵元分别计算本阵元的移相量。此方法的优点是运算速度较快,幅相补偿灵活,适合于运算阵元量较大的相控阵天线。

查表法是预先计算得到与各个波束号相对应的相位值(波控码),并把这些相位值形成矩阵表存储,波束控制器通过接收到的波束号计算出第一个移相器相移值的起始地址,然后通过递增地址计数器顺序读出各个阵元对应移相器的相移值,写入各个移相器中,实现波束指向控制。查表法通过减少计算时间的办法提高波束扫描的速度,简化了电路设计,实现较为简单。但是当阵元数较多、频点多、波束跃度小时,需要存储器容量大,故设备量大;实时运算法是根据各波束指向实时计算各移相单元的移相值。该方法的优点是实时性强、控制灵活,缺点是走线复杂、布相速度慢,在布相速度要求不高的系统中可采用此方法。

波束控制器的硬件由配置模块、数字处理器、存储器、晶振、天线阵面切换检测和数据传输线等组成。图 8.2-18 给出了硬件组成以及与其他部分的连接关系,图中的指向角计算模块根据用户卫星和中继卫星的轨道参数,计算出天线指向角,并将指向信息送入波控器。波控器根据相移精度要求和算法,选定适当的量化间隔,计算得到天线波束扫描范围内各阵元移相器的移相值,形成列表,存放在存储器中。由于馈线的初始相位误差、移相器非线性、温度变化、工作频率变化以及天线阵元加工、安装等因素的影响,各阵元存在相位误差,所以还要通过辅助计算机根据测试数据算出同状态下的幅度和相位修正值,也存放在存储器中。数字处理器根据波束指向信息和修正信息,产生相位控制码和幅度控制码,并通过数据线将这些控制码传送给各阵元的移相器和衰减器,使天线波束指向预定的方向。

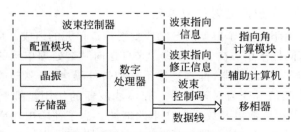

图 8.2-18 波束控制器的硬件组成

8.3 收发射频模块

8.3.1 功能与组成

收发射频模块包含接收信道，发射信道，LNA，HPA 和频率源等单元。LNA 和接收信道单元组成接收链路，将来自天线模块的射频信号经 LNA 放大，送至接收信道单元。接收信道单元将射频信号下变频至中频信号，并进行滤波和进一步放大，然后送至基带处理模块；发射信道单元和 HPA 组成发射链路，将基带输出的中频信号进行滤波和放大，并上变频至射频频率，最后经 HPA 输出至天线模块；频率源产生系统所需的各种时钟信号和本振信号，主要有发射信道本振、接收信道本振、ADC/DAC 采样时钟和 FPGA 时钟。按照不同工作频段，射频模块分为 S 频段和 Ka 频段两类。由于频段不同，收发射频模块中的变频方式以及 LNA 和 HPA 的性能参数有很大的差异。

8.3.2 S 频段信道单元

8.3.2.1 S 频段接收信道单元

图 8.3-1 给出了一个典型的 S 频段接收信道单元的组成。从图中可以看出，接收信道采用一次变频方式。来自 LNA 的射频信号首先经腔体滤波器，抑制带外干扰和噪声，然后进入混频器，将射频信号变为低中频信号，中频频率为 70MHz。为了向前向基带处理单元前端的 AD 采样提供稳定的中频信号，接收信道需要进行 AGC 控制。可以采用两片 AGC 芯片级联方式，以适应大动态范围（例如 70dB）要求。介质滤波器的作用是消除混频器和 AGC 放大器带来的带外杂散和谐波。图 8.3-1 中还给出了接收信道单元从射频－74dBm 到中频 0dBm 电平分配的例子。

8.3.2.2 S 频段发射信道单元

图 8.3-2 给出了一个典型的 S 频段发射信道单元的组成。从图中可以看出，发射信道同样采用一次变频方式。来自返向基带处理单元的 140MHz 中频信号首先经介质滤波器，抑制镜像干扰和带外噪声，经驱动放大器后进入混频器，将中频信号变为射频信号。腔体滤波器的作用是抑制混频器产生的上边带信号和杂散以及放大器产生的谐波。为了使输出功率可以根据实际情况调整，故在增益放大器之后加入一级数控衰减器。为了进一步抑制杂散和谐波输出，在发射信道末级加入 LC 滤波器。图 8.3-2 中还给出了发射信道单元从中频－3dBm 到射频 11～23dBm 电平分配的例子。

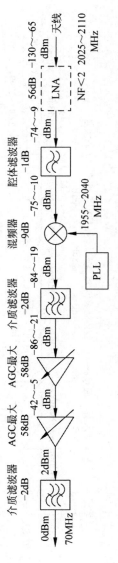

图 8.3-1 S 频段接收信道单元组成

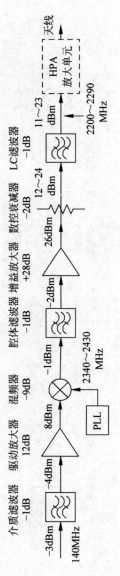

图 8.3-2　S 频段发射信道单元组成

8.3.2.3 频率源

频率源采用微波集成锁相倍频技术,产生接收信道和发射信道的本振信号以及所需的 DAC 采样时钟和 FPGA 时钟等。图 8.3-3 给出了一种锁相(PLL)本振的原理框图,图中 R 和 M 为分频系数,通过设置不同的分频比,实现不同的本振频率输出,以满足不同频点的配置要求。

频率源的设计除了满足输出频率的稳定度和准确度以及输出电平的要求外,还要考虑本振信号的谐波抑制、杂波抑制、鉴相泄露、相位噪声和各种振动对相位噪声的影响。

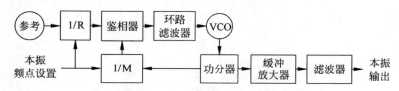

图 8.3-3 S 频段信道单元锁相(PLL)本振原理框图

8.3.3 Ka 频段信道单元

8.3.3.1 Ka 频段接收信道单元

图 8.3-4 给出了一个典型的 Ka 频段接收信道单元的组成。从图中可以看出,Ka 频段接收信道单元分为 Ka/C 变换和 C/IF 变换两部分。首先,来自天线模块的 Ka 频段射频信号经 LNA 和带通滤波器进入第一混频器,与一本振混频后变为 C 频段中频信号,然后经过滤波、放大后送至 C/IF 变频单元;C/IF 变频单元进一步将 C 频段信号变换为中频信号。图中滤波器和放大器的作用与 S 频段信道单元相同。图 8.3-4 中还给出了接收信道单元从射频 -58dBm 到 70MHz 中频 0dBm 电平分配的例子。

8.3.3.2 Ka 频段发射信道单元

由于返向链路数据传输速率跨度很大,所以 Ka 频段发射信道单元有不同的组成方式和变频方式。当信息速率低于 10Mb/s 时,中频频率一般选择 140MHz 或 70MHz,发射信道单元可以采用二次变频方式。当信息速率大于 10Mb/s 时,中频频率一般选择在 L 频段或 X 频段,发射信道单元可以采用一次变频方式。详细的变频原理参见第 7 章。

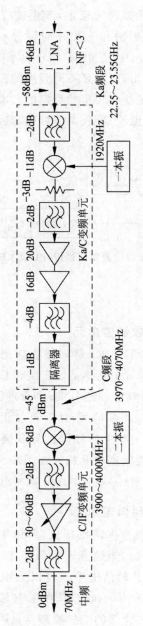

图 8.3-4　Ka 频段接收信道单元组成

8.3.4 低噪声放大器

8.3.4.1 S频段低噪声放大器

S频段低噪声放大器(LNA)位于接收链路的前端。以图8.3-1中的S频段LNA放大器为例,它采用2级LNA级联方式工作,净增益一般不低于56dB,整机噪声系数小于2dB。在集成化程度较高的用户终端中,LNA通常与接收信道单元集成在一起。

8.3.4.2 Ka频段低噪声放大器

以图8.3-4中的Ka频段LNA放大器为例,它由3级放大器、带通滤波器、3个固定衰减器和一个可变衰减器等组成。前两级放大器采用低噪声MMIC芯片,并有级间匹配电路和输出匹配电路,后一级放大器使用宽带低噪声放大芯片。级间加入的带通滤波器可以抑制带外增益和镜像频率。在带通滤波器的输入、输出端以及放大器的输出端加入固定衰减芯片以改善级间的匹配。整机可以提供约46dB的增益和小于3dB的噪声系数。整个LNA电路密封在带有同轴射频输入、输出和供电端子的小盒内,方便单独调试和整机装配。由于Ka频段LNA通常位于天线馈源处,放大后的信号传输到信道接收单元要经过一段馈线,如果用Ka频段的馈线传输,其损耗较高,所以通常把Ka频段LNA放大器与Ka/C下变频单元集成在一起(称为"LNC"),这样可采用C频段传输线,以降低损耗。

8.3.5 高功率放大器

8.3.5.1 S频段高功率放大器

S频段用户终端高功率放大器通常采用固态功率放大器。功率的大小可根据不同数据速率的功率需求和天线增益的大小进行选配,一般有4W,8W,16W等不同的功率挡次。

8.3.5.2 Ka频段高功率放大器

Ka频段用户终端高功率放大器可以选用行波管功率放大器或固态功率放大器。同样,功率的大小应根据不同数据速率的功率需求和天线增益的大小进行选配,一般有10W,20W,50W等不同的功率挡次。

8.4　基带处理模块

8.4.1　功能与组成

　　基带处理模块包括前向基带处理单元和返向基带处理单元。主要由数-模转换（DAC）、模-数转换（ADC）与 FPGA 等芯片组成的硬件和 FPGA 软件组成。前向基带处理单元完成信号的采集，利用 FPGA 基带软件实现自动增益控制（AGC）计算、数字下变频、伪码同步与解扩、载波同步与解调、译码以及"和""差"跟踪指向等处理；返向基带处理单元完成返向信号的编码、调制和成形滤波，由双通道 DAC 送出两路正交基带信号。基带处理模块的功能组成如图 8.4-1 所示。

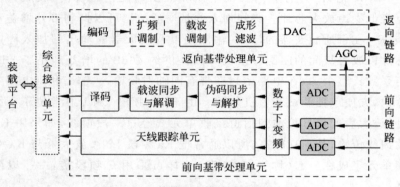

图 8.4-1　基带处理模块功能组成框图

8.4.2　前向基带处理单元

8.4.2.1　数字正交下变频

　　数字正交下变频的主要功能是将接收的载波信号变换为仅含有误差的基带信号（零中频基带信号），其原理框图如图 8.4-2 所示。通过调整数控振荡器（NCO）的频点，将输入信号频率变化范围缩小至满足后续基带处理要求的范围内。混频后的低通滤波器用于滤除 ADC 产生的带外镜频和杂散信号。

8.4.2.2　伪码同步

　　在 SSA/SMA 星间链路中，采用了伪随机直接序列扩频技术传输低速率数据和测距。因此，用户终端接收机必须进行扩频码同步，只有在同步之

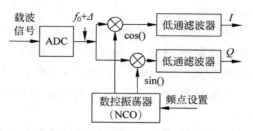

图 8.4-2 数字正交下变频原理框图

后,才能实现对原波形的解扩,从而解调出所传送的信息。伪码同步一般通过捕获和跟踪两步实现。伪码捕获是试图找到接收信号中扩频码的起始相位,使接收端扩频码与发送端扩频码之间相位的差值限制在 ±0.5 个码元之内;伪码跟踪是使相位差进一步缩小到载波跟踪的范围内或满足测距误差允许的范围内,并跟踪发端扩频码的变化。整个同步过程是一个闭环的自动控制和调整过程。

1. 伪码捕获

(1) 短码捕获

由于到达接收端的扩频信号的信噪比很低,并且一般不能确定接收信号载波的频率和相位,所以只能在非相干的情况下对接收 PN 码的不确定相位范围进行搜索。当 PN 码的周期很长时,要实现快速捕获是非常困难的。

图 8.4-3 给出了一种伪码捕获环的组成。其工作过程是:对来自数字下变频的基带信号做伪码相关运算,并按照一定频率进行累积;然后对累积后的数据进行 FFT 运算;若本地产生的伪码相位和接收信号伪码相位对齐,FFT 运算后可检测到峰值;若本地产生的伪码相位与接收信号伪码相位未对齐,则 FFT 运算结果无法检测到峰值,需要滑动本地伪码与接收信号伪码之间的相对位置,继续搜索,直至检测到峰值。为了减小捕获时间,常采用伪码相位-载波频域的二维搜索方式,关于伪码捕获的有关内容见第 9 章。

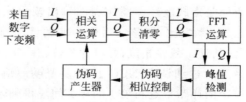

图 8.4-3 一种伪码捕获环组成

（2）长码捕获和测距

对于具有测距功能的用户终端，接收的前向信号一般为 UQPSK 信号。I 支路采用短扩频码调制遥控信息，短码码长为 1023。Q 支路为长扩频码，用于测距，无调制数据。长码码长为短码码长的 256 倍，长码初相位与短码初相位对齐。在捕获到短码以后，可以根据捕获到的短码来辅助长码捕获，实现长码快速同步。

用户终端捕获到长码后，将此码相位信息传递给返向信号的长码，然后通过返向信号的长码传回地面。地面根据接收到的长码的码相位，计算出自身发送出的长码码相位和接收到的长码码相位之间的相位差，由相位差计算出地面终端站→中继卫星→用户目标→中继卫星→地面终端站的距离。

2. 伪码跟踪

伪码成功捕获后即进入跟踪状态。伪码跟踪的作用是：①继续减小本地伪码与接收伪码之间的相位差，以达到能够实现正确解扩的要求；②保持跟踪锁定状态，使本地伪码跟踪接收伪码的相位变化；③对同步状态进行监测，一旦出现失锁，返回捕获状态进行重新捕获。

伪码跟踪通常采用超前-滞后延迟锁定环（DLL）对本地码的时钟相位进行控制。为了提高在有多普勒频偏情况下的跟踪精度，通常还采用载波跟踪环辅助码环跟踪技术。码环的鉴相结果经过环路滤波器后与载波辅助量相加，送给伪码 NCO 作为本地伪码产生器的控制量，以达到精确的跟踪和同步。图 8.4-4 给出了一种码跟踪环的组成框图。

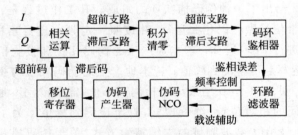

图 8.4-4 一种码跟踪环的组成框图

载波环辅助码环是指载波环路滤波器的输出按照比例因子 $r = R_{chip} / f_c$（伪码速率与载波频率之比）调整之后作为辅助量加到码环滤波器的输出端，通过检测算法估计出载波相位，并将此相位在一定间隔内的变化值反馈到伪码 NCO，最后通过细调码 NCO 校正多普勒效应引起的码延时偏移。这样可以用较窄的环路带宽和较小的相关间隔得到较精确的码片延时估计值。由于载波环的抖动噪声比码环的抖动噪声小得多，因而用载波辅助更为准确,从而提升码环在低信噪比下的跟踪性能。

图 8.4-5 给出了一种载波辅助的码跟踪环路以及锁频环辅助的载波跟踪环的组成原理框图。图中,环路输入处的自动增益控制(AGC)可以维持较为恒定的输入电平,以利于载波和 PN 码的精确跟踪;伪码环路滤波器通常采用二阶环路,用于降低锁相环内的噪声对锁相环的不利影响。

总之,由于极低的信噪比以及载波频率和伪码速率存在较大的多普勒效应,且收发之间还存在固定频差,同时扩频信号带有数据调制,数据沿跳变也会在一定程度上影响累积器输出的信号功率,另外,通常还要求用户终端能够适配连续可变的数据速率。因此,在这些约束条件下,如何实现快速捕获和精确跟踪,是设计者要特别关注的问题。

8.4.2.3 载波同步

载波同步的方法大致分为两类:一类是在发射端发送有用信号的同时,在适当频率位置上插入一个(或多个)称为导频的"正弦波",接收端利用导频提取出载波,亦称"外同步法";另一类则不用发送导频,在接收端直接从接收信号中提取出载波,亦称"自同步法"。自同步法包括平方倍频法、同相正交环法等。同相正交环法又称"科斯塔斯"(Costas)环法,其性能优于平方倍频法。目前大多数采用数字 Costas 环实现载波同步。图 8.4-6 给出了一种载波跟踪环的组成原理框图。

为了克服星间链路存在较大的载波多普勒频移和多普勒变化率,需要严格设计载波环路,并保证多普勒测量的准确性和可靠性。对于载波同步,通常首先进行频率步进搜索,使载波频差落在信号捕获允许的范围内;然后采用频差估计算法,进一步减小频差,使载波残差在跟踪环路允许的范围内;最后通过采用锁频环辅助载波 Costas 环的方法(见图 8.4-5),快速消除大部分多普勒的影响,缩小环路带宽,转入 Costas 环跟踪;对于多普勒测量,一般采用载波相位差分测量技术,即以一定时间间隔 ΔT 内统计载波信号的相位差值 ΔP,近似得到载波信号多普勒频率值 $f_{\mathrm{D}} = \Delta P / \Delta T$。

8.4.2.4 解调译码

1. 解调

解调的主要任务是在接收信号载波与本地参考载波存在一定频差和初始相位差的条件下,采用一定的措施,从调制载波中恢复出基带信号的过程,包括定时恢复、载波恢复和比特(符号)提取等。卫星数据中继系统前向链路数据速率一般在 10Mb/s 以下,故常用 BPSK,UQPSK,OQPSK 方式,其解调方式主要有相干解调和差分解调两种。

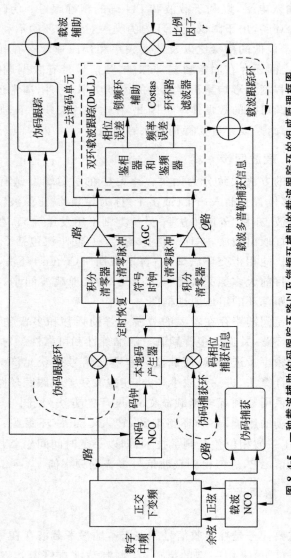

图 8.4-5 一种载波辅助的码跟踪环路以及锁频环辅助的载波跟踪环的组成原理框图

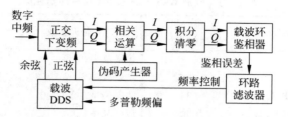

图 8.4-6 一种载波跟踪环的组成原理框图

在相干解调时,需要提取与发端同频同相的载波,即本地参考载波必须与接收的载波精确同步。为了解决相干解调存在的相位模糊问题,可以通过后续的译码过程进行识别和纠正,或通过在数据帧中插入独特字进行识别和纠正。对于进行了差分编码的调制信号,可以不需要恢复相干载波,而是采用差分解调的方法对信号解调。在高斯信道下,假设理想的定时恢复和载波恢复,相干解调的性能优于差分解调的性能,且调制阶数越高,性能差异越大。在低速率、突发传输或对同步时间要求较高的场合,如果恢复相干载波比较困难,也可以采用差分解调的方式。

2. 译码

卫星数据中继系统前向链路通常采用卷积编码方式。卷积码的译码一般分为两大类:一类是基于码的代数结构的代数译码,一类是基于概率方法的概率译码。概率译码方法在基于码的代数结构基础上,利用了信道的统计特性,使译码错误概率达到很小。维特比译码属于概率译码,是卷积码的最佳译码方法。维特比译码判决有硬判决和软判决两种,由于软判决比硬判决能得到 $2\sim3\mathrm{dB}$ 的额外增益,用户终端通常选择软判决维特比译码。

8.4.2.5 前向接收性能

研究表明,多普勒频率随用户航天器轨道高度的增加而减小。以高度为 $400\mathrm{km}$ 的圆轨道、前向频率为 $2.08\mathrm{GHz}$ 为例,载波的最大多普勒频率约为 $58.5\mathrm{kHz}$;PN 码的最大多普勒约为 $78.5\mathrm{c/s}$;PN 码的最大多普勒变化率的绝对值约为 $0.107\mathrm{c/s}^2$。

表 8.4-1 给出了欧洲 DRS 系统早期的 S 频段用户终端性能[5]。

表 8.4-1 欧洲 DRS 系统 S 频段用户终端性能

接收机参数	接收机性能指标	发射机参数	发射机性能指标
频率范围/MHz	2025～2110	频率范围/MHz	2200～2300
接收机噪声系数	2.5	发射机功率/W	5
门限 C/N_0/dBHz	33	调制类型	UQPSK
接收机动态范围/dB	50	I/Q 功率比	1∶1；1∶2；4∶1
频率跟踪范围/kHz	±100	I/Q 精度/dB	0.2
调制类型	UQPSK	幅度不平衡/dB	0.2
I/Q 功率比	10∶1	相位不平衡/(°)	2
数据速率/(Kb/s)	1,2,4	相位噪声/(°,rms)	2
载波和短码捕获时间/s	$<5(C/N_0=$ 36.5dBHz)	PN 码片抖动/(ns,rms)	4(非相干)
长码捕获时间/s	<10	数据速率/(Kb/s)	<150
解扩解调损失/dB	1.5	带外杂波/dBc	—70
功耗/W	<18	功耗/W	<32

8.4.3 返向基带处理单元

8.4.3.1 信道编码

用户终端返向链路采用的纠错编码方式主要有卷积编码(2,1,7)、RS 编码(255,223)、RS＋卷积级联编码和 LDPC 编码。考虑到在数据速率很低时,LDPC 编码的效率、增益、时延等方面优势不大,因此,当速率在 20Kb/s 以下时一般较少单独采用 LDPC 编码。用户终端常用的纠错编码和调制方式见第 2 章。

图 8.4-7 给出了一个采用多种编码方式的返向基带处理单元组成原理框图。卷积编码、RS＋卷积级联编码、LDPC 编码可以通过开关选择。

8.4.3.2 扩频调制

为了降低返向链路发射的信号谱密度,通常要求数据传输速率低于 300Kb/s(1/2 卷积编码时,信息速率为 150Kb/s)时采用扩频调制。与前向链路相同,用户终端扩频码分为短码和长码。短码为 GOLD 码,但短码码长有两种:一种是 $2^{10}-1$,另一种是 $2^{11}-1$,大多数采用后者对信道编码后的数据进行扩频调制。长码也与前向链路相同,采用截短 18 级移位寄存器序列($2^{18}-2^8$)。

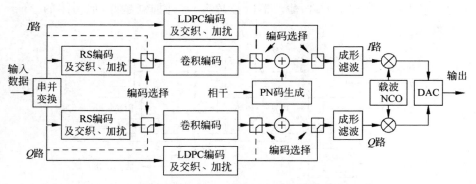

图 8.4-7　一个采用多种编码方式的返向基带处理单元组成原理框图

8.4.3.3　成形滤波

数字成形滤波器主要作用是：①通过一定的运算（变换），滤除不需要的信号或噪声，得到或增强所需信号；②压缩信号频带，以提高频谱利用率。成形滤波器的设计应满足无符号间干扰条件（奈奎斯特第一准则）和最佳接收准则（收、发滤波器特性相同，两者相乘后的传输特性为奈奎斯特响应）。在卫星数据中继系统中，发送端成形滤波器和接收端成形滤波器在频域上分别为平方根升余弦滚降特性，发送端与接收端的匹配滤波器级联后在频域上具有升余弦滚降特性，其滚降系数通常为 0.25,0.35,0.5，可根据数据速率和可用带宽选择。

在数字域上，基带信号的频谱成形一般采用两种方法，即查表法和滤波器计算法。查表法是预先将所有可能的成形后的基带波形的样本值存储起来，根据输入数据序列，从存储器中输出相应的波形。这种方法实现简单，但所需的存储单元较多，特别是输入信号采用多进制电平时，需要的存储容量更大；滤波器计算法则根据输入的数据序列，通过时域卷积法或变换域法来实时地计算出对应的输出信号波形。为了满足可变数据速率的要求，成形滤波和调制星座图映射应使用与速率匹配的可变时钟。图 8.4-8 给出了一种成形滤波器的概念结构。

由图 8.4-8 可见，成形滤波器采用类似于有限长单位冲激响应（FIR）滤波器的乘加结构。移位寄存器 D 工作在低频率的 PN 码时钟上，存储滤波器系数的 ROM 工作在系统时钟上。在 ROM 中可以分段存储多种不同的基带脉冲波形，从而很容易实现多种滚降系数的平方根升余弦波形的在线配置。成形滤波器的带外抑制是影响中频信号误差矢量幅度（EVM）指标的因素之一。从理论上讲,滤波器阶数越高,带外抑制越好,但使用的存储资源也越多。

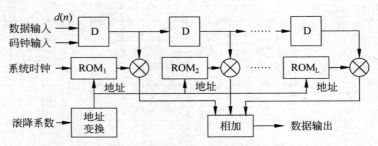

图 8.4-8 一种用于伪码扩频传输的成形滤波器概念结构

8.4.3.4 载波调制

用户终端采用的载波调制方式主要有 BPSK,OQPSK,8PSK 和 16APSK 几种。由图 8.4-7 可以看出,成形滤波后的 I 支路数据和 Q 支路数据分别与 NCO 的 $\cos\omega_c t$ 和 $\sin\omega_c t$ 相乘,然后经 DAC 后得到 PSK 信号输出。在实际应用中,为了适应传输不同数据速率的要求,用户终端一般设计成多种制式可选。

空间应用的航天类用户终端对于功耗、体积和重量的限制非常苛刻。如果采用 Ka 频段微波直接调制方式,可以省去中频到射频的频率变换环节,从而减小设备的复杂度以及功耗、体积和重量。图 8.4-9 给出了一种 Ka 频段微波直接调制的原理框图。Ka 频段本振信号先通过 0°同相功分器进行分路,分路后作为两个 Ka 频段混频器的本振信号;然后 I 路和 Q 路的基带数据分别进入 Ka 频段混频器;两路混频器的输出用 90°合成器合成,完成微波直接调制。最后经 Ka 频段放大器和滤波器将已调制的载波直接送至 Ka 频段功放模块。

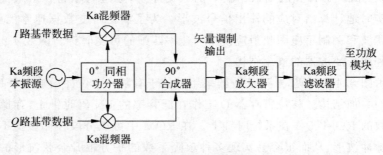

图 8.4-9 Ka 频段微波矢量调制原理框图

图 8.4-9 中的 Ka 频段本振源主要由晶振、取样锁相环、倍频放大器和带通滤波器等组成,如图 8.4-10 所示。取样锁相环中的 C 频段压控振荡器采用同轴谐振器振荡器(CRO)实现,与普通锁相环相比,它具有高 Q 值、高稳定度和低相位噪声的优点。倍频放大器可以选用成熟的倍频放大 MMICs 产品。CRO 取样锁相环产生的 C 频段信号,经倍频放大器和带通滤波器后形成 Ka 频段本振信号输出。

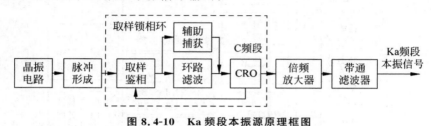

图 8.4-10　Ka 频段本振源原理框图

8.5　综合接口模块

8.5.1　功能与组成

综合接口模块主要完成用户终端与用户平台之间的接口,例如,与信源(信宿)之间的数据/时钟接口、遥测遥控接口、平台的姿态/轨道/航向信息接口以及监控和电源接口等。对于采用相控阵天线的用户终端,其波束指向角计算一般也在综合接口模块中实现。由于装载平台种类多,形成一个统一的通用接口较为困难,所以,需要根据不同平台的个性化要求量身定制。图 8.5-1 给出了一种综合接口模块的功能组成框图。

8.5.2　信源信宿接口

用户平台的信源与基带处理模块中的返向基带信号处理单元连接,传输来自平台的遥测或遥感数据;信宿与前向基带信号处理单元连接,传输中继卫星发来的遥控数据或其他数据。接口之间的信号主要是数据信号、时钟信号和使能信号等。当数据速率较低(例如不大于 10Mb/s)时,可采用 RS 422 同步串行接口。当数据速率较高时,可采用指令/响应式时分多路复用数据总线(1553B)接口或控制器局域网(CAN)总线接口。

8.5.3　遥测遥控接口

用户平台需要对用户终端的工作状态进行遥控和遥测。遥控指令主要

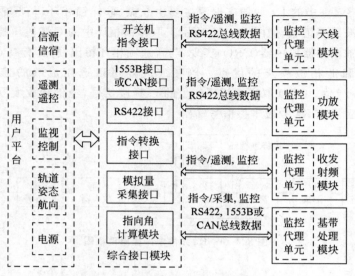

图 8.5-1　综合接口模块功能框图

是开、关机指令和切换指令,包括基带处理、收发射频、功放、相控阵天线等
模块的开关指令和 SSA/SMA 链路切换指令、极化方式切换指令等。对于
遥控指令,可以使用 RS422 异步串行接口或 OC、TTL 电路;遥测信息包括
上述各模块的开关机状态、链路切换状态、极化切换状态、功放模块功率和
电流以及 AGC 电压、短路保护等。对于遥测数据,可以使用 RS-422、1553B
或 CAN 等总线接口。

在图 8.5-1 中,模拟量采集接口用于对各模块送来的模拟遥测量进行
采集以及模块内部各类模拟遥测量的采集。指令转换接口是指从总线接口
中解调出相应的指令数据后,产生一个 TTL 电平信号,经译码输出驱动电
路后,产生一个规定脉冲幅度和脉冲宽度的 OC 指令。

8.5.4　监控接口

监控的目的是对用户终端各个模块的工作状态实施监视和控制。监控
的项目主要有:①基带处理模块:包括数据速率设置、扩频编码调制功能
设置、解扩解调译码功能设置、数据时钟设置、中频信号功率以及 E_b/N_0、
载波锁定状态、符号(比特)同步状态和前向载波频偏等;②收发射频模块:
包括射频频率、信号功率、本振频率及锁定状态等;③功放模块:包括功
率、电流、温度等;④天线(跟踪)模块:包括工作模式、极化、波束指向跟踪
状态等,对于相控阵天线,还要监视 T/R 组件的电流和温度等。

监控的实施可以依靠在各模块中设置监控代理单元完成。监控代理单元的主要功能是：接收来自综合接口模块的控制信息，经解析后分发到模块中相关单元或器件，完成参数配置；接收各模块中的工作状态信息，形成监测数据包，按照通信协议成帧后传送至综合接口模块，完成实时状态监视。监控代理单元包括 RS 422（异步串口）驱动芯片和 FPGA 监控代理软件，通过监控协议与被监控设备通信，完成被监控设备与综合接口模块之间的控制指令和状态信息交互。监控代理单元与被监控目标之间的内部通信协议可采用自定义的接口协议。

8.5.5　指向角计算模块

指向角计算模块主要由波束指向算法软件组成。该模块的主要功能是根据用户目标的姿态和轨道参数、用户终端天线的位置和角度、中继卫星的轨道参数以及时间基准信息，通过坐标转换，实时计算出天线的波束指向角。然后送往天线控制单元或相控阵天线波束控制器。对于相控阵天线，波束控制器进行指向角到波控码的转换，最后根据波控码控制其波束指向中继卫星。

指向角计算模块与平台和天线模块的接口通常采用 1553B 总线接口。该模块也可以嵌入基带处理模块或天线波束控制单元的 DSP 芯片中。模块的性能指标要求一般是：波束指向的解算时间不大于 2ms；输出波束指向角分辨力不大于 $0.01°$；波束指向解算误差不大于 $0.01°$。

参考文献

[1]　顾瑞龙,沈民谊.微波技术与天线[M].北京:国防工业出版社,1980.

[2]　藤本共荣,詹姆斯 J R.移动天线系统手册[M].杨可忠,井淑华,译.北京:人民邮电出版社,1997.

[3]　沈民谊,蔡镇远.卫星通信天线、馈源、跟踪系统[M].北京:人民邮电出版社,1993.

[4]　甘仲民,张更新,王华力,等.毫米波通信技术与系统[M].北京:电子工业出版社,2003.

[5]　郭贵堂,喻芳.TDRSS 系统 S 波段双模式用户应答机[J].电讯技术,1999(3):62-70.

第9章

星间链路捕获和建立

　　在空间相距数万公里的两个高速运行的卫星之间实现相互捕获、跟踪并建立通信链路是卫星数据中继系统完成数据传输的前提条件，是关系系统成败的关键技术和重要标志。本章分为星间链路捕获跟踪和全程链路建立两个部分描述。第一部分重点介绍星间链路捕获跟踪的基本概念和策略，给出了一些仿真结果；第二部分重点介绍全程链路建立的基本概念和一般过程，给出了全程链路信令传递的一般流程。

　　本章中的用户目标是中低轨航天器和非航天器的统称。为了便于表述，"用户目标"有时与"用户卫星"混用。

9.1　星间链路目标捕获与跟踪

9.1.1　概述

　　在卫星数据中继系统中，星间链路的捕获跟踪包括目标捕获跟踪和信号捕获跟踪。目标捕获跟踪是指中继卫星与用户卫星两个目标之间的捕获与跟踪。具体地说，就是中继卫星与用户卫星的天线波束在星间链路建立之前首先要在空间对准，并在通信过程中始终保持相互跟踪状态；信号捕获跟踪是指地面终端站通过中继卫星发向用户卫星的信号以及用户卫星通过中继卫星发向地面终端站的信号的捕获、跟踪与同步。

　　一般地说，星间链路首先要实现目标的捕获跟踪，在目标捕获后，才能实现信号的捕获跟踪。但实际上，在星间链路目标捕获的过程中，信号捕获也在同时进行。一旦信号捕获并同步，即可通过中继卫星建立电路连接，实现数据的单向或双向传输。

　　两个卫星之间相互捕获必须依靠双方的轨道参数。由于卫星运行轨道的摄动、卫星姿态误差等因素的影响，中继卫星和用户卫星的星间天线都存在开环指向误差。该开环指向误差可以等效为目标分布在一个不确定的区域内，称为"瞄准不确定区域"（FOU），也就是说该目标可能在 FOU 内任一 x 点。对于中继卫星来说，FOU 一般比天线波束宽度要大，如图 9.1-1 所示。因此需要采用扫描的方式在不确定区域内寻找和捕获运动中的卫星目标，建立星间的初始连接。

　　目标捕获就其方法而言大致分为两种：一种是双端扫描捕获，即目标双方同时去寻找对方；另一种是单端扫描捕获，即一方不扫描搜索，而由另一方在可能出现的区域进行扫描搜索。双端扫描可以减小捕获时间，但要保证高的捕获概率难度较大，同时增加了系统的复杂性。对于工作在 S 频

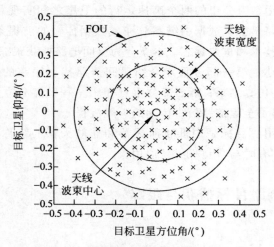

图 9.1-1 随机产生的用户目标位置分布

段和 Ka 频段的 GEO-LEO 之间的星间链路来说,综合考虑捕获时间、捕获概率和系统复杂度等因素,通常采用单端扫描方式。

中继卫星星间天线在捕获跟踪用户卫星时,通常采取扫描搜索、程序跟踪和自动跟踪工作模式。自动跟踪的信号通常是用户卫星发送的已调制(例如 QPSK 和 8PSK)载波信号。中继卫星地面运控中心根据用户卫星轨道数据计算得到中继卫星星间天线指向控制参数,通过地面终端站注入中继卫星,中继卫星完成对用户卫星的捕获跟踪。

为了便于用户卫星捕获跟踪中继卫星,通常在中继卫星上设置一个或两个信标信号。该信标信号通过一个宽波束天线发送,其波束宽度可以根据所要覆盖的用户卫星的轨道高度上限来确定。当然,用户卫星捕获跟踪中继卫星时,也可以捕获跟踪地面终端站发送的经中继卫星转发的前向信号。

用户卫星中继终端天线捕获中继卫星时,需要根据中继卫星轨道参数和用户卫星自身的轨道参数计算中继终端天线指向控制参数。中继卫星轨道参数通常存储在用户卫星上或经地面测控系统遥控信道向用户卫星注入。当中继终端具有前向接收功能时,也可以经过前向链路注入。

由于天线波瓣宽度与频率、天线直径成反比,所以在不同频段工作时,其捕获跟踪方式有所不同。例如,当中继卫星星间天线工作在 S/Ka 双频段、天线口径为 2.85m 时,S 频段(2.29GHz)天线波束宽度约为 3.22°,Ka 频段(26GHz)天线波束宽度约为 0.28°。可见,S 频段天线波束宽度比 Ka 频段波束宽得多。因此,对于 S 频段星间链路,常采用程序(开环)控制方式跟踪用户目标,即根据轨道预报进行程序引导。对于中继卫星 Ka 频段星间链路,由于其波束较窄,为了实现目标捕获与跟踪,Ka 频段星间天线一般还需要在一定区域内进行扫描搜索;对于传输高速率数据的用户卫星来说,中继终端 Ka 频段星间天线口径一般不大于 1.2m,波束宽度(26GHz)在 0.67°以上,大于它的 FOU。所以,一般不需要进行扫描搜索,仅采用程序跟踪和自动跟踪工作模式即可。

9.1.2 中继卫星捕获跟踪用户目标

9.1.2.1 控制模式

中继卫星在捕获跟踪用户目标时,可以工作在开环控制模式,也可以工作在闭环控制模式。

1. 开环控制模式

开环控制模式的基本工作原理是:中继卫星星上计算机根据地面站遥控指令注入的参数或星上计算机根据轨道预报结果自主生成的参数,控制星间天线按照一定的轨迹运动。在开环控制天线运动的过程中,射频敏感器输出的"和"信号电平、"方位差"信号电平和"仰角差"信号电平("三电平"信号)不作为反馈控制量。受到中继卫星和用户目标轨道预报误差、中继卫星姿态变化、天线指向误差等不确定因素的影响,在开环控制时,星间天线对用户目标的指向精度一般不高。天线回扫、扫描搜索、程序跟踪和星地控制均属于开环控制模式。

2. 闭环控制模式

为了精确指向用户目标,星间天线可以通过闭环控制模式实现自动捕获跟踪功能。闭环控制模式通常采用单脉冲跟踪或极值跟踪。单脉冲跟踪的基本工作原理是:星间天线扫描搜索到用户目标发来的已调载波信号,在馈源内激励出"和"信号,同时耦合出表征用户目标位置信息的"方位差"信号和"仰角差"信号。该三电平信号在射频通道内经低噪声放大、单通道合成、变频放大后送给捕获跟踪接收机。捕获跟踪接收机分离出三电平信号,送入天线执行机构。执行机构的指向控制器根据三电平信号,计算控制量。最后通过驱动线路,控制执行机构带动天线转动,使天线指向用户目标,实现闭环跟踪。

极值跟踪是通过跟踪"和"信号的极大值判定天线是否对准目标。由于极值跟踪的精度比单脉冲跟踪模式的跟踪精度低一些,所以在中继卫星星间天线捕获跟踪用户目标时常以单脉冲跟踪模式为主,极值跟踪可以作为备份方式。

9.1.2.2 工作流程

图 9.1-2 给出了中继卫星星间天线捕获跟踪用户目标的一般过程。

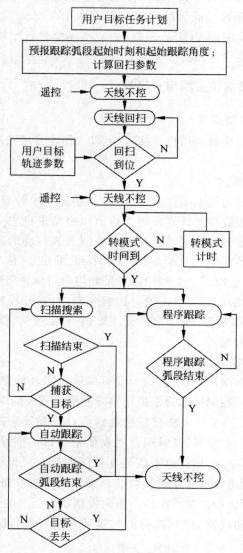

图 9.1-2 中继卫星星间天线捕获跟踪用户目标的一般过程

在开始捕获跟踪用户目标之前,要首先设置和注入中继卫星捕获跟踪系统的技术状态和参数。主要有:①地面站或星上计算机计算中继卫星和用户目标的轨道参数、姿态、天线当前指向及其他相关参数；②遥控注入捕获跟踪接收机的带宽、多普勒补偿值、相位补偿值、扫描螺距、捕获阈值和失锁阈值等；③注入开始捕获用户目标的时刻；④注入天线回扫参数后执行回扫，使星间天线指向捕获用户目标的起始位置；⑤注入从捕获开始到自动跟踪结束的用户目标运动轨迹及需要的时间；⑥注入天线指向和卫星姿态复合控制的相关补偿参数。

捕获跟踪系统在执行程序跟踪工作流程时，在预计的用户目标出现时刻，启动程序跟踪模式，按照用户目标轨迹控制星间天线运动，到预报的用户目标跟踪弧段结束为止，结束程序跟踪；捕获跟踪系统在执行自动跟踪工作流程时，可以分为射频敏感器感应天线指向偏差信号、天线指向控制逻辑实现和天线驱动控制执行 3 个阶段。

9.1.2.3　捕获跟踪性能分析

1. 开环指向误差和瞄准不确定区域

开环指向误差亦称"程序跟踪指向误差"，主要包括控制误差、天线误差和总装误差。

控制误差主要包括：旋变系统误差、滚动俯仰两轴姿态耦合（姿态波动）、天线指向控制回路误差、中继卫星星历（轨道误差和测控延时）、用户卫星星历（轨道误差和测控延时）、起始跟踪点误差（软件判决引起）、用户目标轨迹拟合误差、用户目标轨迹软件计算截取误差和偏航姿态耦合（动量轮安装和偏航控制误差）。

天线误差主要包括：天线支撑结构 $X(Y)$ 轴向变形（安装偏差、热变形、振动）、天线支撑结构 Z 轴向变形、天线 $X(Y)$ 轴向展开重复度、天线反射面热变形、天线湿度、天线测量误差、地面光学系统校准精度和数学模型误差。

总装误差主要包括：天线驱动机构（GDA）两轴不垂直度、GDA 星体连接架 $X(Y)$ 轴向安装误差、GDA 星体连接架 Z 轴向安装误差、GDA 天线连接架 $X(Y)$ 轴向安装误差、中心承力筒垂直度、天线安装基准面平面度和地球敏感器安装误差。

在对误差源进行误差估计时，需要考虑哪些项为常值项，哪些项为日周期项或短周期项。同一类误差相加取均方根值，分别得到总的常值项误差、总的日周期项误差和总的短周期项误差。然后，把这 3 类总误差和其他误差（例如余量）做代数和得到系统总的误差。系统总的误差作为瞄准不确定区域（FOU）或瞄准不确定角。对于工作在 Ka 频段（26GHz）的中继卫星星间链路 FOU 一般取 $\pm 0.41°$。

用户目标在 FOU 内的分布可以视为瑞利分布。用户目标出现在 FOU 中心附近的概率最大,而在边缘处的概率最小。因此,为了提高捕获概率和缩短扫描时间,通常希望扫描轨迹从中心开始向边缘运动。

2. 天线指向临界偏差角

若当天线指向与用户目标方向的夹角小于某一临界值 ε 时,能以某概率值将天线指向牵引到用户目标的事件,则称此概率为"捕获概率",称临界值 ε 为对应于此捕获概率的"天线临界偏差角"。通常将捕获概率为99% 时的天线指向临界偏差角记为 θ_c。

天线指向临界偏差角 θ_c 决定扫描螺距的选取,θ_c 越小对应的扫描螺距越小,而扫描螺距越小,捕获时间就越长。θ_c 还与用户目标发射 EIRP(不同 EIRP 对应不同的数据速率)、多普勒补偿误差、跟踪接收机积分时间等有关。假设 Ka 频段(26GHz)载波频率的多普勒频移最大范围为 $\pm 700\text{kHz}$,多普勒频移变化率为 900Hz/s,并假设每 10s 修正一次补偿量,则多普勒补偿后的剩余残差为 9kHz。图 9.1-3 给出了在多普勒补偿残差为 9kHz、不同积分时间 T_D 条件下,θ_c 与数据速率的关系以及不进行多普勒补偿、积分时间 T_D 为 10ms 条件下,θ_c 与数据速率关系的仿真结果。

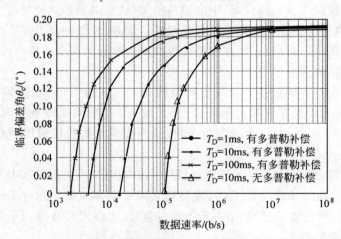

图 9.1-3   天线指向临界偏差角 θ_c 与数据速率的关系(仿真)

从图 9.1-3 中可以看出,①在有多普勒补偿(残差为 9kHz)的条件下,当用户目标的数据速率低于 16Kb/s、积分时间为 1ms 时,不能进行跟踪。若要满足捕获条件,用户目标必须提高发射信号的 EIRP。当采用 10ms 的积分时间时,天线不能对数据速率为 4Kb/s 以下的用户目标进行捕获。当采用100ms的积分时间时,天线不能对数据速率为2Kb/s以下的用户目标进行捕获;②在无多普勒补偿条件下,当采用10ms的积分时间时,天线不能对数据速率为200Kb/s以下的用户目标进行捕获。

3. 扫描策略

合适的扫描策略能够在保证高捕获概率的同时满足短捕获时间的要求。扫描策略一般包括扫描轨迹和扫描运动方式两个方面。

(1) 扫描轨迹

图9.1-4给出了4种扫描轨迹,即方形、六角形、同心圆和螺旋线。从控制的角度来看,希望扫描轨迹要连续,尽量不要出现直角拐弯的情况。由于螺旋线扫描具有轨迹连续、不跳跃的特点,比较适合控制系统的要求,所以,中继卫星星间天线扫描通常选择螺旋线扫描方式,其轨迹一般为阿基米德螺旋线轨迹。

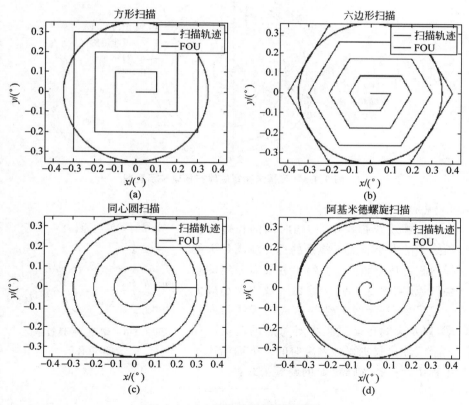

图 9.1-4　4 种常见的扫描轨迹图

(a) 方形轨迹;(b) 六角形轨迹;(c) 同心圆轨迹;(d) 阿基米德螺旋线轨迹

阿基米德螺旋线极坐标方程为

$$\rho = \alpha\theta \tag{9.1-1}$$

式中,ρ 为极径;θ 为极角;α 为常数。

设 h 为阿基米德螺旋线螺距,$h = 2\pi\alpha$。

螺旋线长 L 为

$$L = \frac{a}{2}(\theta\sqrt{\theta^2+1} + \text{arcsinh}\theta) \tag{9.1-2}$$

式中,arcsinh 为反双曲正弦函数,可以通过查表得出。

图 9.1-5 给出了 FOU、射频敏感区(半功率波束宽度)、螺距以及阿基米德螺旋线扫描轨迹示意图。

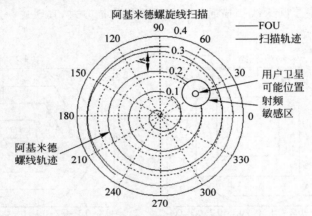

图 9.1-5　阿基米德螺旋线扫描轨迹示意图

（2）扫描螺距

在螺旋线扫描中,扫描时间的长短与扫描螺距的大小有关。螺距的选择应满足天线指向临界偏差角 θ_c 的两倍,并要有一定的重叠区域(见图 9.1-6)。重叠区域的大小应大于卫星姿态、天线柔性等造成的天线指向抖动,以及天线运动过程中对每点的覆盖时间大于跟踪接收机积分判决时间。下面给出了工程中计算扫描螺距 h 的经验公式:

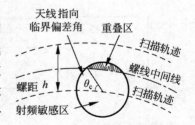

图 9.1-6　螺距、射频敏感区和重叠区

$$h \approx 2\sqrt{\theta_c^2 - \left(v \cdot \frac{T_D}{2}\right)^2} - \Delta_\sigma \tag{9.1-3}$$

式中,v 为扫描速度,单位为(°)/s;T_D 为跟踪接收机积分判决时间,单位为 s；Δ_σ 为卫星姿态和天线柔性造成的天线指向抖动，单位为（°）。Δ_σ 的估计如表 9.1-1 所示。

表 9.1-1　Δ_σ 估计

误　差　项	误差值/(°)	
	滚动轴	俯仰轴
控制误差	0.020	0.020
驱动电机步距	0.006	0.006
齿轮传动	0.005	0.005
角度传感器误差	0.010	0.010
每轴合计（RMS）	0.024	0.024
两轴总误差（RMS）	0.034	
其他	0.013	
总计	0.047	

（3）扫描速度控制策略

常见的扫描速度控制方式有 5 种，即等角速度、切向匀速、切向速度按指数递增、沿螺旋线轨迹匀速和沿螺旋线轨迹按速度指数递增。天线在运动时对中继卫星平台的扰动应最小，即动力学耦合最小，这就要求天线沿轨迹运动的速度和加速度要小。

表 9.1-2 给出了总的扫描时间限定为 180s、扫描的 FOU 范围为 0.41°、相同螺距 0.18°条件下，这 5 种控制方式的扫描速度最大值和加速度最大值。

表 9.1-2　扫描速度和加速度最大值

扫描速度控制方式	扫描速度最大值/(°/s)	扫描加速度最大值/(°/s^2)
等角速度	0.0330	0.003
切向匀速	0.0163	∞（初始时刻）
切向速度按指数递增	0.0166	0.01
沿螺旋线轨迹匀速	0.0166	∞（初始时刻）
沿螺旋线轨迹速度按指数递增	0.0171	0.007

从控制执行器件的角度看，在螺距相同、总的扫描时间相同的情况下，扫描速度和加速度越小越好。从表 9.1-2 可以看出，沿螺旋线轨迹匀速运动方式和沿螺旋线轨迹速度指数递增运动方式都可以满足要求，而沿螺旋线轨迹速度指数递增方式在加速度小这方面更有优势。

4. 捕获时间

当工作于 Ka 频段时,中继卫星捕获跟踪用户目标一般要经过回扫→开环指向用户目标→螺旋扫描搜索→跟踪牵引→自动跟踪的过程。捕获时间一般从开环指向用户目标开始到进入自动跟踪状态时刻为止。为了可靠捕获,通常在搜索之前天线波束中心方向与目标方向的偏差要小于开环指向误差。能够获得可用的误差信号的波束宽度一般为天线的半功率波束宽度,当天线波束中心方向与目标方向偏差小于半波束宽度时即捕获成功,然后经过短暂的跟踪牵引,进入自动跟踪状态。

图 9.1-7 给出了最大捕获时间与螺距、扫描速度的关系。其中,图(a)给出了在相同的扫描速度($0.03°/s$)、不同的 FOU($0.41°$ 和 $0.7°$)条件下,最大捕获时间与螺距的关系;图(b)给出了在螺距 $h = 0.1°$、FOU $= 0.7°$ 条件下最大捕获时间与扫描速度的关系。

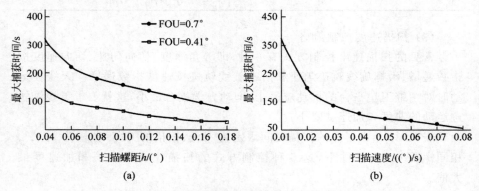

图 9.1-7 最大捕获时间与螺距、扫描速度的关系
(a) 最大捕获时间与螺距的关系;(b) 最大捕获时间与扫描速度的关系

从图 9.1-7 可以看出:①最大捕获时间与 FOU 大小有关,FOU 越大,最大捕获时间越长;②最大捕获时间与螺距大小有关,螺距越小,最大捕获时间越长;③最大捕获时间还与扫描速度有关,扫描速度越快,最大捕获时间就越短。在设计时,应根据 FOU、扫描时间、螺距、速度等综合因素来确定。

对于平均捕获(扫描)时间,可用理论公式(高斯分布)和统计两种方法计算得到。用高斯分布法求平均扫描时间是基于天线指向偏差为高斯分布的特点($3\sigma = 0.41°$)进行理论推导计算的;用统计法求平均扫描时间,通常采用蒙特卡罗法,剔除 FOU 以外的野值,在 FOU(例如 $0.41°$)内随机选取一定数量的点(例如 1000 个点),分别计算出天线从圆中心开始扫描至选定点所需的扫描时间,最后进行统计平均求出。典型地,当螺距为 0.18°、扫描平均速度为 0.03°/s 时,用高斯分布法求得的平均扫描时间和用统计法求得的平均扫描时间分别约为 28s 和 23s。可见,这两种方法求得的平均扫描时间基本一致,用统计法求出的平均扫描时间比用高斯分布法求出的平均扫描时间小一些,这是剔除了 0.41°以外的野值引起的。

5. 捕获概率

中继卫星捕获用户目标的概率通常包括 3 项:①用户目标落入 FOU 的概率 P_1;②扫描覆盖概率 P_2;③天线搜索到用户目标,能够正确判决实现捕获的概率,即检测概率 P_3。

(1)用户目标落入 FOU 的概率 P_1

FOU 的大小与捕获时间有关,设置的 FOU 越大,对提高捕获概率越有利,但是捕获时间会长。通常,FOU 应能够覆盖 99% 以上的卫星空间位置,也就是说,希望用户目标落在 FOU 内的概率 P_1 大于 99%。

(2)扫描覆盖概率 P_2

扫描覆盖概率 P_2 亦称"扫描搜索概率",是指天线在扫描运动过程中,波束扫描搜索到 FOU 内任一点的概率。P_2 与接收机积分判决时间 T_D、天线扫描螺距、扫描速度以及天线指向扰动等有关。通常要求波束掠过目标的时间应大于接收机积分判决时间 T_D。目前 P_2 还没有精确的公式可以描述,一般是通过蒙特卡罗方法仿真得出。当用户目标在 FOU 中的位置为均匀分布时,P_2 与天线指向扰动强度(1σ)、螺距的关系如图 9.1-8 所示。

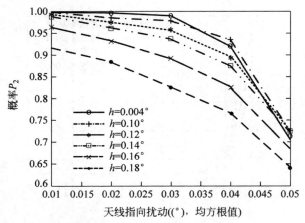

图 9.1-8 不同螺距下的 P_2 与天线指向扰动强度的关系

从图 9.1-8 可以看出,当天线指向扰动为 0.01°(1σ)、螺距 h 为 0.1°时,扫描覆盖概率 P_2 大于 99%。

(3) 检测概率 P_3

跟踪接收机通常按照信号能量检测的方式工作,信号检测的一般模型如图 9.1-9 所示。检测器包括带通滤波、平方律检波、积分和门限检测等模块。检测器首先对中频信号进行带通滤波,然后对滤波器输出的信号进行平方律检波和积分运算,门限检测模块对积分后的信号进行判决。

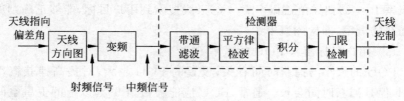

图 9.1-9 信号检测模型

检测概率 P_3 与天线的方向特性、自动跟踪精度、信号噪声比、数据传输速率、多普勒频移、检测器积分时间和虚警概率要求等有关。

虚警概率是指在没有目标时,被误判为有目标的概率。检测门限通常基于纽曼-皮尔逊准则,即给定虚警概率 P_F,使检测概率 P_3 最大。图 9.1-10 给出了检测阈值与虚警概率 P_F、累计检测次数的关系。从图中可以看出,若虚警概率不变,随着累积检测次数的增大,检测阈值降低;对于相同的累积检测次数,虚警概率越小,所需的阈值越高;当累积检测次数大于 100 时,阈值趋于相同。虚警概率 P_F 一般取 0.001。

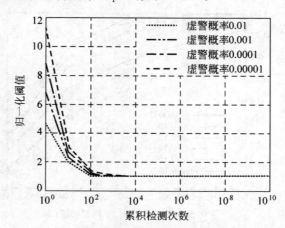

图 9.1-10 归一化阈值与虚警概率、累计检测次数的关系

图 9.1-11 给出了在虚警概率为 0.001 的条件下,检测概率 P_3 与 C/N、累积检测次数的关系。从图中可以看出,当累积检测次数 M 为 100、C/N 为 -1dB 时,检测概率为 99.9%。

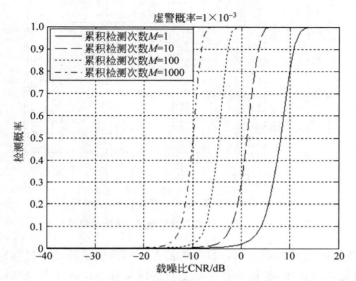

图 9.1-11 检测概率与 C/N 的关系

图 9.1-12 给出了在虚警概率为 0.001、检测概率 P_3 为 99.9% 的条件下,C/N_0 与用户数据速率、积分时间的关系。从图中可以看出,当数据速率为 300Kb/s 时,若积分时间为 0.25ms,则对应的 C/N_0 约为 54.6dBHz,若将积分时间增大到 10ms,则 300Kb/s 对应的 C/N_0 可减小到 45.5dBHz 左右,但是捕获时间将延长。

(4) 总的目标捕获概率

中继卫星捕获用户目标的总的捕获概率 P 可表示为

$$P = P_1 \times P_2 \times P_3 \qquad (9.1\text{-}4)$$

例如,当 P_1 和 P_2 均取 99%、P_3 为 99.9% 时,中继卫星捕获用户目标的总的捕获概率为 97.9%。

6. 用户目标出现时间不确定性对中继卫星捕获跟踪的影响

开环捕获跟踪(程序跟踪)的大致流程是:中继卫星首先根据事先注入的用户目标的出现位置,驱动天线快速回扫到预定的位置,然后等待;在捕获跟踪开始时刻,中继卫星根据事先注入的开始时刻自动或由地面遥控指令启动,按照事先注入的用户目标轨迹,驱动天线开始程序跟踪。

从上述开环捕获跟踪过程可以看出,用户目标轨迹是决定中继卫星开

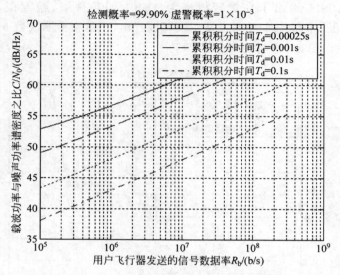

图 9.1-12　C/N_0 与用户数据速率、积分时间的关系

环跟踪性能的关键参数。用户目标轨迹是根据所提供的用户目标轨道根数（也可以是轨迹预报）转换为在中继卫星天线坐标系中一个跟踪弧段内的用户目标运动轨迹。用户目标轨迹的时间起点为预定的捕获跟踪用户目标开始时刻，一直持续到一个跟踪弧段结束。在这里，总是认为在预定的捕获跟踪开始时刻，用户目标恰好出现在预定的位置。而实际上，由于种种不确定的因素，很可能出现这样一种情况：在预定的捕获跟踪开始时刻，用户目标并没有出现在预定的位置，而是提前或滞后了一定的时间，即用户目标出现时间不确定，而中继卫星天线仍然按照预定的用户目标轨迹进行捕获跟踪，这势必造成捕获跟踪性能的下降。针对这一问题，本节将从用户目标出现时间不确定性对开环捕获概率和程序跟踪精度的影响这两个方面进行分析，以确定满足捕获跟踪系统指标要求的时间不确定性容限。

（1）空间几何关系

评价捕获跟踪系统性能主要有两个方面，即捕获概率和跟踪精度。对于程序跟踪方式，其捕获概率就是中继卫星天线的开环指向概率，跟踪精度一般为天线的波束宽度。因此，分析用户目标出现时间不确定性对捕获跟踪的影响也要从这两个方面入手。图 9.1-13 给出了用户目标出现时间不确定性及其空间几何关系。其中图（a）说明了在预定的捕获跟踪开始时刻，用户目标应该出现在 P_0 处，而由于用户目标出现时间的不确定性，它的实际出现位置在 P_t 处或 P_{-t} 处，即超前或滞后了一段时间 t。图（b）示出了用户目标在中继卫星天线坐标系中对应的空间几何关系。

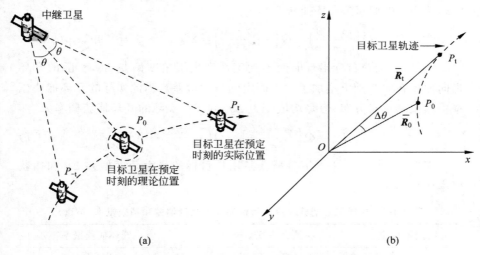

图 9.1-13　用户目标出现时间不确定性和空间几何关系
(a) 用户目标出现时间不确定性；(b) 用户目标出现时间不确定性空间几何关系

(2) 偏差角

　　用户目标出现时间的不确定性是由于用户目标出现位置的不确定引起的，也就是说实际出现的位置与预定出现位置产生了偏差。根据图 9.1-13(b) 所示的三角形 OP_0P_t 的关系，容易得到该偏差角 $\Delta\theta$ 为

$$\Delta\theta = \arccos\left(\frac{\mid \boldsymbol{R}_t \mid^2 + \mid \boldsymbol{R}_0 \mid^2 - \mid \boldsymbol{v}_t \cdot t \mid^2}{2\mid \boldsymbol{R}_t \mid\mid \boldsymbol{R}_0 \mid}\right) \tag{9.1-5}$$

式中，$\boldsymbol{R}_0$ 为用户目标在中继卫星天线坐标系中在预定时刻出现的理论位置矢量；$\boldsymbol{R}_t$ 为用户目标在预定时刻出现的实际位置矢量；$\boldsymbol{v}_t$ 为用户目标在预定时刻的相对运动速度矢量；t 为用户目标出现时间的不确定度。

　　当然，用户目标在 P_0 和 P_t 处相对于中继卫星的速度是不同的，但是，在一个小的时间不确定度情况下，即 t 很小时，两者的差别很小。为了计算方便，可以认为两点处的速度相同，都等于 $\mid \boldsymbol{v}_t \mid$。

　　从式(9.1-5)可以看出，由于用户目标出现时间的不确定性产生的偏差角与用户目标的理论出现位置(对应确定的捕获跟踪开始时刻)和出现时间不确定性有关。这一偏差角将使中继卫星星间天线的指向偏差增大，导致开环捕获概率下降。

(3) 开环捕获概率

　　一般情况下，开环捕获概率可以认为服从正态分布 $N(\mu, \sigma^2)$。在用户目标准确出现在预定位置的条件下,均值为 0。那么,在最大开环指向偏差 (3σ) 角为 $\pm 0.41°$ 时,开环捕获概率为

$$P_a = Q\left(\frac{3\sigma - 0}{\sigma}\right) - Q\left(\frac{-3\sigma - 0}{\sigma}\right) = 2Q(3) - 1 = 0.9973 \quad (9.1\text{-}6)$$

但是,由用户目标出现时间不确定性产生了角度偏差 $\Delta\theta$,实际的开环指向偏差在原基础上增加了一个固定的角度偏差。因此实际的开环捕获概率仍然服从正态分布,但是均值变为 $\Delta\theta$。此时,实际的开环捕获概率为

$$P_a = Q\left(\frac{3\sigma - \Delta\theta}{\sigma}\right) - Q\left(\frac{-3\sigma - \Delta\theta}{\sigma}\right) \quad (9.1\text{-}7)$$

表 9.1-3 给出了中继卫星捕获某用户目标的最大角度偏差 $\Delta\theta$ 和捕获概率仿真结果。

表 9.1-3 中继卫星捕获某用户目标的最大角度偏差和捕获概率(仿真)

时间不确定度 t/s	最大角度偏差 $\Delta\theta/(°)$	开环捕获概率
1	0.020	0.997
5	0.092	0.991
10	0.179	0.956

(4) 程序跟踪精度

在描述中继卫星程序跟踪用户目标的跟踪精度时,通常使用方位和俯仰的跟踪角表示。在计算时,需要根据中继卫星和用户目标的轨道根数计算它们在惯性坐标系(J2000 惯性系)中的位置和速度,并将位置和速度从 J2000 惯性坐标系转换到中继卫星天线坐标系,具体求解过程见相关书籍,这里不作详细推导。

在中继卫星天线坐标系中,用斜距 r、俯仰角 E 和方位角 A 表示的极坐标系与用 (X, Y, Z) 表示的直角坐标系的转换关系为

$$\frac{1}{\sqrt{X^2 + Y^2 + Z^2}}\begin{pmatrix} X \\ Y \\ Z \end{pmatrix} = \begin{pmatrix} \sin E \\ -\cos E \sin A \\ \cos E \cos A \end{pmatrix} \quad (9.1\text{-}8)$$

那么,对于点 $P(X, Y, Z)$ 处,对应的斜距 r、俯仰角 E 和方位角 A 为

$$\begin{cases} r = \sqrt{X^2 + Y^2 + Z^2} \\ E = \arcsin(X/r) \\ A = \arctan(Y/Z) \end{cases} \quad (9.1\text{-}9)$$

若用户目标的理论出现位置 P_0 表示为 $P_0(r_0, E_0, A_0)$,实际出现位置 P_t 表示为 $P_t(r_t, E_t, A_t)$。那么,用户目标由于出现时间不确定性而带

来的俯仰和方位方向的角度跟踪误差为

$$\begin{cases} \Delta E = E_t - E_0 \\ \Delta A = A_t - A_0 \end{cases} \tag{9.1-10}$$

表 9.1-4 给出了中继卫星捕获某用户目标的最大开环跟踪误差。

表 9.1-4　中继卫星捕获某用户目标的最大开环跟踪误差（仿真）

时间不确定度/s	俯仰跟踪误差/(°)	方位跟踪误差/(°)
1	0.009/−0.012	0.010/−0.019
5	0.044/−0.047	0.045/−0.064
10	0.058/−0.103	0.101/−0.126

从表 9.1-4 可以看出,由于用户目标出现时间存在不确定性,导致俯仰和方位产生角度跟踪误差,且误差随出现时间不确定性的增大而增大。例如,在不确定度为 5s 时,产生的方位和俯仰的角度跟踪误差约为 0.06°;在不确定度为 10s 时,产生的方位和俯仰的角度跟踪误差达到了 0.1°左右。因此,用户目标出现时间不确定度容限一般要求不超过 5s。

7. 自动跟踪误差

（1）自动跟踪主要误差源

中继卫星星间天线自动跟踪主要误差源有:驱动系统(伺服噪声、机械回差等)误差、支撑臂振动变形引起的误差、光轴和电轴不匹配引起的误差、姿态耦合误差、动态滞后误差、热噪声误差、方向图轴间耦合引起的误差、检波器偏置引起的误差、天线零深及"和"支路与"差"支路相位不一致引起的测角误差、中频带宽不匹配引起的误差、天线柔性引起的指向误差、跟踪信号起伏引起的误差、多路径反射引起的误差以及单通道调制器"和"-"差"耦合损失等,总的自动跟踪误差(均方根)预计一般在 0.04°～0.05°。

（2）热噪声的影响

当用户数据速率降低时,到达跟踪接收机输入端的信号电平也随之降低,角误差信号幅度减小,同时热噪声的影响增大,会导致自动跟踪系统的误差斜率特性变差。误差斜率是指跟踪接收机输出的差支路电平随天线指向偏差变化的斜率曲线,它反映了射频敏感器的灵敏度。

图 9.1-14 给出了在跟踪接收机带宽与数据速率(带宽)匹配情况下,进行多普勒补偿(补偿残差 9kHz)和不进行多普勒补偿两种条件下,热噪声引起的天线跟踪误差与用户数据速率的关系。从图中可以看出:①随着数据速率的降低,发射功率随之减小,热噪声引起的天线跟踪误差加大;②如

果不进行多普勒补偿,则必须增加中频滤波器的带宽,噪声功率相应地增加,热噪声误差也会随之增加;③当数据速率较高时,多普勒频移的影响一般可以忽略。

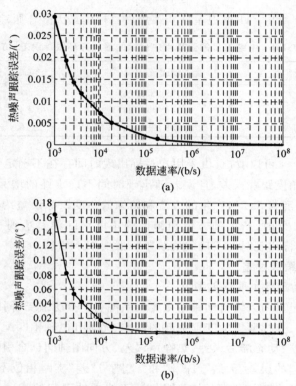

图 9.1-14 热噪声引起的天线跟踪误差与用户数据率的关系
(a)进行多普勒补偿;(b)不进行多普勒补偿

图 9.1-15 给出了当不进行多普勒补偿时,不同用户目标的发射 EIRP 与数据速率的关系。图中,拐点表示为了满足最大热噪声跟踪误差不超过 0.11°,要求用户目标发射的最小 EIRP 值。该值对应的数据速率为 16Kb/s。也就是说,当数据速率低于 16Kb/s 时,也要按照数据速率 16Kb/s 时的 EIRP 值发射,才能满足跟踪精度的要求。

(3)滤波器带宽不匹配的影响

Ka 频段返向链路传输的数据速率范围很大,一般从 1Kb/s 至 1000Mb/s 以上。为了使信号失真最小,一般要求中继卫星捕获跟踪接收机的中频滤波器带宽与用户目标发射的数据速率对应的带宽相匹配。但是,中频滤波

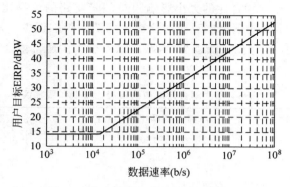

图 9.1-15　用户目标发射 EIRP 与数据速率的关系

器的带宽不可能在如此大的范围内连续可调,所以需要在满足天线跟踪精度的前提下尽量简化星上中频滤波器的带宽设置。通常的做法是采用分档设置的方式,截取用户信号部分带宽的能量,但是这样做又会引入跟踪误差。

表 9.1-5 给出了在初始目标偏差角为 0.03°、中频带宽为 200kHz 条件下,跟踪接收机对不同带宽信号输出的跟踪角误差。可以看出,随着中频滤波器带宽与信号带宽的比例的减小,跟踪角误差增大,不过这些影响很小。当中频滤波器带宽与信号带宽的比例为 1∶10～1∶20 时,引入的误差不超过 0.005°。

表 9.1-5　不同带宽比引入的跟踪误差

带宽比	1∶1	1∶2	1∶5	1∶10	1∶20
跟踪误差/(°)	0.0005	0.0015	0.0029	0.0043	0.0046

（4）多普勒频移的影响

在中频滤波器带宽分档选择时,需要考虑多普勒频移的影响,若取多普勒补偿误差为 9kHz,这时中频滤波器带宽约为 18kHz。如果不进行多普勒补偿,中频滤波器带宽约为 1.4MHz。当用户目标的数据率较高时,虽然存在多普勒频移,但经跟踪接收机滤波器带宽截取,使跟踪接收机对多普勒频移的影响变得不敏感。为了降低星上跟踪接收机的复杂性,对于宽带信号通常不进行多普勒补偿。

（5）"和"-"差"支路耦合比的影响

中继卫星天线自动跟踪系统通常采用单通道单脉冲工作方式,在单通道合成时,需要确定"差"支路信号与"和"支路信号的比例关系,即"和"-

"差"支路耦合比。耦合比的大小影响跟踪"和"支路的信噪比和跟踪性能。表 9.1-6 给出了不同耦合比对应的信噪比降低和跟踪误差。从表中可以看出,耦合比越小,信噪比下降越少,但跟踪误差增大。通常耦合比在 1:10～1:13 之间选择。

表 9.1-6 不同耦合比对应的信噪比降低和跟踪误差

耦合比	单通道信噪比下降/dB	对应的跟踪误差/(°)
1:1	2.90	0.0018
1:10	0.30	0.0045
1:13	0.05	0.0090
1:100	0.00	0.1600

(6)"和"-"差"支路相位不一致的影响

"和"-"差"支路相位不一致同样会影响天线的跟踪性能。随着"和"-"差"支路相位差的增大,跟踪性能下降。表 9.1-7 给出了不同相位差引起的跟踪性能的下降幅度。通常"和"-"差"支路相位差可以做到小于 15°,产生的跟踪误差小于 0.001°。

表 9.1-7 不同相位差引起的跟踪性能的下降幅度

天线初始指向误差/(°)	0.03					
"和"-"差"支路相位差/(°)	0	1	3	5	10	15
跟踪接收机输出幅度	0.036 08	0.036 07	0.036 05	0.0359	0.0355	0.0348
跟踪性能下降	0	0.017%	0.069%	0.491%	1.599%	3.540%

9.1.3 用户目标捕获跟踪中继卫星

9.1.3.1 控制模式

与中继卫星基本相同,用户目标捕获跟踪中继卫星也有开环控制和闭环控制两种模式。

1. 开环控制模式

工作在开环控制模式时,用户目标上的计算机根据存储的中继卫星轨道位置信息和自身的轨道/姿态参数计算天线指向,控制用户终端星间天线按照一定的轨迹运动。在开环控制天线运动的过程中,不需要接收中继卫星发送的信标信号。

2. 闭环控制模式

通常,用户终端的星间天线口径小,波束较宽,根据中继卫星位置信息以及自身的轨道/姿态参数计算出天线指向,即可接收到中继卫星信标信号。跟踪方式可以采用极值跟踪,也可以与中继卫星相同,采用单通道单脉冲跟踪方式,即用户终端天线馈源内激励出信标"和"信号,同时耦合出表征中继卫星位置信息的"方位差"信号和"仰角差"信号;跟踪接收机将提取的三电平信号送至天线指向控制器;天线指向控制器根据三电平信号计算控制量,控制天线指向中继卫星,实现自动跟踪。

9.1.3.2 工作流程

在开始捕获跟踪中继卫星之前,首先要设置用户目标捕获跟踪系统的技术状态和参数,主要有:①选择跟踪的信号类型(信标信号或前向信号)和信号频率;②根据自身的轨道、姿态等参数以及中继卫星的轨道位置,用户目标上的计算机计算天线回扫参数以及开始捕获中继卫星的时刻和天线指向等;③确定多普勒补偿值、相位补偿值、捕获阈值和失锁阈值;④确定天线指向和姿态/轨道复合控制的相关补偿参数。

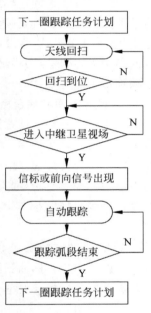

图 9.1-16 用户目标跟踪过程

以自动跟踪为例,图 9.1-16 给出了用户目标捕获跟踪中继卫星的一般过程:①当上一圈跟踪任务结束后,用户目标进入中继卫星视场盲区,这时用户目标将星间天线回扫至下一圈捕获跟踪的起点位置,等待再次进入中继卫星视场;②进入中继卫星视场后,开始捕获中继卫星信标信号;③当用户目标捕获跟踪系统捕获到信标信号后,经短暂的牵引过程进入自动跟踪状态;④当跟踪弧段结束后,进入下一圈跟踪任务计划。

9.1.3.3 捕获跟踪性能分析

1. 中继终端 FOU

用户目标上中继终端天线的瞄准不确定区域(FOU)的概念与中继卫星的相同。从前面的讨论可知,用户目标上中继终端 Ka 频段(26GHz)天线的波束宽度一般在 0.67°以上,通常大于 FOU。因此,只要用户目标天线回扫到位,一般情况下天线不需要再进行扫描搜索,仅根据中继卫星轨道位置信息就可以捕获到中继卫星,经牵引进入自动跟踪状态。

2. 捕获跟踪策略

在捕获跟踪策略方面,用户目标的程序跟踪、自动跟踪与中继卫星的程序跟踪、自动跟踪相同。但在自动跟踪时,要考虑以下参数的影响:

(1) 中继终端 G/T 值的影响

我们知道,捕获时间和捕获概率与信号载波的 C/N_0 有关,而 C/N_0 又与中继终端 G/T 值的大小有关。G/T 值越大,信噪比就越高,则前向链路的捕获时间越短,捕获概率越大,自动跟踪精度越高。

(2) 多普勒频移的影响

中继卫星发送的信标信号是一个固定频率的单音信号,用户目标的高速运动而产生的多普勒频移变化范围为 $-600\sim600\text{kHz}$,多普勒频移变化速率达到 720Hz/s。多普勒频移对单脉冲跟踪的影响比中继卫星单脉冲跟踪的影响大,这是因为中继卫星跟踪的是用户目标发送的宽带信号,对多普勒频移不敏感。

3. 捕获时间和捕获概率

由于不需要扫描搜索阶段,捕获时间可以大幅缩短。捕获时间主要是信标频率捕获时间和接收机锁定转入自动跟踪的判决时间,总的时间一般在秒级。用户目标捕获中继卫星的概率主要是检测概率 P_3,即中继终端收到中继卫星信标信号,能够正确检测的概率,一般为 99.9%。由于终端可能存在天线遮挡等因素,工程上用户目标捕获跟踪中继卫星的概率一般取 99%。

至此,根据式(9.1-4)得出的中继卫星捕获跟踪用户目标的概率 97.9% 以及用户目标捕获跟踪中继卫星的概率 99%,可以得到卫星数据中继系统总的目标捕获概率为 96.9%。

9.2 星间链路信号捕获与跟踪

9.2.1 概述

建立星间链路除了要实现目标捕获与跟踪以外,还要实现信号捕获与跟踪,也就是说,在地面终端站,要完成对返向信号的捕获、跟踪和时钟同步;在用户目标中继终端,也要完成对前向信号的捕获、跟踪和时钟同步。

信号的捕获跟踪一般需要完成以下步骤:①伪码捕获与跟踪;②载波捕获与同步;③信号解调、译码和符号(比特)同步;④必要的帧同步和帧处理。在这些处理过程中,为了降低中继卫星与用户目标之间较大的相对运动而产生的多普勒频移的影响,地面终端站需要对返向信号的多普勒频移进行补偿,必要时也要对前向信号多普勒频移进行预补偿。补偿包括对载波频率的补偿和伪码频率(伪码码片速率)的补偿。

9.2.2 伪码捕获

在直接序列扩频通信系统中,接收机必须将本地的 PN 码与接收的 PN 码对准,这称之为"码同步"。只有在码同步之后,才能实现对原来波形的解扩,从而解调出所传送的信息。码同步一般通过两步实现,即捕获和跟踪。首先,捕获过程将两个 PN 码的相位粗对准到一个码元宽度或部分码元宽度之内;跟踪则使两个码元的相位差进一步缩小,并在通信过程中保持它们的相位差为最小。伪码捕获是直接序列扩频通信方式中最难解决的问题,这主要是因为扩频通信中一般信噪比很低,并且在捕获时一般不能确定接收信号载波的频率和相位信息,只能在这种非相干的情况下对接收 PN 码的相位进行搜索,尤其当 PN 码的周期很长时,要实现快速地将本地 PN 码与接收的 PN 码对准就更加困难。

9.2.2.1 伪码捕获的主要思路

PN 码捕获的一种思路是在接收端对不确定的相位单元进行搜索。这里的"不确定的相位单元"是指所有待搜索的相位个数,并不是指伪码的周期。搜索需要对每一个不确定的相位单元进行判决,直到找到正确的相位单元。因而捕获可以归结为两个方面:一是如何对某一个不确定相位单元进行判决;另一个是如何在多个不确定相位单元之中进行搜索。根据判决逻辑和搜索策略的不同,伪码捕获分为多种类型。

1. 不确定相位单元的判决

在对不确定相位单元进行判决时,一般分为单驻留法、多驻留法和序贯检测法。

单驻留法使用固定的时间来判决一个不确定相位单元,一般在相关器之后设置固定积分时间的积分清洗器或与发送 PN 码匹配的匹配滤波器,并以固定的时间间隔对积分器输出进行判决,积分器的输出与给定的门限进行比较,判决是否捕获。

多驻留法设置多级积分清洗器,当第一级积分器的输出判决超过第一个门限后,激活第二级积分器进行判决,第二级超过第二个门限后再激活下一级积分器,直到最后一级积分器被激活且积分器输出高于门限、判决结果为正确的相位单元为止。否则,只要有任意一级低于相应的门限,就判决此相位单元不是正确的相位单元,此次判决结束,开始对下一个不确定相位单元进行判决。这种方法做出正确判决所需的时间是固定的,为所有积分器时间之和,但是判决没有捕获的时间是不固定的,并且在大多数情况下小于所有积分器的积分时间之和。

门限设置是单驻留法和多驻留法中的一个重要问题,这是因为门限的高低直接影响对不正确相位单元检测时的虚警概率和对正确相位单元的检测概率。门限过高虽然可以减小虚警概率,但是同时也会减小检测概率。门限设置的方法一般有固定门限法、恒虚警法和自适应门限法等。文献[1]对这 3 种门限设置方法应用于匹配滤波器时的性能进行了比较,认为在相干接收的情况下恒虚警法性能最佳。

序贯检测法采用多次判决,一般每次判决时间间隔是固定的。但是每次判决有 3 种结果:即正确、不正确和不能判决进行下一次判决。这样判决某个相位单元正确和不正确的次数是变化的,因而,对不正确和正确相位单元的检测时间都不是固定的。序贯检测法的原理是"序贯概率测验"(SPRT),它是一种在两个概率分布假设之中进行检测判决的方法。其步骤是通过计算两个概率分布密度函数的似然比,将似然比与两个门限进行比较,高于上门限则判决为其中的一个概率分布,低于下门限则判决为另一个概率分布,若在两个门限之间则不做判决而继续计算似然比。

2. 不确定相位单元的搜索

在对不确定相位单元进行搜索时,主要有 3 种方法:串行搜索法、并行搜索法和混合搜索法。串行搜索法每次只对一个不确定相位单元进行判决,这种方法的硬件结构简单,但是需要很长的平均捕获时间;并行搜索法对所有的不确定相位单元同时进行判决,并选出最接近的一个,这种方法达到捕获所需的时间最短,但是需要很多的硬件积分器或匹配滤波器,在 PN 码周期很长时很难实现;混合搜索法将串行搜索和并行搜索相结合,每次对一部分不确定单元进行搜索,判决正确的相位单元是否在其中,若不在其中,则更换下一组被检测的相位单元。这种方法在串行搜索的硬件结构简单和并行搜索的短时间之间作折中。

9.2.2.2 影响伪码捕获的主要参数

伪码捕获的目的是用最短的时间将接收的伪码相位与本地伪码相位之差缩小到伪码跟踪环的跟踪范围内,所以评价一种捕获方案的好坏,最主要的指标就是伪码的捕获时间。捕获时间在本质上是一个随机变量,需要用捕获时间的概率分布密度函数描述。但是要确定概率分布密度函数往往是很复杂的,或只在很简单的假设条件下才能得到,所以人们一般只关心平均捕获时间 $E[T_{acq}]$ 和捕获时间方差 $\sigma^2 = V_{ar}[T_{acq}]$,并寻求平均捕获时间和捕获时间方差都很小的捕获方案。平均捕获时间也可以理解为捕获过程有 50% 的概率小于此时间。有时也用其他概率下的捕获时间描述,例如捕获过程有 90% 的概率小于此时间,即 $P_r[T_{acq} - T] = 0.9$。

对于一种捕获方案主要用以下参数来分析平均捕获时间和捕获时间方差:

(1) 接收信噪比

接收信号的信噪比是决定捕获性能的最主要因素,它可以用每码片能量与噪声功率谱密度比 E_c/N_0 表示,也可以用接收信号的载波功率与噪声功率比 C/N 表示,或者用接收载波功率与噪声功率谱密度比 C/N_0 表示,它们之间的关系为

$$\frac{C}{N} = \frac{C}{N_0 B_n} = \frac{E_c R_c}{N_0 B_n} \tag{9.2-1}$$

式中,B_n 为接收滤波器的等效噪声带宽;R_c 为伪码速率。

一般来说,接收信噪比越大,需要的捕获时间就越短。

(2) 伪码周期 L

一般来说,伪码周期越长,需要的捕获时间就越长。

(3) 相关时间 τ_d

相关时间是指在判断当前接收相位单元是否是正确单元时,本地伪码与接收伪码进行相关计算的时间,用 τ_d 表示。对于单驻留判决法和序贯检测判决法,相关时间就是积分时间。对于多驻留判决法,由于存在多个相关单元,对正确相位单元和不正确相位的相关时间是不同的。对于匹配滤波器捕获方案,相关时间与匹配滤波器的长度有关。

(4) 判决采样间隔时间 T_s

判决采样间隔时间表示在相关运算之后,接收机对相关的输出进行判决的时间间隔。对于单驻留检测和多驻留检测,采样间隔时间为相关时间,因为一般相关时间为伪码周期或部分周期,所以采样间隔比伪码片宽度 T_c 大很多;对于序贯检测,其采样间隔通常大于中频滤波器带宽的倒数,这是为了使序贯检测器采样点相互独立,可以简化序贯检测器,一般中频滤波器带宽与数据速率相近;对于采用匹配滤波器检测方案,一般会以伪码码片宽度为间隔采样,因而会比其他方案快很多。

(5) 判决门限 T_h

判决的方法一般是门限比较,即通过大于或小于门限做出当前是或不

是正确相位的判决。对于多驻留检测,每一级判决都需要相应的门限。对于序贯检测,每一级判决都需要两个门限。

(6)判决采样数 n

即接收机做出判决所需的采样数。做出两种判决结论的采样数并不一定相同,因而需要分别表示。对于单驻留检测方案和匹配滤波器检测方案,判决采样数为 1;对于多驻留检测方案,做出当前是不正确相位单元判决的次数是一个随机变量,但是,判断当前是正确相位单元的次数是固定的,为多级相关器的级数;对于序贯检测方案,得到两种判决结果的采样数都是随机变量。

(7)驻留时间 T_d

驻留时间是指检测器做出一次判决所用的时间。对于单驻留检测方案,驻留时间为相关时间,即 $T_d = \tau_d$。对于多驻留检测方案,做出当前是正确相位单元的驻留时间为 $T_d = \tau_{d1} + \tau_{d2} + \cdots + \tau_{dk}$, k 为多级相关器的级数,即各级相关时间的和。做出不正确相位单元的时间为 $T_d = \sum_i^n \tau_{di}$,其中 $n \leqslant k$,为判决的次数,是一个随机变量。对于匹配滤波器检测方案,驻留时间可以表示为 $T_d = T_c$;对于序贯检测方案,两种判决的驻留时间可以表示为 $T_d = nT_s$, n 为判决的次数,它在两种判决情况下一般是不相同的。

(8)检测概率 P_d 和虚警概率 P_{fa}

检测概率是指在对正确相位单位进行判决的情况下,检测器判决认为当前是正确相位单元的概率;虚警概率是指在对不正确相位单元进行判决的情况下,检测器判决认为当前相位单元是正确相位单元的概率,即将不正确相位单元误判为正确相位单元的概率。

(9)排除虚警时间 T_p

排除虚警的时间为在发生虚警时,检测器判决的确发生虚警的时间,一般排除虚警的时间是相关时间的倍数 K,即 $T_p = K\tau_d$,因而一旦出现虚警,会使捕获时间大大增加。

(10)伪码的搜索步进大小 T_u

伪码的搜索步进大小反映当本地伪码判决为不正确单元后一次相位更新的大小,一般为 0.5 个码片或 1 个码片。

(11)不确定相位单元数 q

不确定相位单元数 q 是指本地待搜索的不确定相位单元数。它可表示为 $q = L/T_u$。

(12)频率多普勒 f_d

频率多普勒是两个目标之间因相对运动而造成的,可以表示为接收载

波频率与本地载波频率之差,即

$$f_d = f_r - f_t = -\frac{\dot{r}}{c} f_t \tag{9.2-2}$$

式中,f_r 为接收信号频率;f_t 为发射信号频率;$\dot{r}$ 为发射机与接收机之间的距离变化率或径向速度;c 为真空中光的传播速度。

(13) 码多普勒和码多普勒变化率

由于两个目标之间的相对运动造成的接收伪码速率发生漂移称为码多普勒。码多普勒 d_c 可以表示为

$$d_c = -\frac{\dot{r}}{c} R_c = \frac{f_d}{f_t} R_c \tag{9.2-3}$$

码多普勒变化率 $\dot{d}_c$ 可以表示为

$$\dot{d}_c = -\frac{\ddot{r}}{c} R_c = \frac{\dot{f}_d}{f_t} R_c \tag{9.2-4}$$

在卫星数据中继系统中,频率多普勒效应和伪码多普勒效应是影响捕获性能的重要因素。

(14) 其他信道特性

其他信道特性有多径效应、多用户干扰、非线性等,视具体应用场景而定。

图 9.2-1 给出了以上主要因素和参数是如何影响平均捕获时间和捕获时间方差的。设计捕获方案的目的就是在一定的信道条件下,设计最优的接收机前端及伪码不确定相位单元判决逻辑和搜索策略,使平均捕获时间和捕获时间方差最小。

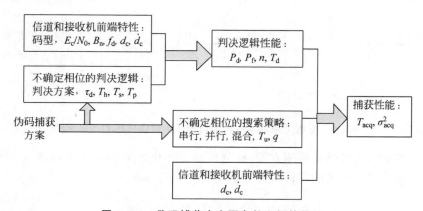

图 9.2-1 伪码捕获中主要参数之间的关系

9.2.2.3　伪码捕获的主要方案

1. 伪码判决逻辑的主要方案

伪码判决逻辑的性能主要由检测概率、虚警概率以及在接收伪码相位正确和不正确两种条件下的驻留时间表示。由于伪码捕获一般必须在载波捕获之前进行，捕获一般都工作在非相干方式，即本地载波无法确定接收载波的相位。

对不确定相位单元的判决基于随机信号的检测理论，在数学上描述为统计推断理论。每一种判决都是在给定的准则下最优。例如，贝叶斯准则（平均风险最小准则）、纽曼-皮尔逊准则（虚警概率为常数，使检测概率达到最大值的信号检测准则）、修正的纽曼-皮尔逊准则（虚警概率和漏报概率都为常数，确定似然比双门限，使检测概率达到最大值的信号检测准则）以及最小差错概率准则和最大后验概率准则等。一般认为，如果用最短时间判决作为准则，在相同的虚警概率和检测概率条件下，序贯检测准则最佳[2]。

（1）单驻留时间检测

单驻留时间检测判决逻辑的概念框图如图 9.2-2 所示。接收信号首先与本地 PN 码相乘，然后经过带通滤波器和包络检波器，之后送到一个有固定积分时间的积分器，在积分结束时刻将积分器的输出与一个门限比较，如果高于门限认为是 H_1，如果低于门限认为是 H_0。一般当判为 H_1 时，会激活验证逻辑进一步验证，或者激活伪码跟踪环路进行伪码跟踪；当判为 H_0 时，会激活伪码搜索策略，更新伪码本地相位，判决下一个不确定相位单元。

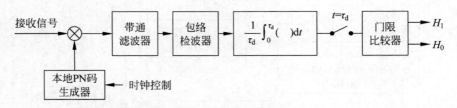

图 9.2-2　非相干单驻留时间伪码捕获的概念框图和判决逻辑

对于单驻留时间检测方案，检测正确的相位单元的驻留时间 T_{d1} 和检测不正确相位单元的驻留时间 T_{d0} 分别为

$$T_{d1} = \tau_d \tag{9.2-5a}$$

$$T_{d0} = \tau_d + T_P P_{fa} \tag{9.2-5b}$$

（2）多驻留时间检测

多驻留时间检测方案与单驻留时间检测方案不同，系统设置 k 个积分器和 k 个门限比较器，k 个积分器的积分时间是递增的，门限设置一般也是递增的。当第 i 个积分器的输出高于相应的门限 T_{hi} 时，系统继续，如果低于 T_{hi}，则判决为 H_0；只有当第 k 个积分器的输出高于相应门限 T_{hk} 时，判决为 H_1。实际应用时，一般可以简化为一个连续积分的积分器，对这个积分器的输出在 $t = \tau_{d1}, \tau_{d1} + \tau_{d2}, \cdots, \tau_{d1} + \tau_{d2} + \cdots + \tau_{dk}$ 时刻采样，并与相应的门限比较，如果在任何一个采样点低于门限，则判决为 H_0；当在 $t = \tau_{d1} + \tau_{d2} + \cdots + \tau_{dk}$ 时刻高于门限 T_{hk} 时，判为 H_1。这样可以减少硬件开销。图 9.2-3 给出了非相干多驻留时间伪码捕获的概念框图和判决逻辑。

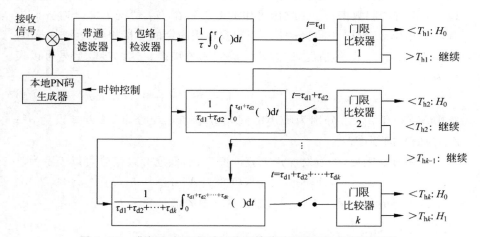

图 9.2-3　非相干多驻留时间伪码捕获的概念框图和判决逻辑

对于多驻留时间检测方案，在 H_1 条件下的驻留时间 T_{d1} 为

$$T_{d1} = \tau_{d1} + \tau_{d2} + \cdots + \tau_{dk} \tag{9.2-6}$$

在 H_0 条件下的驻留时间 T_{d0} 为

$$T_{d0} = \sum_{j=1}^{k} \left(\tau_{di} \prod_{i=1}^{j-1} P_{fai|i-1} \right) + T_P P_{fa} \tag{9.2-7}$$

其上限为

$$T_{d0} \leqslant \sum_{j=1}^{k} P_{fa, j-1} \tau_{di} + T_P P_{fa} \tag{9.2-8}$$

（3）序贯检测

序贯检测是在滑动相关检测的基础上发展而来。它不是简单地采用积

分-门限比较的方法,而是运用了似然函数的特性,在对检波器的输出进行采样后,将采样序列送入一个似然比计算器计算似然比,通过似然比来判断信号的有无。序贯检测的特点在于观测样本的数目(观测时间)不是在观测之前确定,而是根据检测过程中观测样本的具体情况而确定。序贯检测所需的观测样本数(观测时间)是一个随机变量。在大信噪比情况下,需要较少的观测样本数(观测时间短)就可以满足检测的要求。在小信噪比情况下,需要较多的观测样本数(观测时间长)才能达到检测准确度的要求。在信噪比不稳定时,观测样本数需要不断地变化才能满足检测的要求。也就是说,序贯检测需要一边采样一边计算似然比,在能做出正确判决时就停止采样,因此检测样本数(检测时间)要在检测过程中确定。

为了方便分析伪码捕获问题,一般假设:①信道为加性高斯白噪声信道;②没有调制数据;③接收伪码和本地伪码在 H_1 情况下完全对齐而没有随机相位差,即码片同步;④多普勒频移用固定的随机相位差 φ 来表示;⑤令 H_0 为 $A_1 = 0$ 的情况,即忽略伪码的相关噪声。这样接收信号可以表示为

$$s(t) = A_1\cos(\omega_0 t + \varphi) + n_i(t)\cos\omega t - n_q(t)\sin\omega t \qquad (9.2\text{-}9)$$

式中,$n_i(t)$ 和 $n_q(t)$ 分别为噪声的同相分量和正交分量,其方差设为 σ^2;A_1 为信号的幅度。

在积分器之后,经过对噪声方差的归一化,低通等效信号可以表示为

$$\tilde{s}_L(t) = A_0\cos\varphi + n_c(t) + j[A_0\sin\varphi + n_s(t)] \qquad (9.2\text{-}10)$$

设采样时间间隔为 T_s,则式(9.2-10)中的信号表示为

$$A_0 = A_1\sqrt{T_s}/\sigma \qquad (9.2\text{-}11)$$

$$n_c(t) = \frac{1}{\sigma\sqrt{T_s}}\int_{t-T_s}^t n_i(\tau)\mathrm{d}\tau, \quad n_s(t) = \frac{1}{\sigma\sqrt{T_s}}\int_{t-T_s}^t n_q(\tau)\mathrm{d}\tau$$

对上面的信号进行采样,假设采样率 $1/T_s$ 低于噪声带宽,即保证采样点之间为独立的,则采样序列可以表示为

$$\tilde{s}_L(n) = A_0\cos\varphi + n_c(n) + j[A_0\sin\varphi + n_s(n)] \qquad (9.2\text{-}12)$$

令

$$x_i(n) = A_0\cos\varphi + n_c(n), \quad x_q(n) = A_0\sin\varphi + n_s(n) \qquad (9.2\text{-}13)$$

图 9.2-4 给出了非相干序贯检测的概念框图和检测逻辑。

下面分别给出 3 种序贯检测逻辑。

(a) 传统序贯检测

应用传统的序贯检测原理,其包络信号 r_k 为

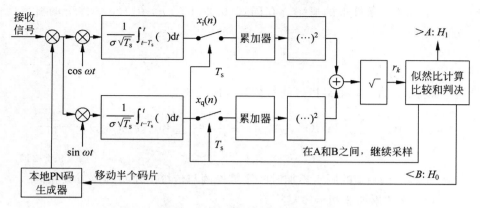

图 9.2-4 非相干序贯检测概念框图和检测逻辑

$$r_k = \sqrt{x_i^2(n) + x_q^2(n)}, \quad k = n \tag{9.2-14}$$

通常，H_1 条件下 r_k 的概率分布服从莱斯分布：

$$p(r_k \mid H_1) = r_k \exp\left[-\frac{r_k^2 + A_0^2}{2}\right] I_0(A_0 r_k) \tag{9.2-15}$$

式中，$I_0(\ )$ 为第一类零阶修正型贝塞尔函数。

H_0 条件下 r_k 的概率分布服从瑞利分布：

$$p(r_k \mid H_0) = r_k \exp\left[-\frac{r_k^2}{2}\right] \tag{9.2-16}$$

给定预先设计的检测信号幅度，即 $A_0 = A_D$，每个采样点的似然比为

$$\lambda(r_i) = \frac{p(r_i \mid H_1)}{p(r_i \mid H_0)} \tag{9.2-17}$$

k 个采样点的对数联合似然比为

$$L_k = \ln\lambda_k = \sum_{i=1}^{k}\left[\ln I_0(r_i A_D) - \frac{A_D^2}{2}\right] = \sum_{i=1}^{k}\ln I_0(r_i A_D) - \frac{k A_D^2}{2} \tag{9.2-18}$$

（b）固定累加时间的序贯检测

对于固定累加时间的序贯检测，一般给定一个整数 l，将接收信号分为每 l 个为一组：第一组从第 1 个采样点到第 l 个采样点，第 k 组从第 $(k-1)l+1$ 个采样点到第 kl 个采样点，每个组内对信号进行累加。这时，对应第 k 组采样点的包络信号输出 r_k 为

$$r_k = \sqrt{\left[\frac{1}{\sqrt{l}}\sum_{n=(k-1)l+1}^{kl} x_i(n)\right]^2 + \left[\frac{1}{\sqrt{l}}\sum_{n=(k-1)l+1}^{kl} x_q(n)\right]^2} \tag{9.2-19}$$

r_k 在 H_0 条件下的概率分布同式(9.2-16)。r_k 在 H_1 条件下的概率分布为

$$p(r_k \mid H_1) = r_k \exp\left[-\frac{r_k^2 + lA_0^2}{2}\right] I_0(\sqrt{l} A_0 r_k) \qquad (9.2\text{-}20)$$

设 $A_0 = A_D$，k 个采样点的对数联合似然比为

$$L_k = \ln\lambda_n = \sum_{i=1}^{k}\left[\ln I_0(r_i \sqrt{l} A_D) - \frac{lA_D^2}{2}\right] = \sum_{i=1}^{k}\ln I_0(r_i \sqrt{l} A_D) - \frac{klA_D^2}{2}$$

$$(9.2\text{-}21)$$

显然，当 $l=1$ 的固定累加时间序贯检测与传统的序贯检测方案相同。

（c）连续累加非相干序贯检测

对于连续累加非相干序贯检测，其信号包络 r_k 可表示为

$$r_k = \sqrt{\left[\frac{1}{\sqrt{k}}\sum_{n=1}^{k}x_i(n)\right]^2 + \left[\frac{1}{\sqrt{k}}\sum_{n=1}^{k}x_q(n)\right]^2} \qquad (9.2\text{-}22)$$

r_k 在 H_0 条件下的概率分布同式(9.2-16)。r_k 在 H_1 条件下的概率分布为

$$p(r_k \mid H_1) = r_k \exp\left[-\frac{r_k^2 + kA_0^2}{2}\right] I_0(\sqrt{k} A_0 r_k) \qquad (9.2\text{-}23)$$

一般认为，所有采样点的联合似然比可以用当前采样点的似然比表示。令 $A_0 = A_D$，即给定预先设计的检测信号幅度，可以得到当前采样点的对数似然比为

$$L_k = \ln\lambda_n = \ln I_0(r_k \sqrt{k} A_D) - kA_D^2/2 \qquad (9.2\text{-}24)$$

（d）判决逻辑

判决逻辑是：将似然比 L_k 与两个门限值 $\ln A$ 和 $\ln B$（$A > B$）进行比较，如果似然比 L_k 大于等于上门限 $\ln A$ 则判为 H_1；如果似然比 L_k 小于等于下门限 $\ln B$，则判为 H_0；如果似然比 L_k 在两个门限之间则不做判决，继续采样和计算似然比。

A 和 B 可以根据虚警概率和检测概率来确定。当信噪比很低时，门限值与检测概率、虚警概率之间的关系近似为

$$P_{fa} \approx \frac{1-B}{A-B}, \quad P_d \approx A\frac{1-B}{A-B} \qquad (9.2\text{-}25)$$

做变换可以得到

$$A \approx \frac{P_d}{P_{fa}}, \quad B \approx \frac{1-P_d}{1-P_{fa}} \qquad (9.2\text{-}26)$$

当信噪比较高时,误差不可忽略,门限值与概率之间的关系需要修正,修正式为

$$P_{fa} = \frac{1 - B + \alpha - \beta}{A - B}, \quad P_d = A\frac{1 - B + \beta A - \alpha B}{A - B} \quad (9.2\text{-}27)$$

式中,α,β 分别是超上、超下的边界量。

（e）平均采样数和平均驻留时间

由于当序贯检测器判决结束时,做出判决的采样数是随机变量,因而在 H_0 和 H_1 两种条件下,序贯检测的平均采样数分别为

$$E[n \mid H_0] = \frac{(1 - P_{fa})\ln B + P_{fa}\ln A}{E[\ln\lambda(r_i) \mid H_0]} \quad (9.2\text{-}28)$$

$$E[n \mid H_1] = \frac{(1 - P_d)\ln B + P_d\ln A}{E[\ln\lambda(r_i) \mid H_1]} \quad (9.2\text{-}29)$$

在 H_0 和 H_1 两种条件下的平均驻留时间 T_{d0} 和 T_{d1} 可以分别表示为

$$T_{d0} = E[n \mid H_0]T_s + T_P P_{fa} = \frac{(1 - P_{fa})\ln B + P_{fa}\ln A}{E[\ln\lambda(r_i) \mid H_0]}T_s + T_P P_{fa} \quad (9.2\text{-}30)$$

$$T_{d1} = E[n \mid H_1]T_s = \frac{(1 - P_d)\ln B + P_d\ln A}{E[\ln\lambda(r_i) \mid H_1]}T_s \quad (9.2\text{-}31)$$

2. 伪码搜索策略的主要方案

（1）串行搜索策略

串行搜索策略如图 9.2-5 所示。假设伪码的正确相位单元在未搜索的所有不确定相位单元里为均匀分布,并且伪码的搜索可以在任意一个相位单元开始,其搜索策略的性能可以通过 q（q 为不确定相位的个数）状态马尔可夫链的生成函数分析得到。

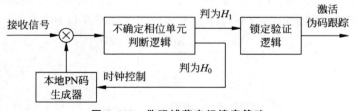

图 9.2-5　伪码捕获串行搜索策略

若用 T_{d0} 和 T_{d1} 分别表示在不正确和正确相位单元的平均驻留时间,q 为不确定相位单元的个数,可以得到伪码的平均捕获时间 $E[T_{acq}]$ 为[3]

$$E[T_{acq}] = \frac{T_{d1} + (q - 1)(2 - P_d)T_{d0}}{2P_d} \quad (9.2\text{-}32)$$

由于搜索的大部分时间是在不确定相位单元间搜索,因而检测不确定相位单元的平均驻留时间是决定性因素,可以将 T_{d1} 忽略,另外通常 $q \gg 1$,故式(9.2-32)可以简化为

$$E[T_{acq}] = \frac{q(2 - P_d)T_{d0}}{2P_d} \tag{9.2-33}$$

捕获时间的方差 σ_{acq}^2 可以近似表示为

$$\sigma_{acq}^2 = q^2 T_{d0}^2 \left(\frac{1}{12} + \frac{1}{P_d^2} - \frac{1}{P_d} \right) \tag{9.2-34}$$

(a) 单驻留时间串行搜索策略

根据式(9.2-5)给出的 H_0 和 H_1 两种条件下的平均驻留时间,代入式(9.2-33)和式(9.2-34),得到单驻留时间串行搜索策略的平均捕获时间和捕获时间方差为

$$E[T_{acq}] = \frac{q(2 - P_d)(\tau_d + T_p P_{fa})}{2P_d} = \frac{q\tau_d(2 - P_d)(1 + K P_{fa})}{2P_d} \tag{9.2-35}$$

$$\sigma_{acq}^2 = q^2 \tau_d^2 (1 + K P_{fa})^2 \left(\frac{1}{12} + \frac{1}{P_d^2} - \frac{1}{P_d} \right) \tag{9.2-36}$$

其中,假设排除虚警的时间为 $T_p = K\tau_d$。

(b) 多驻留时间串行搜索策略

将式(9.2-7)代入式(9.2-33)和式(9.2-34),可以得到多驻留时间串行搜索策略的平均捕获时间和捕获时间方差。但由于 $P_{fai|i-1}$ 很难确定,所以一般可以用式(9.2-8)来粗略估算平均捕获时间和捕获时间方差的上限。

(c) 序贯检测串行搜索策略

将式(9.2-30)代入式(9.2-33)、式(9.2-31)代入式(9.2-34),可以得到序贯检测串行搜索策略的平均捕获时间和捕获时间方差为

$$E[T_{acq}] = \frac{q(2 - P_d)\left[\dfrac{(1 - P_{fa})\ln B + P_{fa}\ln A}{E[\ln\lambda(r_1) \mid H_0]} T_s + T_P P_{fa} \right]}{2P_d} \tag{9.2-37}$$

$$\sigma_{acq}^2 = q^2 \tau_d^2 \left[\frac{(1 - P_{fa})\ln B + P_{fa}\ln A}{E[\ln\lambda(r_1) \mid H_0]} T_s + T_P P_{fa} \right]^2 \left(\frac{1}{12} + \frac{1}{P_d^2} - \frac{1}{P_d} \right) \tag{9.2-38}$$

(2) 并行搜索策略

并行搜索策略同时对 q 个不确定相位单元进行判决,本地伪码设置为 q 个不同的初始相位,相邻两个相差 T_u(码片)。并行检测一般要给定一种

选择逻辑，例如选择超过门限值最大的支路或选择最先超过门限的支路。由于实现 q 个支路的并行，并行搜索策略的平均捕获时间可以近似表示为串行搜索的 $1/q$。在第 8 章中给出了一种基于 FFT 的频域、时域捕获方案，即多普勒频域采取串行捕获、时域由 FFT 运算代替滑动相关运算的二维搜索策略。

（3）混合搜索策略

并行搜索策略同时对 q 个不确定相位单元进行判决，它同时遍历了所有相位单元，需要 q 个相关器和判决逻辑，当伪码很长时要使用大量的硬件。为了在捕获速度和硬件消耗之间做折中，可以使用分段并行搜索策略，亦称为"混合搜索策略"。混合搜索是将 q 个不确定相位单元分为 x 组，设置 m 个支路同时进行搜索，每个支路使用串行搜索每个分组内的不确定相位单元。混合搜索策略的平均捕获时间可以近似表示为串行搜索的 $1/x$。

（4）不确定相位单元存在先验概率情况下的搜索策略

前面的搜索策略都是在假设正确相位单元在整个不确定范围内是均匀分布的条件下进行的（先验概率分布为均匀分布），因而搜索可以在任意不确定相位单元开始，只要扫描到整个不确定范围就可以。如果正确相位单元的先验概率分布不是均匀的，对先验概率大的相位单元首先进行扫描，就有可能更早的确定正确的相位单元，而仍然按照均匀分布的方式扫描显然不是最优的。图 9.2-6 给出了先验概率为 $\pm 3\sigma$ 截尾高斯分布时的伪码捕获搜索策略[3-4]。其中，图（a）称为"连续 Z 搜索策略"；图（b）称为"扩展窗搜索策略"。

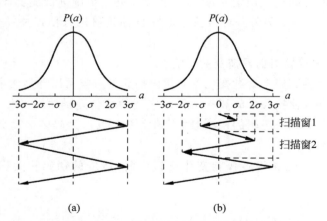

图 9.2-6 先验概率为 $\pm 3\sigma$ 截尾高斯分布时的伪码搜索策略

（a）连续 Z 搜索策略；（b）扩展窗搜索策略

文献[3]和[4]给出了两种搜索策略的平均捕获时间。一般来说,对于一个特定的先验分布和捕获概率,存在一个最佳的扫描窗个数,比连续 Z 搜索有更短的平均捕获时间。

3. 其他捕获方案

除了上述基于判决-搜索思路的捕获方案外,还有一些其他类型的捕获方案,例如伪码序列估计捕获法、迭代检测法以及利用先导码辅助捕获和利用自适应滤波器对伪码进行捕获的方法等,这里不再赘述。

9.2.2.4 多普勒效应对伪码捕获的影响

由于中继卫星与用户目标之间的相对运动引起的多普勒效应可以分为频率多普勒和码多普勒两种效应。频率多普勒效应对伪码捕获的影响主要表现在影响伪码不确定相位单元的判决逻辑,而码多普勒效应同时对伪码捕获的判决逻辑和搜索策略造成影响。

1. 频率多普勒对伪码捕获的影响

当多普勒频移较小时,造成的伪码相关损失可以表示为

$$L = -20\lg\left[\frac{\sin(\pi f_d \tau_d)}{\pi f_d \tau_d}\right] \tag{9.2-39}$$

式中,f_d 为最大的多普勒频移;τ_d 为相关时间。

可见,减小相关时间可以减小多普勒频移对捕获的影响。

当多普勒频移很大时,可能使相关输出很小以至于无法对伪码不确定相位单元进行判决。解决这个问题的方法主要有两种:一种是除了在伪码不确定单元之间进行搜索外,还要对频率不确定范围进行搜索,即进行码和频率的二维搜索;另外一种方法是对多普勒频移进行估计并补偿,减小频率多普勒效应。

2. 码多普勒对伪码捕获的影响

码多普勒和码多普勒变化率对伪码捕获的影响可以分为两个方面。一是码多普勒会使接收伪码和本地伪码之间的相位差随时间变化,对伪码不确定相位单元判决逻辑的检测概率产生影响;其次是码多普勒会改变伪码搜索的速率。

当码多普勒和码多普勒变化率较小时,造成的伪码相关损失可以表示为

$$L = \left[\left(1 - \frac{\tau}{T_c}\right) - \frac{d_c \tau_d + (1/3)\dot{d}_c^2 \tau_d^2}{2}\right]^2 \tag{9.2-40}$$

式中,τ 为本地伪码与接收伪码之间的相位差。

当每次搜索的步进为 1/2 码片时，最坏情况的 τ/T_c 为 1/4。

码多普勒和码多普勒变化率对伪码捕获的影响可以表示为

$$E\left[T_{\text{acq}}\right]\big|_{\text{doppler}} = \frac{E\left[T_{\text{acq}}\right]}{\dfrac{L \cdot B}{2q}\left(1 + \sqrt{1 + \dfrac{4C}{B^2}}\right)} \tag{9.2-41}$$

$$\sigma^2_{\text{acq}}\big|_{\text{doppler}} = \frac{\sigma^2_{\text{acq}}}{\left[\dfrac{L \cdot B}{2q}\left(1 + \sqrt{1 + \dfrac{4C}{B^2}}\right)\right]^2} \tag{9.2-42}$$

式中，B 和 C 为中间变量，分别为

$$B = \frac{L}{q} + d_c \tau_d (1 + K P_{\text{fa}}) + \frac{1}{2}\dot{d}_c \tau_d^2 K^2 P_{\text{fa}}(1 - P_{\text{fa}}) \tag{9.2-43}$$

$$C = \frac{1}{2}\dot{d}_c \tau_d^2 L (1 + K P_{\text{fa}})^2 \tag{9.2-44}$$

式中，L 为伪码周期；L/q 为在无码多普勒时搜索一次的步进大小；K 为相关时间的倍数。

9.2.3 伪码跟踪

前面讨论的伪码捕获是使接收到的信号扩频码与本地产生的扩频码之间的码相位的差值限制在 ± 0.5 个码片范围内，而伪码跟踪则是使码相位差值缩小到误差允许的范围内。伪码跟踪相对于捕获来说可进一步对准码相位，使相位误差满足测距误差的要求或落在载波跟踪的范围之内，为进一步实现载波跟踪提供基础，以达到能够实现正确解扩和解调的目的。

9.2.3.1 伪码跟踪环路

伪码跟踪环路可分为相干和非相干两类。前者在明确发送端信号的载波频率和相位的情况下工作，后者则在不明确的情况下工作，大多数都是属于后者。常用的码跟踪环路有延迟锁定跟踪环和 τ 摆动跟踪环两种。它们都属于超前-滞后类型的锁相环。锁相环的作用是将收到的信号与本地产生的两个相位差（超前和滞后）的信号进行相关运算。

以延迟锁定跟踪环为例，图 9.2-7 给出了一种载波辅助伪码跟踪的超前-滞后非相干跟踪环路的原理框图。图中，I_E，I_P，I_L 和 Q_E，Q_P，Q_L 分别代表同相和正交支路的超前、对准和滞后信号。I_{ES}，I_{PS}，I_{LS} 和 Q_{ES}，Q_{PS}，Q_{LS} 分别为积分累加值。

本地码产生器输出超前、对准和滞后 3 条支路的信号，且这 3 条支路的

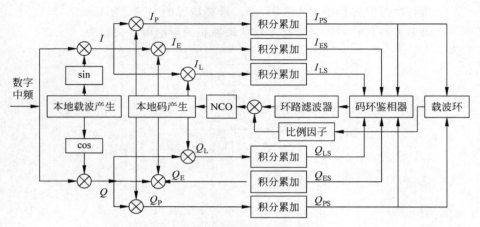

图 9.2-7　伪码跟踪环原理框图

信号相互之间依次延迟 0.5 个码片。之后将它们分别与解调之后的同相和正交支路的输入信号进行一定的相关运算,运算结果经过积分累加器得到 6 路相关累积值,把得到的各个相关累积值作为码鉴相器输入,通过码鉴相器处理后得到鉴相误差送入环路滤波器进行滤波,环路滤波器输出结果即当前本地信号与输入信号伪码之间的相位偏差。利用此时得到的相位偏差不断控制本地振荡器的输出,当相位偏差为零时,本地产生的伪码与输入信号的伪码达到了完全对准,即完成了伪码跟踪。

在卫星数据中继系统中,信号载波的频率比伪码码钟的频率高得多。在多普勒环境中,信号载波对动态性更加敏感,故常采用载波辅助伪码跟踪的方式,在载波跟踪环跟踪载波相位的同时,提供一个伪码相位延迟的估计值,将该估计值反馈到伪码数值控制振荡器(NCO),用以校正多普勒引起的伪码相位偏移,这样可以使伪码跟踪环的带宽做得更窄,从而有效地抑制噪声,减小伪码跟踪的误差。第 8 章图 8.4-4 给出了较为详细的载波辅助伪码跟踪环的原理。

9.2.3.2　伪码跟踪环路的性能

1. 热噪声的影响

伪码跟踪环的主要性能通常用跟踪误差(精度)表征,跟踪误差与环路带宽、积分时间、相关间隔和载波噪声功率密度比等有关。文献[5]给出了由噪声引起的数字延迟锁定环(DDLL)的跟踪误差为

$$\sigma_{tDDL} = \left[\frac{B_n d}{2C/N_0} \left(1 + \frac{2}{T(2-d)C/N_0} \right) \right]^{\frac{1}{2}} \quad (9.2\text{-}45)$$

式中，σ_{tDLL} 为伪码跟踪误差；C/N_0 为载波与噪声功率密度比，单位为 dBHz；T 为相关积分时间，单位为 s；d 为超前-滞后相关间隔。相关间隔是相对于一个码片的归一化值，通常为 1 或 1/2；B_n 为单边带环路等效噪声带宽，单位为 Hz。

对于二阶跟踪环，有

$$B_n = \omega_n [\xi + 1/(4\xi)]/2 \qquad (9.2\text{-}46)$$

式中，ω_n 为环路的自然角频率；ξ 为环路的阻尼系数，一般取 $\xi = 0.707$。

环路等效噪声带宽主要受热噪声和动态特性（多普勒效应）的影响，带宽越小，引入的热噪声误差越小，从而使环路可以工作在较低的载噪比下。当多普勒频移较大时，要保持跟踪环路的锁定，就必须增加环路滤波器的带宽，这样就会引入更多的噪声，增大跟踪误差。因此环路等效噪声带宽需要折中选取。

由式(9.2-45)可以看出：①码跟踪环热噪声误差 σ_{tDLL} 与环路带宽 B_n 的平方根成正比，B_n 越小，σ_{tDLL} 越小，当码跟踪误差阈值确定时，减小 B_n 可降低 C/N_0 门限；②降低伪码相关间隔 d 也可以减小 σ_{tDLL}，但会使码环的牵引范围减小；③σ_{tDLL} 与相关积分时间 T 成反比，增大 T 可以减小跟踪误差，但会受到数据位边沿跳变的限制。

例如，当 C/N_0 为 34dBHz、相关积分时间 T 为 0.001s、跟踪环带宽 B_n 为 10Hz、归一化超前-滞后相关间隔 d 为 1 时，由式(9.2-45)可以得出热噪声引起的跟踪误差约为 0.06 个码片。同理，当相关间隔 d 为 0.5、其他条件不变时，热噪声引起的跟踪误差约为 0.04 个码片。考虑到相关积分时间 T 受到数据位的限制，数据位的宽度不超过 0.001s。

2. 多普勒效应的影响

在多普勒环境中，环路的动态性能也与 C/N_0，B_n，d 有关：①当 C/N_0 较高时，环路的动态性能随 B_n 的增加而增大；②当 C/N_0 较低时，B_n 增加到一定程度反而会使环路的动态性能下降，这主要由于在低 C/N_0 下，增加带宽会引入更多的热噪声，超过了环路的跟踪阈值；③相关间隔 d 越大，环路的动态性能越好；d 越小，环路的动态性能越差，环路适应多普勒的范围越窄，尤其在 C/N_0 较低时容易引起环路失锁。

9.2.4 载波捕获与跟踪

在前面的伪码捕获过程中已经给出了多普勒频移的粗略估计，若要得到更精确的载波相位和频率则要通过载波跟踪实现。载波跟踪环包括频率锁定环(FLL)和相位锁定环(PLL)。PLL(Costas)直接对载波相位进行跟踪,通过载波鉴相器提取并输出相位估计误差,当环路闭环稳定时具有较高的跟踪精度。但在接收机和发射机之间存在频率差和多普勒频移情况下,直接跟踪载波相位有很大的难度。而 FLL 则直接跟踪载波频率,通过载波鉴频器输出多普勒频移估计值,具有良好的动态性能,但跟踪精度比 PLL 环低。FLL 和 PLL 两环相结合并交替工作,在 FLL 环工作一段时间后,当载波频率跟踪偏差落入 PLL 环的捕获带内时,载波跟踪便可以转入相位跟踪,详细分析见相关文献[5]。

载波捕获与跟踪,亦称"载波同步",是星间链路信号捕获的重要环节。只有正确的载波同步才能实现数据的解调、译码和帧同步。载波同步时间也是星间链路总的信号捕获时间的一部分,但与伪码捕获时间相比,载波同步时间较短。有关载波捕获和同步问题在通信原理中已有介绍,本节不再赘述。

9.2.5　中继卫星星间链路伪码捕获与跟踪

9.2.5.1　前向链路

1. 前向信号捕获跟踪的思路

由第 2 章可知,在向用户目标发送的 UQPSK 信号中包含了指令信号和测距信号,指令信号(I 支路)使用短码扩频,其码长为 $2^{10}-1=1023$,码型为 Gold 码。测距信号(Q 支路)使用长码,采用 18 级移位寄存器截尾 m 序列,其码长为 $2^{18}-2^8=261\,888$。长码与短码的码长比为 256,并以同一时钟工作,两种 PN 码起始同步。捕获时先捕获短码,然后利用短码的全"1"脉冲步进地置长码的相位完成长码捕获,如图 9.2-8 所示。这种以短码引导长码的方式可以大幅缩短长码的捕获时间。

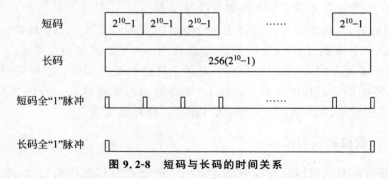

图 9.2-8　短码与长码的时间关系

图 9.2-9 给出了一种前向链路信号捕获与跟踪的组成原理框图。伪码捕获的过程实际上是使本地产生的伪随机码与接收的中继卫星信号中的伪

随机码实现同步,以达到解扩和码相位精确跟踪的目的。其中,短码的捕获是信号捕获的开始,由于其必须在载波捕获之前进行,短码捕获一般只能工作在非相干方式。在短码捕获后,根据伪码速率与载波频率之间的相干性,可以在解扩后捕获载波,这样在载波捕获后进行长码捕获,因而长码捕获可以工作在相干方式。另外由于长码的不确定相位单元只有 256 个,而短码一般为 2046 个(在进行 1/2 码片步进搜索时),较长码多,因而如何快速捕获短码是星间链路建立的关键。

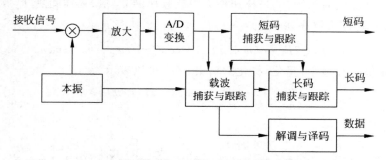

图 9.2-9 前向链路信号捕获与跟踪组成原理框图

2. 一种前向链路中频捕获方案

第 2 章中给出了前向链路 UQPSK 调制的信号形式。该信号到达接收端后可以表示为

$$r(t) = \sqrt{2(0.91)P} \cdot c_I[t-\tau(t)] \cdot d[t-\tau(t)] \cdot \cos[\omega_0 t + \theta(t)] + $$
$$\sqrt{2(0.09P)} \cdot c_Q[t-\tau(t)] \cdot \sin[\omega_0 t + \theta(t)] + n(t)$$

$$(9.2\text{-}47)$$

式中,$r(t)$ 为接收到的中频信号;ω_0 为中频角频率;P 为信号总功率;$c_I[t-\tau(t)]$ 为 I 支路遥控指令扩频码;$c_Q[t-\tau(t)]$ 为 Q 支路测距码;$d[t-\tau(t)]$ 为幅度为 ±1 的二进制数据信号;$n(t)$ 为带通加性高斯白噪声,其双边带功率谱密度为 $N_0/2$;$\theta(t)$ 为随时间而变的载波相位,它受到多普勒效应和信道特性的影响;$\tau(t)$ 为随时间而变化的传输时延(归一化形式为 $\tau(t)/T_c = \tau_0/T_c + \Delta f_c t$,单位为码片,$\Delta f_c$ 为伪码多普勒)。对于 Q 支路,没有数据调制,I 和 Q 两个支路的功率比一般为 10∶1。

为了方便分析短码捕获问题,一般假设:①没有调制数据;②码片同步,即接收伪码和本地伪码的相位差为码片周期的整数倍,这样码片的不确定范围可以表示为码片宽度的整倍数;③载波相位误差为常数 θ;④仅考

虑 I 支路且功率分配为 1。基于这些假设,式(9.2-47)变为

$$r(t) = \sqrt{2P} \cdot c_I(t + dT_c) \cdot \cos(\omega_0 t + \theta) + n(t) \qquad (9.2\text{-}48)$$

式中,d 是一个在 0 和 PN 码周期之间的整数;T_c 为伪码码片的持续时间。

图 9.2-10 给出了一种基于中频采样的短码捕获方案的结构框图。图中前端带通滤波器的带宽为 B_{IF},其宽度大约为伪码速率的两倍。通过带通滤波器后的噪声分量的均值为零,方差为 $\sigma_N^2 = N_0 B_{IF}$。中频信号在通过带通滤波器之后被采样,采样速率为中频频率的 n_s 倍,采样间隔 T_s 为 $2\pi/(n_s\omega_0)$,这样采样序列 $r(n) = r(nT_s)$ 可表示为

$$r(n) = \sqrt{2P} \cdot c(n + dT_c) \cdot \cos(2\pi n/n_s + \theta) + n(n) \qquad (9.2\text{-}49)$$

采样点经过 1b 量化,量化的输出 $q(n)$ 可以表示为

$$q(n) = \text{sgn}(r(n)) = \begin{cases} 1, & r(n) \geqslant 0 \\ -1, & r(n) < 0 \end{cases} \qquad (9.2\text{-}50)$$

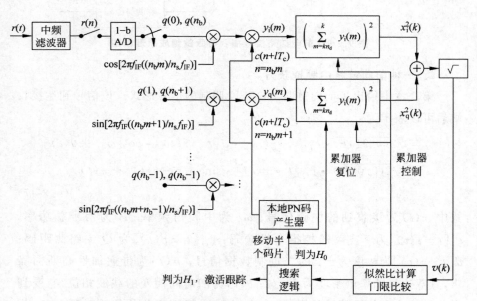

图 9.2-10 一种基于中频采样的短码捕获方案的结构框图

量化的输出序列被分配到 n_b(偶数)个支路,这样每一个支路的采样率为 $f_{IF}n_s/n_b$,通常 n_b 为 n_s 的整倍数。然后,对每个支路分别交替地同余弦和正弦序列相乘,即对每个支路的序列进行数字下变频。忽略噪声和相位误差,第 j 对支路的两个输出可以表示为

$$
\begin{cases}
b_{i}(m) = q(n_b m + j) \cdot \cos[2\pi(n_b m + j)/n_s], & j = 0,2,4,\cdots,n_b - 2 \\
b_{q}(m) = q(n_b m + j) \cdot \sin[2\pi(n_b m + j)/n_s], & j = 1,3,5,\cdots,n_b - 1
\end{cases}
$$

$$(9.2\text{-}51)$$

式中，$m = 1,2,3,\cdots$。

设置 $n_s = n_b/2$ 个独立的捕获器，每个捕获器（支路对）都有一个同相支路和正交支路。每个捕获器的 PN 码搜索起始相位被均匀地分开，构成混合搜索结构。这种混合搜索的平均捕获时间只有单个捕获器的平均捕获时间的 $1/n_s$。

不失一般性，以图 9.2-10 中最上面的捕获器为例进行描述。经过数字变频后，信号与本地 PN 码的采样序列 $c(n + lT_c)$ 相乘，其中，l 为一个整数。经过这个相关器运算，相关器的输出 $y_i(m)$ 和 $y_q(m)$ 可以表示为

$$
\begin{cases}
y_{i}(m) = c(n + lT_c)\,\mathrm{sgn}\{\sqrt{2P}c(n)d(n)\cos\theta + \sqrt{2}n_c(n)\cos\theta - \sqrt{2}n_s(n)\sin\theta\}, \\
\qquad\qquad\qquad\qquad\qquad\qquad\qquad\qquad n = n_b m \\
y_{q}(m) = c(n + lT_c)\,\mathrm{sgn}\{-\sqrt{2P}c(n)d(n)\sin\theta - \sqrt{2}n_c(n)\sin\theta + \sqrt{2}n_s(n)\cos\theta\}, \\
\qquad\qquad\qquad\qquad\qquad\qquad\qquad\qquad n = n_b m + 1
\end{cases}
$$

$$(9.2\text{-}52)$$

然后，$y_i(m)$ 和 $y_q(m)$ 被连续累加，$x_i(k)$ 和 $x_q(k)$ 为 $y_i(m)$ 和 $y_q(m)$ 从 $m=1$ 到 $m=k$ 的累加和：

$$
x_{i}(k) = \sqrt{1/k}\sum_{m=1}^{k} y_i(m), \quad x_{q}(k) = \sqrt{1/k}\sum_{m=1}^{k} y_q(m) \qquad (9.2\text{-}53)
$$

其中 $\sqrt{1/k}$ 为归一化系数，可以保证噪声的方差为 1。信号经过包络检波器后可以表示为

$$
v(k) = \sqrt{x_i^2(k) + x_q^2(k)} \qquad\qquad (9.2\text{-}54)
$$

累加器的累加长度 k 是捕获的一个关键参数，由不同的搜索方案确定。例如，单驻留法中，k 为固定值；在序贯检测法中，累加器被周期清洗或被连续累加。

以图 9.2-10 为例，取 $n_s = 4$，即采用 4 路捕获器并行混合搜索的方案；取 PN 码的长度为 1023，则 4 个捕获器的起始搜索相位分别为 0，256，512，768；中频带通滤波器带宽为 5MHz；带通滤波器的输出是一个中心频率 f_{IF} 为 9.12MHz 的调制信号；采样频率 f_S 为 f_{IF} 的 4 倍；量化后的数据流被分配到 4 个捕获器，即 8 个支路（$n_b = 8$）；PN 码速率取 3.04Mc/s。表 9.2-1 列出了上述方案的主要参数。表中的 lnA 和 lnB 由式（9.2-26）得出。

表 9.2-1　前向链路中频序贯检测、4 路并行混合搜索主要参数

参　　数	参数取值
中频频率/MHz	9.12
中频滤波器带宽/MHz	5.0
中频采样速率/(MSa/s)	36.48
并行捕获器数(n_s)	4
每支路采样速率/(MSa/s)	4.56
每支路采样间隔/s	2.12×10^{-7}
检测概率	0.9
虚警概率	0.0001
伪码速率/(Mc/s)	3.04
门限 lnA	9.10
门限 lnB	-2.30
搜索步进大小/码片	0.5
排除虚警的时间(相关时间的整数倍)	20

3. 前向链路平均捕获时间

在估计平均捕获时间时：①需要计算中频检测器输入端的$(C/N_0)_D$。在通常情况下，UQPSK 调制中短码与长码的功率之比为 10：1，所以因功率分配造成的 I 支路功率损耗约为 $10\lg(10/11) = -0.41(\text{dB})$。②需要计算码多普勒。根据载波多普勒频率补偿精度推导出码多普勒值。例如，当载波多普勒频率补偿精度为 $\pm 3\text{kHz}$ 时，最大码多普勒为 -4.38c/s。③根据卫星轨道计算码多普勒变化率。例如倾角为 90°、400km 圆轨道卫星，码多普勒变化率约为 0.032c/s^2。④用式(9.2-40)计算相位未对准和码多普勒产生的损耗。当码多普勒为 -4.38c/s、码多普勒变化率为 0.032c/s^2 时，损耗约为 -2.52dB。⑤计算滤波和采样损耗。这里取 3.0dB。表 9.2-2 给出了在载波与噪声功率谱密度比(C/N_0)分别为 34dBHz 和 50dBHz 的情况下，到达中频检测器输入端的$(C/N_0)_D$ 的计算结果。其中，34dBHz 对应于 NASA 的 TDRSS 系统 S 频段星间链路低速率数据所要求的最低值；50dBHz 对应于 TDRSS 系统与自由号空间站通信所要求的最低值。

表 9.2-2　中频伪码捕获载噪比计算

参　　数	参数取值
接收信号 C/N_0/dBHz	34 和 50
中频滤波器 5MHz 对数值/dB	-66.99
因功率分配造成的 I 支路损耗/dB	-0.41

续表

参　数		参数取值
因相位不对准和码多普勒产生的损耗/dB		-2.52
滤波和采样损耗/dB		-3.01
折算到检波器输入端的$(C/N)_D$/dB	当$C/N_0=34$(dBHz)时	-38.93
	当$C/N_0=50$(dBHz)时	-22.93

根据表 9.2-1 和表 9.2-2 的参数，表 9.2-3 给出了无多普勒和有多普勒两种情况下，传统序贯检测和连续累加序贯检测的平均捕获时间的估计值。从表 9.2-3 中可以看出，载噪比的大小是影响捕获时间的重要因素。为了便于比较，表 9.2-3 中还给出了固定累积长度（FSA）单驻留检测平均捕获时间的分析结果。

表 9.2-3　3 种中频捕获方案平均捕获时间分析和仿真结果

C/N_0 /dBHz	$(C/N)_D$ /dB	多普勒	FSA/s 分析结果	传统 SPRT/s		连续累加 SPRT/s
				分析结果	仿真结果	仿真结果
34	-38.93	无	12.20	5.62	10.51	3.5
		有	15.53	6.49	13.17	0.0817
50	-22.93	无	0.307	0.113	0.236	3.84
		有	0.310	0.114	0.238	0.0819

9.2.5.2　返向链路

前面讨论的检测逻辑和搜索策略以及中频捕获方案同样适用于返向链路，这里不再赘述。下面以采用分段匹配滤波器加非相干积累的并行检测方案为例，分析返向链路短码和长码的捕获时间。

1. 短码捕获时间分析

由上述可知，检测器的性能由检测概率和处理时间来描述。检测概率取决于输入载噪比和处理增益。分段匹配滤波器的处理增益 G 为

$$G=10\lg D+10\lg N^r,\quad r=0.70\sim 0.75 \tag{9.2-55}$$

式中，D 为段匹配滤波器长度；N 为非相干积累次数。

设中频输入载噪比为$(C/N)_i$、检测器判决前需要的载噪比为$(C/N)_D$，则处理增益 G 为

$$G=(C/N)_D-(C/N)_i \tag{9.2-56}$$

由式（9.2-55）和式（9.2-56），可得非相干积累数 N 为

$$N=10^{\frac{(C/N)_D-(C/N)_i-10\lg D}{10r}} \tag{9.2-57}$$

由于在一个本地码相位状态下的相干、非相干积累时间之和为 ND/R_c,所以检测完本地码全部 K 个相位状态的时间就是门限检测的最大处理时间 T_P,它可以表示为

$$T_P = K(ND/R_c) \tag{9.2-58}$$

式中,R_c 为伪码时钟速率,单位为 M_c/s。

门限检测的平均处理时间为最大时间的一半。

例如,当 $(C/N_0)_i = 50 (\mathrm{dBHz})$、中频带宽 $B_{IF} = 5 (\mathrm{MHz})$ 时,输入的 $(C/N)_i$ 为 $-17\mathrm{dB}$。当采用门限检测方式时,在检测概率为 0.95、虚警概率为 10^{-5} 的条件下,判决所需要的 $(C/N)_D$ 约为 $13\mathrm{dB}$,故处理增益要达到 $30\mathrm{dB}$。当短码码长为 1023、匹配滤波器段长 D 为 10、K 为 102、伪码时钟速率为 $3.04\mathrm{Mc/s}$ 时,利用式(9.2-57)和式(9.2-58),可分别求得 N 为 465,最大处理时间 T_P 约为 $0.16\mathrm{s}$。

如果全部采用逐位比较串行捕获,处理增益全靠非相干积累提供,即 $D=1$,则

$$G = 10\lg N^r, \quad r = 0.70 \sim 0.75 \tag{9.2-59}$$

所需的非相干积累数为

$$N = 10^{\frac{(C/N)_D - (C/N)_i}{10r}} \tag{9.2-60}$$

逐位串行捕获非相干积累检测最大时间为

$$T_{P串行} = NL/R_c \tag{9.2-61}$$

式中,L 为伪码码长。

代入相同的所需处理增益 $30\mathrm{dB}$,并取 $r=0.75$ 得到非相干积累数 N 为 10 000,处理时间约为 $3.4\mathrm{s}$。可见全部采用逐位比较串行捕获的时间是段长为 10 的并行处理时间的 21 倍,并行处理可以大幅减少伪码的捕获时间。

2. 长码捕获时间分析

同理,在检测概率和处理增益不变的条件下,长码码长为 261 888 位,当全部采用逐位比较串行捕获时,处理增益全靠非相干积累提供,这时所需的最大捕获时间为 $873\mathrm{s}$。可见,如此长的捕获时间对实时数据传输来说是无法接受的。因此,返向链路通常需要采用并行方式或串并混合方式进行搜索,或者同前向链路一样,也可以采用 UQPSK 调制和短码引导长码的方式,以缩短返向链路长码捕获时间。

表 9.2-4 给出了当采用匹配滤波器+非相干积累方案时,不同载噪比、不同段长的长码捕获时间估计(无多普勒)。

表 9.2-4　不同载噪比、不同段长匹配滤波器时的长码捕获时间估计(无多普勒)

C/N_0 /dBHz	$(C/N)_i$ /dB	$(C/N)_D$ /dB	处理增益 /dB	匹配滤波器 长度 D	段数 K	非相干 积累数 N	长码捕获 时间/s
34	−33	13	46	100	2619	2929	252.3
				1000	262	136	11.7
50	−17	13	30	10	26 189	465	40.1
				100	2619	22	1.9

9.3　全程链路建立

9.3.1　链路建立准备

9.3.1.1　建立工程勤务电路

在使用卫星数据中继系统传输数据之前,系统运控中心(SOCC)和用户应用中心之间需要建立工程勤务电路,主要用于电话、传真、资源申请与任务计划,以及用户终端状态、链路状态、轨道参数等工程勤务信息的传输。这些信息也可以利用业务数据链路随路传输。地面传输线路通常使用光纤通信手段。

9.3.1.2　资源申请与任务计划

当用户需要使用卫星数据中继系统传输数据时,SOCC可通过地面ESC电路接收来自用户应用中心的使用卫星数据中继系统的申请;SOCC将及时响应用户申请,并按照航天任务的优先级和合理利用系统资源的原则,向用户应用中心提交可操作的任务计划。详细的资源申请与任务计划的安排程序以及信息交互的内容通常由双方协商约定。

9.3.1.3　轨道信息的提供

当用户需要使用卫星数据中继系统传输数据时,SOCC需要向用户应用中心提供中继卫星轨道参数,同时用户应用中心也需要向SOCC提供用户航天器的轨道参数。用户航天器的轨道参数也可以从地基测控网获得。用户航天器根据自身的轨道参数和中继卫星轨道参数计算终端天线所需的捕获跟踪指向角。SOCC与用户应用中心、地基测控网之间轨道信息交互的内容通常是通过专用文件约定。

9.3.2 链路建立与释放

9.3.2.1 链路建立与释放过程

卫星数据中继系统实现数据传输一般要经过地面段链路建立、星间链路捕获跟踪、空间段链路建立、链路保持（数据传输）以及空间段链路释放、地面段链路释放6个过程，如图 9.3-1 所示。其中，地面段链路释放过程可以根据任务情况确定，一般在某个特定任务全部结束后释放地面段链路。

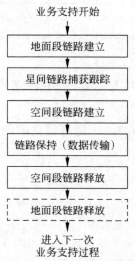

图 9.3-1　链路建立过程

9.3.2.2 链路建立的启动模式

根据前向载波和返向载波的初始发射次序，建链启动通常有 3 种模式：①地面终端站启动模式，即由地面终端站首先发射前向载波，启动数据链路的建立过程；②中继终端启动模式，即由用户目标中继终端首先发射返向载波，启动数据链路的建立过程；③独立分别启动模式，即地面终端站和用户目标中继终端根据各自的程序分别发送各自的载波，启动数据链路的建立过程。

对于仅有前向业务的星间链路通常采用第 1 种模式；对于仅有返向业务的星间链路通常采用第 2 种模式；对于同时具有前向和返向业务的星间链路通常采用第 3 种模式，即采用各自分别发送载波和互不控制方式启动数据链路建立过程。

9.3.2.3 有效数据开始发送的启动模式

有效数据开始发送的启动模式通常有以下两种：

（1）链路建立确认后开始有效数据传输

该模式亦称"握手模式"，适用于不允许丢失有效数据的用户。为了确认链路的建立，需要同时有前向链路和返向链路的支持。在链路建立过程中，一般首先发送捕获序列（空闲数据）或填充传送帧，链路建立确认后，再发送有效数据或有效数据传送帧。该模式可通过传送帧中设置的链路状态标志作为握手信号来实现。

（2）不需要确认链路建立，由程序启动有效数据传输

该模式亦称"盲发模式"，一般不需要握手信号，适用于不需要确认链路建立就可以发送有效数据的用户以及仅有返向链路的用户。这种模式以允

许丢失一定的有效数据为前提。在有效数据发送前,发送捕获序列或填充传送帧,根据程序设置的延迟等待时间,开始发送有效数据传送帧。延迟等待时间应合理设置,如果设置的延迟等待时间过短,开始发送有效数据传送帧时,全程链路建立尚未完成,将会丢失一些有效数据。如果设置的延迟等待时间过长,将会缩短有效传输的时间。延迟等待时间可以根据星间链路捕获的平均统计时间确定,一般在十几秒到几十秒范围内。

9.3.2.4 星间链路的切换

当用户航天器通过卫星数据中继系统持续传输数据时,可能会遇到穿过一个中继卫星覆盖范围的情况,需要另一个中继卫星接替传输数据。这样,在两个卫星数据中继系统之间就存在空间链路的切换问题。空间链路切换涉及卫星间切换和地面终端站站间切换。在一般情况下,切换在两个中继卫星视场重叠区进行,以保持传输的连续性。由于用户航天器轨道和中继卫星轨道及其覆盖区都是已知的,所以切换的发生是可预知的,可以通过事先的程序安排来实现。在中继卫星有效载荷资源、地面终端站信道资源和地面传输链路都准备好的情况下,切换的时间主要取决于用户终端天线改变指向的时间和新的全程链路建立的时间。在切换过程中,有可能会出现短暂的信号失步或中断现象。

9.3.2.5 链路异常中断的判别

为了便于用户终端和地面终端站区分是正常情况下的链路中断还是异常情况下(例如空间链路切换、用户终端天线遮挡等)的链路中断,通常需要设置链路保持/释放标志或发送相关信息。如果地面终端站或用户终端在收到链路释放标志或相关信息后检测到载波中断,一般认为载波为正常中断。在用户目标位于正常轨道覆盖内且未收到链路释放标志或相关信息的条件下,如果地面终端站或用户终端检测到载波中断,一般认为载波为非正常中断,从而双方可以进入异常处理程序。

9.3.2.6 数据分发与回放

SOCC通常具有数据的分发、存储和回放功能,将用户应用中心来的前向数据实时分发给相应的前向链路;对某个返向链路来的数据实时分发给相关的用户应用中心,在数据分发的同时进行存储,以备事后向用户重发所需的数据。存储设备的容量可以根据数据量大小和存储时间确定。

9.3.3 信令信号

卫星数据中继系统的信令信号(亦称"握手信号")是指与链路建立、保持和释放有关的信令信号。在全程链路中,信令信号大致分为空间段信令信号和地面段信令信号。

9.3.3.1 空间段信令信号

1. 物理层信令信号

物理层信道分为前向信道和返向信道,每个信道都包括发射部分和接收部分。为简单起见,本节仅从用户终端的角度描述前向物理层信令信号。

前向物理层信令可以依据以下指示、状态或信息生成:①信标锁定指示或跟踪接收机状态;②PN 码短码或长码同步指示;③载波锁定指示;④符号同步或译码器同步或帧同步指示;⑤信噪比或数据差错率;⑥设备工作状态,等。

这些指示或状态通常通过返向信道向地面终端站传送,以便地面终端站判决用户终端前向物理层信道是否建立,并对物理层建立过程进行监视。在一般情况下,物理层信令最好是通过调制器直接传递(设置信令信道),但这会引起符号速率的增加。如果用户终端调制器没有设计物理层信令信道,也可以利用链路层协议(传送帧)传送前向物理层信令信号,例如利用传送帧的插入区或操作控制域传送。利用传送帧的插入区或操作控制域传送前向物理层信令一般不会引起符号速率的增加,但缺点是占用了插入区或操作控制域,可能影响其他应用。

2. 链路层信令信号

与链路建立、保持和释放有关的空间段链路层信令一般可以设置以下几种:

(1) 前向数传(有效数据)允许/禁止标志:该标志是在返向链路传输的信号标志。当该标志为 1 时,表示用户终端接收的捕获序列或填充传送帧已同步,用户平台已准备好,地面终端站或用户应用中心可以发送前向有效数据;当该标志为 0 时,表示用户终端接收的捕获序列或填充传送帧尚未同步,或用户平台尚未准备好,地面终端站或用户应用中心不发送前向有效数据,继续发送捕获序列或填充传送帧,直到该标志由 0 变为 1。

(2) 前向链路保持/释放标志:该标志是在前向链路传输的信号标志。在数据传输过程中,当该标志为 1 时,表示前向链路处于保持状态;当该标志由 1 变为 0 时,表示前向链路释放,地面终端站将要停止发送前向射频信号载波。

(3) 返向数传(有效数据)允许/禁止标志:该标志是在前向链路传输的信号标志。当该标志为 1 时,表示地面终端站接收的填充传送帧已同步,且用户应用中心已准备好,用户平台可以发送返向有效数据;当该标志为 0 时,表示地面终端站接收的填充传送帧尚未同步或用户应用中心尚未准备好,用户平台不发送返向有效数据,继续发送填充传送帧,直到该标志由 0 变为 1。

（4）返向链路保持/释放标志:该标志是在返向链路传输的信号标志。在数据传输过程中,当该标志为 1 时,表示返向链路处于保持状态;当该标志由 1 变为 0 时,表示返向链路释放,用户终端将停止发送返向射频信号载波。该标志可与物理层载波锁定状态等联合使用,用来判决前向或返向链路中断是正常中断,还是非正常中断。

9.3.3.2 地面段信令信号

与空间段链路建立、保持和释放有关联的地面段信令信号主要有:①地面链路建立申请及应答;②地面链路连接及连接确认;③地面数传链路导通测试状态;④地面链路释放申请及应答;⑤地面链路释放及释放确认。

地面段信令信号可以通过带外信令信道传输,也可以利用业务数据链路随路传输。

9.3.4 信令传递流程

9.3.4.1 地面段信令传递流程

通常在建立空间段链路之前,应首先建立地面段链路。在数据传输结束和空间段链路释放后,地面段链路最后释放。地面段链路的建立阶段一般有链路建立申请及应答、链路连接及连接确认、导通测试及导通测试良好等信令。地面段链路的释放阶段一般有链路释放申请及应答、链路释放及释放确认等信令。图 9.3-2 给出了正常情况下的地面段信令传递流程和信令互控过程。

9.3.4.2 空间段信令传递流程

图 9.3-3 给出了正常情况下空间段双向信令的传递流程:

① 当卫星数据中继系统需要为用户目标提供数据中继业务服务时,SOCC 通过 TT&C 信道向中继卫星发送天线指向角数据,启动中继卫星星间天线捕获跟踪过程。同时用户平台向其终端发送天线指向角数据,启动终端天线捕获中继卫星过程。

② 当终端天线锁定信标信号后,开始发送带有填充帧的返向载波。

图 9.3-2　地面段信令流程

③ 当中继卫星星间天线锁定用户目标后,SOCC 和用户应用中心收到返向填充帧。

④ SOCC 可通过地面信令信道向地面终端站和用户应用中心发送中继卫星捕获目标、前向链路建立开始等信令。

⑤ 完成信令相互确认后,用户应用中心开始发送前向捕获序列至地面终端站,地面终端站进行编码调制、频率变换和功率放大,然后发向中继卫星。

⑥ 用户终端锁定中继卫星转发的前向载波后,开始发送返向有效数据。

⑦ SOCC 和用户应用中心收到返向有效数据后,开始发送前向有效

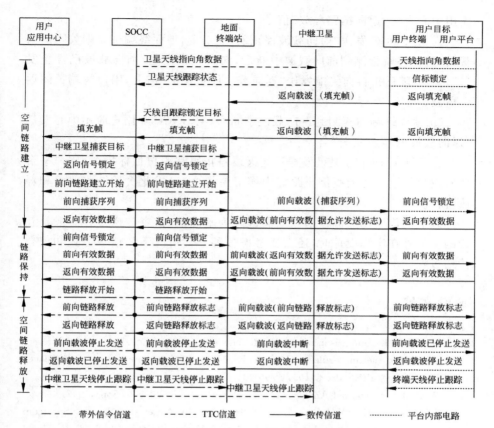

图 9.3-3 正常情况下空间段双向信令传递流程

数据。

此后,链路进入保持阶段,用户终端和用户应用中心之间开始进行双向数据传输。

当数据传输结束后,进入空间段链路释放阶段。以 SOCC 发起为例描述信令互控过程:

① SOCC 首先通过地面信令信道同时向用户应用中心和地面终端站发送"链路释放开始"信令,告之链路释放进程开始。

② SOCC 通过信令信道向地面终端站发送"前向链路释放标志",同时也向用户应用中心发送"前向链路释放"信令。

③ 用户终端收到"前向链路释放标志"后,告之其平台前向链路即将中断。

④ 用户平台发送"返向链路释放标志",SOCC 收到该标志后,向用户

应用中心发送"返向链路释放"信令。

⑤ 由 SOCC 发送"前向载波停止发送"信令,地面终端站立刻关闭前向载波,用户终端检测到前向载波中断后,向其平台发送"前向载波已停止发送"信令;随后平台向终端发送"返向载波停止发送"信令,用户终端关闭返向载波。

⑥ 地面终端站检测到返向载波中断后,向 SOCC 和用户应用中心发送"返向载波已停止发送"信令。

⑦ SOCC 向中继卫星发送星间天线停止跟踪用户目标指令,用户平台也向用户终端发送天线停止跟踪中继卫星指令,完成此次的链路建立和释放过程。

以上的信令传递流程是以双向链路为基础的,信令传递过程一般是互控的。另外在实际设计时,还需要考虑各种异常情况下的信令方式和信令传递过程。

参考文献

[1] IINATTI J. Comparison of two dwell code acquisition of DS signal using different threshould setting rules [C]//IEEE Military Communications Conference. Piscataway: IEEE Press, 1997: 296-301.

[2] WARD A. Sequential Analysis[M]. New York: John Wiley & Sons, 1947.

[3] SIMON M K, OMURA J K, SCHOLTZ R A, et al. Spread Spectrum Communications Handbook [M]. New York: McGraw-Hill Professional Publishing, 1994.

[4] PAN S M, DODDS D E, KUMAR S. Acquisition time distribution for Z search strategies in spread spectrum receivers [C]//IEEE military Communications Conference. Piscataway: IEEE Press, 1990: 166-170.

[5] 王伟,李欣. 迭代检测伪码捕获技术[M]. 北京: 国防工业出版社, 2014.

第10章

数据链路性能测试

测试是一项专门的技术,也是设备研制、系统建设、开通运行中不可缺少的重要环节。在卫星数据中继系统中,对数据链路传输性能规范了一系列的指标要求,为了检验设备和系统是否满足这些指标要求,需要进行测试验证。

本章重点描述地面终端站、测距转发站、模拟测试站(本章统称为"地面站")和用户终端的天线辐射特性、射频特性、信道特性、载波特性和数据链路性能的测试原理和方法,以及中继卫星有效载荷在轨测试的原理和方法。最后,简要介绍在测试过程中使用的主要仪器、仪表的基本工作原理。

10.1 地面站性能测试

10.1.1 天线辐射特性测试

10.1.1.1 测试法分类及测试条件

1. 测试法分类

天线辐射特性测试分为远场测试和近场测试。

(1) 远场测试法

远场测试法又称为"直接法",即远场数据不需要计算和后处理,所以大多数的远场测试都在室外场地进行,但是室外场往往需要很长的距离才能精确测试天线的辐射特性。室外场又分高架场和斜架场,统称为"自由空间测试场"。室外场的缺点是容易受外界的干扰和场地反射的影响。大型地面站天线通常在室外场地进行测试。

远场测试法如果在暗室里进行就称为"室内场",对于小型的用户终端天线可在暗室里进行测试。紧缩场在分类上属于远场测试场,但是它无需很大的场地,而是使用一个抛物面天线和馈源,馈源放在抛物面天线的焦点区域,经过抛物面反射的波是平面波,这样被测天线就在平面波区域。紧缩场设备的加工精度要求很高,改变工作频段需要更换馈源,花费较大。

(2) 近场测试法

近场测试技术是在天线近场区的某一表面上采用一个特性已知的探头来取样场的幅度和相位特性,通过严格的数学变换求得天线的远场辐射特性的技术。根据取样表面的形状,近场测试场分为 3 种,即平面测试场、球面测试场和柱面测试场。近场测试技术的主要优点是所需的场地小,可以在微波暗室内进行高精度的测试,免去了建造大型微波暗室的困难,测试受周围环境的影响极小,可以实现全天候测试。

本章重点描述天线辐射参数远场测试的方法。天线辐射参数主要包括天线方向图、天线增益、天线极化特性等。

2. 测试条件

在远场测试法中,为了保证测试精度,应满足以下测试条件:

(1) 源天线和被测天线之间的距离应满足:

$$R \geqslant \frac{2(d+D)^2}{\lambda} \qquad (10.1\text{-}1)$$

式中,R 为源天线和被测天线之间的距离,单位为 m;D 为被测天线的口径,单位为 m;d 为源天线的口径,单位为 m;λ 为工作波长,单位为 m。

(2) 天线应尽量架高,以使测试时的地面反射保持在足够低的电平上。通常源天线架设在足够高的信标塔上,从而使被测天线仰角 $EL \geqslant 5°$。

(3) 根据互易原理,被测天线的工作状态可以是发射状态,也可以是接收状态。在天线测试中,源天线、馈线、信号源之间以及被测天线、馈线、接收机之间的阻抗匹配是满足互易原理的重要条件。

(4) 测试系统的仪器设备应充分加电预热,使之工作稳定并经校准。

10.1.1.2　天线方向图测试

天线方向图包括发射方向图和接收方向图。对于发射方向图通常采用信标塔法(常规远场法)和卫星转发法进行测试。对于接收方向图,除了采用信标塔法和卫星转发法以外,还可以采用卫星信标法测试。

1. 信标塔法

将源天线架设在方位、俯仰及极化能够方便调整的信标塔的平台上,被测天线安置在地面测试转台上。通过控制转台改变被测天线方位角和俯仰角,记录接收到的信号电平,得到天线方向图,测试的原理框图如图 10.1-1 所示。以图 10.1-1(a)接收方向图测试为例,具体步骤如下:

(1) 信号源按照要求的功率和频率发射一个未经调制的单载波(简称"未调载波")信号。转动被测天线,使天线波束中心对准信标塔的源天线(标准天线),在频谱仪上观察所接收的信号电平的变化情况。仔细调整被测天线的方位、俯仰和极化,使接收的信号功率电平达到最大值。

(2) 固定被测天线俯仰角,转动天线方位逆时针转动至 $-\theta$ 起始位置;转动被测天线由 $-\theta$ 位置顺时针旋转至 $+\theta$ 位置,同时频谱仪绘制方位方向图;结束后将被测天线的方位回到波束中心。旋转的 θ 范围依据测试要求而定。

(3) 固定被测天线方位角,转动天线俯仰向下转动至 $-\theta$ 起始位置;转动被测天线由 $-\theta$ 位置向上转动至 $+\theta$ 位置,同时频谱仪绘制俯仰方向图;

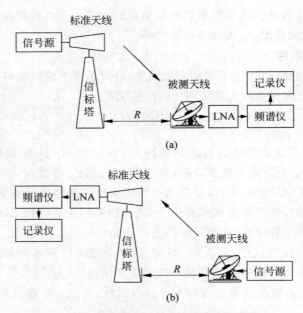

图 10.1-1 信标塔法天线方向图测试连接框图

（a）接收方向图测试连接框图；（b）发射方向图测试连接框图

结束后将被测天线的俯仰回到波束中心。旋转的 θ 范围依据测试要求而定。需要注意的是，由于仰角的限制，负仰角方向图的测试范围可能会受到限制。

（4）改变测试频率，重复上述步骤（1）～（3），同理可获得其他频率点的天线接收方向图。

由于空间方位平面指示角与天线水平面指示角是不一样的，而天线轴角指示器读出的是天线水平面指向角，故必须进行修正。从理论推导可得修正公式为

$$\theta'_{AZ} = 2\arcsin\left[\sin\frac{\theta_{AZ}}{2}\cos(\theta_{EL})\right] \qquad (10.1\text{-}2)$$

式中，θ'_{AZ} 为天线修正后的实际空间方位角，单位为（°）；θ_{AZ} 为天线轴角指示器读出的水平面方位角，单位为（°）；θ_{EL} 为天线测量时的实际仰角，单位为（°）；θ_{EL} 也是轴角指示器读出的角度，它与空间位置无关，不需要修正。

同理，如图 10.1-1（b）所示，由被测天线发射信号，源天线接收，可以测试被测天线的发射方向图。

2. 卫星信标法

利用卫星发射的信标信号，可以测试天线的接收方向图。测试步骤与

信标塔法基本相同,不同的是被测天线的波束中心对准中继卫星。

另外需要注意以下两点:①由于卫星信标信号功率较小,测试前应进行链路电平预算,以确定测试系统可能达到的动态范围以及是否满足天线方向图测试要求,并合理设置频谱仪的工作状态;②如果中继卫星轨道不是静止轨道,而是带有小倾角的同步轨道,信标信号电平会周期性地变化,测试时需要根据轨道参数的变化进行精确修正。

3. 卫星转发法

卫星转发法是利用卫星转发器作为信号中转站,进行天线辐射特性测试的一种远场测试法。该方法需要有一个辅助站,当测试发射方向图时,辅助站作为接收站;当测试接收方向图时,辅助站作为发射站。以发射方向图为例,测试连接框图如图 10.1-2 所示,具体步骤如下。

(1)利用卫星信标,使被测天线和辅助站天线的波束中心对准卫星,调整天线极化使之与卫星极化匹配。

(2)在辅助站的指导下,被测站按照要求的频率、极化和 EIRP 发射一未调载波,并且缓慢地调整发射功率,直至辅助站收到的信号电平满足测试要求。

(3)在辅助站的指导下,固定被测天线俯仰角,逆时针转动天线方位至 $-\theta$ 起始位置;顺时针转动被测天线由 $-\theta$ 位置至 $+\theta$ 位置,同时频谱仪绘制方位方向图;结束后将被测天线的方位转到波束中心。旋转的 θ 范围依据测试要求而定。

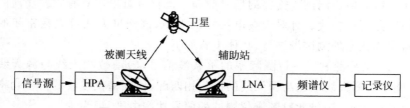

图 10.1-2　天线发射方向图测试连接框图

(4)固定被测天线方位角,转动天线俯仰向下至 $-\theta$ 起始位置;转动被测天线由 $-\theta$ 位置向上至 $+\theta$ 位置,同时频谱仪绘制俯仰方向图;结束后将被测天线的俯仰转到波束中心。旋转的 θ 范围依据测试要求而定,需要注意的是,当被测天线对卫星的仰角较低时,负仰角方向图的测试范围可能会受到限制。

(5)根据式(10.1-2),对方位方向图进行修正。

(6)改变测试频率,重复上述步骤(3)～(5),可以获得其他频率点的天线发射方向图测试结果。

同理,如果中继卫星轨道是带有小倾角的同步轨道,转发的信号电平会周期性地变化,测试时需要根据轨道参数的变化进行精确修正。

10.1.1.3　天线增益测试

一般把天线增益测试分成相对增益测试和绝对增益测试两类。就具体测试方法而言,又可以分为比较法、两相同天线法、三天线法、波束宽度法、方向图积分法和射电星法等。

除了比较法属于相对增益测试外,其余方法均属于绝对增益测试。比较法只能确定被测天线的增益,绝对增益测试不仅可以确定被测天线的增益,而且可以确定天线的标准增益。本节重点介绍地面远场比较法、卫星转发比较法和波束宽度法。

1. 地面远场比较法

采用比较法测试天线增益的实质就是将被测天线的增益与已知天线的标准增益进行比较而得出被测天线的增益。由天线互易原理可知,被测天线可以用作接收,也可以用作发射。该方法所用的标准天线是天线增益测试的主要误差源,必须谨慎选择和仔细标校。

图 10.1-3 给出了地面远场测试接收天线增益的原理框图。信号源通过源天线发射测试信号,在接收端分别用被测天线和已知增益的标准天线进行信号接收,再通过频谱仪读取接收到的功率值,最后通过计算得到被测天线的增益值。测试中需要的信号源和频谱仪也可以用具有收发功能的矢量网络分析仪替代。针对天线电尺寸的大小,该测试方法可以在密闭的微波暗室或在室外测试场进行,具体步骤如下。

(1)信号源发射一待测频率的单载波信号,转动被测天线与源天线对准,调整被测天线极化与源天线的极化相匹配,使频谱仪接收的信号功率电平达到最大值,记录此时频谱仪测试的信号功率电平,记为 P_x。

(2)保持标准天线口面与被测天线口面在同一平面内,以减少由测试距离引起的测试误差。将标准天线调整到被测天线口面中心的位置,把被测天线的信号传输电缆接到标准天线上。调整标准天线与源天线对准且极化匹配,使频谱仪接收的信号功率电平达到最大值,记录此时频谱仪测试的信号功率电平,记为 P_s。

(3)利用下式计算被测天线增益:

$$G_x = G_s + P_x - P_s \qquad (10.1\text{-}3)$$

式中,G_x 为被测天线增益,单位为 dBi;G_s 为标准天线增益,单位为 dBi;

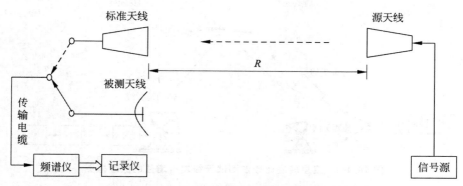

图 10.1-3　地面远场测试接收天线增益的原理框图

P_x 为被测天线接收的信号功率电平,单位为 dBm;P_s 为标准天线接收的信号功率电平,单位为 dBm。

（4）改换测试频率,重复上述步骤（1）～（3）,可以获得其他频率点的天线接收增益。

采用比较法测试天线增益时需要注意以下几点:①被测天线和源天线之间的测试距离要满足远场条件;②在转换天线时,标准天线和被测天线应使用同一根射频电缆或衰减量相同的两根射频电缆,射频电缆为稳幅稳相电缆;③标准天线极化一般为线极化,其增益应精确已知,且结构简单,便于安装;④如果被测天线极化为圆极化方式,源天线和标准天线为线极化方式,则测试结果可以按照下式对式（10.1-3）结果进行修正。

$$K = 20\lg\left[\frac{1}{\sqrt{2}}\left(1 + \frac{1}{10^{\frac{AR}{20}}}\right)\right] \tag{10.1-4}$$

式中,K 为增益修正因子,单位为 dB;AR 为被测天线轴比,单位为 dB。

2. 卫星转发比较法

卫星转发比较法测试天线增益,需要在地面引入一个辅助站。以测试发射增益为例,首先将测试信号通过标准天线发射给卫星,卫星将该信号转发给地面辅助站,辅助站天线接收到卫星转发的信号后,通过频谱仪读取接收信号的功率值;然后在保持整个链路状态不变的前提下,在发射地点用被测天线替代标准天线对卫星发射信号,卫星将该信号转发给地面辅助站,辅助站用频谱仪读取接收到的信号功率值;最后辅助站通过比较两次收到的信号功率值计算出被测天线的发射增益。测试连接框图如图 10.1-4 所示,具体步骤如下。

（1）利用卫星信标,转动被测天线的方位和俯仰,使被测天线对准卫星。调整天线极化,使被测天线与卫星信标极化匹配。

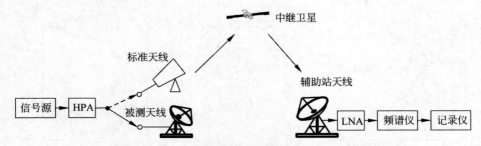

图 10.1-4 卫星转发比较法测试天线发射增益的原理框图

（2）利用卫星信标，转动辅助站天线的方位和俯仰，使辅助站天线对准卫星。调整天线极化，使辅助站天线与卫星信标极化匹配。

（3）被测天线发射一未调载波信号，调整其发射功率，使卫星转发器工作在线性区域；辅助站天线接收卫星转发的信号，用频谱仪记录此信号电平，记为 P_x。

（4）关闭被测站发射的信号，利用卫星信标，调整标准天线指向卫星，且极化匹配，把高功率放大器接到标准天线上。

（5）打开高功率放大器的开关，保持高功率放大器输出的频率和功率不变，辅助站记录此时的信号功率电平，记为 P_s。

（6）利用式（10.1-3）计算得到被测天线增益。

（7）改变信号源的频率，重复上述步骤（3）～（6），完成其他频率的天线发射增益测试。

3. 波束宽度法

波束宽度法是通过测试天线方向图的俯仰面（E）和方位面（H）的 −3dB 点的波束宽度和 −10dB 点的波束宽度以及天线表面精度和馈源插入损耗，从而计算天线增益的方法。

在国际卫星组织 SSOG 210 标准中，给出了用天线波束宽度计算天线增益的经验公式：

$$G \approx 10\lg\left[\frac{1}{2}\left(\frac{31\,000}{\theta_{-3\mathrm{AZ}} \times \theta_{-3\mathrm{EL}}} + \frac{91\,000}{\theta_{-10\mathrm{AZ}} \times \theta_{-10\mathrm{EL}}}\right)\right] - F_{\mathrm{loss}} - R_{\mathrm{loss}}$$

（10.1-5）

式中，G 为被测天线增益，单位为 dB；$\theta_{-3\mathrm{AZ}}$ 为方位方向图的半功率波束宽度，单位为（°）；$\theta_{-3\mathrm{EL}}$ 为俯仰方向图的半功率波束宽度，单位为（°）；$\theta_{-10\mathrm{AZ}}$ 为方位方向图的 −10dB 处的波束宽度，单位为（°）；$\theta_{-10\mathrm{EL}}$ 为俯仰方向图的 −10dB 处的波束宽度，单位为（°）；F_{loss} 为天线馈源网络插入损耗，单位为 dB；R_{loss} 为天线表面公差引起的增益损失，单位为 dB。

采用波束宽度法确定天线增益简单易行，尤其是测试高增益低副瓣天线精度较高，测试误差的均方根值一般不大于 0.3dB。具体测试方法步骤可参照方向图测试，需注意的是，在测试方向图过程中要给出对应−3dB 波束宽度和−10dB 波束宽度的角度值。

10.1.1.4　天线极化特性测试

天线极化特性主要包括天线交叉极化方向图、交叉极化隔离度和极化轴比等。这些特性在测试原理和方法上是相互关联的，可以从交叉极化方向图测试中得到隔离度。对于圆极化来说，可以从测量的圆极化隔离度计算得出圆极化轴比。天线极化特性可以在满足远场条件的微波暗室或室外场地进行测试，也可以利用中继卫星进行测试。

1. 交叉极化方向图测试

交叉极化方向图的测试方法与同极化天线方向图的测试方法十分相似，不同的是测试结果记录的是交叉极化信号电平，因此该测试方法可参考同极化天线方向图的测试方法。交叉极化方向图一般在微波暗室进行测试。图 10.1-5 给出了交叉极化方向图的测试连接框图。

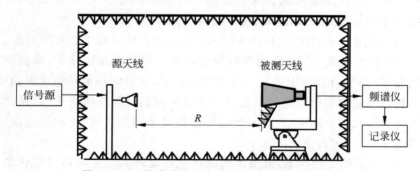

图 10.1-5　微波暗室天线极化方向图测试连接框图

以线极化为例，具体步骤如下。

（1）信号源按照规定的频率通过源天线发射一未调载波信号，被测天线与源天线处于同极化（主极化）状态，微调收发天线极化使之达到匹配，即频谱仪显示的接收信号电平最大。按照所要求的角度，完成主极化方向图测试，并将主极化方向图迹线存储在频谱仪的内存储器里。

（2）被测天线回到最大接收电平时的位置（0°），将源天线极化旋转90°，微调其极化角，使被测天线在该位置接收的交叉极化信号电平最小，然后固定源天线的极化状态。

（3）固定被测天线的俯仰角（或方位角），旋转其方位角（或俯仰角），完成交叉极化方向图的测试，并将交叉极化方向图迹线存储在频谱仪的内存储器里。

（4）将主极化方向图和交叉极化方向图绘制在同一坐标图上。

（5）改变信号源频率，重复上述步骤（1）～（4），完成其他频率的交叉极化方向图测试。

2. 交叉极化隔离度测试

1）利用极化方向图得出交叉极化隔离度

从 10.1.1.4 节得到的主极化方向图和交叉极化方向图，通过比对同一角度的主极化和交叉极化的电平，可获得天线的交叉极化隔离度。在天线极化特性的测试中，一般只测定天线主轴的极化隔离度即可。对于卫星数据中继，为了满足指向精度或跟踪精度范围内的极化隔离度，通常还要求在偏离主轴处的隔离度应达到一定指标。例如：线极化主轴隔离度 XPI≥35dB，在偏离波束中心±1.0dB 处，偏轴隔离度 XPI≥33dB。圆极化隔离度在偏离波束中心±1.0dB 处的偏轴隔离度 XPI≥30.7dB 等。

2）利用卫星转发法测试交叉极化隔离度

利用卫星转发法测试交叉极化隔离度的原理框图可参考图 10.1-2。以线极化的发射交叉极化隔离度为例，具体步骤如下。

（1）利用卫星信标，使被测天线和辅助站天线的波束中心对准卫星。

（2）被测天线与卫星天线为同极化状态。在辅助站指导下，被测站按照所要求的频率和 EIRP 发射一未调载波信号，并且缓慢地调整发射功率，直至辅助站收到的信号电平满足测试要求。微调被测天线极化角，使之与卫星天线极化完全匹配，此时辅助站频谱仪显示的接收信号（同极化信号）功率电平最大，记为 P_{COP}。

（3）在辅助站指导下，被测天线线极化角旋转 90°，并微调其极化角到最深的零值点，使辅助站频谱仪显示的接收信号（交叉极化信号）功率电平最小，记为 P_{XP}。

（4）按照下式计算被测天线和卫星天线总的极化隔离度 XPI：

$$XPI = P_{COP} - P_{XP} \tag{10.1-6}$$

（5）改变测试频率，重复上述步骤（2）～（4），可以获得其他频率点的极化隔离度。

需要注意的是：①由于同极化电平与交叉极化电平相差很大，测试时辅助站接收系统应有足够的动态范围，并工作在线性区；②上述步骤得出的极化隔离度包括了卫星天线的极化隔离度，在扣除卫星天线的极化隔离度后,即可得出被测天线的极化隔离度;③为了减小传输路径去极化效应的影响,最好在晴天时测试;④如果中继卫星轨道是带有小倾角的同步轨道,转发的信号电平会周期性地变化,测试时需要根据轨道参数的变化进行精确修正,或者极化转换的时间应尽量短。

以上描述的测试步骤是指主轴隔离度。但在实际上,天线是在一定跟踪范围内工作的,不可能完全对准卫星,甚至有些天线常在偏离卫星的一个小角度上工作,所以,对偏轴隔离度的测量是有实际意义的。偏轴隔离度的测量方法与上述主轴隔离度的方法相同,只是通过人工控制,使被测天线波束中心分别在方位和俯仰方向上有规则地偏离卫星,测得每个点的隔离度,在扣除卫星天线的极化隔离度后取平均值,得出地面被测天线的实测值。偏离的轨迹和角度可以参考国际卫星组织 SSOG 210 的"9 点法"[1]。

对于圆极化天线的测试,其步骤与线极化相似,不同之处在于极化隔离度是通过改变被测天线圆极化旋向来获得极化隔离度,根据第 7 章式(7.2-5),再由测得的圆极化隔离度换算成轴比。

10.1.1.5   天线指向精度测试

天线波束中心轴(电轴)实际指向与理想指向之间的角度差称为"指向精度"。它由机械轴和馈源校准误差、角读数误差、天线结构的畸变引起的误差以及伺服系统误差等因素共同决定。天线指向精度测试可以在地面远场环境下利用信标塔进行,也可以利用卫星信标进行。本节描述利用卫星信标测试天线指向精度的方法,测试连接框图如图 10.1-6 所示,具体步骤如下。

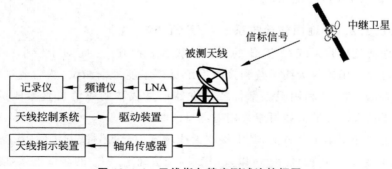

图 10.1-6   天线指向精度测试连接框图

(1)根据被测天线所在地理位置的经度和纬度以及卫星的轨道位置,精确计算被测天线指向卫星的方位角和俯仰角,并使天线极化方向与所用卫星信标的极化方向一致。

（2）驱动方位和俯仰，使被测天线指向卫星。微调天线的方位、俯仰和极化，使频谱仪接收的卫星信标信号电平达到最大值。此时认为被测天线的波束中心（电轴）已对准卫星。依据理论计算的被测天线对准卫星的方位角和俯仰角，对被测天线控制系统的零位进行标定，此时天线控制器显示的方位角为 AZ_0，俯仰角为 EL_0。

（3）在较短时间内（在该时间内卫星漂移引起的误差可以忽略），转动天线的方位或俯仰，使天线波束中心偏离卫星方向，然后重新对准卫星，此时天线控制器显示的方位角和俯仰角分别 AZ_1 和 EL_1。

（4）重复步骤（3），得到一组方位值 $AZ_1,AZ_2,\cdots,AZ_n$ 和一组俯仰值 $EL_1,EL_2,\cdots,EL_n$（n 一般不少于 20 次）。

（5）利用下式计算方位指向精度 σ_{PA}、俯仰指向精度 σ_{PE} 和总的指向精度 σ_P：

$$\sigma_{PA} = \sqrt{\dfrac{\sum\limits_{i=1}^{n}(AZ_i - AZ_0)^2}{n}} \qquad (10.1\text{-}7)$$

$$\sigma_{PE} = \sqrt{\dfrac{\sum\limits_{i=1}^{n}(EL_i - EL_0)^2}{n}} \qquad (10.1\text{-}8)$$

$$\sigma_P = \sqrt{\sigma_{PA}^2 + \sigma_{PE}^2} \qquad (10.1\text{-}9)$$

10.1.2　射频特性测试

10.1.2.1　地面站接收系统 G/T 值测试

地面站接收系统 G/T 值的测试一般有 3 种方法：①对于较小口径的天线可以采用接收天线增益和接收系统噪声温度分别测试，然后通过计算得到 G/T 值；②利用卫星信标或转发器信号载波的频谱仪直接测试法；③对于较大尺寸的天线可以采用射电星法测试。

本节介绍第 1 种方法，其中接收天线增益 G_R 的测试方法同 10.1.1.3 节，接收系统噪声温度 T_s 可以采用 Y 因子法确定。T_s 的测试连接框图如图 10.1-7 所示，具体步骤如下。

（1）将 LNA 接至常温负载，调整精密可变衰减器，使指示器的指示在合理位置。

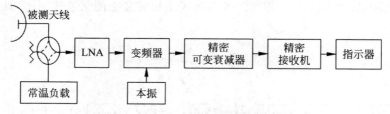

图 10.1-7 接收系统噪声温度测试连接框图

（2）旋转波导开关，将低噪声放大器接到被测天线上，被测天线指向冷空。调整精密衰减器，使指示器的指示保持不变，测出此时精密可变衰减器的衰减值，利用下式计算 Y 因子：Y_{dB} ＝ LNA 接常温负载时衰减器读数（dB）-LNA 接天线且天线对准冷空时衰减器读数（dB）

Y 因子的真值 Y_{SH} 为

$$Y_{SH} = \lg^{-1} \frac{Y_{dB}}{10}$$

（3）由测试的 Y 因子，利用下式计算接收系统的噪声温度：

$$T_s = \frac{T_{load} + T_{LNA}}{Y_{SH}} \qquad (10.1\text{-}10)$$

式中，T_{load} 为常温负载的噪声温度，单位为 K；T_{LNA} 为 LNA 的噪声温度，单位为 K。

（4）利用测试的天线增益 G_R 和接收系统噪声温度 T_s，由下式计算出 G/T 值：

$$G/T = G_R - 10\lg T_s \qquad (10.1\text{-}11)$$

需要注意的是，噪声温度测试应在晴天、微风，无干扰的条件下进行。测试用的常温负载的噪声温度应精确已知。

10.1.2.2 发射 EIRP 及其稳定度测试

1. 发射载波 EIRP 测试

发射载波的 EIRP 值测试一般有 3 种方法：①分别测得发射机输出功率和发射天线增益，计算 EIRP 值。即调制器输出一未调载波，调整发射机功率达到规定值，在发射机输出端的耦合器口用功率计或频谱仪测试功率电平，根据已知的耦合器、衰减器和馈线的衰减值，以及 10.1.1.3 节测得的发射天线增益，计算得出发射载波的 EIRP 值。②信标塔法。参考图 10.1-1（b），根据信标塔上频谱仪接收的信号电平，结合接收机增益、标准天线增益和传播损耗等，推算出被测站的发射 EIRP。③卫星转发法。即通过卫星转发器和辅助站进行测试。图 10.1-8 给出了卫星转发法测试连接框图,具体步骤如下。

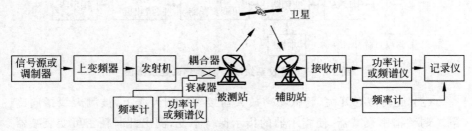

图 10.1-8 EIRP 和频率及其稳定度测试连接框图

(1)利用卫星信标,被测站天线和辅助站天线的波束中心对准卫星,调整天线极化使之与卫星天线极化匹配。

(2)在辅助站的指导下,被测站按照所要求的频率发射一未调载波,并且缓慢地调整发射功率,直至辅助站收到的载波电平达到规定值。

(3)辅助站记录收到的载波电平,同时记录接收的卫星信标信号的电平。

(4)改变测试频率,重复上述步骤(2)~(3),可以获得其他频率的载波 EIRP。

需要注意的是:①发射机输出端的耦合器和衰减器应精确测定;②在测试 EIRP 值时,辅助站应根据卫星转发器增益、空间传播损耗、卫星轨道变化等进行准确的链路电平计算,以便确定接收电平与发射 EIRP 的对应关系;③必要时,可以根据图 10.1-4 所示的卫星转发比较法,测试被测站的发射 EIRP 值,以便相互比较;④EIRP 值可以是饱和 EIRP 值,也可以是实际工作时的 EIRP 值;⑤发射的载波信号一般是未调制的载波信号,但也可以是已调制的载波信号,如果是已调制信号,辅助站还应确定对应 EIRP 的 C/N 值。

2. 发射载波 EIRP 稳定度测试

同理,发射载波 EIRP 稳定度可以在上述 EIRP 值测试步骤的基础上,被测站按照时间要求(例如 24h)持续发射信号,辅助站每隔一定时间(例如 30min)记录一次接收的载波信号功率,取功率变化曲线上的最大值和最小值,计算其差值,得出稳定度值。同时记录接收的信标信号电平的变化,以便分析比较。

需要注意的是,①当采用卫星转发法测试 EIRP 稳定度时,被测站天线一般要处于自跟踪状态;②辅助站获得的稳定度曲线中包含了大气衰减的变化、转发器增益的变化和辅助站天线自跟踪的影响等,在最终的测试结果中应扣除或修正。

10.1.2.3 发射载波频率及其稳定度测试

频率稳定度是指在特定的或有意义的时间间隔观测得到的归一化的瞬时载波频率偏差值(峰值)。发射载波频率及其稳定度测试连接框图可以参考图 10.1-8。测试方法可以参考 10.1.2.2 节。调制器输出未调载波信号，调整发射机功率达到规定值；按照要求的时间(例如 24h)持续发射信号；在发射机输出端连接频率计，每隔一定时间(例如 30min)记录一次频率值；按照下式计算 n 个采样频率的平均值：

$$f_s = \frac{1}{n} \sum_{i=1}^{n} f_i$$

式中，f_s 为发射载波频率测量数据的平均值；n 为采样次数；f_i 为第 i 个采样值。

频率准确度 A 为

$$A = \frac{f_s - f_0}{f_0} \tag{10.1-12}$$

式中，A 为发射载波频率准确度；f_0 为发射载波频率标称值。

频率稳定度 σ 为

$$\sigma = \frac{1}{f_0} \sqrt{\frac{\sum_{i=1}^{n} (f_i - f_s)^2}{n-1}} \tag{10.1-13}$$

10.1.2.4 互调特性测试

当两个和两个以上不同频率信号作用于一非线性电路时，将产生互调分量。如果该互调分量正好落在接收机工作带宽内，则构成对该接收机的干扰，称这种干扰为"互调干扰"。在各种互调产物中，就其幅度大小而言，3 阶互调 $2f_1 - f_2$ 型和 $f_1 + f_2 - f_3$ 型是主要的。在实际测试中，为了减少信号源数量，通常测试双载波 3 阶互调 $2f_1 - f_2$ 和 $2f_2 - f_1$，并从双载波引起的载波功率与互调功率比 $(C/I)_2$ 推算出多载波引起的载波功率与互调功率比 $(C/I)_N$，从而进一步计算出互调产物的 EIRP 值。

1. 双载波互调测试

以发射链路为例，3 阶互调测试连接框图如图 10.1-9 所示。信号源 1 和信号源 2 产生两个不同频率的信号，分别通过变频器变换成射频信号，然后经合路器输入到发射机，在发射机输出端连接频谱仪进行测试。具体测试步骤如下。

(1) 信号源 1 和 2 产生两个频率间隔为 5MHz(或 1MHz，视发射机带

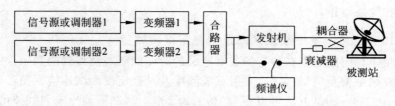

图 10.1-9 3 阶互调测试连接框图

宽而定)的未调载波信号。

（2）调节信号源输出,使合路器输出的两个载波的幅度相等。适当调节发射机增益使其工作在饱和状态,在发射机输出监测端口用频谱仪观察信号频谱,通常可以看到 4 根谱线,中间两根较高的谱线为两个发射信号的频谱,两边两根较低的谱线为 3 阶互调产物。

（3）将频谱仪光标置于任一信号谱线上,再将光标 Δ 置于较高的 3 阶互调产物上,记录 3 阶互调产物相对于信号的相对电平值,即发射机输出端饱和状态的 3 阶互调值。

（4）以适当的步进(例如 2dB)降低发射机输入功率,测试出双载波转移特性曲线和 $2f_1 - f_2$ 型 3 阶互调曲线。对应每一个输入回退点,计算出双载波转移特性曲线与 3 阶互调曲线的差值 $(C/I)_2$。

2. 计算多载波互调 $(C/I)_N$

一般情况下,当输出回退量较大(例如大于 10dB)时,对于 SCPC 载波,多载波互调 $(C/I)_N$ 可由下式估计:

$$(C/I)_N \approx (C/I)_2 + 20\lg(N/4) \tag{10.1-14}$$

式中,N 为有效的载波数量(包括数据载波和激活的话音载波)。

当输出回退量较小(例如小于 10dB)时,应对 $(C/I)_N$ 曲线进行修正。其步骤是:①在 $(C/I)_N$ 曲线的线性区,用大约 2:1 斜率画一渐近线;②在 $(C/I)_N$ 曲线的 0 到 7dB 输出回退区用大约 1:1 斜率画一渐近线;③将两个渐近线的交叉点记为 A 点;④从 A 点沿着步骤①渐近线往左,在大于 A 点的输入回退 4dB 处记为 B 点;⑤从 B 点画一根与饱和区渐近线平行的平行线,并在 B 点附近的交叉段做一平滑线,即为修正的 $(C/I)_{N-C}$。图 10.1-10 给出了 N 个载波互

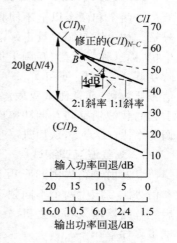

图 10.1-10 多载波互调计算

调$(C/I)_N$ 的计算和修正示意图。

3. 计算多载波互调 EIRP

举例说明,假如:某地面站有效载波数 $N=10$,发送的各载波的幅度均相等,发射机工作在输出回退 5dB 点。查测试曲线,此回退点的$(C/I)_2=$ 19.7dB。将近饱和区$(C/I)_N$ 的修正改善量留作余量。则由式(10.1-14)得出多载波互调$(C/I)_{10} \approx 27.7$(dB)。如果每个业务载波的 EIRP 为 48dBW,占用带宽为 38kHz,则多载波互调 EIRP$=48-27.7-10\lg(38/4)=$ 10.5(dBW)/4(kHz),满足互调产物在任何 4kHz 带内不超过 21dBW 的限制。

10.1.2.5　杂散测试

杂散信号(亦称"杂波")是指互调产物以外的无用信号,可能处于带内,也可能处于带外。对于上行信号,不但要考虑工作频带以内的杂散,还要使工作频带以外的杂散低于一定的电平,以防止对邻近频道或其他通信的干扰。

杂散信号分为相关杂散和非相关杂散两类。相关杂散是指杂散幅度与输入信号幅度相关的杂散,一般由信号与各本振混频产生(载频及正常调制和切换瞬态引起的边带除外),主要包括一些非线性器件产生的本振谐波分量和信号谐波,以及器件及布线引入的不希望的频率分量等;非相关杂散是指杂散幅度与输入信号幅度无关的杂散,即在无信号输入时,信道或链路自身存在的各种杂波信号,主要包括本振泄露、本振谐波、多个本振信号混频等。

在测量时,相关杂散通常用主信号与杂散信号之间幅度比的相对值 dBc 表示,非相关杂散用绝对值 dBm 表示。发射链路杂散测试连接框图可参考图 10.1-8,具体步骤如下。

(1) 信号源产生未调载波信号,调节其输出电平使发射机的输出功率达到额定值。

(2) 在发射机输出监测端口用频谱仪观察带内和带外的信号频谱,将频谱仪光标置于主信号谱线上,再将光标 Δ 置于较高的杂散信号上,记录杂散信号与主信号的相对电平值,即发射机输出端的相关杂散值。

(3) 关闭信号源的输出,在频谱仪上观察带内和带外的频谱,记录该频带范围内存在的信号谐波、本振谐波和各种杂散的电平值,得到无信号输入情况下的发射机输出端的非相关杂散值。

(4) 计算杂散 EIRP。根据已知的耦合器、衰减器和馈线的衰减值,以及 10.1.1.3 节测得的发射天线增益,计算得出杂散辐射的 EIRP 值。通常,对于地面终端站,要求杂散辐射的 EIRP 应低于未调载波 60dB 以上;对于用户终端,要求杂散辐射的 EIRP 应低于未调载波 50dB 以上。

在测试中需要注意的是,由于杂散电平很低,应合理设置频谱仪的扫描带宽、分辨力带宽和视频带宽,使杂散信号能够从噪声中显露出来。

10.1.3 信道特性测试

10.1.3.1 幅度-频率特性测试

幅度-频率特性(简称"幅频特性"或"幅频响应")是指当保持幅度恒定的信号输入到信道设备时,输出信号的幅度随频率变化的特性。幅频特性的测试分为站内测试和站间测试。站内测试包括从调制器输出端到发射天线馈源口的发送链路(中频到射频)的幅频特性测试和从接收天线馈源口到解调器输入端的接收链路(射频到中频)的幅频特性测试,以及经过射频环的中频到中频的幅频特性测试。站间测试通常是指经过中继卫星的中频到中频的幅频特性测试。这些测试除连接关系不同以外,其测试方法是相同的。图 10.1-11 给出了站内测试的原理框图。以测试经射频环的中频-中频幅频特性为例,具体步骤如下。

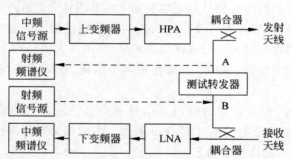

图 10.1-11 站内幅频特性/增益斜率测试连接框图

(1) 按照图 10.1-11 建立经测试转发器的中频-中频测试系统,按照所要求的频率(或带宽)范围,中频信号源发送中频扫频信号,调节信号电平使 HPA 功率达到测试要求的值。

(2) 中频频谱仪接收环回的中频扫频信号,在要求的频率(或带宽)范围内观察和记录信号幅度的变化。

需要注意的是,经射频环路测试的幅频特性包括了测试转发器的幅频特性,测试的结果应扣除测试转发器的幅频特性。除了经射频环的测试以外,也可以分段测试。如图 10.1-11 所示,射频频谱仪接至 A 点,可以测试从中频到射频链路的幅频特性；射频信号源接至 B 点，可以测试从射频到中频链路的幅频特性。

通常，要求在 $f_0 \pm (70\% \times R_S)$ 频率范围内，信号幅度波动的峰峰值不大于 1.0dB；在 $f_0 \pm (100\% \times R_S)$ 频率范围内，信号幅度波动的峰峰值不大于 3.0dB。

10.1.3.2 增益斜率测试

增益斜率是指在有意义的带宽内相对于频率的增益响应导数的绝对值（峰值），如图 10.1-12 所示。通常要求在 $f_0 \pm (70\% \times R_S)$ 频率范围内不大于 0.1dB/MHz。具体的测试方法是，在测试的幅频特性曲线上找到斜率最大处，计算增益斜率。例如，图中 A 点和 B 点，如果 A 点和 B 点之间的幅度差为 0.4dB，宽度为 5MHz，则斜率为 0.08dB/MHz。增益斜率反映了各接口间的连接是否良好和匹配。

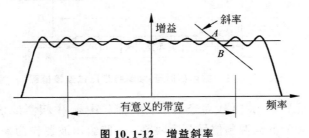

图 10.1-12　增益斜率

10.1.3.3 群时延-频率特性测试

对于线性传输系统，其传递函数可以表示为

$$H(j\omega) = A(\omega) \cdot e^{-jB(\omega)} \tag{10.1-15}$$

式中，$A(\omega)$ 表示线性系统的幅度-频率特性；$B(\omega)$ 表示线性系统的相位-频率特性。对于一个理想的线性系统，幅度-频率特性为常数，相位-频率特性的斜率为常数。但实际的系统不可能是一个理想的线性系统，即存在一定的非线性。群时延的提出基于传输系统的相频特性的表述，即用群时延-频率特性（简称"群时延特性"）来表征相频曲线的非线性程度。

群时延 $\tau(\omega)$ 定义为 $B(\omega)$ 对于 ω 的一阶导数，即

$$\tau(\omega) = \frac{dB(\omega)}{d\omega}$$

这里，群时延是指所有频率分量通过传输系统的时延，而不是某一频率分量的时延。群时延特性测试通常用扫频调频法，其基本方法是：扫频信号源根据测试所要求的频率范围或带宽，设定扫频范围，以一定步长（频率间隔）

发送扫频调频信号。同时,扫频信号源的低频调制信号输出到示波器上;频谱仪接收经测试转发器环回的扫频调频信号,频谱仪的中频输出端与FM解调器连接;FM解调器将解调出的低频调制信号也输出到示波器上,由示波器测试两个信号的时延差。然后,再对中心频点进行归一化,得出包含测试转发器在内的总的群时延曲线。

与幅频特性测试相同,群时延特性的测试也分为站内测试和站间测试。图 10.1-13 给出了站内测试连接框图,以测试经射频环的中频-中频群时延为例,具体步骤如下。

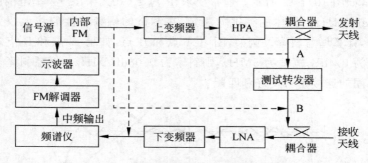

图 10.1-13 站内群时延-频率特性测试连接框图

(1) 按照图 10.1-13 建立经测试转发器的中频-中频测试系统,并进行标校。信号源的低频调制信号分为两路:一路给示波器作为参考信号;另一路对载波进行频率调制(FM)。

(2) 按照频率(或带宽)范围的要求,信号源向上变频器发送一个扫频的 FM 信号,调节信号电平使 HPA 功率达到测试要求的值。

(3) 频谱仪接收经射频环回的扫频 FM 信号,并送至 FM 解调器,解调后的低频信号送给示波器,由示波器测出两路的时延差值。

(4) 根据测试出的群时延值,计算线性群时延、抛物线群时延和波动。

需要注意的是,中频-中频群时延包括了测试转发器的群时延,测试的结果应扣除测试转发器本身的群时延值。同 10.1.3.1 节,也可分段测试中频到射频链路和射频到中频链路的群时延特性。

群时延特性对数据传输的性能影响较大,通常有较为严格的要求。在第 5 章中给出了线性群时延、抛物线群时延、波动的指标和参数计算方法。

10.1.3.4 相位噪声特性测试

相位噪声是指信号相位的随机起伏所产生的噪声,一般是由设备的热噪声、散弹噪声、闪烁噪声等随机噪声对振荡器调幅、调相或调频而产生的。

相位噪声连续地对称分布在载波频率的两边,呈现出连续、随机起伏的边带谱。由于其对称性,可以用一边的特性来描述,即所谓"单边带相位噪声"。相位噪声能够用频谱仪直接观测出来,测试时通常用偏离载波频率为 f(如 $100\mathrm{Hz}$,$1\mathrm{kHz}$,$10\mathrm{kHz}$,$100\mathrm{kHz}$,$1\mathrm{MHz}$ 等)、$1\mathrm{Hz}$ 带宽内的噪声功率与载波功率之比来表示,单位为 $\mathrm{dBc/Hz}$。在第 5 章中,给出了地面站和中继卫星的单边带相位噪声的限值。

测试的基本原理是:信号源发送一个相位噪声很小的纯净载波,用频谱仪测试经过信道传输后不同频偏处 $1\mathrm{Hz}$ 带宽内的噪声功率,该噪声功率与载波信号功率相比,得出单边带相位噪声。图 10.1-14 给出了站内相位噪声测试的连接框图。以发送链路为例,具体步骤如下。

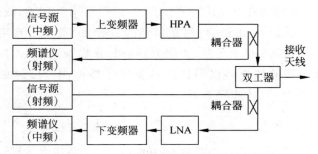

图 10.1-14 站内相位噪声测试连接框图

(1)按照要求的频率,信号源发送一未调载波信号;在 HPA 输出监测端口连接频谱仪;调节信号源信号电平使 HPA 输出的载波功率达到测试要求的值;记录此时频谱仪上显示的电平值,记为 P_c(用 dB 值表示)。

(2)观察载波的边带频谱,合理设置频谱仪扫描带宽、分辨力带宽和视频带宽,分别在偏离载波频率 $10\mathrm{Hz}$,$100\mathrm{Hz}$,$1\mathrm{kHz}$,$10\mathrm{kHz}$,$100\mathrm{kHz}$,$1\mathrm{MHz}$ 处读出 $1\mathrm{Hz}$ 带宽内的相位噪声功率,记为 P_n(用 dBHz 值表示)。

(3)根据下式,计算各频偏处的相位噪声的大小:

$$L(f) = P_\mathrm{SSB}(f) - P_\mathrm{c} - 10\lg(1.2B_\mathrm{RBW}) + C_\mathrm{n} \qquad (10.1\text{-}16)$$

式中,$L(f)$ 表示在偏离载波频率为 f 的相位噪声密度,$\mathrm{dBc/Hz}$;$P_\mathrm{SSB}(f)$ 表示偏离载波频率为 f 的单边噪声功率;P_c 为载波功率;B_RBW 为频谱仪分辨力带宽;C_n 为频谱仪测量噪声和类噪声时,检波特性和对数放大器影响的修正系数,一般为 2.5dB。也可以使用频谱仪说明书中提供的数据。

用频谱仪直接测试相位噪声需要注意:①根据频谱仪的噪声检测特性,对测试结果进行修正;②由于对载频近端相位噪声的测量误差较大,为了提高近端相位噪声的测量精度,可以采用参考源/锁相环法、互相关法等,这里不再赘述,可参考相关书籍[2-3]。

10.1.3.5 误码性能测试

衡量卫星数据中继系统数据传输的可靠性可以用信号在传输过程中出错的概率表述,即用差错率衡量。差错率通常有两种表示方法:①码元差错率(简称"误码率"),是指发生差错的码元数在传输总码元数中所占的比例;②比特差错率(简称"误比特率"),是指发生差错的信息量在传输总量中所占的比例,或者说,它是码元所携带的信息量在传输系统中被丢失的概率。对于 M 进制的码元来说,码元差错率 P_s 和比特差错率 P_b 的关系为

$$P_s = 1 - (1 - P_b)^{\log_2 M} \tag{10.1-17}$$

误码性能指标通常有误比特率(BER)、误码组率(BLER)或误帧率、差错秒(ES)、无差错秒(EFS)、可用差错秒的百分数、不可用差错秒的百分数、严重差错秒(SES)的百分数、恶化分钟的百分数等。图 10.1-15 给出了站内中频自环和射频自环误码性能的测试连接框图。以射频自环测试 BER 和 EFS 为例,具体步骤如下。

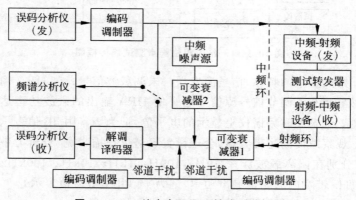

图 10.1-15 站内自环误码性能测试框图

(1)根据要求设置误码分析仪的伪随机序列码型以及发送速率、接收速率和接口同步关系,设置编码调制器的编码调制方式、滚降系数。调节编码调制器输出的已调制载波电平,并用频谱仪观察中频载波频谱,应连续、平滑、无离散谱线。调节中频到射频、测试转发器、射频到中频各链路接口电平,使其工作在最佳值。

(2)将可变衰减器 2 设置到衰减量最大值(或断开噪声源输出),调节可变衰减器 1,使解调译码器输入端电平处于正常的工作电平值。

（3）逐步增加噪声电平（减小可变衰减器 2 的衰减值），直至解调译码器失锁（载波或时钟每 30s 发生一次或更频繁失锁，即认为失锁）。

（4）采用频谱仪法，测试并记录解调译码器失锁时的 $(C_0+N_0)/N_0$ 值，并确保载波加噪声的功率值低于解调器输入端正常工作电平范围的上限。

（5）逐步减小噪声电平（增加可变衰减器 2 的衰减值），直至解调译码器刚好同步锁定，测试并记录此时的解调器锁定门限 $(C_0+N_0)/N_0$ 值，用误码分析仪测试 BER 和 EFS。

（6）以一定步长（例如 0.2dB）减小噪声电平（增加可变衰减器 2 的衰减值），测试 $(C_0+N_0)/N_0$ 值及 BER 和 EFS。

（7）重复步骤（6），直至 BER 达到测试要求值（例如优于 1×10^{-8}）。

（8）将 $(C_0+N_0)/N_0$ 换算成 C_0/N_0 或 E_b/N_0，绘制 C_0/N_0 或 E_b/N_0 与 BER，EFS 的关系曲线。

（9）在所要求的工作点 E_b/N_0 长时间测试，记录 BER 和 EFS。

需要注意的是，①误码性能测试通常是在信道特性满足要求的基础上进行；②如果误码性能指标中除了白噪声外，还包含了邻道干扰条件，则测试时应按照要求的电平加入两个邻道载波；③如果误码性能指标中还包含频偏条件，则测试时应按照要求的频差设置调制器和解调器；④误码分析仪产生的伪随机序列周期应足够长（例如 $2^{23}-1$），以满足载波频谱特性要求。

10.1.4 载波特性测试

10.1.4.1 载波频谱特性测试

载波频谱特性测试是检查已调制载波信号的频谱特性是否满足要求，例如：频谱是否连续、平滑，无离散谱出现；载波抑制度、载波带宽、载波滚降、带外抑制度等是否满足要求。载波频谱特性测试通常使用频谱仪，分别在调制器输出端和 HPA 输出端测量。HPA 输出端测量主要是检查中频载波频谱经过变频和放大后的频谱变化以及带外辐射是否满足要求。

载波频谱特性的测试连接框图如图 10.1-16 所示，具体步骤如下。

（1）数据源产生伪随机数据或伪随机序列，设置编码调制器的编码调制方式和滚降系数，调节编码调制器输出的已调制中频信号电平，使 HPA

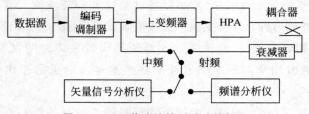

图 10.1-16 载波特性测试连接框图

功率达到测试要求的值。

（2）用频谱仪在编码调制器输出端观察中频载波频谱，在 HPA 输出端观察射频载波频谱，频谱应连续、平滑、无离散谱线。

（3）根据不同的扩频方式、编码方式、调制方式和滚降系数，合理设置频谱仪，测试频谱中心的载波抑制度以及载波带宽和频谱滚降特性。

（4）与中频载波频谱相比，射频载波频谱特性应无明显变化，并在规定的限制内。

（5）在 HPA 输出端测试载波的带外抑制度，并计算带外辐射值。

需要注意的是，数据源产生的伪随机序列周期应足够长，使调制频谱连续、平滑，不出现离散谱线或不出现有规则的频谱。在测试中，也可以用实际传输的数据作为数据源，但应保持足够的随机性。表 10.1-1 给出了载波抑制度、载波带宽和带外辐射要求。

表 10.1-1 载波频谱特性要求（滚降系数 $\alpha = 0.35$）

载波频谱特性参数		参 数 值
调制器输出端载波抑制度		$\geqslant 30 \text{dBc}$
载波占用带宽 （-26dB 处）	无成形滤波	2×符号（PN 码）速率
	有成形滤波	$(1+\alpha) \times$符号速率 R_S
信号频谱模板		见第 2 章图 2.4-3
带外辐射		在工作频带外，天线辐射的载波旁瓣电平在任何 4kHz 带宽内比频谱主瓣峰值低 26dB 以上；或者，在偏离中心频率 $\pm R_S \sim \pm 3 R_S$ 的频率点上，信号功率谱低于主瓣峰值：$20 + 40 \lg(\Delta f / R_S)$ dB，其中，Δf 为与中心频率的频差，R_S 为符号速率

10.1.4.2 载波调制参数测试

载波调制参数测试主要考察调制信号的调制误差，其中最重要的调制参数是幅度误差、相位误差、误差矢量幅度以及 I/Q 不平衡度等。图 10.1-17 给出了矢量调制误差的概念。

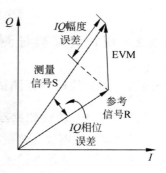

图 10.1-17 矢量调制误差概念

(1) 误差矢量幅度(EVM)是衡量数字调制信号质量的一个很重要的参数。表示的是其误差矢量的幅值,即在被测状态位置与理想(参考)状态位置之间画出的矢量的幅度。EVM 的值等于误差矢量平均功率与参考信号平均功率之比的平方根(用百分号表示)。EVM 计算方法如下:

$$EVM = \sqrt{(I - I_{ref})^2 + (Q - Q_{ref})^2} \qquad (10.1\text{-}18)$$

式中,$I - I_{ref}$ 为信号误差实部;$Q - Q_{ref}$ 为信号误差虚部;I 和 Q 为被测信号的两路正交分量;I_{ref} 和 Q_{ref} 为由码元序列求得的理想 I,Q 分量。

(2) 幅度误差(MagErr)是指被测状态的矢量幅度与理想(参考)状态之间的差值,这两个矢量均以 I 和 Q 平面的原点为起点。该参数衡量的是调制信号幅度成分的质量。幅度误差的计算方法如下:

$$幅度误差 = \sqrt{(I^2 + Q^2)} - \sqrt{(I_{ref}^2 + Q_{ref}^2)} \qquad (10.1\text{-}19)$$

(3) 相位误差是指被测状态的矢量与理想(参考)状态矢量之间的角度,这两个矢量均以 I 和 Q 平面的原点为起点。该参数衡量的是调制信号相位成分的质量。相位误差的计算方法如下[3]

$$相位误差 = \arctan \frac{Q}{I} - \arctan \frac{Q_{ref}}{I_{ref}} \qquad (10.1\text{-}20)$$

载波调制参数测试连接框图同图 10.1-16,具体测试步骤如下。

(1) 选择编码调制器的编码调制方式(例如,BPSK,QPSK,OQPSK,8PSK 等),发送标准的 EVM 测试信号。

(2) 在编码调制器的输出端或在功放输出端(通过衰减器)连接矢量分析仪,直接测试数字调制信号的幅度误差、相位误差、误差矢量幅度和 I/Q 不平衡度。

10.1.4.3 邻道泄露功率比测试

邻道泄露功率比(ACLR)是本信道发射功率与落到相邻信道的功率的比值。ACLR 测试连接框图同图 10.1-16,其测试步骤与 EVM 测试基本相同,只是在编码调制器的输出端或功放输出端(通过衰减器)连接的是频谱仪,观测频谱仪上显示的频谱,读取和记录 ACLR 值。

10.2 用户终端验证测试和开通测试

10.2.1 用户终端验证测试

10.2.1.1 验证测试准备

用户终端入网验证测试(简称"验证测试")是指一个新的或技术状态有较大变化的用户终端在进入卫星数据中继系统之前的测试,经验证测试合格后才能加入网络工作。要求加入卫星数据中继系统工作的用户终端应在规定的时间之前将用户终端的技术性能参数、搭载的目标平台、出厂测试数据、入网工作时间等报告运控中心,由运控中心安排具体的测试日期,并把测试计划及有关参数告诉被测用户终端以及地面终端站和地面数据处理中心。

在验证测试之前,用户终端应做好充分准备:①完成出厂测试或自身的性能测试;②建立测试系统,校准测试仪器和设备;③对天线转动速度(指抛物面天线)、极化方向、天线增益、波导或线缆损耗等进行必要的测试和校准;④与运控中心和地面终端站建立勤务通信电路。

对用户终端进行验证测试,需要地面终端站提供支持。在验证测试之前,地面终端站应对本站的发送和接收链路的性能进行必要的检查和校准,使其保持在正常状态。

用户终端验证测试的项目可以根据具体用户终端的技术状态确定。一般包括:用户终端的接收系统 G/T 值、发射方向图、发射极化轴比、发射 EIRP 及其稳定度、发射频率及其稳定度、载波频谱及其带外辐射、接收信道误比特率等。

10.2.1.2 用户终端接收系统 G/T 值

用户终端接收系统 G/T 值除了采用 10.1.2.1 节接收天线增益和接收系统噪声温度分别测试,通过计算得到以外,还可以采用频谱仪直接测试法进行测试。具体步骤如下:①指令控制中继卫星星间链路天线波束中心指向被测用户终端;②地面终端站按照指定的频率和极化发射一未调载波,并使转发器充分饱和;③用户终端将天线波束中心对准中继卫星,调节频谱仪的步进衰减器使接收的测试信号峰值位于合适的参考线上;④用户终端天线方位或俯仰偏离卫星,对准冷空。调节频谱仪的步进衰减器,使噪声基线提高到步骤③的信号峰值位置上,记录频谱仪衰减器的位置;⑤计算步骤④与步骤③的衰减器分贝值的差值(Y 因子),即信号的 $(C+N)/N$。

通过下式换算得到 C/N：

$$\frac{C}{N}(\text{dB}) = 10\lg\left[10^{\frac{(C+N)/N}{10}} - 1\right] \tag{10.2-1}$$

如果 $(C+N)/N$ 值大于 20dB，则可以取 $C/N \approx (C+N)/N$。当用频谱仪测量载噪比时，C/N_0 与 C/N 的关系可表示为

$$C/N_0 = C/N + 10\lg(\text{NBW}) - C_n \tag{10.2-2}$$

式中，NBW 为频谱仪的噪声带宽，单位为 Hz，其典型值一般为分辨力带宽的 1.2 倍，即 NBW=1.2RBW，也可以查阅频谱仪说明书中的数据；C_n 为频谱仪噪声修正系数（当测量噪声和类噪声有效值时，补偿频谱仪对数检测器中的误差），其典型值一般为 2.5dB[2]，也可以使用频谱仪说明书中提供的修正数据。如果频谱仪已有有效值和带宽修正，则可以直接读出 N_0 值。

然后，按照下式计算用户终端 G/T：

$$G/T = C/N_0 - 228.6 - \text{EIRP}_{\text{SS}} + L_D \tag{10.2-3}$$

式中，EIRP_{SS} 为星间链路饱和 EIRP 值，单位为 dBW；L_D 为含大气吸收的星间链路下行路径的总损耗，单位为 dB。

该方法需要精确知道中继卫星星间链路饱和 EIRP 值和星间链路下行路径的总损耗值。

10.2.1.3 用户终端发射 EIRP 和发射频率及其稳定度

用户终端发射 EIRP 及其稳定度测试方法同 10.1.2.2 节。用户终端发射频率及其稳定度测试方法同 10.1.2.3 节。测试连接框图同图 10.1-8，其中辅助站为地面终端站。

10.2.1.4 用户终端天线发射方向图

对于定向天线，用户终端天线发射方向图测试可以采用 10.1.1.2 节的卫星转发法。测试连接框图参考图 10.1-2，图中辅助站为地面终端站。对于弱定向天线或全向天线，一般采用出厂测试的数据。

10.2.1.5 用户终端天线发射极化轴比

对于定向天线，用户终端天线发射极化轴比测试可采用 10.1.1.4 节的卫星转发法。测试连接框图参考图 10.1-2，其中辅助站为地面终端站。由于用户终端天线为圆极化天线，测试步骤与线极化相似，不同的是通过改变被测天线圆极化旋向来获得极化隔离度。然后按照式(7.2-5)，将测得的圆极化隔离度换算成轴比。对于弱定向天线或全向天线，一般采用出厂测试的数据。

10.2.1.6 用户终端发射载波特性

用户终端的发射载波特性测试方法同 10.1.4 节。验证测试时也可以采用出厂测试的数据。

10.2.1.7 用户终端误比特率性能

以前向链路为例,用户终端 BER 性能验证测试连接框图如图 10.2-1 所示,其步骤如下。

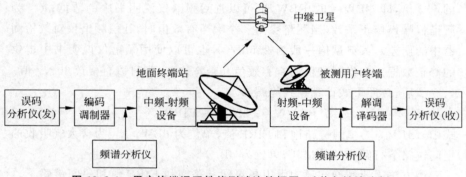

图 10.2-1 用户终端误码性能测试连接框图(以前向链路为例)

(1)地面终端站和被测用户终端根据要求设置误码分析仪的伪随机序列码型、发送速率和接收速率、接口同步关系以及编码调制器和译码解调器的工作方式和滚降特性,并用频谱仪观察中频载波频谱应连续、平滑、无离散谱线。

(2)地面终端站以指定的频率和较低的 EIRP 向中继卫星发射测试载波。

(3)地面终端站逐步提高测试载波的 EIRP,直到被测用户终端有间歇的失步,这表明解调器刚好在门限以下,被测用户终端测试和记录此时的 $(C_0+N_0)/N_0$。

(4)地面终端站逐步提高测试载波的 EIRP,直到被测用户终端刚好重新同步,被测用户终端测试和记录此时的 $(C_0+N_0)/N_0$ 和对应的 BER。

(5)地面终端站以一定的步长(例如 0.2dB)提高测试载波的 EIRP,被测用户终端测试和记录此时的 $(C_0+N_0)/N_0$ 和对应的 BER。

(6)将 $(C_0+N_0)/N_0$ 换算成 C_0/N_0 或 E_b/N_0,绘制 C_0/N_0 或 E_b/N_0 与 BER 关系曲线。

(7)在工作点 E_b/N_0 处做长时间测试,记录 BER。

表 10.2-1 给出了不同编码调制条件下工作点 E_b/N_0 与 BER 的典型值。

表 10.2-1　不同编码调制条件下 E_b/N_0 与 BER 的典型值[①]

调制方式	编码方式	编　码　率	误比特率	(E_b/N_0)/dB	
				中频环	卫星环
BPSK/QPSK	卷积编码	(1/2,7)	$\leqslant 1 \times 10^{-7}$	6.7	7.9
	卷积+RS	(1/2,7)+(255,223)	$\leqslant 1 \times 10^{-7}$	4.2	5.4
	LDPC	1/2(码长 8192)	$\leqslant 1 \times 10^{-7}$	3.1	4.3
	LDPC	7/8(码长 8176)	$\leqslant 1 \times 10^{-7}$	5.6	6.8
8PSK	LDPC	2/3(码长 6144)	$\leqslant 1 \times 10^{-7}$	6.8	8.0
	LDPC	7/8(码长 8176)	$\leqslant 1 \times 10^{-7}$	9.1	10.3

注：①在卫星数据中继系统中，载波和 PN 码通常在有固定偏差、多普勒频率、多普勒频率变化率条件下测试。

10.2.2　用户终端开通测试

10.2.2.1　开通测试准备

用户终端开通测试是指经入网验证测试合格的用户终端在接入卫星数据中继系统正常运行之前的测试。开通测试的目的是测试用户终端与地面数据处理中心之间端到端链路的传输性能，检查各项业务的传输质量。

在开通测试之前，通常要求：①用户将用户终端的技术性能参数、出厂测试数据、入网验证测试数据、开通测试时间以及搭载的目标平台等报告运控中心；②运控中心安排具体的开通测试日期，并把测试计划及有关参数告诉被测用户终端、地面终端站和地面数据处理中心；③地面终端站对本站的发送和接收链路的性能进行必要的检查和校准，使其保持在正常状态，并确认空间段工作正常；④检查空间段与地面段之间的接口是否正确和匹配；⑤根据测试要求，设置地面终端站和用户终端的编码调制方式及收发速率，建立稳定的全程链路，地面段数据传输差错率应保持在 1×10^{-10} 以下；⑥对于不在轨运行的用户终端的开通测试，用户终端-地面终端站-运控中心-地面数据处理中心之间建立勤务通信电路；⑦对于在轨运行的用户终端的开通测试，用户终端可通过测控链路与运控中心保持联系。

开通测试的项目主要包括端到端的差错率、抖动、漂移、滑动、帧失步、时延等传输性能以及话音、图像、视频等业务的传输质量，必要时，可以抽测入网验证测试项目，例如用户终端的 EIRP 和频率的稳定度等。全程链路测试连接框图如图 10.2-2 所示，图中的传输损伤测试仪（TIMS）指测试差错率、抖动、漂移、滑动、帧失步、时延等参数的仪器的统称，业务终端设备指话音、图像、视频等业务的终端设备，用来测试、监视和评估业务的传输质量。在实际测试过程中，也可以根据需要分段（空间段和地面段）进行测试。

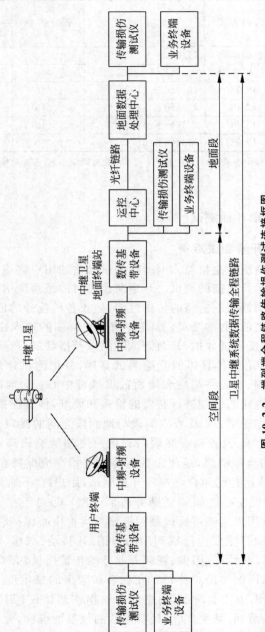

图 10.2-2 端到端全程链路传输损伤测试连接框图

10.2.2.2　传输差错率

在卫星数据中继系统端到端的数据传输过程中,空间段、地面段以及任何数据处理环节都可能使被传输的数字序列产生差错,因此,在链路开通过程中应对传输差错率进行测试。在开通测试时,可以用误码分析仪(或TIMS)测试,也可以利用业务数据在线测试。传输差错率通常包括 BER 和包差错率(丢包率)。差错率测试连接参考图 10.2-2,具体步骤如下。

(1)根据要求设置误码分析仪的数据速率、接口关系、数据类型、时钟类型以及伪随机数据序列的测试图案(码型)。

(2)地面终端站调整发射载波的 EIRP 值,使用户终端接收的载波 E_b/N_0 符合要求。

(3)地面数据处理中心误码分析仪(或 TIMS)发送一个伪随机数据信号。用户终端误码分析仪(或 TIMS)记录前向链路的比特差错率。

(4)用户终端按照要求的 EIRP 值发射载波,地面终端站测试接收的载波 E_b/N_0。

(5)用户终端误码分析仪(或 TIMS)发送一个伪随机数据信号,地面数据处理中心误码分析仪(或 TIMS)记录返向链路的比特差错率。

(6)地面数据处理中心发送一组前向数据包,用户终端计算前向链路丢包率。

(7)用户终端发送一组返向数据包,地面数据处理中心计算返向链路丢包率。

卫星数据中继系统端到端数据传输的比特差错率应不超过表 10.2-1给出的值(地面段差错率为零时)。丢包率可用单向丢包长度和单向丢包周期来度量,在测试丢包率时,发送数据包的间隔可以是常数,也可以服从泊松分布的采样过程,具体要求可以由用户确定。

10.2.2.3　传输时延

传输时延定义为数字信号的各有效瞬间相对于其理想时间位置的滞后或推迟。

从时延的类型分,系统整个传输时延主要包括信号发送时延、设备时延、传播时延和排队时延 4 部分。其中,发送时延=数据块长度/信道带宽;传播时延=信道长度/电磁波在信道上的传播速度;排队时延指数据在交换节点的缓存队列中排队等候发送所经历的时间。排队时延的大小主要取决于网络中当时的数据流量,当网络的数据流量很大时,还会发生队列溢出,使数据丢失。

从时延的传输流程分主要包括空间段时延和地面段时延两部分：空间段时延包括从地面终端站经中继卫星到用户终端的时延；地面段时延主要是运控中心和光纤传输系统的时延。全程链路时延测试连接框图同图 10.2-2，具体步骤如下。

（1）在地面数据处理中心侧，TIMS 发送一个时延测试信号。用户终端侧的 TIMS 将接收的测试信号与标准测试信号进行比较，计算单向链路时延也可以在测试信号到达用户终端处理完毕后，将测试结果再返回地面数据处理中心，由地面数据处理中心的 TIMS 将接收的测试信号与标准测试信号进行比较，计算往返链路时延。

（2）重复步骤（1）多次，取平均值。

在一般情况下，对于时延不敏感的数据传输，包括空间段和地面段在内的全程链路单向传输时延不大于 5s。对于时延敏感的话音、图像或其他特殊信息传输，包括空间段和地面段在内的全程链路单向传输时延不大于 0.5s。

10.2.2.4　抖动和漂移

抖动的定义为数字信号的各有效瞬间相对于其理想时间位置的短时的、非积累性的偏移。抖动主要由时钟提取、码速调整、固有噪声、外界干扰等产生，抖动过大不仅会产生突发误码，还会产生帧丢失。偏移的时间间隔称为"抖动幅度"，抖动幅度随时间的变化率称为"抖动频率"。所谓短时的、非积累性的偏移一般指变化频率高于 10Hz 的相位变化，而低于 10Hz 的相位变化称为"漂移"。

漂移的定义为数字信号的各有效瞬间相对于其理想时间位置的"长时"的缓慢偏移。引起漂移的主要原因是时钟老化、传输时延变化以及因环境温度变化引起的电缆、光缆传输特性的变化和时钟频率变化。漂移对同步复接和数字交换将产生影响，利用适当容量的缓冲存储器能够吸收幅度不超过存储器容量的周期性漂移。但是对于低频大幅的漂移，普通缓冲存储器是无能为力的。这时只能采用时隙调整器或帧调整器，把这种单调或低频大幅的漂移转化为滑动。

抖动和漂移的计量单位可用相位弧度、时间或比特周期来表示。常用的是比特周期，即用单位间隔 UI 来表示。1UI 是 1b 所占的时间间隔，与速率有关，例如当速率为 2.048Mb/s 时，1UI 为 488ns。

抖动和漂移的基本测试内容有 3 项：①网络（或链路）接口的最大允许抖动。所允许的抖动主要取决于各类业务对抖动损伤的容忍程度、网络（或链路)的组成和抖动的积累特性。②设备入口的抖动和漂移容限。表示设备或系统输入端最大能承受多大抖动而不至于在输出端出现误码,反映了被测设备或系统适应抖动和漂移的能力。ITU-T G.823 建议对设备或系统入口提出了一个允许抖动的最低阈值,即入口抖动门限,卫星数据中继系统可参考执行。③抖动转移特性。入口出现的抖动传递到输出端后,高频分量会被衰减,低频分量可能通过甚至被放大。为了描述设备或系统输出抖动与输入抖动的关系,ITU 建议采用抖动增益这个参数,它是输出抖动与输入抖动之比。抖动增益与抖动频率的关系称为"转移特性"。

抖动的测量是以带有抖动的定时信号与同一频率的不带抖动的参考定时信号之间的相位(或时间)比较为基础的。以抖动转移特性为例,测试连接同图 10.2-2,具体步骤如下。

(1)地面数据处理中心的 TIMS 发送一个抖动测试信号,经中继卫星转发,由用户终端接收。用户终端 TIMS 将接收的测试信号与标准测试信号进行比较,计算前向链路信号抖动的峰-峰值。重复该步骤多次,取平均值。

(2)用户终端的 TIMS 发送一个抖动测试信号,经中继卫星转发,由地面数据处理中心接收。数据处理中心 TIMS 将接收的测试信号与标准测试信号进行比较,计算返向链路信号抖动的峰-峰值。重复该步骤多次,取平均值。

卫星数据中继系统端到端链路的抖动转移特性要求可参考 ITU 建议,抖动转移特性的最大增益不超过 1dB。如果是空间段和地面段分开测试,则每段的抖动转移特性的最大增益不超过 0.5dB。

10.2.2.5 滑动和帧失步

滑动的定义为数字信号中的一组连续数字位置不可恢复的丢失或增加。造成滑动的原因可以概括为两个方面:传输系统的漂移损伤引起的滑动和网络或链路节点时钟的频率偏差引起的滑动。非受控滑动(每次滑动引起的丢失码元或插入码元数量不确定)会使基本帧发生帧失步,受控滑动(一次滑动引起的丢失码元或插入码元数量是确定的)不会使基本帧发生帧失步,但会使复帧发生帧失步。

帧是指各数字时隙的位置可根据帧定位信号识别的一组相继的数字时隙。复帧是指各帧的位置可根据复帧定位信号识别的一组相继的帧。帧定位信号是用来取得帧定位的特征信号,这个信号不一定全部或部分地存在于每帧中。如果帧定位的码元占据相继数字时隙,则称该帧定位信号为"集中式帧定位信号",称占据非相继数字时隙的帧定位信号为"分散式帧定位信号"。帧定位状态是指接收设备的帧与所接收到的信号的帧准确同相时的状态,简称"定帧"。接收设备的帧与所接收到的信号的帧不保持准确同相时的状态称为"帧失步状态"。

帧失步产生的原因与误码、抖动、滑动有关,也与帧同步机构的工作机理关系密切。①误码可能使帧定位信号码型发生错误,使帧定位信号识别电路在规定时刻没有识别出帧定位信号,同步搜索电路即判断为帧失步,并开始新的同步搜索;②滑动使码流产生结构型破坏,即增加虚假的码元(帧)或丢失真实的码元(帧),从而使帧定位信号识别电路在规定时刻识别不出帧定位信号,或者在非规定时刻识别出帧定位信号,无论哪种情况最后都将导致帧失步;③帧同步机构的工作机理的不同,帧失步性能也不同,例如,同步机构不停地识别帧定位信号,只要在相距 N(UI)的位置上,连续发现 a 个帧定位信号,就发出置位信号 K,使之与接收帧定位信号保持确定的相位关系,即认为系统为帧同步状态。但是,如果同步系统原处于同步状态,却在接收信码中的相距帧长 N 的位置上,连续 a 次发现帧定位信号图案,帧同步系统被重新置位,变成帧失步状态,即虚警帧失步。

帧失步测试通常分为实验室测试和现场开通测试。实验室测试项目有平均确认帧失步时间、平均帧同步搜索时间和平均帧同步确认时间。现场开通测试项目一般有帧失步平均频率和帧失步平均持续时间。帧失步持续时间包括误码帧失步持续时间和滑动帧失步持续时间。帧失步测试一般可根据其定义进行,需要构造相应的测量电路。对现场开通测试而言,一般从设备的帧失步(或帧同步)测量监视接口处记录脉冲数和所经历的时间,具体步骤从略。

对于卫星数据中继系统端到端链路的传输损伤,一般要求:①可接受的受控滑动周期应大于低轨航天器运行轨道周期,即低轨航天器围绕地球运行一圈数据传输不产生滑动,考虑到用户终端的成本,滑动周期不小于 2h(≤0.5 次/h);②在工作 E_b/N_0 条件下,因信道特性不理想和设备性能恶化造成比特错误而引起的帧失步时间间隔一般不小于 5h,帧失步持续时间一般不大于 10s(大于 10s 通常称为"中断",需要统计到链路可用度中)。

10.2.2.6　业务功能和传输质量

在现场开通测试中,还应针对不同类型用户终端的业务功能和传输质量进行检查测试,例如,扩频与非扩频功能检查、相干与非相干功能检查、

SMA 多址功能检查、SSA 和 KSA 前向数据传输质量、SSA 和 KSA 返向数据传输质量以及用户终端与地面终端站、运控中心、地面数据处理中心的信令一致性和数据协议一致性检查等。在现场开通测试成功后，用户终端即可投入运行。

10.3　中继卫星有效载荷在轨测试

10.3.1　概述

在轨测试(IOT)的目的是验证有效载荷的性能在卫星发射过程中是否受到影响以及其在轨性能与地面测量结果的一致性，为卫星数据中继系统的设计和应用提供在轨数据。中继卫星转发器包括前向转发器、返向转发器和测距转发器等。在测试前向转发器时，由地面终端站发射，模拟测试站接收。在测试返向转发器时，由模拟测试站发射，地面终端站接收。在测试测距转发器时，由地面终端站发射，测距转发站接收。由于这些转发器在轨测试的原理和方法基本相同，简单起见，仅以某一种转发器为例，重点对测试原理和方法进行描述。

10.3.2　在轨测试准备

中继卫星在轨测试前，地面的 IOT 系统应进行充分的技术准备，例如，接口点电平预算、误差分析和上、下行支路的校准等。

10.3.2.1　支路电平预算

对于具有 IOT 功能的地面站，一般要求其上行链路的 EIRP 具有将转发器推至过饱和(例如超过 3dB)状态的能力，下行链路具有较高的接收灵敏度。在实施在轨测试前，地面 IOT 系统应根据所要测试的项目和内容以及与地面站接口点的功率电平、传输线路的长度对 IOT 收发支路各接口点的电平进行预算。同时要使仪器仪表处于最佳的工作状态。例如，频谱仪工作在线性区、信号源输出的相位噪声和杂散信号最小、功率计传感器最佳入口电平等。作为例子，图 10.3-1 给出了对应卫星饱和通量密度值的 IOT 上行各点的电平计算值；图 10.3-2 给出了对应卫星饱和 EIRP 值的 IOT 下行各点的电平计算值；表 10.3-1 给出了波导和电缆线损耗的测试值。

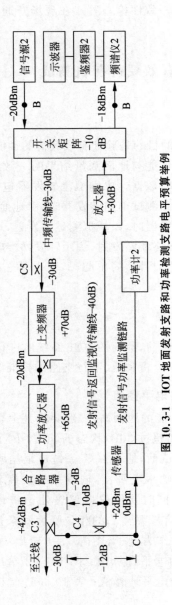

图 10.3-1 IOT 地面发射支路和功率检测支路电平预算举例

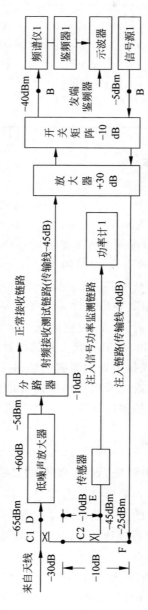

图 10.3-2 IOT 地面接收支路和功率检测支路电平预算举例

表 10.3-1 波导/电缆损耗测试值

频率/GHz	波导损耗/(dB/m)	电缆损耗/(dB/m)
2.06	0.009	0.45
20.0	0.298	2.05
21.1	0.368	2.09
23.0	0.396	2.20
26.0	0.436	2.31
30.0	0.536	2.51
31.6	0.583	2.62

10.3.2.2 支路校准

上行支路增益校准的基本方法是：信号源发射一未调载波信号，频率为被测转发器上行中心频率；从功率计上读出耦合器 C3 输出口（C 点）的信号电平，并折算到 HPA 输出端（A 点）；A 点的信号功率值减去信号源的输出功率值（B 点），就可以得到上行支路的增益校准值。频谱仪记录 HPA 输出端耦合器 C4 测试口的信号电平，用于监视和辅助校准。

下行支路增益校准的基本方法是：信号源通过注入链路注入未调载波信号；功率计记录耦合器 C2 输出的注入信号电平，并折算到 LNA 输入端（D 点）；在接收支路输出端（B 点）的频谱仪上读出信号功率；用频谱仪读数减去 D 点的功率值就可以得到下行支路的增益校准值。

在实际测试中，需要根据不同的测试项目和内容进行校准，信号源产生不同的信号，例如，在测试输入输出特性时需要产生功率步进信号，在测试幅频特性时需要产生频率扫描信号等。

10.3.3 测试原理和方法

10.3.3.1 输入输出特性、增益、饱和通量密度及单载波饱和 EIRP

中继卫星转发器的输入输出特性是指转发器在可用频段中心频率上，输出功率随输入功率变化的关系曲线。存在输入功率逐渐增大到不能再增大（指行波管放大器）或增益被压缩了 1dB（指固态放大器）的某点，该点即被定义为单载波饱和功率点。

1. 单载波饱和点的确定

转发器单载波饱和功率点的确定通常采用调幅法。对于行波管放大器，发射站发送一个受音频正弦信号调幅的载波，经中继卫星转发到接收站，接收站用频谱仪（图 10.3-2 中 B 点）观察调幅信号。发射站逐渐增大发射功率，使音频信号幅度减小到零,即饱和点。在该点附近增大或减小发射功率,调幅的音频信号幅度都将出现增大趋势。对于固态放大器,无明显饱和点,饱和点一般为增益压缩1dB的点,在测出输入/输出特性曲线和增益曲线后标定。

2. 卫星 EIRPs 及输入输出特性曲线

卫星 EIRPs 的测试采用地面参考信号比较法。在确定了单载波饱和点后,发射站发射一未调载波,接收站用频谱仪观察从卫星转发的未调载波电平和从 LNA 输入端加入的参考载波电平。调节信号源的精密衰减器,使频谱仪显示的参考载波电平等于收到的载波电平。根据参考载波电平,按照下式推算出卫星的 $EIRP_S$ 值。

$$EIRP_s = P_r - G_r + L_{td} \qquad (10.3\text{-}1)$$

式中,P_r 为低噪声放大器输入端(图 10.3-2 中 D 点)的参考载波电平,单位为 dBW;G_r 为测量频率上的接收天线增益,单位为 dB;L_{td} 为卫星下行传输路径上总的损耗值,单位为 dB。

输入输出特性曲线的测试采用功率步进扫描法。在确定了单载波饱和点后,发射站从这个饱和点回退发射功率(至少回退 20dB),然后,按照合适的步进级(线性区通常为 1dB)再逐渐增大发射功率。当发射站上行增加 1dB,接收站下行电平不再是线性变化时,说明已进入饱和区,再以更小的步进级(例如 0.2dB)增加上行信号功率,直至过饱和点约 3dB 为止。以发射站 $EIRP_E$ 为横坐标,$EIRP_S$ 为纵坐标,绘制 $EIRP_E$-$EIRP_S$ 关系曲线。在测试时通常设置两个频谱仪,一个频谱仪用来记录上行功率步进信号,另一个用来记录经卫星转发的下行功率步进信号,以便比较和校准。输入输出特性曲线的横坐标也可以用通量密度(FD)值表示。在测试时,功率步进扫描时间应尽量短,一般不大于 20s,以减小大气传播损耗变化带来的影响。

3. 单载波饱和通量密度

单载波饱和通量密度(SFD)的定义是:当卫星转发器输出功率达到饱和点时,到达卫星接收天线的单位面积内所需的能量密度,它以 $1W/m^2$ 作为零分贝计量(dBW/m^2)。当测出对应卫星转发器饱和输出功率的发射站 $EIRP_E$ 后,可根据下式计算出卫星 SFD 值。

$$SFD = EIRP_E - 10\lg 4\pi d^2 - L_{uc} \qquad (10.3\text{-}2)$$

式中,d 为发射站到卫星的距离,单位为 m;L_{uc} 为上行自由空间损耗修正值,单位为 dB。

4. 转发器增益

转发器增益(G_s)是指转发器输出功率与输入功率(分贝值)之差,分为饱和增益和线性增益。在测试输入输出特性时，可以通过计算卫星发射天线的 EIRP 与接收天线入口处的输入功率（分贝值）之差得出转发器增益。通常，以 FD 为横坐标，G_s 为纵坐标，绘制成 Gs-FD 曲线，并将输入输出特性曲线、单载波饱和 $EIRP_{SS}$、SFD 值记录在同一坐标纸上。

测试误差主要是上行 EIRP 误差（包括发射机的功率稳定度和发射天线的增益误差、指向精度等）、极化失配误差、大气损耗修正后残余误差、接收站注入链路校准误差和测试仪器的精度等。表 10.3-2 给出了 Ka 频段转发器的输入输出特性、增益、EIRP、SFD 的测试误差估计，如果测试时间小于 20s，上下行链路的大气传播损耗变化等引起的误差可以忽略。

表 10.3-2　测试误差估计

误差源	上行发射天线指向误差	上行发射天线增益误差	发射机功率稳定度误差	上行大气损耗修正误差	上行链路极化失配误差	下行接收天线指向误差
误差/dB	0.25	0.30	0.20	0.40	0.10	0.20
误差源	下行接收天线增益误差	下行大气损耗修正误差	下行链路极化失配误差	注入链路校准误差	测量仪器和读数误差	总误差
误差/dB	0.30	0.30	0.10	0.25	0.20	±0.834

需要注意的是，与第 6 章不同，这里的转发器增益包含了接收天线和发射天线的增益。

10.3.3.2　转发器增益稳定度、增益挡、ALC 电平控制特性

增益稳定度是指转发器增益随时间变化的程度；增益挡为控制转发器增益而设置；ALC 电平控制特性主要考察转发器的自动电平控制能力。为了减少转发器非线性影响，测试应在转发器线性区进行，例如输入回退为 10dB。

1. 转发器增益稳定度

在进行转发器增益稳定度测试时，可以选择某一增益挡位，发射站信号源 2 发射未调载波信号，使卫星转发器工作在线性状态；接收站频谱仪 1 接收并监测卫星下行信号，同时信号源 1 产生一个与卫星下行信号有一定频带间隔的参考信号，注入 LNA 输入端；按照给定的测试取样间隔（例如每隔 10min），同时记录发射的信号功率、下行信号功率和参考信号功率；按照给定的测试时间（一般为 24h），绘制随时间变化的关系曲线。在数据处理过程中，要扣除发射信号功率和参考信号功率（接收系统增益）随时间变化引入的误差，以及大气传播损耗变化引入的误差和天线自动跟踪过程中的变化引入的误差。

2. 转发器增益挡

在进行转发器增益挡测试时,发射站发射未调载波信号,接收站接收卫星转发后的下行信号。①如图 10.3-1 所示,信号源 2 产生未调载波信号,通过开关矩阵和中频传输线输入到发射站上行链路。调节信号源 2 的输出功率,使转发器工作在线性区。在功率放大器输出端,用功率计 2 测试发射的上行信号电平,同时回传的上行信号经过开关矩阵由频谱仪 2 监视。②如图 10.3-2 所示,接收站接收的下行信号经过 LNA、传输线、开关矩阵,在频谱仪 1 上显示。接收站的信号源 1 产生一个参考的未调载波信号通过开关矩阵和注入链路注入 LNA 输入端,功率计 1 测试注入的参考信号电平。③通过遥控指令,改变转发器增益挡。④调节上行信号源 2 输出电平,使下行频谱仪 1 的信号功率读数不变,即转发器的输出保持在线性区的工作点不变,记录上行功率计 2 和频谱仪 2 的读数,计算得出转发器增益挡的挡间差。⑤重复操作,完成所有增益挡位的测试。

3. ALC 电平控制特性

该项测试分为 ALC 输入输出特性测试和 ALC 控制特性测试两种。当转发器工作在 ALC 模式时,对于前者,输入信号功率电平变化(例如 $\pm 10 \mathrm{dB}$),输出信号功率电平应基本保持恒定(例如 $\pm 1 \mathrm{dB}$),在实际测试时,将转发器增益挡设置在标称挡位,在给定的 ALC 动态范围内改变上行输入的信号功率,用频谱仪或功率计读取下行信号功率,以输入功率为横坐标,输出功率为纵坐标表示 ALC 输入输出特性曲线。对于后者,保持上行功率不变,改变挡位,用频谱仪或功率计读取下行信号功率,以电平挡位为横坐标,输出功率为纵坐标,绘制 ALC 控制特性曲线。

ALC 电平控制特性测试应在转发器线性区进行,以减小放大器非线性引起的信号压缩。

10.3.3.3 卫星转发器 G/T 值

卫星转发器 $(G/T)_s$ 常用 Y 因子法进行测试,其基本方法是:①接收站天线偏离卫星一定角度(例如 $5°$ 以上),并确认未收到相邻卫星信号,用频谱仪测出天线指向冷空时的噪声功率 P_1;②接收站天线指向卫星,测出转发器的噪声功率 P_2;③发射站发射一未调载波信号,使转发器工作在线性区,且接收站接收的信号功率 P_3 比 P_2 至少高 3dB 以上;④发射站用功率计记录功率放大器的输出功率,计算出发射站的 EIRP_e。由下式计算 $(G/T)_s$:

$$(G/T)_s = \frac{k B_n L_{tu}}{\mathrm{EIRP}_e} \cdot \frac{Y_1(Y_2 - 1)}{Y_1 - 1} \tag{10.3-3}$$

式中,k 为玻尔兹曼常数,$1.380\,44\times10^{-23}$J/K;B_n 为频谱仪中频噪声带宽,单位为 Hz;L_{tu} 为上行传输路径总损耗,单位为 dB;$EIRP_e$ 为发射站的等效全向辐射功率,单位为 W;Y 为 Y 因子,其中 $Y_1=P_2/P_1$,$Y_2=P_3/P_2$。

卫星转发器$(G/T)_s$ 的测试误差主要是 Y 因子(Y_1 和 Y_2)测试误差、上行 EIRP 误差(包括发射机的功率稳定度和发射天线的增益误差、指向精度等)、极化失配误差、大气损耗修正后残余误差、接收机噪声带宽误差和测试仪器的精度等。对于 Ka 频段转发器,测试误差一般在±1.5dB 以内。对于 S 频段转发器,测试误差一般在±1.0dB 以内。

10.3.3.4 转发器幅频特性、增益平坦度、增益斜率

卫星转发器的幅频特性表征其幅度与输入频率的关系。有两种测试方法,一种是扫频载波法,一种是扫频调频法。

目前较为常用的是扫频载波法,其基本方法是:发射站的信号源 S_2 根据转发器的带宽,设定扫频范围,以一定步长(频率间隔)和给定的电平发射扫频信号;接收站接收卫星转发的扫频信号,在频谱仪 1 上读出含有转发器的总的幅度随频率变化的曲线;最后,扣除发射站和接收站自身的幅频特性,即可得到转发器的幅频特性曲线。转发器的幅频特性应在转发器线性区测试,频率扫描时间应尽量短,以减小大气传播变化带来的影响。

增益平坦度亦称"增益波动",如果保持输入功率不变,输出功率的变化可视为增益的变化,可通过测试最大功率(分贝值)与最小功率(分贝值)之差得出增益平坦度数值。

增益斜率为幅频特性曲线的一阶微分。第 i 个频点和第 $i+1$ 个频点之间的增益斜率 G_{Si} 可按下式计算:

$$G_{Si}=\frac{G_i-G_{i+1}}{\Delta f} \tag{10.3-4}$$

式中,G_i 为第 i 个频点的增益,单位为 dB;G_{i+1} 为第 $i+1$ 个频点的增益,单位为 dB;Δf 为频点之间的间隔。

通常取幅频特性曲线上斜率最大的点作为增益斜率的测试结果。

幅频特性和增益平坦度的测量误差一般在±0.5dB 以内,主要是发射站和接收站自身的幅频特性测量误差和扣除误差以及天线指向误差。只要测试时间小于 20s,上下行链路的大气传播损耗变化等引起的误差可以忽略。

10.3.3.5 转发器群时延频率特性

转发器的群时延频率特性通常用扫频调频法测试,其基本方法是:发

射站的扫频信号源根据转发器的带宽设定扫频范围,以一定步长(频率间隔)和给定的功率发射扫频调频信号,功率计 2 监视上行信号功率,同时扫频信号源的低频基带信号输出到示波器上。接收站接收卫星转发的扫频调频信号,频谱仪 1 的中频输出端与鉴频器连接,鉴频器将解调出的低频基带信号输出到示波器上,由示波器显示这两个低频基带信号的时延差,从而得到各测试频点的时延。再对中心频点进行归一化,得出包含转发器的总的群时延曲线。最后,扣除发射站和接收站自身的群时延,并补偿多普勒频移影响,即可得到转发器的群时延曲线。

群时延的测试误差主要包括测试仪器本身的群时延以及由发射站和接收站信道设备自身的群时延特性不理想带来的扣除误差。群时延的测试误差一般控制在指标值的 10% 以内。

10.3.3.6 转发器多载波互调特性

由于卫星转发器的非线性特性,当同时输入两个和多个载波时,转发器输出除了有放大的载波以外,还会产生互调产物。在实际测试时,通常测试两个载波的 3 阶互调产物,即 $2f_1-f_2$ 和 $2f_2-f_1$。其基本方法是:向转发器输入两个等幅的有一定频率间隔的未调载波,测量转发器输出的载波电平和 3 阶互调电平,载波电平值取其最小者,3 阶互调电平值取其最大者,计算载波电平与 3 阶互调电平之差,并以 dBc 为单位来表示。两载波的频率间隔应远小于被测转发器的 1dB 带宽,对于宽带转发器,载波间隔一般取 5MHz,对于窄带转发器一般取 1MHz。

为了避免地面站上行功率放大器的互调产物的影响,通常要求地面站配置两个功率放大器,分别发射一个载波。如果地面站只配置一个功率放大器,则要求功率放大器工作在线性段,以减小地面站设备互调产物引起的影响。在实际测试时,需要首先对发射站上行支路和接收站下行支路进行增益校准以及自身的互调产物监测,并在测试结果中将其扣除。

卫星转发器 3 阶互调特性通常分别选择在饱和区、线性区进行测试,得到 3 阶互调随输入功率变化的曲线或数值。对于多载波 3 阶互调特性,可根据双载波 3 阶互调特性推算和修正。

3 阶互调测试的是相对值,其误差主要来源于 IOT 测试系统。发射支路如果用一个 HPA 的话,需要扣除其本身的互调产物,扣除后还会存在一定的剩余误差。对于接收支路本身的互调产物可以忽略不计,测试的总误差可以控制在 ±0.5dB 以内。

10.3.3.7 转发器调幅调相变换系数

调幅/调相（AM/PM）变换系数是一个描述转发器相位特性非线性程度的参数。当输入的载波幅度发生变化时，会引起其输出的载波相位变化。AM/PM 变换系数 K_P 的测试通常采用不平衡双载波法，即向转发器输入两个幅度相差很大的有一定频率间隔的未调载波，测量转发器输出的两个载波的电平及其互调产物，根据以下公式计算出 K_P[4]。

假设：$S_0 = 10\lg \dfrac{P_{r1}}{P_{r2}}$，$S_1 = 10\lg \dfrac{P_{o1}}{P_{o2}}$，$S_2 = 10\lg \dfrac{P_{o1}}{P_{o3}}$，$\Delta S_1 = S_1 - S_0$，$\Delta S_2 = S_2 - S_0$

则 AM/PM 变换系数 $K_P((°)/\mathrm{dB})$ 为

$$K_P = 13.1928\left[10^{-\frac{\Delta S_1}{10}} - \frac{1}{4}\left(1 + 10^{-\frac{\Delta S_1}{10}} - 10^{-\frac{\Delta S_2}{10}}\right)^2\right]^{\frac{1}{2}} \quad (10.3\text{-}5)$$

图 10.3-3 给出了转发器输入输出的信号频谱。大载波通常固定在转发器中心频率上，小载波与大载波的频率间隔应远小于被测转发器的 1dB 带宽。其具体测试方法是：发射站先发大载波使转发器功率达到饱和；然后发小载波，使小载波比大载波低 30dB，即输入卫星的功率差 $S_0 = P_{r1} - P_{r2} = 30\mathrm{dB}$；接收站用频谱仪测量 S_1 和 S_2；将测试结果代入式（10.3-5），得出饱和状态下的 AM/PM 变换系数。测试可以从饱和状态开

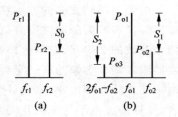

图 10.3-3 输入输出的信号频谱

（a）转发器输入频谱；
（b）转发器输出频谱

始，逐步降至线性区，得出以输入回退为横坐标，K_P 为纵坐标的测试曲线。

为了避免地面站上行功率放大器 AM/PM 变换的影响，地面站一般配置两个功率放大器，分别发射一个载波。

10.3.3.8 转发器相位噪声特性

转发器相位噪声通常采用频谱仪法进行测试，具体方法是：发射站信号源发送一个相位噪声很小的纯净载波，经过高功放放大后由天线发送至卫星；卫星转发器输出的信号载波频谱为带有相位噪声的频谱；接收站使用频谱仪接收该载波频谱，测试不同频偏处的相位噪声密度值 $L(f)$，计算公式和修正系数见 10.1.3.4 节。

在实际测试时，还应对发射站上行支路和接收站下行支路进行校准，扣除自身的相位噪声。总的测试误差应控制在 $\pm 0.4\mathrm{dB}$ 以内。

10.3.3.9　转发器杂散特性

转发器杂散特性通常使用频谱仪进行测试,其基本方法是:首先进行非相关杂散信号测试,发射站不发射载波信号,接收站用频谱仪观察和记录转发器的带内和带外杂散信号的电平值;然后进行相关杂散信号测试,发射站信号源输出一未调载波信号,通过调整信号源的输出功率,使转发器的输出功率达到额定值;调整接收站频谱仪的分辨力带宽和视频带宽,并利用频谱仪 Δmark 功能读出杂散信号与主信号的差值。杂散特性测试也需要对地面站上、下行支路进行校准,并扣除其自身产生的杂散信号。总的测试误差应控制在 ± 0.5dB 以内。

10.3.3.10　转发器频率准确度和稳定度

频率准确度是指频率实际值 f_x 与其标称值 f_0 的相对偏差,即$(f_x - f_0)/f_0$。频率稳定度是指在轨实际工作频率 $f(t)$ 相对于标称工作频率 f_0 随时间的起伏变化 $\Delta f(t)$ 与标称工作频率 f_0 的比值。对于中继卫星,测试项目包括转发器的转换频率的准确度和稳定度以及星间信标信号频率的准确度和稳定度。

转换频率的定义为上行频率与下行频率之差(亦称"本振频率")。通常通过多次测量下行载波信号频率,间接得到本振的频率准确度和稳定度。其基本方法是:发射站发射一未调载波信号,同时记录其频率;未调载波信号经卫星转发至接收站;接收站在下变频器输出端连接频率计或频谱仪,记录下行载波信号的频率;计算发射载波与接收载波的差频,得到本振频率 f_i 及其偏差。在测试时,接收站在 LNA 输入端注入参考信号,记录参考信号的频率,测试结果应扣除发射站本身发射载波的频率变化、接收站接收支路本身的频率变化以及多普勒频移影响。

星间信标信号的频率准确度和稳定度测试不需要发射站参与,接收站直接接收卫星信标信号,用频率计或频谱仪记录信标信号的频率和参考信号的频率。测试结果应扣除多普勒频移影响和接收站接收支路本身的频率变化。

不论本振频率还是信标频率,其测试数据的统计处理方法基本相同:即每隔一定时间(如 0.5h)测量一次,每次取样若干个数据点(如 10 个数据点),取样时间为 1s。在给定的测量时间内(如 24h)得到一组 f_i。

按照下式计算最大频率偏差 S[4]

$$S = \frac{f_{\max} - f_{\min}}{f_0} \tag{10.3-6}$$

式中，f_{max} 和 f_{min} 为 f_i 中的最大值和最小值。

按照式(10.1-12)计算频率准确度；按照式(10.1-13)计算频率起伏的均方根偏差 σ。

这项测试要求发射站设备、接收站设备和频率计在充分预热、工作稳定后进行测试。频率计和上行信号源共用时间基准。频率计自身的准确度和稳定度要高于被测信号一个量级以上。如用频谱仪测试频率，频谱仪应具备频率测试功能，并外接高稳频率源。

频率准确度和频率稳定度的测试精度主要取决于 IOT 系统所用基准源的频率准确度和频率稳定度。如果由铷钟提供，IOT 系统的频率准确度精度可达到 1×10^{-11}，频率稳定度精度可达到 3×10^{-11}。

10.3.3.11　卫星 EIRP 稳定度

卫星 EIRP 稳定度测试包括业务载波信号的 EIRP 稳定度测试和信标信号的 EIRP 稳定度测试。测试时间一般为 24h。测试前应对发射支路和接收支路进行增益校准。

业务载波信号 EIRP 稳定度测试的基本方法是：发射站发射一未调载波，经卫星转发至接收站，接收站用频谱仪或功率计进行测试。记录功率随时间变化的曲线，取最大值、最小值计算其差值。测试结果应扣除发射站本身的 EIRP 变化(包括发射功率变化和发射天线跟踪引起的变化)、接收站天线跟踪引起的变化、接收支路本身的增益变化以及上下行大气衰减引起的变化。总的测试误差一般在 ± 1dB 以内。

星间链路信标信号 EIRP 稳定度测试不需要发射站参与，接收站直接接收卫星信标信号，用频谱仪或功率计进行测试。测试结果应扣除接收站天线跟踪引起的变化、接收支路本身的增益变化以及下行大气衰减引起的变化。总的测试误差一般在 ± 0.5dB 以内。

10.3.3.12　星间天线转动范围

星间天线的转动范围是指星间天线在进行波束指向调整时在卫星平台上能够驱动的范围。波束指向一般在以星下点为中心的半锥角为 13° 的锥形区域内变动。由于天线的转动可能会超出对地面站的覆盖，所以不能用地面站直接测试。通常采用遥控指令驱动、记录遥测参数的方法测试天线的转动范围。

天线转动范围的测试方法是：①地面发送遥控指令，调整星间天线指向星下点位置，记录 GDA 框架角的遥测数据；②以天线指向星下点的位置为基准，发送遥控指令，驱动 GDA 的 X 轴转动到正方向限位位置，记录

GDA 框架角的遥测数据 θ_1，驱动 X 轴转动到负方向限位位置，记录 GDA 框架角的遥测数据 θ_2 和转动所用时间 t_1；③发送遥控指令，使 GDA 的 X 轴回到基准位置。然后，Y 轴转动到正方向限位位置，记录 GDA 框架角的遥测数据 φ_1，驱动 Y 轴转动到负方向限位位置，记录 GDA 框架角的遥测数据 φ_2 和转动所用时间 t_2。$\theta_1 - \theta_2$ 的绝对值为天线 X 轴的转动范围，t_1 为天线 X 轴的回扫时间；$\varphi_1 - \varphi_2$ 的绝对值为天线 Y 轴的转动范围，t_2 为天线 Y 轴的回扫时间。天线转动范围的测试误差由卫星遥测精度确定，一般小于 $0.1°$。

10.3.3.13 星间天线方向图

测试星间天线方向图的基本方法是：①调整地面终端站和模拟测试站的天线指向，使其对准中继卫星。调整星间天线指向，使其波束中心指向模拟测试站；②地面终端站发射一未调载波信号，使前向转发器的输出功率达到规定值，遥控星间天线驱动机构，模拟测试站用频谱仪记录接收信号电平，绘制星间天线的发射方向图；③模拟测试站发射一未调载波信号，使返向转发器输出功率达到规定值，遥控天线驱动机构，地面终端站用频谱仪记录接收信号电平，绘制星间天线的接收方向图；④根据卫星的轨道位置和地面站的地理位置，对方向图进行修正，并计算出半功率波束宽度和第一旁瓣电平。在测试过程中运控中心根据遥测数据进行辅助分析。

星间天线方向图的测试误差主要包括接收站天线指向误差、接收支路增益校准误差、大气损耗变化引起的误差和测试仪器数据读取误差等。

10.3.3.14 星间天线指向精度

天线指向精度指天线对准目标时其实际指向值与理论值（或真值）的偏差。利用模拟测试站对星间天线指向精度进行测试的基本方法是：①模拟测试站利用星间信标信号，自动跟踪对准中继卫星。中继卫星根据遥控指令，使星间天线波束中心指向模拟测试站。②模拟测试站按照给定的频率和功率发射一未调载波信号，并用频谱仪监视所发信号的频谱和功率。地面终端站频谱仪监视卫星转发后的下行信号。③启动星间天线自跟踪模式，使之对准模拟测试站，通过遥测数据得到此时的星间天线的方位角和仰角，并进行轨道漂移校准，将结果记为 (X_{i0}, Y_{i0})。④通过遥控指令退出自动跟踪模式，使星间天线的指向偏离模拟测试站一个合适的角度。然后再控制星间天线重新指向模拟测试站，通过遥测数据得到星间天线的方位角和俯仰角，扣除轨道漂移影响，将结果记为 (X_i, Y_i)。⑤重复步骤③～④ n 次（$n \geqslant 20$），得到 n 组测试数据，由下述公式计算得到星间天线指向精

度 Δ_p :

$$\Delta_p(3\sigma) = 3\sqrt{\frac{1}{n}\sum_{i=1}^{n}\left[(X_i - X_{i0})^2 + (Y_i - Y_{i0})^2\right]} \qquad (10.3\text{-}7)$$

天线指向精度的测试误差一般在 ± 0.2 dB 以内,主要由卫星遥测数据精度决定,包括 GDA 方位轴与俯仰轴测角精度、卫星平台方位与俯仰测试精度和天线自跟踪精度。

上述测试是利用地面模拟测试站进行的。中继卫星星间天线与真实的用户目标指向精度测试可以根据中继卫星在实际跟踪过程中的遥测数据进行统计计算。实际跟踪过程可以是程序跟踪,也可以是自动跟踪。

10.3.3.15 天线极化隔离度(轴比)

星间天线一般不具有转换极化方向的能力,因此,其通常借助在地面设置标准的双极化天线进行测试。隔离度测试包括主轴隔离度和偏轴隔离度。偏轴极化隔离度的测试通常是在主轴隔离度测试基础上,按照给定的波束角(如半功率角)范围和类似测试方向图的方法进行,并以方位角或俯仰角为横坐标,隔离度为纵坐标,绘制交叉极化隔离度随角度变化的曲线图。下面仅以主轴隔离度测试进行描述,并忽略空间传播链路上去极化的影响。

1. 星间天线圆极化轴比

星间发射天线主轴轴比的测试方法是:①地面终端站天线和模拟测试站天线精确指向中继卫星,遥控星间天线对准模拟测试站。②地面终端站按照给定的频率和 EIRP 发射一未调载波信号,调整其天线极化使之与星地天线极化匹配。模拟测试站接收前向转发器转发的下行信号,调整其天线极化使之与星间天线极化匹配。③模拟测试站读取频谱仪显示的同极化信号电平,记为 P_1。然后,保持上行信号的频率和 EIRP 不变,改变模拟测试站接收天线极化方向(或转换至双圆极化接收天线的另一个极化端口),使之与星间天线极化正交,从频谱仪上读取接收的交叉极化信号电平,记为 P_2。④$P_1 - P_2$,得出星上星间发射天线和模拟测试站接收天线总的圆极化隔离度,扣除模拟测试站接收天线自身的隔离度,得到中继卫星星间天线的发射隔离度。⑤根据第 7 章式(7.2-5)计算出星间发射天线主轴轴比。

星间接收天线主轴轴比的测试方法是:①模拟测试站按照给定的频率和 EIRP 发射一未调载波信号,使转发器工作在线性区,调整其天线极化使之与星间天线极化匹配;②地面终端站接收返向转发器转发的同极化信号,调整其天线极化使之与星地天线极化匹配,用频谱仪读取同极化信号电平,记为 P_3；③模拟测试站改变发射天线极化方向(或转换至双圆极化发射天线的另一个极化端口),使之与星间天线极化正交,并保持发射频率和 EIRP 不变,地面终端站读取频谱仪上返向转发器转发的交叉极化信号电平,记为 P_4；④$P_3 - P_4$,得出模拟测试站发射天线和星间接收天线的总的隔离度,然后扣除模拟测试站发射天线的隔离度,得到星间天线的接收隔离度;⑤根据第 7 章式(7.2-5)计算出星间接收天线主轴轴比。

2. 星地天线线极化隔离度

(1) 单线极化星地天线

中继卫星星地发射天线主轴线极化隔离度的测试方法是:首先,模拟测试站发射一未调载波信号,调整其天线极化使之与星间天线极化匹配。地面终端站调整其接收天线极化使之与星地天线极化匹配,从频谱仪上读取同极化信号电平,记为 P_5；然后,模拟测试站保持发射频率和 EIRP 不变,地面终端站改变其接收天线极化方向,使之与星地天线极化正交,从频谱仪上读取交叉极化信号电平,记为 P_6。通过 $P_5 - P_6$ 得出星地发射天线和地面终端站接收天线的总的极化隔离度。最后,扣除地面终端站接收天线的极化隔离度,得到中继卫星星地天线发射隔离度。

中继卫星星地接收天线主轴线极化隔离度的测试方法是:首先,地面终端站发射一未调载波信号,使转发器工作在线性区,调整其天线极化使之与星地天线极化匹配。模拟测试站调整其接收天线极化使之与星间天线极化匹配,并从频谱仪上读取同极化信号电平,记为 P_7；然后,地面终端站改变其发射天线极化方向,使之与星地天线极化正交,并保持发射频率和 EIRP 不变。模拟测试站从频谱仪上读取交叉极化信号电平,记为 P_8。通过 $P_7 - P_8$ 得出星地天线和地面终端站发射天线的总的极化隔离度。最后,扣除地面终端站发射天线的隔离度,得到中继卫星星地天线接收隔离度。

(2) 双线极化星地天线

对于双线极化的星地天线,在测试前,应关闭所有的正交极化的转发器,其隔离度测试方法与单极化天线类似。

3. 测试精度

地面天线的极化隔离度性能对测试精度影响较大,通常要求地面天线是一个高性能的双极化标准天线,在宽的频率和波束范围内具有较高的极化隔离度,至少高于被测天线隔离度 3dB 以上。在测试时,除了波束相互对准外,还要通过微调极化方向,使同极化信号电平最大,交叉极化信号电平最小,以达到极化匹配;如果是通过地面站两个接收支路分别测试同极化和正交极化电平,则两接收支路应进行增益校准;在测试接收极化隔离度时,中继卫星转发器线性区的动态范围应足够大,至少大于 35dB;在测试交叉极化信号时,为了滤除交叉极化信号的噪声,频谱仪分辨力带宽应尽量小(如小于 300Hz)。另外,还应注意转发器转换频率的固有偏差和多普勒频移的影响。

极化隔离度测试误差的来源主要有:地面终端站和模拟测试站的天线隔离度误差、接收支路校准误差、频谱仪或功率计测量误差和读数误差、大气传播损耗变化、卫星天线和地面站天线波束未对准、卫星天线和地面站天线极化(含同极化和正交极化)未对准等。

10.3.3.16　返向链路捕获跟踪性能

中继卫星返向链路捕获跟踪性能可以用捕获时间、捕获概率、捕获灵敏度、跟踪精度等参数来表征。对于捕获时间和捕获灵敏度的测试可以用模拟测试站作为目标进行测试。但是模拟测试站不能完全反映空间目标的实际状态,尤其是程序跟踪误差、自动跟踪误差和捕获跟踪精度等。因此,需要通过实际的空间目标对返向链路的捕获跟踪性能进行验证测试。捕获跟踪概率也需要在实际的空间应用过程中进行长期统计。

1. 捕获时间

捕获时间是指从扫描搜索开始到捕获完成、进入自动跟踪模式的时间。测试的基本方法是:①模拟测试站利用星间信标信号自动跟踪对准中继卫星。中继卫星根据模拟测试站的位置,通过遥控指令,使星间天线波束中心指向模拟测试站;②模拟测试站按照给定的频率、功率和带宽发射已调载波信号,并用频谱仪监视所发信号的功率和频谱。地面终端站频谱仪监视卫星转发后的下行信号;③地面终端站发送遥控指令调整星间天线指向,使波束中心偏离模拟测试站到预定位置;④地面终端站再次发送遥控指令,启动星间天线开始扫描捕获,记录遥控指令执行的开始时刻 T_1;⑤监视并记录地面终端站频谱仪接收的信号电平、天线 GDA 框架角遥测数据、星上捕跟接收机输出的三电平信号("和"信号、"方位差"信号、"仰角差"信号)的遥测数据,判断星间天线是否已成功捕获模拟测试站,记录捕获完成、转入自跟踪的时刻 T_2。T_2-T_1 即为星间天线的扫描捕获时间。

捕获时间是一个统计量,需要多次测量。捕获时间的测量精度主要由星上遥测的刷新速率决定,刷新速率一般为 0.5s/帧。

2. 捕获灵敏度

捕获灵敏度是指能够跟踪目标的最小接收信号功率。测试的基本方法是:星间天线处于自动跟踪模拟测试站的状态,逐步降低模拟测试站发送的信号功率,直到星上捕获跟踪接收机失锁;然后,再缓慢提高模拟测试站发送的信号功率,使星上捕获跟踪接收机再次入锁,记录此时刻到达星间天线入口处的功率,即捕获灵敏度。

捕获灵敏度的测量误差包括模拟测试站的发射天线增益误差、耦合器误差、校准误差以及收发天线波束中心未对准、极化失配、大气损耗变化等引起的误差,捕获灵敏度总的测量误差一般在 ± 1dB 内。

需要注意的是,捕获灵敏度与数据速率的大小有关(参考第 9 章)。所以实际测试时应尽量选择较低的数据速率(一般在 $2\sim 20$Kb/s)或设置不同的速率分别进行测试,得出不同速率时的捕获灵敏度。

3. 程序跟踪误差

程序跟踪误差是指在程序跟踪时中继卫星星间天线指向与实际目标之间的误差,一般在自动跟踪模式下计算。以自动跟踪时下传的有效天线框架角遥测值作为目标基准,以星上计算机根据运控中心注入控制参数计算的框架角作为程序跟踪控制的电轴方向。

程序跟踪星间天线方位指向误差 Δa_{p} 为

$$\Delta a_{\text{p}} = A'_t - A_t \qquad (10.3\text{-}8)$$

式中,A'_t 为 t 时刻自动跟踪方位角遥测值;A_t 为 t 时刻指向用户目标的理论方位角。

程序跟踪星间天线俯仰指向误差 Δe_{p} 为

$$\Delta e_{\text{p}} = E'_t - E_t \qquad (10.3\text{-}9)$$

式中,E'_t 为 t 时刻自动跟踪俯仰角遥测值;E_t 为 t 时刻指向用户目标的理论俯仰角。

程序跟踪总的空间指向误差 Δr_{p} 为

$$\Delta r_{\text{p}} = \arccos[\sin E'_t \sin E_t + \cos E' \cos E_t \cos(A'_t - A_t)] \qquad (10.3\text{-}10)$$

理论方位角 A_t 和理论俯仰角 E_t 分别为

$$A_t = -\arctan(y/z) \qquad (10.3\text{-}11)$$

$$E_t = \arcsin(x / \sqrt{x^2 + y^2 + z^2}) \qquad (10.3\text{-}12)$$

其中,

$$\begin{bmatrix} x \\ y \\ z \end{bmatrix} = R_{\text{AI}} \cdot (\boldsymbol{r}_2 - \boldsymbol{r}_1)$$

式中,A_t 为 t 时刻星间天线理论方位角;E_t 为 t 时刻星间天线理论俯仰角;x 为 t 时刻星间天线指向用户目标的矢量在星间天线坐标系中 X 轴的分量；y 为 t 时刻星间天线指向用户目标的矢量在星间天线坐标系中 Y 轴的分量；z 为 t 时刻星间天线指向用户目标的矢量在星间天线坐标系中 Z 轴的分量；r_1 为 t 时刻中继卫星在 J2000 惯性坐标系中的位置矢量；r_2 为 t 时刻用户目标在 J2000 惯性坐标系中的位置矢量；R_{AI} 为 J2000 惯性坐标系到星间天线坐标系的转换矩阵。

4. 自动跟踪误差

自动跟踪误差是指自动跟踪时中继卫星星间天线指向与实际目标之间的误差。以自动跟踪时遥测下传的有效的差信号电压作为计算输入。

方位误差可以表示为

$$\Delta a_a = \begin{cases} k_{a_{v+}} \times V_a, & (V_a \geqslant 0) \\ k_{a_{v-}} \times V_a, & (V_a < 0) \end{cases} \tag{10.3-13}$$

式中，Δa_a 为自动跟踪星间天线方位指向误差；V_a 为射频敏感器方位差电压遥测值；$k_{a_{v+}}$ 为方位差信号电压为正时，电压与角度之间的比例系数；$k_{a_{v-}}$ 为方位差信号电压为负时，电压与角度之间的比例系数。

俯仰误差可以表示为

$$\Delta e_a = \begin{cases} k_{e_{v+}} \times V_e, & (V_e \geqslant 0) \\ k_{e_{v-}} \times V_e, & (V_e < 0) \end{cases} \tag{10.3-14}$$

式中，Δe_a 为自动跟踪星间天线俯仰指向误差；V_e 为射频敏感器俯仰差电压遥测值；$k_{e_{v+}}$ 为当俯仰差信号电压为正时，电压与角度之间的比例系数；$k_{e_{v-}}$ 为当俯仰差信号电压为负时，电压与角度之间的比例系数。

在自动跟踪时，单通道调制器工作在线性区内，天线指向偏角较小（例如 $\pm 0.15°$ 以内），故总的空间指向误差 Δr_a 为

$$\Delta r_a = \sqrt{\Delta a_a^2 + \Delta e_a^2} \tag{10.3-15}$$

5. 跟踪精度

跟踪精度是指程序跟踪（或自动跟踪）工作时段内星间天线空间指向误差的统计结果。通常可以按下式计算：

$$\delta = |\bar{x}| + 3\sqrt{\frac{1}{m-1}\sum_{i=1}^{m}(x_i - \bar{x})^2} \tag{10.3-16}$$

$$\bar{x} = \frac{1}{m}\sum_{i=1}^{m}x_i$$

式中，δ 为中继卫星天线程序跟踪精度（或自动跟踪精度）；x_i 为第 i 个采

样点的程序跟踪星间天线空间指向误差 Δr_p（或自动跟踪星间天线空间指向误差 Δr_a）；m 为采样点数，具体数值可以根据跟踪时段及遥测采样周期确定。

10.4 测量仪表

10.4.1 概述

从 10.1 节到 10.3 节的内容中可以看到，测量仪表是测试系统中重要的组成部分。为了更好地理解测试原理和方法，本节简要介绍测试过程中常用的频谱分析仪、矢量信号分析仪、矢量网络分析仪、功率计、模拟信号发生器和误码分析仪的基本工作原理。

10.4.2 频谱分析仪

频谱分析仪（简称"频谱仪"）是观察信号频谱特征的基本工具，是无线通信测试中使用最多的仪表之一。频谱仪通常被用于频域信号的检测，其频率覆盖范围可达 40GHz 甚至更高。除了频域测量之外，新型的频谱仪也可以进行时域测量。一些型号的频谱仪与测试软件配合，完成矢量信号的分析。频谱仪还可以直接作为高灵敏度接收机使用。

10.4.2.1 基本组成和工作原理

频谱仪分为快速傅里叶变换（FFT）式和扫频超外差式两大类。FFT式频谱仪由于受到模数转换器的带宽限制，仅适合测试低频信号。因此，目前主流的频谱仪多为超外差式。

图 10.4-1 给出了扫频超外差式频谱仪组成原理。在输入信号进入频谱仪后，先通过射频衰减器限制到达混频器的信号幅度，再经过预选器去除杂波；然后进入混频器，并与本地振荡器产生的信号进行混频，将输入信号变频到中频；混频器输出的信号经中频滤波器过滤，并以对数标度放大或压缩后送到检波器，检波器输出视频信号；然后再通过放大、采样、数字化后显示在屏幕上。本地振荡器产生的信号频率由扫频源控制，当频率扫过某一范围时，屏幕上就会画出一条迹线，显示输入信号在所显示频率范围内的频谱成分。

随着半导体技术的不断发展，频谱仪也进行了数字化改进，传统的模拟滤波器被数字滤波器替代，并且在数字滤波后增加了模数转换（ADC）模块和数字信号处理（DSP）等，用来测试日渐复杂的信号制式，以实现更高的测

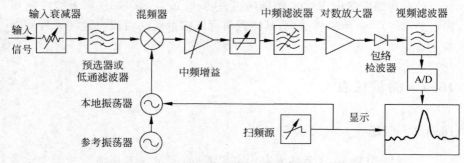

图 10.4-1 扫频调谐超外差式频谱仪组成原理

试精度、更大的动态范围、更低的本底噪声和更快的扫描速度。

1. 射频输入部分

频谱仪的射频输入部分由输入衰减器、输入滤波器和第一混频器组成。输入衰减器是频谱仪的第一级信号处理单元,其衰减范围可调。它将进入混频器的信号控制在一个合适的范围内,保持频谱仪良好的匹配特性并且保护混频及其他中频处理电路,避免过载甚至破坏后续电路。衰减器的衰减步进一般为10dB,部分频谱仪配有5dB或者1dB步进的衰减器。当测试高电平输入信号时,要加大衰减量,将输入信号在混频器入口处的电平控制在1dB压缩点以下,否则会产生过大的非线性失真。当测试小信号和大动态信号时,输入衰减器的衰减量应设置得小一些,以避免输入信号的信噪比下降。

2. 外差式接收机

外差式接收机通过混频器与本振将输入信号变到中频,这种变频可用下式表示:

$$|m \times f_{LO} \pm n \times f_{in}| = f_{IF} \qquad (10.4-1)$$

式中,$m = 1,2,3,\cdots$; $n = 1,2,3,\cdots$; f_{LO} 为本振频率; f_{in} 为输入信号频率; f_{IF} 为中频频率。

若 m,n 都取 1,得

$$|f_{LO} \pm f_{in}| = f_{IF} \qquad (10.4-2)$$

或

$$f_{in} = |f_{LO} \pm f_{IF}| \qquad (10.4-3)$$

通过连续可调的本振可以将宽频带输入信号变换到一个固定的中频上。从式(10.4-3)可以看出,对于一定的中频和本振频率,还有一个镜像频率的存在。因此需要在混频器前设置输入滤波器来抑制镜像频率,并采用高中频来避免输入与镜像频率范围的混叠,图 10.4-2 给出了高中频原理。从图 10.4-2 可看出,镜像频率位于输入频率范围之上,由于两个频率范围不重叠,镜像频率可以通过简单的低通滤波器过滤掉。

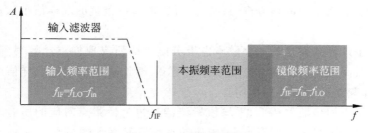

图 10.4-2 高中频原理

对于毫米波范围内的测试(40GHz 以上),可以采用外接混频器提高频谱仪的频带范围。在毫米波段经常使用波导,外混频器一般也都采用波导形式。这些混频器一般不采用预选器,因此对镜像频率没有抑制。无用的混频产物可以通过适当的测试方法分辨出来。

3. 中频滤波器

中频滤波器可以使频谱仪分辨不同频率信号,是关键部件之一,频谱仪的许多关键指标都受到中频滤波器的带宽和形状的影响。中频滤波器分为模拟滤波器和数字滤波器。模拟滤波器的选择性依赖于滤波电路的级数,一般频谱仪为 4 级电路滤波器,形状系数为 14,部分频谱仪为 5 级滤波器电路,形状系数为 10。相比于模拟滤波器,数字滤波器可以获得更好的选择性,形状系数可以达到 4.6,而且电路成本相对更低。另一方面,数字滤波器的温度稳定性比模拟滤波器的更好,在带宽上也更为精确;在带宽相同的情况下,数字滤波器可以获得更短的扫描时间。

4. 检波器

频谱仪对视频的检波方式通常有最大峰值检波器、最小峰值检波器、自动峰值检波器、取样检波器、均方根检波器和平均值检波器等,每种检波方式都有各自的特点。

最大(或最小)峰值检波器从分配到每个像素点的取样点中选取一个最大值(或最小值)显示在像素点上,最大峰值与最小峰值可以通过自动峰值检波器同时显示。当扫描带宽与分辨力带宽的比值较小时,检测结果与取样检波器的检测结果相同;取样检波器是从一个像素点宽度内的所有取样值中选取一个显示在像素点上;均方根检波器计算分配到每个像素点的所有取样值的均方根值显示在像素点上,结果与像素点涵盖频宽内的所有信

号功率有关,其计算式为

$$V_{\text{RMS}} = \sqrt{\frac{1}{N} \sum_{i=1}^{N} v_i^2} \qquad (10.4\text{-}4)$$

式中,V_{RMS} 为电压的均方根值;N 为每个像素点覆盖的取样值个数;v_i 为各取样值。

由于计算结果是从一个像素点上分配到的所有取样点计算得到的,增加扫描时间可以使像素对应的取样点增多,即计算中使用的取样值个数增加,从而起到平滑轨迹的作用。

与均方根检波器相似,平均值检波器对每个像素点对应的所有取样值做线性平均再显示在像素点上,电压的平均值 V_{AN} 计算式为

$$V_{\text{AN}} = \frac{1}{N} \sum_{i=1}^{N} v_i \qquad (10.4\text{-}5)$$

检波器可用如图 10.4-3 所示的模拟电路实现,图中视频信号的取样是在检波器输出之后进行的。然而对于数字检波器而言,视频信号取样通常发生在检波前,有时甚至是在视频滤波之前。

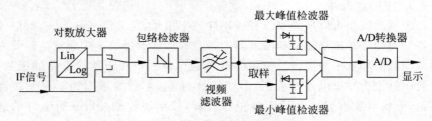

图 10.4-3　检波器的模拟实现

10.4.2.2　频谱仪的使用

为了更好地利用频谱仪进行测试,应避免输入混频器的信号产生失真。因此在进行测试时,需要合理地设置频谱仪和优化测试步骤,以达到最好的测试结果。

(1)自校准。频谱仪内置有校准器和校准程序来保证仪器的测试精度。通过自校准可产生误差校正系数,对仪器因时间和环境的改变而产生的测试误差进行修正,得到更准确的测试结果。对于大多数的频谱仪,其自动校准功能打开时,会根据工作情况自动进行校准。

(2)选择合适的分辨力带宽(RBW)。RBW 的设置会影响测试的速度、精度、灵敏度和动态范围等。在测试低电平信号时,使用窄的 RBW 可以增加动态范围,提高灵敏度,但是会降低扫频速度。然而对调制信号而

言,如果 RBW 设置的太窄以至于不能完全覆盖信号边带,则会降低测试精度。因此,在测试时要综合权衡各方面因素选择合适的 RBW 并适当地优化测试设置。在通常情况下,分辨力带宽、视频带宽(VBW)可以选择自动或手动设置。在自动状态下,VBW 由 RBW 决定,而 RBW 由扫频宽度(SPAN)决定。VBW 的设置影响信号显示频谱的平滑程度和测试速度。

(3)优化低电平测试的灵敏度。频谱仪的内部噪声限制了对低电平信号的测试灵敏度,合理进行参数设置可以减小本底噪声,优化低电平测试的能力。在测试低电平信号时,通常可采用的优化设置方法有最小化输入衰减、减小 RBW 和使用低噪声高增益前置放大器。

(4)优化动态范围。某些测试需要同时测量一个较大的载波信号和一个较小的失真产物,这种测量能力取决于频谱仪的动态范围。1dB 压缩点或过载造成的失真决定了频谱仪动态范围的上限,而本机的内部噪声和相位噪声则决定了动态范围的下限。应设置适当的输入衰减值,合理优化混频器电平,以获得最佳的动态范围。

(5)识别内部失真。在某些情况下,当输入信号较大而输入衰减设置不够时,频谱仪内部会产生失真,从而影响测试结果。在测试时可以通过改变输入衰减的设置、观察显示的测试轨迹是否有所变化来判别内部失真是否影响了测试结果。

(6)选择合适的检波和显示方式。检波和显示方式的选择直接影响最终的测试结果。例如在测试不同性质的信号功率时,应根据测试目的选择适当的检波方式和平均方式。

(7)安全使用。禁止向频谱仪输入直流电压和超过最大输入功率的信号。

10.4.3 矢量信号分析仪

矢量信号分析仪(VSA)扩充了频谱仪具有的功能,在使用适当前端的情况下,VSA 射频可以覆盖整个微波频段。VSA 之所以被称为"矢量信号分析",正是它采集复数输入数据,分析复数数据,并输出包含幅度和相位信息的复数数据结果,所以 VSA 特别适合于分析数字调制信号,提供调制参数测量结果。

10.4.3.1 基本组成和工作原理

VSA 大致分为模拟接收部分及数字中频和数字信号处理(DSP)部分。图 10.4-4 给出了一个简化的 VSA 组成和工作原理框图,其基本的工作流程是：模拟接收部分将输入的射频模拟信号进行下变频和增益处理，产生满足取样要求的中频信号；ADC 将模拟中频信号进行取样和量化，生成数字中频信号；数字中频信号经过数字正交下变频后产生正交的 I, Q 两路基带时域信号；这两路信号被完整地保存在内部数据存储器中等待后续处理分析；在随后的 DSP 单元中，通过各种数字信号处理算法对信号进行解调，恢复载波和码元时钟，通过重构滤波和译码恢复原始码。DSP 承担的任务很多，是整个信号分析的核心，信号分析的灵活性、开放性、兼容性等特点主要是通过以 DSP 为中心的通用硬件平台和软件来实现的。

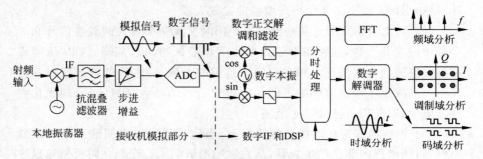

图 10.4-4 矢量信号分析仪基本工作原理

DSP 硬件平台采用多个 DSP 处理器，以提高 DSP 的工作效率，使信号测试更加快速和精确。VSA 的分析软件可分成测量信号解调、参考信号形成和误差分析 3 个关键部分。测量信号解调软件主要接收硬件采集的输入数据流，通过载波频偏计算算法、码元定时估计算法、测量滤波器算法等处理，获得被测数字调制信号的基带信号；参考信号形成软件的任务是：在获得测量基带信号后，通过码流检测获得比特信息流，针对所获得的比特信息流形成理想的基带信号作为测量分析的参考信号；误差分析软件将测量的基带信号与参考基带信号进行比较，通过分析和计算获得误差矢量幅度、幅度误差、相位误差、频率误差、I/Q 不平衡度、I/Q 偏移度、正交误差等测量结果，同时形成星座图、矢量图、相位轨迹图等。

10.4.3.2 矢量信号分析仪的使用

为了达到最好的测试结果，应合理操作使用矢量信号分析仪。

(1) 合理设置参考电平。中频放大后的 ADC 电路很容易过载，从而引起非线性失真。因此，应合理设置参考电平，参考电平应大于仪表测量范围内信号的总功率。特别是在宽带信号测量时，信号功率被分配到很宽的频带上，单个频点显示的功率相当小，但是总功率可能很大，有可能造成仪表的损坏。通常将参考电平设在信号预期功率的 5dB 以下。

（2）根据被测信号的频率和带宽，设置仪表测量的频率范围，被测信号位于频谱显示中央，扫描宽度大于被测信号带宽；根据被测信号的幅度设置仪表的最佳范围参数，使仪表不出现过载，信号频谱显示为最大信噪比；合理设置 ADC 的采样率和采样滤波器的重采样率；合理设置解调方式、符号速率、滤波器参数。如果被测信号为突发周期变化，启动脉冲搜索功能，搜索长度应大于脉冲重复周期。

（3）合理设置频谱窗函数。有些仪表的内部提供了矩形窗函数、汉宁窗函数、高斯窗函数和平顶窗函数，可以根据不同的测量需要选择不同的窗函数。若要实现较好的带外抑制度，可以采用高斯窗函数；若要实现较高的幅度测量精度，可以采用平顶窗函数。目前仪表中大部分的默认设置是高斯窗函数。

（4）合理设置使用滤波器中的均衡器，例如滤波器时域冲击响应的时间长度和收敛系数，以补偿不理想的频率响应。

（5）在使用矢量信号分析仪测量包含同步序列的载波信号时，需要激活"同步搜索"功能，设置要捕获的符号长度和同步字。所以，使用者需要对信号时域结构做到心中有数，以便进行正确的解调设置。

10.4.4　矢量网络分析仪

在卫星数据中继系统中，使用了很多微波和毫米波的器件、传输线、电路（或网络），它们有各自的功能和相应的性能指标要求。例如，滤波器需要确定它的通道带宽、通道衰减、带外抑制等；放大器需要确定它的增益、谐波失真、功率等；电路（或网络）需要确定它的传输系数、反射系数、时延、回波损耗和电压驻波比等。因此，利用网络分析仪对各种器件、传输线、电路（或网络）进行分析是卫星数据中继系统中常见的测量任务之一。

网络分析仪分为标量网络分析仪和矢量网络分析仪，标量网络分析仪只对被测电路（或网络）的幅频特性进行测量，而矢量网络分析仪既可以测量幅频特性，又可以测量相频特性和时延特性，内部嵌入式计算机还可以通过软件运算获取网络的时域特性。按照技术途径的不同，矢量网络分析仪有四端口和六端口之分，目前大多数是四端口矢量网络分析仪。

10.4.4.1　基本组成和工作原理

矢量网络分析仪主要由信号源、信号分离装置、幅相接收机和校准件组成，如图 10.4-5 所示。信号源产生的激励信号通过信号分离装置加到被测网络上。信号分离装置分离出入射波 R、反射波 A 和传输波 B,并将它们送至幅相接收机。幅相接收机经变频后在中频提取矢量信号的实部和虚部,完成同步检波和显示。

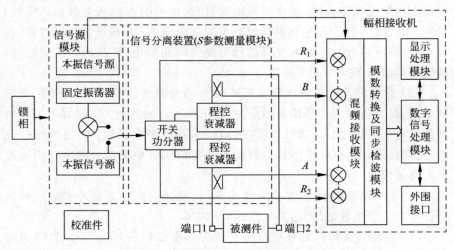

图 10.4-5　矢量网络分析仪系统组成示意图

1. 信号源

信号源模块产生正弦波激励信号和本振信号,激励信号和本振信号锁相在同一个时间基准上。信号源具有频率和功率扫描功能,用以测量被测器件或网络的传输特性、反射特性与工作频率和功率的关系。频率扫描有步进式和连续式两种方式,如图 10.4-6 所示。在进行步进式频率扫描时,频率阶跃式跳变,这种方式的频率精度高,更适合高 Q 值器件的测试,但测量所需时间较长;在进行连续式频率扫描时,频率按固定速率连续变化,更适合常规的快速测量。

功率扫描是依靠由 ALC 和衰减器组成的自动功率控制来实现的。其中,小范围的功率调整和扫描由 ALC 完成,大范围的功率调整依靠衰减器完成。为了进一步提高输出信号的功率准确度,可以利用外部功率计进行功率校准。在某些测试场合下,如果需要超出仪表范围的激励信号,可以使用外置功率放大器来扩展激励信号的功率范围。

2. 信号分离装置

信号分离装置一般由功分器、程控衰减器和定向耦合器组成。激励信号经信号分离装置施加到被测网络上。二功分器是三端口网络,它将信号功率等分成两个支路,其中一个支路的信号作为参考信号,另一支路的信号

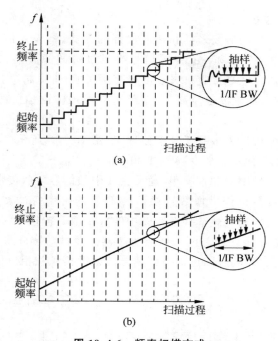

图 10.4-6 频率扫描方式

（a）步进扫描方式；（b）连续扫描方式

作为入射信号输入到被测网络。定向耦合器是一个四端口网络，它的主要性能指标有耦合度（耦合系数）、方向（定向）性、隔离度、插损、驻波比及频带宽度等。图 10.4-7 给出了一个 20dB 定向耦合器的传输模型，其耦合度（C）、方向性（D）、隔离度（I）和插损（L）的数学表达式分别为

$$C = 10\lg\left(\frac{P_1}{P_3}\right), \quad D = 10\lg\left(\frac{P_3}{P_2}\right)(\mathrm{dB}), \quad I = 10\lg\left(\frac{P_1}{P_2}\right), \quad L = 10\lg\left(\frac{P_4}{P_1}\right)$$

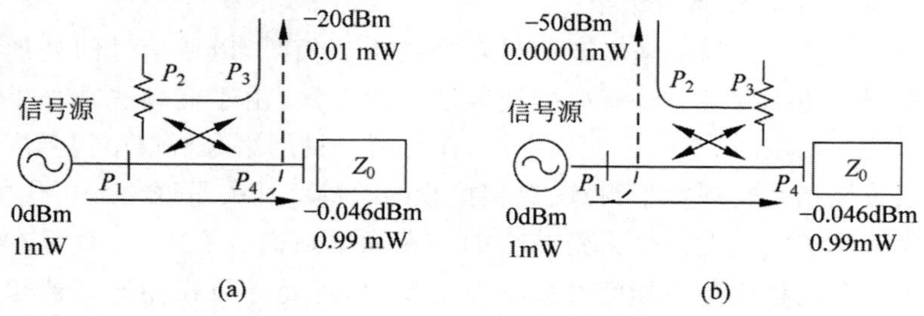

图 10.4-7 正向和反向定向耦合器传输模型

（a）正向传输模型；（b）反向传输模型

3. 幅相接收机

幅相接收机采用谐波采样和谐波混频的方法,将输入信号进行下变频得到中频信号,经过变频后的中频信号再经过带通滤波器,去除杂波和噪声。中频滤波器带宽与接收机灵敏度有直接影响,带宽越窄,接收机接收到的噪声越少,因而灵敏度也越高,但窄带宽会增加输出信号的响应时间,降低测量速度。

矢量网络分析仪大多基于外差原理,如图 10.4-8 所示。被测射频信号 f_{RF} 与本振 f_{LO} 混频后被变换到中频 $f_{IF} = |f_{RF} - f_{LO}|$ 进行分析处理。为了滤除接收信号中的宽带噪声,通常会在中频信号之后接带通滤波器,同时这个带通滤波器也作为模数转换器(ADC)的抗混叠滤波器,之后 ADC 也加入了滤波过程来提高选择性。图中的数字部分包括了一个数字振荡器(NCO)、两个数字乘法器和两个低通滤波器。通过数字同步检波和数字滤波提取信号的实部和虚部,进而得到信号的幅度信息和相位信息。

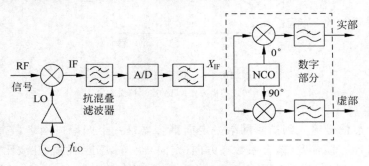

图 10.4-8 外差式接收机测量原理

幅相接收机的显示/处理模块完成时域转换、嵌入/去嵌入、阻抗转换等功能,实现对测试结果的管理,并按照相应的方式在显示器上显示测量结果。

4. 频率变换和系统锁相

频率变换将微波或毫米波信号转换为中频信号,以便信号的处理和分析。常用的频率变换方法有取样变频法和混频法,由于混频法减小了变频损耗和噪声系数,动态范围大幅提高,在新型矢量网络分析仪中得到广泛应用。系统锁相是实现窄带跟踪、保相接收的关键。在矢量网络分析仪中,频率变换和系统锁相电路是紧密结合的。在频率扫描过程中,接收机本振的频率变化会使相应的中频信号频率发生变化,进而导致锁相鉴相器输出电压的变化,通过该电压的变化控制信号源和接收机保持频率同步。

10.4.4.2 网络分析仪的使用

（1）在对被测设备进行测试前，应先进行测试校准，即使用特性已知的标准校准件确定因仪表内部测量装置不理想引起的系统误差，以便在正式测试过程中能够消除这些系统误差的影响。校准的方法不同，在校准过程中消除的误差项数量也不同，最终的测试精度也不同。

（2）在使用矢量网络分析仪时，应注意：①检查电源线和仪表地线连接是否正确可靠；②正确设置扫描频率、信号源功率和接收机中频带宽等参数；③按照校准向导，选择校准类型，连接已选校准类型所需的校准件进行矢量校准测试，校准后将计算得出的系统误差项存储在矢量网络分析仪的存储器里；④在标准校准件使用完后，应加盖放回器件盒。

（3）在校准完成后进行测试时，应正确连接，规范操作被测设备和矢量网络分析仪，在显示器上读取测试结果。对所测的数据和图像进行保存和调出，也可以在轨迹上添加标记点，与参考值进行比对。为了提高动态范围和测试速度，在必要时需进行分段扫描等操作。

10.4.5 功率计

功率计是测量电信号有用功率的仪表。在直流和低频范围，功率测量可以通过电压和电流的测量完成。但是在微波以上的波段，测量电压和电流的方法已不再适用。最常用的是"测热"法，即把信号功率转换成热能，然后用测热的方法进行测量。

10.4.5.1 基本组成和工作原理

常用的微波功率计有热电阻型功率计、量热式功率计和二极管检波式功率计。热电阻型功率计使用热变电阻作为功率传感元件。热变电阻值的温度系数较大，被测信号的功率被热变电阻吸收后产生热量，使其自身温度升高，电阻值发生显著变化，利用电阻电桥测试电阻值的变化，显示功率值；量热式功率计利用隔热负载吸收高频信号功率，使负载的温度升高，再利用热电偶元件测试负载的温度变化量，根据产生的热量计算高频信号功率值；二极管检波式功率计将高频信号变换为低频或直流电信号，通过选择适当工作点，使检波器输出信号的幅度正比于高频信号的功率。

按照在测试系统中的连接方式的不同，微波功率计又分为终端式和通过式两种。终端式功率计把功率计探头作为测试系统的终端负载，功率计吸收全部待测功率，由功率指示器直接读取功率值；通过式功率计利用某种耦合装置，如定向耦合器、耦合环、探针等，从传输的功率中按一定的比例耦合出一部分功率,送入功率计度量,传输的总功率等于功率计指示值乘以比例系数。

图 10.4-9 给出了热电偶功率计组成原理框图。它由热电偶功率探头和主机两部分组成。热电偶功率探头产生正比于冷热点的温差,温差正比于输入的信号功率。方波发生器驱动斩波器,将热点电压变换为交流电,然后进行放大。前置反馈放大器的一部分在探头内,与主机内的另一部分组成完整的输入放大器。方波发生器控制同步检波器对斩波信号同步解调,经直流放大后显示在功率计上。

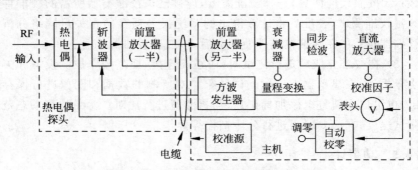

图 10.4-9　热电偶功率计组成原理框图

10.4.5.2　功率计的使用

在使用功率计时应注意:①根据所要测试的信号功率最大值和最小值范围以及频率范围,选用合适的功率计探头,即功率计探头的工作频段和功率范围必须与被测信号一致。传感器传输线的结构和阻抗应与被测传输线相互匹配。②由于功率探头种类较多,对不同信号的响应不同,应根据被测信号的调制特性和频谱特性,选择正确的功率计探头。③为了提高测试精度,使用前应对探头进行校准。

10.4.6　模拟信号发生器

信号发生器的用途非常广泛,从简单的电子元器件的特性参数测量到大型的设备和系统的性能评估,都离不开信号发生器的支持。信号发生器的种类很多,按照工作频段,有低频、高频、微波、毫米波等信号发生器;按照信号波形特征,有正弦波、任意波形、脉冲、随机等信号发生器;按照调制特性,有连续波、模拟调制、矢量调制等信号发生器;按照应用特性,有合成、扫频、捷变等信号发生器。本节介绍产生连续波的模拟信号发生器。

10.4.6.1　基本组成和工作原理

模拟信号发生器一般由频率合成、调制和信号调整 3 部分构成。频率合成部分负责产生需要的频率和波形信号；调制部分负责将低频信号调制到射频载波的某一参数上，实现幅度调制、相位调制或频率调制等；信号调整部分实现信号幅度参数的调节。

频率合成是信号发生器的核心。以直接数字频率合成器（DDS）为例，它的原理框图如图 10.4-10 所示。

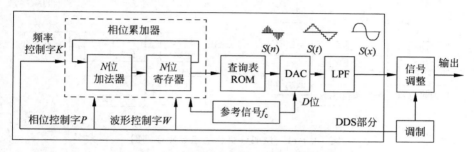

图 10.4-10　模拟信号发生器及 DDS 原理框图

图中的 K 为频率控制字、P 为相位控制字、W 为波形控制字、f_c 为参考时钟频率，N 为相位累加器的字长。D 为 ROM 数据位及 DAC 转换器的字长。相位累加器在时钟频率 f_c 的控制下以步长 K 进行累加，输出的 N 位二进制码与相位控制字 P、波形控制字 W 相加后作为波形 ROM 的地址，对波形 ROM 进行寻址；波形 ROM 输出 D 位的幅度码 $S(n)$，经 DAC 变成阶梯波 $S(t)$；再经过低通滤波器平滑后就可以得到合成的模拟信号波形 $S(x)$。合成的信号波形取决于波形 ROM 中存放的幅度码，因此，用 DDS 可以产生任意波形。输出信号的频率可以通过改变查表寻址的时钟频率或改变寻址的步长得到。

10.4.6.2　模拟信号发生器的使用

信号发生器作为精密电子仪器，电气安全性较脆弱。①为了防止静电放电对仪器的损坏，应保持一定的湿度，在必要时操作者应佩戴防静电腕带；②使用高稳定度的电源和安全的接地系统；③在对频率稳定度和精度要求较高时，可用高精度的外时基；④在用两路信号发生器实现两路信号叠加时，在信号发生器和合路器之间加装反向隔离装置。

10.4.7　误码分析仪

误码分析仪是用来测量数字传输系统误码性能的一种专用仪器，它由发送和接收两部分组成。发送部分的码型产生器产生一个已知的测试数字序列,编码后送入被测系统的输入端。经过被测系统传输后,进入误码分析仪的接收部分解码并从接收信号中得到同步时钟。接收部分的测试码型产生器产生与发送部分相同且同步的数字序列,与接收到的信号进行比较,如果不一致,便判定为误码。用计数器对误码的位数进行计数,然后记录、存储、分析和显示测试的结果。图 10.4-11 给出了误码分析仪的组成原理框图。

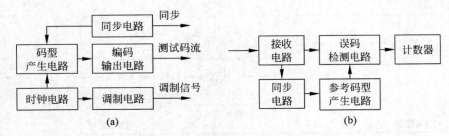

图 10.4-11   误码分析仪的组成原理框图

(a) 误码分析仪的发送部分;(b) 误码分析仪的接收部分

除了 ITU 对测试不同速率的传输系统规定了不同 m 序列的长度与对应的特征多项式,误码分析仪发送部分还可以输出人工设置的 8 位或 16 位固定码型的人工码。编码输出电路将二进制信号变成 AMI,HDB3,CMI 等码型,以便在不同的线路上传输。另外,调制电路可以使输出码型产生抖动,以供抖动测试使用。

随着技术的发展,误码分析仪的功能也能作为一个功能模块集成在信源/信宿设备和信道设备内部,并与业务信号帧一体设计,随业务信号一起传输,以实现端到端链路误码性能的在线测试和监视。

参考文献

[1] Satellite System Operation Guid (SSOG)-Earth Station Verification Tests[S]. INTELSAT SSOG 210,2000.
[2] 张睿,周峰,郭隆庆.无线通信仪表与测试应用[M].北京:人民邮电出版社,2012.
[3] 李立功,年夫顺,王厚军,等.现代电子测试技术[M].2 版.北京:国防工业出版社,2008.
[4] 国家技术监督局.国家标准:通信卫星有效载荷性能的在轨测试方法 GB/T 12639—1990[S].北京:中国标准出版社,1991.

第11章

卫星数据中继系统发展趋势

随着数据传输速率的不断提高和用户使用方式的多样化,卫星数据中继系统呈现出以下发展趋势:在工作频段方面,由传统的微波频段向太赫兹频段和更高的光通信频段拓展;在多址技术方面,由单址传输向多址传输拓展;在信道分配方式方面,由任务驱动的预分配方式向面向用户的按需分配方式拓展;在组网方面,由单星单链路方式向多星多链路组网方向拓展。本章将重点介绍激光卫星数据中继和传统的微波卫星数据中继的发展趋势和特点。

11.1 激光卫星数据中继系统

11.1.1 系统组成

由于微波频段的通信带宽有限,难以满足更高速率的数据传输要求。同时,由于微波频段在轨卫星的数量越来越多,系统间的干扰现象日趋严重,且轨道频率资源将逐步耗尽。因此,选择更高的激光频段是解决该问题的有效途径之一。

11.1.1.1 顶层架构

激光卫星数据中继系统的顶层架构与传统的微波卫星数据中继系统的顶层架构基本相同,它包括激光中继卫星、激光通信地面站、地面运控中心、装载在用户平台上的激光通信终端等。图 11.1-1 给出了星间和星地均为激光链路的系统顶层架构示意图。数据传输的基本流程是:用户卫星产生的数据经星间激光链路传输至中继卫星,中继卫星完成星间链路到星地链路的光处理或变换,再经星地激光链路传输到激光通信地面站。然后数据被传输到运控中心,最后经地面光纤链路传输到用户应用中心,反之亦然。运控中心负责数据的处理和存储以及激光卫星中继链路资源的分配和管理。为了减小大气对星地激光链路的影响,提高链路可用性,通常需要在地面配置多个激光通信地面站。

两个中继卫星之间也可以采用激光链路互连,建立 GEO-GEO 星间激光链路。当某一激光通信地面站不可用时,可以通过中继卫星间的激光链路转到另一个中继卫星,以保持对 LEO 用户卫星的轨道覆盖率,提高数据传输链路的可用性。

11.1.1.2 激光通信终端组成

激光通信终端(LCT)是星间、星地激光中继通信链路的关键设备。它

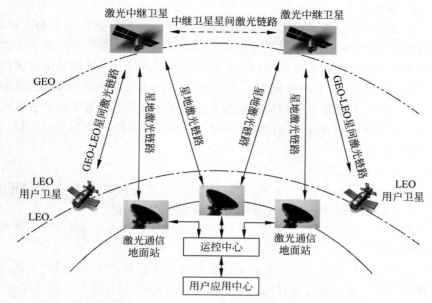

图 11.1-1　星间和星地均为激光链路的卫星数据中继系统顶层架构示意图

一般由光学单元、通信单元以及捕获、跟踪与瞄准(ATP)单元等组成,如图 11.1-2 所示。

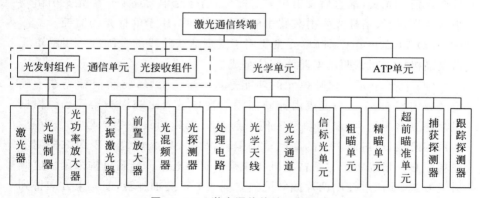

图 11.1-2　激光通信终端一般组成

1. 光学单元

光学单元包括光学天线和光学通道。如果采用信标光捕获方案,光学单元还使用双色分光片以实现信标光和信号光的分束和合束。光学天线通常采用卡塞格伦望远镜结构。

2. 通信单元

通信单元由光发射组件和光接收组件组成。光发射组件包括激光器、光调制器、光功率放大器，用于光的产生、调制和放大。信号光的产生通常采用 Nd：YAG 激光器或 GaAlAs 激光二极管。调制方式目前使用较多的是强度调制（IM）和 BPSK 调制；光接收组件包括光前置放大器、光混频器、光探测器、本振激光器和处理电路等。光探测方式与发射端的调制方式有关。与强度调制对应的探测方式为直接探测。与 BPSK 调制对应的探测方式为相干探测。

3. ATP 单元

捕获一般有两种方案，一种是直接使用信号光进行捕获，另一种是利用信标光进行捕获。下面以信标光捕获方案为例简要描述。

ATP 单元包括信标光单元、粗瞄单元、精瞄单元、超前瞄准单元、捕获和跟踪探测器。

（1）信标光单元。信标光单元用于在捕获阶段提供大发散角、高功率的激光光束以建立通信双方的连接。当捕获结束后，信标光单元停止工作。信标光单元主要由信标光发射装置、信标光电路、光纤连接器和信标光头等组成。其中，信标光发射装置可由多个激光二极管组成，二极管射出的激光束首先分别耦合到单模光纤中，再经光纤连接器耦合到一根混合光纤中，最后送入信标光头，准直后发射出去。此外，信标光单元还从信标光头引出一小部分光，送入信标光发射装置中的监控二极管，用于信标光的监控。

（2）粗瞄单元。粗瞄单元主要用于实现捕获阶段的预瞄准。粗瞄单元由粗瞄机构和粗瞄驱动电路两部分组成。

（3）精瞄单元。精瞄单元的功能是：在捕获阶段，驱动信标光在不确定区域内扫描，使入射光束由捕获探测器视场进入跟踪探测器视场。根据跟踪探测器测量值，偏转倾斜镜使入射光束聚焦到跟踪探测器视场中心；在跟踪阶段，通过倾斜镜的高速精确偏转保持入射光始终位于跟踪探测器视场中心。精瞄单元包括精瞄机构和精瞄驱动电路。精瞄机构采用快速倾斜镜方法，即通过控制两片倾斜镜独立绕两个正交轴旋转，使光束方向得到精密调节。

（4）超前瞄准单元。由于两个通信终端之间存在相对运动，所以在进行瞄准时要考虑超前瞄准，即发射光束与入射光束之间偏离一个角度，这个角度即为超前瞄准角。超前瞄准单元就是在瞄准时提供超前瞄准角，超前瞄准单元由超前瞄准机构和超前瞄准驱动电路两部分构成。与精瞄准机构类似，超前瞄准机构也由两片快速倾斜镜构成。

（5）捕获和跟踪探测器。捕获探测器和跟踪探测器一般都使用 CCD 器件。在捕获过程中，捕获探测器采用最大值法找到入射光束在 CCD 的最大输出值（最亮）对应像元的位置。跟踪探测器有两种模式：一种将入射光汇聚到 CCD 中心，以 CCD 探测到的光强最大值位置作为光斑中心；另一种是将 CCD 中心的 2×2 个像元作为四象限探测器使用，通过质心算法处理，计算输出光斑位置，从而实现对入射光束的跟踪。

对于地面激光通信终端（光学地面站），通常应采用多孔径（多个发射天线，且每个天线发射多路激光）及大口径天线发射和接收，以减小大气湍流的影响。其他单元的组成原理与上述基本相同。

11.1.2　空间环境对激光卫星中继通信的影响

激光通信终端的光电性能容易受到高能电子、高能质子、重离子、中子、热、真空、力学等空间环境因素的影响，导致器件关键指标异常，性能严重退化甚至失效。欧空局 2002 年组织的半导体激光星间链路试验（SILEX）系统是世界上第一个星间激光通信试验系统，在轨工作两年后，于 2004 年宣布失效；日本的光学轨道间通信工程验证卫星（OICETS）搭载的激光通信终端，在 2003 年与 SILEX 系统完成低轨卫星对高轨卫星星间链路试验后，于 2006 年也宣布系统失效。这些早期失效正是由激光器件在空间环境中性能退化而导致的。美国国防高级研究计划局（DARPA）发布的白皮书，对星载激光通信研究工作进行过经验和教训总结。在 11 条教训中，高性能激光发送/接收（T/R）组件的空间环境适应性问题占据 4 条。分别是：高能粒子导致的激光振荡器退化与失效、热导致的 T/R 组件失效、光纤类器件的可靠性低和泵浦源失效。这些例子说明，在发展高性能、高可靠性的激光星间链路的过程中，地面研制的 T/R 组件在空间环境的适应性一直是无法回避、不能跨越的基础性科学技术问题。

为此，ESA 在建设欧洲卫星数据中继（EDRS）系统的过程中，对元器件的空间环境适应性投入了大量经费，用 10 多年的时间，摸清了空间辐射导致激光 T/R 组件的性能退化的基本原理和规律，系统可靠性达到 0.9 左右；NASA 在卫星光通信研究中也投入大量经费，对激光中继通信链路上的几乎所有器件，如激光器、调制器、光放大器、光耦合器、光探测器、光纤、MEMS 器件等进行了广泛深入的空间环境测试，包括振动、热、真空和辐射测试等。

11.1.2.1　空间辐射的影响

空间辐射效应是由空间带电粒子引起的。这些粒子来自地球辐射带、太阳宇宙射线、等离子体的带电粒子等。不同轨道的辐射效应也不尽相同，如表 11.1-1 所示。

表 11.1-1　空间辐射对不同轨道航天器的影响

	低　轨　道	中轨道	地球同步轨道	行星际飞行轨道
中性大气	阻力对轨道影响严重；原子氧对表面腐蚀严重	无影响	无影响	无影响
等离子体	影响通信，电源泄漏	影响微弱	航天器表面充电问题严重	影响微弱
高能带电粒子	辐射带南太平洋异常区和高纬地区宇宙线诱发单粒子事件；辐射带粒子有总剂量效应	辐射带和宇宙线的总剂量效应严重		
地球磁场	磁力矩对航天器姿态影响严重	影响微弱	无影响	
太阳电磁辐射	对表面材料性能有影响			
地球大气辐射效应	对接收信道有影响	影响微弱	无影响	无影响

一般来说，空间辐射效应有以下几种：

（1）总剂量效应。在航天器工程中，总剂量效应指的是电离总剂量效应。其产生的原理是空间带电粒子进入器件后，物体会在原子电离的作用下吸收入射粒子能量。这一过程会对航天器各种元器件和材料产生总剂量的损伤。总剂量效应是一个长期累积的过程。

（2）位移损伤效应。当具有很高能量的带电粒子进入半导体材料时，会与晶体材料发生弹性或非弹性碰撞，使一个原子离开原来的晶格位置，产生所谓的位移损伤效应。当能量非常高时，还会形成级联损伤效应。位移损伤效应会导致半导体性质发生变化。例如，少数载流子寿命降低以及多数载流子密度降低，导致材料的电导率下降。

（3）表面充放电效应。卫星在轨运行期间，处于具有一定能量和密度的空间等离子体之中。等离子与卫星表面材料相互作用，使卫星出现表面充放电效应，卫星外表面可能会积累电荷（充电）。由于卫星外表面材料的介质特性、光照条件、几何形状等情况不同，可以使卫星相邻外表面之间、表面与深层之间、卫星表面与地之间、卫星表面与等离子体之间产生电位差。当这个电位差升高到一定量值后，将以电晕、飞弧、击穿等方式产生静电放电，并辐射出瞬变的电磁脉冲导致器件损坏。

LCT 的光学器件对空间辐射环境也非常敏感。因此必须采取相应的抗辐射措施。例如：

（1）半导体激光器辐射防护。辐射的总剂量效应会导致半导体激光器阈值电流增加、输出光功率下降等，影响系统性能。采取的辐射防护方法主要有：①选择阈值电流较小的器件，例如，新结构量子阱和量子点半导体激光器；②在器件使用前，根据预计使用期限和运行轨道，模拟空间辐射环境，评估器件在辐射过程中的性能退化，并对器件进行筛选；③用金属对器件进行适当的屏蔽。实验结果表明，有金属包层的样品基本不受电子辐射影响，在一般情况下，1.4mm 厚的铝板包层即可有效地屏蔽辐射。

（2）掺铒光纤放大器（EDFA）辐射防护。EDFA 具有高增益、低噪声等优点，已成为激光卫星通信终端中的关键光学器件。但是，其可靠性和寿命也会受到空间辐射的影响。通常可以通过采用掺杂浓度较高的铒纤，选择合适的泵浦波长和工作温度以及加强防护屏蔽等措施，能够在一定程度上减小 EDFA 的受辐照强度。

11.1.2.2　太阳光的影响

在星间激光链路工作时，无论是高轨道卫星还是低轨道卫星，其装载的 LCT 终端都会受到太阳、月球、地球或其他星体背景光辐射的影响，其中太阳是最主要的辐射来源。太阳光对 LCT 终端影响可归纳为 3 个方面：①光效应。主要是太阳背景光引起噪声功率增加，对捕获跟踪和通信性能产生影响；②热效应。主要是太阳光照产生温度场，引起光学元件参数变化、光学结构变形、粗跟踪机械轴系结构变形等；③累积效应。主要是太阳光中的紫外线、交替变化的温度场等造成膜系损伤、涂层退化和隔热组件退化等。

LCT 终端一般有 3 种接收视场：捕获/粗跟踪视场、精跟踪视场和通信接收视场。除了接收信标光/信号光之外，如果有背景光辐射进入接收系统，会对系统的性能造成劣化，严重时，甚至会损坏光电探测器。

1. 光效应的影响

（1）杂散光。杂散光定义为到达光学系统监测点的任何无用光子。这些光子可能由于反射镜的缺陷和被污染的散射，次镜及其支撑结构的衍射，或者是遮光板的散射而到达检测点。当杂散光进入光学系统视场时，会降低接收的信噪比，其影响程度与视场的大小有关。由于精跟踪/通信接收信道的视场小，且使用 1550nm 波段（太阳中该谱段所占能量比例小），其受视场外太阳光的影响较捕获/粗跟踪信道小，所以视场外太阳光主要是对捕获/粗跟踪信道产生较大的影响。为了使杂散光不对捕获/粗跟踪信道的性能产生影响,通常要求视场外太阳光到达粗跟踪相机的能量不超过信标光功率的十分之一。为了提高对杂散光抑制,可以采取加光阑、遮光罩等措施。

(2)日凌中断。当太阳光直射进入光学系统视场内时,由于太阳光光谱较宽、辐照能量强,会把信标光/通信光完全淹没,造成通信中断,即日凌中断。日凌中断发生的时间可以根据 LEO 卫星 LCT 终端、GEO 卫星 LCT 终端与太阳之间的夹角和距离准确分析和预报。如果太阳光信号强度超出探测仪损伤阈值,还会对光电元器件造成永久性的损坏,使系统完全失效。因此,必须避免太阳光对终端光学系统视场的直接照射。

2. 热效应的影响

LCT 的光学反射镜组件及其结构件、支撑结构等零部件裸露在卫星舱体外,面临太阳光的辐照。太阳辐照产生的热流大小与太阳对 GEO/LEO 激光通信终端的夹角有关。在被动热控条件下,外热流使裸露在舱体外的组件和零部件的温度发生变化。通常,GEO 卫星 LCT 在飞行过程中的日照或阴影时间较长,LEO(太阳同步轨道)卫星 LCT 在飞行过程中的日照或阴影时间较短。降低热效应一般采取主动温控措施。

3. 累积效应的影响

当太阳光照射到光学系统反射镜等光学镜片上时,将引起热累积效应,对膜系产生损伤,这种损伤主要有热损伤、热循环和紫外辐照老化。

(1)热损伤。热损伤可分为热熔融和热应力破坏两类。当光强度刚刚超过光学薄膜的损伤阈值时,损伤类型主要为热应力破坏;当光强度远高于光学薄膜的损伤阈值时,损伤类型主要为热熔融。导致热损伤的主要原因是光学薄膜热吸收的存在。包括:①本征吸收。当光通过介质材料时,能量会被介质材料吸收,根据材料吸收系数不同,光能量损失也不同,即材料本征吸收。②缺陷吸收。膜层表面的缺陷相当于一个微透镜,聚焦电场会影响膜层中电场的分布,导致缺陷附近局部电场的增强。电场的变化又引起膜层温度分布的变化,在缺陷处形成局部高温,从而引起局部区域材料的膨胀,使膜层材料力场变化,当力场超过材料破裂的临界温度时,损伤发生。也就是说,在光能辐照条件下,光学薄膜吸收了一定的光能,在薄膜内产生热量沉积,形成非均匀温度场,造成膜层中产生一定热应力,这种热与力耦合的作用造成薄膜的形变和损伤。通常,薄膜在光损伤初期阶段是瞬时的、可逆的,当瞬时损伤的恢复时间小于光的重复周期时,薄膜破坏一般不呈现累积效应。

(2)热循环。当卫星沿轨道飞行时,由于周期性地经历日照区和地球阴影区,卫星被周期性地加热和冷却。一些光学元器件在空间循环温度场作用下会产生损伤。其形式表现为:①光学膜层剥落。在对反射镜表面镀膜时,基底与膜层膨胀系数的差别在热循环作用下可能导致层间产生热应力,使膜层局部脱落。②光学表面形状的改变。一些大尺寸反射镜对表面形状的要求非常高。在温度变化的情况下,反射镜尺寸大以及材料导热性差等原因,会导致表层的温度变化远较内部剧烈,即形成所谓的边缘效应。这种边缘效应会使表层材料内部产生较大的应力,使反射镜表面形状发生改变。

(3)紫外辐射老化。当太阳紫外辐射的高能光子照射到光学系统表面膜层时,若光子能量高于膜层材料分子键的结合能,就可以使膜层材料的分子键断裂,与周围大气、污染物的原子和分子相互作用形成新的聚合物。在稳定的紫外辐射照射下,随着照射时间的增加,光学膜层的光学特性呈近于指数关系衰变。

表 11.1-2 给出了太阳光对激光卫星中继链路的影响。

表 11.1-2　太阳光对激光卫星中继链路的影响

因素	子　因　素	影　　响
光效应	直射光	日凌中断;造成探测器损伤
	杂散光	造成信噪比降低
热效应	光学元件参数变化	主次镜光轴偏离,影响成像质量;对于地面设备,可采取措施削弱该影响
	光学结构变形	影响光学系统光轴;对于地面设备,可采取措施削弱该影响
	机械轴系结构变形	影响跟踪精度;对于地面设备,可采取措施削弱该影响
累积效应	膜系损伤	在卫星寿命期间一般影响小;对于地面设备,可进行维护
	涂层退化	影响涂层效率,热控和散射性能下降;对于地面设备,可进行维护
	隔热组件退化	影响隔热组件效率,热控和散射性能下降;对于地面设备,可进行维护

11.1.2.3　大气信道的影响

在激光卫星中继链路中,激光波长与大气中的气体分子、雨、雾、雪、霾、气溶胶等粒子相比,其几何尺寸相近甚至更小,相比于微波波段,大气的影响更为显著。这些影响大致有:①大气的温度变化以及风、对流、湍流,大气的吸收和弥散,云层的截留等,导致光传输路径上折射率和光束损失的随机变化;②星地相对位置的快速变化导致光路径上的大气厚度不断变化;③大气的折射改变光束的入射角度;④光波表面畸变使焦曲面上的光束散射和损耗等。这些影响最终会使光信号接收电平产生波动,信噪比降低或通信距离缩短或通信带宽减小。特别是在强湍流情况下,光信号将受到严重干扰,引起光束漂移、扩展、强度闪烁、像点抖动、到达角起伏、偏振改变、相干长度减小,甚至造成脱靶,导致通信中断。

对大气信道随机变化的影响,可以采取一些补偿措施。例如,采用大孔径接收天线和多孔径发射技术,减小大气对激光束发散的影响;使用自适应光学补偿技术对大气扰乱的波面进行修复,以增加相干长度;增大光探测器的有效接收面积,提高接收光功率,降低因光束抖动引起的链路中断概率;选择合适的光学地面站站址,采用多点布站措施等。

11.1.3 激光卫星中继通信的关键技术

激光卫星中继通信的关键技术大致可以分为激光器技术、捕获跟踪瞄准(ATP)技术、光学发射接收与基台技术、调制与探测技术、振动抑制技术、LCT 小型化轻量化技术、大气影响补偿技术、地面检测与验证技术等方面。

11.1.3.1 激光器技术

由于距离远、数据传输速率高,所以要求光发射机输出功率要大,且光源稳定。光源一般采用半导体激光器或半导体泵浦的 YAG 固体激光器。它既可以作为信号光源,也可以作为信标光源。工作波长一般在 $0.8\sim 1.5\mu m$ 近红外波段。目前用于卫星上的激光器主要集中在 800nm,1000nm,1550nm 波长的半导体激光器、固体激光器和光纤激光器上。表 11.1-3 给出了这 3 种激光器的性能比较。

表 11.1-3 不同激光器的比较

激光器类型	优　点	缺　点	代表器件
半导体激光器	体积小,转换效率高、结构简单	发射功率小,波长稳定性差、线宽较宽,调制速率低	MOPA 半导体器件
固体激光器	波长稳定性好,功率大	电光转换效率低,体积大	Nd：YAG 固体激光器
光纤激光器	可满足星上应用	空间光到光纤的耦合问题	低噪声前置光纤放大器

（1）在已进行的星间、星地试验中，多数采用半导体激光器。为了克服半导体激光器发射功率小的缺点，采用了主控振荡功率放大（MOPA）半导体器件。只要 MOPA 能够满足空间环境的要求，半导体激光器会被更广泛地应用于星间和星地激光链路。

（2）Nd：YAG 固体激光器优异的性能使其可适应于各种调制方式，采用 PSK 调制和零差相干解调方式可使探测器灵敏度大幅提高，几乎等于量子极限。据资料报道，Nd：YAG 激光器在保证性能的情况下，已通过各种空间环境试验，满足空间飞行条件。此外，通过采用性能较好的半导体激光二极管作为泵浦光源，可以提高 Nd：YAG 激光器的电光转换效率。

（3）通过对陆上光纤激光器的体积、转换效率、光束质量、发射功率、谱线宽度、波长稳定性以及调制速率等方面进行技术改进，可以使其满足空间应用要求。目前，低噪声前置光纤放大器由于能够满足接收灵敏度的要求也得到应用。将光纤激光器用于星上，需要解决的主要问题是空间光到光纤的耦合问题。

11.1.3.2 捕获、跟踪和瞄准技术

在激光卫星中继通信链路中，发射光束瞄不准会导致光链路信号功率变化。由于光束宽度极窄，接收信号的功率对发射机的瞄准误差非常敏感。发射机瞄准偏差大，可能导致链路无法建立或通信中断。因此，空间两个相对高速运动的 LCT 终端之间正确地捕获、跟踪和瞄准（ATP）成为激光卫星中继通信的关键。另外，由于卫星平台姿态变化和随机振动通常比发射光束宽度大得多，使问题更加复杂。因此，需要一个 ATP 控制系统来减小瞄准误差带来的信号损失。

激光 ATP 技术是一项"光、机、电"综合的复杂技术。当卫星存在较大姿态不确定性时，ATP 系统必须首先能捕获一个确定绝对姿态的参考源（信标光）。然后，在存在卫星轨道运动和微小振动的条件下，将通信发射光束精确瞄准到另一个卫星（或地面）LCT 接收机上。为了减小瞄不准的损失（一般要求小于 2dB），所需要的发射信号总的瞄准精度要小于衍射极限光束宽度的 40%，通常在微弧度量级[1]。

11.1.3.3 调制与探测技术

激光卫星中继通信的调制方式有多种，例如，开-关键控（OOK）调制、脉冲位置调制（PPM）、波长调制（WM）、波长偏移键控（WSK）调制、脉冲强度调制（PIM）、相移键控（PSK）调制等。目前采用较多的是 OOK 调制和 BPSK 调制方式。与 IM 调制对应的探测方式是直接探测（DD）方式，与

BPSK 调制对应的是相干探测方式。直接探测（非相干探测）具有结构简单、成本低、易实现等优点。相干探测又可以根据信号载波与本振（LO）光波频率是否相同而分为零差探测和外差探测。相干探测技术在灵敏度上比直接探测高 10～20dB,但要求信号光与本振光具有良好的相干性、频率稳定性和精确的空间光场匹配能力,比直接探测技术要复杂得多。因此,在高灵敏度和复杂环境下实现相干探测是一项重要的关键技术。

11.1.3.4　振动抑制技术

信号光跟踪精度通常在几个微弧度量级,为了获得高质量通信性能,必须维持激光链路的稳定。除了要求 LCT 终端本身能够适应在振动环境下工作以外,提高卫星平台稳定度也是有效途径之一。

通常,卫星上安装多个有运动机构的有效载荷和设备,如天线指向调整机构、太阳帆板驱动机构以及动量轮等,这些运动部件会产生微振动,振动频率往往高于卫星控制系统带宽。LCT 的捕获跟踪回路由于控制带宽的限制,较难对卫星平台传递过来的高频微振动进行补偿或抑制,对激光链路的稳定性影响较大;同时这些运动部件的动力学耦合会相互作用,产生干扰力矩,对卫星平台的控制精度和激光通信终端的指向性能均有影响;高轨卫星平台一般采用 10N 推力器进行卫星的角动量卸载和轨道位置保持,推力器工作时产生的干扰力矩对卫星平台的姿态控制精度和姿态稳定度影响较大;太阳翼柔性和环境干扰力矩对卫星的稳定度也有一定影响。综上所述,如何提高卫星平台稳定性,以及 LCT 与卫星平台之间如何进行振动隔离,将振动的幅度降到最低,也是需要解决的一个关键技术。

振动的影响涉及从开环捕获、闭环跟踪到光通信的各个环节。在注重结构抑制的同时,就通信系统设计本身也应考虑抑制振动的方法。例如,通过调整带宽或改变接收机的参数来改变接收功率,从而补偿发射机振动对通信系统性能的影响;用 $N \times M$ 个像素组成探测矩阵,通过调整探测阵列中每个像素各自的增益,使数据传输差错率降到最低;采用相位阵列技术,调整束宽;以及依据振动的强弱改变发射功率的功率控制技术等。

11.1.3.5　小型化轻量化终端技术

卫星平台对有效载荷的体积、重量和功耗都有非常苛刻的限制。早期的试验性 LCT 终端重量超过 100kg,限制了其在卫星上的应用。因此人们一直在不断地追求终端的小型化、轻量化和低功耗。例如,ESA 为 LCT 的小型化、轻量化和低功耗专门制定了多项研究计划。其第一代中继卫星的 SILEX 中继终端的重量超过 150kg,但在 2012 年发射的"阿尔法"卫星

(Alphasat)上的终端重量就降到 45kg 左右,在终端体积和重量方面都有明显的改善;日本针对 50kg 量级的微卫星专门开发了小型 LCT,终端仅重 5.3kg,功耗仅 22.8W;瑞士厄利空-康特拉夫斯(Oerlikon-Contraves)公司也在积极从事该方面研究,其研发的 OPTEL 光通信终端系列也达到了小型化、轻量化和低功耗要求。

LCT 终端小型化、轻量化和低功耗的措施主要包括优化捕获跟踪策略、优化天线口径、优选轻质材料、简化光路以及集成化和模块化设计等。随着光通信相关元器件技术进步以及新的通信体制和新的微系统设计理念的采用,LCT 的体积、重量和功耗将会进一步减小。

11.1.3.6 地面检测与验证技术

星载 LCT 是一种高精度的"光、电、机"综合系统,其光束达到衍射极限。发散度为微弧度量级,跟踪瞄准精度达到亚角秒量级,通信距离至数万千米。因此,对于这样的高精尖光学设备,需要在地面进行 ATP 动态性能和激光通信性能的检测和验证,以判定其设计的正确性和合理性。地面检测验证的手段通常有半实物半数字仿真或全实物仿真两种。例如,SILEX 系统的半实物半数字仿真系统 LCT 检验平台以及日本的星间激光通信实验室验证系统(GOAL)等。这些地面检测验证设备往往也是一种高精度光学设备,也是需要掌握的关键技术。

11.1.4 激光卫星中继通信在轨试验验证

11.1.4.1 美国激光卫星中继通信在轨试验

美国是最早开展空间光通信试验的国家,也是技术走在最前沿的国家之一,早在 20 世纪 60 年代就开始资助地-空光通信系统研究。20 世纪 70 年代初期,美国开展了基于 CO_2 激光器的卫星光通信系统的初步研究。在空间光通信领域,美国制定并实施了一系列星地、星间以及深空光通信技术发展和空间试验计划。

1. LEO-地面激光通信在轨试验

(1) 从 2000 年 7 月 16 日至 2000 年 10 月 6 日,"空间技术研究飞行器 2 号"(STRV-2)LCT 终端与桌山地面站开展了 17 次光通信建链试验。据报道,其 ATP 系统采用的是开环捕获,即根据星历表等轨道参数进行跟瞄,而实际的卫星星历误差以及卫星姿态控制(尤其是偏航)误差远大于原始的指标,导致卫星 LCT 终端不能捕获地面站发射的信标光,使该试验以失败告终。

（2）2009 年至 2011 年,美国近场红外试验卫星(NFIRE)分别与位于夏威夷毛伊岛的光学地面站和西班牙特内里费岛的移动光学地面站进行了低轨道与地面(LEO-地面)双向相干激光通信试验。参与该项试验的激光通信终端(LCT)由德国 Tesat 公司研制,传输距离为 500km,数据速率为 5.625Gb/s,最长通信时长达到 177s。该项试验验证了 BPSK/零差相干探测系统在大气传输中的优良性能,在大气闪烁效应很强时系统仍能工作。当数据速率为 5.625Gb/s 时,大多数情况的下行数据为零差错,上行数据差错率优于 10^{-5}。这是世界上首次成功的星地相干光通信试验,它为星载相干光通信技术在高分辨力对地数据传输系统中的应用提供了充分的理论与实践依据。

（3）2014 年 6 月 5 日,NASA 开展了激光通信科学光学载荷(OPALS)试验。该试验采用 OOK 调制,等效传输速率达到 50Mb/s,验证了在平台微振动、大气扰动、背景噪声等影响下的国际空间站与地面之间的激光通信性能。

2. GEO-地面激光通信在轨试验

（1）2001 年 5 月 18 日,美国国家侦查局的地球同步轨道轻量技术试验(GeoLITE)卫星发射入轨。该卫星装有一个激光通信终端(LCT)和一个工程用超高频(UHF)通信终端。激光通信试验的主要任务是验证 GEO 卫星与地面之间的捕获跟踪技术,并评估大气对星地光通信的影响,这次试验取得了成功。

（2）为了将空间光通信技术应用于下一代中继卫星积累经验,以月-地激光通信试验为基础,美国部署了激光通信中继演示验证(LCRD)项目,并在先期发射的一颗商业通信卫星上搭载激光通信终端,开展为期两年的 GEO-地面高速双向光通信试验。计划中的 GEO-地面中继通信速率为 1.25/2.88Gb/s(DPSK)。

3. 月球-地面激光通信在轨试验

2013 年 10 月,美国成功进行了世界上首次绕月卫星与地面的双向激光通信演示验证(LLCD)。上行采用 4PPM 调制技术,支持的数据传输速率为 10~20Mb/s。下行采用 16PPM 调制技术,支持的数据传输速率为 39~622Mb/s。空间终端的质量约为 30.7kg,功耗约为 90W,天线为收发孔径均为 10cm 的反射光学天线,光束发散角约为 15μrad,发射光功率为 0.5W。地面终端天线采用了 4 发 4 收光学系统设计,每路发射孔径为 15cm,每路接收孔径为 40cm,同时采用了超导纳米线单光子探测技术进行高灵敏度探测,探测灵敏度达到 -82.9dBm。试验表明,在通信距离为

400 000km 时,最大数据传输速率达到了 622Mb/s。

11.1.4.2 欧洲空间激光通信在轨试验

欧洲空间激光通信的研究基于欧洲各国的合作,包括英、法、德等国政府以及欧空局、法国马可尼空间公司、瑞士厄利空-康特拉夫斯公司和德国 Tesat 公司等。

1. GEO-LEO 激光通信在轨试验

(1) 2001 年 7 月,"阿蒂米斯"(ARTEMIS)同步卫星在法属圭亚那库鲁航天中心由"阿里安"运载火箭发射升空。"阿蒂米斯"卫星发射重量为 3105kg,卫星采用三轴稳定平台,尺寸为 4.8m×25m×8m,设计寿命为 10 年。2001 年 11 月,"阿蒂米斯"卫星与已经在轨的太阳同步轨道(高度为 832km,倾角为 98.72°)的法国地球观测卫星(SPOT-4)成功建立了激光通信链路,并进行了世界上首次 GEO-LEO 卫星间激光中继通信试验。SPOT-4 卫星拍摄的图像通过星间光链路以 50Mb/s 速率传给了"阿蒂米斯"卫星。该试验的链路距离达到 40 000km,采用 IM/DD 体制,误码性能优于 10^{-6},验证了卫星光通信的快速捕获和高精度跟踪技术的可行性。

(2) 2005 年 12 月 19 日,"阿蒂米斯"卫星与日本的轨道间通信工程试验卫星(OICETS)成功进行了激光通信试验。在 377 小时 39 分钟的 1862 次星间链路建立过程中,只有 73 次链路中断。与 SPOT-4 星间单向链路试验不同,这次试验在世界上首次实现了卫星间双向激光通信,通信距离达到 45 000km。OICETS 卫星上的 LCT 由光学模块和电子模块两部分组成。该终端使用 GaAlAs 半导体激光二极管作为光源,采用 IM/DD 体制,返向发送速率为 49.372 4Mb/s;前向链路采用二进制脉位调制(2PPM),终端探测器采用雪崩光电二极管(APD)探测体制,粗跟踪使用 CCD,精跟踪使用四象限探测器,接收的前向链路速率为 2.048Mb/s;终端的质量约为 140kg,功耗约为 220W,尺寸为 1.24m×0.98m×0.57m。

(3) 2013 年 7 月 25 日,在圭亚那库鲁航天中心成功发射了"阿尔法"卫星(Alphasat)。该卫星搭载了激光通信终端技术验证载荷,用以验证"阿尔法"卫星到地球观测卫星(GEO-LEO)的激光通信技术,为欧洲数据中继卫星(EDRS)系统提供技术基础。2014 年 11 月 28 日,"阿尔法"卫星与"哨兵-1A"(Sentinel-1A)卫星之间成功进行了高速相干激光通信试验。此次试验采用 BPSK 调制/零差探测体制,返向数据速率为 1.8Gb/s,其设计可以支持在未来扩展至 7.2Gb/s。

(4) ESA 计划发射两颗欧洲数据中继卫星,实现空间激光通信组网应用。第 1 颗采用搭载方式,将 EDRS-A 载荷搭载在"欧卫-9B"(Eutelsat-9B)通信卫星上。该由阿斯特里姆(Astrium)公司制造,于 2016 年 1 月 30 日从哈萨克斯坦科努尔发射场成功发射,定点在 9°E 的位置。该卫星含有星地 Ka 频段链路和星间激光通信链路载荷,已经开始为"哨兵"系列卫星提供服务,同时还承担通信广播业务服务。第 2 颗中继卫星(EDRS-C)为专用卫星。这两颗卫星上的激光通信终端由 Tesat 公司研制,终端的质量约为 53kg,功耗约为 180W,通信速率可达 1.8Gb/s,通信距离超过45 000km。

2. GEO 卫星与飞机间激光通信在轨试验

2006 年,法国国防部实施了机载激光链接(LOLA)演示计划,开展了世界上首次同步轨道卫星与飞机的光通信试验。在试验中,法国达索航空公司的"神秘 20"飞机利用其机载激光通信系统,与 40 000km 外的"阿蒂米斯"卫星之间成功建立了双向激光通信链路。该计划验证了飞机和地球同步轨道卫星利用激光链路进行中继传输的可行性。

3. LEO-LEO 星间激光通信试验

2005 年,德国和美国启动了一项低轨卫星间光通信试验合作项目,以验证 LEO-LEO 卫星间高速激光通信和大气对相干通信链路的影响。该试验在德国"TerraSAR-X"卫星和美国近场红外试验(NFIRE)卫星之间进行。"TerraSAR-X"卫星是德国新一代 X 波段合成孔径雷达卫星。2007年 6 月 15 日,"TerraSAR-X"卫星搭乘俄罗斯"第聂伯"火箭从拜科努尔发射场发射。卫星轨道为太阳同步轨道,高度为 514km,倾角为 97.44°。"TerraSAR-X"卫星的质量约为 1230kg,有效载荷约为 400kg,寿命末期功率约为 800W,设计寿命为 5 年,卫星外形呈六角形,长为 4.88m,直径约为2.4m。该卫星利用其携带的一台激光通信终端来验证星间高速光通信。2007 年 4 月 24 日,美国"NFIRE"卫星搭乘轨道科学公司的"米诺陶"火箭从弗吉尼亚州的瓦勒普斯岛成功发射,进入 495km 预定轨道,轨道倾角为48.0°。该卫星的发射质量为 494kg,设计寿命为 2 年。"NFIRE"卫星的其中一个任务是进行卫星光通信试验,评估激光通信系统用于导弹防御的可行性。

2008 年 3 月 12 日,"TerraSAR-X"卫星和"NFIRE"卫星成功进行了世界上首次 LEO-LEO 卫星间双向相干光通信试验。其通信距离达到5100km,捕获跟踪时间小于 10s,实现了 450s 的零差错传输,总的误码性能优于 10^{-9},数据传输速率达到 5.625Gb/s。此项目验证了在跟踪角度大、通信距离变化、有超前瞄准角、通信双方多普勒频移变化等条件下,两个卫星间的高精度指向和良好的捕获跟踪性能,具有里程碑意义。参与该项试验的 3 台激光通信终端由德国 Tesat 公司研制,其中两台终端分别搭载在德国的"TerraSAR-X"卫星和美国的"NFIRE"卫星上,第 3 台终端修改后用作移动光学地面站。

11.1.4.3 日本空间激光通信在轨试验

1. GEO-LEO 激光通信在轨试验

"工程实验卫星 6 号"(ETS-Ⅵ)是 1 颗大型三轴稳定卫星,由日本宇宙开发事业集团(NASDA)设计。卫星外形的尺寸为 $3.0m \times 2.8m \times 2.0m$,发射质量为 3800kg,寿命为 10 年,采用大型双翼半刚性太阳电池板,寿命末期可以提供 4100W 功率。"ETS-Ⅵ"卫星也是世界上首次使用电推力器(氙离子发动机)进行南北轨道控制的航天器。星上激光通信设备由光学模块和电子学模块两部分组成。光学模块的质量约为 13kg,置于卫星舱外,用一个保护翼削弱太阳辐射和电磁波干扰。电子学模块置于卫星舱内,由控制电路、数据处理器和遥测遥控接口电路、跟踪控制电路以及电源等 4 个电子线路盒组成。激光通信设备采用 GaAlAs 激光二极管,波长为 $0.83\mu m$,平均输出功率为 13.8mW,光束发散角为 $30\mu rad/60\mu rad$,采用强度调制。光学天线采用收发合一,口径为 7.5cm。探测器采用 SiAPD,波长为 $0.51\mu m$,视场为 0.2mrad。捕获和粗跟踪探测器采用 CCD,捕获视场为 8mrad,精度为 $32\mu rad$。精跟踪采用四象限探测器(QD),其跟踪范围为 $\pm0.4mrad$,视场为 0.4mrad,精度为 $2\mu rad$。超前瞄准范围大于 $\pm100\mu rad$,分辨力为 $2\mu rad$。整个设备的质量为 22.4kg,功耗为 90.4W。

日本邮政事业厅通信研究实验室(CRL)的光学地面站的光源采用氩激光器。光学天线采用收发独立结构,其中发射天线采用 Marsenne 式离轴望远镜,口径为 20cm;接收天线采用卡塞格伦望远镜,口径为 1.5m。地面站的精瞄和超前瞄准单元的精度均为 1mrad。

1994 年 8 月 28 日,"ETS-Ⅵ"卫星由"H-Ⅱ"火箭发射升空。由于火箭出现故障,卫星未能进入预定的地球同步轨道,而是进入了一个椭圆轨道。1995 年 7 月,"ETS-Ⅵ"卫星与 CRL 光学地面站进行了星地链路光通信试验。随后,1995 年 11 月至 1996 年 5 月,"ETS-Ⅵ"卫星又与美国喷气推进实验室(JPL)的桌山光学地面站进行了多次间断性的光通信试验。通过日本 CRL 和美国 JPL 的共同努力,基本完成了全部激光通信试验计划。其试验成果是:①在世界上首次实现了 GEO 轨道卫星与地面站之间的目标捕获和跟踪;②采用 IM/DD 体制,实现了卫星和地面站之间双向激光通信,通信距离大于 37 800km,数据传输速率为 1.024Mb/s;③测试了上行链路(波长 510nm)和下行链路(波长 830nm)激光束的传输特性;④测试了光学器件在太空环境中的性能;⑤验证了星地链路激光通信的可行性。

2. LEO-地面激光通信试验

20 世纪 80 年代,日本启动了轨道间通信工程试验卫星(OICETS)计划。该计划旨在以"OICETS"卫星为主体,开展光学器件(LD,APD,CCD,QD)空间性能试验、激光捕获跟踪试验、与"阿蒂米斯"卫星进行星间光通信试验以及与 CRL 地面站进行星地光通信试验等多项空间试验计划。参与试验的光通信终端包括 OICETS 卫星上搭载的光通信设备(LUCE)、"阿蒂米斯"卫星光通信终端以及日本情报通信机构(NICT)的光学地面站。考虑到大气湍流的影响,光学地面站采用大口径 1.5m 的发射天线,发射 4 路信号光(左旋极化,波长为 815nm,峰值发射功率为 500mW,光束发散角为 204μrad)和 1 路信标光(波长为 808nm,峰值发射功率为 30W,光束发散角为 9mrad)。

在完成了与"阿蒂米斯"卫星为期 3 个月的星间光通信试验后,为了将星上激光通信终端对准地面站,进行星地光通信试验,2006 年 2 月,对 OICETS 卫星姿态进行了 180°的大调整。2006 年 3 月 31 日,"OICETS"卫星与 NICT 光学地面站成功进行了世界上首次 LEO 星地光通信试验。该试验采用 IM/DD 体制,上行链路速率为 2.048Mb/s,下行链路速率为 49.3724Mb/s。2008 年 10 月,"OICETS"卫星又与德国航空航天中心(DLR)的移动光学地面站进行了星地光通信试验。

11.1.4.4 俄罗斯空间激光通信在轨试验

俄罗斯一直进行着空间光通信技术研究。2012 年,俄罗斯首次完成了空间站对地面的光通信试验,链路距离为 400km,数据传输速率为 125Mb/s。随后开展了白天和夜晚及多种大气(包括雾霾和 80% 云量)条件下百余次光束捕获跟踪试验和数据传输试验,研究了航天器-地面激光中继通信链路的通信能力和工作条件。目前,俄罗斯已完成从低轨航天器通过激光链路以 125Mb/s 和 622Mb/s 的速率向北高加索光学地面观测站传输数据的试验。

俄罗斯制定了低轨卫星之间以及低轨卫星与中继卫星之间激光链路项目计划。根据该计划,设计了标准化的卫星光通信终端,最远通信距离为 70 000km,数据速率 2Gb/s,使其能够适用于不同的卫星激光通信链路。

11.1.4.5 中国空间激光通信在轨试验

截止到 2018 年 8 月,中国先后发射了 5 颗光学通信试验卫星,分别是

"海洋 2 号"卫星、"实践 13 号"卫星、"墨子号"量子科学试验卫星和"北斗"全球系统的"M11"和"M12"卫星。

"海洋 2 号"卫星是中国首颗海洋动力环境探测卫星,用于监视和探测海洋动力环境参数,该卫星搭载了激光通信试验载荷。2011 年 8 月 16 日,卫星成功发射,进入太阳同步轨道,轨道高度约为 971km。2011 年 11 月,"海洋 2 号"卫星与长春光学地面站之间进行了星地激光通信试验验证,并获得成功。下行数据传输速率分别为 20Mb/s,252Mb/s 和 504Mb/s;上行数据速率为 2Mb/s。星地通信距离大于 1650km。星载激光通信终端由哈尔滨工业大学研制,其设计质量小于 65kg,功耗小于 165W。

2017 年 4 月 12 日,中国"实践 13 号"卫星成功发射。2017 年 4 月底至 8 月,星上搭载的哈尔滨工业大学的激光通信终端成功地进行了 GEO-地面的双向激光通信试验,最高数据传输速率达到了 5Gb/s。

表 11.1-4 给出了国外已经过在轨试验的激光卫星通信终端主要技术指标。

11.1.5　激光卫星中继通信发展趋势

11.1.5.1　美国激光卫星中继通信规划

2012 年,美国领衔的国际光通信研究小组(OLSG)制定了激光通信关键技术研究发展路线图。将 2025 年前空间激光通信发展划分为 3 个阶段:2014 年前为第 1 阶段,开展关键技术攻关、地面验证和在轨试验以及标准化指南研究等。2014 年至 2017 年为第 2 阶段,进行标准化开发工作,主要包括:面向星地激光链路可靠传输的气象数据交换格式;面向工程应用的星间链路和星地链路的捕获、跟踪与瞄准技术标准;使用 1064nm 和 1550nm 两种波长的调制编码技术(OOK/PPM、BPSK、DPSK)标准以及新协议标准等。2017 年至 2025 年为第 3 阶段,开展激光终端开发和在轨运行。

从总的发展角度看,2017 年前为技术转化阶段,2017 年后迈入商业化阶段。激光通信终端按照模块化开发,主要从光机结构模块、调制解调模块、终端电控模块切入;从关键技术攻关与试验角度看,2020 年前着重关注链路稳定性、平台振动补偿、无云视距链路分析、激光发射源和探测技术等;2020 年后着重关注单光子探测、光学组阵接收、低噪声激光器、精确对准等技术。同时从系统层面更加关注多条光学链路的交叉支持。NASA计划在 2022 年左右在第四代 TDRS 上采用激光通信链路。

表 11.1-4 国外已经过在轨试验的激光卫星通信终端主要技术指标

	ETS-VI LCT	ARTEMIS LCT	SPOT-4/OICETS LCT	TerraSAR-X/NFIRE LCT	EDRS/Sentinel LCT
接收天线口径	75mm	250mm	250mm/260mm	125mm	135mm
接收数据速率	1.024Mb/s	50Mb/s	2Mb/s	5.625Gb/s	1.8Gb/s
接收波长	510nm	847nm	819nm	1064nm	1064nm
调制/探测	IM/DD	IM/DD	IM/DD	BPSK/相干(零差)	BPSK/相干探测
发射天线口径	75mm	125mm	250mm/130mm	125mm	135mm
发射功率	13.8mW	37mW	70mW/100mW	1W	5W
发射数据速率	1.024Mb/s	2Mb/s	50Mb/s	5.625Gb/s	1.8Gb/s
发射波长	830nm	819nm	847nm	1064nm	1064nm
信标波长	—	801nm	无	无	无
链路距离	37 800km	45 000km	45 000km	<8000km	45 000km
终端重量	22.4kg	157kg	150kg/140kg	35kg	53kg
终端功耗	90.4W	200W	150W/220W	120W	180W

11.1.5.2　欧洲激光卫星中继通信规划

欧洲的空间激光通信研究始于 20 世纪 70 年代后期。40 年来,欧洲在该领域投入了大量的人力物力,开展了空间激光通信涉及的各个领域的研究工作,内容包括卫星激光通信天线设计、自由空间激光通信设备设计以及激光探测技术、半导体激光器技术和卫星间激光通信验证试验等。欧洲在发展空间激光通信的过程中,制定和实施了一系列阶段性研究计划。

2008 年底,欧空局部长会议批准了未来欧洲数据中继卫星系统(EDRSS)计划,并于 2009 年正式启动。TSET 公司是 EDRSS 系统指定的激光通信终端供应方。2015 年至 2025 年期间,将先后发射 3 颗中继卫星:"EDRS-A"(已搭载在"欧卫-9B"卫星上投入应用)、"EDRS-C"和"EDRS-D"。同时发射"哨兵"系列卫星,并以"哨兵"系列卫星为主要服务对象,提供高速率激光中继链路服务。该链路采用 BPSK 调制/零差探测技术体制,数据传输速率为 1.8Gb/s。远期目标是向整个 ESA 用户部门,包括运载火箭、"伽利略"导航系统等提供充足的全球数据中继服务。随着"EDRS-C""EDRS-D"相继入网运行,将形成全球激光中继通信网,全面投入商业化应用。

11.1.5.3　日本激光卫星中继通信规划

日本从 20 世纪 80 年代中期开始进行空间光通信研究。尽管启动较欧美晚,但得益于其良好的工业基础和政府的高度重视。"OICETS"计划成功后,日本启动了空间光通信研究先进技术卫星(SOCRATES)项目,计划 2019 年发射新的激光数据中继卫星,并同时研制新一代小型轻量化激光通信终端。LEO 和 GEO 激光通信终端采用了不同的结构设计。LEO 终端质量小于 35kg,峰值功耗为 150W,平均功耗为 100W。GEO 终端质量小于 50kg,峰值功耗为 130W,平均功耗为 100W。该终端采用 1550nm 波长,相干通信体制,GEO-LEO 之间的传输速率将达到 2.5Gb/s。与"OICETS"激光通信终端相比,新一代终端在质量、功耗、数据速率等方面都有了明显的改进。2014 年,日本的小型光学通信终端总质量已达到 5.8kg,通信距离为 1000km,下行通信速率为 10Mb/s。

另外,由 120 颗卫星组成的下一代 LEO 卫星通信系统(NeLS)的星间链路采用激光通信技术。该卫星星座用 10 条圆形轨道覆盖南北纬 70°以内的地区,每条轨道均匀分布 12 颗卫星,单链路容量为 2.5Gb/s。表 11.1-5 给出了星座的轨道参数。

表 11. 1-5　NeLS 卫星网络的轨道参数

参　　数	数　　值	参　　数	数　　值
轨道倾角	55°	单颗卫星装载的光终端数	4
轨道高度	1200km	轨道内链路距离	3922km
轨道偏心率	0	轨道间链路距离	<4909km
轨道周期	6565s	卫星的相位间隔	3°
轨道数目	10	用户的单星最小仰角	20°
单条轨道的卫星数目	12	用户的双星最小仰角	15°

11. 1. 5. 4　激光卫星中继通信总的发展趋势

从国外的试验验证和发展规划看,随着技术的突破,总的发展趋势是:
①激光卫星中继通信已经由规划、设计和试验验证阶段向大规模商业化应
用方向发展,成为极高速率数据中继传输的重要手段。②与经典的直接探
测体制相比,相干通信(零差)体制能给系统带来更高的探测灵敏度和波长
选择性,已经成为远距离、高数据率通信体制的首选方案。③通过采用新型
元器件、新的通信体制和微系统设计理念,激光通信终端继续向小型化、轻
量化、低功耗、长寿命方向发展。例如,NASA 在火星 2020 探测器上安装
的激光通信终端质量小于 6kg,功耗低于 50W。④从点到点通信向组网方
向发展。例如,由 108 颗卫星组成的 LeoSat 星座将采用激光星间链路,建
立一个星间激光骨干网。欧洲激光通信公司的 MEO 星座(12 颗卫星、
10 500km 轨道高度)系统,通过采用空间激光通信技术,使星座总容量达到
6Tb/s,空间链路总的传输速率达到 200Gb/s,地面部署多个激光通信地面
站,形成地面站网体系,以消除网络阻塞、中断及天气原因带来的影响。
⑤向天地一体化方向发展。即激光卫星中继通信系统与全球覆盖的地面和
海下光纤网络连接,实现天基光网络与地基光纤网络的一体化,向全球提供
其他卫星平台难以提供的高质量通信服务。⑥激光通信中继向深空迈进。
随着相关关键技术的攻克和元器件性能的提升,深空光通信技术将逐步走
向成熟。

11. 2　未来发展趋势

11. 2. 1　卫星数据中继系统提供导航增强服务

11. 2. 1. 1　TDRSS 系统的 TASS 业务

全球差分 GPS 系统(GDGPS)是喷气推进实验室(JPL)开发的高精度

GPS 增强系统,用来支持 NASA 科学任务所要求的实时定位、定时和轨道确定。GDGPS 于 2000 年进入全面运行,其可靠性达到 99.999%。

NASA 在第三代 TDRSS 部署期间,最值得关注的是在中继卫星上部署导航波束,即 TDRSS 卫星增强服务(TASS)。TASS 业务利用 GDGPS 系统获取的 GPS 性能信息,通过中继卫星,用 S 频段向 LEO 卫星广播 GDGPS 实时差分修正信息,从而实现低轨卫星自主精确定轨。TASS 信号还提供了一个与 GPS 同步的测距信号。

NASA 在 2006 年发布了 TASS 系统的演示(测试)信号。在 2013 年开始进行的 SCaN 试验台新技术测试中,内容之一就是对 TASS 进行测试。随着第三代中继卫星部署完成,该项服务将投入运行。

11.2.1.2　"射线-5"中继卫星搭载 SDCM 信号转发器

俄罗斯"射线-5"中继卫星搭载了差分校正和监测系统(SDCM)的信号转发器,在提供数据中继的同时,可以提供卫星导航增强服务。2014 年"射线"卫星的发射,标志着俄罗斯 GLONASS 增强系统的 SDCM 空间段部署完成。

SDCM 是 GLONASS 现代化的组成部分,主要对 GLONASS 和 GPS 进行完好性监测并实现实时和事后系统性能评估。该系统由空间段和地面段组成,其空间段为"射线-5"卫星搭载的信号转发器,负责将 SDCM 修正信息转发给用户,以达到提高定位精度的目的。根据俄罗斯航天局的数据,"射线"卫星系统发射后,俄境内的 GLONASS 定位精度将提高至与 GPS 系统相当。

11.2.1.3　EDRS 向"伽利略"导航系统提供服务

根据 ESA 资料,EDRS 远期目标中还要向"伽利略"导航系统提供服务,具体为:①EDRS 作为网络中心,通过星间链路为"伽利略"卫星在紧急情况下的完好性监测提供支持;②EDRS 搭载载荷通过发送类似 GPS L1, L5 和"伽利略"的信号,支持二代欧洲静地导航增强系统(EGNOS)用户使用;③EDRS 提供全球的"伽利略"基准站与位于欧洲的控制中心之间的连接,以增强该系统的独立性。

11.2.2　研发新一代数据中继卫星

11.2.2.1　NASA 第四代 TDRSS 发展

NASA 的第三代 TDRS 实现了载荷容量提升和通信带宽改进及低成本,进一步完善了 NASA 的跟踪与数据通信网络。在部署第三代 TDRS 的同时,NASA 开始考虑 2020 年以后 TDRSS 的发展。正在进行的天基中继研究(SBRS)、激光通信中继演示验证(LCRD)、空间通信和导航(SCaN)试验平台项目都涉及未来天基中继体系结构以及激光通信、空间联网、软件无线电等下一代 TDRS 的关键技术。根据这些项目的研究内容和进展情况,可以看出第四代 TDRSS 的发展方向和原则为:第四代 TDRS 作为 NASA未来空间通信与导航(SCaN)综合网的有机组成部分,仍将延续标准化的业务和接口,与 SCaN 一脉相承;在体系结构方面,可能采用更加开放灵活的体系结构;未来主流技术将以多种方式部署,包括:专用航天器(类似于现有的 TDRS)、作为商业卫星或其他政府卫星的搭载载荷以及具有分布式能力的小卫星簇或者是这几种方式的综合。在具体技术上,目前已经明确要采用激光通信技术,并对软件无线电技术和空间联网技术进行演示验证。

11.2.2.2 俄罗斯第三代卫星数据中继系统

当前,俄罗斯第二代卫星数据中继系统已经完成部署,"射线-5"系列卫星的寿命约为 10 年。第三代中继卫星基于 Ekspress-2000 平台研制,重量约为 3000kg,设计寿命为 13 年。

在《2030 年前及未来俄罗斯航天活动发展战略》中,俄罗斯明确提出要建立统一的信息系统,保证指挥控制机构、国家信息保障机构能够通过近地轨道和深空设施、行星和太阳系天体表面转发信息。分析认为,"射线"卫星数据中继系统应是其重要的组成部分。

11.2.2.3 欧洲中继卫星向全球覆盖扩展

ESA 在 2019 年 8 月 7 日发射了 EDRS-C 中继卫星。该卫星定点在欧洲上空 31°E 的同步轨道,是欧洲"太空数据高速公路"系统的第二颗卫星。该系统基于激光通信技术的太空网络,由地球同步轨道卫星组成,可提供速率达 1.8Gb/s 的数据传输服务。

ESA 目前正在继续开发 EDRS 系列中继卫星,进一步完善"太空数据高速公路"系统,届时 EDRS 系统将实现全球覆盖,从而提供全球的数据中继服务。

11.2.2.4 日本新一代卫星数据中继计划

日本宇宙航空研究开发机构(JAXA)正在进行新的军民两用计划,计划之一是发射两颗新一代数据中继卫星。2020 年 11 月 29 日,日本在种子岛航天中心使用 H-2A 运载火箭成功发射了一颗地球同步轨道数据中继卫星"JDRS-1",为中、低轨卫星提供数据中继服务。该卫星继承了"DRTS"卫星和"OICETS"卫星的技术,同时提供激光通信中继和 S,Ka 频段射频通信中继,激光通信速率可达 1.8Gb/s,其地面站仍设在筑波和鸠山。卫星的运行寿命为 10～15 年,与其同时期发射的先进光学卫星将装载配套的通信载荷。

11.2.3 未来发展的特点和趋势

根据当前国外的现状,结合其未来发展展望,卫星数据中继系统发展的特点和趋势是:

1. 集中继、通信与导航于一身

美国 NASA 第三代、俄罗斯第二代数据中继卫星将分别提供 GPS,GLONASS 的导航增强服务,而欧洲"阿蒂米斯"(ARTEMIS)试验中继卫星已经提供导航增强服务,在建的 EDRS 系统也将继续提供导航增强服务。

虽然 NASA 的 TASS 针对航天器用户提供服务,但将来也可以向其他非航天类用户开放使用;俄罗斯卫星导航增强系统(SDCM)和欧洲全球导航卫星系统(EGNOS)目前是向普通用户提供服务,但随着 GLONASS 和"伽利略"导航系统用于航天测控,未来也有望为航天器用户提供服务。

总之,新一代的中继卫星不仅提供数据中继业务,还同时提供导航增强服务,这种集中继、通信与导航于一身的方式符合航天测控通信领域的遥测、遥控、跟踪向通信与导航发展的趋势,充分发挥了地球同步轨道卫星的优势,同时降低了总的系统成本。

2. 利用分解式体系结构提供弹性和低成本

NASA 新一代中继卫星的体系结构将采用更加开放灵活的体系结构,其待选方案之一是作为商业卫星或其他政府卫星的搭载载荷,这是一种极富弹性且能够降低成本的方式。也就是说,新一代中继卫星不按照传统的卫星升级模式,将射频、激光以及可能的新技术全部放在一颗卫星上,而是分散在多个卫星上。例如光学服务和射频服务分离,用一颗卫星实现一个节点的功能,或用搭载有效载荷的形式实现一个节点的功能,部分功能由商业伙伴提供。这样分离的好处是:能够独立补充现有的服务能力,并可以根据需求和技术成熟度部署新服务。

3. 继续采用激光通信和软件无线电等新技术

ESA 正在部署的 EDRS 卫星早已采用了激光通信技术,美国和日本下一代中继卫星也已明确将采用激光通信技术。NASA 最近几年频繁开展激光通信技术试验,并特别计划了激光通信中继演示验证(LCRD)项目,以全面充分地验证空间激光通信链路与网络技术。该计划是 NASA 在第四代 TDRS 上提供激光通信业务的重要一步。俄罗斯对激光通信技术的发展一直没有放松，2012 年—2013 年完成了激光通信技术第一阶段的演示验证。

此外，对软件无线电、空间联网等技术的研究也在进行中，有望应用于下一代卫星数据中继系统。美国基于国际空间站开展的空间通信与导航（SCaN）试验平台项目，对空间软件无线电技术等进行演示验证，欧洲也在研发利用软件无线电技术的卫星。展望未来，激光通信技术和软件无线电技术等将促进下一代数据中继卫星发展进入新的阶段。

4. 延续天基互操作能力

1985 年，美国、日本和欧空局成立了天基网互操作委员会（SNIP）。通过广泛的技术协调，已经解决了 S 频段互操作问题。在欧空局的自动转移飞行器（ATV-1）以及日本 JAXA 的首艘白鹳货运飞船（HTV-1）的交会对接任务中，都使用了 TDRS 的 S 频段业务。Ka 频段天基网互操作问题，协调较为复杂，但最后这三方都同意前向链路使用 23GHz，返向链路使用 25～27GHz。分析认为，这三方在未来新一代的卫星数据中继系统之间仍将延续互操作能力。

5. 数据中继业务的商业化发展

2011 年，欧空局确定采用公私合营伙伴关系（PPP）模式开展 EDRS 计划，由欧空局和 Astrium 公司（归属现空中客车集团）牵头建设、运营和共同投资，最终为欧空局和全球用户提供数据中继服务。EDRS 在 2014 年开始服务，Astrium 公司获得 EDRS 系统的所有权，负责未来 15 年的运营。同时，欧洲 13 个国家的 50 家公司加入了 EDRS 联盟，以确保该项目的工业水平保持在世界前沿。德国是 EDRS 项目的主要推动方，DLR 在为 EDRS 项目提供资金、地面系统开发和运营方面发挥了重要作用。而 EDRS 计划中的激光中继终端就来自德国的 TESAT Spacecom 公司。

NASA 正在探索 TDRS 商业化的可能性。考虑引入 PPP 方式，允许商业实体作为合作伙伴，通过共享投资、标准和分担风险，为未来的任务和服务开发新的功能，有助于促进商业数据中继服务市场的增长。从 2016 年 10 月 NASA 发布的空间网络使用费率表可知，S 频段返向接入的费用是 12.59＄/min，S 频段前向接入的费用是 22.03＄/min；Ka 频段接入的费用是 136.37＄/min；如果采用包年的形式，一个节点的收费 193 000＄/Y，两个节点收费 322 000＄/Y，三个节点收费 386 000＄/Y。这样的明码标价从侧面说明了 NASA 要将数据中继业务商业化发展的决心。

6. 利用通信卫星提供星间中继业务

归根结底,中继卫星的本质还是通信卫星,因此许多中继卫星在通信的应用上进行了拓展,而许多通信卫星则在中继的应用上进行了开发。2016年,新加坡的一颗名为"VELOX-Ⅱ"的6U立方体卫星发射成功,而后通过海事卫星,用L频段信道作为星间中继链路成功完成立方体卫星的数据中继任务;2014年起,一家名为Near Space Launch Inc.(NSL)公司提出了利用LEO"全球星"星座解决立方星的卫星中继难题,并试验成功;2018年10月,初创公司Audacy宣布其3颗MEO卫星空间段方案,预计2020年具备商业运营条件,而地球站网络在2019年初就已开始提供服务。这类由通信卫星衍生出的中继服务,取得了较好的反响。我们相信在规则允许的基础上,这类应用将越来越多。

参考文献

[1] HAMID H. 深空光通信[M]. 王平,孙威,译. 北京:清华大学出版社,2009.